人工湿地深度净化技术

成水平　钟　非　吴　娟等　著

科　学　出　版　社

北　京

内 容 简 介

本书围绕人工湿地深度脱氮除磷和新污染物去除等，总结作者研究团队历经十余年的研究成果与工程实践案例，系统地阐述人工湿地碳氧调控、工艺革新、不同工艺组合等技术措施提升人工湿地净化效率及机制，分析人工湿地应用于污水处理厂尾水深度处理效率及其影响因素，列举长江黄河流域若干人工湿地应用工程案例，并针对人工湿地长期运行与管理过程中面临的主要问题，提出解决方案与技术指引。本书为人工湿地应用于水质深度净化提供理论依据和技术支撑。

本书可供水环境工程、水生态工程、水体修复等领域的科研人员、工程技术人员和管理人员参考，也可供高等院校环境科学与工程、环境生态工程及相关专业师生参阅。

图书在版编目(CIP)数据

人工湿地深度净化技术 / 成水平等著 . -- 北京 ：科学出版社，2025. 6.
ISBN 978-7-03-082321-2

Ⅰ. X703

中国国家版本馆 CIP 数据核字第 20256VC606 号

责任编辑：张 菊 李 洁 / 责任校对：樊雅琼
责任印制：徐晓晨 / 封面设计：无极书装

科学出版社出版
北京东黄城根北街 16 号
邮政编码：100717
http://www. sciencep. com
北京九州迅驰传媒文化有限公司印刷
科学出版社发行 各地新华书店经销
*
2025 年 6 月第 一 版 开本：787×1092 1/16
2025 年 8 月第二次印刷 印张：24 3/4
字数：580 000

定价：350. 00 元

（如有印装质量问题，我社负责调换）

本书作者名单

成水平	钟　非	吴　娟	孔令为	张玲玲	路卫卫
王　莹	王月圆	左尚武	尚　文	黄建时	周　磊
王维聪	马洪运	怀　静	鲍梦蓉	伍　亮	曹晓艳
冯玉琴	唐孟煊	赵　静	沈林亚	黄　杉	谢　佳
陈子豪	吴　雪	陈心仪	向晓琴	蔡成霖	张雪琦
隋雪晴	吴双琪	谢嘉玮	张力铭	王宗程	代嫣然
崔娜欣	李　柱	郭伟杰	杨立华	向东方	周　洋
马晓航	芮胜阳	许锡炜	魏高杰	宋阳煜	丁瑜欣
漆世英	邓　萍	郭继霞			

前　言

经济社会的快速发展使得我国城市水生态环境面临极大的压力，水体受到污染，水生生态系统也遭遇严重衰退。目前，污水处理厂尾水已成为城市河湖重要补水来源，甚至占某些城市河段流量的80%。虽然符合一级A排放标准，但尾水中氮磷浓度仍然偏高，用于城市河湖补水时，有可能导致水体富营养化。如何深度净化污水处理厂尾水和受污染水体，恢复和重建城市河湖水生态系统，成为近年来国内外的研究热点。

湿地在维持生态平衡、保持生物多样性及调节气候、涵养水源、蓄洪防旱、降解污染等方面均起重要作用，被称为“自然之肾”。人工湿地是一种模仿自然湿地功能的独特生态系统，人为地将土壤、沙、石等材料按一定比例组成基质，并栽种经过选择的耐污植物，培育多种微生物，用于水质净化，是一种基于自然的解决方案。欧洲较早并系统地开展了人工湿地的研究与应用，我国对人工湿地的研究起步较晚，但是后来居上，目前论文发表数量及工程应用居于世界首位。我国人工湿地的研究与应用大致上可分为三个阶段：①2000年以前为起步探索阶段。这一阶段重点是稳定塘、土地处理系统、人工湿地等研究与示范。②2000～2009年为迅猛发展阶段。随着水体污染控制与治理科技重大专项的实施，我国人工湿地研究及应用得到了快速发展，人工湿地也逐渐应用于生活污水、造纸废水、矿山废水、养殖废水、农业面源污染、污水处理厂尾水的深度处理，以及湖泊河流等水体生态修复，小流域综合治理等。③2009年至今为规范应用阶段。国家和地方出台了大量的人工湿地相关技术规范，在各类水处理中得到广泛应用。这一阶段人工湿地研究可概括为4个关键词，即人工湿地净化过程及工艺、氮磷等营养盐深度净化及机理、环境新污染物治理和温室气体排放及调控。

我们在“十一五”“十二五”和“十三五”水体污染控制与治理科技重大专项，“长江黄河等重点流域水资源与水环境综合治理”国家重点研发计划专项，“城市雨水径流微塑料和含氯消毒剂在生态滤沟中的去除作用及机制”“藻类塘-人工湿地耦合系统的有机碳源强化效应及其脱氮机制研究”“人工湿地修复有机磷农药污染水体的作用及机制研究”“人工湿地对富营养化水体蓝藻种群的调控机理研究”等国家自然科学基金项目及地方企业委托项目的支持下，针对人工湿地堵塞、低温条件下效果受影响、占地大且对地形要求高及温室气体排放等问题，从工艺结构组合与运行方式、内部植物和基质配置、外部条件补碳充氧等方面系统性开展人工湿地深度净化技术创新和工程应用，形成了人工湿地协同减污降碳增效关键技术体系，创新了强化脱氮除磷增效全地形多场景人工湿地技术，研发了耐低温微生物多功能强化人工湿地技术，发明了低碳模块化抗堵塞人工湿地技术等，通过多级结构、交替上-下行水流方式、独特基质和植物选用配置、分级进水、多级复氧，突破了人工湿地内部碳氧分配难题，解决了碳源不足和低氧问题，实现高效脱氮除磷和新污染物去除。相关技术成果获授权专利32项，发表论文97篇，主编行业标准1

项，在长江黄河等重点流域水生态环境保护与修复项目中成功应用，指导了人工湿地工程规划设计，取得了显著的经济、社会和生态环境效益。

本书共分为10章。第1章主要介绍人工湿地技术概念、发展和挑战等；第2～第8章分别介绍不同人工湿地强化工艺技术内容、效果及机制，通过人工湿地碳氧调控和不同工艺组合提升人工湿地净化效果；第9章总结人工湿地应用于污水处理厂尾水深度处理效果及其影响因素；第10章列举了人工湿地工程案例，并提出运行和维护措施。本书内容对于推动人工湿地净化技术研究和实践，助力城市河湖补水与生态修复具有重要的借鉴和示范价值。

本书成果为团队成员集体智慧结晶，历时十余年由数十位硕士研究生、博士研究生和博士后等共同完成。各章主要撰写整理分工如下：第1章成水平、吴娟、王月圆；第2章钟非、左尚武、陈心仪、隋雪晴；第3章钟非、怀静、黄杉、成水平；第4章王莹、王月圆、唐孟煊、沈林亚、成水平；第5章钟非、陈子豪、吴雪、谢嘉玮；第6章成水平、孔令为、周磊、向晓琴、马洪运；第7章吴娟、孔令为、鲍梦蓉、曹晓艳、赵静、蔡成霖；第8章张玲玲、成水平；第9章路卫卫、钟非、吴娟、孔令为、张玲玲、王莹、马洪运、成水平；第10章成水平、尚文、左尚武、黄建时、王维聪。张雪琦、谢嘉玮、张力铭、王宗程协助书稿作图，王宗程整理全文参考文献。成水平最后统稿。代嫣然、崔娜欣、李柱、郭伟杰、杨立华、向东方、伍亮、冯玉琴、谢佳、周洋、马晓航、芮胜阳、许锡炜、魏高杰、宋阳煜、丁瑜欣、张雪琦、漆世英、吴双琪、谢嘉玮、张力铭、王宗程、邓萍、郭继霞等参与相关研究工作。工程案例得到了同济大学建筑设计研究院（集团）有限公司、中国市政工程中南设计研究总院有限公司、中国电建集团华东勘测设计研究院有限公司等设计院和地方部门团队的大力协作。本书相关研究工作得到了一些国内外专家、学者和同行的支持、帮助与指导，我们表示由衷的感谢！本著作出版得到了同济大学学术专著出版基金的资助。

鉴于作者水平和经验，本书的写作难免有局限和不足之处，敬请各位专家同行和广大读者批评指正！

作　者

2025年6月

目　录

第 1 章　人工湿地概述

作为具有多种服务功能的独特生态系统，湿地是地球上最富生物多样性的生态景观和人类最重要的生存环境之一。湿地不仅为人类的生产、生活提供多种资源，还具有巨大的环境功能和效益，在抵御洪水、调节径流、蓄洪防旱、控制污染、调节气候、控制土壤侵蚀、促淤造陆、美化环境等方面发挥着重要作用，被称为“自然之肾”。

人工湿地（constructed wetland，CW）是一种人工模仿自然湿地，结合物理、化学和生物的处理方式，利用基质、微生物和植物的复合生态系统来高效净化水质的技术。人工湿地因具有建设成本低廉、管理简便、净化效果稳定等优点而受到广泛的重视，已成功应用于城镇综合污水、受污染地表水、面源污染、污水处理厂尾水深度净化和回用等工程实践中。近年来，人工湿地在河流补水净化和生态修复等方面也得到了越来越广泛的应用，取得了良好的社会效益、经济效益和环境效益。因此，关于人工湿地深度净化的理论和应用研究也越来越广泛和深入。

1.1　人工湿地简介

人工湿地技术得到人们的重视并被运用始于20世纪70年代德国学者Kichunth提出根区法（the root-zone-method）理论，该理论强调大型水生植物在人工湿地净化中的作用。除了根系对污染物的直接吸收作用，植物根区兼性和厌氧的复合环境为污染物的降解去除提供了有利条件，同时，植物根系的生长提高了人工湿地基质的水力传导性能。人工湿地中存在大型植物，以区别于其他生物水处理技术。

1.1.1　人工湿地的概念和分类

人工湿地一般是指在自然或半自然湿地净化功能的基础上，人工构筑的水生生态系统。该系统具有封闭的底部，用石、砂、土壤、人工基质等材料按一定比例填充底部，并有选择性地种植大型水生植物。一定的进水和出水方式使该系统具有水质净化功能。作为一种生态水处理方式，人工湿地与传统水处理方式相比具有投资低、运行费用少、耗能低、管理水平要求较低等优点。自从1903年英国约克郡Eraby建造世界上第一个人工湿地污水处理系统以来，人工湿地技术已经被广泛用来处理生活污水、工业废水、暴雨径流、富营养化水体、污水处理厂尾水等，并取得了良好效果。近年来的研究发现，人工湿地不但能有效去除有机物、固体悬浮物质和营养物质，而且在致病菌和新兴污染物的去除方面具有较高的潜力。

人工湿地按照水流方式可分为表面流人工湿地（subsurface flow constructed wetland，

SFCW）、水平潜流人工湿地（horizontal flow constructed wetland，HFCW）和垂直流人工湿地（vertical flow constructed wetland，VFCW）等。而按照湿地中主要大型水生植物的生活型可以分为漂浮和浮叶植物系统、挺水植物系统和沉水植物系统。沉水植物系统主要应用于深度处理，以及水体生态修复和受污染地表水的净化。目前，一般人工湿地植物系统多为挺水植物系统。

表面流人工湿地（图 1-1）通常由池体或者渠道组成，池体或渠道内设置分隔墙，有时会在底部敷设不透水材料以防止水下渗。池中一般填充土壤、砂石等基质，以便为水生植物和微生物的生长提供载体。表面流人工湿地与自然湿地最为接近。表面流人工湿地系统内水位较浅，一般高于土壤或基质层 0.1 ~ 0.6m，因此存在冬季易结冰、夏季蚊蝇滋生且散发臭味等缺点，目前在工程实践中使用较少。

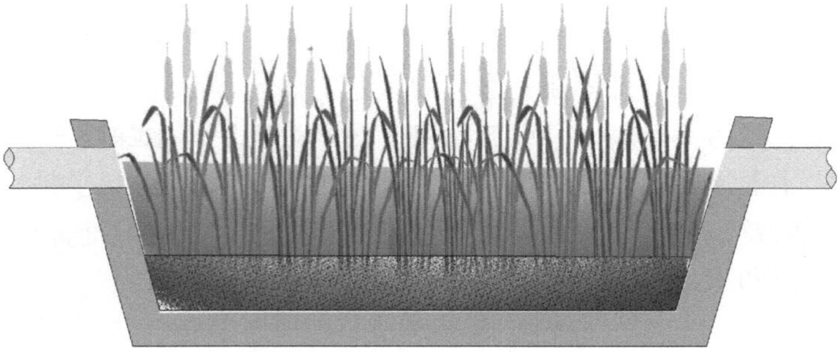

图 1-1　表面流人工湿地示意图

潜流人工湿地中水在基质表面下渗流，水位低于基质表层，因此呈潜流状。与表面流人工湿地类似，潜流人工湿地同样由池体或者渠道组成，池体或渠道内设置分隔墙，有时会在底部敷设不透水材料以防止水下渗。池中一般填充碎石、卵石、土壤或砂等多孔基质，基质中种植植物。由于水在潜流人工湿地内部流动，避免了表面流人工湿地中的蚊蝇滋生、散发臭味等问题，而且潜流人工湿地因具有污染负荷大、处理效果好等一系列优点而被广泛应用于工程实践。

潜流人工湿地按照水体流动方向又被细化为水平潜流人工湿地（图 1-2）和垂直流人工湿地。所谓水平潜流人工湿地，水流方向从布水区一侧以水平流动的方式经过湿地中的基质孔隙，向集水区一侧流动。水在基质孔隙间流动的过程中，污染物在植物、微生物以及基质的共同作用下，通过物理、化学以及微生物的共同作用得以去除。

在水平潜流人工湿地之后，研究者又发明了垂直流人工湿地（图 1-3），其中布水和集水管道、坡度等特殊设计使得水流在垂直流人工湿地内部垂直分布，布水更加均匀，水流更加通畅。与水平潜流人工湿地相比，垂直流人工湿地氧转移能力较强，有利于好氧微生物的生长和硝化作用的进行（Vymazal and Kröpfelová，2015）。但是单一的人工湿地工艺不能同时提供好氧和厌氧的条件，在很大程度上限制了氮磷的去除，因此又出现了复合型人工湿地。Seidel（2013）建立了垂直流-水平流二级串联的组合湿地处理系统，之后 Kadlec（1994）对 Seidel（2013）的系统进行了进一步改进，以卵石代替土壤作为湿地的基质大大提高了污染物的去除效果。

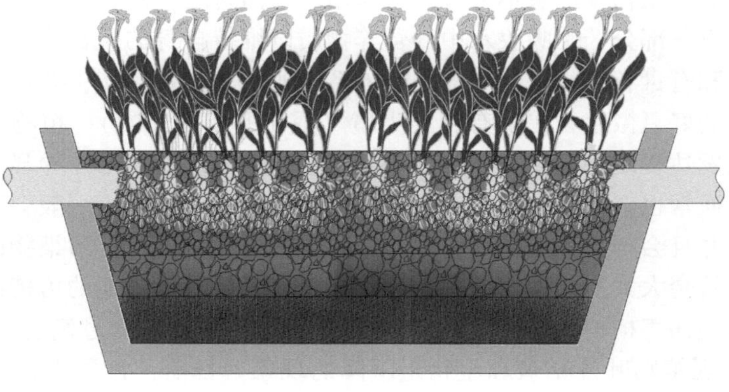

图 1-2　水平潜流人工湿地示意图

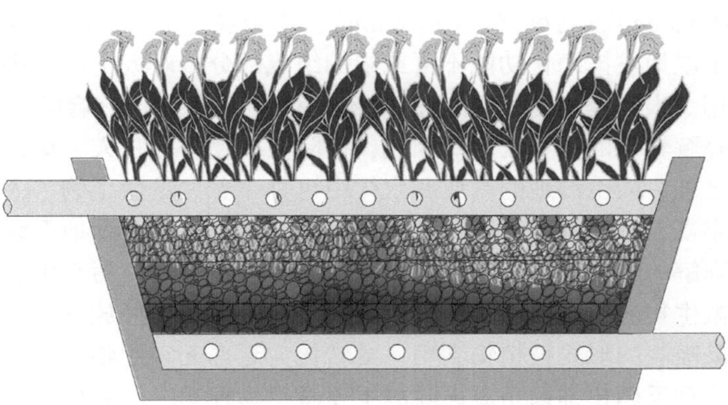

图 1-3　垂直流人工湿地示意图

1.1.2　人工湿地的组成

人工湿地由基质、水生植物和微生物组成。

人工湿地基质具有大的比表面积，为植物根系生长和微生物的附着提供了良好的介质。同时，基质可以通过吸附、离子交换等途径去除水体中的一部分污染物，特别是对磷的去除具有重要作用，因此基质种类的选取在人工湿地实施中显得至关重要。传统的人工湿地基质有土壤、砂子、砾石等，近年来有学者发现了一些性能良好的材料如沸石、页岩、陶粒、石灰石、陶瓷等也可以作为人工湿地的基质。填充不同级配石英砂的水平潜流人工湿地对污染物的去除效果普遍优于单层填充的人工湿地，并且不同基质级配有效地减缓人工湿地堵塞的速度，延长人工湿地的使用寿命。熔岩、活性炭、炉渣和海绵铁粉也表现出对氨氮和磷的吸附作用，特别是活性炭，它被认为是一种较为理想的人工湿地基质（Wang et al.，2017）。

植物不但可以提高人工湿地的观赏价值，改善生态环境，更重要的是，在污染物去除的过程中，人工湿地植物发挥着不可替代的作用。简而言之，植物在人工湿地中的净化作用可以概括为以下三部分：①吸收水中的营养物质以维持自身的生长需求，吸收富集在水中的重金属元素和有毒有害物质；②提高湿地系统的水力传输性能；③植物根系的泌氧作用为人工湿地中的好氧微生物提供有利的生境（成水平等，2002）。植物的净化作用与其生长状况和根系发达程度密切相关，因此不同植物的水体修复效果差异显著。人工湿地植物选取过程中，通常也会考虑植物对水中高浓度污染物的忍耐性，一般会选择对污染物有一定的适应性，并且会产生一定的具有代间遗传性的抗性植物。若污染物的浓度远远超过植物的忍耐性，就会大大削弱植物的净化潜能，最终降低人工湿地的可持续性，极端环境条件甚至还会直接伤害植物自身的生长。研究发现水中氨氮浓度过高会侵害植物的生理功能，往往会出现植物叶片枯黄和生物量下降的现象。目前，常见于人工湿地的植物有美人蕉（*Canna indica*）、芦苇（*Phragmites australis*）、香蒲（*Typha orientalis*）、菖蒲（*Acorus calamus*）、水葱（*Schoenoplectus tabernaemontani*）、水烛（*Typha angustifolia*）、睡莲（*Nymphaea tetragona*）、鸢尾（*Iris tectorum*）、再力花（*Thalia dealbata*）等。

微生物是人工湿地发挥净化功能不可或缺的组成部分，对人工湿地中物质转化和能量流动起着重要作用。根际是植物根系生长代谢过程最为直接、影响微生物最为强烈的区域，也是污染物降解转化的重要区域。因此，根际微生物研究是人工湿地微生物研究中的热点。除了根际之外，人工湿地的基质和水体中也分布着大量微生物。人工湿地系统中的微生物种类极其丰富，分为好氧、厌氧和兼性菌群。同时，人工湿地系统中的细菌数量最多，也是污染物降解的主力军，其次是放线菌，真菌数量最少。污水中有机污染物降解的过程主要是通过微生物的代谢活动实现的，或转化为气体产物释放到大气中，或通过转化为小分子、植物易吸收的形式被植物利用，或转化为无毒无害的物质。在细菌种类中，氨化细菌、硝化细菌和反硝化细菌是氮去除的主要微生物种类。而有机磷及溶解性较差的无机磷酸盐通常不能被水生植物直接吸收利用，就需要经过磷细菌的代谢活动将其转化为可溶性磷化物，从而通过植物和部分微生物的吸收利用及基质的吸附作用得到去除。微生物种群结构和多样性对维护湿地生态系统平衡起着关键作用。一些环境因素如季节会影响人工湿地的处理效率，除了人工湿地中的植物在冬季死亡导致其净化效果降低外，微生物的种群结构和丰度的降低也是关键影响因素。

1.2 人工湿地研究的发展

经过几十年的发展，作为一种高效的水处理技术，人工湿地已经在水生态环境保护和修复领域得到了越来越广泛的应用，相关研究也在不断深入发展。人工湿地研究在时间和地域上呈现出极不均匀的分布，体现在 2005～2024 年公开发表的研究数量急剧增加，研究者主要来自中国、美国、英国等国家。同时，人工湿地研究的焦点也朝着脱氮除磷效率提升、新污染物去除、植物-微生物相互作用、数值模拟、碳减排等方向发展。但是，人工湿地研究和应用仍面临一些挑战，包括根据具体环境条件进行设计和长期运行中的管理维护问题，以及耦合工艺在成本、可靠性、安全性和适应性等方面的挑战。

1.2.1 人工湿地研究的时间和地域分布

德国较早并系统地开展了人工湿地的研究与应用。20 世纪 60 年代 Seidel（2013）在其研究工作中发现了芦苇能去除大量有机物和无机物，进一步的研究表明一些污水中的细菌在通过芦苇床时消失，并且芦苇及其他大型植物能从水中吸收重金属和有机物等。到目前为止，人工湿地技术已在全球广泛应用。研究者对人工湿地的研究热情也是与日俱增，尤其在 2009 年以后，人工湿地研究的英文发文数量每年迅速增加。通过在 *Web of Science* 检索发现，截至 2023 年 8 月，人工湿地相关研究累计发文数量超过 27 000 篇（图 1-4）。

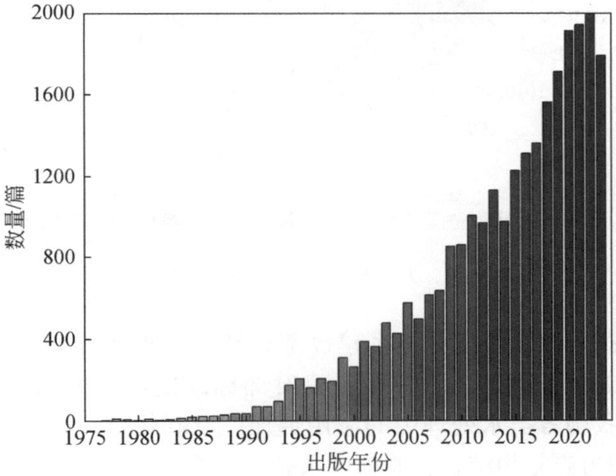

图 1-4　人工湿地文献数量的年代变化

资料来源：*Web of Science*，搜索词为 theme = （constructed wetland ∗） or （artificial wetland ∗） or （manmade wetland ∗） or （treatment wetland ∗）［主题 =（建造湿地 ∗） 或 （人工湿地 ∗） 或 （人造湿地 ∗） 或 （处理湿地 ∗）］

从研究者所在国家或地区来看，人工湿地研究分布广泛，但总发文数量相对集中，总发文数量较多的国家是中国、美国、英国、加拿大和澳大利亚等（图 1-5）。

相较于西方国家，我国对人工湿地的研究起步较晚，但是后来居上，目前的发文数量居世界首位。我国人工湿地的研究大致可分为三个阶段：①2000 年以前为起步探索阶段。随着生态治理技术的发展，我国开始了稳定塘、土地处理系统、人工湿地的研究（朱彤等，1991）。1990 年，在深圳白泥坑建设了生产性的人工湿地用于污水处理，并以此为基地开展了湿地内部生物降解动力学、水力学等相关研究（陈韫真和叶纪良，1996）。② 2000～2009 年为迅猛发展阶段。随着水体污染控制与治理重大项目的实施，我国人工湿地研究及应用迅猛发展，论文数量也迅速增加，研究范围涉及重金属、藻类、藻毒素、农药和酞酸酯等污染物的去除（吴振斌等，2000；Cheng et al.，2002a，2002b）。人工湿地广泛应用于生活污水、造纸废水、矿山废水、养殖废水、农业面源污染等污水的处理，污水处理厂尾水的深度处理，湖泊河流等水体的生态修复，小流域综合整治等。

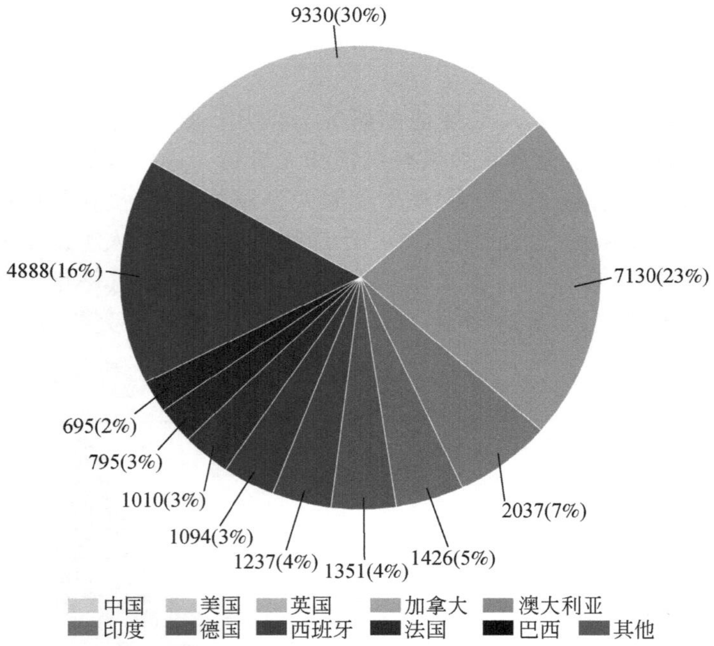

图 1-5　人工湿地研究文献的全球分布

③ 2009 年至今为规范阶段。住房和城乡建设部和环境保护部分别在 2009 年和 2010 年发布了人工湿地相关技术规范（住房和城乡建设部标准定额研究所，2009；环境保护部，2010），人工湿地在我国各类水处理中的应用更加广泛和规范，同时将水处理人工湿地与景观、生态环境保护与修复相结合，既强调水处理效果，又注重景观与生态效应。

1.2.2　人工湿地研究的主要方向

随着人工湿地研究的发展，人们关注的焦点也在与时俱进。作者采用文献计量学方法，对 2019～2023 年 *Web of Science* 核心数据库中人工湿地研究文献进行关键词共现网络分析。人工湿地研究的关键词可分为人工湿地净化过程及工艺、氮磷等营养盐深度净化及机理、环境中新污染物治理、温室气体排放及调控 4 个聚类（表 1-1）。

表 1-1　人工湿地研究相关文献关键词聚类统计

聚类	关键词
1	biodiversity（生物多样性）、clogging（堵塞）、microbial community（微生物群落）、wetland plant（湿地植物）、modelling（模型）、mass balance（物料平衡）、intermittent aeration（间歇曝气）、hydraulic retention time（水力停留时间）、hydraulic loading rate（水力负荷）、CW-MFC（人工湿地-微生物燃料电池）、heavy metal（重金属）

续表

聚类	关键词
2	nitrate removal（硝酸盐去除）、nitrogen transformation（氮转化）、denitrification（反硝化）、dissimilatory nitrate reduction to ammonia（硝酸盐异化还原）、microbial communities（微生物群落）、functional genes（功能基因）、ammonia-oxidizing archaea（氨氧化古菌）、ammonia-oxidizing bacteria（氨氧化细菌）、phosphate（磷）、COD/N ratio（碳氮比，测试碳以 COD 计）、dissolved oxygen（溶解氧）、substrate（基质）
3	emerging contaminants（新污染物）、organic micropollutants（有机微污染物）、degradation（降解）、treatment performance（去除效率）、antibiotic（抗生素）、antibiotic resistance gene（抗性基因）、pesticides（农药）、pharmaceutical and personal care products（药品及个人护理品）、integrated vertical-flow constructed wetland（复合垂直流人工湿地）
4	greenhouse gas emissions（温室气体排放）、carbon dioxide（二氧化碳）、methane（甲烷）、nitrous oxide（N_2O）、nitric-oxide（NO）、dissolved organic carbon（溶解性有机碳）、life cycle assessment（全生命周期评价）

注：文献检索布尔式标题（TS）= constructed wetland * AND 发表年代（PY）= 2019-2023，all database。

从文献聚类 1 中出现最多的关键词可以看出，2019～2023 年人工湿地相关研究的很大一部分聚焦于人工湿地净化过程及工艺等方面，这也是伴随人工湿地研究发展“常谈常新”的主题。聚类 2 很明显侧重于脱氮除磷效率的提升，其中涉及较多的是氮转化过程的调控及其微生物机制等内容。聚类 3 是新污染物的去除，相关研究主要聚焦于获得人们较多关注的抗生素、农药、药品及个人护理品等有机污染物的降解相关研究较多。随着全球变化所引起的生态环境问题愈演愈烈，人工湿地的温室气体的排放和调控也成为一大研究方向，这一点在聚类 4 中得到了体现。文献聚类分析的结果既是对已有研究方面的梳理和总结，又指明了人工湿地研究今后的主要发展方向。

1.3 人工湿地净化过程

人工湿地对污染物的去除涉及物理、化学和生物过程，这些过程往往相互影响，人工湿地的净化机制更为复杂。因此，在人工湿地研究的初始阶段，研究者常常将湿地系统作为一个“黑箱”，侧重于整体净化功能，而对其具体净化过程关注不多。但随着人们对人工湿地功能要求的不断升级，“黑箱”内到底发生了什么，已成为重要的研究方向。

1.3.1 基质、植物和微生物的作用

人工湿地系统主要是通过基质、植物和微生物的协同作用实现对污水的净化，其净化过程包括拦截、吸附、吸收和降解等（成水平等，2019）。影响人工湿地污染物去除效率的主要因素是水力停留时间、温度、植物类型、基质和微生物。环境参数如氧气含量等、操作参数如水力负荷等、基质和植物类型等也会影响人工湿地生物降解途径，从而最终影响氮和有机物等的去除。

人工湿地基质在去除污水的污染物方面也发挥着重要作用，因为除了能够直接过滤和吸附污染物，基质为微生物群落提供了丰富的表面附着位点，也是植物固定生长的介质。为促进人工湿地中氮和有机物的去除，人工湿地基质应该具有以下特征：①大比表面积，

内部疏松多孔，以增大生物量，进而提高有机物、氮、磷等的去除；②缓慢释放碳源，以减少反硝化过程中微生物对污水中生物可利用碳源的依赖，提高由碳源不足限制的氮去除效率；③价廉易得，生态友好，不会对环境造成二次污染。一些材料对 NH_4^+-N 的去除容量分别是沸石 33.3g/kg、草皮/泥炭 29.2g/kg、高炉矿渣 5.0g/kg，与其他天然材料相比，生物炭具有最大的去除容量（59.6 ~ 133g/kg）（Zhu et al.，2011），这可能是由于生物炭具有很大的比表面积（147m^2/g）和孔体积（0.176cm^3/g）（Kizito et al.，2017）。磷主要通过配体交换反应去除，其中，磷酸盐从 Fe 和 Al 水合氧化物表面置换水合羟基。有氧条件更利于磷的吸附和共沉淀。一些人工湿地中的基质具有同时去除多种污染物的能力，因此合理利用基质可以使人工湿地达到优异的去除效果。

植物的存在对人工湿地提高去除性能至关重要，它们为根际微生物生长提供附着位点，根系释放的氧气会强化硝化作用，也可以通过释放根系分泌物为反硝化过程提供碳源，强化反硝化过程。种植植物的人工湿地比未种植植物的对照设施中氮和有机物的去除效率高（Dan et al.，2011）。环境氧气的渗透和植物根系释放的氧气量远低于污水中耗氧物质降解所需的氧气量，所以缺氧和厌氧分解在垂直流湿地中也发挥着重要作用。根据世界多国大型垂直流湿地处理效率经验，NH_4^+-N 的平均去除效率为 48%，NO_3^--N 的平均去除效率为 35%，TP 的平均去除效率为 41%，对总悬浮物和生化需氧量（BOD）的去除效率在 80% 以上。与寒冷季节相比，温度较高时植物吸收在污染物去除方面的作用更大，吸收养分作为生物量留存。地上生物量固定的氮和磷含量分别可以达到 40 ~ 50g N/m^2 和 5 ~ 10g P/m^2，可以通过植物收获去除的氮和磷的量一般小于总去除量的 10%（Vymazal，2001）。

微生物在人工湿地去除污染物的过程中发挥着关键作用，开展微生物研究是人工湿地去除机理研究的重要一环。微生物是人工湿地系统中有机物降解的重要贡献者，主要过程是先将有机物分解为低分子有机物，最后将其分解转化为 CO_2 和 H_2O，实现有机物的去除。微生物在厌氧和好氧环境中都能对有机物进行降解，微生物代谢所消耗的有机物量远高于植物吸收利用所消耗的有机物量。微生物的群落组成和功能发挥将直接影响湿地系统对污染物的净化效果。近年来，研究者对湿地微生物的研究日趋深入，主要包括微生物种群时空分布、微生物酶活、遗传多样性等。Zhong 等（2015a）采用聚合酶链式反应-变性梯度凝胶电泳（PCR-DGGE）和高通量测序比较研究了水平潜流人工湿地中微生物群落动态。Ansola 等（2014）分析了自然湿地和人工湿地中微生物群落的差异，人工湿地中的变形菌门多于自然湿地，而自然湿地中的绿弯菌门多于人工湿地，并且自然湿地中的细菌群落呈现出更高的多样性。Chen Y 等（2015）则分析了植物生物量与基质微生物多样性间的关系，植物组微生物多样性明显增加，放线菌丰度为 20.9%，显著高于对照组的放线菌丰度（1.9%），并通过路径分析，发现植物通过影响基质 pH 影响微生物的多样性。

1.3.2 主要污染物的去除过程

人工湿地对污染物的去除过程主要包括渗滤、蒸散、吸附、离子交换和生物作用等过程。

（1）总悬浮颗粒物（TSS）：沉积和物理过滤是颗粒物去除的两大主要机制。悬浮物进入湿地系统后可通过基质的过滤吸附、湿地植物根茎的拦截、湿地动物的摄食以及微生物的降解作用去除。基质的吸附作用包含固体颗粒向基质颗粒表面的迁移以及固体颗粒被基质表面黏附两部分。湿地植物密集发达的根系能对固体颗粒起到吸附拦截的作用，系统中的动物能吞食湿地系统中沉积的有机颗粒，从而将悬浮物带出体系，此外，通过微生物对部分有机颗粒的降解也能去除一部分悬浮物。很多研究结果表明人工湿地设施对 TSS 的去除效率在 90% 以上（Collins et al.，2010），其去除效率与系统的渗透速率有关，其值过大不利于 TSS 的截留。

（2）有机物：污水中的有机物进入人工湿地系统内，不同形态的有机物通过不同的方式被去除。可沉淀的有机物在系统内经过沉淀及过滤后被去除，溶解性有机物通常被附着在基质上的生物膜和悬浮于流动水体内的微生物代谢去除。微生物在厌氧和好氧环境中都能对有机物进行降解，系统内的氧气来源于自然复氧和植物根区泌氧。植物也参与有机物的去除过程，但其所吸收利用的有机物量远低于微生物代谢所消耗的有机物量。

（3）氮：人工湿地的脱氮机制主要包括基质吸附、植物吸收和微生物硝化反硝化等。传统的微生物脱氮主要由硝化作用和反硝化作用两部分组成。硝化反应是指在好氧条件下，亚硝化细菌和硝化细菌将氨氮转化为亚硝态氮和硝态氮；反硝化反应是指在厌氧条件下，异养反硝化细菌以有机碳源为电子供体，将硝化过程中产生的硝酸盐和亚硝酸盐进一步转化为氮气，从而将氮彻底从湿地中去除。硝化/反硝化去除的氮含量是氮去除总量的 60% ~86%（Vymazal，1999）。进水碳氮比（C/N）较低将会对人工湿地反硝化脱氮过程造成影响。例如，将人工湿地用于污水处理厂尾水深度处理时，由于污水中有机物大部分在前期被去除，人工湿地进水有机碳含量很低，并多为难降解有机碳，影响了人工湿地的脱氮效果。在工程应用中，使用组合式人工湿地深度处理小城镇污水处理厂的尾水时，TN 去除率仅达 21.2%（胡洁等，2018）；使用复合垂直流-水平流人工湿地深度处理农村生活污水时，TN 去除率为 25.3%；而使用潮汐流人工湿地通过交替运行创造好氧-缺氧环境后，TN 去除率也仅达 43.7%（刘昌伟等，2012）。由此可见，当碳源短缺时，通过人工湿地工艺组合或优化实现氮素在深度处理过程中的强化去除难度较大，还可以采用添加碳源的方式来提高人工湿地的脱氮效果。

（4）磷：地表径流中的磷形态主要分为颗粒态和溶解态两种形态，其中，溶解态磷占 30%，颗粒态磷占 70%，因此磷的去除效果与 TSS 的去除相关。人工湿地进水中的磷常以颗粒态磷、无机磷酸盐和溶解性有机磷的形式存在。人工湿地能够利用土壤、植物和微生物这个复合生态系统的物理、化学和生物的三重协调作用，通过过滤、吸附、共同沉淀、离子交换、植物吸收和微生物分解实现磷素的有效去除。

磷可以通过植物吸收去除一部分，但是主要是依靠基质的吸附、离子交换和沉淀过滤去除，其次介质中的钙、铝和铁等金属离子及其化合物易与径流中可溶性的正磷酸盐通过配位体交换作用发生吸附和沉淀作用而被固定下来。然而，系统长期运行后，可能会出现颗粒态磷大量积累的情况，当介质的磷指数过高时，介质吸附的磷已经达到饱和，磷的出水浓度反而会因介质中的磷溶出而升高（Davis et al.，2006）。

（5）重金属：重金属污染物的去除主要依靠基质的截留和吸附作用，降雨径流中的重金属形态分为颗粒态和溶解态两种形态，其中，颗粒态的重金属能被介质吸附去除，而溶解态的重金属却不易被截留。有研究表明当基质高度超过30cm时，系统对重金属的去除率均很高（Bratieres et al.，2008）。Hunt等（2008）在实验室研究发现基质中含铁量较高容易造成铁的释放。设置滞水区和外加碳源对重金属的去除有明显影响，有机质的添加对基质吸收铜的效果有影响（Blecken et al.，2009）。

1.4 人工湿地研究热点与展望

过去20年来，除了对净化过程和机制开展深入研究外，人工湿地的相关研究一直致力于工艺的优化和效率的提升，并实现标准化和模块化的应用。目前，人工湿地的主要研究热点包括提高脱氮除磷效率、对新污染物的去除、植物-微生物净化作用与机制、模型与数值模拟、碳减排及调控等方面。同时，虽然研究者在这几个研究方面做了大量工作，但因为人工湿地作为一个基质、微生物和植物三者共同作用的复合系统，其复杂程度远胜过单一生化处理设施，在将实验系统进行规模化应用时存在着效率下降、处理成本较高的问题。因此，未来仍然需要在人工湿地处理性能提升、各类污染物去除、机理研究和模型预测等方面继续开展研究和应用。

1.4.1 脱氮除磷效率的提升

世界范围内水体富营养化问题的广泛存在促使人们重点关注氮磷污染负荷的削减。不管是通过外源减排措施，如污水厂尾水深度净化、径流污染控制，还是通过污染水体的水质提升措施实现氮磷污染的控制，人工湿地都有其用武之地。人工湿地投资省、运行简单，但相对于传统水处理技术，人工湿地也存在着水力停留时间长、占地面积较大等短板。因此，如何提高人工湿地的脱氮除磷效率仍然是研究热点。目前，人工湿地研究和应用主要从以下五个不同方向来提升其处理效率。

1）高效基质筛选与应用

人工湿地选取的基质种类、粒径不同，导致内部水力特性不同，局部微环境存在差异，微生物群落结构各有特色。同时，不同的基质对污染物的截留吸附效能也不同，从而影响人工湿地的处理效率。垂直流人工湿地组合基质的种类、装填顺序和装填方式对净化效果产生了较大影响（张翔凌等，2009）。而基质为不同粒径的沸石、无烟煤、砾石的人工湿地对总氮和总磷的去除率差异显著，去除率最高的分别是1～2mm沸石和2～4mm无烟煤（赵林丽等，2018）。

高效基质筛选和组合研究的首要目的是提高湿地的净化效能，其次还应解决基质寿命问题。基质在人工湿地中通过吸附、离子交换等方式去除污染物，这样就存在吸附饱和的问题。基质一旦吸附饱和，人工湿地的处理效率就会显著下降，往往采用更换基质的方式来恢复湿地的处理效率，这样就会产生大量的废弃基质，需要进行妥善处理。因此，今后关于基质的研究既要保证基质的处理效率，又要延长基质的使用寿命，同时要控制生产成本，还要考虑基质的再生和回收利用。

2）组合人工湿地工艺

表面流人工湿地、水平潜流人工湿地和垂直流人工湿地各有优劣，随着对出水水质要求的提高，单一类型的人工湿地已然不能满足处理需求，因此各种组合工艺应运而生。不同组合人工湿地工艺能发挥各自的优势，满足不同净化过程的条件，从而实现氮磷等污染物的高效去除。应用最广泛的几种串联组合工艺有表面流人工湿地与潜流人工湿地组合、水平潜流人工湿地与垂直流人工湿地组合，以及多组垂直流人工湿地组合等。研究表明，城镇污水处理厂尾水通过水平潜流人工湿地-表面流人工湿地处理，在 5 ~ 10 月出水 COD ≤20mg/L，氨氮和总磷质量浓度分别小于 1.5mg/L 和 0.3mg/L（胡洁等，2018）。水平潜流与垂直流复合型人工湿地对地中海国家度假村的生活污水中的 COD、氮磷等具有良好的去除效果，同时能有效地降低出水中的致病菌浓度（Masi and Martinuzzi，2007）。不同流态人工湿地工艺组合也有利于提高人工湿地系统运行的稳定性，对低温/高温均有一定的适应性，满足对生活污水、农业面源污染和地表水等水体的处理要求。在爱沙尼亚，寒冷气候下采用水平潜流与垂直流复合型人工湿地处理生活污水，出水仍能满足排放标准要求（Mander et al.，2007）。

在尾水深度处理方面，因为经过污水厂处理的尾水 C/N 通常较低，大部分可生物降解的有机物质在污水处理厂中已经被降解，剩下的是不能或只能缓慢生物降解的（Khan et al.，2022）。碳源不足导致尾水人工湿地的反硝化能力不足，是污水厂尾水深度处理的难点。因为不能同时提供有氧和厌氧环境，单级人工湿地的脱氮效果往往不充分，现阶段不同湿地进行组合以提高脱氮效率是常见的策略。VFCW 具有较好的氧传输能力，从而表现出较强的硝化作用；HFCW 可以提供充足的厌氧条件进行反硝化作用。因此，VFCW+HFCW 或 HFCW+VFCW 可能是最常用的组合人工湿地。

我们研发的阶梯垂直流人工湿地（下行—上行—下行）是为了满足人工湿地深度处理工艺优化的需求而诞生的一种新型湿地工艺，它具有工艺改进和实地应用两个显著的特点，是一种含有多流向、多级的工艺形式，又可以满足复杂地形进行人工湿地的布置与建设要求。多级垂直流人工湿地对生活污水中 COD、TN 和 TP 的去除率分别可达到 90.1%、53.7%和43.7%，并且通过分级进水，该系统对 TN 的去除率可提高至61.7%（唐孟煊等，2016；沈林亚等，2017）。

同时，分级进水的运行方式可以将负荷均匀分配以提高人工湿地面积利用率，避免进水悬浮物和有机物负荷分布集中造成堵塞。相对于提高人工湿地面积利用率，分级进水优化人工湿地沿程碳源配置以强化脱硝的作用更为重要。Hu 等（2012）在四级潮汐流人工湿地中采用了分级进水，负荷 20g N/m^2时 TN 的去除率高达 83.0%。在其他类型的湿地工艺中采用分级进水也能获得较好的强化脱氮效果（Wang et al.，2014）。Torrijos 等（2016）发现在 VFCW+HFCW 组合人工湿地中 50%的分级进水能有效地将 HFCW 进水的 COD/TN 从 0.3 提高到 3.5，TN 去除率从 31%提高到 50%。然而，由于 HFCW 内氧化还原条件［溶解氧（DO）3.2mg/L；氧化还原电位（ORP）124mV］不适合反硝化，脱氮效率仍然很低，而且分级进水的运行参数设置不合理可能引起二次污染。因此，研发适宜的人工湿地组合工艺及其适当的运行方式是提升尾水人工湿地处理脱氮效率的重要方向。

3）与其他工艺的耦合

与其他工艺的耦合可以弥补人工湿地占地面积大、基质堵塞、处理效率相对较低的不足；同时，针对处理对象的特点，因地制宜地优化处理系统的工艺，可以充分发挥人工湿地的优势。但是目前人工湿地与其他工艺耦合的研究和应用以小试系统为主，严格控制实验条件，实验周期也较短，而且工艺的选择也是基于实践经验的支持，尚缺乏系统和深入的研究作为依据，其组合应用的也缺乏长期的运行监测数据。针对这些问题，作者研究团队和其他研究者开展了广泛的人工湿地耦合其他工艺的研究和应用。根据处理目标和应用场景的不同，这些研究所涉及的其他工艺包括漂浮人工湿地、生态滤床、微藻固碳、微生物燃料电池（MFC）等。

漂浮人工湿地：漂浮人工湿地对水体的净化效果与植物种类、种植和管理方式、水体水质状况及运行环境等多种因素有关。因此，在使用漂浮人工湿地技术对水体进行原位修复时，可针对水体中主要污染物质的不同选择不同的植物，以达到较好的净化效果。漂浮人工湿地不同覆盖率会影响其水质净化效果。目前，研究者选用的漂浮人工湿地覆盖率为15% ~100%（Zhang S et al., 2016）。覆盖率太低，漂浮人工湿地系统中植物的吸收能力和微生物的数量有限，达不到较好的水质净化效果，对藻类的抑制作用也不理想；覆盖率太高，漂浮人工湿地又会抑制水面的气体交换，导致水体中溶解氧浓度太低，不利于水体中有机物的降解和硝化作用的进行。因此，适宜的漂浮人工湿地覆盖率在实际工程应用中被视为一个关键的考虑参数。漂浮人工湿地的净化效果还与系统中植物种植及管理方式有关。周晓红等（2008）通过水培试验研究发现，重度刈割有利于黑麦草生物量的累积，并且能有效提高系统对 TN、TP 等物质的去除能力。目前，关于漂浮人工湿地的水质净化效果研究大多仍处于短期（少于一年）、小规模的试验阶段，该技术在大规模处理和实际水体中的长期运行效果还需进一步开展研究。

生态滤床：鉴于我国城市道路径流污染较为严重的现状和缺乏系统性研究，在城市设计和建设中实施径流污染控制显得日益迫切。作为一种有效的雨洪管理设施，生态滤床通过植物-介质渗滤、基质吸附和生物等作用，将地表径流中大量污染物质去除，处理后的径流入渗地下水或者通过装置底部的排水管收集输送到城市排水管网或者后续处理设施，已经成为城市区域被广泛应用、管理雨水径流的一项技术措施。生态滤床虽然在城市水环境保护中具有巨大的应用潜力，但设计不当可能会造成污染物，尤其是溶解性营养盐释放；同时，运行方式在很大程度上影响着生态滤床的净化效果。研究发现，改变某些设计参数，如组合植被的方式、滤层介质的厚度、滞水区的深度和碳源的投加等，可以提高生物沟的运行效能，但尚未形成成熟的设计标准。因此，亟须在调查典型城市地表径流水质水量特征的基础上，基于国内外生态滤床的设计经验，综合考虑经济效益、生态环境利益，开展生态滤床在城市径流污染控制效果和工艺优化方面的研究，以期为构建人工湿地-生态滤床耦合工艺提供运行参数，为城市地表径流污染控制提供理论依据及技术指导。

微藻固碳：与传统水处理工艺一样，当提供外部或内部碳源时，人工湿地对硝酸盐的去除效果会得到改善。较高的总氮去除率总是与较高的 C/N 有关。为解决尾水碳源缺乏限制脱氮效率的问题，寻找合适的外加碳源是研究中的一个重要方向，但大多数传统碳源无法满足低廉的经济成本和广阔的地域可用性的要求。而且，不易控制可溶性碳源投加量，过量有机物的降解会消耗更多的人工湿地溶解氧，这会限制硝化微生物的活性。因此，寻找廉价稳定、方便补充、可长期发挥作用的碳源，并解释其作用机理，评估其生态效应，会是以后工作的一个重点。有研究将人工湿地和高效藻类塘工艺相结合，高效藻类塘水深较浅，采用多廊道的形式，利用藻类的光合作用和微生物代谢处理污水，同时回收生物质。Ding 等（2016）研究了高效藻类塘–水平潜流人工湿地系统对模拟废水的处理效果，氨氮、硝态氮和总氮的去除率均明显高于单一的人工湿地，有效提高了系统的脱氮效率。目前，这一耦合工艺还处于前期实验阶段，关于微藻在人工湿地中的碳源释放规律、对脱氮效率的提升效果，以及耦合工艺的设计和运行参数都尚不明确，需要对此展开深入系统的研究。

MFC：人工湿地（CW）与 MFC 耦合系统近年来广受关注。作为一种电化学强化手段，MFC 不仅能够去除水中的污染物，还能利用污水中的有机质能产电。CW-MFC 早期研究主要关注 COD 去除，直到发现耦合系统对提升湿地脱氮能力也具有明显效果后，开始逐步研究 CW-MFC 强化脱氮作用及其影响因素。CW-MFC 的处理效果、产电效能等受到植物、运行条件等各种因素的影响。Liu S T 等（2014）研究发现，在 CW-MFC 系统中，进水 COD 为 50～250mg/L 时，功率密度呈上升趋势；但当 COD 提高到 250～1000mg/L 时，功率密度却呈下降趋势。Corbella 和 Puigagut（2018）发现耦合系统处理生活污水时，MFC 的强化作用能让出水氨氮浓度多降低 25%。Wang W 等（2016）也指出在闭合电路条件下，耦合系统能使硝酸盐去除率提升一倍。产电过程通过加强系统短程硝化反硝化作用以及生物阴极上的硝化反硝化作用来提升系统脱氮效果，脱氮过程和系统产电之间具有较强的正相关关系（Xu J et al.，2018）。因此，重点关注利用耦合系统本身产生的电流来强化其脱氮效果意义重大、前景广阔。

4）碳源补充

污水处理厂尾水的一个典型特点就是 C/N 较低，碳源不足影响人工湿地脱氮效率，人工湿地碳源补充也因此成为一个重要的研究热点。人工湿地中的碳源主要包括进入湿地的污水中含有的碳源、湿地系统产生的内源碳和外加碳源。系统的内源碳主要包括微生物分解或植物根系分泌的有机物、植物枯叶分解产生的有机物等。目前，人工湿地外加碳源可分为三类：①以糖类物质（葡萄糖、蔗糖等）和液态碳源（甲醇、乙醇等）为主的易生物降解的传统碳源；②以初沉污泥和二沉污泥水解产物、垃圾渗滤液和污泥为主的有机化工液体碳源；③以一些低廉的固体有机物为主，包含纤维素类物质的天然植物碳源。

外加碳源可以显著提升湿地的脱氮效率，但是甲醇等小分子有机物作为碳源存在一定弊端，并不适合于广泛应用。糖类物质价格低廉，作为外加碳源时脱氮效果好，但是化学结构较复杂，生物降解过程缓慢，并且糖类物质作为外加碳源时，出水容易出现亚硝态氮累积现象。另外，采用此类物质作为外加碳源时，容易受到进水水质和冲击负荷的影响，不容易确定碳源添加量。佘丽华等（2009）投加葡萄糖到复合垂直流人工湿地，发现葡萄糖可以提高反硝化作用，但葡萄糖在系统中存在时间短，运行时需经常补充葡萄糖，并且投入量控制的不合理便会引起二次污染。因此，将糖类作为湿地的外加碳源时，由于其易引起微生物的高生长量，湿地装置会出现堵塞现象；并且将葡萄糖作为碳源的费用也较高，增加了工艺的运行成本。

目前，国内外已经有不少研究者将初沉污泥和二沉污泥水解产物、垃圾渗滤液和污泥等作为外加碳源。曹艳晓等（2010）将提取的二沉池剩余污泥碱解发酵的上清液回用到系统中，考察将上清液作为碳源的反硝化速率，研究表明二沉污泥回流至水解酸化池，可以为系统提供碳源，又可以实现污泥的资源化利用。除此之外，许多工业废水（如啤酒厂废水、造纸厂废水等）中含有大量的有机物，将其作为人工湿地处理系统的外加碳源，在实现高效脱氮的同时解决了部分工业废水的污染问题。高景峰等（2001）在用序批式活性污泥法（SBR）去除硝态氮时，将啤酒厂废水作为外加碳源，发现啤酒厂废水能够提高反硝化速率，但啤酒厂废水以高分子糖类为主，需要一定时间才能够被微生物降解利用，而且啤酒厂废水的成分复杂、类别不同，可能含有重金属等有毒物质，对人工湿地微生物造成损害，存在一定的使用风险。

将富含纤维素的稻草秸秆、麦秆、玉米芯等农业废弃物作为湿地外加碳源在近些年来成为研究热点。目前，对此类外加碳源的研究集中在以下几方面：不同的植物种类、添加位置、预处理方式、水力停留时间等对脱氮效果的影响。Hume 等（2002）构建了人工湿地小试系统，分别将浮萍、香蒲、芦苇和石莲花 4 种水生植物生物质作为人工湿地的外加碳源，发现投加石莲花和香蒲的系统硝酸盐去除率相近，并且高于芦苇和浮萍。魏星等（2010）的研究将树枝、芦苇秆及芦苇秆+树枝三种不同的组合作为碳源，发现补充植物碳源后湿地对总氮的去除率由 44% 提高至 66% 左右。但植物碳源的主要成分是纤维素、半纤维素和木质素，木质素将纤维素紧紧包围在里面，形成坚固的天然屏障，使一般的微生物很难进入，因此无法分解纤维素，需要一定的预处理才可提高其使用效率。因此，寻找补碳效果好、脱氮效率高，同时兼顾碳源成本和补充方法也是未来提高人工湿地脱氮效率的一个重要方向。

5）模块化人工湿地

随着人工湿地应用范围的扩大，人工湿地的建造问题也得到了一定的关注。传统的人工湿地建造工程量大、施工时间长，同时施工质量参差不齐，因此人工湿地处理效率也有一定的差异。为平衡水处理效果并妥善解决湿地堵塞问题，有学者提出了将传统的大型人工湿地按照一定比例缩小并进行模块化开发的思路，即模块化人工湿地系统。模块化人工湿地可以实现人工湿地的标准化，在保证其脱磷除氮效果的同时便于装配式施工，也可妥善解决湿地堵塞问题，并降低后期运维成本。

模块化人工湿地是基于传统的人工湿地进行模块化开发，通过特定的水力连接方式拼接起来的湿地系统。也有研究人员将模块化人工湿地定义为在人工湿地基础上，将人工湿地进行等比例缩放的系统。系统中的基质将按照最佳配比进行装填，因地制宜地选择最合适的植物品种，制成一个整体单元，将不同单元进行串联或者并联，组合成适合使用的形状。虽然基于不同理解和应用方式，学界对模块化人工湿地的定义存在不同的认识和见解，但由于系统中各个模块化人工湿地单元之间彼此相互独立，可根据需要灵活改变模块数量，从而满足不同体量、目标水质要求的污水处理需求。此外，由于单个模块单元的规模相对较小，即使出现堵塞也容易及时发现和维护。综合来说，模块化人工湿地既可以预制以减少现场施工安装时间，又可以保障水质处理需求，还是一种潜在解决基质堵塞问题的新思路。

基质模块化人工湿地主要体现在基质的强化与组装，例如章北平等（2009）发明了基质模块化人工湿地系统，该模块化系统是网格机构，每个单独的小网格模块中可以放入基质。当该系统基质发生堵塞时，可以单独更换堵塞区域的小网格模块中的基质。邓徐等（2019）采用了蚝壳骨架来包裹沸石、沙等，蚝壳因具有良好的吸磷能力而在达到基质模块化的同时加强了湿地处理污水的能力。

一体式模块化人工湿地主要体现在湿地基质和池体的整体性，例如张悦旺等（2018）设计的模块化人工湿地系统中采用方形塑料箱作为人工湿地的池壁、池底，取消了钢筋混凝土制造的池体，从而缩短了人工湿地的建设周期。胡正峰等（2017）设计的模块化人工湿地系统中加入了曝气装置，使湿地中溶解氧的含量增加，从而促进好氧阶段反应的进行。一体式模块化人工湿地中池体采用塑料等材料，可以缩短湿地建造的施工周期，但由于池体不易拆卸和组装，在构建大型人工湿地时，其所需要的大体积池体的运输将会存在很大的问题。

快速装配式模块化人工湿地的特点主要体现在池体的可拆卸性和易组装性，如刘青（2020）设计了一种模块化下流式人工湿地系统，由上到下依次设置布水模块、中间模块、排水模块，并且每个模块均外置箱体。该箱体可拆卸和组装，便于模块之间的组合拼接，使该模块化下流式人工湿地在面积上没有限制。快速装配式模块化人工湿地可以用来建造大型或小型人工湿地，并且当湿地发生堵塞时，可以快速地更换堵塞区域模块中的基质。同时，当湿地工况发生变化时，快速装配式模块化人工湿地可以通过改造达到更好的去污效果。

人工湿地的模块化是解决堵塞问题的一个有效尝试，但目前国内外关于湿地模块化方面的研究处于起步阶段，在污染物降解、新污染物去除以及组合方式等方面都处于探索阶段，也缺乏规模化应用的实例。作者研究团队后续将通过新材料的植入和新结构的优化同步解决制约传统人工湿地技术发展的三大问题（“占地大”“易堵塞”“低温效果差”），并在此基础上探索其优化调控温室气体的减排潜力，打造“碳汇型”人工湿地，使其在污水处理厂尾水深度处理、受污染河湖生态修复等领域发挥巨大潜力。

1.4.2 新污染物的去除

随着化学合成技术日益提升，环境中各类新污染物质层出不穷，这些物质在环境中积聚，并可能通过生物富集毒性放大。同时，新污染物往往具有较长的半衰期，可生化性能较差，采用常规污水处理方法难以去除新污染物。人工湿地具有较长的水力停留时间，系统内微环境多样，因此研究人工湿地对新污染物的去除效率及规律也是目前的研究热点。揭示人工湿地对新污染物的去除机理是提高其去除效率的前提，例如新污染物在湿地系统中是被代谢分解还是被基质吸附，对生态环境的影响是不同的。如果是被基质吸附，则要防止长期运行之后基质二次污染问题。如果是被代谢分解，还要检测其代谢产物，解析代谢途径，部分新污染物的代谢产物毒性甚至要高于母体，因此要尽量减少有毒中间产物的形成。

1）药品及个人护理品

药品及个人护理品（pharmaceutical and personal care products，PPCPs）包括各种各样的化学物质，如抗生素、消炎止痛药、抗癫痫药、显影剂、止痛药、避孕药、激素类药物、香料等。PPCPs 被人体或动物摄入后并不能全部被其吸收和利用，未被溶解的这部分药物会通过粪便和尿液排入环境中。学者对人工湿地处理 PPCPs 进行了大量的研究。表 1-2列举了一些潜流人工湿地对双酚 A、PPCPs 等污染物的去除研究，都表现出很高的去除效率。可见，人工湿地对去除 PPCPs 有很大的潜力。

表 1-2　人工湿地对部分新污染物的去除效率　　（单位:%）

污染物	人工湿地类型	去除效率	参考文献
双酚 A	水平潜流	27.9 ~ 98.6	Ávila et al., 2010; Toro-Vélez et al., 2016
	垂直流	42.9 ~ 100	Ávila et al., 2014; Riry et al., 2018
双酚 F	垂直流	99.50	Park et al., 2009
双酚 S	垂直流	99.90	Park et al., 2009
四溴双酚 A	垂直流	99.90	Park et al., 2009
壬基酚	水平潜流	20.4 ~ 90	Toro-Vélez et al., 2016
布洛芬	垂直流	95.4 ~ 99.7	Ávila et al., 2014
	水平潜流	98.80	Ávila et al., 2010
双氯芬酸	垂直流	54.3 ~ 70.25	Ávila et al., 2014
	水平潜流	100	Ávila et al., 2010
吐纳麝香	垂直流	61.1 ~ 83.3	Ávila et al., 2014
	水平潜流	97.80	Ávila et al., 2010
氧苯酮	垂直流	88.8 ~ 97.3	Ávila et al., 2014
三氯生	垂直流	72.7 ~ 88.6	Ávila et al., 2014
萘普生	水平潜流	99.10	Ávila et al., 2010

多项研究表明，人工湿地对新污染物的去除效率受到人工湿地的类型、植物、水力停留时间、运行方式等多种因素的影响（Zhang Q L et al., 2012；Liao P et al., 2013；景瑞瑛等，2016；许巧玲和崔理华，2017）。Zhang 等（2013）通过水培试验研究了双氯芬酸和咖啡因在湿地植物水葱中的代谢，发现双氯芬酸主要通过光降解去除，而咖啡因则是被植物大量吸收，并且大量分布在茎叶中。Hijosa-Valsero 等（2010）的实验证明自由表面流对布洛芬和卡马西平有较好的去除效果，表面潜流对水杨酸、佳乐麝香、吐纳麝香有较好的去除效果，垂直流湿地对咖啡因有较好的去除效果；Matamoros 等（2008）的研究结果表示双氯芬酸在水平潜流湿地和表面流湿地中的去除效果有显著差异，在水平潜流湿地中的去除效率不够 50%，而在表面流湿地中的去除效率为 73% ~96%。萘普生在人工湿地中可以被适度去除，去除效率在 27% ~83%（Hijosa-Valsero et al., 2010）；双氯芬酸、酮洛芬属于人工湿地中的难降解物质，酮洛芬在表面流湿地中的去除效率为 50%（Lin and Reinhard, 2005），主要通过光降解被去除。Hijosa-Valsero 等（2011）的研究中，在去除布洛芬等物质时，芦苇的效果优于香蒲；阿丹（2012）的实验证明了在去除大环内酯时，花叶芦竹的去除效果比再力花好。

2）抗生素和抗性基因

抗生素广泛应用于人和动物体疾病的防治以及动物饲养中的生长促进剂。大部分抗生素经使用后，并不能被机体吸收，而是以母体或活性代谢产物的形式随粪便或尿液排出体外，最终直接或间接进入受纳环境，对人体健康和生态安全造成潜在的威胁；抗生素在环境中的残留会对细菌产生选择性压力，驱动细菌的变异和水平基因转移，从而导致耐药菌和抗生素抗性基因（antibiotic resistance gene，ARG）问题加剧。因此，抗生素和 ARG 往往成对出现。

不同类型的人工湿地系统对同一抗生素的去除效果并不相同；同时由于不同抗生素的不同理化性质，同一个人工湿地系统对不同抗生素的去除效果也不尽相同，甚至差异巨大。Xian 等（2010）的研究表明，表面流人工湿地系统对磺胺甲嘧啶的去除率能达到 99% 以上，而 Liu L 等（2014）的研究结果却显示表面流湿地系统对磺胺甲嘧啶的去除率在冬季只有 11%，而在夏天由于温度的升高、微生物活性的增强，去除率提高至 62%。类似地，Hijosa-Valsero 等（2011）研究指出表面流人工湿地系统对多西环素的去除率为 45% ~75%；而复合人工湿地系统对氧四环素的去除率可达到 97%（Hsieh et al.，2015）。

人工湿地对抗性基因也有一定的去除效果。Fang H S 等（2017）研究了稳定运行 10 余年的综合表面流人工湿地中 14 种 ARG 的浓度变化，发现可以有效去除 ARG 但在冬季观察到 5 个 ARG（*sul*1、*tetA*、*tetC*、*tetE* 和 *qnrs*），在夏季观察到 6 个 ARG（*sul*1、*sul*3、*tetA*、*tetC*、*tetE* 和 *gnrs*）在特定湿地子系统中的浓度显著增加。Liu 等（2013）发现垂直流人工湿地对废水中四环素类抗性基因 *tetM*、*tetO* 和 *tetW* 具有较高的去除率，去除率最高达 90% 左右。而 Huang 等（2015）的研究进一步证实垂直上流式人工湿地对含四环素抗性基因 *tet* 的养猪废水具有良好的处理性能，*tet* 丰度减少 0.26 ~3.3 个数量级。Chen J 等（2016）发现 6 个中尺度人工湿地（表面流人工湿地、水平潜流人工湿地和垂直流人工湿地等）不但对磺胺类抗性基因（*sul*1、*sul*2 和 *sul*3）、四环素抗性基因（*tetG*、*tetM*、*tetO* 和 *tetX*）和大环内酯类抗性基因（*ermB* 和 *ermC*）等的总去除率在 63.9% ~84.0%，而且对抗生素的总去除率在 75.8% ~98.6%。该研究还发现植物的存在有利于污染物的去除，而且潜流人工湿地的污染物去除率明显高于表面流人工湿地。Liu F F 等（2019）研究表明水平潜流人工湿地对 ARG 的去除率（50% 以上）高于垂直流人工湿地，尤其是对磺胺类抗性基因的去除效果更好。Huang X 等（2017）发现垂直流人工湿地中四环素抗性基因（*tet*）和Ⅰ类整合子整合酶基因（*intI1*）的去除率在 33.2% ~99.1%。但研究中上流式处理出水的 *tet* 基因相对丰度大多高于进水处理，可能由于抗生素浓度压力，因此人工湿地处理含高浓度抗生素废水有潜在风险，出水和基质中 ARG 相对丰度的变化则取决于水力流向。

组合人工湿地和耦合人工湿地对抗生素和抗性基因也有一定的去除效果。Chen J 等（2015）研究了由 1 个调节池、4 个表面流人工湿地和潜流人工湿地和 1 个稳定单元组成的复合人工湿地，发现对农村生活污水中 ARG 的去除率较高，ARG 降低了 1 ~3 个数量级。Chen J 等（2015）研究表明人工曝气混合型人工湿地对 ARG 的去除率达到 87.8% ~99.1%。Huang 等（2019）发现下行垂直潜流–上行垂直潜流湿地（DVF-UVF）对 ARG（*intI1*、*ermB*、*ermC*、*ermF*、*tetW* 和 *tetG*）的去除率显著高于卧式潜流–上行垂直潜流湿地

（HF-UVF），原因在于 DVF-UVF 可以去除细菌和抑制细菌生长。Zhang S 等（2018）设计的堆叠式微生物燃料电池-人工湿地耦合生物膜电极反应器能够有效去除持续高浓度的磺胺甲噁唑（SMX）99.29%，但持续高浓度的 SMX 提高了生物膜介质和出水中 *sul* 基因的相对丰度。Wen 等（2022）发现在微生物燃料电池耦合人工湿地的阳极区添加海绵铁能减少 ARG 积累，原因是电极层的强化对微生物群落组成和功能有显著影响。

1.4.3 植物-微生物相互作用研究

植物和微生物是人工湿地的重要组成，在人工湿地去除污染物方面发挥着重要作用。植物和微生物之间存在着复杂而密切的相互作用关系。湿地植物通过其根系分泌的物质和根际环境的调节，为湿地微生物提供了适宜的生长条件，促进了微生物对污染物的降解作用。湿地植物对根际微生物活性、降解性能和种群组成及空间分布产生影响，进而影响有机污染物、重金属以及营养元素等的去除（裘湛，2018）。同时，因为不同植物根际微生物群落结构和碳源利用能力不同，由不同植物组合而成的人工湿地系统可显著提高根际微生物群落功能多样性，从而提高人工湿地污染物净化的效率和稳定性。

开展人工湿地“黑箱”中微生物研究是人工湿地去除机理研究的主要一环。Paranychianakis 等（2016）应用定量 PCR 对水平潜流人工湿地中的基因丰度进行测定，根据基因丰度判断人工湿地中氮去除的主要途径为硝化-反硝化。熊家晴等（2017）通过 PCR-DGGE 技术对垂直流人工湿地基质中各级微生物群落特性进行分析，结果表明根际微生物群落多样性高于相同垂直深度的基质微生物群落，并且出现了严格好氧菌，证明植物根际具有泌氧功能。雷旭等（2015）采用同样的技术对复合垂直流人工湿地中不同植物根际微生物群落进行分析，不同植物根际微生物不同，并且有季节差异。

随着高通量测序技术的成熟发展，应用高通量测序研究湿地中微生物群落结构的报道也与日俱增。Zhong 等（2015a）采用 PCR-DGGE 和高通量测序比较研究了水平潜流人工湿地中微生物群落动态，高通量测序能更好地反映人工湿地中微生物群落的多样性。Ansola 等（2014）应用高通量测序分析了自然湿地和人工湿地中微生物群落的差异，人工湿地中的变形菌门多于自然湿地，而自然湿地中的绿弯菌门多于人工湿地，并且自然湿地中的细菌群落呈现出更高多样性。Chen J 等（2015）则分析了植物生物量与基质微生物多样性间的关系，植物组微生物多样性明显增加，放线菌丰度为 20.9%，显著高于对照组的放线菌丰度（1.9%），并通过路径分析发现植物通过影响基质 pH 影响微生物的多样性。

分析湿地中微生物的群落结构及多样性，进一步诠释湿地中微生物的分布、污染物对湿地微生物的影响、不同植物的根际微生物差异等，有助于揭示污染物降解机理。鉴于人工湿地系统的复杂性和微生境的多样性，其中可能存在大量尚未解析的微生物，其功能不甚明确。因此，对人工湿地微生物的研究除了对现有功能菌的研究，还要注重未知菌株的作用。大量存在某功能基因并不代表该菌群在人工湿地系统中会发挥净化作用，需进行转录组和代谢产物的检测，确认其是否发挥作用。此外，对人工湿地微生物的研究大多局限于单个系统，缺乏多个系统之间的对比，难以发掘人工湿地系统中共有菌株和功能菌。

鉴于植物和微生物之间的共生关系对湿地系统的正常运行和污染物的去除具有重要意

义。因此，进一步研究植物与微生物的相互作用机制，有助于优化植物与微生物的协同作用，提高人工湿地系统的净化效果。

1.4.4 模型与数值模拟研究

人工湿地作为一个黑箱，机理研究可以使“黑箱”变“白箱”，模型研究则是对黑箱的行为进行预测分析。模型研究有助于工程设计的专业化和应用的模块化，也有助于对机理的进一步探究。关于人工湿地的模型研究，大致可概括为以下几类。

一是污染物去除的反应动力学。范英宏（2018）采用一级动力学模型对水平潜流人工湿地和复合垂直流人工湿地进行模拟，模型计算结果表明，水平潜流人工湿地 COD、氨氮、总氮和总磷的面积速率常数分别为 0.101m/d、0.029m/d、0.020m/d 和 0.121m/d；而复合垂直流人工湿地各污染物的面积速率常数分别为 0.137m/d、0.061m/d、0.038m/d 和 0.197m/d，复合垂直流人工湿地各污染物的面积速率常数显著高于水平潜流人工湿地。Saeed 和 Sun（2011）分别采用一级动力学、Monod 和多 Monod 动力学对水平潜流人工湿地和垂直流人工湿地中氮和有机物的去除进行了模拟，对模型进行了验证，并分析了进水碳氮比对模型参数的影响。

二是人工湿地的水力学计算模型。Birkigt 等（2018）进行示踪剂实验，应用多流分散模型建模，证明了水平潜流湿地中存在多流系统，这影响了湿地系统对氯苯的去除效率。Pálfy 等（2017）则结合水力学和动力学，开发了面向工程师的 Orange 系统。

三是其他领域的模型或者活性污泥模型在人工湿地中的应用。研究者应用水质分析模拟模型（water quality analysis simulation program，WASP）对表面流人工湿地进行模拟，对模型参数进行率定修正，模拟值与实测值吻合度较高（陈德坤等，2018）。现在发展较为成熟的一个人工湿地模型则是 Hydrus 模型。Hydrus 模型是基于活性污泥模型（activated sludge model，ASM）、结合人工湿地水力、生化特性开发的一个模型，包括 CW2D 和 CWM1 两个模块（Meyer et al.，2015）。Morvannou 等（2014）采用 CW2D 对处理生活污水的垂直流人工湿地进行模拟，经过参数校准后，氨氮、硝态氮和 COD 的模拟值和实测值之间的平均绝对误差分别为 27%、21% 和 15%。Rizzo 等（2014）应用 CWM1 对非稳态运行的水平流人工湿地进行模拟，预测系统对 COD 的平均去除效率为 68%，实测值为 67%，两者十分接近。

总体来说，人工湿地的现有研究大多为灰箱模型，对人工湿地内部的过程进行了太多的简化和假设，反应动力学和水力学计算模型较为简单，从而导致模型参数不具有广泛性，难以推广应用。基于人工湿地去污机理建立的模型更接近实际情况，因此参数繁多，系数选取受系统影响较大，但是对人工湿地内部的认识程度要高于前者。这部分模型的发展受人工湿地机理研究的影响较大，二者相辅相成。目前，在人工湿地模型研究方面，精确度较高的模型实验规模小，而针对实际工程应用的模型则简化程度高，需要在这两者之间寻求一个平衡点，或者说分道扬镳，但总的来说，人工湿地模型发展是一个必然趋势。因此，在今后的研究中，如何提高模型的预测精确度，从而指导设计，辅助解释机理，是人工湿地模型与数值模拟的重要内容。

1.4.5 碳减排调控

在全球气候变化的大背景下，学者对大气中温室气体的关注度显著提升。根据 Yue 和 Gao（2018）的预测，全球湿地每年排放约 5Gt CO_2 当量的温室气体，其相当于自然生态系统温室气体排放量的 17.2%，全球温室气体总排放量的 7.66%。而人工湿地的单位面积温室气体排放量要超过自然湿地的 2～10 倍（Cheng et al.，2021），人工湿地温室排放与调控研究越来越受关注。

1）人工湿地温室气体排放影响因素

基质、植物、构型、堵塞、曝气以及运行方式等多种因素影响人工湿地温室气体排放。

基质和溶解氧：基质类型及配比是影响人工湿地温室气体排放的重要因素。基质提供吸附表面及反应区，同时为微生物提供合适的生长环境，支撑植物生长。人工湿地采用生物炭补充反硝化碳源，显著降低 N_2O 排放，约减少 66%（Zheng et al.，2022），但有研究表明添加生物炭增加人工湿地 CH_4 排放约 40%（Guo et al.，2020）。制作生物炭原料或添加量不同也会导致不同的温室气体排放。以污泥生物炭为基质的人工湿地的温室气体排放量低于以香蒲生物炭为基质的人工湿地，生物炭添加比例为 40% 时人工湿地温室气体排放量显著低于生物炭添加比例为 10%、20%、30% 时（Zheng et al.，2022）。然而，目前少有研究涉及生物炭制作原料及添加量影响人工湿地温室气体排放。

此外，不同基质配比条件下人工湿地温室气体排放量存在差异，全部使用油页岩灰渣基质得到最低的 CO_2 排放量和最高的 N_2O 排放量，而油页岩灰渣与泥炭为 1∶5 或 1∶2 时得到最高的 CH_4 排放量（Kasak et al.，2015）；单独添加生物炭（15%）与生物炭∶铁矿石 = 1∶1 时温室效应潜力相近（Zou et al.，2021）。即使同类基质，若粒径配比不同，人工湿地温室气体排放也不同，使用细沙基质时 CH_4 排放量远大于使用粗沙基质（Zhao et al.，2016）。

溶解氧也是影响人工湿地微生物过程的关键参数，脱氮过程常因溶解氧缺乏受到限制（Vymazal，2007）。采用间歇曝气方式可以改变人工湿地内部溶解氧浓度，从而影响温室气体排放，研究表明曝气时间和曝气强度分别为 2h/d 和 0.6L/min 时，人工湿地可实现高效脱氮和低 N_2O 排放（Zhou et al.，2018a）；曝气 1h，停歇 11h，曝气强度为 0.75～0.80L/min 时，CH_4 排放量为 0.04～1.07mg/(m^2·h)（Zhao Z J et al.，2022）。

植物：植物种类、丰度、收割时间及频率对人工湿地温室气体排放均有重要影响。植物种类不同导致人工湿地温室气体排放存在差异。种植菖蒲、莎草或灯芯草的人工湿地相比于种植其他植物的人工湿地 CH_4 排放量相对较低。种植仙茅、菖蒲和沙棘的人工湿地 N_2O 通量差异显著，分别为 0.05～1.80mg N_2O-N/(m^2·h)、0.08～0.62mg N_2O-N/(m^2·h) 和 0.03～0.27mg N_2O-N/(m^2·h)（Chen et al.，2020b）。产生这种差异的原因可能是不同植物通气组织存在差异。植物通气组织在温室气体的传输中发挥着重要作用，可转运约 70% 的 CH_4，并且植物"根系泌氧"依赖通气组织。

植物多样性对人工湿地温室气体排放的影响存在差异，不同文章中报道的结论也不尽相同。混合种植芦苇、菰和宽叶香蒲的人工湿地相比于单种植物的人工湿地 CH_4 排放量高，并且 N_2O 排放通量随植物物种丰度的增加而增加，N_2O 排放通量为 0.902 ~ 1.85mg N_2O-N/(m^2 · h)(Wang et al.，2013；Chang et al.，2014)。但也有研究表明植物多样性丰富的人工湿地温室气体排放量低。植物收割与温室气体排放密切相关，合理收割可减少温室气体排放量，收割芦苇时人工湿地 N_2O 年累计排放量减少 0.16kg/hm^2，CH_4年累计排放量减少 378kg/hm^2。

2）人工湿地中温室气体的产生及去除路径

N_2O：人工湿地 N_2O 主要产生于硝化/反硝化脱氮过程。硝化过程由自养硝化细菌主导，包括 *amoA* 基因编码的氨单加氧酶催化的氨氧化，*hao* 基因编码的羟胺氧化还原酶催化的羟胺氧化，*nxrA* 基因编码的亚硝酸盐氧化还原酶催化的亚硝酸盐氧化。其中，羟胺氧化过程及其产物硝酰基（NOH）的非生物反应会产生 N_2O。此外，部分异养菌会在硝化过程中产生 N_2O。氨氧化有厌氧氨氧化和好氧氨氧化两种形式，主要作用微生物分别为氨氧化古菌（AOA）和氨氧化细菌（AOB）。尽管有研究证明，人工湿地极少发生厌氧氨氧化，AOB 丰度远大于 AOA 丰度，但厌氧氨氧化也是 N_2O 产生的一条重要路径，并且目前对此路径的了解还十分有限（Zhang M P et al.，2021）。由此，硝化过程中影响 N_2O 产生的相关功能基因主要为 *amoA* 及 *hao* 基因。

反硝化过程由兼性厌氧菌主导，包括硝酸盐还原过程、亚硝酸盐还原过程、NO 还原过程、N_2O 还原过程，其可分别被 *narG*、*nirS*/*nirK*、*norB* 及 *nosZ* 四种功能基因编码的酶影响，N_2O 是反硝化过程中产生的中间产物。除兼性厌氧菌外，部分兼性好氧菌如红球菌属（*Rhodococcus* sp.）等也可进行好氧反硝化并产生 N_2O（Chon et al.，2011）。好氧反硝化产生 N_2O 一般有两种形式：一种是典型的完全硝化反硝化，N_2O 为其中间产物；另一种是直接氨氧化，将 NH_4^+-N 氧化成羟胺后，羟胺被直接氧化成 N_2O（Zhang Q L et al.，2012）。此外，部分反硝化细菌如反硝化玫瑰杆菌（*Roseobacter denitrificans*）、荧光假单胞菌（*Pseudomonas fluorescens*）等不具备一氧化氮合成酶（NOS）系统，不能发生完全反硝化，只产生 N_2O（Takaya et al.，2003）。在人工湿地其他脱氮过程中也会产生 N_2O，例如硝酸盐异化还原成铵（DNRA）过程中硝酸盐还原为 N_2O，但可能不发生 N_2O 还原。值得注意的是，有研究指出人工湿地多条 N_2O 产生路径存在相互作用，例如厌氧氨氧化所需硝酸盐大部分来自硝化作用，合理利用这种相互作用可大幅度减少 N_2O 的产生（Zhang M P et al.，2021），我们还需进一步了解这种相互作用。

人工湿地内部消除 N_2O 的唯一路径为反硝化 N_2O 还原，相关功能基因主要为 *nosZ*（Du et al.，2018）。*nosZ*/(*nirK*+*nirS*) 是从功能基因角度指示反硝化过程进行程度的重要指标。但 *nosZ*/(*nirK*+*nirS*) 受多种因素影响，碳氮比及溶解氧为其主要影响因素。碳氮比=10 时，*nosZ*/(*nirK*+*nirS*) 最大且 N_2O 排放量最低；碳氮比=0 时，*nosZ*/(*nirK*+*nirS*) 最低，N_2O 排放量最高（Chen et al.，2020c）。*nosZ*/(*nirK*+*nirS*) 在溶解氧浓度为 0.12mg/L 时显著大于溶解氧浓度为 8.50mg/L 时（Pang et al.，2020）。需要注意的是，人工湿地进水中某些微生物生长抑制物（新污染物）如抗生素等也会影响 *nosZ*/(*nirK*+*nirS*)。*nirS* 基因及 *nosZ* 基因丰度与磺胺甲基嘧啶浓度呈负相关（Hou et al.，2015）。因此，随着人工湿地的发展，尤其用于去除新污染物时，N_2O 还原环境创建值得研究。

CH_4：人工湿地 CH_4产生与微生物厌氧呼吸有关，路径相对清晰，微生物厌氧降解有机物终产物含 CH_4。人工湿地主要产 CH_4菌属为甲烷鬃菌属、甲烷八叠球菌属、产氢产甲烷菌属等古菌，相关功能基因是 *mcrA* 基因（Liu et al.，2020）。人工湿地产生的 CH_4通过气泡形式排放、液相扩散和植物传输三种途径进行迁移（Thanarajan et al.，2013），部分在人工湿地内部被氧化为 CO_2。人工湿地甲烷氧化的相关功能基因为编码甲烷单加氧酶的 *pmoA* 基因，主要包括甲烷好氧氧化和甲烷厌氧氧化（AOM）两种路径，多数甲烷被好氧氧化（Liu et al.，2020）。甲烷厌氧氧化也是重要的甲烷转化途径，可被多种电子受体（包括硫酸盐、硝酸盐、金属等）驱动。按照电子受体种类不同，将其分为硫酸盐主导的甲烷厌氧氧化（SAMO）、硝酸盐/亚硝酸盐主导的甲烷厌氧氧化（DAMO）、金属主导的甲烷厌氧氧化（metal-AOM）（Zhang K et al.，2022）。甲烷氧化古菌（ANME）可发生甲烷厌氧氧化，SAMO 的主要功能菌属为 ANME-1、ANME-2a/b/c、ANME-3；DAMO 的主要功能菌属可能为甲烷厌氧氧化古菌属（*Methanoperedens* sp.）；metal-AOM 的主要功能菌属为 ANME-2d 的某些分枝（Nie et al.，2021；Zhang K et al.，2022）。Zhang M 等（2020）和 Cheng 等（2019）的两项研究证实人工湿地内部存在多电子受体驱动的 AOM，他们验证了 AOM 串联碳氮硫循环的可能性。DAMO 对 CH_4氧化和 N_2O 还原的贡献分别达到 9.49% ~ 26.7% 和 20.7% ~47.1%（Egger et al.，2015）。另外，需注意，人工湿地微生物功能群中，甲烷氧化菌仅占 3.6%，表明除产甲烷菌外，其他类群在温室气体转化中可能发挥着关键作用，从而放大了人工湿地 CH_4排放源作用（Bonetti et al.，2021）。但人工湿地甲烷厌氧氧化研究较少，其他类群微生物对其影响也不清晰。

第 2 章　潜流人工湿地碳氧调控

人工湿地水处理的过程中进行着大量的生化反应，例如有机物的合成代谢和分解代谢、氮素的硝化与反硝化反应，这些生化过程通常需要在特定的氧化还原环境中进行。其中，有机物和氨氮的氧化主要依赖于好氧环境，硝酸盐的还原过程主要依赖于缺氧环境。当有机物量过高时，其自身降解作用会大量消耗溶解氧，使得硝化作用受到抑制，氨氮不能转变为硝态氮，无法产生反硝化所需的足够底物；而如果有机物在好氧环境中被大量降解，又可能引起后续反硝化碳源不足，导致人工湿地脱氮效率下降。因此，碳源和溶解氧供应是影响人工湿地脱氮效果的两大因素。如何在人工湿地内部创造“碳-氧”平衡的氧化还原环境是提高水质净化效率的关键。

2.1　曝气水平潜流人工湿地

在水平潜流人工湿地中，氧的主要来源为大气氧向湿地的自由扩散、进水中溶解氧和湿地植物根部输氧，但总体复氧能力较低。本研究尝试在不同位点通过人工曝气优化人工湿地内部的氧化还原环境，进一步提高人工湿地的脱氮性能。

2.1.1　装置构建及运行

本研究采用如图 2-1 所示的水平潜流人工湿地，采用聚氯乙烯（PVC）材料制成，长、宽、高分别为 1.2m、0.4m 和 0.7m。湿地沿水流方向由进水区、初沉区、主功能区

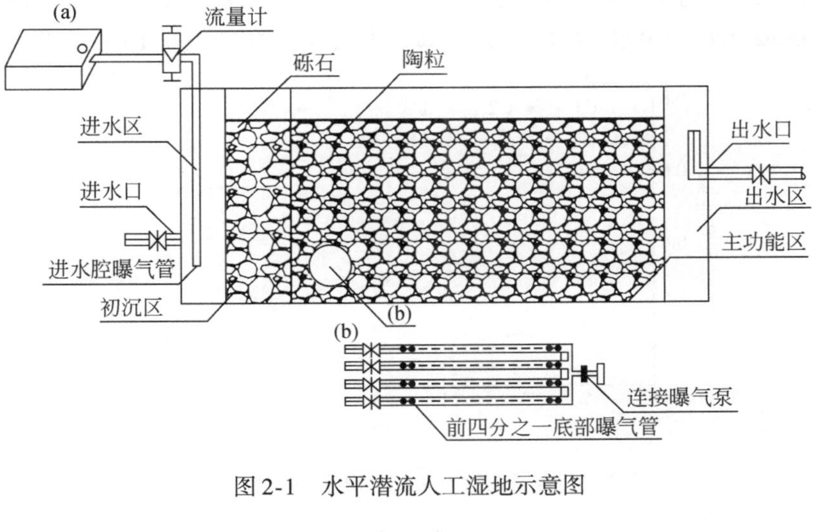

图 2-1　水平潜流人工湿地示意图

和出水区 4 个腔室组成。初沉区内装有粒径为 8～12mm 的砾石，主功能区内装有粒径为 6～8mm 的陶粒，填料高度为 0.5m。

六套人工湿地系统设置如表 2-1 所示，根据植物种类分为美人蕉（C 组，*Canna indica*）和西伯利亚鸢尾（I 组，*Iris sibirica*）两组。每组再根据曝气设置分为前四分之一曝气组（3）、进水区曝气组（2）和不曝气对照组（1）。

表 2-1　六套人工湿地系统设置

项目	C1	C2	C3	I1	I2	I3
前四分之一底部曝气			√			√
进水区底部曝气		√			√	
种植美人蕉	√	√	√			
种植西伯利亚鸢尾				√	√	√

前四分之一曝气组的设置如图 2-1（b）所示。4 根直径为 25mm 的曝气管均匀地设置在主功能区前四分之一位置处，并且距离系统底部 10cm。在每根曝气管的上方均匀布置孔径为 1mm 的曝气孔。曝气管通过外接橡胶管与曝气泵（OUTSTANDING，550W-8L）连接。进水区曝气组的设置如图 2-1（a）所示。与曝气泵连接的曝气管伸入进水区中距离底部 10cm 的位置处。为了控制曝气量，在每个装置的曝气泵和曝气管之间均安装流量计。曝气条件控制为每曝气 2h，停止曝气 1h，气水比采用 5∶1。

2.1.2　水质净化效果

1. 常温与低温运行

常温条件下，当水力负荷为 100mm/d 时，各人工湿地系统出水 DO 浓度均高于进水 DO 浓度（图 2-2）。此外，人工湿地系统 I1、I2 和 I3（0.20～0.24mg/L、0.24～0.40mg/L 和 0.38～0.48mg/L）的出水 DO 浓度分别高于 C1、C2 和 C3（0.10～0.19mg/L、0.20～

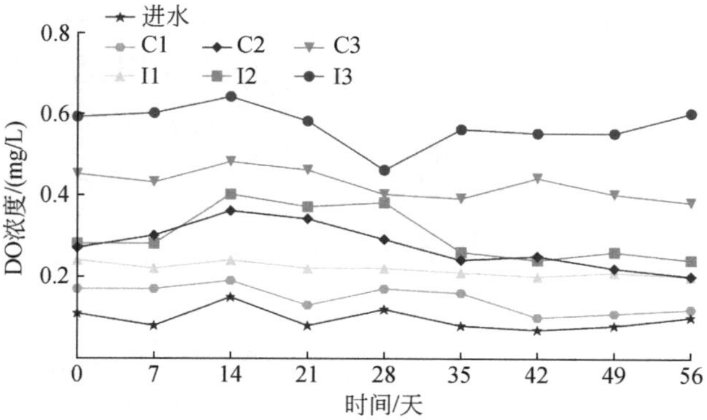

图 2-2　常温条件下系统进出水 DO 浓度变化

0.36mg/L 和 0.20～0.36mg/L，$P<0.05$）。不同种类的水生植物复氧能力存在一定差异。在同样的水力负荷和温度条件下，本研究发现西伯利亚鸢尾组的复氧能力强于美人蕉组。

通过比较采用不同曝气设置的处理组，发现系统出水 ORP 在 C3 和 I3（主功能区前四分之一处曝气组）最高，C2 和 I2（进水区曝气组）次之，C1 和 I1（不曝气对照组）最低（图 2-3）。通过比较种植不同植物的系统，发现出水 ORP 和 DO 浓度具有相似的变化规律，I1、I2 和 I3（西伯利亚鸢尾组）出水 ORP 普遍高于 C1、C2 和 C3（美人蕉组）出水 ORP。值得关注的是，I1 出水 ORP 甚至偶尔出现高于 C2 的情况。在湿地主功能区前四分之一处曝气使氧气直接散布于填料装填区，使得由基质、微生物和根系组成的植物根区氧化还原环境更加多样化。

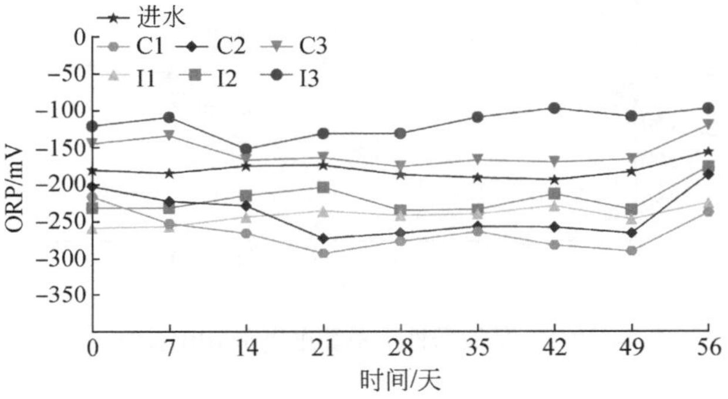

图 2-3　常温条件下系统进出水 ORP 变化

水力负荷不变，在低温条件下系统进出水 DO 浓度的变化情况如图 2-4 所示。6 组人工湿地在低温条件下出水 DO 浓度变化情况与常温条件下一致。C3 和 I3 平均出水 DO 浓度（0.57mg/L 和 0.77mg/L）最高，C2 和 I2（0.32mg/L 和 0.40mg/L）次之，C1 和 I1（0.19mg/L 和 0.25mg/L）最低（$P<0.05$），这说明主功能区前四分之一处曝气组复氧能力最好。从植物种类来看，I1、I2 和 I3（西伯利亚鸢尾组）出水 DO 浓度高于 C1、C2 和 C3（美人蕉组）（$P<0.05$），这说明在低温条件下，西伯利亚鸢尾的复氧能力同样优于美人蕉。

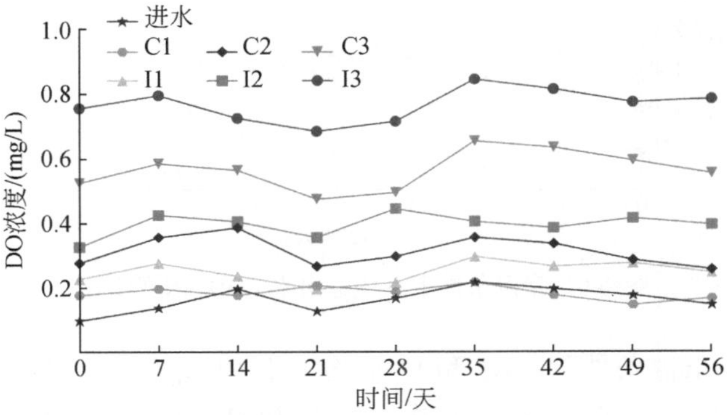

图 2-4　低温条件下系统进出水 DO 浓度变化

与常温条件下相比，低温条件下系统出水 DO 浓度有所增加。其中，低温条件下 C3 和 I3 出水平均 DO 浓度相比于常温条件下分别显著增加了 33.9% 和 35.3% （$P<0.05$）。Chen 等（2021）的研究结果也表明，在不同基质填充或湿地运行条件下，人工湿地出水 DO 浓度均随着温度的降低而有所升高。另外，低温条件下有机物生物降解速率的降低也可能减少了氧气消耗。

图 2-5 展现了低温条件下系统进出水 ORP 的变化情况。在低温条件下，6 组人工湿地间出水 ORP 的差异与常温条件一致。与常温条件相比，低温条件下 ORP 有所升高。

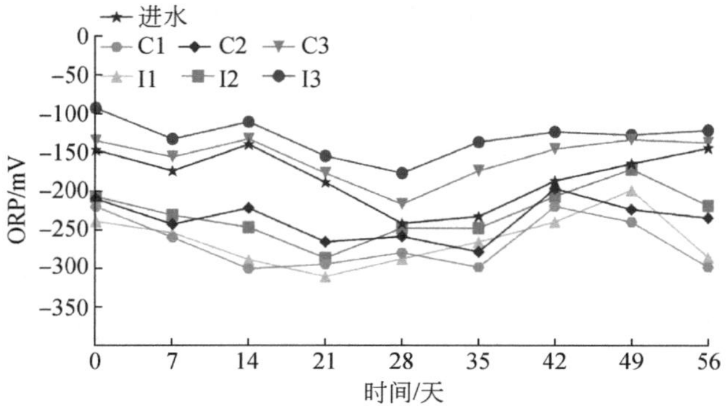

图 2-5　低温条件下系统进出水 ORP 变化

如图 2-6 所示，常温条件下，I3 出水 COD_{Cr}浓度（平均 32mg/L）一直低于其他系统，并且符合《城镇污水处理厂污染物排放标准》（GB 18918—2002）一级 A 标准（COD_{Cr}<50mg/L）要求。可能是由于种植西伯利亚鸢尾和主功能区前四分之一处曝气两种措施组合，通过碳氧调控改善了人工湿地内部氧化还原环境，使人工湿地系统对有机物的去除能力增强。

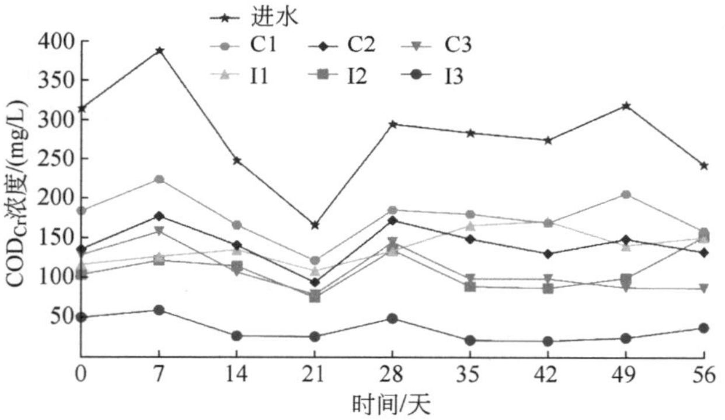

图 2-6　常温条件下系统进出水 COD_{Cr}浓度变化

如图 2-7 所示，低温条件下，C3 和 I3 平均出水 COD_{Cr}浓度（121mg/L 和 84.2mg/L）最低，C2 和 I2（163mg/L 和 138mg/L）次之，C1 和 I1（193mg/L 和 171mg/L）最高，采用不同曝气措施的处理组间存在显著性差异（$P<0.05$）。从植物种类来看，I1、I2 和 I3（西伯利亚鸢尾组）平均出水 COD_{Cr}浓度均显著低于 C1、C2 和 C3（美人蕉组）（$P<0.05$），

其中 I3 出水 COD_{Cr}浓度在整个实验周期始终保持最低。在低温条件下，主功能区前四分之一处曝气和种植西伯利亚鸢尾同样对 COD_{Cr}的去除具有较好的促进作用。

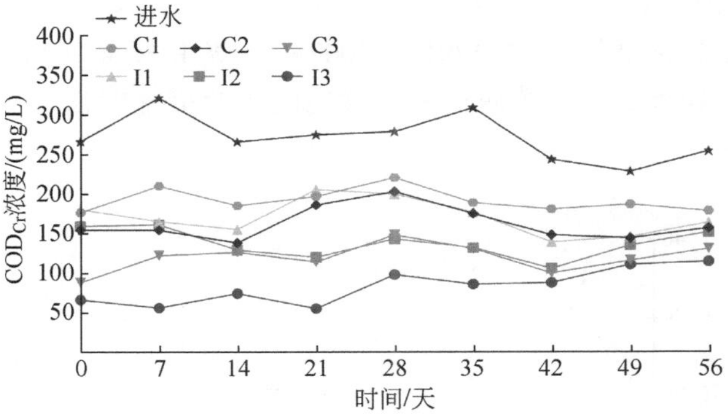

图 2-7　低温条件下系统进出水 COD_{Cr}浓度变化

在相同的水力负荷（100mm/d）下，温度对 6 组人工湿地 COD_{Cr}去除率的影响如图 2-8 所示。在低温和常温两种条件下，系统对 COD_{Cr}的去除率都表现为 C3>C2>C1 和 I3>I2>I1。在常温和低温条件下，I1 的 COD_{Cr}去除率比 C1 分别高出 34.5% 和 27.9%（$P<0.05$）。与李银等（2020）的研究结果不同，本研究表明种植西伯利亚鸢尾的人工湿地在常温和低温条件下都具有更好的有机污染物净化能力。虽然低温条件不利于人工湿地对有机物的去除，但低温条件下 C3 系统对 COD_{Cr}的去除率比常温条件下 C1 系统高出 38%（$P<0.05$）。同样地，低温条件下 I3 系统对 COD_{Cr} 的去除率比常温条件下 I1 系统高出 28.5%（$P<0.05$）。结果表明，在主功能区前四分之一处采取曝气措施能有效缓解低温条件对水平潜流人工湿地去除 COD_{Cr}的不利影响。

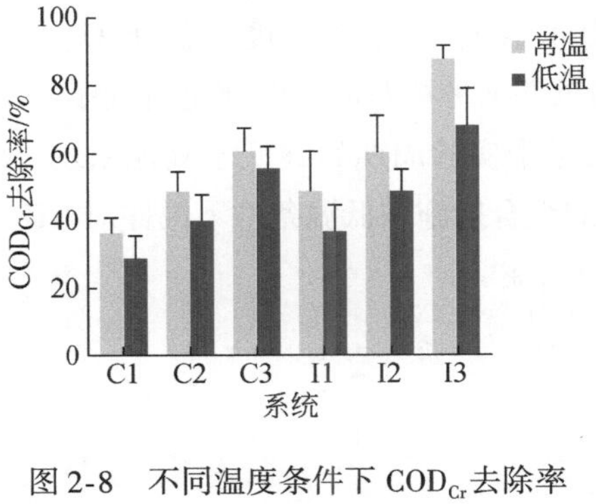

图 2-8　不同温度条件下 COD_{Cr}去除率

常温条件下，6 组人工湿地进出水 NH_4^+-N 浓度变化情况（图 2-9）表明 C3 和 I3（5.90～19.4mg/L 和 1.78～11.3mg/L）出水 NH_4^+-N 浓度最低，C2 和 I2（11.3～22.4mg/L 和 4.77～26.8mg/L）次之，C1 和 I1（11.6～25.0mg/L 和 7.42～28.1mg/L）最高，采用不同曝气措施的处理组间存在显著性差异（$P<0.05$）。本研究进一步表明主功能区前四分之一处采取曝气措施有利于降低人工湿地出水 NH_4^+-N 浓度（$P<0.05$）。从植物种类来看，

I1、I2 和 I3（西伯利亚鸢尾组）出水 NH_4^+-N 浓度分别低于 C1、C2 和 C3（美人蕉组）（$P<0.05$），但美人蕉组出水 NH_4^+-N 浓度波动范围小于西伯利亚鸢尾组。I3 在整个实验周期均保持最低的出水 NH_4^+-N 浓度，并且 I3 出水 NH_4^+-N 平均浓度（7.95mg/L）符合《城镇污水处理厂污染物排放标准》（GB 18918—2002）一级 B 标准（NH_4^+-N<8mg/L）要求。主功能区前四分之一处曝气和种植西伯利亚鸢尾的组合措施能强化水平潜流人工湿地对 NH_4^+-N 的处理效果。

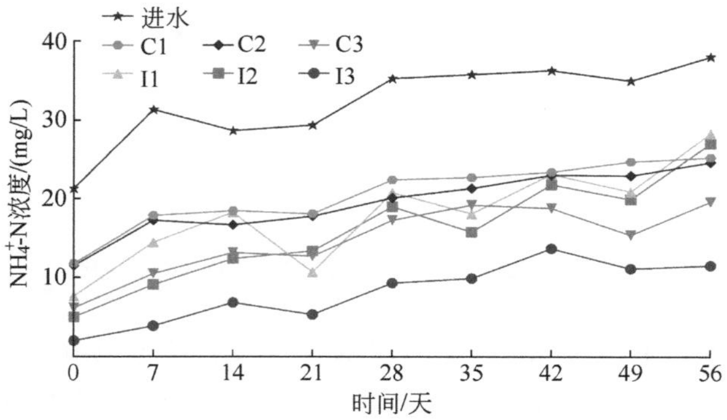

图 2-9　常温条件下系统进出水 NH_4^+-N 浓度变化

低温条件下，6 组人工湿地进出水 NH_4^+-N 浓度变化情况如图 2-10 所示。C3 和 I3 出水 NH_4^+-N 平均浓度（22.0mg/L 和 17.9mg/L）显著低于 C1 和 I1 出水 NH_4^+-N 平均浓度（26.9mg/L 和 25.9mg/L）（$P<0.05$），但是 C2 和 I2 出水 NH_4^+-N 平均浓度（25.3mg/L 和 23.6mg/L）与 C1 和 I1 出水 NH_4^+-N 平均浓度无显著差异。在低温条件下，相比于在进水区曝气，在主功能区前四分之一处曝气更有利于 NH_4^+-N 的去除。从植物种类来看，I1、I2 和 I3（西伯利亚鸢尾组）出水 NH_4^+-N 平均浓度均低于 C1、C2 和 C3（美人蕉组）出水 NH_4^+-N 平均浓度，表明低温条件下种植西伯利亚鸢尾有利于人工湿地保持较高的 NH_4^+-N 去除率。I3 出水 NH_4^+-N 浓度在整个实验周期始终低于其他系统，说明在主功能区前四分之一处曝气和种植西伯利亚鸢尾的组合措施在低温条件下同样对 NH_4^+-N 去除具有促进作用。

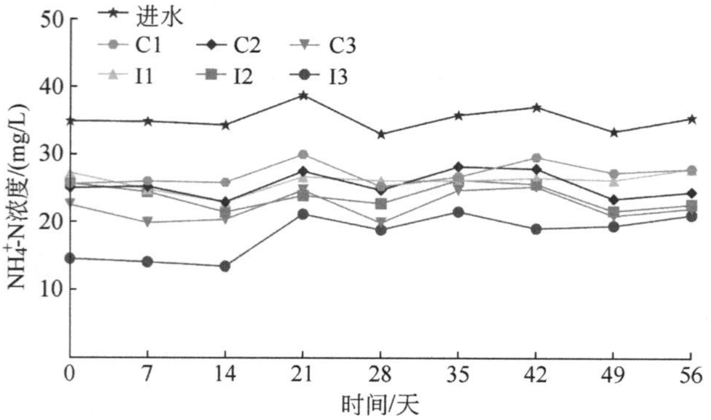

图 2-10　低温条件下系统进出水 NH_4^+-N 浓度变化

在相同的水力负荷（100mm/d）下，温度对 6 组人工湿地 NH_4^+-N 去除率的影响如图 2-11 所示。结果表明，在常温和低温条件下，NH_4^+-N 去除率都表现为 C3>C2>C1 和 I3>I2>I1。有研究表明，人工湿地对 NH_4^+-N 的去除率与系统内的 DO 浓度有明显的相关性，即 DO 浓度越高，NH_4^+-N 去除率越高（Wang et al.，2018）。主功能区前四分之一处曝气组（C3 和 I3）具有最高的 NH_4^+-N 去除率，这可能得益于充足的氧气供应（图 2-2 和图 2-11）。此外，在常温和低温条件下，I3 对 NH_4^+-N 的去除率相比于 C3 分别提高了 37.0% 和 31.4%（$P<0.05$），这说明种植西伯利亚鸢尾比美人蕉能进一步强化人工湿地对 NH_4^+-N 的去除。随着温度的降低，NH_4^+-N 去除率显著（$P<0.05$）下降。低温条件下 NH_4^+-N 去除率比常温条件下 NH_4^+-N 去除率分别降低了 36.3%（C1）、39.5%（C2）、54.8%（C3）、44.9%（I1）、51.9%（I2）和 75.4%（I3）（$P<0.05$）。低温环境抑制硝化细菌的活性可能是主要原因（Liu G et al.，2019）。不过，低温条件下 I3 的 NH_4^+-N 去除率（49.0%）相比于常温条件下 I1 的 NH_4^+-N 去除率（45.9%）提高了 6.8%。这表明主功能区前四分之一处曝气和种植西伯利亚鸢尾的组合措施能在一定程度上减缓低温对人工湿地 NH_4^+-N 去除的不利影响。

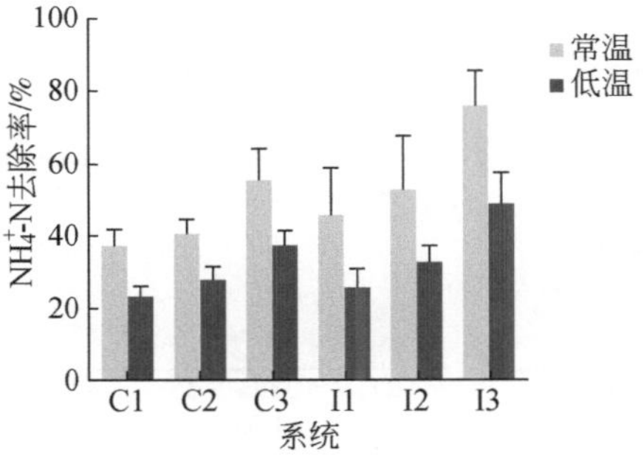

图 2-11　不同温度条件下 NH_4^+-N 去除率

常温条件下，6 组人工湿地进出水 TN 浓度变化情况如图 2-12 所示。C3 和 I3 出水 TN 平均浓度（19.7mg/L 和 12.8mg/L）最低，C2 和 I2（22.4mg/L 和 18.1mg/L）次之，C1 和 I1（24.9mg/L 和 21.7mg/L）最高（$P<0.05$）。从植物种类来看，I1、I2 和 I3 出水 TN 平均浓度均低于 C1、C2 和 C3 出水 TN 平均浓度（$P<0.05$），其中，I3 出水 TN 平均浓度（12.8mg/）明显低于其他组（$P<0.05$），并且符合《城镇污水处理厂污染物排放标准》（GB 18918—2002）一级 A 标准（TN<15mg/L）要求。

低温条件下，6 组人工湿地出水 TN 浓度变化情况如图 2-13 所示。C3 和 I3 出水 TN 平均浓度（35.3mg/L 和 30.6mg/L）显著低于 C1 和 I1 出水 TN 平均浓度（40.6mg/L 和 39.2mg/L），而 C2 和 I2 出水 TN 平均浓度（37.2mg/L 和 36.3mg/L）与 C1 和 I1 出水 TN 平均浓度无显著差异。结果表明低温条件下，在主功能区前四分之一处曝气相比于在进水区曝气更有利于 TN 的去除。从植物种类的影响来看，C1 和 I1 出水 TN 平均浓度之间差别不大，说明在自然复氧的条件下，种植西伯利亚鸢尾和美人蕉的人工湿地系统对 TN 的净化能力差别不大。不过，I3 系统出水 TN 平均浓度（30.6mg/L）明显低于 C3 系统出水 TN

平均浓度（35.3mg/L）（$P<0.05$），说明在低温条件下，主功能区前四分之一处曝气仍能强化种植西伯利亚鸢尾的人工湿地对 TN 的去除能力。

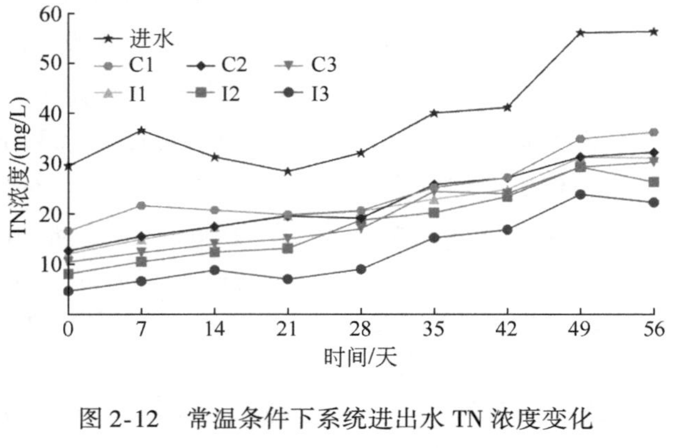

图 2-12 常温条件下系统进出水 TN 浓度变化

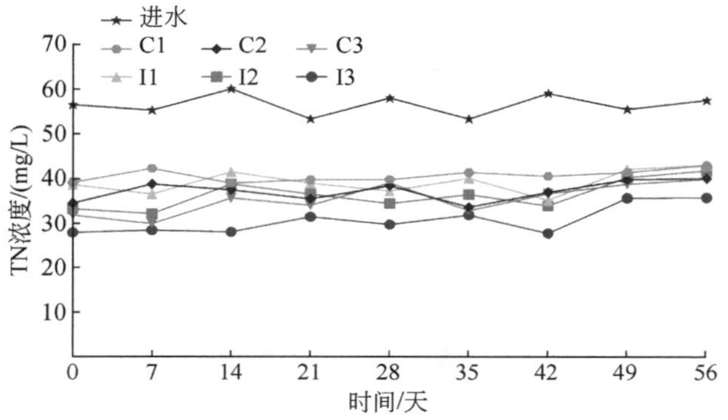

图 2-13 低温 100mm/d 水力负荷下 TN 浓度变化

在相同的水力负荷（100mm/d）下，温度对 6 组人工湿地 TN 去除率的影响如图 2-14 所示。在常温和低温条件下，各组系统对 TN 去除率的高低排序（C3>C2>C1 和 I3>I2>I1）与 NH_4^+-N 去除率类似。6 组人工湿地装置在低温条件下的 TN 去除率比较低，并且相互之

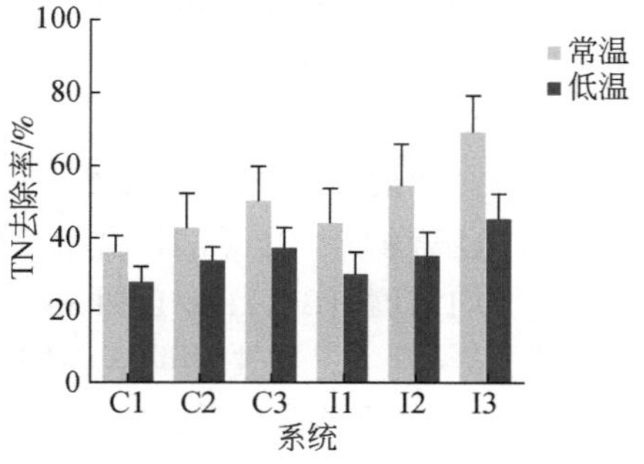

图 2-14 不同温度条件下 TN 去除率

间不具有显著性差异（$P>0.05$），这可能是由于反硝化细菌活性容易受温度等环境因素的影响（Wei et al.，2021）。不过，在低温条件下 I1（30.4%）、I2（35.5%）和 I3（45.5%）的 TN 去除率分别高于 C1（27.8%）、C2（34.1%）和 C3（37.3%）（$P<0.05$），这可能是由于西伯利亚鸢尾在低温条件下仍然生长旺盛，而美人蕉在低温条件下几乎枯萎甚至死亡。

常温条件下，6 组人工湿地进出水 NO_2^--N 和 NO_3^--N 浓度变化情况分别如图 2-15 和图 2-16 所示。6 组人工湿地出水 NO_2^--N 浓度均低于 0.41mg/L，并且曝气措施和植物种类对系统出水 NO_2^--N 浓度的影响不大。6 组人工湿地出水 NO_3^--N 浓度均低于 1.68mg/L，未出现明显的硝酸盐积累现象。潘福霞等（2021）指出曝气条件下，当 C/N 大于 4∶1 时，水平潜流人工湿地系统内不会出现硝酸盐积累现象。水平潜流人工湿地出现硝酸盐积累主要是由于进水碳源不足，而本研究的进水 C/N 始终大于 4∶1，保障了反硝化过程的顺利进行。

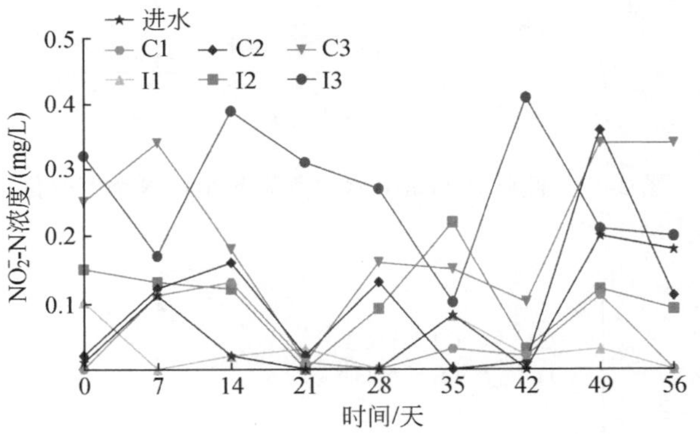

图 2-15　常温 100mm/d 水力负荷下 NO_2^--N 浓度变化

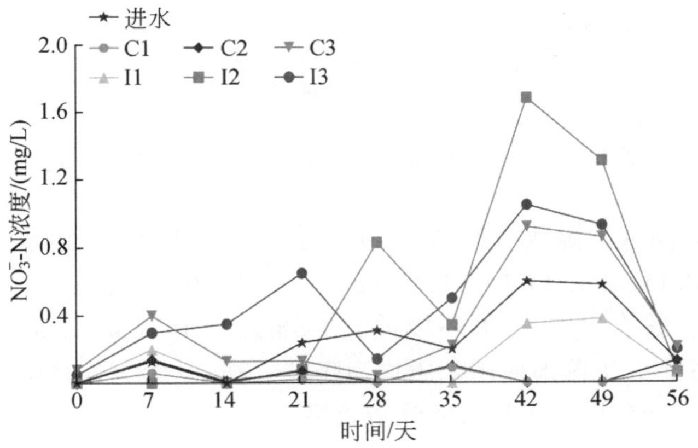

图 2-16　常温 100mm/d 水力负荷下 NO_3^--N 浓度变化

低温条件下，6 组人工湿地进出水 NO_2^--N 和 NO_3^--N 浓度变化情况分别如图 2-17 和

图 2-18 所示。其中，种植西伯利亚鸢尾且在主功能区前四分之一处曝气的系统（I3）出水 NO_2^--N 浓度明显高于其他人工湿地（P<0.05），同时，I3 系统在低温条件下的出水 NO_2^--N 平均浓度比常温条件下的出水 NO_2^--N 平均浓度增加了 0.35mg/L（P<0.05）；可能是由于该曝气方式有助于强化西伯利亚鸢尾在低温下对 NH_4^+-N 的去除能力，却无法减轻低温对反硝化作用的不利影响。在低温条件下，6 组人工湿地出水 NO_3^--N 浓度易受到进水 NO_3^--N 浓度的影响，特别是 I3 组对进水 NO_3^--N 浓度的波动最为敏感。

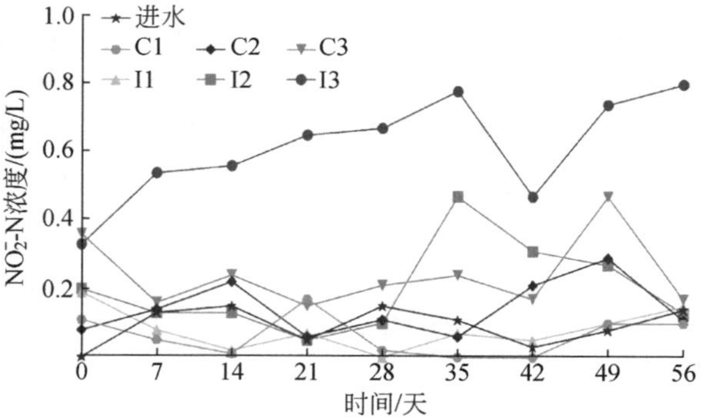

图 2-17　低温 100mm/d 水力负荷下 NO_2^--N 浓度变化

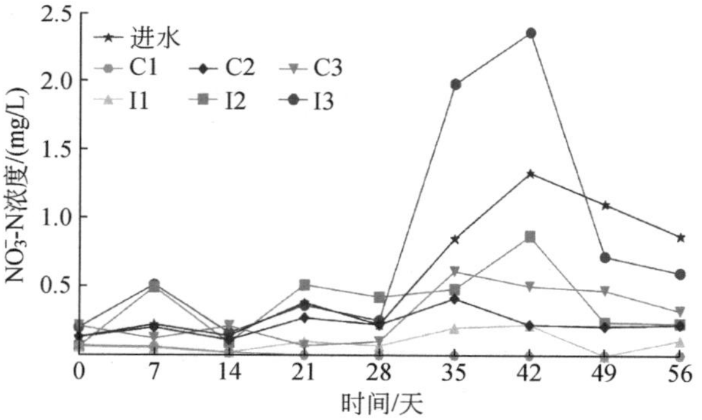

图 2-18　低温 100mm/d 水力负荷下 NO_3^--N 浓度变化

常温条件下，6 组人工湿地出水 TP 浓度均较低（图 2-19），出水 TP 平均浓度分别为 0.08mg/L（C1）、0.11mg/L（C2）、0.08mg/L（C3）、0.14mg/L（I1）、0.15mg/L（I2）和 0.10mg/L（I3），符合《地表水环境质量标准》（GB 3838—2002）Ⅲ类标准（TP<0.2mg/L）要求。6 组人工湿地所用基质均为陶粒，Zhong 等（2015b）将该材料用作水平潜流人工湿地基质，同样取得了显著的除磷效果。

低温条件下，6 组人工湿地出水 TP 浓度仍然保持在较低水平（图 2-20），出水 TP 平均浓度分别为 0.07mg/L（C1）、0.22mg/L（C2）、0.19mg/L（C3）、0.15mg/L（I1）、0.24mg/L（I2）和 0.16mg/L（I3），出水水质符合《地表水环境质量标准》(GB 3838—

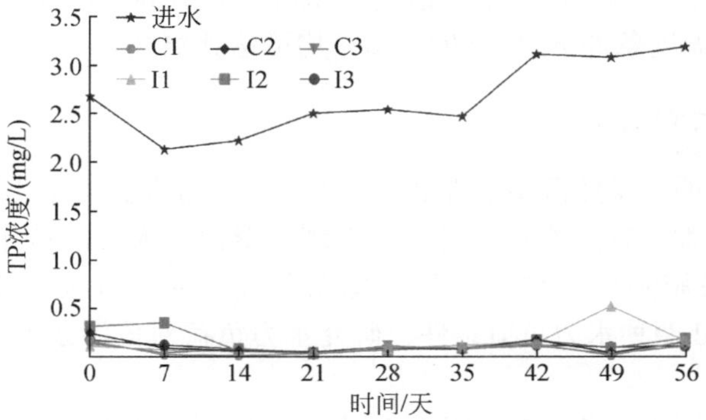

图 2-19 常温 100mm/d 水力负荷下 TP 浓度变化

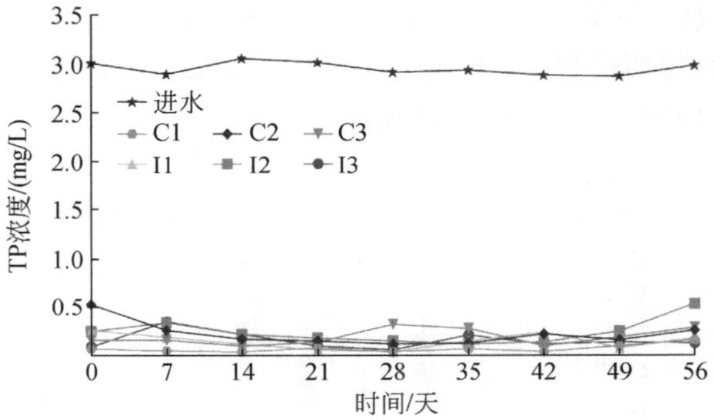

图 2-20 低温 100mm/d 水力负荷下 TP 浓度变化

2002）Ⅳ类标准（TP<0.3mg/L）。

在相同的水力负荷（100mm/d）下，温度对 6 组人工湿地 TP 去除率的影响如图 2-21 所示。低温条件下主功能区前四分之一处曝气组（C3 和 I3）和进水区曝气组（C2 和 I2）的 TP 去除率略低于常温条件下，但不存在显著性差异，这可能是由于基质对磷的吸附反应属于吸热反应，当环境温度降低时，基质的吸附能力降低，使得人工湿地对 TP 的去除

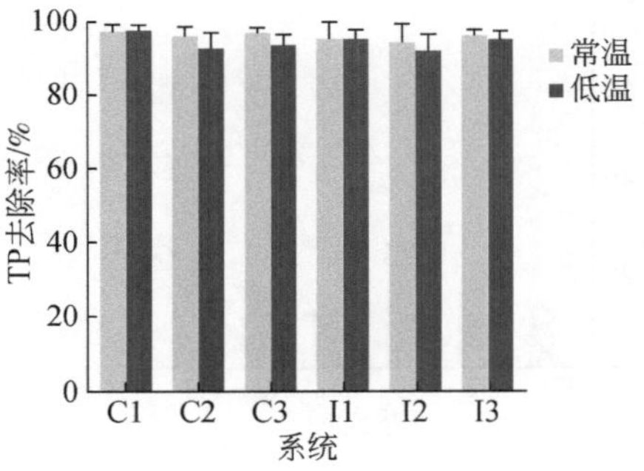

图 2-21 不同温度条件下 TP 去除率

率略有下降。采用陶粒作为基质的水平潜流人工湿地具有高效的 TP 去除能力，本研究中 6 组人工湿地在两种温度条件下对 TP 的去除率均可达到 90% 以上。

2. 不同水力负荷影响

上述研究结果表明，虽然低温条件会影响人工湿地对水质的净化效果，但是选择适宜的曝气措施与植物种类（I3）能在一定程度上缓解低温对人工湿地净化效果的不利影响。为了深入研究曝气措施和植物种类选择对低温条件下人工湿地净化效果的影响，设置 100mm/d 及 200mm/d 两种水力负荷条件，研究水力负荷对低温条件下 6 组人工湿地净化效果的影响。

低温条件下，不同水力负荷对 6 组人工湿地 COD_{Cr} 去除率的影响如图 2-22 所示，系统对 COD_{Cr} 的去除率随着水力负荷的上升而降低，可能是水力负荷的增加导致水力停留时间缩短，使得污水中有机物未能及时在人工湿地内微生物的作用下得到降解，因而 COD_{Cr} 去除率降低。不过，当水力负荷从 100mm/d 上升至 200mm/d 时，I3 的 COD_{Cr} 去除率仅下降了 9.5%，这说明在种植西伯利亚鸢尾的人工湿地主功能区前四分之一处曝气有利于系统降低水力负荷升高对 COD_{Cr} 去除的不利影响。

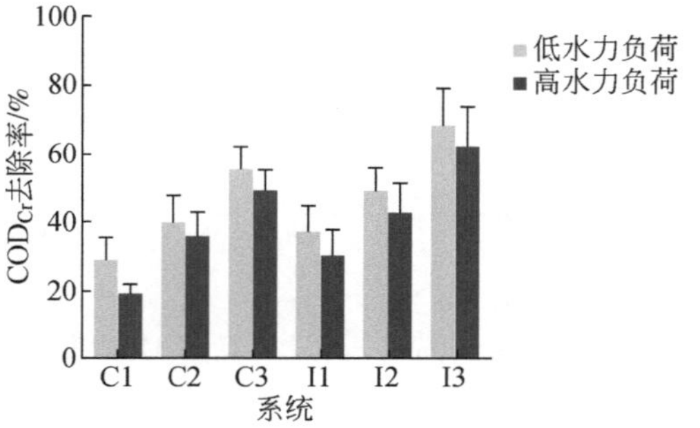

图 2-22　水力负荷对人工湿地 COD_{Cr} 去除率的影响

低温条件下，不同水力负荷对 6 组人工湿地 NH_4^+-N 去除率的影响如图 2-23 所示，系统对 NH_4^+-N 的去除率均随着水力负荷的上升而有所下降。当水力负荷为 200mm/d 时，各

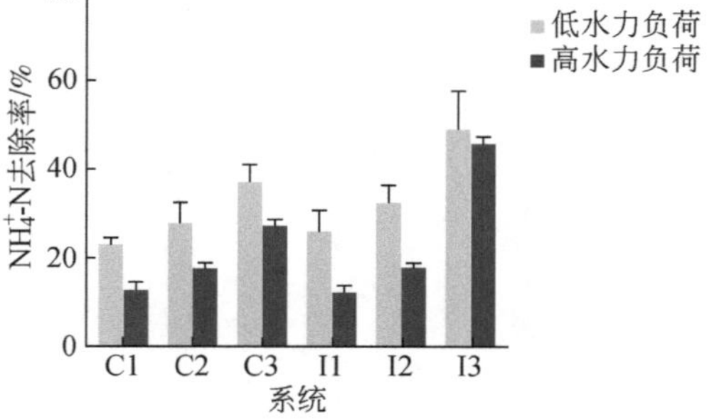

图 2-23　水力负荷对人工湿地 NH_4^+-N 去除率的影响

系统对 NH_4^+-N 的平均去除率比水力负荷为 100mm/d 时分别下降了 43.5%（C1）、36.2%（C2）、26.5%（C3）、56.1%（I1）、45.6%（I2）和 6.3%（I3）（$P<0.05$）。I3 系统在水力负荷升高后仍然保持了对 NH_4^+-N 的稳定去除率，具有一定的抗高水力负荷扰动的能力。

低温条件下，不同水力负荷对 6 组人工湿地 TN 去除率的影响如图 2-24 所示，系统对 TN 的去除率均随着水力负荷的升高而有所下降。当水力负荷为 200mm/d 时，各系统对 TN 的平均去除率比水力负荷为 100mm/d 时分别下降了 22.7%（C1）、16.4%（C2）、35.7%（C3）、19.4%（I1）、14.4%（I2）和 15.8%（I3）（$P<0.05$）。水力负荷的升高对人工湿地 TN 去除有较大的影响，随着水力负荷的升高，污水水力停留时间缩短，使得硝化和反硝化反应不完全，而且水流可能导致部分硝化和反硝化细菌被带出系统外，造成系统的 TN 去除率降低。

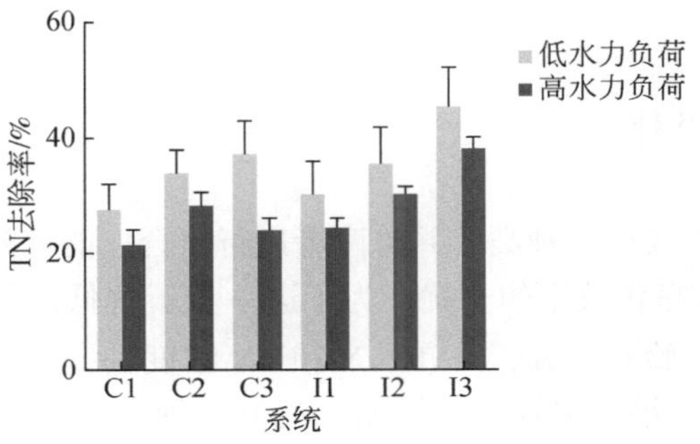

图 2-24 水力负荷对人工湿地 TN 去除率的影响

低温条件下，不同水力负荷对 6 组人工湿地 TP 去除率的影响如图 2-25 所示。当水力负荷为 100mm/d 时，6 组人工湿地的 TP 去除率没有明显的区别，并且均保持在 90% 以上；而当水力负荷上升至 200mm/d 时，6 组人工湿地 TP 去除率均明显下降。其中，主功能区前四分之一处曝气组（C3 和 I3）下降最为明显，分别降低了 15.8% 和 19.4%（$P<0.05$），这可能是由于水力负荷的升高加剧了底部曝气对水流的扰动，导致基质对磷的吸附稳定性降低。水力负荷的升高对不曝气组（C1 和 I1）TP 去除率的影响较小，仅分别下降了 8.6% 和 8.3%。

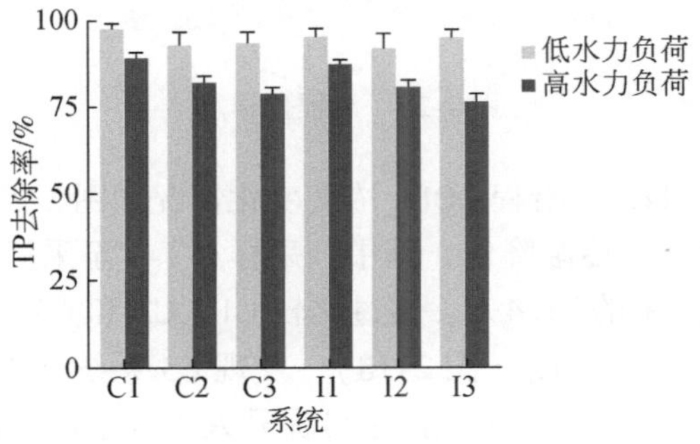

图 2-25 水力负荷对人工湿地 TP 去除率的影响

双因素（组合类型×水力负荷）方差分析结果如表2-2所示。组合类型（曝气与植物类型选择）和水力负荷对COD_{Cr}、NH_4^+-N、TN、TP去除率有极显著影响（$P<0.01$），组合类型×水力负荷的交互作用对COD_{Cr}、TN去除率的影响不显著，对NH_4^+-N、TP的去除率有极显著影响（$P<0.01$）。

表2-2　组合类型、水力负荷及两者交互作用对系统净化效果的影响

指标	组合类型	水力负荷	组合类型×水力负荷
COD_{Cr}	<0.01**	0.019**	0.994
NH_4^+-N	<0.01**	<0.01**	0.015**
TN	<0.01**	<0.01**	0.542
TP	<0.01**	<0.01**	0.009**

**极显著相关（$P<0.01$）。

2.1.3　沿程水质变化

选择合适的曝气位点及植物种类，并将两者进行组合，能有效抵抗温度降低对人工湿地COD_{Cr}、NH_4^+-N和TN净化效果的干扰。为了进一步了解低温胁迫下组合措施对3种污染因子的净化机理，本实验对COD_{Cr}、NH_4^+-N和TN浓度进行了沿程跟踪监测。沿程水样采集位置如图2-26所示，沿程采样位点根据水流方向依次为1-1（A1）、1-2（B2）、1-3（C2）、1-4（D2）和1-5（E3），其中，1-1采样点为进水水样，1-2、1-3和1-4采样点为主功能区等距离分布，1-5采样点为出水水样。

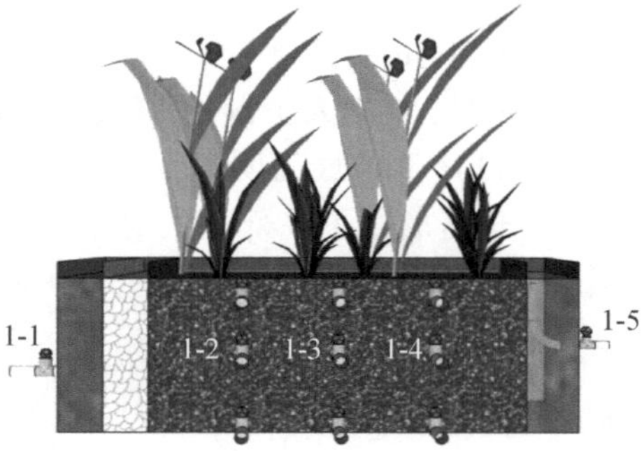

图2-26　沿程采样点

美人蕉组（C1、C2和C3）沿程COD_{Cr}浓度变化情况如图2-27所示。C3系统COD_{Cr}浓度从采样点1-1至采样点1-4逐渐降低，其中，采样点1-1至采样点1-2区间的COD_{Cr}去除量占C3系统COD_{Cr}总去除量的71.4%。通过比较C1、C2和C3系统主功能区前四分之一末端（采样点1-2处）的DO浓度（图2-28），发现C3系统的DO浓度（1.17mg/L）远高于C1系统（0.17mg/L）。适宜的曝气措施可提升人工湿地内部的DO浓度，促进污水中有机物的去除。C1和C2系统在采样点1-1至采样点1-4区间的COD_{Cr}浓度变化趋势相似，

COD_{Cr}去除量同样集中在采样点 1-1 至采样点 1-2 区间，并且两者之间并无明显差异，说明在进水区自然的大气复氧即可为采样点 1-1 至采样点 1-2 区间有机物降解提供基本所需的 DO。在采样点 1-2 至采样点 1-3 区间，C1 和 C2 系统的 COD_{Cr}浓度均略有上升，这可能是由于美人蕉生长旺盛，根系较为发达，其分泌的有机物量超过了在这一阶段微生物对有机物的降解量。在采样点 1-4 至采样点 1-5 区间，C2 系统的 COD_{Cr}浓度有较为明显的降低趋势，但 C1 系统的 COD_{Cr}浓度无明显变化。

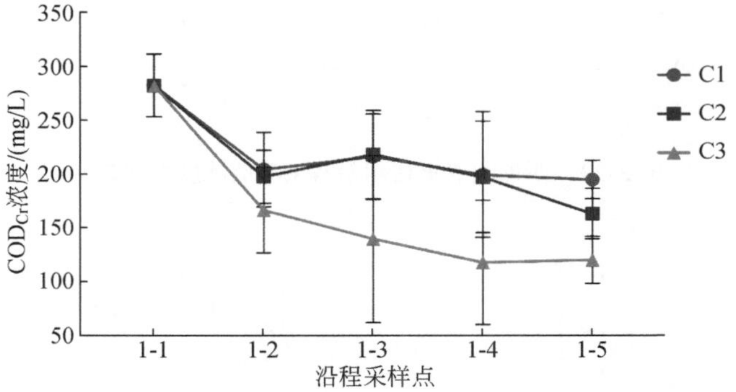

图 2-27　美人蕉组沿程 COD_{Cr}浓度变化趋势

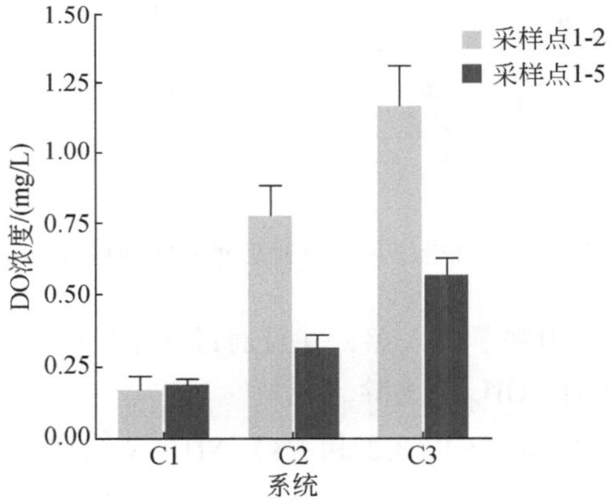

图 2-28　曝气措施对美人蕉组 DO 浓度的影响

西伯利亚鸢尾组（I1、I2 和 I3）沿程 COD_{Cr}浓度变化情况如图 2-29 所示。I1、I2 和 I3 的 COD_{Cr}去除主要发生在采样点 1-1 至采样点 1-2 区间，并且 I2 和 I3 的 COD_{Cr}去除率显著高于 I1（$P<0.05$）。I1、I2 和 I3 在采样点 1-2 及采样点 1-5 的 DO 浓度变化（图 2-30）规律表明，有机物的去除和人工湿地上述区域的 DO 浓度有较大关联。沿着水流方向（采样点 1-1 至采样点 1-5），可能由于 DO 被逐渐消耗，三组系统的沿程 COD_{Cr}去除量逐渐降低。

由图 2-27 和图 2-29 可知，C3 和 I3 系统具有相似的沿程 COD_{Cr}浓度变化趋势，但 I3 在采样点 1-1 至采样点 1-2 区间的 COD_{Cr}去除率（56.3%）高于 C3（41.0%）。由图 2-28 和图 2-30 的 DO 浓度变化情况可知，I3 在采样点 1-2 处的 DO 浓度远高于 C3，可能是由于

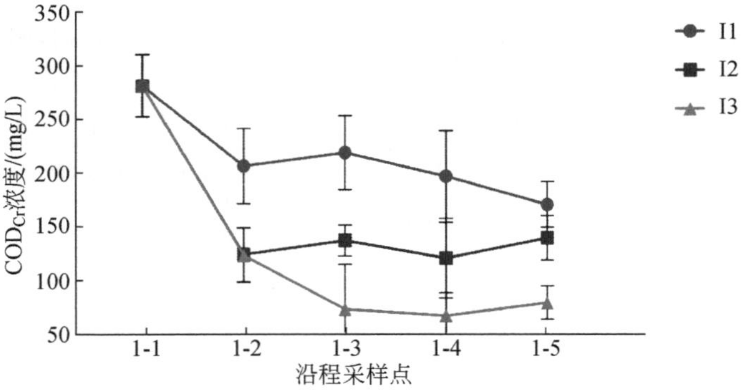

图 2-29　西伯利亚鸢尾组沿程 COD_{Cr}浓度变化趋势

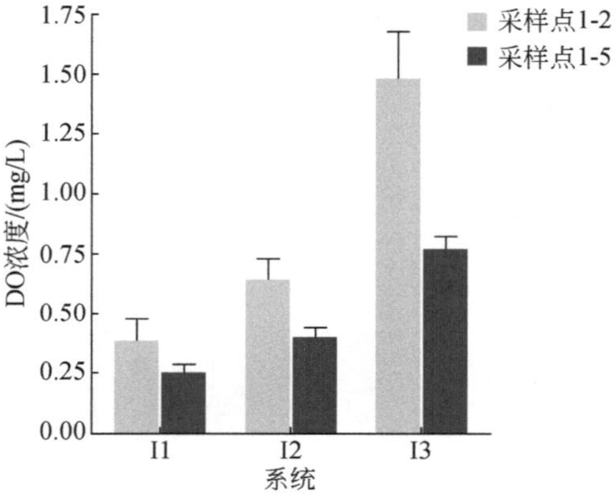

图 2-30　曝气措施对西伯利亚鸢尾组 DO 浓度影响

西伯利亚鸢尾的根系泌氧能力强于美人蕉，并且通过在主功能区前四分之一处曝气进行强化，从而明显促进 I3 系统对 COD_{Cr}的去除。

如图 2-31 所示，美人蕉组（C1、C2 和 C3）NH_4^+-N 浓度沿着水流方向均逐渐降低。C3 系统在采样点 1-1 至采样点 1-2 区间 NH_4^+-N 浓度下降较为明显，该区间 NH_4^+-N 去除量占 NH_4^+-N 总去除量的 56.0%。主功能区前四分之一处曝气的方式提升了采样点 1-1 至采样点 1-2 区间底部 DO 浓度，可能有效地缓解了人工湿地垂直方向上 DO 大量消耗导致的微生物硝化速率降低的问题。C2 在采样点 1-1 至采样点 1-2 区间的 NH_4^+-N 降低量显著低于 C3，这可能是由于在进水区曝气并没有将氧气传输至人工湿地主功能区。美人蕉组内部 DO 浓度变化情况（图 2-28）也表明，在采样点 1-2 处，C3 的 DO 浓度明显高于 C2（$P<0.05$）。

西伯利亚鸢尾组（I1、I2 和 I3）沿程 NH_4^+-N 浓度变化情况如图 2-32 所示。采样点 1-1 至采样点 1-2 区间 NH_4^+-N 去除量为 I3>I2>I1（$P<0.05$）。结合图 2-30 分析，在采样点 1-2 处 DO 浓度表现为 I3>I2>I1（$P<0.05$）。由此可见，人工湿地系统 DO 浓度与 NH_4^+-N 去

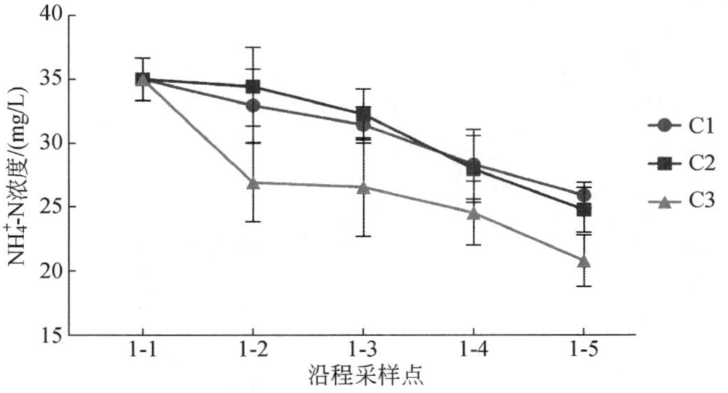

图 2-31　美人蕉组沿程 NH_4^+-N 浓度

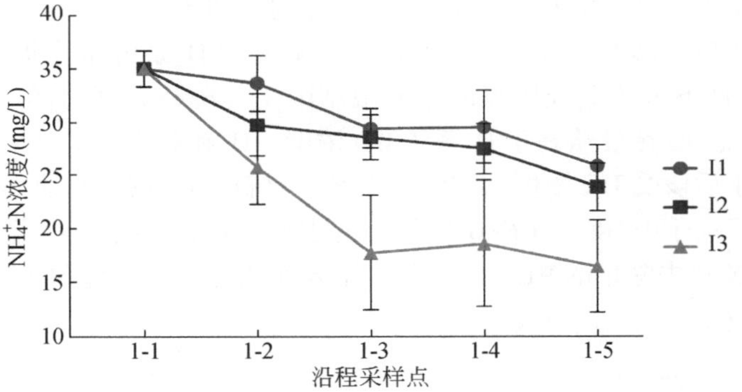

图 2-32　西伯利亚鸢尾组沿程 NH_4^+-N 浓度

除率密切相关，主功能区前四分之一处曝气对系统 NH_4^+-N 的净化效果的促进作用强于进水区曝气。Wang X O 等（2015）同样指出，在湿地内部底层曝气的方式比在进水处预曝气具有更好的充氧效果。I1、I2 和 I3 系统 NH_4^+-N 浓度在采样点 1-4 至采样点 1-5 区间的下降幅度差别不大，说明两种曝气措施对人工湿地末端 NH_4^+-N 去除的贡献不大。

由图 2-31 和图 2-32 可知，I3 系统在曝气点后面的区间（采样点 1-2 至采样点 1-3 区间）仍然保持对 NH_4^+-N 的高效去除，而 C3 系统在曝气点后面的区间对 NH_4^+-N 的去除率逐渐减小，这可能是由于低温条件下西伯利亚鸢尾相比于美人蕉根系泌氧能力更强，从而使得 I3 系统具有最佳的 NH_4^+-N 去除效果。

美人蕉组（C1、C2 和 C3）沿程 TN 浓度变化情况如图 2-33 所示。C1、C2 和 C3 具有相似的沿程 TN 浓度变化规律。从采样点 1-1 至采样点 1-5 区间，C1、C2 和 C3 的 TN 浓度逐渐降低，下降趋势逐步减缓。在湿地前端碳源充足，DO 浓度成为限制 NH_4^+-N 乃至后续 TN 去除的主要限制因子；而随着有机物在湿地前端的去除，湿地后端碳源不足成为限制反硝化过程的主要因素。通过比较 C1、C2 和 C3 的 TN 去除率，发现在主功能区前四分之一处曝气（C3）对 TN 的去除率高于进水区曝气（C2）和不曝气（C1）系统。主功能区前四分之一处曝气有利于在人工湿地的上下层和前后端形成好氧和缺氧交替的环境，从而有利于硝化反应和反硝化反应的进行。

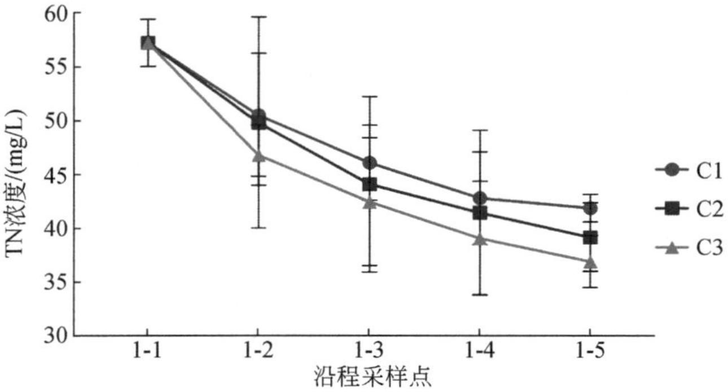

图 2-33　美人蕉组沿程 TN 浓度

西伯利亚鸢尾组（I1、I2 和 I3）TN 浓度变化情况如图 2-34 所示。I1 和 I2 沿程 TN 浓度及其变化趋势相似。I2 系统 TN 浓度沿程下降幅度较 I1 系统略为提升，这可能是由于 DO 浓度是低温条件下人工湿地脱氮的主要限制因子（陈曦和刘志洋，2020），而采取进水区曝气的 I2 系统 DO 浓度略高于 I1 系统 DO 浓度。I1 和 I2 的前段 TN 去除速率明显快于后段，可能是由于后段受 DO 浓度和碳源双因素的限制，TN 的去除速率降低。I3 的 TN 去除速率在各区段都高于 I1 和 I2（$P<0.05$）。特别地，I3 在采样点 1-1 至采样点 1-3 区间对 TN 的去除量占 TN 总去除量的 91.3%。主功能区前四分之一处曝气的方式能够显著强化人工湿地的脱氮效率。

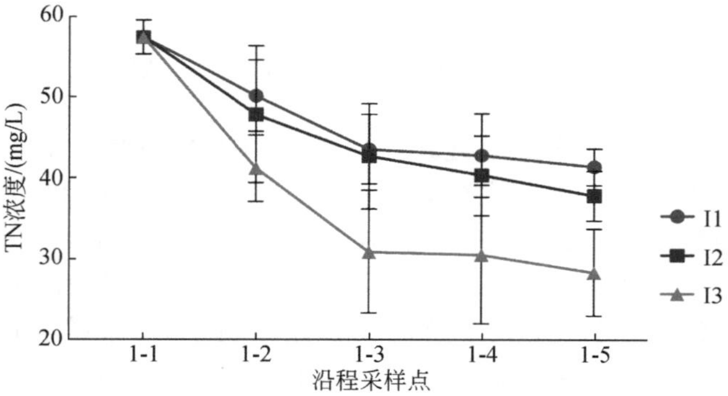

图 2-34　西伯利亚鸢尾组沿程 TN 浓度

由图 2-33 和图 2-34 可知，I3 在采样点 1-1 至采样点 1-2 区间的 TN 去除率（28.4%）显著高于 C3（18.2%）。在 TN 去除效果方面，虽然同样采取在主功能区前四分之一处曝气的措施，但是种植西伯利亚鸢尾的人工湿地脱氮效率优于种植美人蕉的人工湿地。

2.1.4　氮循环功能基因

从各组系统主功能区表层 A、B、C 三处区域（位于采水口正上方）取基质样品

(图 2-35)，对其进行氮循环功能基因分析。美人蕉组（C1、C2 和 C3）16S rRNA 绝对丰度的定量 PCR（qPCR）结果如图 2-36 所示。C1 和 C3 系统在 A 区的 16S rRNA 绝对丰度高于 B 区和 C 区（$P<0.05$），可能是因为在该区域有机物及氮磷营养元素较为充足。而 C2 系统在 A 区的 16S rRNA 绝对丰度并不是沿程最高的，可能是由于 C2 系统在进水区设置曝气点，导致部分有机物及氮磷等营养元素在进水区就已经被消耗。由图 2-36 可知，C2 和 C3 的沿程 16S rRNA 绝对丰度均高于 C1，说明曝气能有效刺激微生物在低温条件下的活性。

图 2-35　基质样品采样点

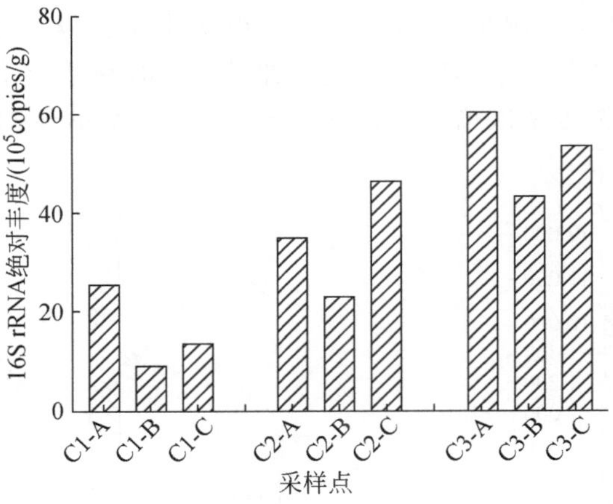

图 2-36　美人蕉组各采样点 16S rRNA 绝对丰度

西伯利亚鸢尾组（I1、I2 和 I3）16S rRNA 绝对丰度的 qPCR 结果如图 2-37 所示。I1 和 I3 系统的 16S rRNA 绝对丰度沿着水流方向逐渐降低，沿程有机营养物质被逐渐消耗可能是出现该趋势的主要原因。与美人蕉组发现的规律一致，I2 系统 A 区的 16S rRNA 绝对丰度同样低于 I1 和 I3 系统。

由图 2-36 和图 2-37 可知，I1 系统 A 区的 16S rRNA 绝对丰度（5.55×10^6copies/g）显著高于 C1（2.55×10^6copies/g），这是由于西伯利亚鸢尾在低温条件下的根性活力强于美人蕉，因此其根系周围的微生物更丰富。在 A 区，I3 的 16S rRNA 绝对丰度（8.41×10^6

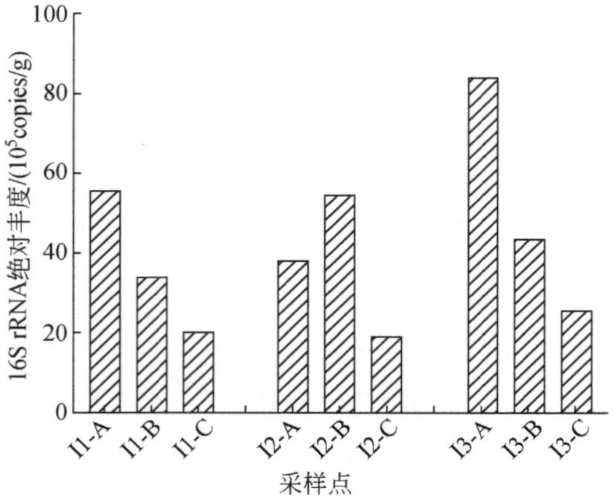

图 2-37　西伯利亚鸢尾组各采样点 16S rRNA 绝对丰度

copies/g）显著高于 C3（6.06×10^6copies/g），说明主功能区前四分之一处曝气能进一步强化种植西伯利亚鸢尾的人工湿地微生物活性，有利于促进系统的水质净化效果。

氨氧化过程是硝化作用的限速步骤。通常认为氨氧化过程由 AOB 和 AOA 主导。由于基质表层及植物根区附近一般为 AOB 占优势（Kyambadde et al.，2006），本研究主要针对 AOB 开展监测。图 2-38 反映了美人蕉组（C1、C2 和 C3）沿程 *amoA*-AOB 绝对丰度的变化情况。通过比较 3 组人工湿地的 *amoA*-AOB 绝对丰度，发现曝气措施会对人工湿地 *amoA*-AOB 绝对丰度及分布产生影响。结合湿地沿程 DO 浓度变化规律（图 2-28），C1、C2 和 C3 在 A 区的 DO 浓度依次增加，在该区域的 *amoA*-AOB 绝对丰度呈现出跨数量级的递增趋势（$P<0.05$）。

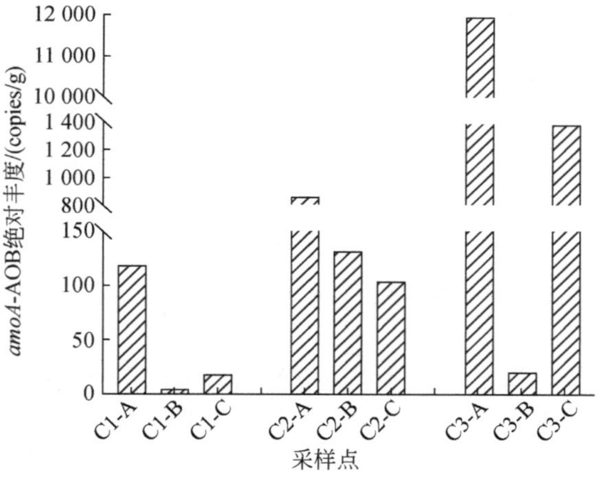

图 2-38　美人蕉组各采样点 *amoA*-AOB 绝对丰度

图 2-39 为西伯利亚鸢尾组（I1、I2 和 I3）沿程 *amoA*-AOB 绝对丰度的变化情况。曝气措施对西伯利亚鸢尾组 *amoA*-AOB 绝对丰度及分布的影响规律与美人蕉组相同。

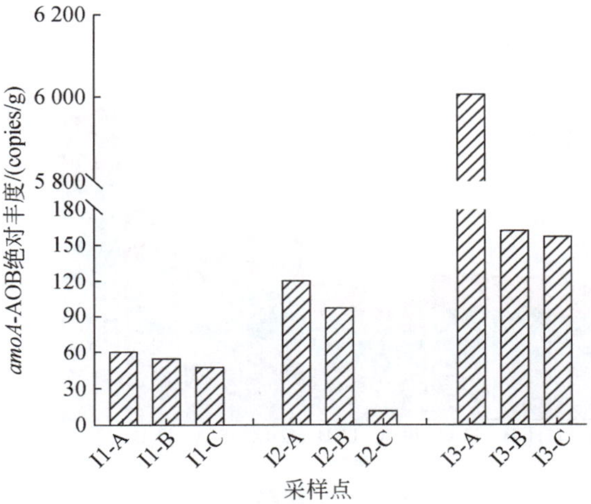

图 2-39　西伯利亚鸢尾组各采样点 *amoA*-AOB 绝对丰度

已有研究表明，植物的种类差异会导致基质中的氨氧化菌群结构有所不同（黄娟等，2014）。由图 2-38 和图 2-39 可知，美人蕉组的 *amoA*-AOB 绝对丰度普遍高于西伯利亚鸢尾组。

硝化反硝化过程相关基因（*nxrA*、*narG*、*nirK*、*nirS* 和 *nosZ*）绝对丰度的检测结果如图 2-40 所示，*nxrA* 基因是将 NO_2^--N 好氧转化成 NO_3^--N 的标志物，美人蕉组和西伯利亚鸢尾组具有相似的 *nxrA* 基因变化规律。从图 2-40 可以看出，曝气会提高人工湿地中 *nxrA* 基因的绝对丰度。并且主功能区前四分之一处曝气对 *nxrA* 基因绝对丰度的影响大于进水区曝气（$P<0.05$）。*narG*、*nirK*、*nirS* 和 *nosZ* 是参与反硝化过程的 4 个重要基因。其中，*narG* 是将 NO_3^--N 转化成 NO_2^--N 的标志物。*nirK* 和 *nirS* 作为亚硝酸还原酶功能基因参与 NO_2^--N 转化成 N_2O 和 NO 的过程。*nosZ* 基因（N_2O 还原酶基因）的主要作用是实现 N 的彻底反硝化去除。由图 2-40 可知，美人蕉组和西伯利亚鸢尾组的反硝化功能基因绝对丰度相近，同时，主功能区前四分之一处曝气组（C3 和 I3）、进水区曝气组（C2 和 I2）和

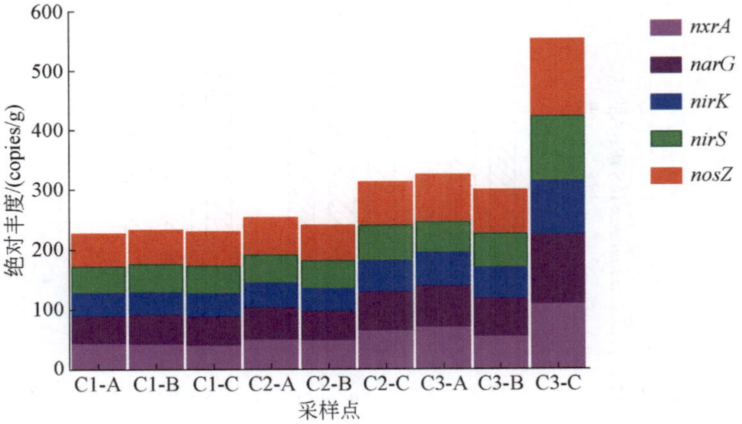

(a)美人蕉组

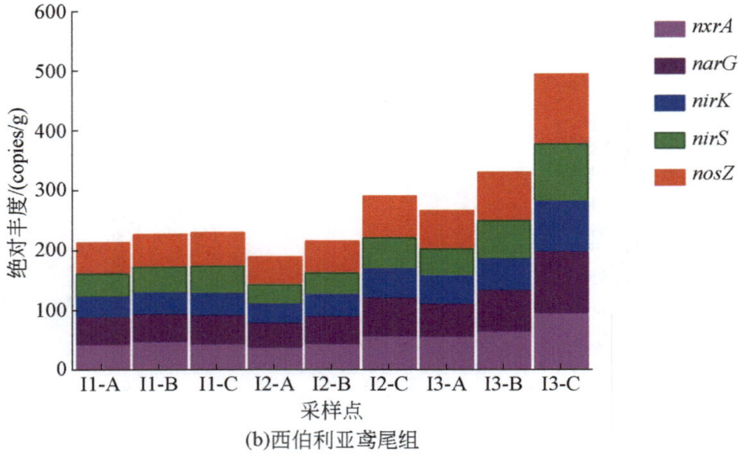

(b)西伯利亚鸢尾组

图 2-40　硝化反硝化过程基因丰度

不曝气组（C1 和 I1）的反硝化功能基因绝对丰度在 A 区和 B 区较为接近。不过，在 C 区 C3 和 I3 的反硝化功能基因绝对丰度显著高于其他两组（$P<0.05$），NO_x-N 数据同样表明在 C3 和 I3 系统中未出现 NO_x积累的现象。上述结果表明采取主功能区前四分之一处曝气的方式有利于在人工湿地形成多样化的氧化还原环境，分区实现硝化反硝化过程。

除了硝化反硝化过程外，人工湿地中可能发生的厌氧氨氧化（anaerobic ammonium oxidation，*anammox*）过程也不容忽视。厌氧氨氧化作用所涉及的微生物为自养微生物，将 NO_2^--N 作为电子受体，在严格厌氧的条件下，将 NH_4^+-N 和 NO_2^--N 直接转变成 N_2，从而实现氮素去除。图 2-41 展示美人蕉组 *anammox* 基因沿程变化情况，3 组人工湿地的 *anammox* 16S rRNA 的绝对丰度相差不大，说明曝气措施不会对人工湿地内部的厌氧氨氧化功能基因产生明显的影响（$P>0.05$）。

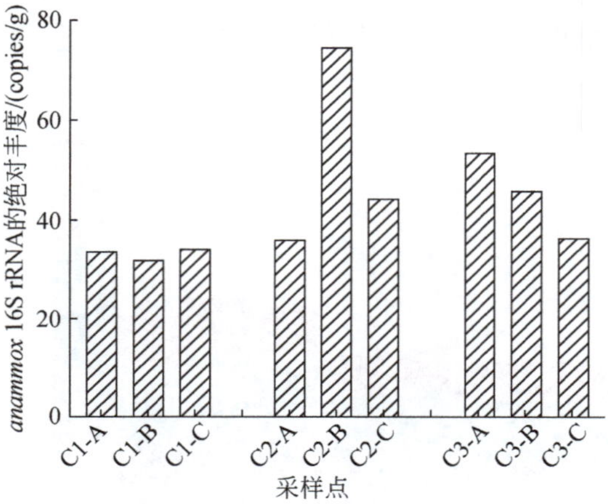

图 2-41　美人蕉组各采样点 *anammox* 16S rRNA 的绝对丰度

图 2-42 为西伯利亚鸢尾组 *anammox* 16S rRNA 的变化情况。与美人蕉组相似，西伯利亚鸢尾组沿程 *anammox* 16S rRNA 的绝对丰度与曝气措施之间无显著相关性。I2 和 I3 系统的 *anammox* 16S rRNA 的绝对丰度沿着水流方向逐渐增加，这可能是由于厌氧氨氧化细菌是严格厌氧菌，并且对 DO 浓度十分敏感。因此，前端曝气的方式使人工湿地内部的 DO 浓度分布呈现出明显的前段高后段低的趋势，*anammox* 16S rRNA 的绝对丰度也随着 DO 浓度的分布呈现出相应的变化趋势。

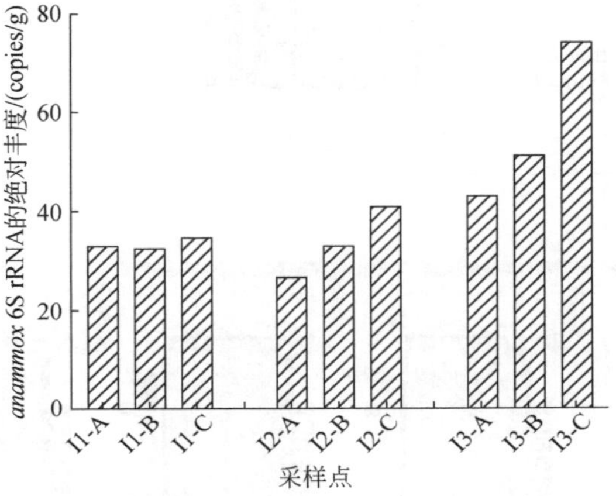

图 2-42　西伯利亚鸢尾组各采样点 *anammox* 16S rRNA 的绝对丰度

通过比较硝化反硝化过程基因丰度和厌氧氨氧化过程基因丰度可知在 6 组人工湿地内部，硝化反硝化过程仍然为主要的氮素去除途径。

2.2　部分饱和垂直流人工湿地

在垂直流人工湿地中，运行水位是最基础也是最重要的运行参数之一，直接或间接影响垂直流人工湿地碳-氧分布。本研究尝试通过水位调控保持部分饱和运行，强化大气自然复氧过程，从而优化垂直流人工湿地内部的氧化还原环境，进一步提高垂直流人工湿地对营养盐及抗生素的净化效率。

2.2.1　装置构建及运行

共构建 3 套垂直流人工湿地小试系统（图 2-43）。每套系统的表面积为 0.25m^2（50cm×50cm），基质床深度为 90cm。基质床顺着水流方向分为进水层（5cm）、主功能层（75cm）和排水层（10cm），分别填充粒径为 5～8mm、3～5mm 和 5～8mm 的陶粒。每套系统的顶部和底部设有直径为 15mm 的穿孔 PVC 管用于布水或集水。进水采用间歇性进水，每天共进水四次，每次持续 1min。底部集水管出口连接有“L”形 PVC 管，其高度与基质床齐平。所有系统均种植美人蕉，种植密度为 25 株/m^2。

实验前用自来水浸泡清洗陶粒，去除其表面的灰尘和其他污染物。取自上海市某污水

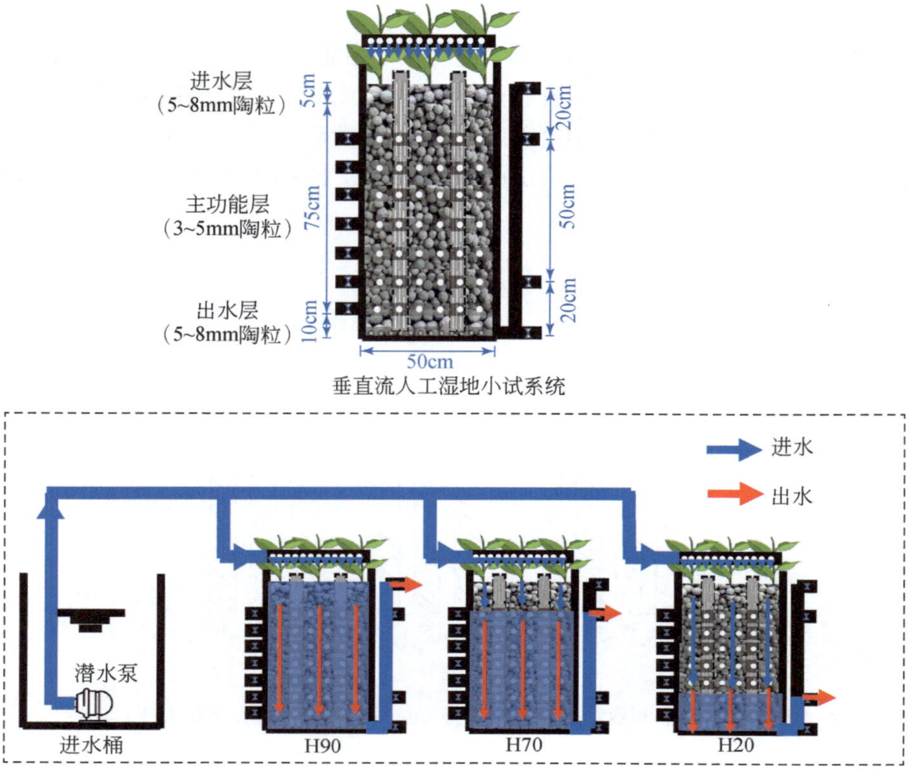

图 2-43 垂直流人工湿地装置及运行工况示意图

处理厂的回流污泥稀释后随进水泵入各系统进行微生物接种。进水各组分浓度参考沈林亚等（2017）研究中的生活污水浓度进行人工配水，碳源来自大豆蛋白粉和工业纯乙酸钠，氮源来自氯化铵和大豆蛋白粉，磷源来自磷酸二氢钾，钙盐与镁盐来自无水氯化钙和无水硫酸镁，无机碳来自碳酸氢钠。实际进水 COD_{Cr}、TN、NH_4^+-N、NO_3^--N、NO_2^--N 和 TP 的浓度分别为（128.2±14.6）mg/L、（44.5±3.6）mg/L、（40.9±4.0）mg/L、（0.8±0.7）mg/L、（0.5±0.2）mg/L 和（4.0±0.4）mg/L。

3 套系统的总进水负荷均为 100mm/d，运行方式如表 2-3 所示，其水位运行高度分别为 90cm、70cm 和 20cm，分别标记为 H90、H70 和 H20。各系统自 2020 年 9 月开始运行，至实验开始前均已稳定。本实验周期为 2021 年 4 ~7 月，历时 4 个月。

表 2-3 各系统的运行方式及水质净化效率

系统名称	运行水位/cm	不饱和层/cm	饱和层/cm	NH_4^+-N 平均去除率/%	TN 平均去除率/%	COD_{Cr} 平均去除率/%	TP 平均去除率/%
H90	90	0	90	17.4±7.8^{a}	22.1±6.3^{b}	56.2±13.1^{b}	99.4±0.3^{a}
H70	70	20	70	53.2±6.8^{b}	53.6±4.3^{a}	86.8±4.5^{a}	98.2±1.1^{b}
H20	20	70	20	79.6±15.8^{c}	18.8±9.7^{b}	83.7±3.1^{a}	98.8±1.3^{ab}

注：NH_4^+-N、TN、COD_{Cr} 和 TP 平均去除率均为平均值±标准差的形式，同一列中不同上标表示 Bonferron（邦弗伦尼）检验差异显著（$P<0.05$）。

2.2.2 氧化还原环境

图 2-44 给出了各系统不饱和层与饱和层在单次进水间歇的氧化还原电位变化曲线。从图 2-44（b）可以看出，完全饱和运行的垂直流人工湿地（H90）主要以厌氧环境为主，其氧化还原电位为（-336±43）mV。当降低饱和水位至 70cm 并保持部分饱和运行（H70）时，系统上层出现了 20cm 的不饱和层，其氧化还原电位为(45±38）mV［图 2-44（a)］，说明降低运行水位可为系统创造好氧/缺氧环境，此时饱和层仍然以厌氧环境为主。继续降低运行水位，并保持 20cm 运行（H20）时，系统上层的不饱和层高度为 70cm，此时的氧化还原电位为（13.5±31）mV，表明更多的好氧/缺氧环境出现在基质床中。然而，与高饱和运行水位系统（H90 和 H70）相比，低饱和运行水位系统（H20）饱和层的氧化还原电位相对较高，为（-200±53）mV，并且在单次进水间歇氧化还原电位逐渐上升，表明降低运行水位同样对饱和层的氧化还原环境存在影响。综上所述，可以看出水位调控可以通过改变基质床的不饱和层（好氧/缺氧环境）与饱和层（厌氧环境）分布，进而改变系统的氧化还原环境。

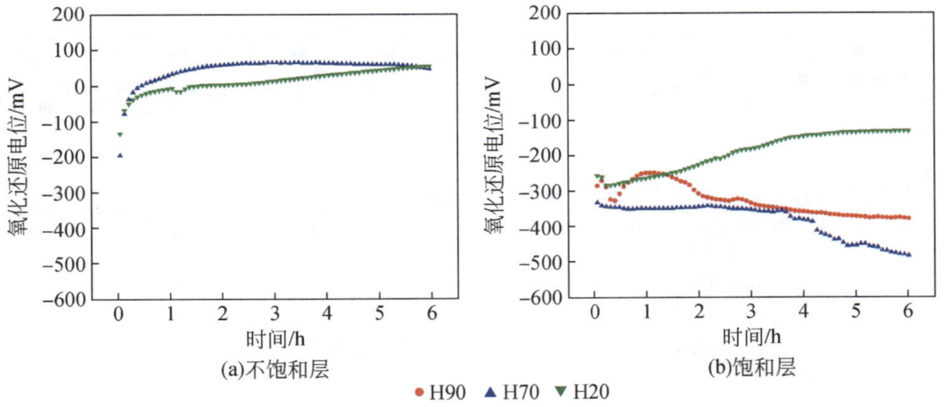

图 2-44　各系统不饱和层与饱和层在单次进水间歇的氧化还原电位变化曲线

2.2.3 水质净化效果

本研究为进一步探究水位调控对系统总体水质净化效果的影响，收集与分析了实验周期内进水及各系统的出水水质，结果表明实验前期受气温变化影响，出水水质存在波动，中后期水质较为稳定。各系统每周进出水水质和各系统的运行方式及水质净化效率分别如图 2-45 和表 2-3 所示。此外，为探究不饱和层、饱和层在水质净化中起到的作用，分析了不同水位运行下二者对 COD_{Cr}、NH_4^+-N 和 TN 的去除贡献率，结果如图 2-46 所示。

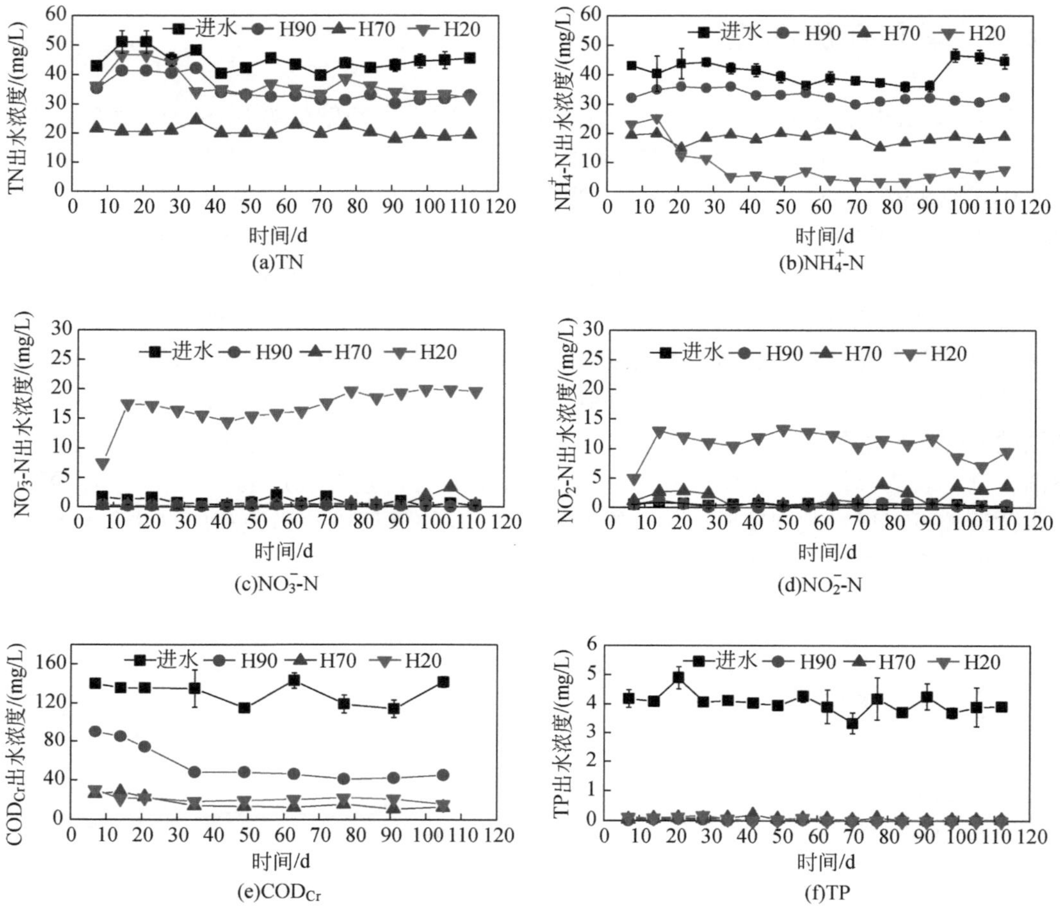

图 2-45　不同水位运行下人工湿地进出水水质

1. 水位调控对 COD_{Cr} 去除的影响

COD_{Cr}的去除与氮素的去除高度相关。各系统的 COD_{Cr} 出水浓度如图 2-45（e）所示，当垂直流人工湿地满饱和水位运行（H90）时，其对 COD_{Cr} 的去除效果并不理想，平均出水浓度为 57.6mg/L，平均去除率仅为 56.2%。但当系统饱和水位降为 70cm（H70）时，其对 COD_{Cr} 的去除效果显著增强（$P<0.05$），平均出水浓度降为 17.3mg/L，平均去除率提高至 86.8%。当系统饱和水位继续下降至 20cm（H20）时，其对 COD_{Cr} 的去除效果与 H70 并无显著差异（$P>0.05$），平均去除率为 83.7%。结果表明降低饱和运行水位使系统保持部分饱和运行可以显著提高对 COD_{Cr} 的去除效果。进一步分析不饱和层、饱和层对 COD_{Cr} 的去除贡献率（图 2-46），发现不饱和层在 COD_{Cr} 的去除过程中占绝对主导作用，其平均去除贡献率为 89%，这可能与降低水位运行后在基质床上部形成的不饱和层有关，大量的有机物被截留吸附在基质床上层 10cm 内，而不饱和层内的好氧环境为有机物的降解提供了有利条件。此外，在同样处理生活污水的部分饱和垂直流人工湿地研究中，当不饱和层

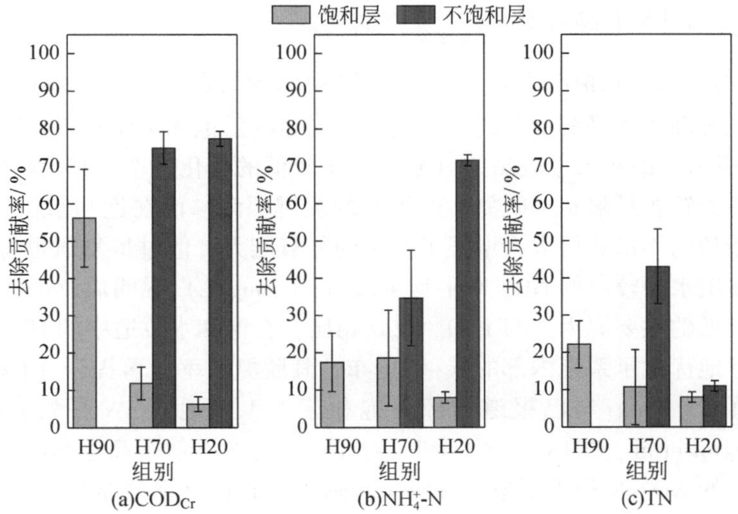

图 2-46 不同水位运行下不饱和层/饱和层对 COD_{Cr}、NH_4^+-N 和 TN 的去除贡献率

高度为 9 ~ 33cm 时，COD_{Cr}平均去除率为 71% ~ 96%（Xia et al.，2020），与本研究中的结果类似。

2. 水位调控对 NH_4^+-N 去除的影响

生活污水中的氮素以 NH_4^+-N 为主，因此高效的硝化效率是实现氮素去除的关键。实验结果表明随着饱和水位的降低，系统的硝化效率逐步提高（H20>H70>H90）。各系统出水 NH_4^+-N 浓度如图 2-45（b）所示，与高饱和水位运行的 H90 相比，饱和水位相对较低的 H70 出水的 NH_4^+-N 平均浓度从 33.5mg/L 降至 19.0mg/L，平均去除率显著提高了 35.8 个百分点（$P<0.05$）。当饱和水位继续下降至 20cm 时，系统的硝化效率进一步提高，出水 NH_4^+-N 平均浓度降至 8.4mg/L，平均去除率达到了 79.6%。在 Dong 和 Sun（2007）的研究中发现了类似的饱和水位与硝化效率的关系，当运行水位下降约 50cm 时，系统的 NH_4^+-N 平均去除率从 33.1% 提高至 50.3%。此外，在一些其他应用部分饱和垂直流人工湿地处理生活污水（NH_4^+-N 浓度为 24 ~ 62mg/L）的研究中，NH_4^+-N 的平均去除率仅为 33% ~ 51%（Zheng et al.，2020）。本研究中 H20 拥有高效的硝化效率。

系统逐步提高的硝化效率意味着垂直流人工湿地内部的复氧能力增强，通过分析各系统不饱和层、饱和层对 NH_4^+-N 的去除贡献率（图 2-46），发现不饱和层在 NH_4^+-N 的去除过程中占主导作用。在 H70 中，20cm 的不饱和层对 NH_4^+-N 的去除贡献率约为 34.6%，而在 H20 中，70cm 的不饱和层对 NH_4^+-N 的去除贡献率为 71.6%。在 Xia 等（2020）和 Liu G C 等（2018）关于部分饱和垂直流人工湿地的研究中同样发现不饱和层在 NH_4^+-N 去除过程中发挥着关键作用。此外，Morvannou 等（2017）的研究表明 NH_4^+-N 的完全硝化可以通过足够长的不饱和层来实现，在处理 NH_4^+-N 平均浓度为 55mg/L 的生活污水时，不饱和层高度为 110cm 的系统对 NH_4^+-N 的平均去除率高达 90%。

3. 水位调控对 TN 去除的影响

与 NH_4^+-N 的去除变化情况不同，TN 的去除结果表明系统的 TN 去除率随着饱和水位的降低呈现出先升高后下降的变化趋势，说明适当地降低饱和水位可以提高系统的脱氮性能。如图 2-45 所示，饱和水位较高的 H90 受限于较低的硝化效率，其 TN 平均去除率仅为 22.1%，复氧能力较弱是限制其脱氮性能提高的关键因素。而在饱和水位较低的 H20 中，虽然系统内部较长的不饱和层大大增强了系统的复氧能力，但过量复氧也可能导致碳源的大量损耗。H20 出水中较高的 NO_x-N 平均浓度（28.6mg/L）说明后续反硝化碳源不足是系统脱氮效率较低的主要原因。与 H90、H20 相比，在饱和水位适中的 H70 中，恰当的不饱和层高度较好地优化了系统内部的碳–氧分布，其脱氮效率显著提升（$P<0.05$），TN 平均去除率达到了 53.6%，与已报道的部分饱和流人工湿地的 TN 平均去除率（37% ~ 58%）相当（Sgroi et al., 2018）。不饱和层对 TN 的去除贡献率高达 80.2%。此外，H70 出水中未见明显的 NO_x^--N 积累现象，说明同步硝化反硝化过程可能是其主要的脱氮路径，这一脱氮过程在 Zheng 等（2020）部分饱和垂直流人工湿地的研究中同样被认为是其主要的脱氮路径。

4. 水位调控对 TP 去除的影响

各系统出水 TP 浓度如图 2-45（f）所示，实验期间系统对 TP 的去除较为稳定，各系统无明显差异。H90、H70 和 H20 出水 TP 平均浓度均低于 0.1mg/L，其平均去除率都高于 98%，这可能是由于陶粒出色的吸附效果（沈林亚等，2017）。

综上，水位调控可以优化系统内部的不饱和层、饱和层分布，提高对 COD_{Cr} 和 NH_4^+-N 的去除效果，进而提高系统的脱氮能力，但对 TP 的去除无明显影响。

2.2.4 抗生素的去除作用

人工湿地不仅能够有效去除水体中氮磷等，还具有去除新污染物的能力（Hu et al., 2021）。为探究水位调控对抗生素去除的影响，研究了在低浓度（3.77 ~ 11.5μg/L）、高浓度（185 ~ 350μg/L）两种抗生素污染水平下，完全饱和运行（H90）和 2/3 部分饱和运行（H60）时，人工湿地对磺胺甲噁唑（SMX）、甲氧苄啶（TMP）、土霉素（OTC）和环丙沙星（CIP）4 种抗生素的去除性能及空间去除规律。低、高浓度组进水抗生素浓度如表 2-4 所示。

表 2-4 进水抗生素浓度 （单位：μg/L）

组别	SMX	TMP	OTC	CIP
低浓度组	10.9±2.91	11.5±1.28	3.77±1.20	4.60±1.41
高浓度组	260±41.3	350±32.7	185±31.1	213±32.7

1. 水位调控对抗生素去除的影响

各组人工湿地出水抗生素浓度如图 2-47 所示。对于低浓度进水组，H90 出水中 4 种抗生素的平均浓度分别为 1.95μg/L（SMX）、0.31μg/L（TMP）、0.93μg/L（OTC）和 0.41μg/L（CIP），相应的去除率分别为 82.8%、97.2%、72.8% 和 91.0%。H60 出水中 4 种抗生素的平均浓度分别为 1.65μg/L（SMX）、0.26μg/L（TMP）、1.00μg/L（OTC）和 0.43μg/L（CIP），相应的去除率分别为 84.2%、97.8%、75.2% 和 90.6%。两种运行方式下垂直流人工湿地去除低浓度抗生素的能力没有显著差异（$P>0.05$），两组人工湿地均对 TMP 的去除效果最好，对 OTC 的去除效果相对较差。

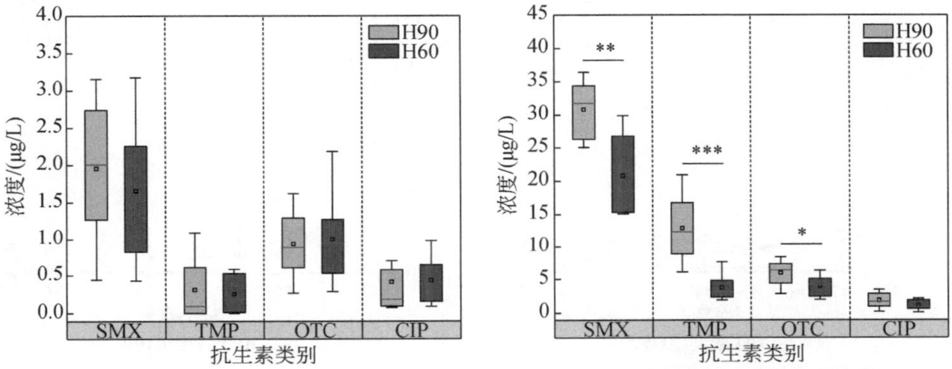

(a)低浓度组出水抗生素浓度　(b)高浓度组出水抗生素浓度

图 2-47　垂直流人工湿地出水抗生素浓度

* $P<0.05$；** $P<0.01$；*** $P<0.001$

高浓度抗生素条件下，垂直流人工湿地对 4 种抗生素仍然具有良好的去除效果，但是由于进水抗生素浓度较高，出水抗生素浓度升高。H90 出水中 4 种抗生素的浓度分别为 30.8μg/L（SMX）、12.9μg/L（TMP）、5.91μg/L（OTC）和 1.83μg/L（CIP），H60 出水中 4 种抗生素浓度分别为 20.8μg/L（SMX）、3.73μg/L（TMP）、3.96μg/L（OTC）和 1.10μg/L（CIP）。相比于 H90，H60 出水中 SMX、TMP 和 OTC 的浓度分别降低了 32.5%（$P<0.01$）、71.1%（$P<0.001$）和 33.0%（$P<0.05$），且 SMX、TMP、OTC 和 CIP 的平均去除率分别从 88.2%、96.3%、96.8% 和 99.1% 提高至 92.0%、98.9%、97.8% 和 99.5%。其中，出水 SMX 和 TMP 的浓度低于或接近刘瑞民等（2024）基于汾河流域所计算的 SMX（22.0μg/L）和 TMP（3.40μg/L）预测无效应浓度，说明部分饱和运行有助于降低出水中抗生素的生态风险，并且就 CIP 而言，其去除率要优于已报道的污水处理厂处理效率（Oberoi et al., 2019）。

基质吸附与生物降解是人工湿地中抗生素去除的主要途径。对于基质吸附，饱和层较长的水力停留时间更为有利（Zheng et al., 2021），但在高浓度下，部分饱和人工湿地对 SMX、TMP 和 OTC 3 种抗生素的去除性能仍显著优于完全饱和人工湿地，说明好氧生物降解是其去除率提升的关键。

2. 抗生素空间去除规律

垂直流人工湿地沿程抗生素的去除情况如图 2-48 所示。低浓度下，H90 中抗生素浓度在流经基质层上部 20cm 后迅速降低，这一区域对 4 种抗生素去除的贡献率均在 85% 以上。H60 中抗生素的去除主要发生在湿地不饱和层及饱和层上部 20cm 的空间，其中不饱和层对抗生素的去除贡献率分别为 56.0% （SMX）、57.8% （TMP）、76.9% （OTC） 和 78.1% （CIP），饱和层上部 20cm 的空间对抗生素的去除贡献率分别为 38.0% （SMX）、40.5% （TMP）、23.7% （OTC） 和 22.5% （CIP）。

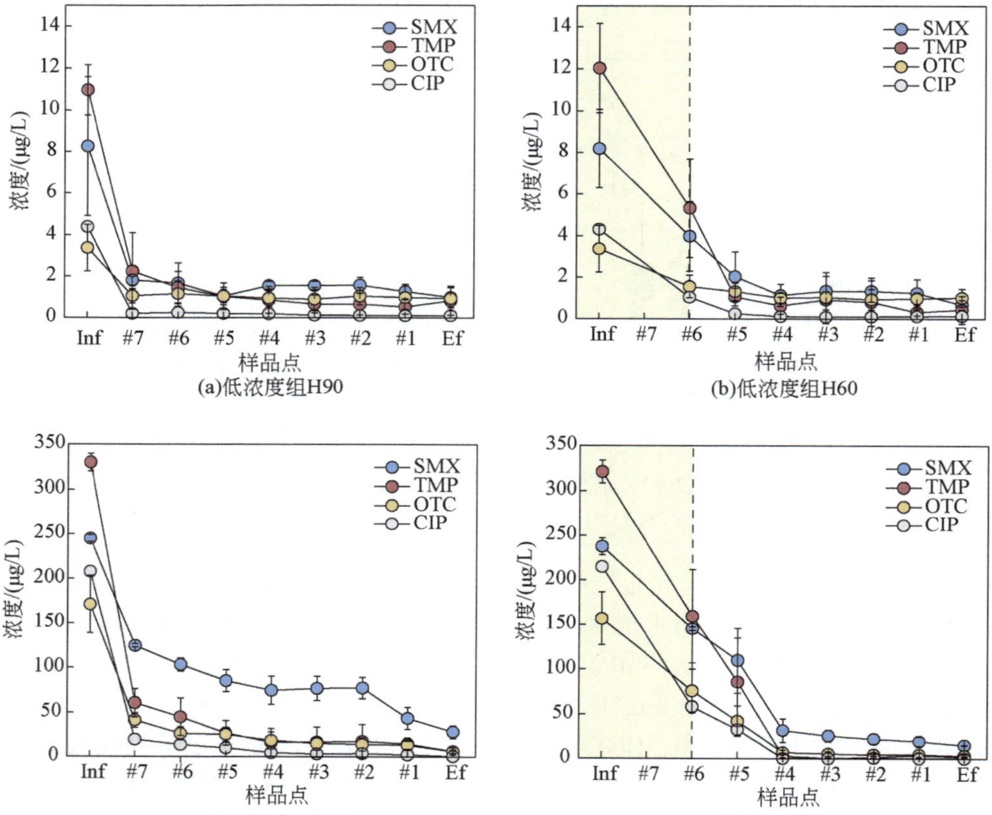

图 2-48 垂直流人工湿地沿程抗生素浓度

Inf 代表进水，Ef 代表出水，#7、#6、#5、#4、#3、#2、#1 分别代表装置 70cm、60cm、50cm、40cm、30cm、20cm、10cm 高度处的沿程样本位置

高浓度抗生素条件下，H90 中 TMP、OTC 和 CIP 3 种抗生素的去除仍然主要发生在装置内氧气条件较好的上部区域，在装置中下部的厌氧区域，只有 SMX 浓度出现了明显的降低趋势。H60 中抗生素的去除呈现出与低浓度下相似的规律。当污水流经不饱和层后，38.8% 的 SMX、50.4% 的 TMP、51.6% 的 OTC 和 72.8% 的 CIP 被去除，当水流继续流经基质层上部 20cm 空间后，抗生素的去除率达到 86.6% ~99.8%，此区域对 4 种抗生素的

去除贡献率分别为 51.1%、49.0%、44.9%和 27.1%。在湿地下部 40cm 空间，只有 SMX 的浓度明显降低。

各组人工湿地中抗生素与 COD 及氮素的去除之间存在相似的空间规律。文献报道，抗生素除了能够作为碳源和能源被微生物利用与降解外，还与氨氧化、有机物降解之间存在共代谢关系。因此，在部分饱和人工湿地中，不饱和层的存在在强化有机物好氧分解和氨氧化作用的同时，可能通过共代谢途径强化了抗生素的去除。

2.2.5 生物群落及脱氮路径

1. 水位调控对生物群落的影响

各系统菌群的 alpha 多样性如表 2-5 所示，香农（Shannon）多样性指数用以表征物种多样性，ACE 指数用以表征物种丰富度。可以看出，不饱和层中菌群的物种多样性要高于饱和层，这可能得益于不饱和层中较为丰富的氧化还原环境（好氧/缺氧）。而在饱和层中，菌群的物种丰富度随着饱和运行水位的降低而逐渐升高（H90<H70<H20），这初步表明水位调控可以改变系统内部的生物群落。

表 2-5 各系统菌群的 alpha 多样性

系统		Shannon 多样性指数	ACE 指数	coverage
H90	饱和层	3.48	928	0.995
H70	不饱和层	5.14	1564	0.993
	饱和层	3.21	1021	0.995
H20	不饱和层	4.95	1275	0.994
	饱和层	4.31	1493	0.993

注：coverage 为覆盖度，表明测序深度。

各系统菌群组成在门水平的差异如图 2-49 所示。首先，不饱和层与饱和层中占比前 5 的优势门存在明显差异，其中不饱和层中以变形菌门（Proteobacteria）(55.3%)、绿弯菌门(Chloroflexi)(16.3%)、放线菌门（Actinobacteria）(11.5%)、酸杆菌门（Acidobacteriota）(5.8%）和拟杆菌门（Bacteroidetes）（1.7%）为主，而饱和层中则以变形菌门(41.9%)、拟杆菌门（25.9%）、厚壁菌门（Firmicutes）(13.5%)、异常球菌门(Deinococcota)(6.7%）和放线菌门（Actinobacteria）(4.1%）为主。其次，不同运行工况下门水平菌群组成在不饱和层中十分接近，但在饱和层中差异明显，随着饱和运行水位的降低，饱和层中的变形菌门和异常球菌门的占比逐渐升高，而拟杆菌门和厚壁菌门则呈相反趋势。

各系统的菌群在属水平的组成情况如图 2-49（b）所示，相对含量丰富的包括 norank_f_ML635J-40_aquatic_group 科未知属、噬氢菌属（*Hydrogenophaga*）、陶厄氏菌属（*Thauera*）、norank_f_JG30-KF-CM45 科未知属、特鲁珀菌属（*Truepera*）、琥珀球菌属（*Amaricoccus*）、红杆菌科（Rhodobacteraceae）未知属、丛毛单胞菌科（Comamonadaceae）

未知属、假黄单胞菌属（*Pseudofulvimonas*）和沙单胞菌属（*Arenimonas*）等。为进一步探究水位调控对脱氮微生物菌群的影响，各系统中主要脱氮微生物菌株如图 2-50 所示。硝化细菌主要包括亚硝化单胞菌属（*Nitrosomonas*）和硝化螺旋菌属（*Nitrospira*），主要分布在不饱和层中，硝化细菌主要为好氧菌，这也进一步表明不饱和层以好氧环境为主。反硝化细菌（DNB）主要包括 *Hydrogenophaga*、*Thauera*、红杆菌属（*Rhodobacter*）、*Arenimonas*、硫杆菌属（*Thiobacillus*）和 *Pseudoxanthomonas* 等，其中 *Thiobacillus* 为硫自养反硝化细菌。在部分饱

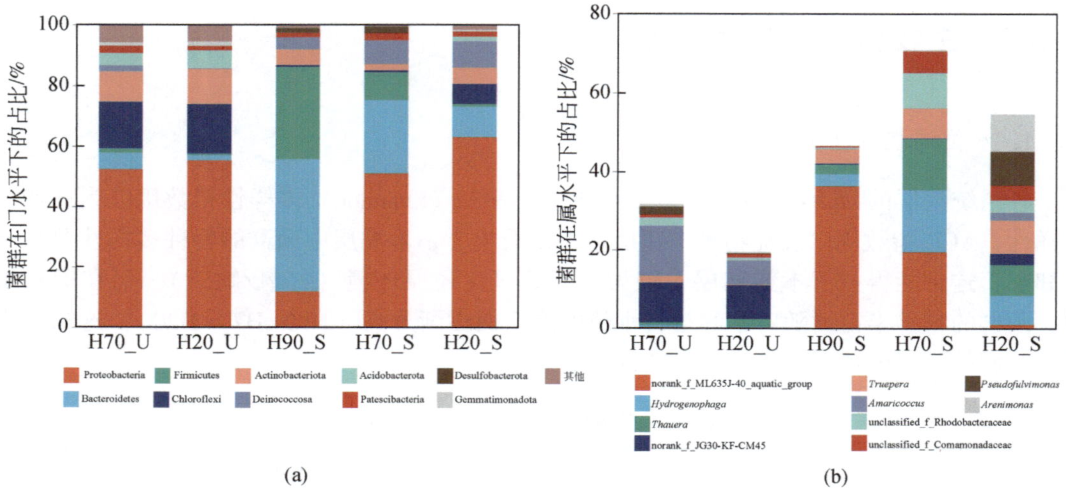

图 2-49 各系统生物群落在门水平（a）、属水平（b）的占比情况

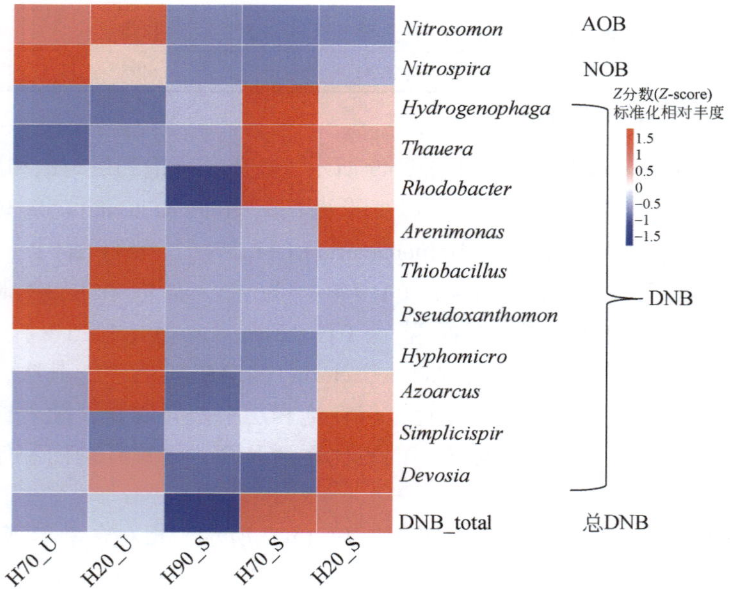

图 2-50　各系统主要脱氮微生物菌株的差异情况

和运行的 H70 和 H20 中,DNB 主要富集在呈厌氧环境的饱和层中,其占比约为不饱和层中的两倍。此外,H70 和 H20 不饱和层与饱和层的 DNB 占比为 H90 的 2 ~4 倍,这说明部分饱和运行可以富集更多的 DNB。

2. 水位调控对脱氮路径的影响

在人工湿地氮素去除中,微生物作用是其主要的去除路径。bacteria 16S rRNA 和 archaeal rRNA 通常被用来表征细菌与古菌的丰度(Zhi and Ji,2014)。如图 2-51 所示,各系统细菌的绝对丰度在 2.5×10^{10} ~ 8.3×10^{10} copies/g,细菌在不饱和层与饱和层的分布无明显差异。与细菌相比,古菌在微生物群落中并不占主导地位,其绝对丰度在 2.0×10^{6} ~ 6.5×10^{7} copies/g。与细菌不同,古菌在不饱和层与饱和层的分布存在明显差异。在 H70 中,不饱和层的古菌数量显著高于饱和层($P<0.05$),但在 H20 中获得了相反的结果。有文献指出,古菌在系统的脱氮过程中有不可忽视的作用(Angnes et al.,2013),这说明水位调控可能通过影响系统内部古菌的丰度与分布影响其脱氮过程。

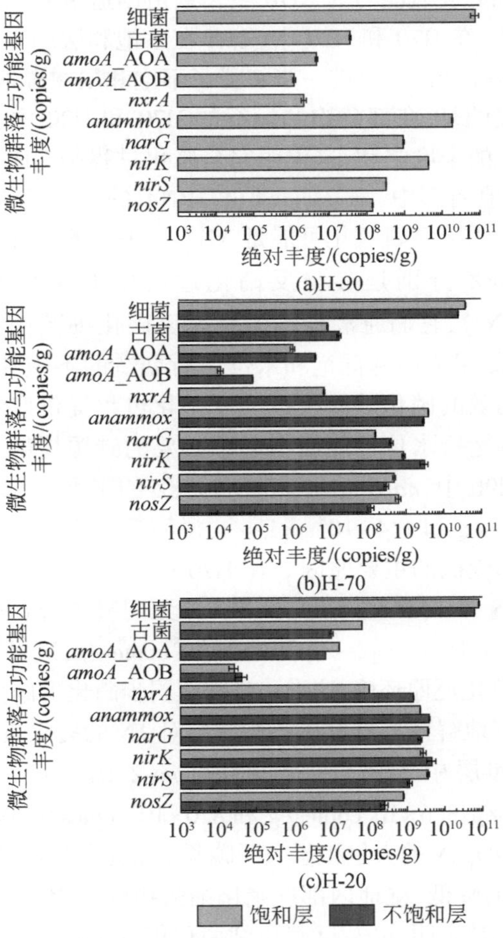

图 2-51　不同水位运行下各人工湿地微生物群落与功能基因的丰度及分布情况

amoA-AOA、*amoA*-AOB 和 *nxrA*-AOB 分别是参与硝化过程中 NH_4^+-N、NO_2^--N 氧化的 3 种功能基因，它们通常被作为 AOA、AOB 和亚硝酸盐氧化细菌（NOB）三种脱氮功能微生物的标志物（Zhi and Ji，2014）。如图 2-51 所示，功能基因定量的结果表明水位调控可以通过改变 AOA、AOB 的丰度显著影响人工湿地内部的氨氧化过程。如图 2-51 所示，H90 的 *amoA*-AOA 和 *amoA*-AOB 的丰度分别为 4.8×10^6copies/g 和 1.2×10^6copies/g，说明 AOA、AOB 共同主导氨氧化活性。而在 H70 和 H20 中，人工湿地内部的 *amoA*-AOB 的丰度急剧减少，在 $1.3\times10^4\sim9.3\times10^4$ copies/g，显著低于 *amoA*-AOA 的丰度（$1.3\times10^6\sim6.5\times10^7$ copies/g）（$P<0.05$），说明此时 AOA 主导氨氧化活性，这可能是 AOA、AOB 对运行水位下降后人工湿地内部氧化还原条件发生了巨大改变后的响应结果（Wang H L et al.，2015）。

此外，水位调控同样可以改变系统内部的 NOB 分布及丰度，显著影响其亚硝酸盐氧化过程。在本研究中，H90 的 *nxrA* 丰度为 2.2×10^6copies/g，这一值在 H70 的不饱和层被显著提高到 5.9×10^8copies/g（$P<0.05$），并在 H20 的不饱和层中进一步被显著提高到 1.5×10^9 copies/g（$P<0.05$）。这一结果与 NH_4^+-N 去除率变化趋势保持一致（H20>H70>H90），说明水位调控可能通过增强系统的复氧能力为 NOB 生长繁殖创造更有利的好氧环境，从而提高人工湿地的硝化效率。此外，在 H70 和 H20 中，*nxrA* 在不饱和层的丰度要显著高于饱和层，说明 NOB 在不饱和层中得到富集，这也进一步解释了不饱和层在湿地内部 NH_4^+-N 去除过程中占主导的原因。值得一提的是，在部分饱和运行的 H70 和 H20 中，*nxrA* 的丰度要明显高于 *amoA*-AOA 和 *amoA*-AOB 的丰度之和，这说明完全硝化过程是 NH_4^+-N 的主要去除路径。此外，在不同水位运行的湿地内部中，*anammox* 16S rRNA 的丰度均超过了 *amoA*-AOA、*amoA*-AOB 和 *nxrA* 丰度之和，说明厌氧氨氧化可能是 NH_4^+-N 去除的另外一条路径。

narG、*nirK*、*nirS* 和 *nosZ* 分别是参与反硝化过程中的 4 种关键基因（NO_3^--N $\longrightarrow$ NO_2^--N $\longrightarrow$NO/$NO_2$$\longrightarrow$$N_2$），它们通常被作为研究反硝化细菌菌群的标志物（Zhi and Ji，2014）。功能基因的定量结果表明降低饱和水位后所创造的不饱和层并不会削弱湿地内部的反硝化环境，相反，其高效的硝化效率可以为反硝化过程提供底物，为发生同步硝化反硝化提供可能。但是过低的运行水位可能会引起不必要的碳源损耗，导致后续反硝化过程受限。如图 2-51 所示，在 H90 中，*narG*、*nirK*、*nirS* 和 *nosZ* 的丰度分别为 9.7×10^8copies/g、4.4×10^9copies/g、3.3×10^8copies/g 和 1.4×10^8copies/g，说明湿地内部拥有较好的反硝化环境，硝化能力受限是其脱氮效率较低的主要原因。在 H70 中，虽然不饱和层通常被认为是好氧环境，但是其 *narG*、*nirK*、*nirS* 和 *nosZ* 的丰度与 H90 并无明显差异（$P>0.05$），分别为 4.2×10^8 copies/g、3.2×10^9copies/g、3.1×10^8copies/g 和 1.2×10^8copies/g，这可能得益于不饱和层中固-液-气三相所创造的复杂氧化还原环境，这进一步表明同步硝化反硝化可能是系统主要的微生物脱氮路径，同时这也较好地解释了 H70 中不饱和层对 TN 的去除贡献率高达 80.2% 的原因。与前两者相比，H20 饱和层中 *narG*、*nirK*、*nirS* 和 *nosZ* 的丰度均为最高，分别为 3.6×10^9copies/g、2.7×10^9copies/g、3.6×10^9copies/g 和 8.0×10^8copies/g，说明其湿地内部拥有较好的反硝化环境，但是出水 NO_x^--N 的大量积累表明碳源不足是湿地反硝化过程受限的主要原因。

此外，随着饱和水位的降低，湿地内部反硝化细菌物种组成的基因型由 *nirK* 基因型逐渐向 *nirS* 基因型转变。有文献表明，*nirK* 反硝化细菌可能比 *nirS* 反硝化细菌对环境变化更敏感，并且 *nirK* 基因比例和 *nirK/nirS* 比值与 NO_3^-浓度呈负相关（Smith and Ogram，2008）。因此,H20 中 NO_3^-的积累可能是促使反硝化细菌的物种组成向 *nirS* 基因型转变的原因。另外值得注意的是,*nosZ* 在不饱和层的丰度显著低于在饱和层的丰度,这意味着水位调控可能会引起温室气体排放量的增加,后续可以通过在不饱和层内添加生物炭等措施缓解这一矛盾。

2.3 小　　结

(1)在常温和低温条件下,主功能区前四分之一处曝气组出水 COD_{Cr}、NH_4^+-N 和 TN 平均浓度均显著低于进水区曝气组和不曝气组($P<0.05$)。在相同的温度和水力负荷条件下,西伯利亚鸢尾组的复氧能力强于美人蕉组。并且西伯利亚鸢尾组的 COD_{Cr}、NH_4^+-N 和 TN 平均去除率高于美人蕉组。在种植西伯利亚鸢尾的人工湿地系统主功能区前四分之一处曝气能有效地应对低温环境和水力负荷升高对人工湿地 COD_{Cr}和 NH_4^+-N 净化能力的不利影响。主功能区前四分之一处曝气组和进水区曝气组的硝化反硝化功能基因绝对丰度沿着水流方向升高,适宜的曝气措施能显著提高人工湿地的硝化反硝化能力。

(2)水位调控作为一种经济、易行的工况调控方式,可以有效地改变垂直流人工湿地内部的氧化还原环境,进而提高对 COD_{Cr}和 NH_4^+-N 的去除效果。当系统饱和水位高度为 70cm 时(基质床高度为 90cm),TN 去除率最高,为 53.6%。其中不饱和层富集的 *Nitrosomonas* 和 *Nitrospira* 促进了系统的硝化过程,饱和层中富集的反硝化细菌(*Hydrogenophaga*、*Thauera*、*Rhodobacter* 等)促进了系统的反硝化过程,因而硝化反硝化效率同步提高。然而,由于不饱和层中存在不可避免的碳源损耗,系统的脱氮能力仍然有待提高。此外,垂直流人工湿地对 4 种典型抗生素的去除效果良好,其平均去除率在 88.2% ~99.5%。高抗生素浓度下,部分饱和人工湿地的优势显著,其出水中 SMX、TMP 和 OTC 的平均浓度分别从 30.8μg/L、12.9μg/L、5.91μg/L 降低至 20.8μg/L、3.73μg/L、1.10μg/L,有助于降低出水中抗生素的生态风险。

第3章　潜流人工湿地微藻碳源补充

将人工湿地用于污水处理厂尾水深度处理时，由于污水中大部分有机物已在污水处理厂被去除，人工湿地进水有机碳含量很低，并且以难降解有机碳为主，导致人工湿地脱氮碳源供给不足。反硝化细菌不仅需要碳源为细胞活动提供能量，还必须利用含碳物质合成细胞体。当碳源短缺时，反硝化细菌活性受到不利影响，导致系统脱氮效率降低。有必要通过添加碳源的方式提高人工湿地在尾水深度处理时的脱氮效果。

人工湿地碳源主要包括进入湿地的污水中含有的碳源、湿地系统产生的内源碳和外加碳源。系统的内源碳包括植物根系分泌、植物落叶或微生物分解产生的有机物等。外加碳源包括：①以糖类物质（葡萄糖、蔗糖等）和液态碳源（甲醇、乙醇等）为主的易生物降解的传统碳源；②以初沉污泥和二沉污泥水解产物、垃圾渗滤液和污泥为主旳有机化工液体碳源；③以一些低廉的固体有机物为主，包含纤维素类物质的天然植物碳源（冯延申等，2013）。

在实际应用时，目前常用的外加碳源存在不同程度的弊端：低分子碳水化合物虽易被反硝化细菌利用，但使用后会立即提高系统进水 COD_{Cr} 负荷，可能引发二次污染；剩余污泥及工业废水中不仅含有有机物，还可能含有重金属等有毒有害物质，存在一定的使用风险；高等植物纤维等廉价易得的生物材料对提高人工湿地脱氮效率也具有一定的作用，但是可以被微生物分解利用的纤维素被木质素和半纤维素包裹，需要酸性或碱性预处理后才可释放，预处理所需试剂费用较高，而且实际应用时存在碳源释放缓慢、波动幅度大等问题。因此，有必要寻找更为适宜的外加碳源以增强人工湿地系统反硝化作用，进而提高人工湿地系统脱氮效率。

3.1　微藻培养过程中有机物积累与氮素同化

微藻为单细胞生物，在自然界中广泛存在，具有生长周期短、固碳效率高、环境适应能力强等特点。此外，微藻生长不受季节影响，可保证全年无间断培养，由于富含多糖、蛋白质、脂肪酸，一直被视为良好的生物柴油生产原料（杜健，2018）。在纯培养条件下，小球藻生物量可在十天内达到3.23g/L，此时细胞密度为 10^7 ind/mL（薄香兰等，2019）。一些微藻种类富含脂肪酸，通过改变培养条件可诱使特定脂肪酸的生成，也可改变其不同种类有机物的含量（Gautam et al.，2013；赵艳和汪成，2019）。同时，微藻分泌的可溶性胞外多聚物主要为多糖、蛋白质（吴琪璐等，2018）。有必要开展相关研究，探讨将微藻作为湿地碳源的可行性。

3.1.1　微藻生物量增长与有机物积累相关性分析

取18只150mL锥形瓶，各瓶中添加90mL生活污水处理厂尾水。使用高压蒸汽灭菌锅

120℃灭菌 30min。待冷却至室温，按体积比 1 : 10 在每只锥形瓶中接种无菌小球藻液 10mL。移至光照培养箱，25℃恒温条件，光照强度 4000lux，光暗比 12h/12h。在实验开始后 0 ~ 20 天，每四天取 3 只锥形瓶，测量藻液中 OD_{600}、藻细胞密度、叶绿素 a 浓度、COD_{Cr}浓度以及过滤后溶液的可溶性有机碳(DOC)浓度等指标。

如图 3-1 所示，藻液叶绿素 a 浓度以及 OD_{600}在 0 ~ 8 天迅速上升，在 8 ~ 16 天升高变得迟缓，而在 16 ~ 20 天趋于稳定。因此，可以判定小球藻在静态培养条件下，20 天内经过对数期到达稳定期。同时，藻液 COD_{Cr}浓度以及 DOC 浓度在 0 ~ 12 天迅速提升，在12 ~ 20 天升高变缓。在 20 天的培养中，藻液 COD_{Cr}浓度提高了 126mg/L，而 DOC 浓度也有一定提高，提高了 8.5mg/L。从培养结果来看，使用污水处理厂尾水培养小球藻，在 20 天内达到稳定期，这期间污水的 COD_{Cr}浓度和 DOC 浓度分别提高了近 4 倍和 3 倍。

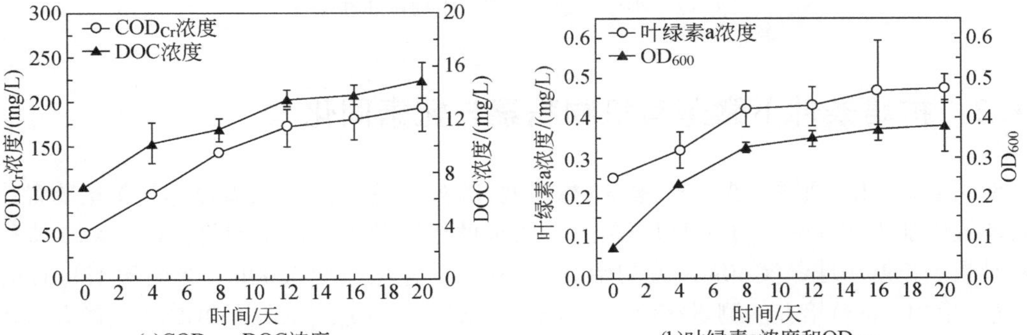

(a)COD$_{Cr}$、DOC浓度　(b)叶绿素a浓度和OD$_{600}$

图 3-1　小球藻在污水处理厂尾水中的生长曲线

将藻液 COD_{Cr}浓度与 DOC 浓度分别与 OD_{600}进行线性拟合(图 3-2)，得到二者与 OD_{600}的线性拟合方程，其 R^2分别为 0.9295，0.9037。同时，将藻液 COD_{Cr}浓度与 DOC 浓度分别与叶绿素 a 浓度进行线性拟合，R^2分别为 0.9716，0.8945。可见，在小球藻生长过程中，污水 COD_{Cr}浓度增量与 DOC 浓度与小球藻生物量呈现线性正相关，即小球藻生长过程中积累的总碳源量与胞外可溶性碳源含量均与其生物量呈线性相关。

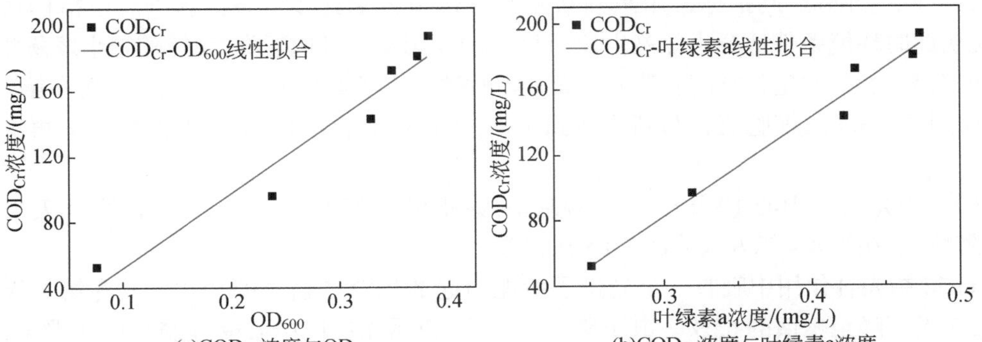

(a)COD$_{Cr}$浓度与OD$_{600}$　(b)COD$_{Cr}$浓度与叶绿素a浓度

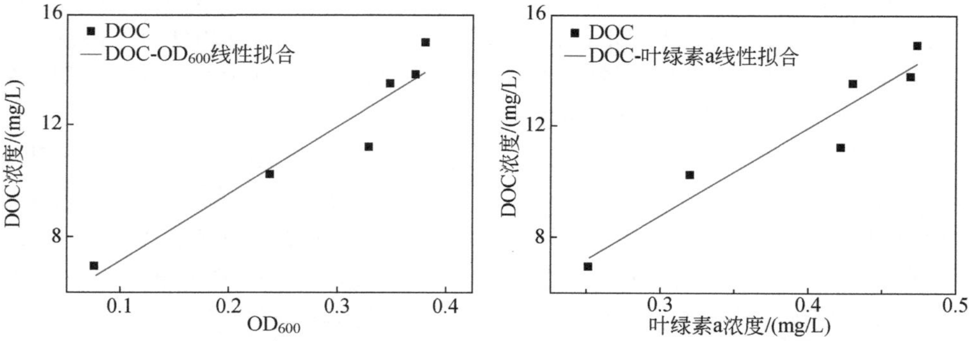

(c)DOC浓度与OD_{600} (d)DOC浓度与叶绿素a浓度

图 3-2 小球藻碳源积累与生物量线性拟合

3.1.2 扩培条件下微藻有机物积累与氮素同化

使用1000mL 锥形瓶、玻璃管、软管、橡皮塞、滤头和曝气泵，组装微藻曝气扩培装置。在扩培装置中加入450mL 污水处理厂尾水，分为灭菌组以及未灭菌组两组。以 1 ∶ 10 体积比接种对数生长期小球藻液 50mL，使初始 $OD_{600}=0.1$。光照强度 5000lux，光暗比 12h/12h，曝气（气流量 2L/min）培养。测量在第0 ~ 第6 天时藻液的 OD_{600}、COD_{Cr}、DOC、TN、最大光化学效率（Fv/Fm）、电子传递速率（ETR）、有效光化学反应量子产率（$\Phi_{PS\,II}$）。

如图 3-3 所示，小球藻在灭菌组与未灭菌组的生长速度以及生物活性变化表现出相似性，藻细胞生物量无显著差异。在接种前两天，培养液中叶绿素 a 浓度缓慢升高，此时可以看作小球藻生长的适应期。在第 2 ~ 第 4 天，叶绿素 a 浓度迅速升高，即小球藻在此期间迅速增殖，此段时间可看作小球藻的生长期。而在第 4 ~ 第 6 天，叶绿素 a 浓度无显著升高趋势，说明此时藻类衰亡与新生达到动态平衡，此段时间为小球藻生长的稳定期。

Fv/Fm 反映了光反应中心 PSⅡ的最大量子产量，即最大光能转化效率，在受到环境胁迫时，Fv/Fm 会降低，此指标常用来判断藻类生长是否受到环境条件影响。该指标初期平稳，说明此时环境条件适合小球藻生长，而在第 2 ~ 第 4 天迅速下降，说明随着小球藻藻细胞密度的升高，有限的生长空间和营养元素使得种群内生长竞争加剧（图 3-3）。而在第 4 ~ 第 6 天时，由于小球藻细胞衰亡与新生达到平衡，小球藻数目不再迅速增加，Fv/Fm 再次趋于平稳。

ETR 指光反应中心 PSⅡ电子传递速率，该指标在第 1 天变化不大，在第 4 天出现近 60% 降幅，而在第 4 ~ 第 6 天降幅又趋于平缓。

Yield 指光合作用中吸收一个光量子所能引起的光合产物量的变化。其在第 1 天为峰值，第 3 天下降至峰值的 63%。其下降速率越快，说明光反应中心受抑制程度越严重，代谢受阻碍程度越高。

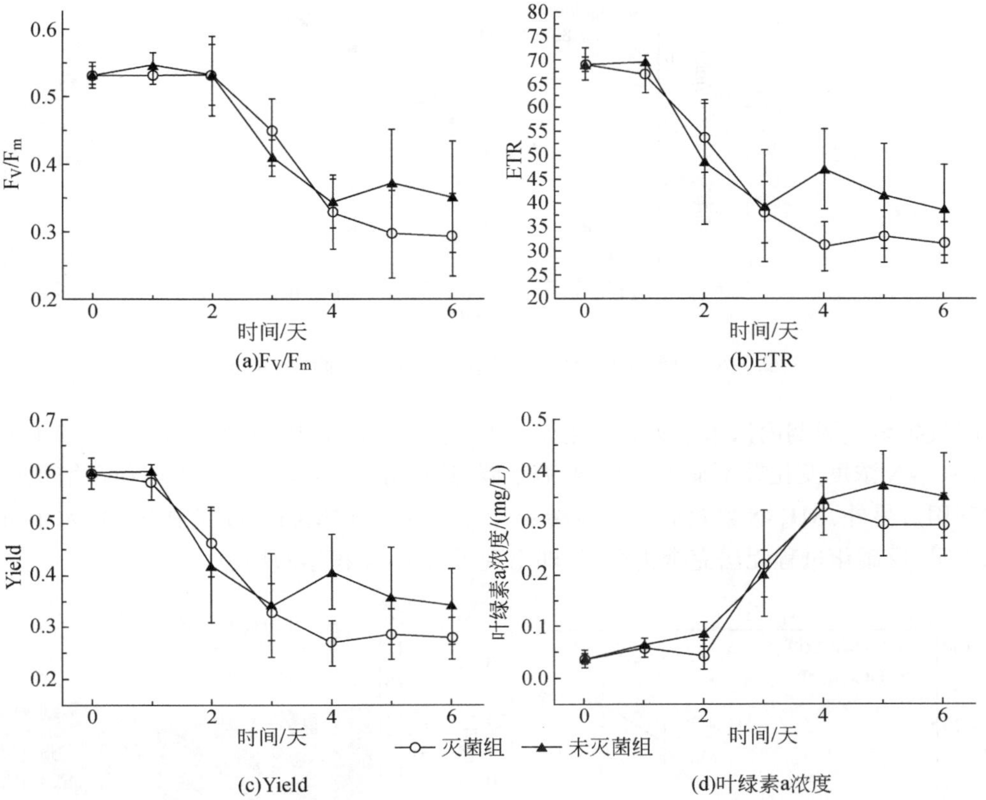

图 3-3　小球藻在灭菌组及未灭菌组的生物活性及生长曲线

以叶绿素 a 浓度与 OD_{600} 的测量结果绘制生长曲线(图 3-4),其结果显示第 0 ~ 第 2 天为生长适应期,第 2 ~ 第 4 天为对数生长期,第 4 ~ 第 6 天为稳定期,与叶绿素荧光参数的测量结果相吻合。通过分析小球藻的 OD_{600} 与细胞密度的相关关系发现,在曝气扩培条件下,小球藻的 OD_{600} 与细胞密度符合线性相关关系,$Y=1.833+66.907X$(图 3-5),$R^2=0.991$。

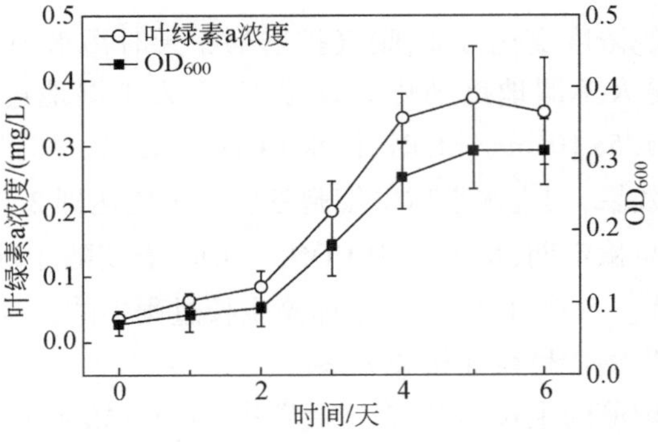

图 3-4　曝气扩培条件下小球藻生长曲线

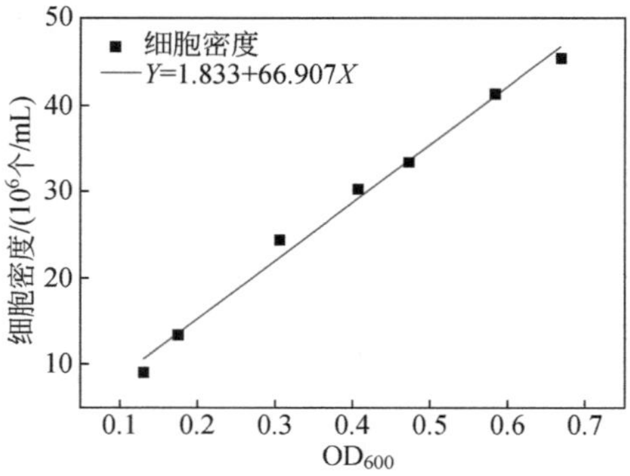

图 3-5　曝气扩培条件下小球藻的 OD_{600} 与细胞密度关系

曝气扩培一周期内污水中碳氮变化如图 3-6 所示。污水中 TN 浓度在第 1 ~ 第 4 天略有下降，NO_3^--N 浓度变化并不显著，但也略有下降，这部分 NO_3^--N 可能被小球藻在增殖过程中吸收利用。另外，NH_4^+-N 经过硝化反应转变为 NO_3^--N，而在反硝化过程中由于污水中可溶性碳源不足，反硝化过程无法完全进行，随即出现了 NO_2^--N 积累的现象。

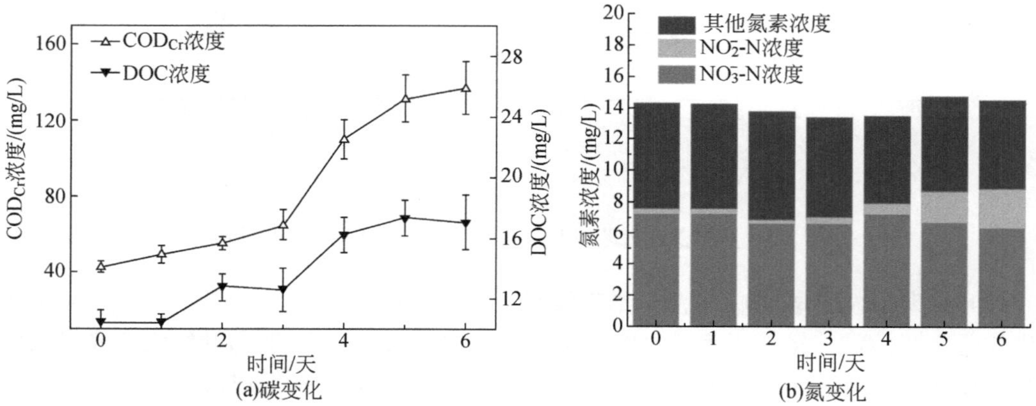

图 3-6　曝气扩培一周期内污水中的碳氮变化

由污水中氮素及碳源浓度变化可知，曝气扩培第 3 天时污水中 COD/N＝4.7，而第 4 天时 COD/N＝8.8。为满足人工湿地反硝化的碳源需求，人工湿地进水 COD/N 应大于 5.3。当小球藻细胞密度达到 1.5×10^7 ind/mL 时，污水 COD/N＝5.3。如果选择投加过滤后的小球藻来强化人工湿地脱氮效果，则进水小球藻细胞密度至少应达到 2.0×10^7 ind/mL。

在小球藻的生长期与稳定期，培养液中 COD_{Cr}、DOC 浓度随小球藻增殖而升高，其值与小球藻叶绿素 a 浓度、OD_{600} 呈线性关系，即小球藻生长过程中的碳源累积总量与胞外可溶性碳源总量分别与小球藻生物量呈线性相关关系。

曝气可显著提升小球藻的生长速度，在本装置中，第 2 ~ 第 4 天小球藻处于生长期，第 4 天以后即可达到稳定期。这种扩培方法同样适用于未经灭菌的污水。

利用污水处理厂尾水进行小球藻扩培时，在第 3 ~ 第 4 天污水 COD_{Cr}/N 可到达 5.3，即小球藻在尾水中经过一段时间的扩培，当其细胞密度达到 1.5×10^7 ind/mL 时，尾水中碳源浓度能够满足人工湿地脱氮需求。

3.2 微藻碳、氮、磷释放规律

为了探究将藻类作为人工湿地反硝化过程外加碳源的可行性，选用小球藻粉作为材料，分别在无预处理条件和碱性预处理条件下开展碳源静态释放研究。通过分析这两种条件下藻类碳源的释放量、释放速率以及释放过程中的 C/N 探讨将藻类用作湿地外加碳源的可行性。同时，为了评估微藻分解过程中 N、P 释放的潜在影响，监测了小球藻粉在碳源释放过程中的 N、P 累积释放量。

本实验选用的蛋白核小球藻采用异养工艺培养，在发酵罐无菌条件下培养到指定细胞浓度后喷雾干燥至藻粉，其成分组成如表 3-1 所示。

表 3-1　小球藻粉成分组成　（单位：%）

项目	成分				
	蛋白质	碳水化合物	纤维素	叶绿素	水分
含量	50～65	10～20	2～5	2～4	6.82

设置无预处理小球藻粉（A 组）和碱性预处理藻液（B 组）两种处理。碱性预处理方法如下：将小球藻粉以固液比 1∶250 加入质量分数为 1% 的 NaOH 溶液中（称取小球藻粉 2g 置于 500mL 烧杯内，加入 500mL 质量分数为 1% 的 NaOH 溶液），在 90℃ 环境下恒温水浴加热 1h，静置至室温备用。

将两组实验材料分别以藻浓度 0.1‰加入蒸馏水中浸泡（A 组称取小球藻粉 1g 置于 250mL 锥形瓶内，加入 200mL 蒸馏水振荡混匀之后，再取 20mL 藻液于 1000mL 锥形瓶内，加入 1000mL 蒸馏水浸泡；B 组取 25mL 碱处理藻液于 1000mL 锥形瓶内，加入 1000mL 蒸馏水浸泡），用透气防尘膜封口以防止杂物进入，在室温环境（18℃）下静置。分别在 0.5h、1h、2h、3h、4h、5h、10h、12h、15h、18h、24h、48h、72h、96h、120h、144h、168h 后取水样，以 5000r/min 离心 20min 后，取上清液测定 COD_{Cr}、TN、TP、NH_4^+-N、NO_3^--N、NO_2^--N 等指标。

3.2.1 碳源累积释放量

实验期间，A、B 两组实验材料的碳源累积释放量如图 3-7 所示，两组实验材料碳源释放速率均为前期较快，24h 后趋于稳定。在 0.5h 时，两组碳源释放速率均达到最大值，其中，碱性预处理藻液的碳源释放速率可达 88.1mg/(L·h)，无预处理小球藻粉的碳源释放速率为 22.3mg/(L·h)，仅为碱性预处理藻液的 25.3%。在稳定释放期，无预处理小球藻粉的碳源释放速率稳定在 0.13mg/(L·h)，每日碳素释放量约为 3.2g；而碱性预处理藻液的碳源释放速率稳定在 0.29～0.38mg/(L·h)，每日碳素释放量为 7.0～9.2g，是无预处理小球藻粉的 2.46～2.74 倍，碱性预处理更有利于碳源的释放。其主要原因为碱性加热处理会破坏木质纤维素内部的酯键,使其内部发生皂化作用,随着这种内部分子之间的连接被破坏,木质纤维素的孔隙率增加,自身发生膨胀,比表面积增大,结晶度和聚合度降低,木质素和碳水化合物由于酯键的断裂而发生结构性的分离(高鹏飞,2009)。因此,藻粉经过碱性加热预处理之后,半纤维素和木质素的含量有一定程度的降低,而纤维素的含量增加。纤维素是以 D-葡萄糖为单体,通过 β-1,4 糖苷键连接形成的线性高聚物,其含量的增加将为反硝化过程提供碳源,满足反硝化细菌对有机碳的需求,从而强化脱氮效果。

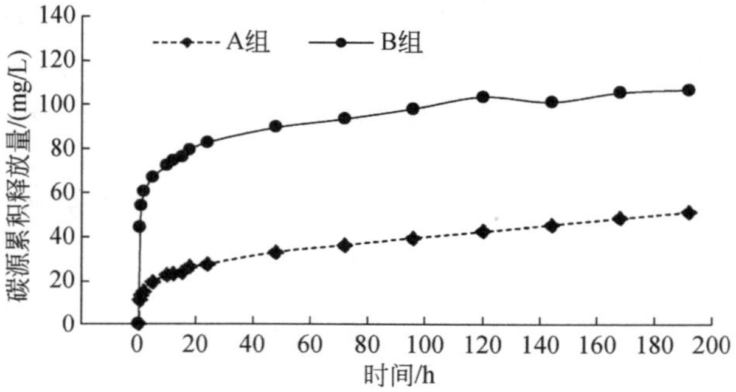

图 3-7　碳源累积释放量

将 A、B 两组实验材料的碳源释放过程分为阶段 1 前期快速分解和阶段 2 后期稳定分解两个阶段,分别进行对数拟合和线性拟合,经拟合后所得方程及其参数如图 3-8 和表 3-2 所示。

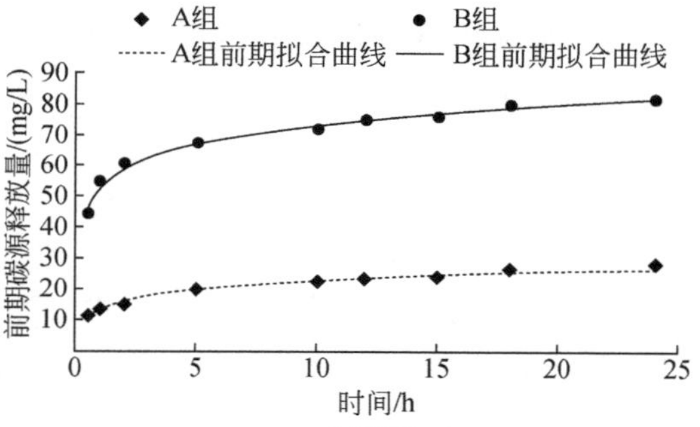

(a)前期

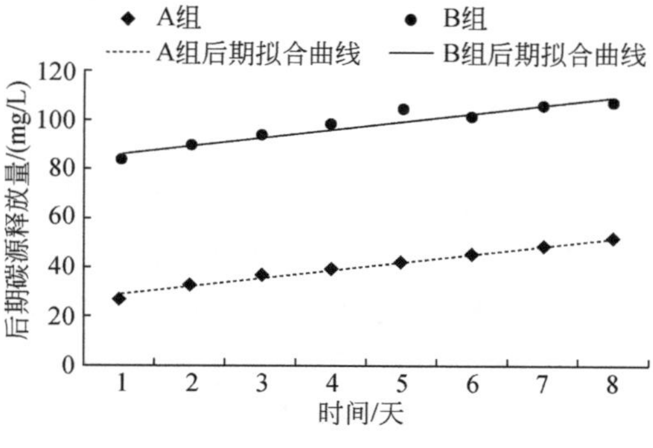

(b)后期

图 3-8　碳源释放拟合曲线

如表 3-2 所示，两组在前期和后期的拟合曲线 R^2 均高于 0.97，该方程佐证了前期释放速率较快，曲线陡峭；后期释放速率变慢，曲线较为平滑的释放规律。

表 3-2　碳源累积释放量拟合曲线方程参数表

实验阶段	拟合方程	参数拟合结果		
		参数	A 组	B 组
阶段 1	$Y=a\ln X_1+b$	a	4.1633	9.0196
		b	13.148	52.571
		R^2	0.9824	0.9892
阶段 2	$Y=cX_2+d$	c	3.2702	3.2708
		d	25.796	82.975
		R^2	0.9905	0.9759

注：Y 为碳源累积释放量，mg/L；X_1 为阶段 1 释放时间，h；X_2 为阶段 2 释放时间，天；a、b、c、d 为方程参数；R^2 为相关性系数，用来表征拟合度。

3.2.2　总氮累积释放量

总氮累积释放量如图 3-9 所示，与碳源释放规律类似，A、B 两组实验材料的总氮释放速率也是前期较快，同样在 24h 后趋于稳定。在 0.5h 时，两组均达到了总氮释放速率的最大值，其中碱性预处理藻液的总氮释放速率可达 5.06mg/(L·h)，无预处理小球藻粉的总氮释放速率为 1.70mg/(L·h)，仅为碱性预处理藻液的 33.6%。在稳定释放期，A、B 两组实验材料的总氮释放速率均为 0.01mg/(L·h)左右，每日总氮释放量不足为 0.5g，对水质影响微弱。

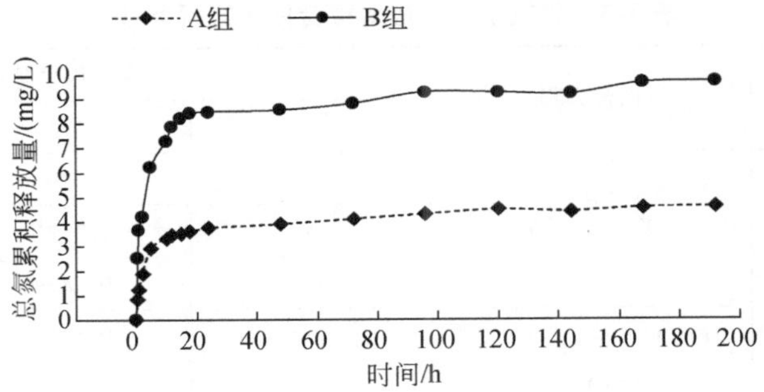

图 3-9　总氮累积释放量

同样地，将两组总氮释放过程分为阶段 1 前期快速分解和阶段 2 后期稳定分解两个阶段，分别进行对数拟合和线性拟合，经拟合后所得方程及其参数如图 3-10 和表 3-3 所示。

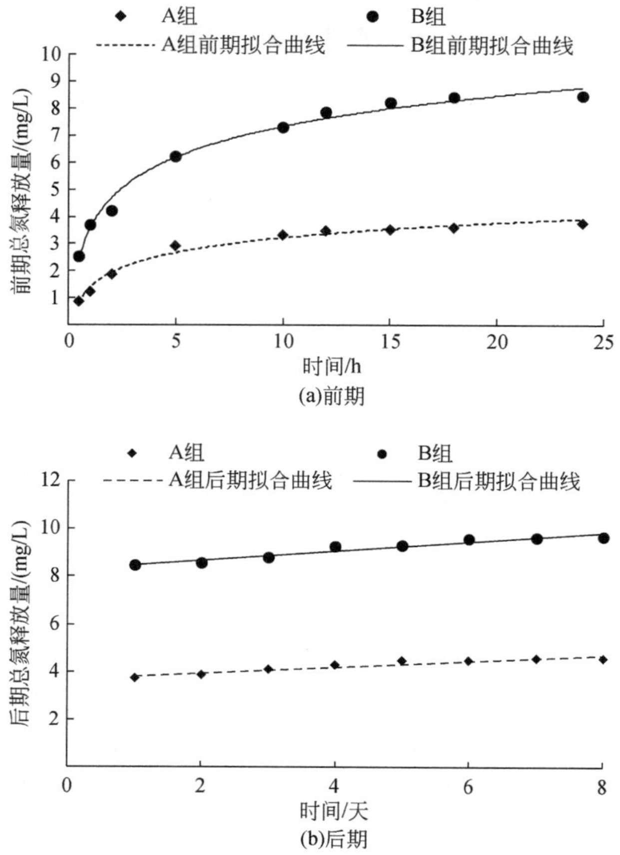

图 3-10　总氮释放拟合曲线

表 3-3　总氮累积释放量拟合曲线方程参数表

实验阶段	拟合方程	参数拟合结果		
		参数	A 组	B 组
阶段 1	$Y=a\ln X_1+b$	a	0.798	1.643
		b	1.3791	3.5477
		R^2	0.9839	0.9892
阶段 2	$Y=cX_2+d$	c	0.1217	0.1800
		d	3.7125	8.2853
		R^2	0.9828	0.9836

注：Y 为总氮累积释放量，mg/L；X_1 为阶段 1 释放时间，h；X_2 为阶段 2 释放时间，天；a、b、c、d 为方程参数；R^2 为相关性系数，用来表征拟合度。

如表 3-3 所示，两组在前期和后期的拟合曲线 R^2 均高于 0.98，该方程佐证了总氮释放过程同样满足前期释放速率较快，曲线陡峭；后期释放速率变慢，曲线较为平滑的释放规律。

3.2.3 总磷累积释放量

总磷累积释放量如图 3-11 所示,与碳源释放规律类似,A、B 两组实验材料的总磷释放速率也是前期较快,同样在 24h 后趋于稳定。在但在整个实验进程中,A 组总磷累积释放量 0.19mg/L,B 组总磷累积释放量 0.34mg/L,故可认为,添加小球藻粉作为反硝化外加碳源之后,其分解过程中释放出的磷元素在为植物生长提供必需元素的同时,不会对水质造成负面影响。

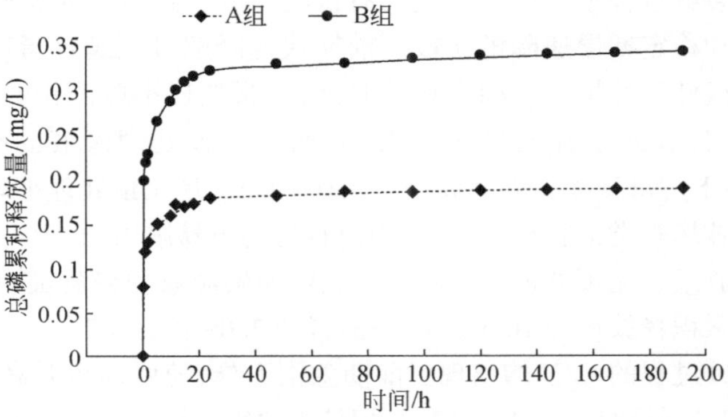

图 3-11　总磷累积释放量

3.2.4 释放过程中 C/N 分析

当系统的 C/N 大于 5 时,通常认为反硝化可利用的碳源较为充分,反硝化效率较高。实验过程中,两个实验处理组累积释放的碳源、总氮的 C/N 变化如图 3-12 所示,在 0.5h 之前有一个急剧下降的阶段,前期 C/N 会迅速下降;随着降解过程的进行,碳素的释放增量较氮

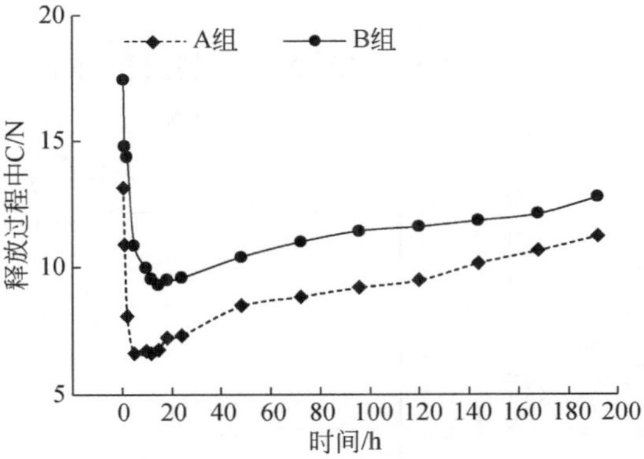

图 3-12　释放过程中 C/N 分析

素的释放增量更高,从而使得 C/N 呈上升趋势。分析原因为,在实验前期阶段,小球藻粉表面附着的大量可溶性有机碳释放,导致较高的 C/N;藻类蛋白质作为颗粒态有机氮(PON)的主要组成部分,有机氮迅速分解转化,导致 C/N 迅速下降;藻类细胞壁所含纤维素较难分解,随着时间的延长,纤维素中所含碳素的缓慢释放使得 C/N 逐渐呈现上述趋势。

静态释放 1 天过后(初期),B 组的 C/N 为 10.8,而 A 组的 C/N 是 6.5,仅为 B 组的 60.2%;一周后(稳定期),B 组的 C/N 升高至 12.8,而 A 组的 C/N 大幅提升 72.3% 至 11.2,仅比 B 组低 12.5%。因此,可认为碱性预处理在前期对藻类细胞内有机物溶出的促进作用大于后期。

藻类会在死亡裂解过程中释放出大量的有机物。碳、氮、磷等元素的分解过程类似,均分为前期快速降解和稳定期慢速降解阶段。前期快速降解过程满足指数函数规律,稳定期慢速降解过程可用线性函数拟合。稳定释放时期,无预处理小球藻粉的碳释放速率稳定在 0.13mg/(L·h),每日碳元素释放量约为 3.2g;而碱性预处理藻液的碳释放速率稳定在 0.29~0.38mg/(L·h),每日碳元素释放量为 7.0~9.2g,是无预处理小球藻粉的 2~3 倍。

碱性预处理会破坏藻类细胞组织,使得胞内有机物更易溶出,会提升碳源和氮元素的释放速率以及累积释放量。无预处理小球藻粉在稳定期碳源累积释放量为 51.3mg/L,而碱性预处理藻液的碳源累积释放量为 107mg/L,是前者的 2.09 倍。

两个实验组释放过程的 C/N 均出现了前期急剧下降,随后逐步升高的过程。释放稳定后,A 和 B 两组的 C/N 分别为 11.2 和 12.8,相较于两组初期(6.5 和 10.8)差距缩小。

3.3 藻粉碳源强化水平潜流湿地脱氮作用

在藻粉碳、氮、磷静态释放规律研究的基础上,将藻粉加入人工湿地小试系统,进一步评估微藻作为人工湿地碳源的可行性。通过反硝化动力学研究,定量分析微藻添加对提升湿地系统反硝化效率的贡献。

3.3.1 装置构建及运行

水平潜流人工湿地装置示意图如图 3-13 所示。装置整体长×宽×高 = 1.30m×0.40m×

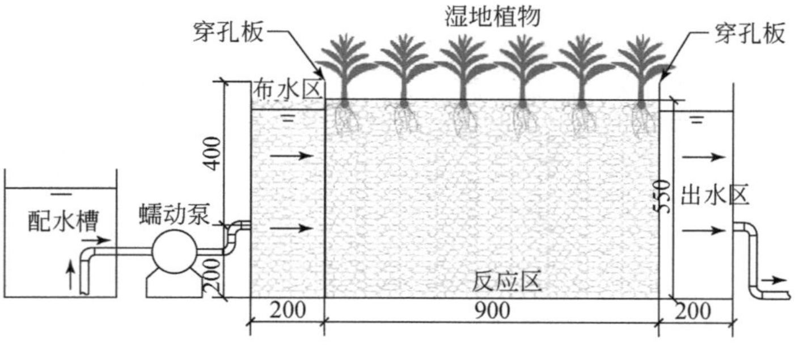

图 3-13　水平潜流人工湿地装置示意图

尺寸单位:mm

0.7m,分为布水区、反应区和出水区三部分。布水区长 20cm,宽 40cm,采用穿孔板与反应区隔开。进水口距离底部 25cm,区内铺设粒径为 50mm 的陶粒,对污水进行初步过滤,防止湿地堵塞,保证布水均匀。共设置 CW-A(无外加碳源)、CW-B(添加无预处理的藻粉为外加碳源)、CW-C(添加碱处理后的藻液为外加碳源)3 个实验组,每组设置两个平行。其中,在 CW-B 和 CW-C 系统内,藻粉和碱处理后藻液的添加浓度均为 0.1‰。

实验进水采用人工配水,以污水处理厂出水一级 B 标准为参考配制。使用葡萄糖作为碳源,同时添加 $CaCl_2 \cdot 2H_2O$、$MgSO_4 \cdot 7H_2O$、$FeSO_4 \cdot 7H_2O$ 等补充人工湿地内植物生长所必需的微量元素。另外,加入 20% 体积的污水(取自上海市某污水处理厂的二沉池出水),以补充配水内的微生物。水力负荷为 50mm/d,具体配水的水质指标如表 3-4 所示。

表 3-4 实验用水水质 （单位:mg/L）

项目	水质指标					
	NH_4^+-N	NO_3^--N	NO_2^--N	TN	TP	COD_{Cr}
人工配水	5	10	0.5	15	1	60
一级 B 标准	8	—	—	20	1	60

因为陶粒价格低廉,密度小,内部多孔,形态、成分较均一,生物附着力强,挂膜性能良好,有较强耐腐蚀性和耐高温性,所以本系统最终选择陶粒作为填料,其密度为 2.66g/cm³,孔隙率为 55%,湿地系统内填料装填高度为 0.55m。选用黄花美人蕉(*Canna indica* var. *flava* Roxb.)为湿地植物,该植物属于美人蕉科(Cannaceae)美人蕉属(*Canna*),是多年生湿生或陆生草本植物。2017 年 1 月,将黄花美人蕉栽种于湿地系统内,种植密度 25 株/m²,植物至 3 月已经适应湿地环境,开始长出新叶。

3.3.2 藻粉添加对湿地净化效果的影响

当人工湿地系统进水 C/N 为 5~6 时,一般认为反硝化所需的碳源较为充足。本实验中,系统进水 C/N 为 4,通过对比系统 CW-A、CW-B 和 CW-C 的出水水质指标,研究藻粉作为外加碳源时,其对人工湿地净化效率的影响。

1. 水质净化效率

在进水 TN 平均浓度为(15.95±1.06)mg/L 时,三组系统对 TN 的去除率如图 3-14(c)所示,实验期间各系统的 TN 平均浓度以及 TN 平均去除率如表 3-5 所示。无碳源添加的 CW-A 系统实验期间出水 TN 平均浓度为(9.62±0.53)mg/L;添加了藻粉作为外加碳源的 CW-B 系统出水 TN 平均浓度为(7.82±0.67)mg/L,相较于 CW-A 系统减少了 18.7%;将藻粉进行碱性预处理之后再加入 CW-C 系统内,出水 TN 平均浓度降低至(6.81±0.65)mg/L,相比 CW-A 系统减少了 29.2%。以碳源添加为影响因素,三组系统对 TN 的去除效果存在显著性差异。

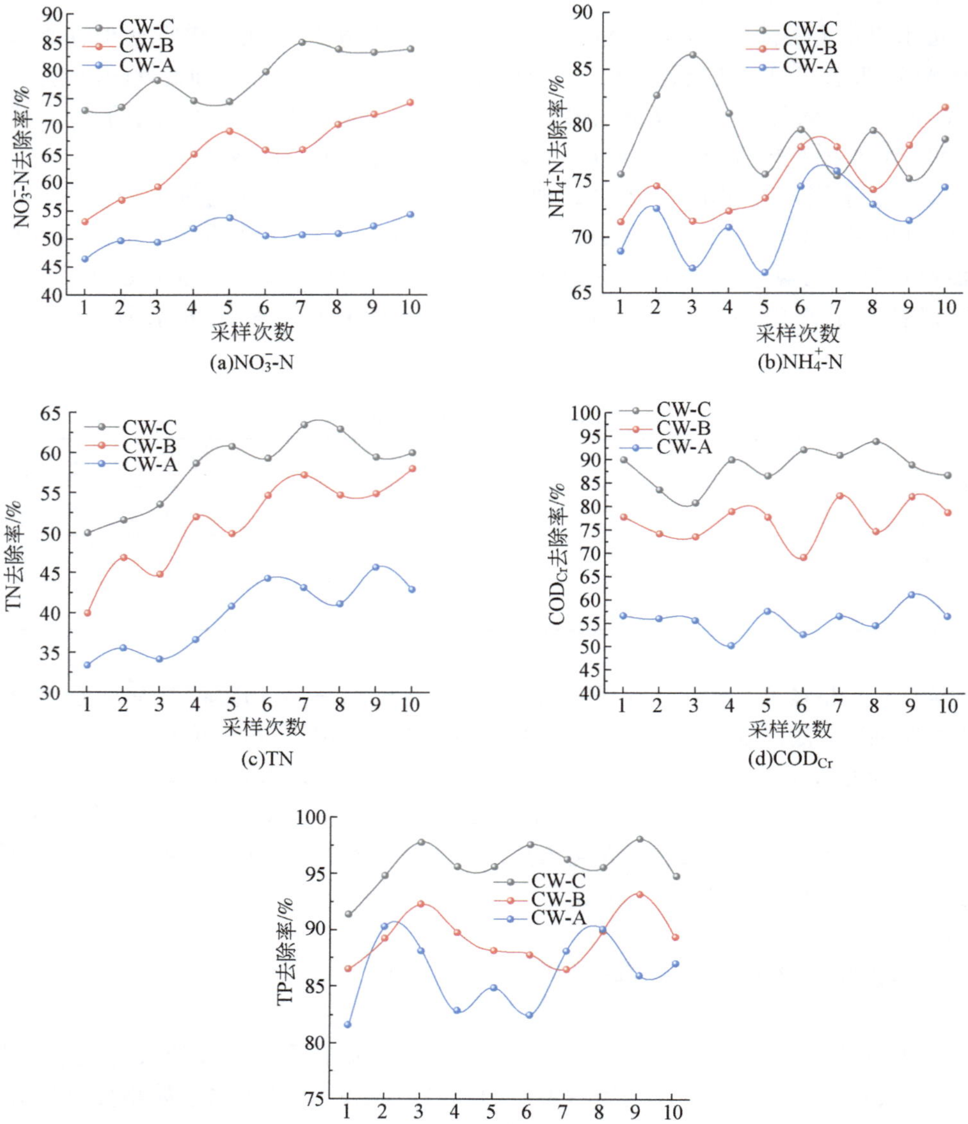

图 3-14　各湿地系统水质指标去除率

表 3-5　人工湿地小试系统 TN 去除效果

指标	进水	出水		
		CW-A	CW-B	CW-C
TN 平均浓度/(mg/L)	15.95±1.06	$9.62±0.53^{c}$	$7.82±0.67^{b}$	$6.81±0.65^{a}$
TN 平均去除率/%	—	$39.5±4.1^{c}$	$50.8±5.4^{b}$	$57.2±4.3^{a}$

注:数据形式为平均值±标准差。数据上标数字 a、b、c 表示各系统间具有显著性差异($P<0.05$)。

从去除率来看，无碳源添加的 CW-A 系统实验期间 TN 平均去除率为 39.5%±4.1%；添加了藻粉作为外加碳源的 CW-B 系统 TN 平均去除率提升 11.3 个百分点至 50.8%±5.4%；将藻粉碱性预处理之后再添加进湿地系统，TN 去除率进一步提升至 57.2%±4.3%，相较于 CW-A 系统大幅提升了 17.7 个百分点。由此可见，将藻粉作为外加碳源来提升人工湿地系统的脱氮效果是可行的，而且经过碱性预处理的藻粉更易释放出有机碳源，便于进一步提升 TN 的去除效果。

此外，由图 3-14(c)可知，随着运行时间的增加，三组系统对 TN 的去除效果均不断提升。无碳源添加的 CW-A 系统中 TN 去除率第一次取样时只有 33.1%，两个半月后第 10 次取样时增加至 42.4%；添加了藻粉为外加碳源的 CW-B 系统在实验期间的 TN 去除率从 39.7% 提升至 57.3%，提升幅度最大；将藻粉经过碱性预处理之后再添加的 CW-C 系统实验期间 TN 去除率从 49.7% 提升至 59.1%。在人工湿地系统运行初期，系统内的植物还未完全生长成熟，也没有形成良好的微生物附着环境，因此对 TN 去除的贡献率并不大。随着系统运行时间的增加，植物长势旺盛，促进系统整体脱氮性能的逐步提升。

在进水 NO_3^--N 平均浓度为(10.8±1.17)mg/L 时，三组系统对 NO_3^--N 的去除率如图 3-14(a)所示，实验期间各系统的 NO_3^--N 平均浓度以及 NO_3^--N 平均去除率如表 3-6 所示。无碳源添加的 CW-A 系统实验期间出水 NO_3^--N 平均浓度为(5.29±0.57)mg/L；添加了藻粉作为外加碳源的 CW-B 系统出水 NO_3^--N 平均浓度为(3.73±0.61)mg/L，相较于 CW-A 系统减少了 29.5%；将藻粉进行碱性预处理之后再添加的 CW-C 系统出水 NO_3^--N 平均浓度降低至(2.23±0.38)mg/L，相比 CW-A 系统减少了 57.8%。通过单因素方差分析发现，三组系统的 NO_3^--N 去除效果存在显著性差异。

表 3-6 人工湿地小试系统 NO_3^--N 去除效果

指标	进水	出水		
		CW-A	CW-B	CW-C
NO_3^--N 平均浓度/(mg/L)	10.8±1.17	5.29±0.57^c	3.73±0.61^b	2.23±0.38^a
NO_3^--N 平均去除率/%	—	51.2±2.2^c	65.3±6.4^b	79.1±4.5^a

注：数据形式为平均值±标准差。数据上标数字 a、b、c 表示各系统间具有显著性差异(P<0.05)。

投加了藻类作为外加碳源的 CW-B 和 CW-C 系统，藻细胞在分解过程中产生的有机碳源会被湿地系统的反硝化细菌利用，从而提升系统的反硝化效果。碱性预处理可以破坏藻类细胞壁，使得胞内有机物更易溶出，因此会进一步提升湿地系统的反硝化效率。

三组湿地系统对硝酸盐的去除率随系统运行时间的增加而稳步提升，主要体现在三方面：第一，植物将水体中的硝态氮同化吸收并转化为自身生长所需的有机氮，不过该途径氮去除量占氮去除总量的比例很小，通常只有 8% ~16%；第二，随着系统运行时间的增加，植物生长发育旺盛，发达的根系为微生物的附着提供了有利环境；第三，对于存在碳源严重不足的湿地系统，根系分泌物可在一定程度上增强反硝化效率。

通过比较 CW-B 和 CW-C 系统可以发现，两个系统反硝化速率的差异随着系统运行时间的增加而逐渐缩小。在 CW-C 系统，藻粉经过碱性预处理后，前期碳源在短时间内快速大量释放，造成后期对湿地系统供给的碳源量降低。在 CW-B 系统中添加的藻粉无预处理，虽然前期有机物释放速率较慢，可以使湿地系统维持相对稳定持久的碳源补给。预处理决定了纤维素降解的难易程度，其中预处理所起的主要作用是破坏纤维素的晶体结构，使原料变得疏松，并且提高酶的结合性和催化水解率，因此在实验前期，反硝化速率常数可以达到峰值，后期逐步降低。相较之下，未经过预处理的枯叶反硝化速率常数较为稳定。

人工湿地系统对 NH_4^+-N 的去除主要有硝化作用和厌氧氨氧化两种途径：硝化作用指在好氧条件下，硝化细菌将氨氮转化为硝酸盐的过程；厌氧氨氧化是指在厌氧条件下，NO_2^--N 作为电子受体，通过厌氧氨氧化菌将氨氮转化为 N_2 的过程。不过，由于厌氧氨氧化菌对环境条件要求较高，在人工湿地系统，氨氮的去除以硝化作用途径为主。

在进水 NH_4^+-N 平均浓度为(4.83±0.48)mg/L 时，三组系统对 NH_4^+-N 的去除率如图 3-14(b)所示，实验期间各系统的 NH_4^+-N 平均浓度以及 NH_4^+-N 平均去除率如表 3-7 所示。无碳源添加的 CW-A 系统实验期间出水 NH_4^+-N 平均浓度为(1.00±0.26)mg/L，NH_4^+-N 平均去除率为 79.0%±3.4%；添加了藻粉作为外加碳源的 CW-B 系统出水 NH_4^+-N 平均浓度为(1.12±0.20)mg/L，NH_4^+-N 平均去除率为 75.4%±3.2%；将藻粉进行碱性预处理之后再添加的 CW-C 系统实验期间出水 NH_4^+-N 平均浓度为(1.36±0.21)mg/L，相应的 NH_4^+-N 平均去除率为 71.8%±3.0%。通过单因素方差分析发现，三组系统对NH_4^+-N去除率并无显著性差异。

表 3-7　人工湿地小试系统 NH_4^+-N 去除效果

指标	进水	出水		
		CW-A	CW-B	CW-C
NH_4^+-N 平均浓度/(mg/L)	4.83±0.48	1.00±0.26[a]	1.12±0.20[a]	1.36±0.21[a]
NH_4^+-N 平均去除率/%	—	79.0±3.4[b]	75.4±3.2[b]	71.8±3.0[b]

注：数据形式为平均值±标准差。数据上标数字 a、b 表示各系统间具有显著性差异($P<0.05$)。

有关外加碳源添加对湿地氨氮去除效果的影响研究结果不一。在进水氮素形态以 NH_4^+-N 为主时，姚川颖(2014)表明碳源添加对人工湿地 NH_4^+-N 去除率有一定提升作用，但与无外加碳源的对照组相比并无显著性差异。在进水氮素形态以 NO_3^--N 为主时，刘刚等(2010)研究表明外加碳源在释放有机物的同时会释放 NH_4^+-N，另外，外加碳源在降解过程中会消耗溶解氧，影响湿地系统的硝化作用，导致湿地系统对 NH_4^+-N 的去除效果变差。本次实验中，进水氮素形态组成为 NO_3^--N：NH_4^+-N=2：1，因此虽然实验期间人工湿地系统对氨氮的平均去除率为 CW-A>CW-B>CW-C，但是在前期此规律较为明显，在后期三者之间并无显著性差异。

人工湿地系统中，NO_2^--N 主要是硝酸盐反硝化过程的中间产物，其性质不稳定，在自然水体中一般浓度不高。

在进水 NO_2^--N 平均浓度为(0.14±0.08)mg/L 时，三组系统出水 NO_2^--N 平均浓度如表 3-8 所示。实验期间 CW-A 系统出水 NO_2^--N 平均浓度为(0.07±0.03)mg/L，CW-B 系统出水 NO_2^- 平均浓度为(0.08±0.06)mg/L，CW-C 系统出水 NO_2^- 平均浓度为(0.11±0.03)mg/L，三组系统出水 NO_2^--N 平均浓度均小于 0.2mg/L，存在较大波动。三组系统对 NO_2^--N 的去除效

果并无显著性差异。

表 3-8 人工湿地小试系统 NO_2^--N 去除效果

指标	进水	出水		
		CW-A	CW-B	CW-C
NO_2^--N 平均浓度/(mg/L)	0.14±0.08	0.07±0.03[a]	0.08±0.06[a]	0.11±0.03[a]
NO_2^--N 平均去除率/%	—	49.3±22.0[b]	39.2±20.7[b]	15.5±20.0[b]

注：数据形式为平均值±标准差。数据上标数字 a、b 表示各系统间具有显著性差异($P<0.05$)。

CW-B 和 CW-C 系统对 NO_2^--N 的平均去除率低于 CW-A 系统，并且在系统运行初期，添加了碱性预处理藻液的 CW-C 系统出水 NO_2^--N 平均浓度略高于 CW-A 系统出水 NO_2^--N 浓度。由此可见，添加藻粉碳源有可能造成亚硝酸盐的积累。反硝化过程出现亚硝酸盐积累现象可能存在以下原因：①反硝化过程中，亚硝酸盐的去除速率小于硝酸盐的去除速率(付昆明等，2011)；②还原硝酸盐的异养细菌可分为只含有硝酸盐还原酶的类群 a(只能把硝酸盐还原成亚硝酸盐)和含有反硝化全部酶系的类群 b(可以将亚硝酸盐还原为 N_2)，当某些因素抑制 b 类菌群生长而对 a 类菌群生长影响较小时，便会造成亚硝酸盐的积累(Payne，1973)；③异养反硝化过程中的硝酸盐还原酶、亚硝酸盐还原酶、一氧化氮还原酶和一氧化二氮还原酶 4 种酶中，亚硝酸盐还原酶的合成能力较低，其生物活性比硝酸盐还原酶的活性低，从而导致亚硝酸盐的积累(刘琦，2014)。

实验期间系统进水 COD_{Cr} 平均浓度为(65.9±3.05)mg/L，三组系统对 COD_{Cr} 的去除率如图 3-14(d)所示，实验期间各系统的 COD_{Cr} 平均浓度以及 COD_{Cr} 平均去除率如表 3-9 所示。各组系统出水 COD_{Cr} 平均浓度均低于进水 COD_{Cr} 浓度，虽然添加了藻粉和碱性预处理藻液的 CW-B 与 CW-C 系统出水 COD_{Cr} 平均浓度高于 CW-A 系统出水 COD_{Cr} 平均浓度，但是三组系统出水 COD_{Cr} 平均浓度均低于 40mg/L，满足《地表水环境质量标准》(GB 3838—2002)Ⅳ类标准。

表 3-9 人工湿地小试系统 COD_{Cr} 去除效果

指标	进水	出水		
		CW-A	CW-B	CW-C
COD_{Cr} 平均浓度/(mg/L)	65.9±3.05	19.0±1.87[a]	25.0±1.95[b]	36.2±1.38[c]
COD_{Cr} 平均去除率/%	—	71.2±3.4[a]	62.1±3.2[b]	45.2±2.1[c]

注：数据形式为平均值±标准差。数据上标数字 a、b、c 表示各系统间具有显著性差异($P<0.05$)。

实验期间进水 TP 平均浓度为(1.07±0.14)mg/L，三组系统对 TP 的去除率如图 3-14(e)所示，实验期间各系统的 TP 平均浓度以及 TP 平均去除率如表 3-10 所示。系统出水 TP 平均浓度均低于进水 TP 浓度，添加了藻粉和碱性预处理藻液的 CW-B 及 CW-C 系统也有一定量磷元素的释放，造成出水 TP 平均浓度比 CW-A 系统高，不过三组系统出水 TP 平均浓度均低于 0.2mg/L，平均去除率达到了 80% 以上。

表 3-10 人工湿地小试系统 TP 去除效果

指标	进水	出水		
		CW-A	CW-B	CW-C
TP 平均浓度/(mg/L)	1.07±0.14	0.05±0.02[a]	0.11±0.02[b]	0.14±0.02[c]
TP 平均去除率/%	—	95.5±2.4[a]	89.3±2.1[b]	86.3±2.9[c]

注：数据形式为平均值±标准差。数据上标数字 a、b、c 表示各系统间具有显著性差异（$P<0.05$）。

2. 脱氮过程动力学分析

为了定量分析碳源补充对人工湿地系统内反硝化效果的影响，在一个水力停留时间（6 天）内，对三组系统进行补充实验，每天采样分析系统出水 NO_3^--N 浓度，考察系统内 NO_3^--N 浓度的时空变化，对其进行动力学分析，拟合出反硝化动力学常数。

人工湿地系统去除污染物的模型包括一级动力学模型、零级动力学模式、Monod 模型和生态动力学模型等（姚川颖，2014）。其中，一级动力学模型将湿地中的流态假定为稳态的理想推流，能够较好地反映污染物在人工湿地中的降解去除过程，并结合了质量平衡的计算。一级动力学模型通常的表达式如下：

$$\frac{\mathrm{d}C}{\mathrm{d}t}=-k_T\cdot C$$

式中，$\mathrm{d}C/\mathrm{d}t$ 为污染物的去除速率，mg/(L·d)；k_T为经温度校正的污染物去除体积速率常数；C 为浓度，mg/L。

将反应器内的水流状态假设为推流，将出水的污染物浓度经积分后可得

$$C_{out}=C_{in}\cdot e^{-k\cdot t}$$

式中，C_{out}为出水浓度，mg/L；C_{in}为进水浓度，mg/L；k 为一级动力学常数（反硝化速率常数）；t 为系统的水力停留时间，天。

将上式方程进行对数变换可得

$$\ln(C_{in}/C_{out})=k\cdot t$$

通过将时间 t 对 $\ln(C_{in}/C_{out})$ 作图，所得直线的斜率即为系统的反硝化一级动力学常数 k。因此，我们可以根据系统的进水硝态氮浓度（C_{in}）以及不同取样时间的出水硝态氮浓度（C_{out}）和取样时间（t），利用一级动力学模型来拟合系统的反硝化速率常数（k）。

分别测定三组系统的进水和出水的硝态氮浓度，根据 $\ln(C_{in}/C_{out})$ -t 图的直线斜率，求得各组系统的反硝化速率常数如图 3-15 所示。

利用一级动力学模型进行反硝化速率常数拟合（图 3-15）后发现，CW-B 系统和 CW-C 系统的直线斜率明显大于 CW-A 系统。因此，不论是直接投加未经预处理的藻粉，还是投加经过碱性预处理后的藻液都会有效提高水平潜流人工湿地的反硝化效果。其中，经过碱性预处理后的藻液作为外加碳源对系统反硝化作用的提升效果最好，所以添加碱性预处理藻液的 CW-C 系统出水 NO_3^--N 浓度下降速度最快，在 48h 内，NO_3^--N 浓度就从进水的 10mg/L 左右降低至 5mg/L 左右，与此相比，添加藻粉作为外加碳源的 CW-B 系统在同时段 NO_3^--N 浓度降低至 6.5mg/L 左右。至反应结束，CW-A、CW-B 与 CW-C 系统的 NO_3^--N 去除率分别为 45.6%、65.0% 和 82.3%。

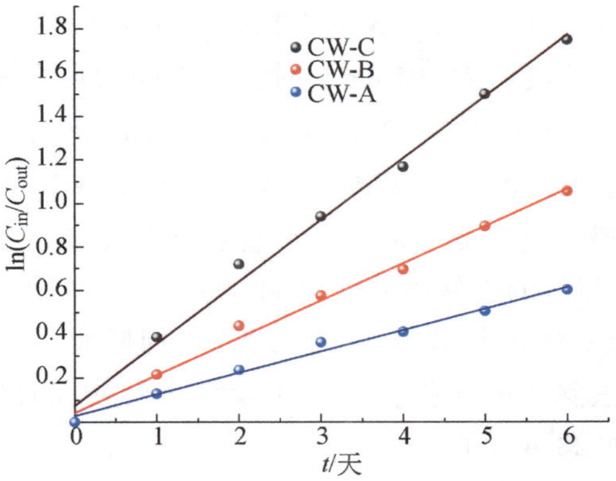

图 3-15　各湿地系统反硝化动力学模拟

将各湿地系统对硝态氮的去除过程进行一级动力学拟合，结果如表 3-11 所示。从各组系统的反硝化速率常数可知，不论是直接投加未经预处理的藻粉，还是添加碱性预处理藻粉都会有效提高人工湿地的反硝化效率。由图 3-15 和表 3-11 可知，系统在外加碳源后，反硝化速率常数有明显提升。无外加碳源的 CW-A 系统反硝化速率常数为 0. 1052，添加藻粉的 CW-B 系统反硝化速率常数为 0. 1807，是 CW-A 的 1. 7 倍，添加碱性预处理藻粉的 CW-C 系统反硝化速率常数为 0. 3001，是 CW-A 的 3 倍，是 CW-B 的 1. 7 倍。因此，外加碳源可以显著增强人工湿地的反硝化作用；与无预处理的藻粉相比，碱性预处理有助于藻细胞内有机物溶出，对人工湿地的反硝化作用的提升更为显著，具有更强的脱氮能力。

表 3-11　各湿地系统反硝化一级动力学拟合

系统	拟合方程	反硝化速率常数 k	R^2
CW-A	Y=0. 1052X	0. 1052	0. 9803
CW-B	Y=0. 1807X	0. 1807	0. 9855
CW-C	Y=0. 3001X	0. 3001	0. 9873

在实验期间，无外加碳源的 CW-A 系统对 TN 的去除率为 39. 5%，而添加藻粉作为碳源的 CW-B 系统和碱性预处理藻粉作为外加碳源的 CW-C 系统 TN 去除率分别为 50. 8% 和 57. 2%。由此可见，将藻粉作为外加碳源提升人工湿地脱氮效率是可行的，碱性预处理能促进藻细胞中有机碳源释放，从而进一步提升脱氮效率。

3. 水力停留时间影响

水力停留时间是影响人工湿地对污染物净化效果的重要因素。水力停留时间越长，人工湿地内微生物和污染物的接触越充分，越有利于微生物对污染物的降解去除，提升人工湿地净化效果。不过，水力停留时间越长，处理单位体积污水所需人工湿地面积越大。

为研究水力停留时间对添加微藻的人工湿地脱氮效果的影响，设置水力停留时间分别为 1 天、3 天和 6 天（所对应的水力负荷 HLR 分别为 300mm/d、100mm/d 和 50mm/d），比较湿地系统 CW-A（无外加碳源）、CW-B（添加无预处理藻粉）和 CW-C（添加碱性预处理藻液）对污水 NO_3^--N、NH_4^+-N 和 TN 的去除率是否存在差异。

湿地系统进水 NO_3^--N 浓度为 10.95mg/L 时，在不同的水力停留时间下，各湿地系统出水 NO_3^--N 浓度及 NO_3^--N 去除率如表 3-12 和图 3-16（a）所示。随着水力停留时间的延长，各湿地系统出水 NO_3^--N 浓度均呈现降低趋势，同时对 NO_3^--N 的去除率逐渐升高（表 3-12）。在水力停留时间最短（1 天）时，各湿地系统出水 NO_3^--N 浓度分别为 7.18mg/L、6.22mg/L 和 4.73mg/L，相应的去除率分别为 34.4%、43.2% 和 56.8%。在水力停留时间最长（6 天）时，各湿地系统出水 NO_3^--N 浓度分别降低至 5.32mg/L、3.41mg/L 和 1.62mg/L，对 NO_3^--N 的去除率也分别增加至 51.4%、68.9% 和 85.2%，分别升高了 17 个百分点、25.7 个百分点和 28.4 个百分点。

表 3-12　不同水力停留时间时各湿地系统的 NO_3^--N 去除效果

系统	水力停留时间					
	1 天		3 天		6 天	
	浓度/(mg/L)	去除率/%	浓度/(mg/L)	去除率/%	浓度/(mg/L)	去除率/%
CW-A	7.18	34.4	5.85	46.6	5.32	51.4
CW-B	6.22	43.2	4.13	62.3	3.41	68.9
CW-C	4.73	56.8	2.58	76.4	1.62	85.2

由图 3-16（a）可知，在水力停留时间小于 3 天时，系统对 NO_3^--N 的去除率随水力停留时间延长而增加的速率较快；当水力停留时间超过 3 天后，NO_2^--N 去除率随水力停留时间延长而增加的速率明显下降。另外，外加碳源的系统 CW-B 和 CW-C，其 NO_3^--N 去除率随水力停留时间延长而增加的幅度大于无外加碳源的 CW-A。随着系统水力停留时间延长，添加的藻粉可被充分转化为可溶解性碳源，其被反硝化细菌利用，从而促进反硝化过程，使得 NO_3^--N 去除率明显增加。不过，当水力停留时间增加到一定程度后，虽然有更多的碳源溶出，但处理水量的减少影响了碳源在系统内的均匀分布，不利于反硝化过程，

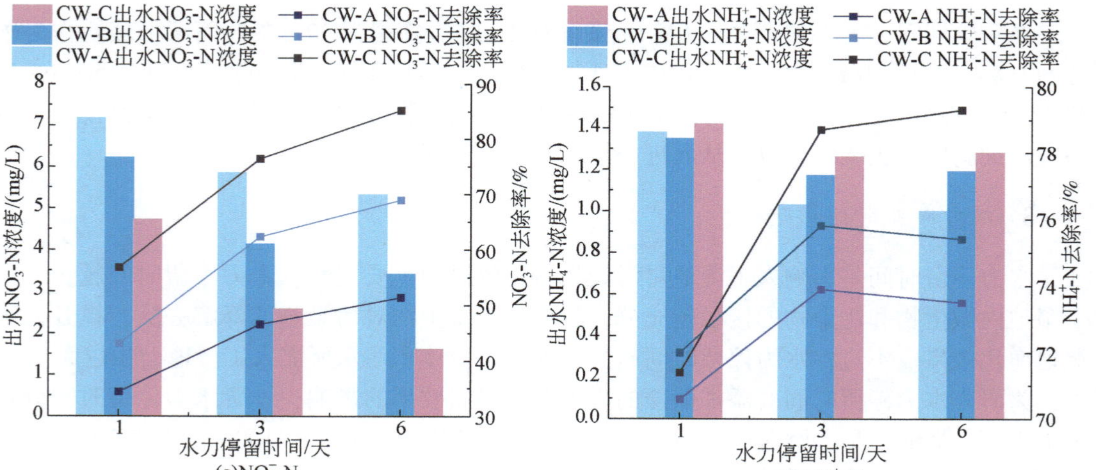

(a)NO_3^--N　　(b)NH_4^+-N

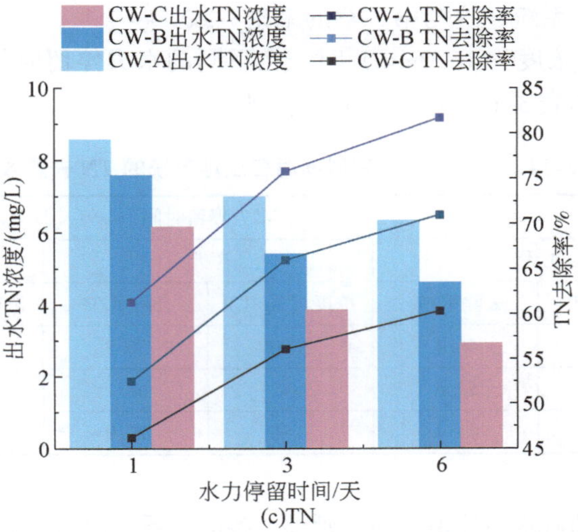

图 3-16　不同水力停留时间时各湿地系统水质去除效果

致使脱氮效率的增长放缓。实际工程应用时，不可盲目延长水力停留时间，而应该考虑工程实际情况，选择合适的水力负荷。一般来说，水平潜流人工湿地的水力停留时间在 4 ~6 天为宜，可以保证系统对 NO_3^--N 有较好去除率的同时，也可维持一个相对高效的运行状态。

湿地系统进水 NH_4^+-N 浓度为 4.83mg/L 时，在不同的水力停留时间下，各湿地系统出水 NH_4^+-N 浓度及 NH_4^+-N 去除率如表 3-13 和图 3-16（b）所示。从表 3-13 可以看出，在水力停留时间最短仅为 1 天时，各湿地系统出水 NH_4^+-N 浓度分别为 1.38mg/L、1.35mg/L 和 1.42mg/L，相应的 NH_4^+-N 去除率分别为 71.4%、72.0% 和 70.6%；当水力停留时间增加至 3 天时，各湿地系统出水 NH_4^+-N 浓度分别变为 1.03mg/L、1.17mg/L 和 1.26mg/L，相应的 NH_4^+-N 去除率也分别增加至 78.7%、75.8% 和 73.9%。但当水力停留时间增加至 6 天时，各湿地系统对 NH_4^+-N 的去除率不仅没有显著提升，反而有的系统对 NH_4^+-N 的去除率出现小幅下降。

表 3-13　不同水力停留时间时各湿地系统的 NH_4^+-N 去除效果

系统	水力停留时间					
	1 天		3 天		6 天	
	浓度/(mg/L)	去除率/%	浓度/(mg/L)	去除率/%	浓度/(mg/L)	去除率/%
CW-A	1.38	71.4	1.03	78.7	1.00	79.3
CW-B	1.35	72.0	1.17	75.8	1.19	75.4
CW-C	1.42	70.6	1.26	73.9	1.28	73.5

另外，从图 3-16（b）可以看出，在水力停留时间仅为 1 天时，各湿地系统对 NH_4^+-N 的去除率相近，但当水力停留时间增加至 6 天时，由于 CW-B 和 CW-C 系统添加了藻类作为碳源，在藻细胞分解释放有机物的同时会释放氨氮，因此 CW-A 系统对 NH_4^+-N 的去除

率高于 CW-B 和 CW-C 系统，这与第二章的结论一致。

湿地系统进水 TN 浓度为 16.0mg/L 时，在不同的水力停留时间下，各湿地系统出水 TN 浓度及 TN 去除率如表 3-14 和图 3-16（c）所示。

表 3-14　不同水力停留时间时各湿地系统的 TN 去除效果

系统	水力停留时间					
	1 天		3 天		6 天	
	浓度/(mg/L)	去除率/%	浓度/(mg/L)	去除率/%	浓度/(mg/L)	去除率/%
CW-A	8.58	46.4	7.00	56.3	6.34	60.4
CW-B	7.59	52.6	5.42	66.1	4.62	71.1
CW-C	6.17	61.4	3.86	75.9	2.92	81.8

由表 3-14 可知，随着水力停留时间的延长，各湿地系统出水 TN 浓度均随之降低，系统对 TN 的去除率逐渐升高。在水力停留时间最短（1 天）时，各湿地系统出水的 TN 浓度分别为 8.58mg/L、7.59mg/L 和 6.17mg/L，相应的 TN 去除率分别为 46.4%、52.6% 和 61.4%。在水力停留时间最长（6 天）时，各湿地系统出水的 TN 浓度分别降低至 6.34mg/L、4.62mg/L 和 2.92mg/L，相应的 TN 去除率也分别增加至 60.4%、71.1% 和 81.8%。与 NO_3^--N 和 NH_4^+-N 的去除规律类似，在水力停留时间小于 3 天时，系统对 TN 的去除率随水力停留时间延长而增加的速率比较快；当水力停留时间超过 3 天后，系统对 TN 的去除率随水力停留时间延长而增加的速率明显下降。TN 去除率和水力停留时间满足对数关系。

综上，在水平潜流人工流湿地系统中，水力负荷越小，污水的水力停留时间越长，TN 的去除率越高。不过，过长的水力停留时间也会使湿地系统占地面积过大，整体运行负荷偏低，造价过高。因此，在实际工程应用时，应根据实际情况选择合适的水力停留时间。根据《人工湿地污水处理工程技术规范》，水平潜流人工湿地系统的水力停留时间一般为 4 ~ 6 天。

3.4　微藻固碳-人工湿地耦合系统强化脱氮作用

构建微藻固碳-人工湿地耦合系统，开展系统脱氮效率研究，测定添加藻类生物质碳源后，不同形态氮素在人工湿地床体的空间分布，阐明氮素在人工湿地内部的迁移转化过程，以及藻类生物质碳源添加对这一过程的影响。

3.4.1　装置构建及运行

5 组水平潜流人工湿地（CW1、CW2、CW3、CW4、CW5）设计如图 3-17 所示（搭建相同水平潜流人工湿地 6 组，此节实验中仅使用 5 组）。人工湿地分为进水区、初沉区、主功能区、出水区四部分。进水区与初沉区之间、初沉区与主功能区之间，以及主功能区与出水区之间由布水板分隔，布水板上置孔径为 1cm 的出水口若干。初沉区内置粒径为 8 ~ 12mm 的沸石。主功能区内置粒径为 6 ~ 8mm 的陶粒，孔隙率为 30%。填料高度 50cm，湿地水位由出水管维持，淹水深度 10cm。在主功能区侧面设置平均分布的采水管 9 个，除采样时期外，其余时间均为关闭状态。采用西伯利亚鸢尾与美人蕉混合种植，种植密度 25 株/m^2。进水区与蠕动泵相连，进水由蠕动泵持续从进水桶中泵水。

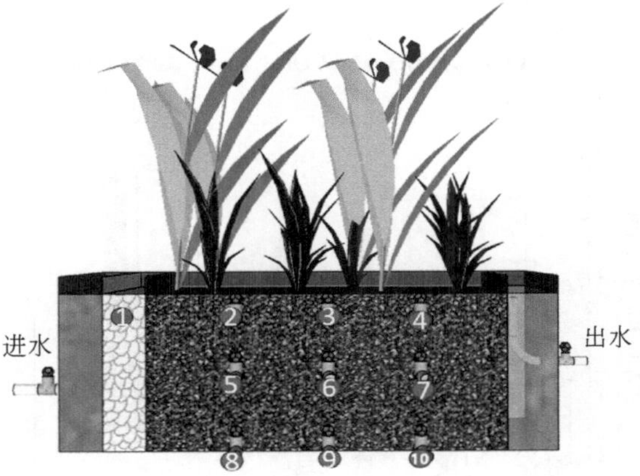

图 3-17　水平潜流人工湿地示意图

1～10 为水样取样口

通过室内微藻曝气扩培装置培养小球藻，所得小球藻液用孔径为 0.45μm 的滤膜过滤，将过滤所得藻类生物质作为人工湿地外加碳源，每天 8：00 投加至各组湿地（CW3、CW4、CW5、CW6）进水槽，使 CW3 与 CW4 进水平均 $COD_{Cr}/N=4.3$，CW5 与 CW6 进水平均 $COD_{Cr}/N=5.3$，CW1、CW2 未投加碳源，作为对照（$COD_{Cr}/N=3.3$）(表 3-15)。按照《城镇污水处理厂污染物排放标准》一级 A 排放标准人工配水，CW1、CW3、CW5 水力负荷为 100mm/d，CW2、CW4、CW6 水力负荷为 200mm/d。

表 3-15　各人工湿地运行工况

系统	水力负荷/(mm/d)	进水平均 COD_{Cr}/N
CW1	100	3.3
CW2	200	3.3
CW3	100	4.3
CW4	200	4.3
CW5	100	5.3
CW6	200	5.3

3.4.2　藻类生物质碳源添加对湿地净化效率的影响

1. 水质净化效率

进水 COD_{Cr}/N 对湿地系统出水 COD_{Cr} 浓度的影响如图 3-18 所示。随着 COD_{Cr}/N 升高，

出水 COD_{Cr}浓度呈增加趋势，3 组湿地系统出水 COD_{Cr}平均浓度分别为 3.60mg/L（COD_{Cr}/N=3.3）、3.73mg/L（COD_{Cr}/N=4.3）与 8.50mg/L（COD_{Cr}/N=5.3）。进水 COD_{Cr}/N 为 4.3 的湿地系统对 COD_{Cr}的去除率最高（91.9%），进水 COD_{Cr}/N 为 3.3 与 5.3 的湿地系统对 COD_{Cr}的平均去除率分别为 86.2% 与 86.3%。

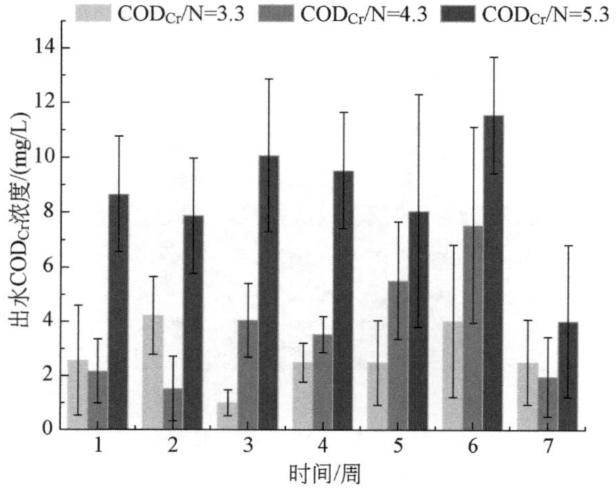

图 3-18　人工湿地出水 COD_{Cr}浓度

为了进一步考察 COD_{Cr}/N 对湿地系统 COD_{Cr}去除速率的影响，将进水 COD_{Cr}/N 与系统 COD_{Cr}去除速率进行线性拟合（图 3-19），发现两者相关性较高（$R^2=0.981$，$P<0.01$）。

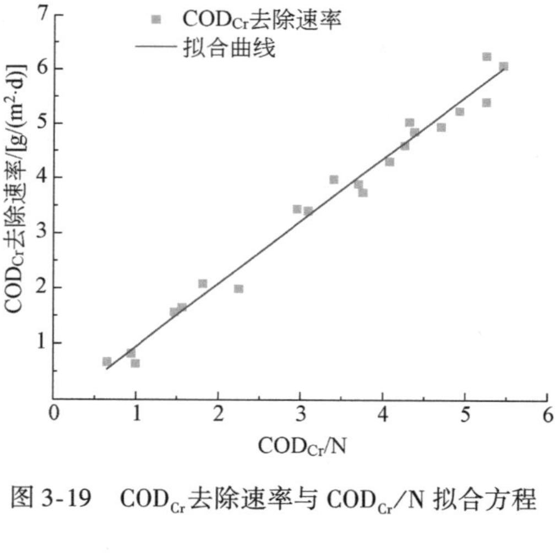

图 3-19　COD_{Cr}去除速率与 COD_{Cr}/N 拟合方程

进水 COD_{Cr}/N 对湿地系统进出水不同形态氮素浓度的影响如表 3-16 所示。藻类生物质碳源添加量不仅对湿地系统出水 TN 浓度有显著影响（$P<0.05$），对进水 TN 浓度同样影响显著（$P<0.05$）。出水 TN 浓度随藻类生物质碳源添加量的升高而降低，出水 TN 浓度最低组（均值 5.58mg/L）进水中 COD_{Cr}/N 为 5.3，进水 COD_{Cr}/N 为 4.3 和 3.3 的湿地系统出水 TN 浓度分别为 11.93mg/L 与 16.94mg/L。出水 NH_4^+-N 浓度随进水 COD_{Cr}/N 升高

而显著升高（$P<0.05$），进水 COD_{Cr}/N 为 3.3、4.3 和 5.3 的湿地系统出水 NH_4^+-N 浓度分别为 0.31mg/L、0.37mg/L 和 0.50mg/L。出水 NO_3^--N 浓度随进水 COD_{Cr}/N 升高而显著降低（$P<0.05$），分别为 13.94mg/L（$COD_{Cr}/N=3.3$）、9.40mg/L（$COD_{Cr}/N=4.3$）和 4.93mg/L（$COD_{Cr}/N=5.3$）。湿地系统出水 NO_2^--N 浓度较不稳定，随时间波动较大，但基本表现出随 COD_{Cr}/N 增加而降低的趋势。3 组湿地系统出水 NO_2^--N 浓度分别为 2.60mg/L（$COD_{Cr}/N=3.3$）、1.28mg/L（$COD_{Cr}/N=4.3$）和 0.11mg/L（$COD_{Cr}/N=5.3$）。人工湿地系统出水中 NO_3^--N 为主要的氮素形态。

表 3-16　添加小球藻碳源后人工湿地进出水中氮素浓度

COD_{Cr}/N	TN 浓度/(mg/L)		NH_4^+-N 浓度/(mg/L)		NO_3^--N 浓度/(mg/L)		NO_2^--N 浓度/(mg/L)	
	进水	出水	进水	出水	进水	出水	进水	出水
3.3	18.0±1.15	16.94±1.15	1.49±0.17	0.31±0.06	16.3±1.13	13.94±0.80	0.82±0.57	2.60±0.97
4.3	17.8±1.13	11.93±1.12	1.67±0.20	0.37±0.07	15.9±0.83	9.40±1.34	0.54±0.38	1.28±0.24
5.3	19.0±1.53	5.58±0.82	1.88±0.23	0.50±0.07	16.7±1.08	4.93±0.85	0.38±0.26	0.11±0.10

注：由于计算的是平均值，因此各种氮素进水（或出水）浓度加和可能与 TN 进水（或出水）平均浓度有细微出入。

不同藻类生物质碳源添加量对湿地系统各种形态氮素的去除率如图 3-20 所示。当进水 COD_{Cr}/N 不同时，湿地系统对 TN 与 NO_3^--N 的去除率存在明显差异（$P<0.05$）。湿地系统对 NH_4^+-N 的去除率则较为接近，分别为 78.5%（$COD_{Cr}/N=3.3$）、77.4%（$COD_{Cr}/N=4.3$）及 73.2%（$COD_{Cr}/N=5.3$）。

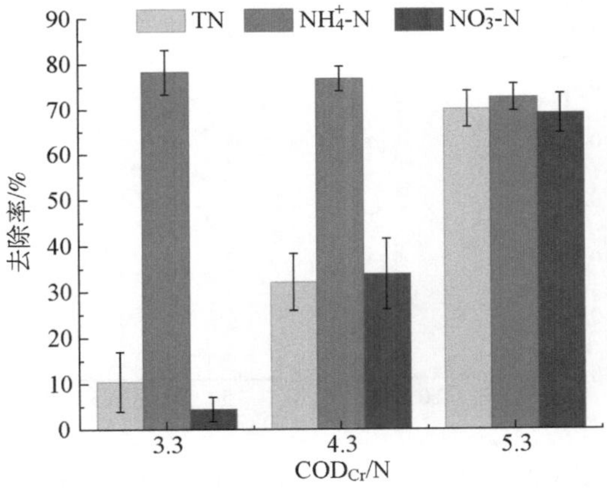

图 3-20　添加藻类碳源对不同形态氮素去除率的影响

湿地系统对 NH_4^+-N 的去除率较为接近，对 TN 的去除率却差异较大。进水 COD_{Cr}/N 分别 3.3、4.3 和 5.3 时，湿地系统对 TN 的去除率分别为 11.1%、32.6% 和 70.3%，对 NO_3^--N 的去除率分别为 4.8%、34.3% 和 69.5%。在不同进水 COD_{Cr}/N 影响下，反硝化效率是造成湿地系统 TN 去除率存在较大差异的主要原因。有关藻类塘–垂直流人工湿地的研究发现，在人工湿地水力停留时间为 6 天时，对照组 TN 去除率为 60%，而前置藻类塘的实验组 TN 去除率为 84%（卢少勇等，2006）。虽然前置藻类塘提升了脱氮效率，但与本研究相比提升幅度并不高，可能是下行流人工湿地的理化环境不利于反硝化的进行，并且藻类浓度并未达到最佳投加量。Ding 等（2016）使用高效藻类塘-水平潜流人工湿地对高氮低碳污水进行处理，发现耦合系统对 TN 的去除率仅比对照湿地系统提升了 11.1%，进水中氮素的主要形态（NH_4^+-N）可能是影响提升效果的因素之一。

对比葡萄糖外加碳源的研究，使用垂直流人工湿地处理高氮污水，当葡萄糖投加量为 1.5g/L（COD_{Cr}/N=4.3）时，系统对 TN 及 NO_3^--N 的去除率较高，分别为 68.1% 及 72.3%，但出水中 COD_{Cr}浓度（34.6mg/L）相比于对照组（13.8mg/L）有显著升高；当投加 2g 葡萄糖时脱氮效率无显著提升，而出水 COD_{Cr}浓度达到 72.8mg/L（Hua et al.，2009）。由此可见，与葡萄糖外加碳源相比，使用藻类生物质作为外加碳源强化人工湿地脱氮效果时，为达到最佳处理效果，其投加量更多。不过，在最佳碳源投加量下，藻类碳源不会造成人工湿地出水 COD_{Cr}浓度的显著提升，而葡萄糖碳源则会引起人工湿地对 COD_{Cr}去除率显著降低。将经过酸处理后的挺水植物作为湿地外加碳源时（COD_{Cr}/N 为 6），对 TN 和 COD_{Cr}的平均去除率分别为 49.0% 和 93.4%（Ding et al.，2012）。由于高等植物碳源本身含有大量木质素、纤维素及半纤维素，难以被微生物同化利用，因此将高等植物作为外加碳源时需要较大投加量以达到最佳脱氮效果。与高等植物相比，将微藻作为碳源强化人工湿地脱氮效果更好，并且能维持对 COD_{Cr}的较高去除率。进一步将进水 COD_{Cr}/N 与 TN 去除速率进行线性拟合（图 3-21），发现两者相关性较高（R^2=0.76875，P<0.01）。

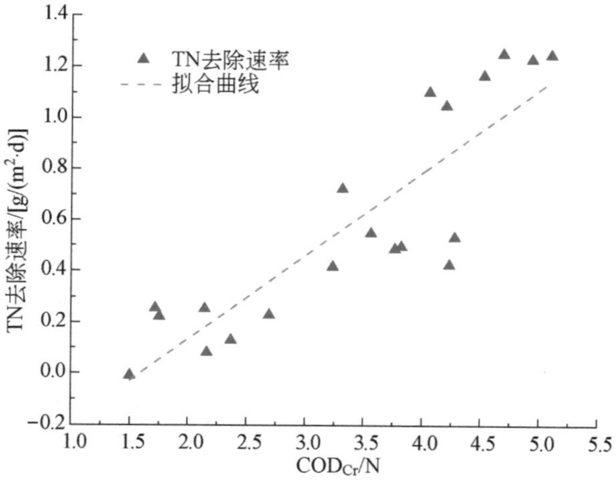

图 3-21 TN 去除速率与进水 COD_{Cr}/N 线性拟合

2. 水质空间净化过程

水力负荷为 100mm/d 时，各湿地系统对 TN 的去除主要发生在人工湿地前段。将藻类生物质投加至人工湿地后，在供给碳源的同时还会释放氮素，故人工湿地前段 TN 浓度相比于对照组有明显提升。在进水 COD_{Cr}/N 为 5.3 的湿地系统，TN 浓度沿水流方向迅速衰减，并在人工湿地系统中部降至 2.5mg/L；而当进水 COD_{Cr}/N 为 4.3 时，大部分 TN 在湿地系统前1/3段被去除，TN浓度在人工湿地系统后半段低于5.0mg/L。对照湿地系统（$COD_{Cr}/N=3.3$）对TN的去除主要发生在前1/3段，TN浓度最低降至10mg/L。水力负荷提升至200mm/d后，在投加碳源的系统中，脱氮反应区域逐步向人工湿地后段延伸，并且出现人工湿地下层的TN浓度高于上层的情况。对照湿地系统TN浓度分布与100mm/d的情况相似，其脱氮反应区域多位于人工湿地前段，而后段TN浓度变化不明显。

由TN浓度的沿程分布图（图3-22）可知，藻类碳源的投加扩展了脱氮反应区域。对照湿地系统碳源仅有CH_3COONa，虽然可为反硝化过程提供碳源，但碳源量较少且在湿地系统进水槽易被迅速消耗，故对照组主要反应区域为人工湿地前段。而在投加藻类碳源的湿地，反硝化脱氮过程发生的区域可扩展至系统后段，使得人工湿地对TN的去除效果得到明显提升。

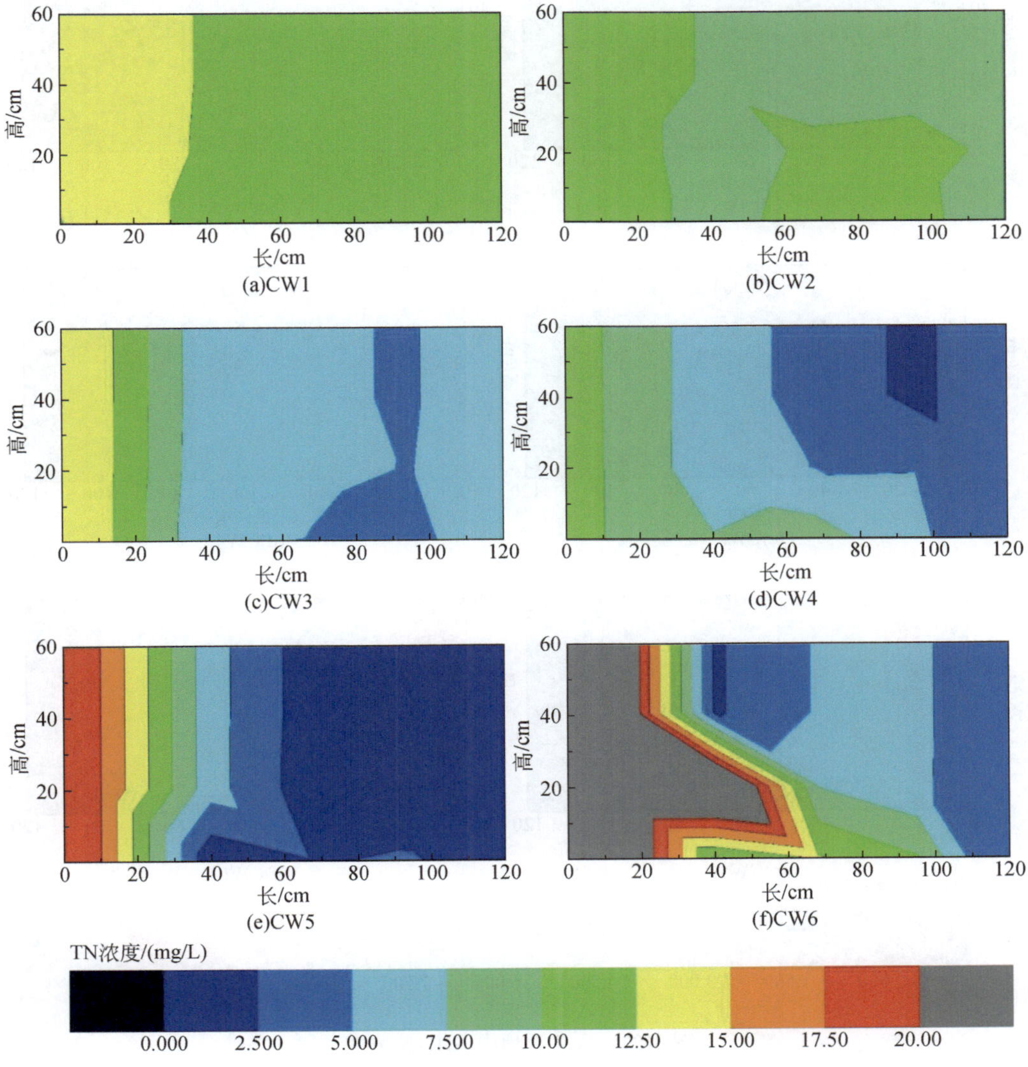

图3-22　人工湿地内TN浓度

人工湿地内 NH_4^+-N 浓度的空间分布与 TN 浓度相似。如图 3-23 所示，水力负荷为 100mm/d 时，各湿地系统 NH_4^+-N 浓度均沿水流方向递减。虽然藻类碳源的投加使得人工湿地前段 NH_4^+-N 浓度升高，但是硝化反应区域随碳源投加量的增加而逐渐向人工湿地后段扩张。虽然进水 COD_{Cr}/N 不同，但是各湿地系统后半段 NH_4^+-N 浓度皆低于 1.5mg/L。随着水力负荷提升至 200mm/d，各湿地系统的硝化反应区域均向人工湿地后段延伸。其中，进水 COD_{Cr}/N 为 3.3 与 4.3 的湿地系统硝化反应区域为人工湿地前半段，而 COD_{Cr}/N 为 5.3 的湿地系统硝化反应区域前后贯穿。当采用水平潜流人工湿地处理受污染地表水时，NH_4^+-N 去除主要发生在人工湿地前 1/4 段，并且在前 3/4 段出现 NH_4^+-N 浓度沿程降

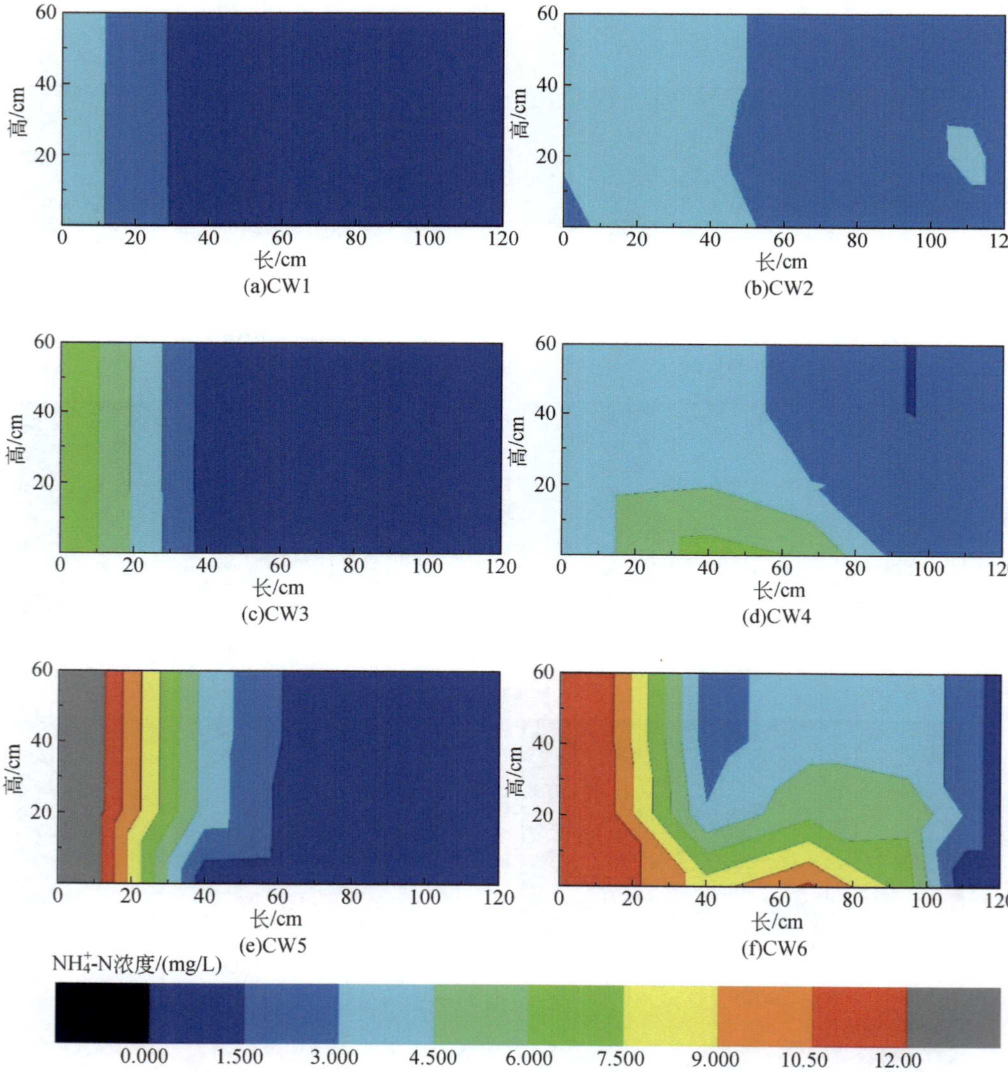

图 3-23　人工湿地内 NH_4^+-N 浓度

低的现象，但在人工湿地后段有时出现 NH_4^+-N“释放”现象（闻岳，2007）。在本实验中尚未出现人工湿地后段 NH_4^+-N 浓度升高的现象，NH_4^+-N 浓度最低值均出现在人工湿地后段。此外，在各组系统都出现下层的 NH_4^+-N 浓度高于上层的现象，可能藻类生物质在人工湿地下层沉降，导致该区域氧化还原电位降低，影响了硝化反应。

如图 3-24 所示，在两种水力负荷下，当进水 COD_{Cr}/N 为 3.3 与 4.3 时，NO_3^--N 沿湿地水流方向逐渐累积，与 NH_4^+N 浓度在空间分布上展现出明显的此消彼长。碳源不足使得硝化过程所形成的 NO_3^--N 无法去除可能是出现上述现象的主要原因。进水 COD_{Cr}/N 为 5.3 时，充足的碳源供给使得生成的 NO_3^--N 在人工湿地前段得到有效去除，未出现明显 NO_3^--N 积累现象。Zhang C C 等（2016）以植物发酵液为碳源调节进水 COD_{Cr}/N 为 1～4，利用

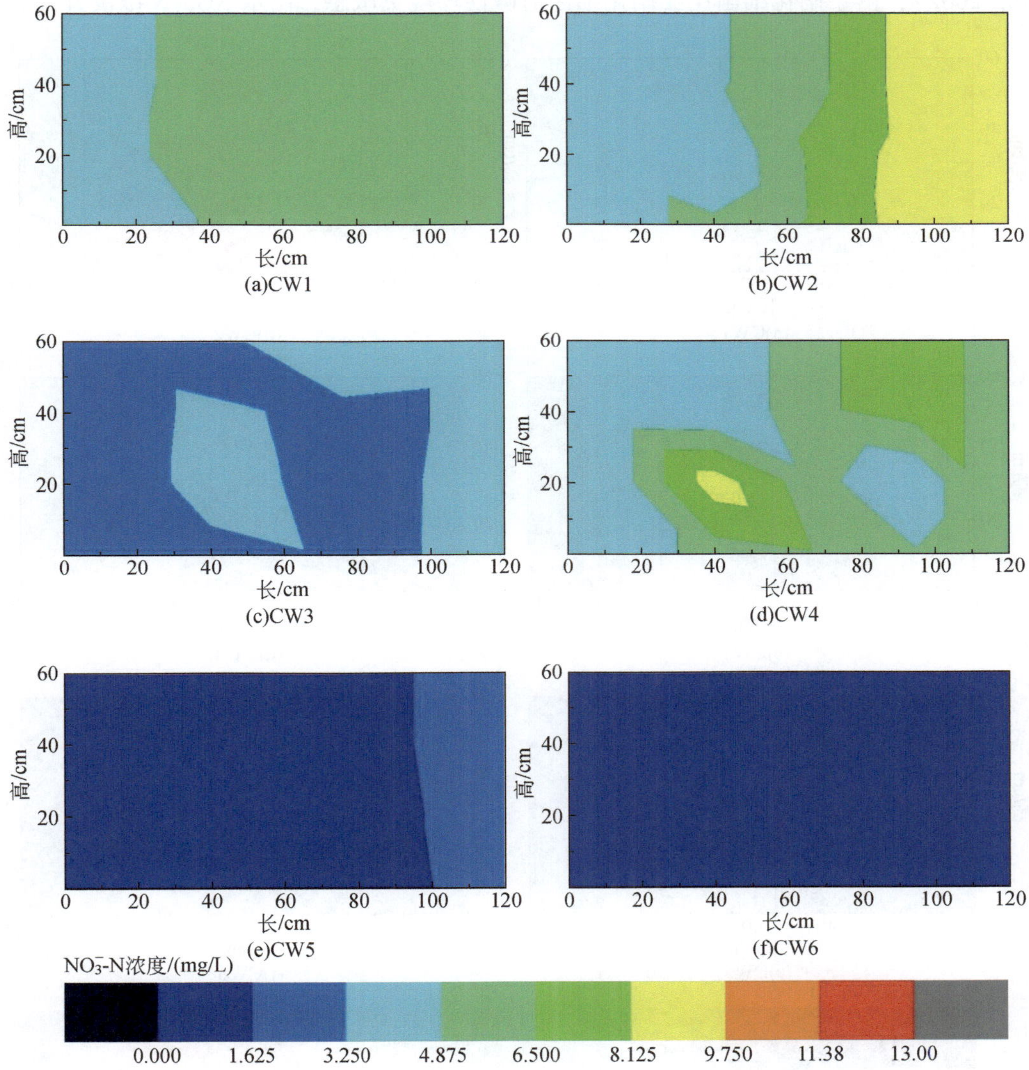

图 3-24　人工湿地内 NO_3^--N 浓度

水平潜流人工湿地对高氮污水进行脱氮处理（氮素形态以 NO_3^--N 为主），发现 NO_3^--N 的去除主要发生在人工湿地前 1/4 段，并且此段区域中 TN 去除量随 COD_{Cr}/N 的增加而升高。本研究发现进水中的 NO_3^--N 在人工湿地前段经反硝化去除，此段区域中 NO_3^--N 去除率随碳源供给量的增加而升高。进水 COD_{Cr}/N 较低的湿地系统 NO_3^--N 未能在人工湿地前段有效去除，并且剩余的 NO_3^--N 与硝化过程产生的 NO_3^--N 沿水流方向逐渐积累。而碳源充足的湿地系统（$COD_{Cr}/N=5.3$）在前段就能有效去除进水中和硝化过程产生的 NO_3^--N。

如图 3-25 所示，在两种水力负荷下，对照湿地系统（$COD_{Cr}/N=3.3$）沿水流方向均出现高浓度 NO_2^--N 积累。水力负荷为 200mm/d 时，进水 COD_{Cr}/N 为 4.3 和 5.3 的湿地系统后段出现 NO_2^--N 积累现象。将陶粒作为湿地基质会引起湿地系统出水 pH 升高（Tanner et al., 2002），由于硝化细菌比亚硝化细菌对碱性环境更敏感，出水 NO_2^--N 浓度升高。

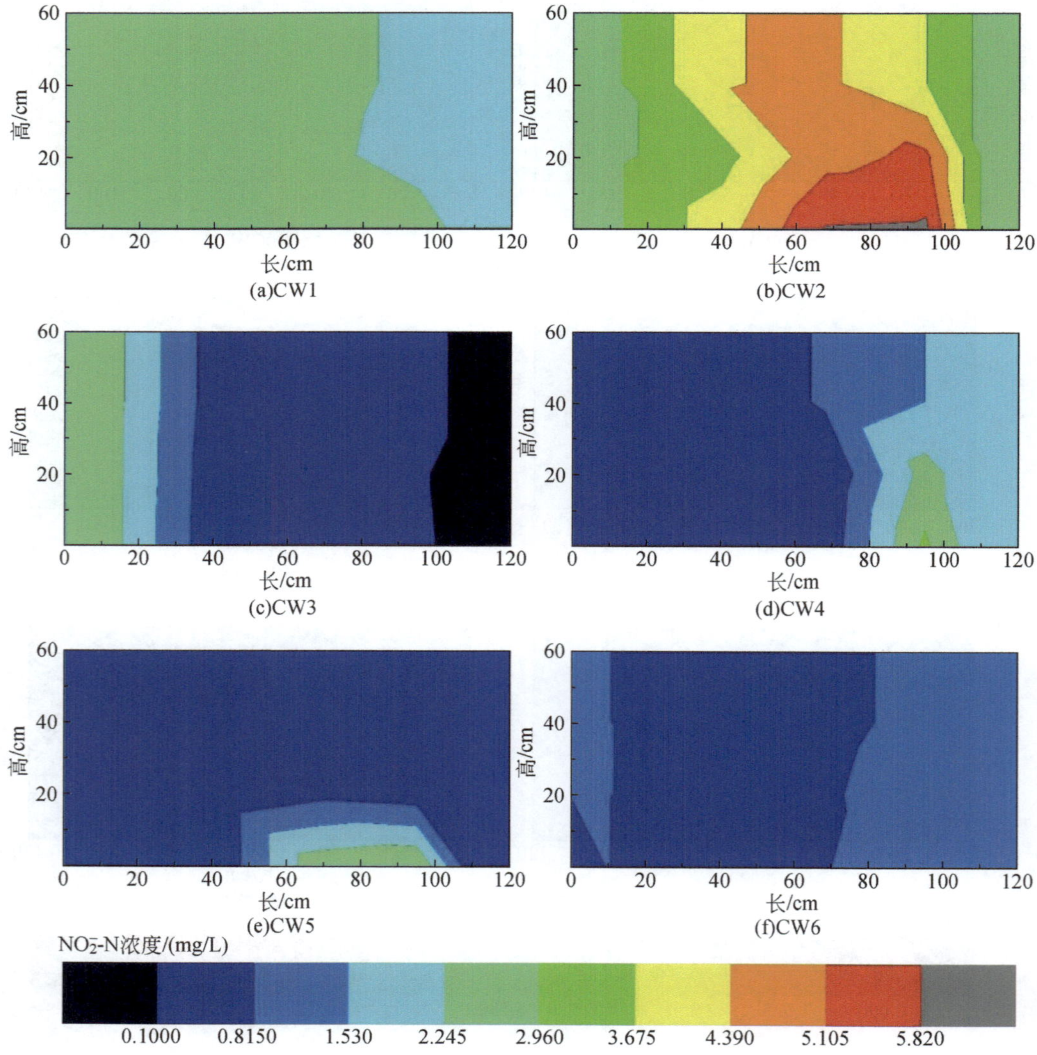

图 3-25 人工湿地内 NO_2^--N 浓度

在人工湿地进水槽加入经孔径为 0.45μm 的滤膜过滤小球藻藻液所得的藻类生物质，使人工湿地进水平均 $COD_{Cr}/N=3.3$（CW1、CW2）、4.3（CW3、CW4）、5.3（CW5、CW6）。加入小球藻后，通过测试人工湿地进出水以及沿程出水有机物浓度与组成特征变化，结合不同形态氮素浓度迁移变化规律，分析藻类生物质添加释放的有机物在人工湿地的空间分布过程及其对氮素去除的强化途径。

3. 有机物空间分布过程

DOC 浓度沿水流方向呈现逐渐降低的趋势，并且多在人工湿地前段被去除。随着进水 COD_{Cr}/N 的增加，DOC 去除区域向人工湿地后段延伸（图 3-26）。在利用水平潜流人工湿地处理受污染地表水时，COD_{Cr} 去除率沿程逐渐降低，而与季节变化无关，并且在人工湿地前 1/4 段 COD_{Cr} 去除率达到 70% ~85%（闻岳，2007）。将植物发酵液作为人工湿地外加碳源处理高氮污水时，COD_{Cr} 去除同样主要发生在人工湿地前 1/4 段，随进水 COD_{Cr} 浓

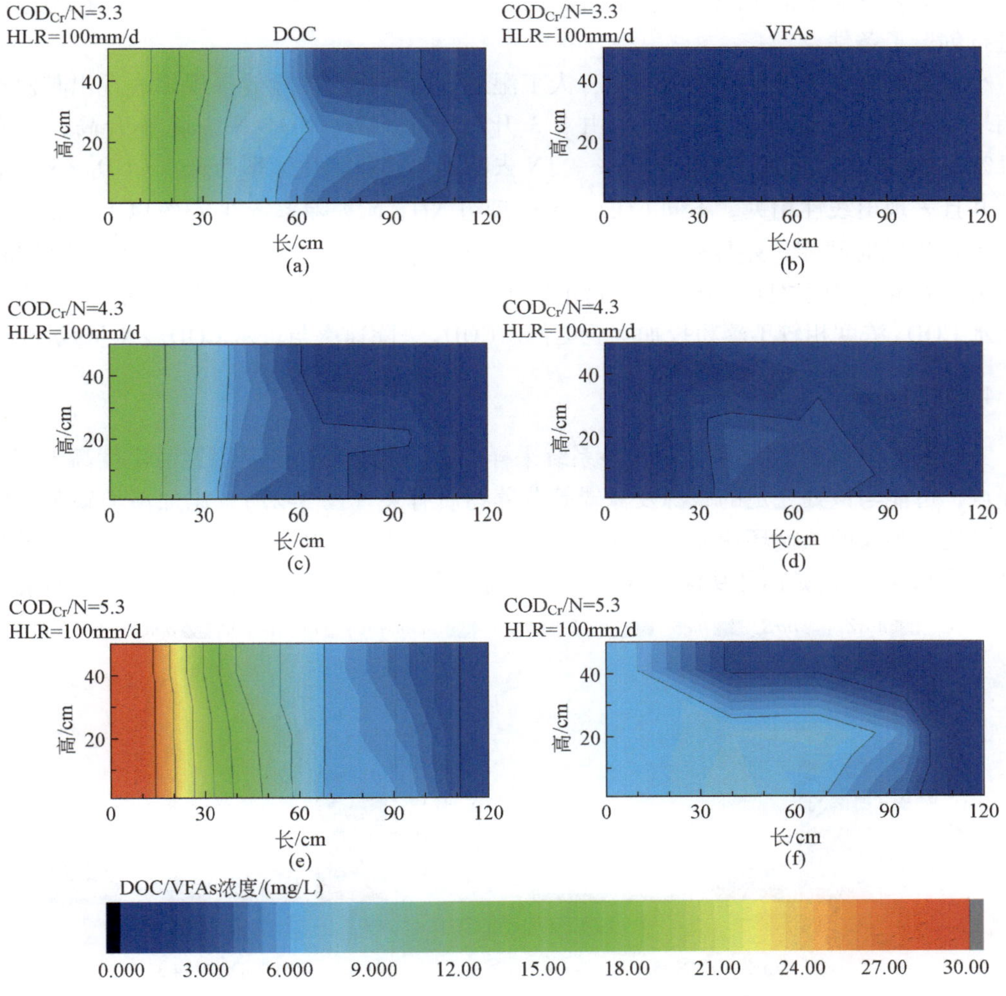

图 3-26 人工湿地内 DOC 和 VFAs 浓度

度升高并未表现出 COD_{Cr} 去除区域向人工湿地后段扩展的趋势。本研究中，有机物去除区域随藻类生物质投加量的增加向人工湿地后段扩展，可能与藻类生物质碳源的释放速率较为缓慢有关。

沿水流方向，对照组湿地挥发性脂肪酸（VFAs）浓度均处于极低水平，而随着藻类生物质投加量增多（进水 COD_{Cr}/N 升高），湿地中监测到的 VFAs 浓度升高，并且其最高浓度出现在人工湿地前段下层，与 TN、NH_4^+-N 浓度最高区域重合。VFAs 是容易被反硝化细菌群利用的有机物，将经发酵处理的植物作为人工湿地外加碳源时，VFAs 在可利用碳源（可溶性蛋白质、多糖、VFAs 之和）中所占比例越高，系统反硝化速率越高；当 VFAs 所占比例由 0% 升高至 80%，人工湿地反硝化速率由 5g/(m^3·d) 升高至 30g/(m^3·d)（Wen et al., 2010）。

藻类生物质进入人工湿地后发生了沉降和累积，并集中出现在人工湿地前段下层。藻类生物质分解过程中消耗氧气使得集中分布区域 ORP 降低，而厌氧环境有利于沉积的藻类发生厌氧发酵而生成 VFAs。可利用碳源以及厌氧或缺氧环境为反硝化过程在湿地内部的进行创造了条件。

小球藻作为人工湿地外加碳源时，人工湿地对污染物的去除效果规律表现出与藻粉投加结果的一致性。随进水 COD_{Cr}/N 由 3.3 升至 5.3，TN、NO_3^--N 去除率升高，分别由 11.1%、4.8% 升高至 70.3%、70.5%。TN 去除速率、反硝化速率与进水 COD_{Cr}/N 显著相关，并且表现出线性相关。不同 COD_{Cr}/N 处理组 NH_4^+-N 去除率皆在 73% 以上，各组出水 NO_2^--N 浓度随时间变化差异较大，但也出现低 COD_{Cr}/N 组出水 NO_2^--N 浓度升高的特征。各组出水 COD_{Cr} 浓度之间差异显著，这不同于藻粉投加的实验结果，低 COD_{Cr}/N 进水条件下出水 COD_{Cr} 浓度相较于藻粉投加实验更低。COD_{Cr} 去除速率与进水 COD_{Cr}/N 呈线性相关。

4. 微生物机制

实时荧光定量 PCR 结果显示，各系统采样点 1 的氮循环功能基因绝对丰度高于其他各采样点，可能与该处充足的碳源及氮磷等营养物质有关（图 3-27）。添加藻类碳源也使得人工湿地后半段的氮循环功能基因绝对丰度增加，在进水 COD_{Cr}/N 为 4.3 与 5.3 的系统尾端（采样点 4），其氮循环功能基因绝对丰度高于采样点 2 及采样点 3。在湿地对照组（进

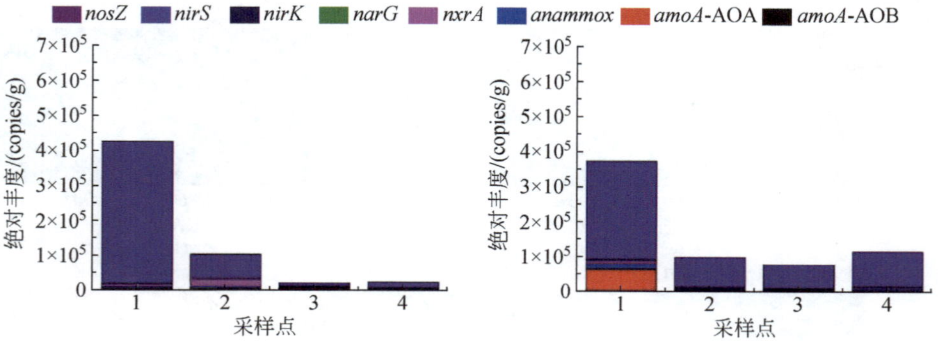

(a)COD_{Cr}/N=3.3　　(b)COD_{Cr}/N=4.3

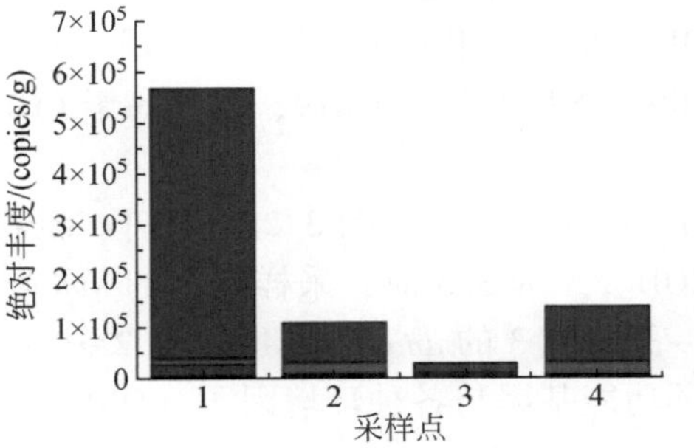

(c)COD_{Cr}/N=5.3

图 3-27　氮循环功能基因绝对丰度

水 COD_{Cr}/N 为 3. 3)，采样点 4 的氮循环功能基因绝对丰度较低，而加入藻类碳源后，在进水 COD_{Cr}/N 为 4. 3 与 5. 3 的系统尾端氮循环功能基因绝对丰度出现明显升高趋势。

V 氮循环功能基因的检测结果显示，人工湿地中的氮循环菌优势种大多含有 *nirS*、*nxrA* 及 *anammox* 功能基因，其中代表亚硝酸盐还原酶的 *nirS* 和 *nirK*（Σnir）基因拷贝数［图 3-28（a）］在 16S rRNA 拷贝数中占比（17. 9% ~67. 9%）较高；湿地系统采样点 1 的 Σnir/16S rRNA 均高于其他采样点；随着 COD_{Cr}/N 的增加，Σnir/16S rRNA 相应增加。

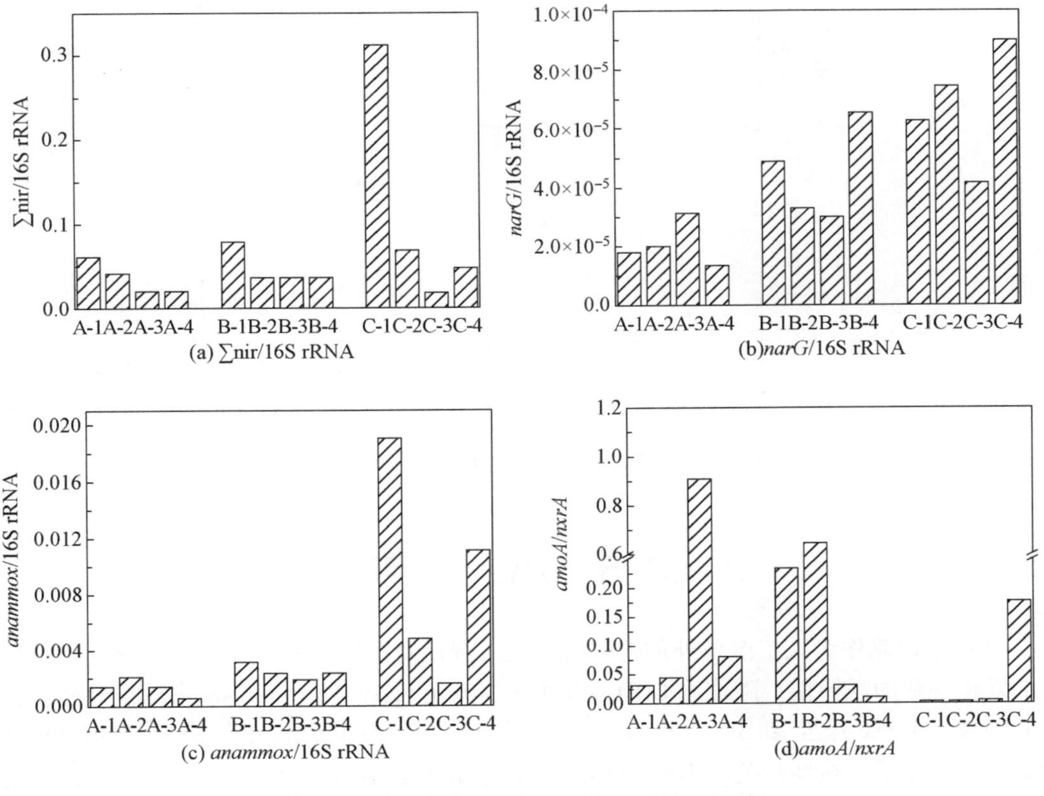

图 3-28　人工湿地各采样点功能基因相对丰度

代表硝酸盐还原酶的 *narG*/16S rRNA 也随着 COD_{Cr}/N 的增加而增加［图 3-28（b）］。*anammox*/16S rRNA 与 COD_{Cr}/N 呈正相关［图 3-28（c）］。当 COD_{Cr}/N 为 5.3 时，湿地系统采样点 1 的 *anammox*/16S rRNA 达到了 0.019，明显高于 COD_{Cr}/N 为 3.3 和 4.3 的湿地系统。

硝化细菌的变化由 *amoA*/*nxrA* 表示［图 3-28（d）］。随着 COD_{Cr}/N 的增加，*amoA*/*nxrA* 出现下降趋势。当 COD_{Cr}/N 为 3.3 时，采样点 3 的 *amoA*/*nxrA* 为 0.91，当 COD_{Cr}/N 增加至 5.3 时，采样点 1～采样点 3 的 *amoA*/*nxrA*（0.002～0.003）显著降低。

图 3-29 展示了氮循环功能基因与各种环境因子（ORP、TOC、VFAs、NH_4^+-N、NO_3^--N、NO_2^--N）之间的关系。反硝化功能基因 *nirS* 与人工湿地中 VFAs 浓度密切相关，而 NO_3^--N 浓度和 ORP 是影响 *anammox* 功能基因丰度以及硝化功能基因 *nxrA* 丰度的关键因素。表明藻类碳源的添加可能通过改变人工湿地中 ORP 与 VFAs 浓度影响氮素的去除。

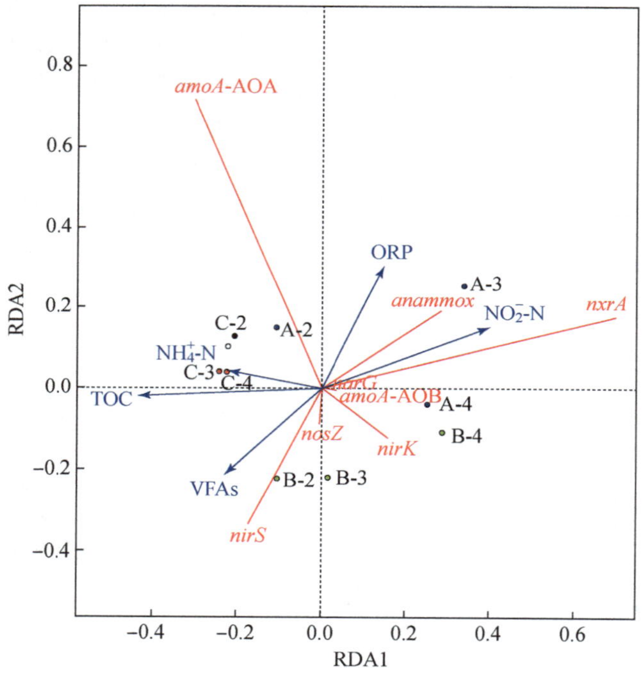

图 3-29　氮循环功能基因与环境因子间冗余分析

3.5 小　　结

（1）小球藻作为人工湿地外加碳源时，人工湿地对污染物的去除效果表现出与藻粉投加结果相一致的规律性。随进水 COD_{Cr}/N 由 3.3 升至 5.3，TN、NO_3^--N 去除率升高，分别由 11.1%、4.8% 升至 70.3%、70.5%。TN 去除速率、反硝化速率与进水 COD_{Cr}/N 显著相关，并且表现出线性相关。不同 COD_{Cr}/N 处理组 NH_4^+-N 去除率皆在 73% 以上，各组出

水 NO_2^--N 浓度随时间变化差异较大，但也出现低 COD_{Cr}/N 组出水 NO_2^--N 浓度升高的特征。各组出水 COD_{Cr}浓度之间差异显著，这不同于藻粉投加的实验结果，低 COD_{Cr}/N 进水条件下出水 COD_{Cr}浓度相较于藻粉投加实验更低。COD_{Cr}去除速率与进水 COD_{Cr}/N 呈线性相关。

（2）对照组的 TN 去除主要发生在人工湿地前段。小球藻的投加使人工湿地中 TN 去除区域向人工湿地后段延伸，反硝化在人工湿地后段仍可以继续进行。提升水力负荷会导致人工湿地后段出现 NO_2^--N 积累的现象，特别是在碳氮比较低（$COD_{Cr}/N=3.3$）时更为明显。

（3）藻类碳源添加使得人工湿地内 ORP 降低、可利用碳源增加，这些促进了人工湿地中反硝化及厌氧氨氧化的发生。

第 4 章 阶梯垂直流人工湿地

阶梯垂直流人工湿地作为对人工湿地深度处理工艺中强化脱氮需求的创新响应，其核心设计理念在于通过精心构建的阶梯式布局，巧妙地规划了内部碳氧分布及负荷均衡，形成好氧、缺氧和厌氧多样微生境，合理配给反硝化所需碳源，显著增强反硝化效能，实现氮素高效去除。

阶梯垂直流人工湿地系统还充分考虑了地形限制这一在实际应用中普遍存在的挑战。针对山地、丘陵等复杂地形，该系统通过多级依斜坡坡度由上而下呈阶梯状分布的垂直流人工湿地单元，以及下部、上部交替进水的独特方式，巧妙地突破了传统人工湿地对土地平整性和空间要求的限制。水流在湿地单元中沿垂直方向依次为下行—上行—下行的多流向工艺形式，不仅避免了死水区的形成和基质层上部空间的闲置，还充分利用了坡地空间，降低了建设成本，提高了空间利用率。

此外，阶梯垂直流人工湿地系统还具备结构简单、施工简便、成本低廉等优势，使其能够广泛应用于山地、丘陵、水体坡岸等斜坡地区的各类水处理场景，包括农业面源污染、地表径流、污水处理厂尾水等。

4.1 阶梯垂直流人工湿地的构建与优化

本节主要介绍阶梯垂直流人工湿地的基本流程，并探讨其优化策略，包括分级进水及进水预曝气。

4.1.1 基本流程

该组合系统依斜坡地形建造而成，包括多级依斜坡坡度由上而下呈阶梯状分布设置的人工湿地单元（垂直流）以及将各级人工湿地单元相连通的管网单元。阶梯垂直流人工湿地是一种含有多流向、多级的工艺形式，从进水到出水分别为下向流、上向流和下向流。其构建主要是为脱氮微生物提供多样的小生境，强化脱氮效率，同时可以用于解决在地形、地势复杂的情况下人工湿地工程实地建设过程中的一些施工问题。

阶梯垂直流人工湿地小试系统共分为三级（图 4-1），长、宽、高都为 0.50m，填料的填充深度为 0.45m；第一～第三级填料分别为沸石（10～20mm）、页岩（8～16mm）、陶粒（4～8mm），植物分别为美人蕉、千屈菜、鸢尾，种植密度为 25 株/m^2。两级之间填料表面高程差为 0.25m（可按实地情况更改此高程差，适应不同的地形、地势），用以维持水体在系统内部为重力流形式。垂直流湿地单元采用上部进水方式，水流方向分别为下向流、上向流、下向流。水力负荷为 100mm/d，间隙式进水运行，运行 1h，停歇 1h，每级停留时间约为 0.50d。实验用水取自上海市杨浦区某污水处理厂初沉池出水。进水由蠕动泵（BT100-1L，保定兰格恒流泵有限公司）提供动力。

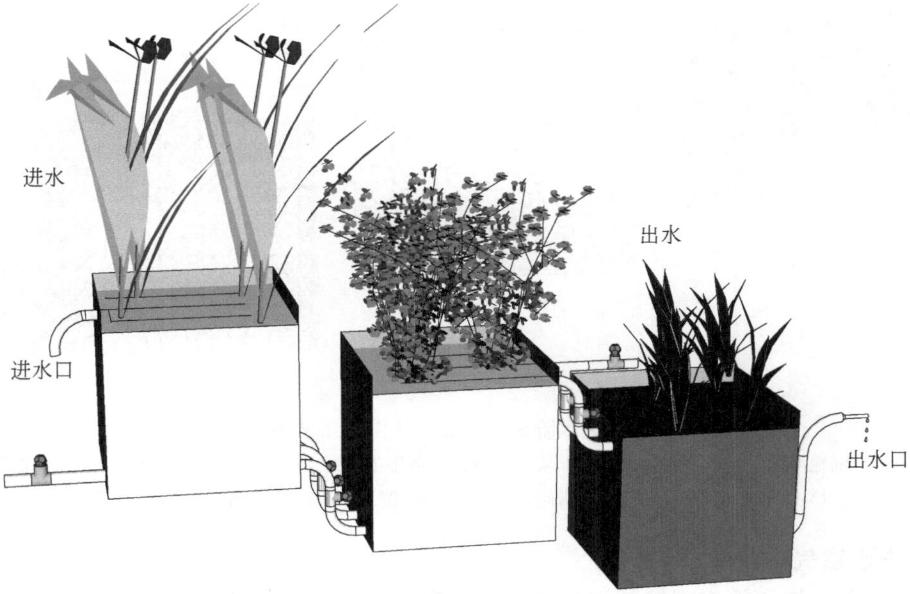

图 4-1　阶梯垂直流人工湿地工艺系统示意图

4.1.2　工艺优化

1）分级进水

人工湿地中有机物质与氮素的去除存在一个冲突依赖的过程：污水中有机物质异养降解速度更快，耗尽可用溶解氧，为反硝化提供厌氧环境，同时反硝化过程又需要有机碳源。为研究如何合理配置湿地床中污水中碳源分布，达到更好的脱氮效果，阶梯垂直流人工湿地分别在第二级及第三级的湿地前端设置进水口（图 4-2），探讨分级进水强化脱氮的湿地运行工艺方案。分级进水份额配比见表 4-1。

表 4-1　分级进水份额配比　　（单位：mm/d）

工况	水力负荷	第一级	第二级	第三级
二级进水	100	100	0	0
	115	100	15	0
	130	100	30	0
	100	90	10	0
	100	80	20	0
	100	70	30	0
三级进水	100	90	5	5
	100	80	15	5
	100	70	25	5

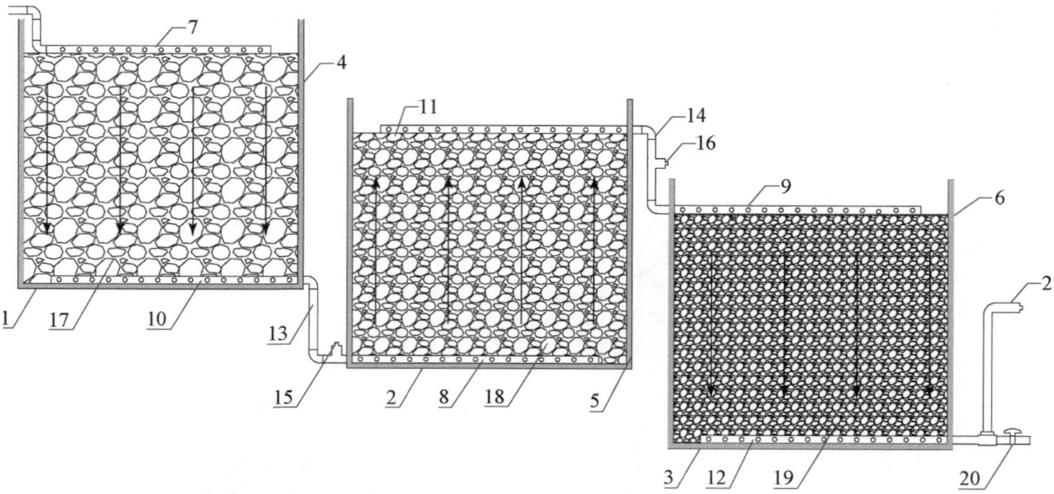

图 4-2　分级进水阶梯垂直流人工湿地工艺系统剖面图

1、2、3-湿地单元；4、5、6-湿地单元框架；7、8、9-穿孔布水管；10、11、12-集水管；13、14-连管；15-二级进水管；16-三级进水阀；17、18、19-湿地基质；20-出水阀；21-出水管

2）进水曝气

污水中有机物往往先于氨氮被氧化，在没有有效预处理的情况下，人工湿地进水为含有机物浓度比较高的富氨废水，或者对于运行较久的人工湿地，基质积累了相当多的脱落生物膜及颗粒污染物，湿地床体的氧传输受限，系统的脱氮效率较差且不稳定。植物通常不能释放足够的氧气来满足废水的氧气需求。这种情况常常发生在水平潜流湿地（Zhong et al., 2015a）。本研究选取进水预曝气处理强化阶梯垂直流人工湿地脱氮效果（图 4-3），

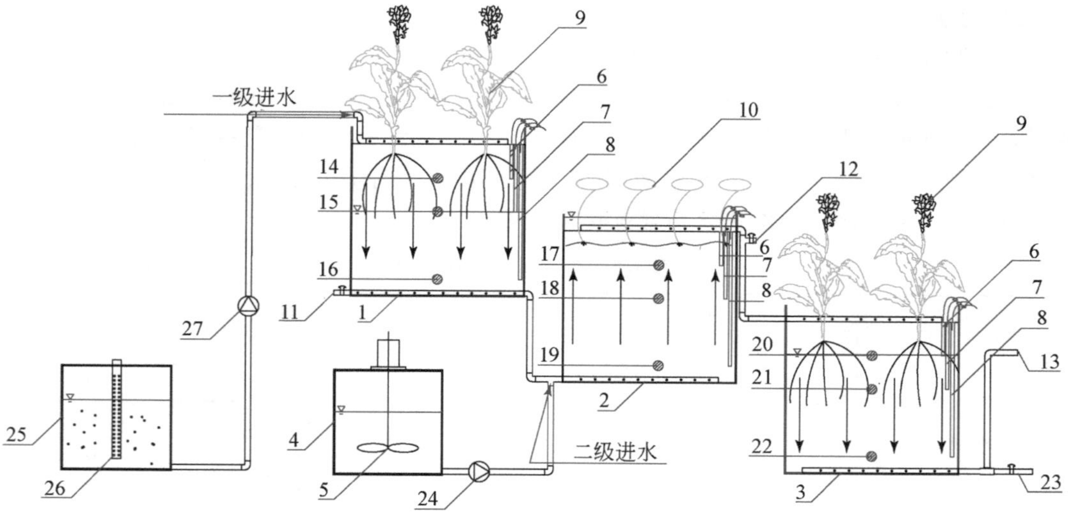

图 4-3　预曝气强化分级进水阶梯垂直流人工湿地工艺系统剖面图

1、2、3-湿地单元；4-进水桶；5-搅拌器；6、7、8-10cm、20cm、40cm 深度在线 ORP 电极；9-美人蕉；10-南美天胡荽（*Hydrocotyle verticillata*）；11、12、13-第一～第三级出水管；14、15、16，17、18、19，20、21、22-10cm、20cm、40cm 深度采样口；23-排空管；24-蠕动泵；25-进水桶；26-曝气管；27-水泵

该小试系统按分级进水工况处理污水处理厂初沉池出水已满两年，一级、二级积累大量脱落生物膜及颗粒污染物。采用 85L/min 的气泵进行间歇预曝气，每天 4 次，每次 4h。

4.2 阶梯垂直流人工湿地的净化功能

阶梯垂直流人工湿地工艺的净化功能研究集中在 C（碳）、N（氮）、P（磷）的周年净化效果及去除动力学方面，同时探索强化工艺如分级进水（二级、三级）及进水曝气对净化效果的影响，并关注其对消毒副产物的去除效果。以下是对这些方面的详细分析。

4.2.1 阶梯垂直流人工湿地周年净化效果

由于实验进水采用的是生活原污水，进水水质在一定程度上受到各季节人们用水特点的影响（图 4-4）。秋冬季进水 COD_{Cr}、TN 与春夏季进水 COD_{Cr}、TN 差异显著（$P<0.05$），TP 每个季节都有显著差异（$P<0.05$）。夏秋季进水的浓度均低于春冬季。本研究借助于去除率来分析讨论季节变化对系统的影响。

1）COD_{Cr} 的去除效果

从图 4-4（a）可以看出，阶梯垂直流人工湿地具有较高去除 COD_{Cr} 的能力，季节变化对系统的去除率产生一定的影响。沉淀和倾析等过程在颗粒有机物去除中很重要，大多不受低温条件的影响。系统在春季、夏季、秋季、冬季的 COD_{Cr} 去除率分别为 84.2%、92.5%、88.1%、88.5%。系统出水中 COD_{Cr} 浓度受季节变化影响，夏季系统对 COD_{Cr} 的去除率显著高于其他季节（$P<0.05$）。同一季节各级系统对 COD_{Cr} 的去除率中第一级去除率显著高于其他两级（$P<0.05$），77.0% 的 COD_{Cr} 在第一级得到去除。

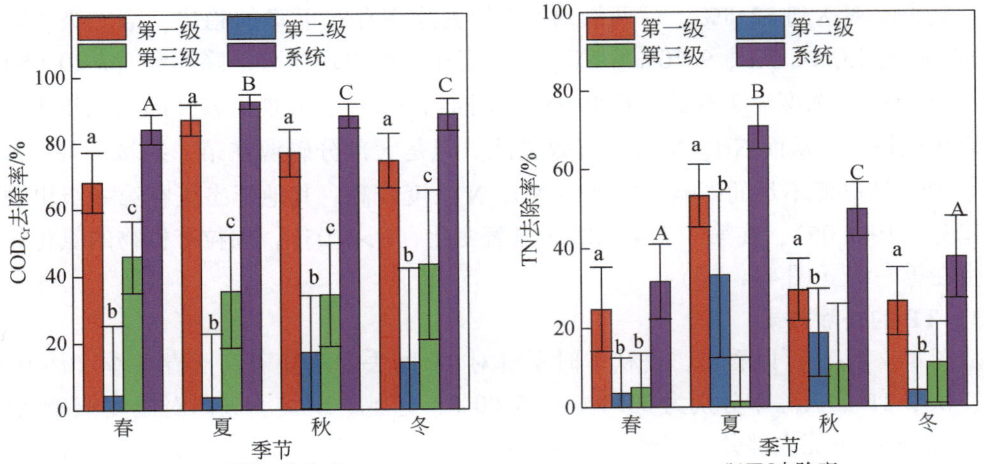

(a)COD_{Cr}去除率

(b)TN去除率

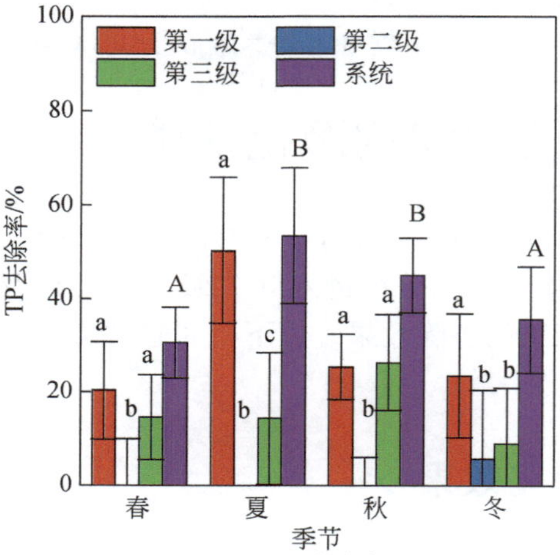

(c)TP去除率

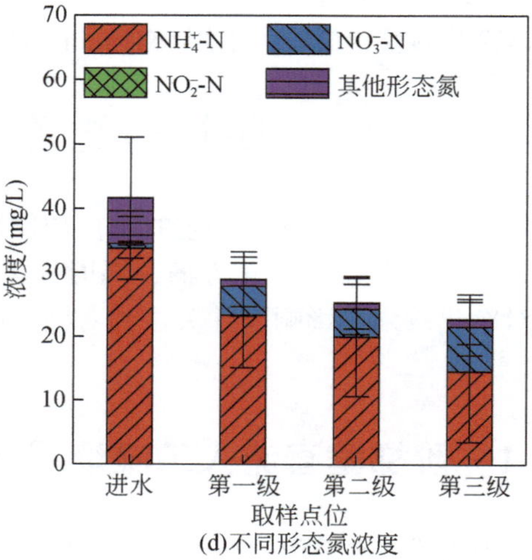

(d)不同形态氮浓度

图 4-4　不同季节组合式垂直流人工湿地 COD_{Cr}、TN、TP 及不同形态氮浓度沿程变化

图中 A、B、C 表示整个系统不同季节总去除率的差异性，字母不同表示具有显著性差异（$P<0.05$），字母相同表示无显著性差异；a、b、c 表示同一季节各单元间 C 去除率的差异性，字母不同表示具有显著性差异（$P<0.05$），字母相同表示无显著性差异

2）TN 的去除效果

从图 4-4（b）可以看出，春季、夏季、秋季、冬季的 TN 去除率分别为 31.7%、70.8%、49.7%、37.7%；夏季系统对 TN 的去除率显著高于其他季节（$P<0.05$），春冬季时系统对 TN 的去除率显著低于其他季节（$P<0.05$）。在人工湿地中，N 的去除主要依靠微生物过程，高度依赖于温度的变化，并影响人工湿地去除污染物的整体性能。同一季节内，系统的第一级对 TN 的去除率显著高于其他两级，系统对 TN 的去除主要发生在第一级，其去除率达到 32.5%，后两级对 TN 的去除率存在下降的趋势，第二级、第三级 TN 去除率分别为 14.0%、9.10%。NH_4^+-N 浓度在三级出现显著下降趋势（$P<0.05$），同时出水中 NO_3^--N 浓度显著升高（$P<0.05$）[图 4-4（d）]，表现出较强的硝化作用，下行流富氧作用较好，从而 NH_4^+-N 得到有效去除。但是大部分碳源在第一级被消耗 [图 4-4（a）]，受后续碳源不足的影响，出水中 NO_3^--N 浓度较高。其他形态氮在第一级出现显著下降趋势（$P<0.05$），在第二、第三级无显著变化（$P>0.05$），颗粒有机物的氨化作用主要发生在第一级 [图 4-4（d）]。

3）TP 的去除效果

从图 4-4（c）可以看出，夏秋季时系统对 TP 的去除率显著高于春冬季（$P<0.05$），夏季、秋季 TP 的去除率分别为 53.4%、45.00%。过滤、沉淀、吸附对温度依赖性较小，系统 TP 的去除可能大部分由聚磷菌完成，对温度的变化响应显著。同一季节内，系统内部 TP 浓度沿程逐步减小，说明系统各级对 TP 均具有去除效果。TP 在系统内的去除集中在第一、第三级，下行流的富氧作用有助于聚磷菌的聚磷作用。第三级的化学沉淀对 TP 也有一定的去除效果，此沉淀过程主要与陶粒基质性质有关。

整体来说，阶梯垂直流人工湿地的污染物去除率稳定，系统对 COD_{Cr}、TN、TP 的去除集中在第一级；系统对 COD_{Cr}、TN、TP 的去除受季节变化的影响，夏季时系统 COD_{Cr}、TN、TP 去除率均最高，出水 COD_{Cr}、TN、TP 浓度最低。

4）COD_{Cr}、TN、TP 去除动力学

动力学分析（表 4-2）验证了上述结论。夏季阶梯垂直流人工湿地的有机物去除动力学常数和质量去除速率高于其他季节，系统的动力学常数决定其去除率，季节是影响系统去除能力的因素之一；本工艺 COD_{Cr}、TN、TP 的平均去除速率常数分别为 80.5m/a、23.6m/a、20.2m/a，通过对比处理对象、水力停留时间和水力负荷与本研究相近的文献结果（表 4-3）得出相似运行条件下本工艺对 TN 的去除效果优于其他工艺，这可能是本工艺的组合形式为硝化细菌和反硝化细菌提供多样的生存环境。系统对 TP 的去除效果优于单级表面流人工湿地，但低于组合式人工湿地以及复合垂直流人工湿地，这可能是受进水水质的影响，在研究过程中本工艺采用的是生活原污水，TP 成分复杂多样，而表 4-3 中 3 号、4 号系统为人工配制的生活污水，其 TP 的表现形式为 PO_4^{3-}-P，因此导致去除效果与本工艺存在差异。

表 4-2　不同季节系统动力学分析结果　（单位：m/a）

项目	春季	夏季	秋季	冬季
$k_{COD_{Cr}}$	68.6±10.5^{aa}	95.8±11.4^{bb}	79.3±11.1^{ac}	83.7±22.1^{bc}
k_{TN}	14.2±5.20^{a}	45.5±7.30^{b}	25.4±4.70^{c}	17.8±6.30^{a}
k_{TP}	13.5±4.10^{a}	29.3±10.9^{b}	22.2±5.60^{c}	16.6±6.90^{a}

注：数据形式为平均值±标准差。上标字母表示同一指标在不同季节的差异性，aa、bb、ac、bc 表示不同季节的 $k_{COD_{Cr}}$ 的差异性，其中，两个字母完全不同表示具有显著性差异，两个字母有任意一个相同则表示不具有显著性差异；a、b、c 表示不同季节的 k_{TN} 或 k_{TP} 的差异性，其中，字母都不同表示具有显著性差异，具有任意一个相同字母表示不具有显著性差异（$P<0.05$）。

表 4-3　本工艺系统与其他工艺系统 COD_{Cr}、TN、TP 平均去除速率常数比较

（单位：m/a）

序号	工艺类型	$k_{COD_{Cr}}$	k_{TN}	k_{TP}	参考文献
1	本工艺	80.5	23.6	20.2	—
2	单级表面流人工湿地	52.6^{ca}	8.50^{ca}	2.90^{ca}	Konnerup et al., 2009
3	组合式人工湿地	75.5^{ca}	5.70^{ca}	75.5^{ca}	Masi and Martinuzzi, 2007
4	复合垂直流人工湿地	39.0^{ca}	18.0^{ca}	40.5^{ca}	Zhao et al., 2011

注：上标 ca 表示通过计算后的数值；序号 2 为 110mm/d 工况下种植美人蕉的系统动力学数据；序号 4 选取文献中碳氮比为 2.5∶1 的工况。

季节对去除效果的影响可能主要与气温和植物的生长状态有关。夏季是植物生长速度最快的季节，植物根系泌氧、根系分泌物均有助于污染物的去除，植物生长旺盛时系统的处理效果明显优于植物衰败期。

4.2.2 分级进水阶梯垂直流人工湿地净化效果

1）不同水力负荷二级进水

从图 4-5（a）可以看出，在第二级添加原污水后，系统 A 工况（水力负荷 100mm/d）、B 工况（水力负荷 115mm/d）、C 工况（水力负荷 130mm/d）的最终出水 COD_{Cr}浓度之间没有出现显著性差异（$P>0.05$）。系统各级出水 COD_{Cr}浓度的差异主要表现在第二级出水上，C 工况系统的第二级出水 COD_{Cr}显著高于其他两组（$P<0.05$），A 工况、B 工况、C 工况第二级出水 COD_{Cr}浓度分别为 34.3mg/L、30.5mg/L 和 39.8mg/L。三组工况 COD_{Cr}去除率的差异也主要体现在第二级上［图 4-5（b）］，B 工况和 C 工况的 COD_{Cr}去除率显著高于 A 工况（$P<0.05$），B 工况和 C 工况之间不存在显著性差异（$P<0.05$），A 工况、B 工况、C 工况第二级 COD_{Cr}去除率分别为 5.6%、42.6% 和 42.1%。A 工况、B 工况、C 工况的 COD_{Cr}去除率在第一级、第三级内不存在显著性差异（$P<0.05$）。这表明第二级进水提高了系统总体的 COD_{Cr}去除率，主要贡献单元为第二级。

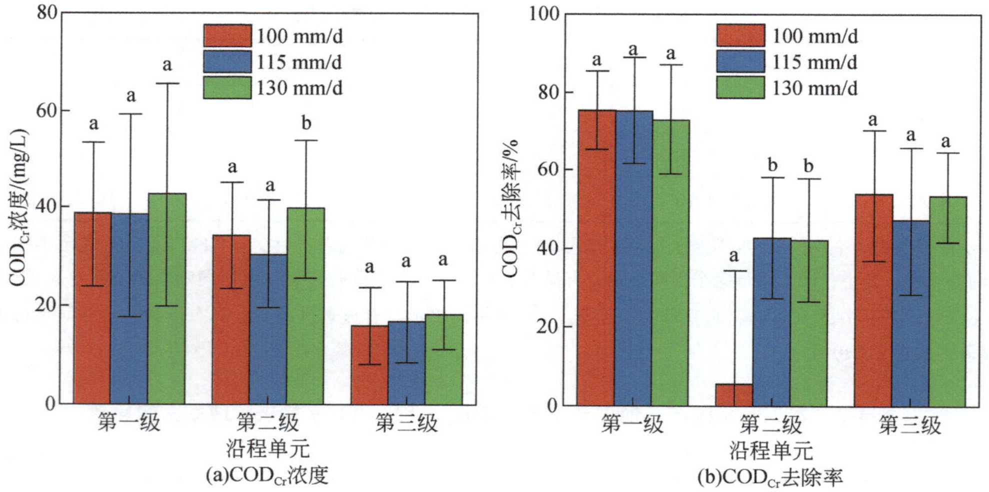

图 4-5 不同水力负荷组合式垂直流人工湿地 COD_{Cr}浓度及去除率沿程变化

a、b 表示相同级别单元间出水 COD_{Cr}浓度或 COD_{Cr}去除率之间的差异，字母相同表示不存在显著性差异，字母不同表示存在显著性差异，$P<0.05$

由图 4-6（a）~（c）可知，N 在系统中发生着形态之间的改变，系统进水和出水的 NO_2^--N 浓度数量级都很低。NH_4^+-N 浓度由占进水 TN 浓度的 90.2%，降低为占 A 工况、B 工况、C 工况出水 TN 浓度的 53.1%、50.5% 和 73.6%；NO_3^--N 浓度由占进水 TN 浓度的 1.80%，提升为占 A 工况、B 工况、C 工况出水 TN 浓度的 44.1%、44.2% 和 22.5%。说明系统出水 TN 中各种 N 形态的份额分配不同，B 工况以 NO_3^--N 为主、C 工况以 NH_4^+-N 为主。由图 4-6（d）可以看出，水力负荷增加后，第二级 TN 的去除受到直接影响，B 工况和 C 工况第二级出水 TN 浓度显著高于 A 工况，B 工况第三级出水 TN 浓度显著高于 A 工况（$P<0.05$）。A 工况、B 工况、C 工况出水 TN 浓度分别为 14.1mg/L、18.0mg/L 和 17.8mg/L，TN 去除率分别为 65.3%、54.2% 和 55.1%。去除率的差异主要体现第二级，A 工况、B 工况、C 工况第二级 TN 去除率分别为 17.8%、3.60% 和 14.7%；B 工况的第二级 TN 去除率显著低于 A 工况（$P<0.05$），但 A 工况和 C 工况不存在显著性差异（$P>0.05$）。3 组系统都表现出很好的硝化能力，A 工况、B 工况、C 工况的 NH_4^+-N 去除率分别为 79.2%、74.9% 和 62.0%。

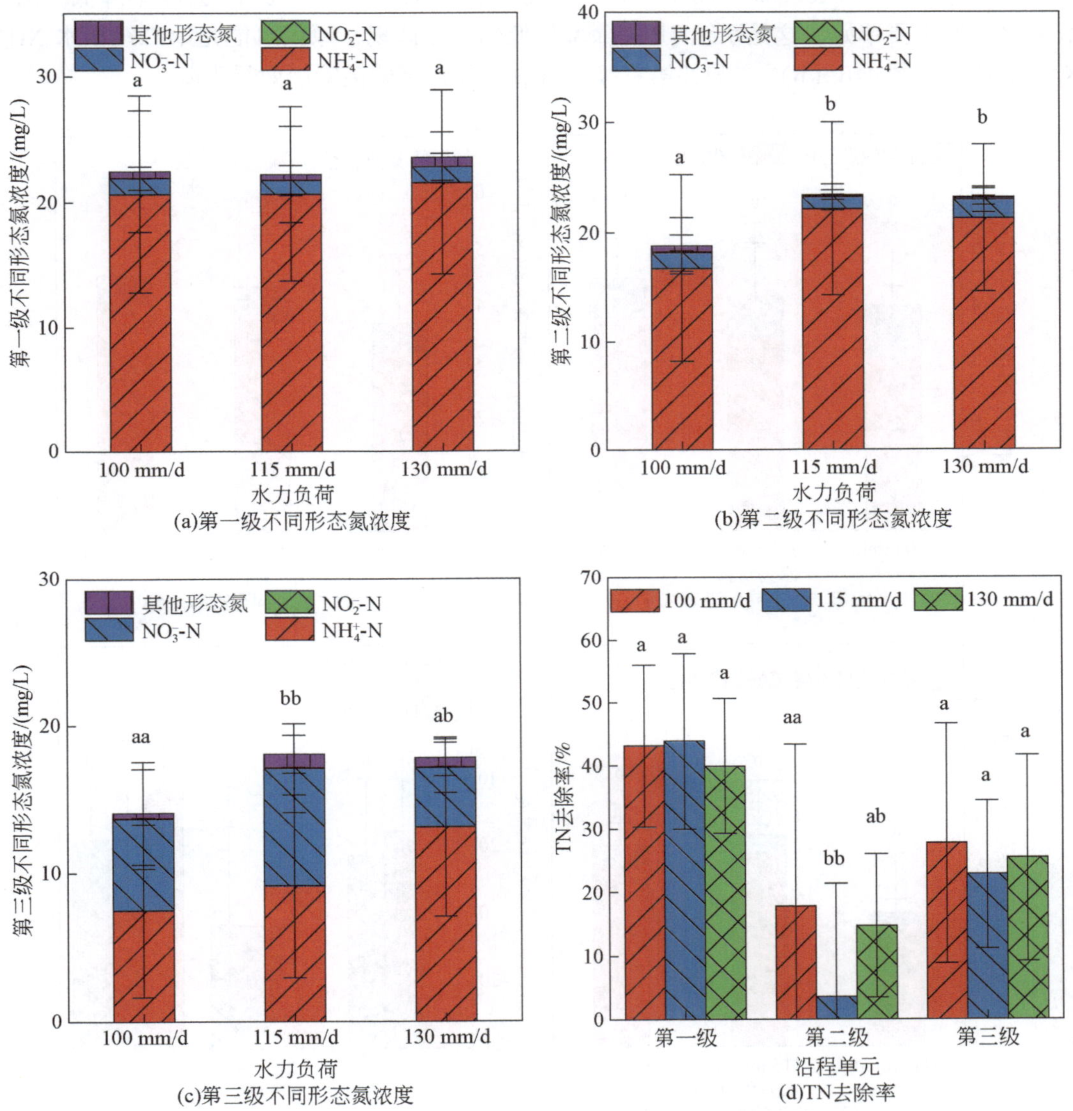

图 4-6　不同水力负荷组合式垂直流人工湿地 N 沿程变化

aa、bb、ab 表示相同级单元间出水 TN 浓度或 TN 去除率之间的差异，其中两个字母都不同表示具有显著性差异，具有任意一个相同字母则表示不具有显著性差异；a、b 表示相同级单元间出水 TN 浓度或 TN 去除率之间的差异，字母相同表示不具有显著性差异，字母不同表示具有显著性差异，$P<0.05$

综合分析 N 沿程变化及 TN 去除率结果，我们发现水力负荷的提升使得反硝化碳源缺失的问题凸显，分级进水对第二级反硝化作用略有强化，但水力负荷提升弱化了这一效果，第二级进水负荷太高也导致了出水氨氮比例的增加。运行条件需要进一步细化。

图 4-7（a）~（c）分别为第一级、第二级、第三级出水不同形态磷浓度。如图 4-7（b）、（c）所示，水力负荷增加后，第二、第三级出水 TP 浓度显著增加（$P<0.05$），系统对 TP 的去除率的影响集中在第三级上，A 工况、B 工况、C 工况第三级 TP 去除率分别为 37.1%、3.6% 和 26.3%［图 4-7（d）］，B 工况和 C 工况第三级 TP 去除率降低。第三级是除磷的主要单元，这是系统 TP 去除率降低的直接体现，原因可能是第二级出水 NH_4^+-N 浓度升高［图 4-6（b）］，消耗第三级溶解氧，导致聚磷菌除磷效果下降。

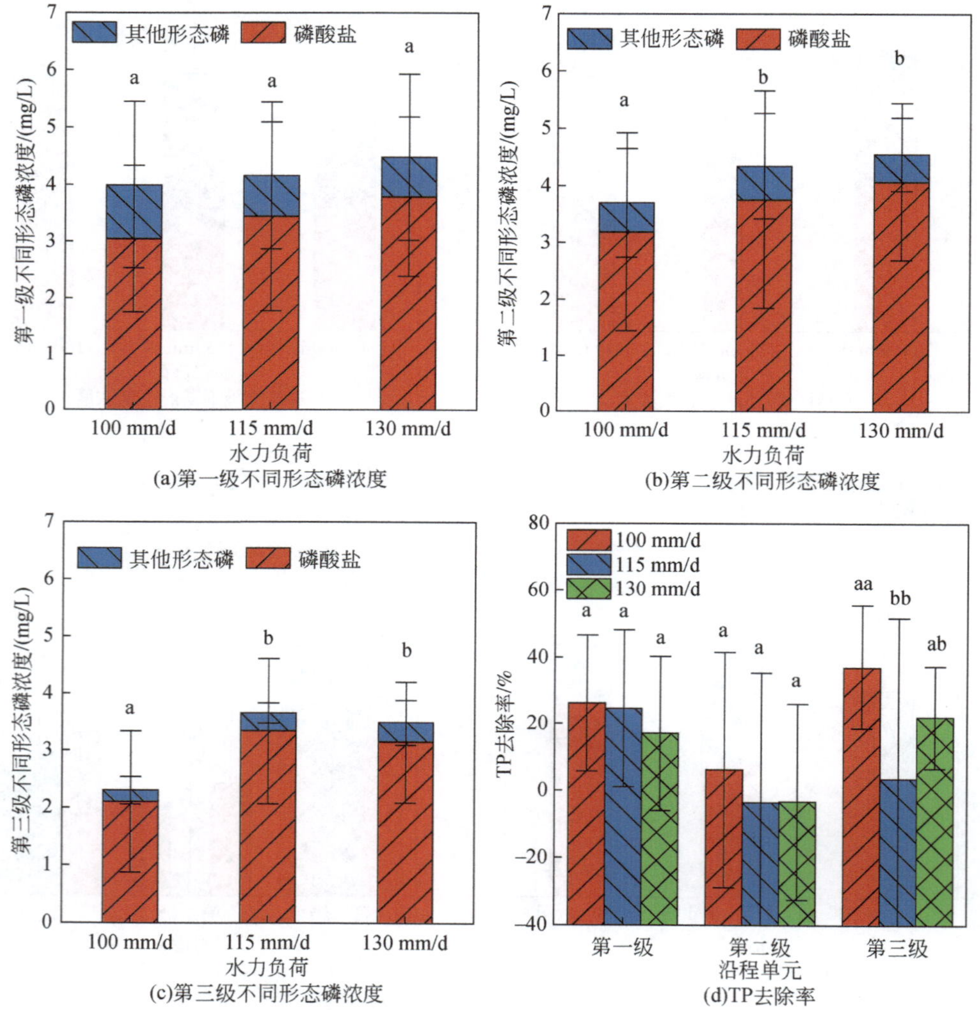

图 4-7　不同水力负荷组合式垂直流人工湿地 P 沿程变化

aa、bb、ab 表示相同级单元间出水 TP 浓度或 TP 去除率之间的差异，其中两个字母都不同表示具有显著性差异，具有任意一个相同字母表示不具有显著性差异；a、b 表示相同级单元间出水 TP 浓度或 TP 去除率之间的差异，字母相同表示不具有显著性差异，字母不同表示具有显著性差异，$P<0.05$

如表 4-4 所示，系统第一级运行条件无差别，第一级的 $k_{COD_{Cr}}$、k_{TN}、k_{TP}并不存在显著性差异（P>0.05）。系统第二级 B 工况和 C 工况 $k_{COD_{Cr}}$显著高于 A 工况（P<0.05），这是因为在第二级加入原污水后，增加的负荷被第二级单元净化去除，系统具有很强的有机物去除潜力。

表 4-4　系统的动力学参数统计表

沿程单元	动力学常数	100mm/d（A 工况）	115mm/d（B 工况）	130mm/d（C 工况）
第一级	$k_{COD_{Cr}}$/(m/a)	162±41.0[a]	167±57.3[a]	155±49.0[a]
	k_{TN}/(m/a)	65.0±28.2[a]	67.0±30.6[a]	57.6±20.8[a]
	k_{TP}/(m/a)	37.2±30.3[a]	36.8±39.4[a]	19.5±23.3[a]
第二级	$k_{COD_{Cr}}$/(m/a)	10.6±30.3[a]	74.8±37.0[b]	82.8±39.5[b]
	k_{TN}/(m/a)	26.2±33.3[a]	6.70±24.1[b]	23.8±19.3[a]
	k_{TP}/(m/a)	14.2±40.8[a]	5.08±34.3[a]	3.20±31.2[a]
第三级	$k_{COD_{Cr}}$/(m/a)	92.4±44.8[a]	91.3±60.7[a]	113±37.9[a]
	k_{TN}/(m/a)	40.8±39.4[a]	34.0±19.6[a]	45.8±38.0[a]
	k_{TP}/(m/a)	55.6±34.4[aa]	16.4±45.4[bb]	40.0±28.9[ab]
系统	$k_{COD_{Cr}}$/(m/a)	88.2±18.9[a]	102±27.1[b]	106±19.1[b]
	COD_{Cr}质量去除速率/[g/(m^2·d)]	15.2±6.10[aa]	17.4±7.10[ab]	19.5±7.80[bb]
	k_{TN}/(m/a)	44.0±24.2[a]	34.6±12.6[a]	41.0±19.4[a]
	TN 质量去除速率/[g/(m^2·d)]	2.50±0.40[a]	2.40±0.50[a]	2.70±0.50[a]
	k_{TP}/(m/a)	35.7±19.0[a]	17.0±15.7[b]	20.6±12.3[b]
	TP 质量去除速率/[g/(m^2·d)]	0.310±0.150[aa]	0.200±0.180[bb]	0.240±0.170[ab]

注：“第一级、第二级、第三级”为单级处理效果，“系统”为整体去除效果。数据形式为平均值±标准差。a、b 表示相同层级同一指标不同工况间的差异性，字母不同表示具有显著性差异，字母相同表示不具有显著性差异；aa、bb、ab 表示相同层级同一指标不同工况间的差异性，具有任意一字母相同表示不具有显著性差异，字母不同表示具有显著性差异（P<0.05）。

系统第二级 A 工况和 C 工况 k_{TN}显著高于 B 工况（P<0.05）。系统第二级 k_{TP}在 3 种工况下并没有显著性差异（P>0.05），分级进水改变并没有改变第二级对 TP 的去除效果。系统第三级各工况下 $k_{COD_{Cr}}$、k_{TN}并不存在显著性差异（P>0.05），B 工况 k_{TP}显著低于 A 工况，C 工况与 A 工况间 k_{TP}不存在显著性差异（P>0.05），这说明系统的 TP 去除率不仅受动力学常数的影响，还受到进水负荷的影响。以上表明系统对 TN 的去除动力学差异性体现在第二级上，系统对 TP 的去除动力学差异性体现在第三级上，进一步验证系统第三级是除磷的主要单元，这主要是因为微生物聚磷作用，基质的截留与吸附作用也是 TP 去除的重要元素，系统第二级基质为石英砂，第三级基质为陶粒，相对而言，陶粒对 TP 的去除效果更佳。3 种工况下，系统在 $k_{COD_{Cr}}$、k_{TN}、k_{TP}上表现最佳的是 A 工况，其次是 C 工况，最后是 B 工况。

2）不同分级进水比例二级进水

（1）浊度的去除效果。

不同分级进水比例下，阶梯垂直流人工湿地对浊度的去除率分别为 97.9%、97.1%、97.9% 和 98.4%，对应的质量去除速率分别为 12.4g/(m^2·d)、12.4g/(m^2·d)、12.5g/(m^2·d) 和 12.5g/(m^2·d)，各处理组之间浊度去除效果无显著性差异［图 4-8（a）］，说明阶梯垂直流人工湿地能有效适应本研究中的各种分级进水方式，均可以达到较高的浊度去除率。

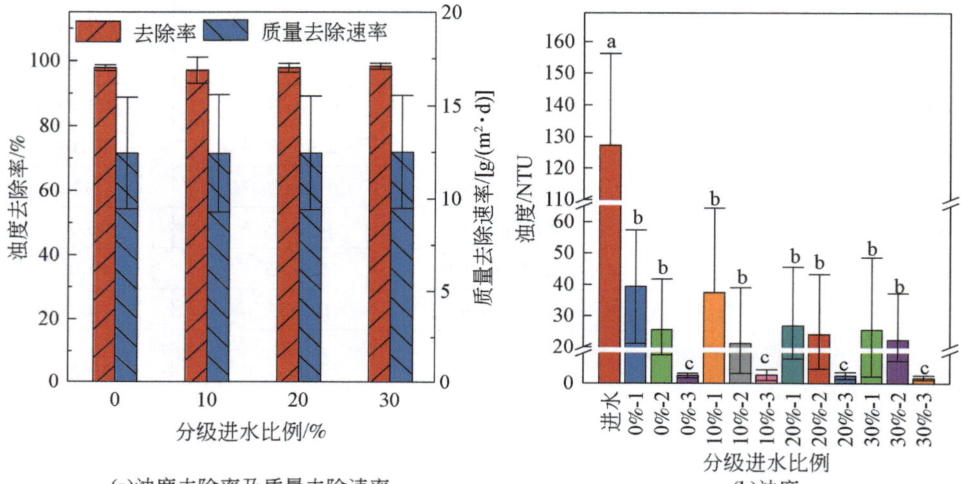

(a)浊度去除率及质量去除速率

(b)浊度

图 4-8　不同二级进水比例下浊度的去除效果及沿程变化

字母不同表示具有显著性差异，图 4-8（b）横坐标中 1、2 和 3 分别表示湿地的第一、第二和第三级

不同分级进水比例下湿地系统进水和各级出水浊度如图 4-8（b）所示。在进水浊度为 127NTU 时，四套系统第三级出水浊度分别为 0.700NTU、1.80NTU、1.10NTU 和 0.700NTU，处理组间不存在显著性差异。四套系统的第一级对浊度去除的贡献率分别为 70.5%、72.1%、80.5% 和 81.2%，浊度在第一级下降最为明显。污水进入第一级后，污水中的颗粒物等被填料截留，使得第一级出水中浊度下降明显。第二级对浊度去除的贡献率分别为 11.1%、13.1%、2.2% 和 2.4%，由于第二级为上行流，填料表层存在自由水面，当室内温度升高时可以观察到填料表面存在藻类生长，而第二级出水口的位置位于填料表层同一高度，因此导致二级出水浊度较一级出水浊度没有显著变化。第三级对浊度去除的贡献率分别为 18.4%、14.8%、17.3% 和 16.4%，第三级填充了粒径较小的陶粒，第二级出水经第三级进一步截留，使出水达到了较好的浊度净化效果。

（2）COD_{Cr}的去除效果。

不同分级进水比例下，阶梯垂直流人工湿地对 COD_{Cr} 的去除率分别为 86.7%、87.1%、87.8% 和 87.3%，对应的质量去除速率分别为 12.4g/(m^2·d)、12.5g/(m^2·

d)、12.5g/(m² · d) 和 12.5g/(m² · d)，各处理组之间 COD_{Cr}去除效果无显著性差异［图 4-9（a）］，说明阶梯垂直流人工湿地能有效适应本研究中的各种分级进水方式，均可以达到较高的 COD_{Cr}去除率。本实验的第一、第三级水体流动方式均为下向流，系统充氧能力较好，污水与空气充分接触，大气中的溶氧与污水混合后进入湿地系统，为微生物分解污染物提供了好氧的有利条件，大部分有机物通过附着于填料上的生物膜和微生物的代谢去除。Vymazal 和 Kröepfelová（2015）等研究不同进水方式下复合垂直流人工湿地 COD_{Cr}去除效果的差异，发现 COD_{Cr}的去除率均能稳定在 80% 以上，并且当进一步加大 COD_{Cr}的进水负荷时，其去除率也没有显著降低，与本实验的研究结果一致。

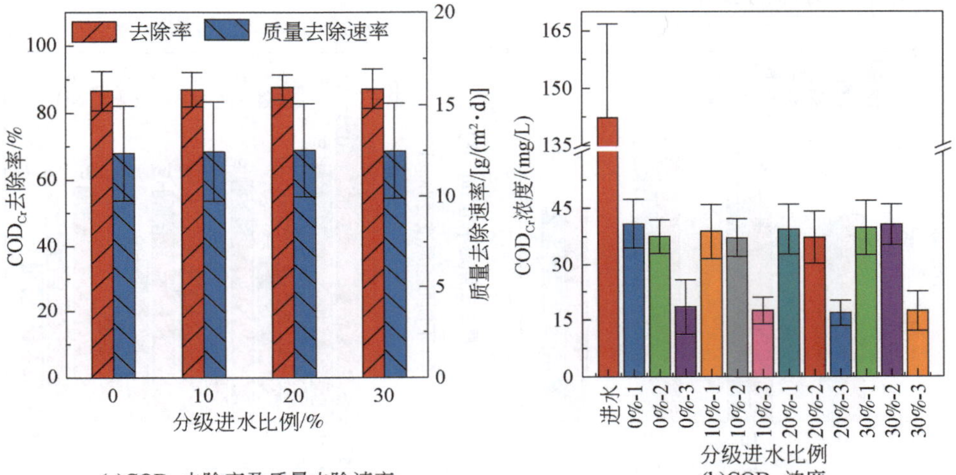

(a)COD_{Cr}去除率及质量去除速率　　(b)COD_{Cr}浓度

图 4-9　不同二级进水比例下 COD_{Cr}的去除效果及沿程变化

字母不同表示具有显著性差异，图 4-9（b）横坐标中 1、2 和 3 分别表示湿地的第一、第二和第三级

不同分级进水比例下阶梯垂直流人工湿地系统进水和各级出水 COD_{Cr}浓度如图 4-9（b）所示。在进水浓度为 142mg/L 时，四套系统第三级出水 COD_{Cr}浓度分别为 18.4mg/L、17.5mg/L、16.8mg/L 和 17.3mg/L，处理组间不存在显著性差异。第三级出水中 COD_{Cr}浓度远低于《城镇污水处理厂污染物排放标准》（GB 18918—2002）中的一级 A 标准。四套系统的第一级对 COD_{Cr}去除的贡献率分别为 81.9%、82.9%、82.0% 和 82.0%，表明系统第一级是大部分有机物被去除的主要梯级。污水从位于填料上部的布水管均匀流入，与大气接触后进入第一级，为 COD_{Cr}的去除提供了好氧的有利条件。前三套系统第二级对 COD_{Cr}去除的贡献率仅为 2.7%、1.3% 和 1.7%，第四套系统 COD_{Cr}浓度非但没有降低，反而增加了 0.64%。有研究表明，在厌氧甚至缺氧条件下，有机物仍可通过厌氧自养细菌的降解被去除，但是其新陈代谢速率远小于异氧微生物，对有机物的降解作用也较弱。系统第三级出水 COD_{Cr}浓度较第二级有明显降低，对 COD_{Cr}去除的贡献率分别为 15.4%、15.8%、16.3% 和 18.6%。因此，本实验中系统第一级是 COD_{Cr}去除的主要层级。

（3）TN 的去除效果。

TN 的去除效果见图 4-10（a），各处理组 TN 去除效果均较为稳定，四套系统 TN 去除率分别为45.0%、48.7%、61.7%和47.0%，对应的质量去除速率分别为1.67g/(m^2·d)、1.81g/(m^2·d)、2.28g/(m^2·d) 和1.75g/(m^2·d)。当分级进水比例为20%时，TN去除率达到最高，并且质量去除速率均显著高于其他3个处理组（$P<0.05$），说明适当的分级进水比例有利于湿地系统脱氮。Li等（2014）通过研究发现，当对垂直流人工湿地系统的进水方式由单点进水改为分级进水后，湿地系统中TN的去除率可达60.6%。人工湿地中脱氮的途径主要分为微生物降解、植物吸收和填料吸附三部分，研究发现植物吸收和填料吸附去除的氮量较少，仅占氮去除总量的3%左右，微生物降解是脱氮的最主要途径（Li et al.，2014）。本实验中适当比例的分级进水可以为微生物的反硝化作用提供了充足的碳源，促进系统对氮的去除。

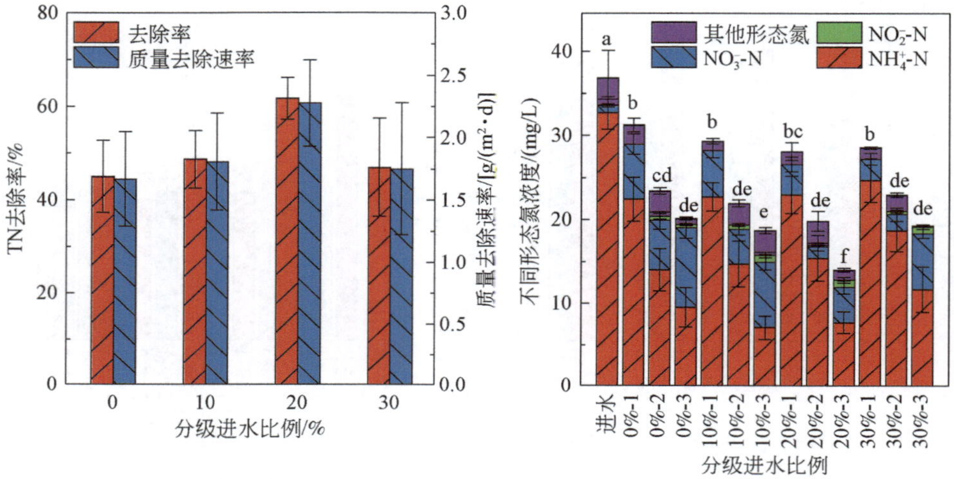

(a)TN去除率及质量去除速率

(b)不同形态氮浓度

图4-10　不同二级进水比例下氮的去除效果及沿程变化

字母不同表示具有显著性差异，图4-10（b）横坐标中1、2和3分别表示湿地的第一、第二和第三级

由图4-10（b）可以看出，进水和四套人工湿地系统各级出水TN的组成中，NH_4^+-N是主要的存在形式。进水TN浓度为36.8mg/L，四套系统第三级出水中TN浓度分别为21.1mg/L、18.7mg/L、14.0mg/L和19.3mg/L，出水TN浓度基本达到《城镇污水处理厂污染物排放标准》（GB 18918—2002）的一级A或一级B标准。从各套湿地系统TN浓度的沿程变化来看，出水TN浓度随层级不断下降，其中当分级进水比例为20%时，系统第一级出水浓度为28.5mg/L，较进水TN浓度下降了8.3mg/L。四套系统第一级对TN去除的贡献率分别为34.5%、41.5%、36.5%和47.2%，考虑到本实验系统第一级虽然是下向流，但由于填料填充深度较大，人工湿地系统底部也会存在厌氧区域，并且本研究试验周期为4~8月，温度较高，四套系统第一级出水平均pH为7.63，具备厌氧氨氧化发生的条件，所以第一级底部可能发生厌氧氨氧化作用，使得第一级中氮的浓度有所下降。在没有任何接种和富集的情况下，有研究发现了厌氧氨氧化细菌可存在于人工湿地系统中，厌氧氨氧化细菌分别以NH_4^+-N和NO_2^--N为电子供体和电子受体，最终将各种形态的氮以氮气的形式排出湿地系统（Kuenen，2008）。

下行垂直流人工湿地单元具有较好的充氧能力，有利于系统中硝化作用的进程，但反硝化过程往往受到限制。本研究在阶梯垂直流人工湿地的第二级补充生活源污水作为外加碳源，结合上行水流为系统提供的厌氧环境，为反硝化的进行创造了有利条件，强化了氮的去除效果，因此系统第二级出水 TN 浓度在第一级的基础上大幅降低，系统第二级对 TN 去除的贡献率分别为 42.8%、40.6%、42.1% 和 31.6%，从贡献率来看分级进水比例并不是越高越好。

比较四套系统第三级出水 TN 浓度，发现当分级进水比例为 20% 时，系统最终出水 TN 浓度显著低于其他 3 个处理组，TN 去除率显著高于其他 3 个处理组。当第二级进水比例为 30% 时，TN 去除率反而呈现下降趋势，可能是第二级补充原污水带来 NH_4^+-N 负荷量增加，而第二级形成的厌氧环境不利于 NH_4^+-N 氧化，进而导致该分级进水比例条件下的 TN 去除率下降，因此分级进水的比例必须控制在合适范围内才能有效提升该人工湿地系统的脱氮效果。Fan 等（2013b）等以蔗糖为外加碳源，研究蔗糖添加量对垂直流人工湿地脱氮效果的影响，发现在曝气条件下，将碳氮比设置为 10 时，TN 的去除率可高达 90%。本小试实验 TN 去除率最高达到 61.7%，远低于 Fan 等（2013b）的研究结果，出水中仍有较多 NH_4^+-N 剩余，可考虑在进水中添加曝气系统以达到更高的脱氮效果。

（4）TP 的去除效果。

在不同分级进水比例条件下，四套阶梯垂直流人工湿地系统 TP 的去除率分别达到了 72.1%、81.2%、79.1% 和 80.4%，相应的质量去除速率分别达到了 0.320g/(m^2·d)、0.360g/(m^2·d)、0.350g/(m^2·d) 和 0.350g/(m^2·d)［图 4-11（a）］。与 COD_{Cr} 的去除效果一样，不同分级进水条件下各处理组间磷的去除效果不存在显著性差异，说明分级进水比例对阶梯垂直流人工湿地系统磷的去除效果影响不大。实际上，人工湿地中主要通过填料吸附实现磷的去除。本实验湿地系统出水 TP 浓度基本可达到《城镇污水处理厂污染物排放标准》（GB 18918—2002）的一级 B 标准。

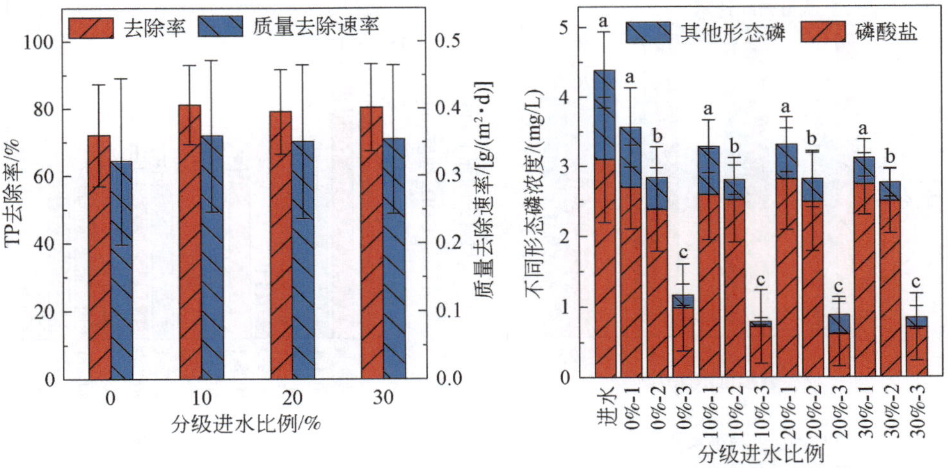

(a)TP去除率及质量去除速率　　(b)不同形态磷浓度

图 4-11　不同二级进水比例下磷的去除效果及沿程变化

字母不同表示具有显著性差异，图 4-11（b）横坐标中 1、2 和 3 分别表示湿地的第一、第二和第三级四套系统进水和各级出水中的磷主要以 PO_4^{3-} 的形式存在，进水中 PO_4^{3-} 浓度约占 TP 浓度的 70.6%。四套系统第三级出水 TP 浓度分别为 1.16mg/L、0.790mg/L、0.870mg/L 和 0.840mg/L，各处理组之间第三级出水 TP 浓度不存在显著性差异［图 4-11（b）］。四套系统第一级对 TP 去除的贡献率分别为 25.6%、30.6%、30.6% 和 35.8%，第二级对 TP 去除的贡献率分别为 22.6%、13.3%、14.1% 和 9.9%，第三级对 TP 去除的贡献率分别为 51.8%、56.1%、55.3% 和 54.3%，表明该系统对磷的去除主要在第三级完成，其次为第一级。与第 3 章填料的吸附性能研究结果一致，陶粒对磷酸盐的去除效率高于其他两种填料，页岩的处理效果最差，这与填料的吸附性能有关。第三级填料陶粒中富含的氧化钙在填料与磷溶液的混合体系中，基质中的氧化钙与水分子结合形成氢氧化钙，进而电离出钙离子，溶液中的磷酸根离子最终通过非晶体的磷酸钙沉淀去除（Kingston et al., 2010）。沸石、页岩和陶粒作为常见的填料被广泛应用于人工湿地，张迎颖等（2009）以静态吸附实验研究湿地填料对磷的吸附性能，发现单一种类填料沸石和陶粒对 TP 的去除率仅分别为 28.2% 和 31.6%。本研究采用沸石、页岩、陶粒填料，采用三级串联的配置方式，总体上达到了较高的磷去除效率。

3）三级进水

不同分级进水份额下，阶梯垂直流人工湿地对 COD_{Cr} 的去除率分别为 89.8%、88.4%、89.9% 和 90.5%，对应的质量去除速率分别为 12.5g/(m^2·d)、12.3g/(m^2·d)、12.6g/(m^2·d) 和 12.6g/(m^2·d)，各处理组之间去除效果无显著性差异［图 4-12（a）］，与前二级分级进水时 COD_{Cr} 的去除率相一致，不同分级进水比例下系统进水和各级出水 COD_{Cr} 浓度如图 4-12（b）所示。在进水 COD_{Cr} 为 140mg/L 时，四套系统第三级出水 COD_{Cr} 浓度分别为 14.2mg/L、16.1mg/L、14.0mg/L 和 13.1mg/L，各处理组间不存在显著性差异。人工湿地中的有机物主要是依靠微生物在厌氧或有氧环境中将其作为底物，通过

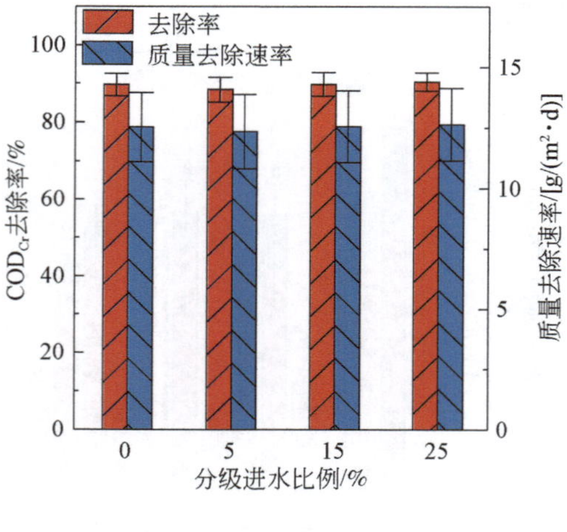

(a)COD_{Cr}去除率及质量去除速率

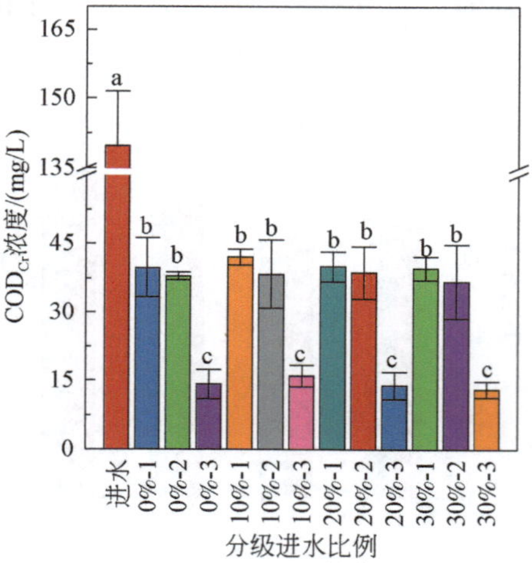

(b)COD_{Cr}浓度

图 4-12　不同三级进水比例下 COD_{Cr} 的去除效果及沿程变化

字母不同表示具有显著性差异，图 4-12（b）横坐标中 1、2 和 3 分别表示湿地的第一、第二和第三级

自身的新陈代谢而去除，人工湿地中的氧气由自然扩散和植物的根部泌氧提供，因此有机物的去除与湿地工艺和植物关系密切（Vymazal and Kröepfelová，2009）。本研究四套系统的第一级对 COD_{Cr} 去除的贡献率分别为 79.7%、79.0%、79.3% 和 79.0%，与二级进水条件下 COD_{Cr} 去除的规律类似，COD_{Cr} 在第一级通过微生物的吸收代谢、填料的截留、植物根部的截留与吸收得到有效去除。第二级对 COD_{Cr} 也有一定的去除效果，贡献率分别为 1.4%、3.0%、0.9% 和 2.3%，第三级对 COD_{Cr} 去除的贡献率较第二级有所上升，分别为 18.9%、18.0%、19.8% 和 18.7%。

通过比较第二级和第三级分级进水的实验结果可以发现，在总进水负荷保持一致的条件下，阶梯垂直流人工湿地均可以获得较高的 COD_{Cr} 去除效果，进水方式对其去除效果影响不大。

如图 4-13（a）所示，四套系统 TN 去除率分别为 45.9%、48.5%、53.0% 和 53.0%，对应的质量去除速率分别为 1.64g/(m^2·d)、1.75g/(m^2·d)、1.91g/(m^2·d) 和 1.91g/(m^2·d)。相关性分析表明，4 种分级进水比例条件下，TN 的去除率稳定在 50% 左右，不存在显著性差异。三级进水条件下，TN 去除率最高为 53.0%，略低于二级进水条件下的 61.7%。从 TN 的去除效果来看，二级进水是较为优化的湿地运行方式。

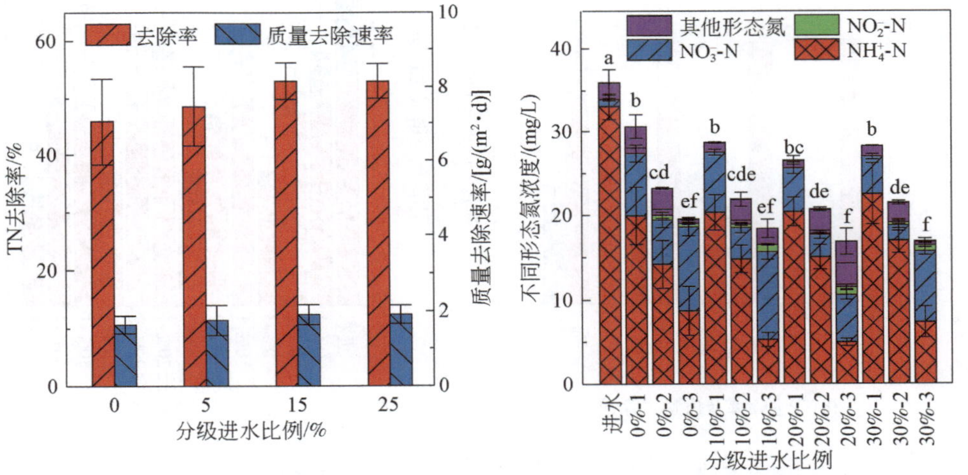

(a)TN去除率及质量去除速率 (b)不同形态氮浓度

图 4-13 不同三级进水比例下氮的去除效果及沿程变化

字母不同表示具有显著性差异，图 4-13（b）横坐标中 1、2 和 3 分别表示湿地的第一、第二和第三级

如图 4-13（b）所示，系统进水氮具有多种组成形式，NH_4^+-N 为主要的组成部分，此外还有少量 NO_3^--N 和其他形态氮，以及极少部分的 NO_2^--N。经系统的处理后，NH_4^+-N 占 TN 的比例呈减少趋势，NO_3^--N 占 TN 的比例呈增加趋势，说明系统内部可能存在能够进行氨化作用和硝化作用的异养菌，这些微生物可将 TN 中的有机氮转化成 NH_4^+-N，再将 NH_4^+-N 转化为 NO_3^--N。Adrados 等（2014）采用 DGGE 和 PCR 技术，发现垂直流人工湿地中具有的丰富的微生物参与到氮的转化过程中，其包括 α-变形菌门、β-变形菌门、γ-变形菌门、δ-变形菌门、厚壁菌门、放线菌门、酸杆菌门以及绿弯菌门。

进水、第一级出水以及第二级出水 TN 浓度均存在显著性差异，这表明 TN 的去除主要发生在第一级和第二级。第一级对 TN 去除的贡献率分别为 31.2%、41.6%、46.8 和 40.6%，第二级对 TN 去除的贡献率分别为 46.3%、38.3%、33.1% 和 35.4%。第一级 TN 浓度的下降主要体现在 NH_4^+-N 浓度的下降，并且从氮的组成来看，第一级出水中 NH_4^+-N 浓度和 NO_3^--N 浓度的总和小于进水中 NH_4^+-N 浓度，说明第一级中除了存在明显的硝化作用之外，还伴有厌氧氨氧化反应或者反硝化的进行，使得第一级中 TN 浓度有所降低。第二级 TN 浓度的下降明显主要体现在 NH_4^+-N 浓度和 NO_3^--N 浓度的下降，分级进水补充的碳源为反硝化提供了碳源，促进了反应的进行。

不同分级进水比例条件下，四套系统 TP 去除率分别为 56.7%、56.2%、57.1% 和 58.7%，相应的质量去除速率分别为 0.260g/(m^2·d)、0.260g/(m^2·d)、0.260g/(m^2·d) 和 0.270g/(m^2·d) [图 4-14 (a)]，各处理组之间磷的去除效果不存在显著性差异。由于湿地中磷的去除主要是通过填料的吸附实现的，随着系统运行时间的增加，填料的吸附速率逐渐降低，导致磷的去除效果总体不如二级进水条件下磷的去除效果。

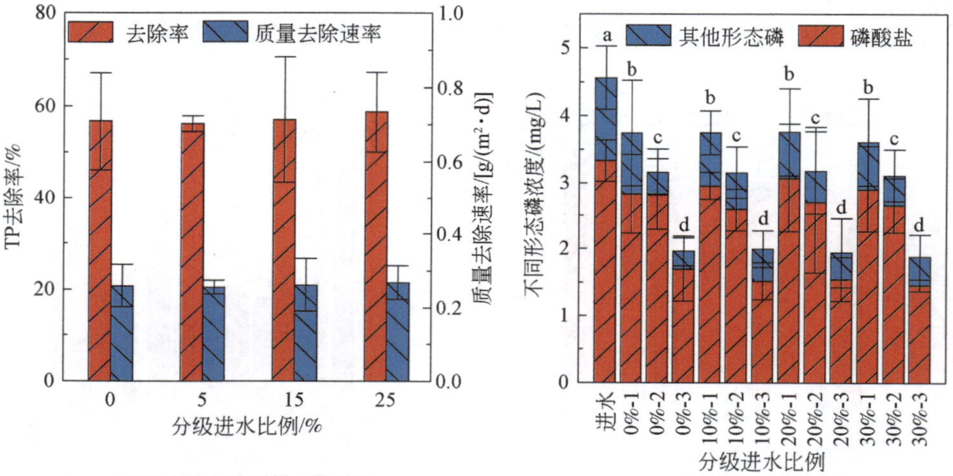

(a)TP去除率及质量去除速率　　(a)不同形态磷浓度

图 4-14　不同三级进水比例下磷的去除效果及沿程变化

字母不同表示具有显著性差异，图 4-14 (b) 横坐标中 1、2 和 3 分别表示湿地的第一、第二和第三级

TP 浓度在组合式垂直流人工湿地系统内呈现沿程减少的趋势，各级对磷的去除均存在显著贡献，不同分级进水比例对各级磷去除量的影响不明显 [图 4-14 (b)]。四套系统第一级对磷去除的贡献率分别为 31.5%、31.6%、30.6% 和 35.4%，第二层级对磷去除的贡献率分别为 22.3%、23.3%、22.0% 和 18.6%，第三层级对磷去除的贡献率最高，分别为 46.2%、45.1%、47.4% 和 46.0%，这与第三级填料陶粒良好的磷吸附性能有关。其他形态的磷浓度呈现沿程降低的趋势，其中颗粒态磷中包含的有机磷会在异养菌的作用下最终转化为无机态的磷酸盐，其中有一部分磷会与基质中的钙、镁等金属离子或水合物反应生成沉淀而脱离水相，而未沉淀的一部分磷酸盐会进入水相，使水相中的磷酸盐浓度增加，从而使磷在系统内存在着形态上的变化。

4.2.3 进水曝气耦合分级进水阶梯垂直流人工湿地

如图4-15 所示，曝气后 COD_{Cr}、TN、NH_4^+-N、TOC 浓度显著下降（$P<0.05$）。曝气可以促使悬浮物迅速沉降，而且供氧有助于有机物的有氧分解，曝气对进水的 NH_4^+-N 影响的幅度较大，NH_4^+-N 除部分转化为 NO_3^--N 及 NO_2^--N 外，曝气使得氨气挥发也有所增加；NO_3^--N 及 NO_2^--N 的浓度均呈显著性上升趋势（$P<0.05$）；溶解性总氮（DTN）无显著性差异（$P>0.05$），曝气同时促进含氮有机物的分解，曝气后 TN 的损失主要是由于悬浮物的沉降和氨气的挥发。

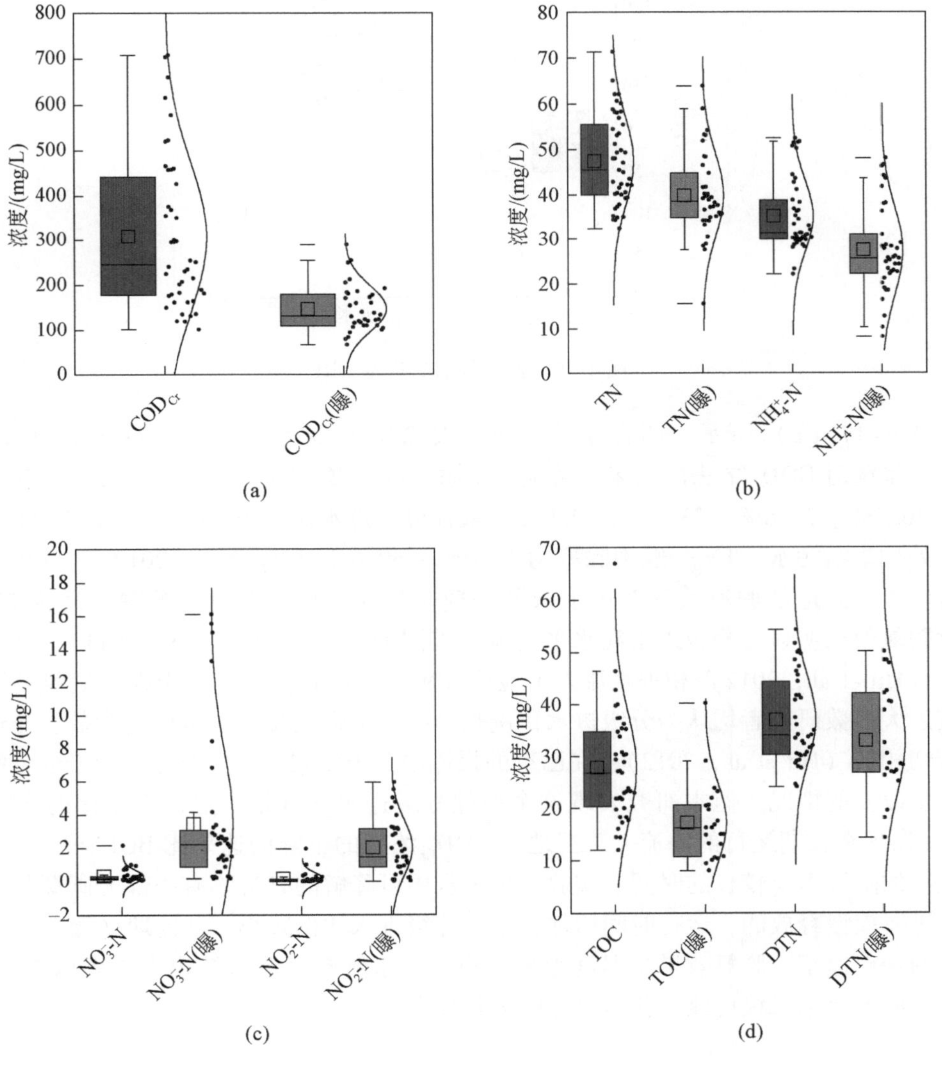

图 4-15　预曝气前后进水水质情况

图4-16显示进水及曝气4h后的ORP，曝气前原水的ORP为-17.0mV，曝气后ORP为89.3mV，4h的曝气可以显著改变进水ORP（$P<0.01$）。ORP即水中的氧化还原电位，是反映系统氧化还原状态的综合指标，在传统的污水处理工艺中常用于曝气量的控制。ORP在30.0mV以下硝化极不充分，ORP在40.0mV以上硝化状况良好。曝气后进水基本可以满足第一级硝化反应的溶氧需求。加上第一级植物的根系泌氧作用，可以在实现良好硝化反应的同时，加速第一级脱落生物膜及基质沉积颗粒污染物的氧化分解，缓解长期运行湿地的堵塞现象。

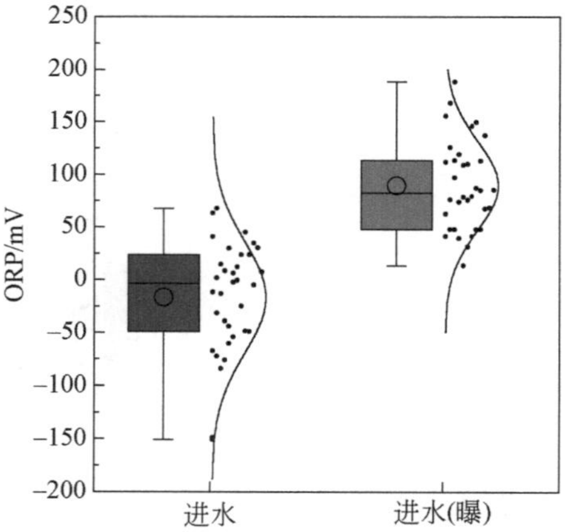

图4-16　预曝气前后进水ORP

如图4-17（a）所示，四套系统COD_{Cr}去除率分别为90.5%、93.5%、93.9%和94.1%。系统对COD_{Cr}的去除效果显著优于未添加进水曝气的系统（$P<0.05$）。TN去除率分别为76.7%、78.8%、73.8%、72.9%，最佳分级进水比例为10%［图4-17（b）］。人工湿地处理生活污水，TN一般去除率为15.0%～59.0%（Vymazal，2019）。分级进水阶梯垂直流人工湿地的脱氮效率在进水未预处理时为61.7%，在进水预曝气后为77.4%，其强化脱氮效果明显。分级进水在水平潜流人工湿地（Stefanakis et al.，2011）、潮汐流人工湿地（Hu et al.，2012）和垂直流人工湿地（Wang et al.，2014）中强化脱氮的研究也有报道。大多数研究者均认为分级进水比例是分级进水强化脱氮最重要的参数，与进水碳氮比密切相关（Hu et al.，2012）。在已有的报道中并未发现运行实验过程中最佳分级进水比例发生改变的情况。但本研究发现这个最佳分级进水比例是可能发生变化的。Vymazal（2019）发现在长期运行的潜流人工湿地中COD_{Cr}浓度的下降的速率比BOD慢，一些大分子有机物的降解需要较长的时间。实验发现进水中可降解的有机物有一部分碳源是作为缓释碳源进行缓慢释放的，运行时间增加，最佳分级进水比例减小。预处理（曝气）可以加速碳源的释放速率，脱氮效果受温度影响较小。进水预曝气后系统出水氮素以NO_3^--N为主，出水回流至第二级可能会获得更好的去除效果。

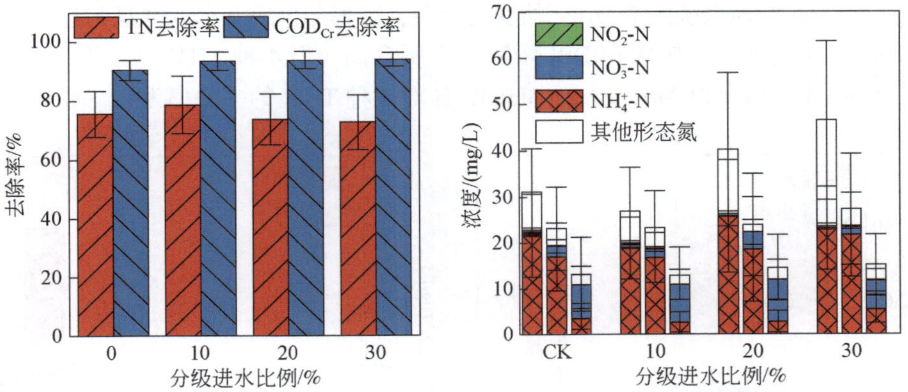

(a)TN、COD_{Cr}去除率　　(b)不同形态氮浓度

图 4-17　预曝气后阶梯垂直流人工湿地 TN、COD_{Cr} 去除效果及沿程氮素组成

4.2.4　阶梯垂直流人工湿地对消毒副产物的去除效果

为了探究阶梯垂直流人工湿地对不同浓度消毒副产物（disinfection by-products，DBPs）的去除效果，本实验设置了两种进水 DBPs 浓度，进水信息见表 4-5，其中低浓度组（MSCW-L）DBPs 浓度为文献报道中污水处理厂出水中 DBPs 平均浓度，高浓度组（MSCW-H）DBPs 浓度大约为低浓度组的 3 倍。

表 4-5　不同处理组模拟污水中各污染物浓度

指标	单位	MSCW-L	MSCW-H	指标	单位	MSCW-L	MSCW-H
DOC	mg/L	12. 2±2. 60	20. 6±13. 3	TCM	μg/L	12. 2±2. 60	41. 3±2. 40
TN		15. 5±3. 40	15. 4±2. 50	TBM		26. 1±3. 30	76. 1±22. 7
NH_4^+-N		8. 30±1. 50	8. 0±1. 20	DBCM		8. 5±1. 10	27. 8±1. 90
TP		0. 510±0. 140	0. 500±0. 120	DCBM		72. 4±4. 90	169±31. 6

注：TCM 表示三氯甲烷；TBM 表示三溴甲烷；DBCM 表示一氯二溴甲烷；DCBM 表示二氯一溴甲烷。

在装置稳定运行的情况下，监测了两组装置进出水中 DBPs 浓度。由图 4-18 可知，阶梯垂直流人工湿地对不同种类的 DBPs 去除能力不同，对 TBM 和 DCBM 有良好的去除效果，对 TCM 的去除效果不佳，而 DBCM 去除率则与进水 DBPs 浓度相关。对于出水中 TBM 浓度，MSCW-L 为 3. 60μg/L、MSCW-H 为 25. 0μg/L，其去除率分别为 86. 0%（MSCW-L）、67. 1%（MSCW-H），两组存在显著性差异（P<0. 05）；对 DCBM 的去除率分别为 97. 5%（MSCW-L）、46. 6%（MSCW-H），低浓度组显著高于高浓度组（P<0. 05），说明进水中高浓度的 DBPs 会影响阶梯垂直流人工湿地去除 TBM 和 DCBM 的效率。对于 TCM 和 DBCM 两组装置有不同的表现，MSCW-L 对这两种污染物有一定的去除作用，而 MSCW-H 出水中这两种污染物均有不同程度的增加。MSCW-L 对 DBCM 的去除率为 83. 7%。与其他几种三卤甲烷（THMs）相比，MSCW-L 对 TCM 的去除能力较弱，去除率仅为 14. 6%。在 MSCW-H 出水中，TCM 浓度为 57. 6μg/L，显著高于进水（P<0. 05），DBCM 浓度为 74. 3μg/L，几乎为进

水的3倍，说明在湿地系统内部DBPs的变化复杂，降解与生成并存，并且与进水组成有关。尽管在MSCW-H出水中，TCM和DBCM浓度有所升高，但4种THM总浓度还是有所下降（进水为315μg/L，出水为246μg/L），MSCW-H对4种THM的去除率为21.9%。

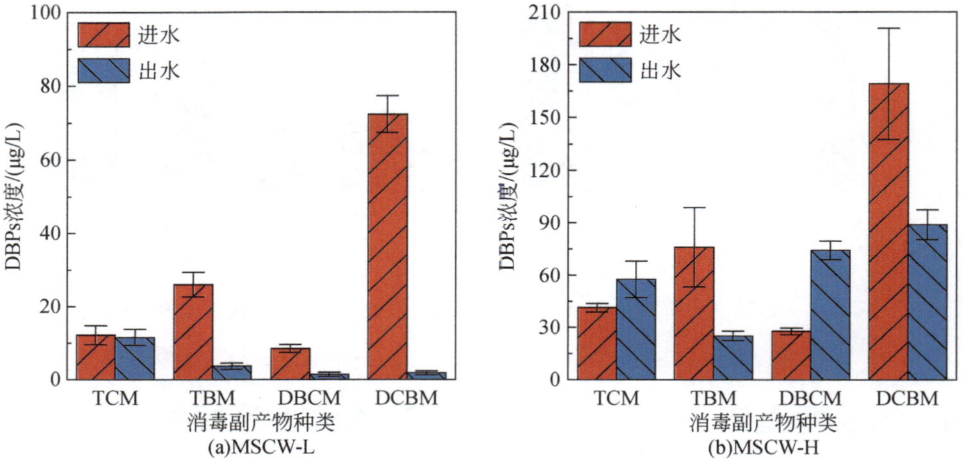

图4-18　阶梯垂直流人工湿地进出水DBPs浓度

MSCW-L，低浓度组；MSCW-H，高浓度组

通过以上分析可知，阶梯垂直流人工湿地对常规浓度的DBPs有良好的去除效果，出水中DBPs浓度均低于《生活饮用水卫生标准》（GB 5749—2022）中的限值，可以满足处理尾水中DBPs的需求，可有效保障尾水的安全性，但是面对高浓度的DBPs胁迫，阶梯垂直流人工湿地的去除能力受到干扰。与MSCW-L相比，MSCW-H对三卤甲烷类消毒副产物的去除效果均有不同程度的下降，去除负荷也有所降低，去除量从101μg/L降低至68.6μg/L，甚至部分DBPs在出水中浓度高于进水，即在湿地内部重新形成了DBPs，出水的安全性难以保障。

测定阶梯垂直流人工湿地进出水DBPs浓度的同时，测定了阶梯垂直流人工湿地沿程水样中DBPs浓度，以探究DBPs去除位点。由图4-19可知，阶梯垂直流人工湿地的第一级对DBPs的削减起着关键的作用。在MSCW-L中，第一级对TCM、TBM、DBCM的去除率分别为46.9%、82.7%、59.8%，第一级出水中DCBM浓度低于检出限；第二级对DBPs进一步去除，但去除率低于第一级；在第三级，DBPs浓度出现了不同程度的上升，从而导致出水中DBPs浓度高于第二级出水，说明水体中的卤原子在第三级中再次与人工湿地中赋存的小分子有机物结合，从而形成了DBPs［图4-19（a）］。在MSCW-H中观察到了类似的去除趋势，第一级对TBM、DCBM的去除率分别为59.1%、52.9%［图4-19（b）］。通过分析不同级的去除贡献率可知，对DBPs的去除主要发生在第一级和第二级，第三级反而产生负面效果，因此若单纯考虑DBPs削减，则采用两级串联垂直流人工湿地即可。

阶梯垂直流人工湿地是一个同时满足好氧、缺氧和厌氧各种氧化还原条件的复杂生物反应器，污染物可以通过湿地内吸附、植物挥发等非生物作用以及基质中微生物的生物降解等过程进行去除（Wang Y et al.，2020）。THMs电负性强，极性大，在系统中可以通过

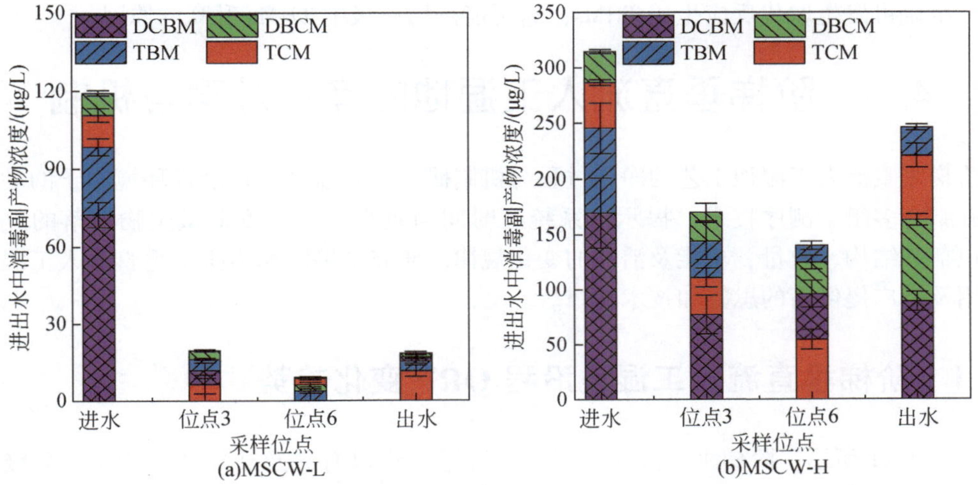

图 4-19　阶梯垂直流人工湿地不同级出水中 DBPs 浓度

位点 3，第一级出水；位点 6，第二级出水；出水，最终出水

静电作用力吸附到基质表面或生物膜表面以供微生物降解（Jahin et al.，2024）。但是吸附会饱和，当基质吸附饱和后或温度发生改变时，会发生解吸，THMs 会被再次释放进入水体，导致水体中 THMs 浓度升高。通常地，物质的亨利常数大于 0.001atm m^3/mol，意味着该物质极易挥发，而 THMs 的亨利常数在 20℃ 时接近或者高于该值（Sikder et al.，2024）。在整个实验周期内，温度在大部分时间都高于 20℃，因此 THMs 可能通过植物蒸腾拉力或直接从系统中挥发进入大气。

人工湿地内部环境变化多样，因此 THMs 在人工湿地内部变化也更为复杂。研究表明，碱性条件下有利于 THMs 前体物水解，促进 THMs 的生成（Li C et al.，2019）。在本研究中，人工湿地内部一直处于中性偏碱的环境，并且 pH 沿水流方向逐步上升［图 4-20（b）］，尤其在第三级，pH 接近 10，有利于 THMs 前体物的生成。此外，在 MSCW-H 中，第三级氧化还原电位较低［图 4-20（a）］，有机物在此处会发生厌氧发酵生成甲烷，而卤

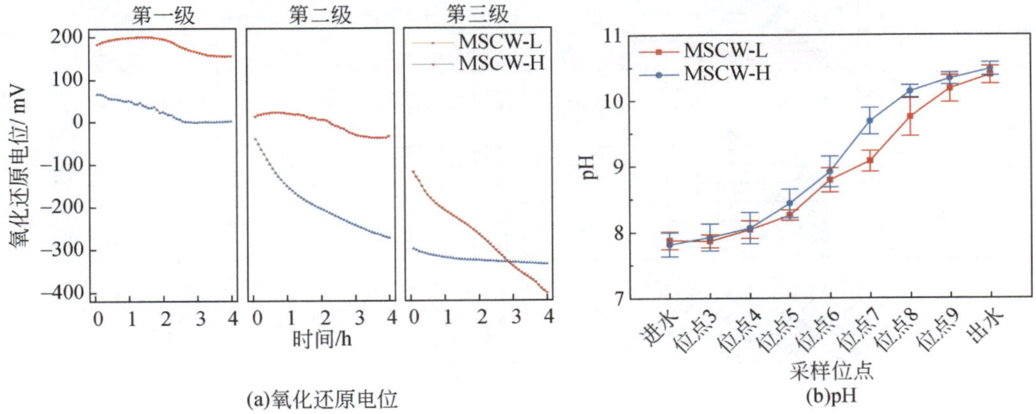

图 4-20　阶梯垂直流人工湿地不同级氧化还原电位及 pH

原子与甲烷可发生取代反应生成 THMs，这可能是第三级中 THMs 升高的原因。

4.3 阶梯垂直流人工湿地的净化过程与机制

阶梯垂直流人工湿地工艺的净化过程与机制研究主要通过分析沿程环境因子的动态变化，并结合多组学测序技术，揭示该系统在时间与垂直空间维度上微生物群落的复杂演变，包括其结构、数量、功能及活性的变化规律。研究结果以期为阶梯垂直流人工湿地工艺运用及推广提供新的思路和技术支撑。

4.3.1 阶梯垂直流人工湿地沿程 ORP 变化趋势

如图 4-21 所示，阶梯垂直流人工湿地系统第一级以有氧及缺氧环境为主，分级进水比例的增加使得 ORP 升高，从而强化第一级的硝化作用。系统调整稳定运行后 40cm 深度

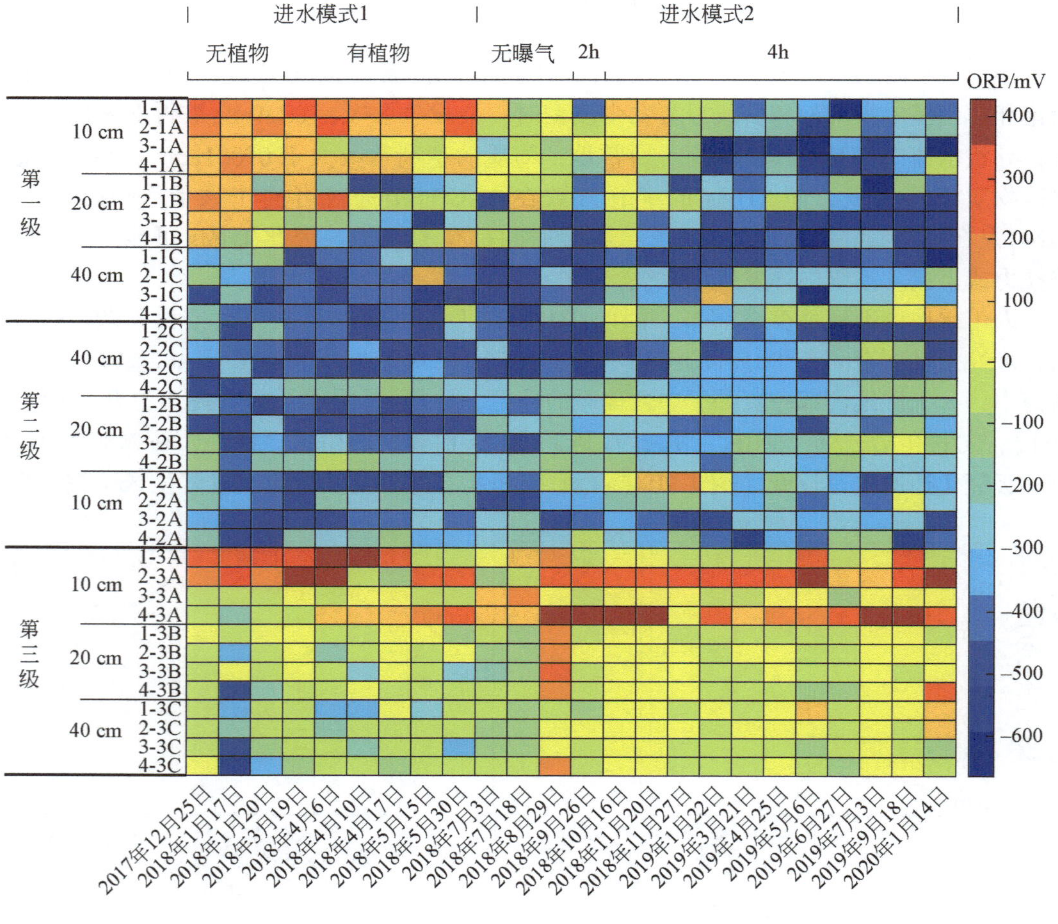

图 4-21 不同分级进水比例下阶梯垂直流人工湿地系统 ORP 沿程变化

A ~ C 分别代表样点深度：A-10cm、B-20cm、C-40cm

ORP 随分级进水比例升高而升高，分别为−476mV、−262mV、−256mV 和−79.1mV（$P<$0.05）。第二级以缺氧和厌氧环境为主，随着分级进水比例的增加，40cm 深度 ORP 都显著升高，在进水模式 1 下，其从对照组的−367mV 增加到−266mV；在进水模式 2 下，其从对照组的−389mV 增加到−249mV（$P<$0.01）。第三级以好氧及缺氧环境为主。系统多变的微环境有利于不同氮转化过程的进行。

4.3.2 阶梯垂直流人工湿地脱氮途径及贡献率变化趋势

对湿地基质的 N［图 4-22（a）］、C 比例［图 4-22（b）］进行测定。沸石、页岩的初始 N 比例均低于检测下限，其初始 C 比例分别为 0.11%、0.378%；陶粒的初始 N、C 比例分别为 0.027%，10.4%。填料第一级底部及第三级的 N 比例分别为 0.009% ~0.058%、0.054% ~0.097%，显著高于空白值（$P<$0.05）。全球范围内土壤微生物生物量的 C/N 的平均值为 60：7（Cleveland et al.，2007）。本研究中进水区第一级 10cm 处及第二级 40cm 处填料 C/N 均小于该平均值，填料增加的 N、C 为填料吸附的无机氮及生物膜。第一级底层（9.61 ~ 41.2）、第二级上层（>37.4）及第三级填料（21.4 ~ 90.5）的 C/N 均远远大于该平均值，填料增加的 N、C 主要来自沉积的有机物和吸附的 N、C 及生物膜。该结果同样印证了进水中一部分可降解的有机物作为缓释碳源改变最佳分级进水比例这一结果。

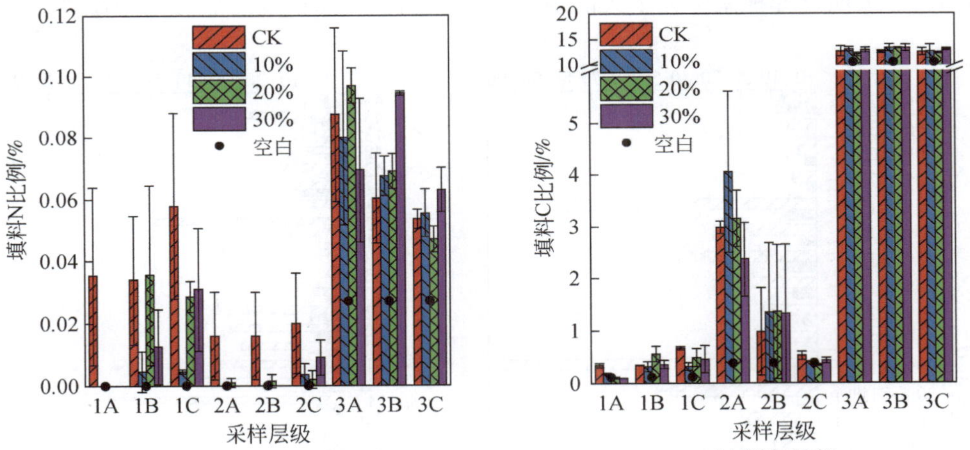

(a)填料N比例　　(b)填料C比例

图 4-22　沿程填料的碳氮比例

1、2、3 分别代表阶梯垂直流人工湿地的第一级、第二级和第三级；A、B、C 分别代表样品深度为 10cm、20cm 和 40cm；CK 代表分级进水比例为 0% 的对照组；10%、20% 和 30% 分别代表分级进水比例为 10%、20% 和 30% 的实验组；空白代表实验开始前未经使用的填料

湿地植物的生物量及 N、C 比例（表 4-6）显示，各处理组第一级的植物生物量随分级进水比例增加而减少，分别为 2.56kg、2.02kg、1.97kg 和 1.37kg，并且显著高于第二、第三级（$P<$0.05）。第一、第三级的植物均为美人蕉，但第三级植物的 N 比例低于第一级，植物的 N 比例一定范围内与湿地氮素浓度正相关。第一级植物地上部分的 N 比例低

于地下部分，而第三级植物地上部分的 N 比例高于地下部分。本研究植物收割处于 11 月初，第一级美人蕉正处于生殖生长阶段，而第三级美人蕉由于 NH_4^+-N 浓度较低，生长缓慢，处于生殖生长快于营养生长为主的阶段，茎叶的 N 比例较高。

表 4-6　不同进水比例条件下不同梯级的植物生物量

项目	CK		10%		20%		30%		N/%	C/%
	湿重/g	干重/g	湿重/g	干重/g	湿重/g	干重/g	湿重/g	干重/g		
$S1_{地上}$	2.56×10^3	154	2.02×10^3	126	1.97×10^3	130	1.37×10^3	82.6	2.63	33.3
$S1_{地下}$	1.10×10^3	92.7	985	82.1	532	31.7	475	43.6	2.91	34.0
$S2_{地上}$	692	42.9	657	42.7	629	44.9	450	31.2	2.97	30.6
$S2_{地下}$	406	34.2	361	30.8	479	52.6	243	25.0	2.39	33.6
$S3_{地上}$	522	35.3	774	48.2	671	38.4	525	27.7	2.38	32.4
$S3_{地下}$	192	14.1	205	13.2	247	13.2	188	11.0	2.00	32.4

图 4-23 为示踪实验结束前后，系统中植物样品和填料的 $\delta^{15}N$。由图 4-23 可知，实验结束后，植物样品和填料 $\delta^{15}N$ 同背景值相比有显著增加（$P<0.01$）。其中，第一级美人蕉地下部分富集效果最为显著［图 4-23（a）］。植物地下部分富集效果显著高于地上部分（$P<0.01$）。表明选择根系生物量大的植物物种有利于提高植物对脱氮的贡献率。^{15}N 在填

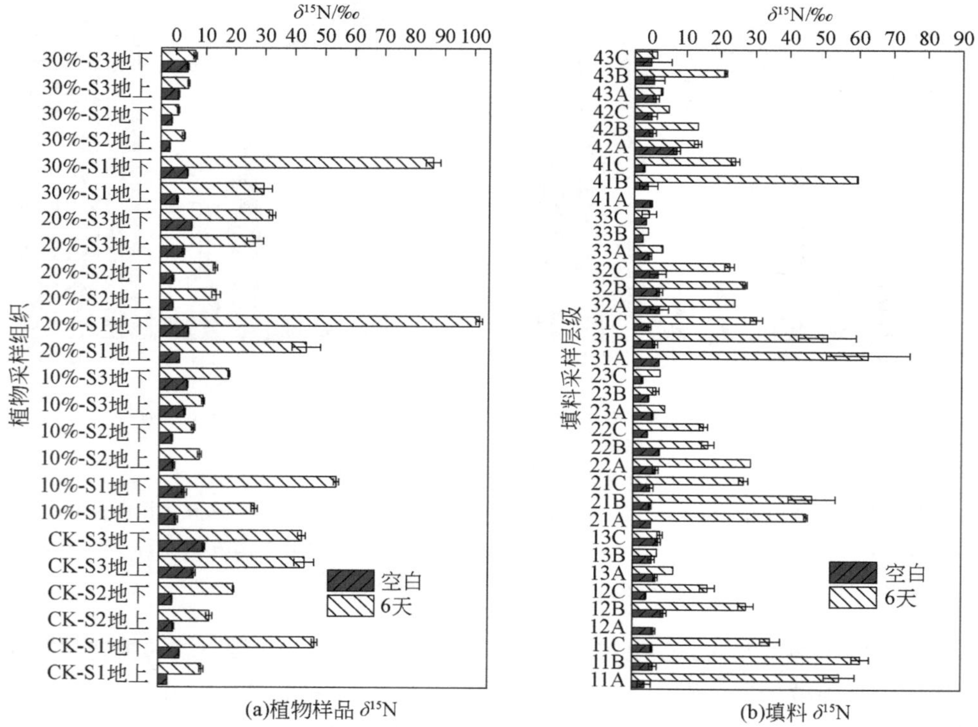

图 4-23　^{15}N 示踪实验前后阶梯垂直流人工湿地中植物样品及填料的 $\delta^{15}N$

料中的富集主要发生在湿地前两级［图 4-23（b）］。沈林亚（2018）研究发现陶粒对 NH_4^+-N 的理论饱和吸附量要远远小于沸石和页岩。20cm 深度填料 $\delta^{15}N$ 高于 10cm 及 40cm 处，但无显著性差异（$P>0.05$）。垂直流人工湿地 20cm 处微生物生物量以细菌为主，细菌对 NH_4^+-N 的同化作用可能导致 ^{15}N 在该深度显著富集。

示踪研究投加的 ^{15}N 质量分别为 121mg、109mg、97.1mg 和 85.0mg（CK、10%、20%、30%）。结合表4-6 和表4-7 的结果，可以算出，经过6 天示踪实验后各处理组植物的脱氮贡献率分别为0.80%、0.60%、1.77%和0.79%。本研究植物的脱氮贡献率与 Han 等（2019）的研究结果相当，但低于其他相关报道的结果。Cooper（2009）研究表明高氮负荷下植物的脱氮贡献率可忽略不计。填料沉积及吸附的脱氮贡献率分别为 8.78%、3.20%、9.41%和11.5%。20%、30%处理组的填料沉积吸附贡献率均大于对照组，表明分级进水通过均匀的负荷分布促进了湿地床的有效利用，通过将流入的悬浮固体和有机负荷沿湿地床分布避免了快速堵塞，同时促进了湿地床的有效利用。未被检测到的 $^{15}NH_4^+$ 可能被微生物转化为气体，脱氮贡献率分别为 81.5%、89.9%、82.4% 和 84.3%，分级进水强化微生物脱氮效果明显。

表 4-7　^{15}N 质量平衡总汇　　（单位：g）

项目	^{15}N 的质量			
	CK	10%	20%	30%
投加 ^{15}N-NH_4^+	121.45	109.33	97.17	84.97
出水 ^{15}N-NH_4^+	3.23	0.930	2.15	1.10
出水 ^{15}N-NO_x^-	8.73	6.23	4.84	2.20
填料沉积及吸附	9.61	3.26	8.48	9.43
植物吸收	0.880	0.610	1.60	0.640
未检测到的 $^{15}NH_4^+$①	99.0	98.3	80.1	71.6

注：①未检测到的 $^{15}NH_4^+$ 量为投加 ^{15}N-NH_4^+ 量减去出水 ^{15}N-NH_4^+、出水 ^{15}N-NO_x^-、填料沉积吸附和植物吸收量。

4.3.3　阶梯垂直流人工湿地微生物群落结构与组成变化趋势

阶梯垂直流人工湿地系统的菌群（属水平）第一层级的优势种是罗丹诺杆菌属（*Rhodanobacter*），第二层级的优势种为 *Thiobacillus*，第三层级的优势种为 TK10 纲未知属。其中，*Rhodanobacter* 在第一层级呈先下降后上升趋势，*Thiobacillus* 在第二层级呈先上升后下降趋势。其他相对含量比较丰富的有丛毛单胞菌科（Comamonadaceae）未知属、暖绳菌科（Caldilineaceae）未知属、水户杆菌属（*Mizugakiibacter*）、糖细菌门（Sccharibacteria）未知属、戴尔菌属（*Dyella*）、JG30-KF-CM45 目未知属和 *Nitrospira* 等（图 4-24）。

随分级进水比例增加，阶梯垂直流人工湿地系统的硝化反硝化细菌的丰度均发生改变（图 4-25）。阶梯垂直流人工湿地第一级［图 4-25（a）］随分级进水比例的增加，第一级湿地床的 ORP 提高，对照组的第一级 AOB 中 *Nitrosomonas* 相对丰度小于所有处理组，其中 10% 相对丰度最高，与水质分析中的结果相符。由于 20cm 深度处于水气交界处具有复

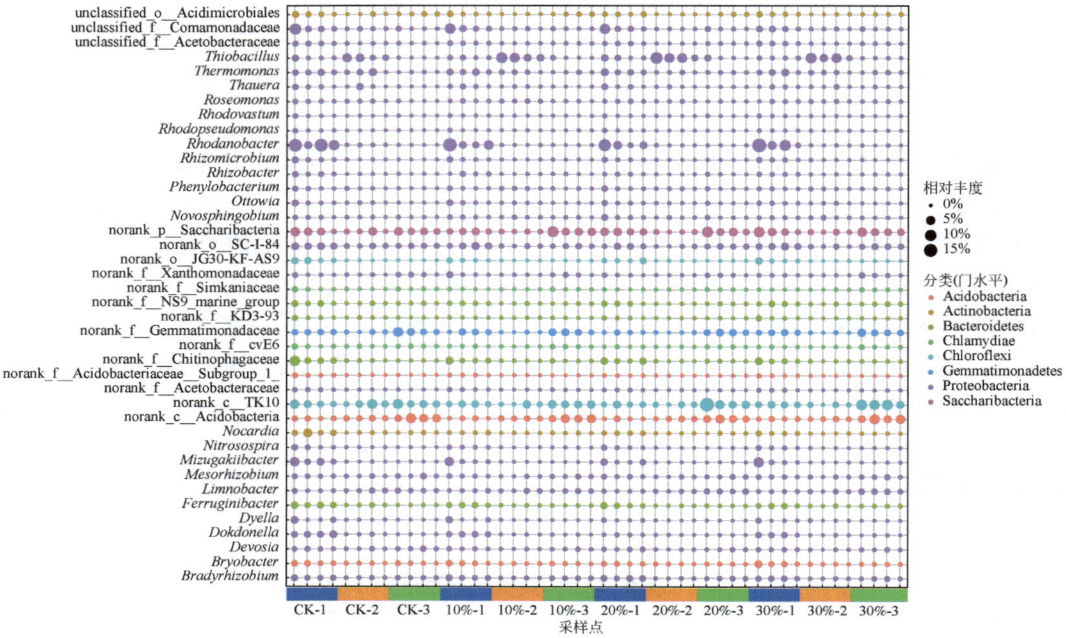

图 4-24　阶梯垂直流人工湿地微生物群落组成随分级进水比例变化（属水平）

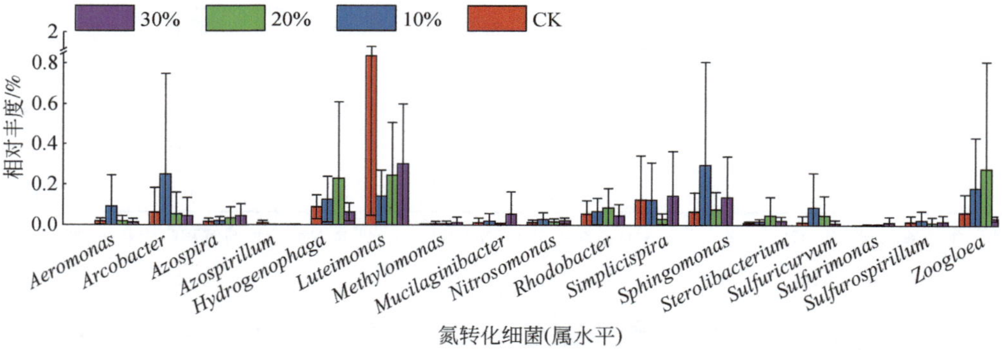

(a)第一层级

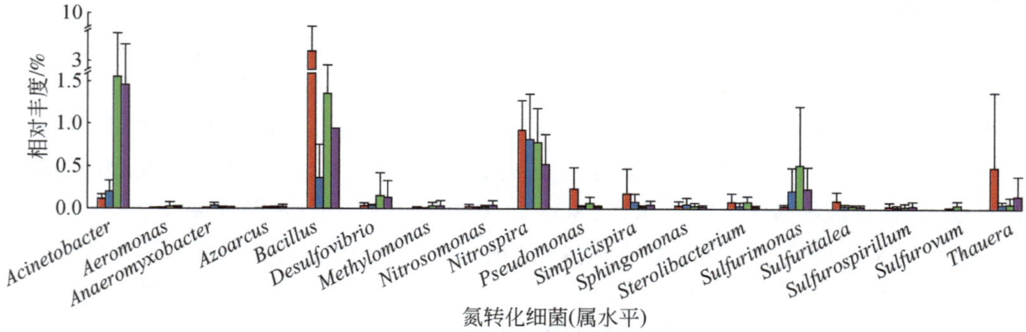

(b)第二层级

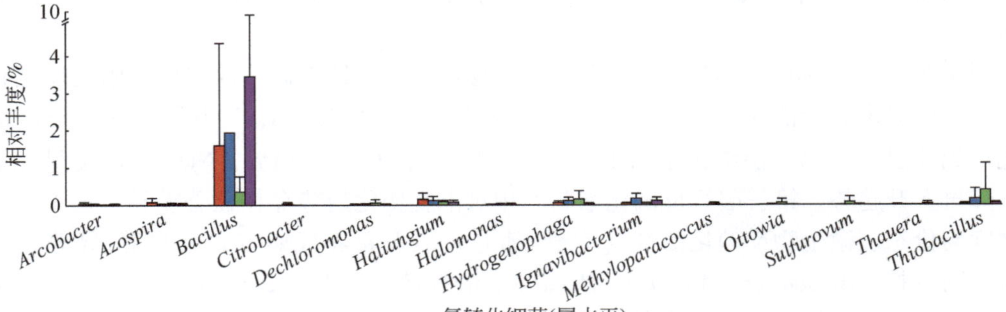

(c)第三层级

图 4-25 阶梯垂直流人工湿地氮转化细菌处理组间差异

杂的氧化还原条件，反硝化细菌的相对丰度也较高。随分级进水比例的增加，反硝化细菌气单胞菌属（*Aeromonas*）、弓形杆菌属（*Arcobacter*）、嗜氢菌属（*Hydrogenophaga*）、红细菌属（*Rhodobacter*）、固醇杆菌属（*Sterolibacterium*）、硫弯曲菌属（*Sulfuricurvum*）、动胶菌属（*Zoogloea*）相对丰度呈先上升后下降趋势，在 20% 处理组或 10% 处理组具有最高的相对丰度。产生差异的原因在于分级进水对硝化过程的强化，使得第一层级的反硝化底物增加，而碳源的减少又抑制了反硝化细菌的生长。固氮螺旋菌属（*Azospira*）、硫单胞菌属（*Sulfurimonas*）、甲基单胞菌属（*Methylomonas*）相对丰度呈显著性上升趋势，其中 *Methylomonas* 是甲烷氧化菌，在 NH_4^+-N 浓度较高时可以进行氨氧化过程。硫螺旋菌属（*Sulfurospirillum*）、鞘氨醇单胞菌属（*Sphingomonas*）、简孢菌属（*Simplicispira*）、黏液杆菌属（*Mucilaginibacter*）、固氮螺菌属（*Azospirillum*）也在 20% 具有最高及较高的相对丰度。黄色单胞菌属（*Luteimonas*）是专有的 NO_2^- 还原微生物（Finkmann et al.，2000），相对丰度在对照组获得最高值，远远大于差异显著的其他菌株，反硝化作用可能发生在 NO_2^- 上。微氧环境下，氨氧化过程强化生成大量的 NO_2^-，第一层级可能出现短程硝化反硝化。

如图 4-25（b）所示，第二层级微生物群落对分级进水比例的响应呈现显著特征性变化：随着进水比例提升，有机物输入量增加导致异养微生物的竞争优势凸显，其快速增殖过程消耗大量根系溶氧，进而抑制了自养型硝化细菌群的生长。具体表现如下：*Nitrospira* 相对丰度显著降低（$P<0.05$，降幅 40% ~65%），*Nitrosomonas* 相对丰度整体呈下降趋势，但在 30% 进水比例处理组中，进水补充的溶氧部分缓解了氧限制，使其相对丰度维持较高水平。*Azoarcus*、*Methylomonas* 的相对丰度呈显著上升趋势，不动杆菌属（*Acinetobacter*）、*Aeromonas*、厌氧黏细菌属（*Anaeromyxobacter*）、脱硫弧菌属（*Desulfovibrio*）、*Sphingomonas*、*Sulfurimonas*、硫卵形菌属（*Sulfurovum*）的相对丰度均呈先上升后下降趋势，处理组均大于对照组。分级进水所含有的碳源不但促进异养反硝化细菌，而且促进 DNRA 细菌的生长。DNRA 和反硝化过程并非不相容（Jetten et al.，1998）。进水所含有的含硫物质也促进了自养反硝化细菌的生长，但进一步增加分级进水比例，进水所含有的溶氧会抑制反硝化细菌的生长。异养细菌芽孢杆菌属（*Bacillus*）及兼性自养细菌假单胞菌属（*Pseudomonas*）、*Simplicispira*、*Sterolibacterium*、硫苇菌属（*Sulfuritalea*）、*Thauera*、*Sul-*

furospirillum 在对照组及 30% 处理组均有较高的相对丰度，碳源的补充强化了异养反硝化的活性。

图 4-25（c）显示的是阶梯垂直流人工湿地第三层级具有显著性差异的硝化反硝化细菌。第二层级未完全消耗的反硝化底物及分级进水所含有的 NH_4^+-N 共同影响第三层级的硝化反硝化过程。第二层级出水 NH_4^+-N 浓度呈先下降后上升趋势，NO_3^--N 浓度呈先上升再下降再上升趋势。第三层级反硝化细菌的相对丰度变化趋势存在显著差异，这主要受底物浓度与价态、微生物反硝化活性（完全/部分）以及营养代谢方式（自养/异养）等多因素共同调控。*Arcobacter*、*Azospira*、*Bacillus*、懒杆菌属（*Ignavibacterium*）在分级进水比例高与低的处理组均表现出较大的相对丰度。盐单胞菌属（*Halomonas*）、*Thauera* 的相对丰度呈上升趋势。*Thiobacillus*、*Sulfurovum*、奥托氏菌属（*Ottowia*）、甲基副球菌属（*Methyloparacoccus*）、*Hydrogenophaga*、脱氯单胞菌属（*Dechloromonas*）的相对丰度呈先上升后下降趋势。柠檬酸杆菌属（*Citrobacter*）、盐壤菌属（*Haliangium*）的相对丰度呈下降趋势。本研究并未发现硝化细菌呈显著性差异。

利用基于距离的冗余分析（db-RDA）将细菌群落组成与环境因子联系起来。如图 4-26 所示，微生物群落组成属水平显示微生物群落组成可以分为 3 种类别，各层级分别聚为一类。ORP、pH、NH_4^+-N、NO_3^--N、COD_{Cr}/TN 均对微生物的群落组成具有显著性影响（$P<0.05$）。其中，COD_{Cr}/TN 及 NH_4^+-N 的影响最为显著。Arroyo 等（2015）通过 16S rDNA 基因焦磷酸测序对天然湿地和人工湿地土壤细菌群落构成进行分析，研究 ORP、DO、pH、DO、TSS、BOD_5、COD_{Cr}、NH_4^+、总凯氏氮（total kjeldahl nitrogen，TKN）、TP、土壤有机

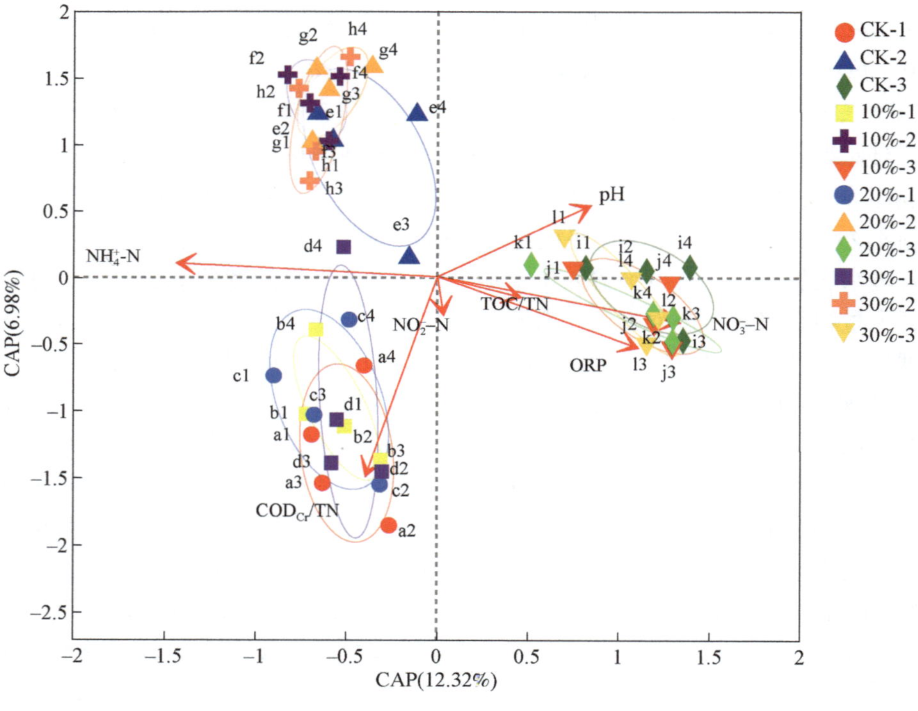

图 4-26　阶梯垂直流人工湿地微生物群落组成属水平 db-RDA 分析

质（soil organic matter，SOM）等对微生物群落的影响，发现湿地细菌群落组成与 SOM、COD_{Cr}和 TKN 显著相关。本研究未能分析 SOM 对细菌群落组成的影响，不过根据图 4-22（b）的填料 C 比例分析结果，SOM 对细菌群落组成可能具有潜在影响，值得进一步研究。不同于本研究结果，Arroyo 等（2015）报道湿地细菌群落组成与 pH 弱相关。Ligi 等（2014a）也认为人工湿地细菌群落的变化与 pH 弱相关，与氮浓度相关的参数强相关。在本研究中，NH_4^+-N 浓度较高，使得 pH 的影响不可忽略，以往研究也大多支持 pH 与细菌群落的变化相关（Peralta et al.，2013）。Ansola 等（2014）发现湿地细菌群落变化不受湿地类型的影响，主要与氧浓度相关。

4.3.4 阶梯垂直流人工湿地氮转化功能基因变化趋势

AOB［图 4-27（a）］、AOA［图 4-27（b）］和 anammox 细菌［图 4-27（c）］是参与人工湿地氮转化的 3 组氨氧化原核生物。由图 4-27（a）可以看出，分级进水显著地增加了系统第一层级硝化过程功能基因丰度。随分级进水比例的增加，AOB 拷贝数分别为 3.21×10^5 copies/g、4.22×10^5 copies/g、8.73×10^5 copies/g 和 3.12×10^5 copies/g。20%处理组显著高于其他处理组（$P<0.05$），主要是因为硝化反应和硝化细菌对 ORP 及其理化环境

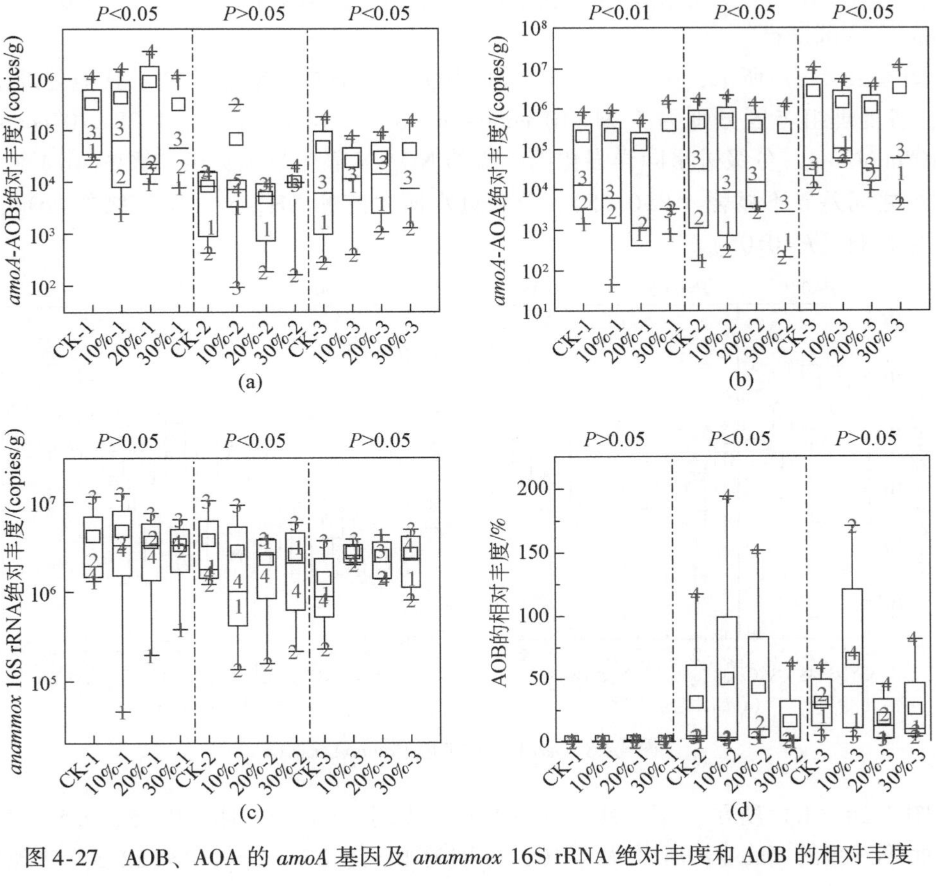

图 4-27　AOB、AOA 的 *amoA* 基因及 *anammox* 16S rRNA 绝对丰度和 AOB 的相对丰度

（NH_4^+-N 和 O_2的供应）高度敏感（Bedard and Knowles，1989），受底物总量及溶氧影响，功能基因丰度相应发生变化。Schauss 等（2009）研究发现 AOA 和 AOB 在功能上是冗余的。微生物氨氧化活性和底物消耗速率与细胞或生物量浓度和位点活性有关，AOB 的氨氧化活性比 AOA 约高 10 倍。因此，只有在 AOA/AOB>10 时，AOA 才可能主导氨氧化活性（Prosser and Nicol，2012）。越来越多的证据表明，在许多环境中 AOA 比 AOB 对 NH_4^+-N 的氧化贡献更大（Prosser and Nicol，2008）。在系统的第一层级，AOA/AOB 均小于 1，AOB 在氨氧化过程中占绝对优势；第三层级 AOA/AOB 的平均值均大于 10［图 4-27（d）］。由此推断，第一层级的 AOB 主导氨氧化活性，第三层级 AOA 主导氨氧化活性。第三级 30% 处理组 AOA 的拷贝数显著高于其他处理组（$P<0.05$）［图 4-27（b）］。第二层级进水所含有的 NH_4^+-N 促进了第三层级硝化反应和硝化细菌的生长。

第一级 anammox 的拷贝数分别为 4.18×10^6 copies/g、4.74×10^6 copies/g、3.56×10^6 copies/g 和 3.34×10^6 copies/g，各处理组之间差异不显著（$P>0.05$）。第二级 anammox 的拷贝数分别为 3.77×10^6 copies/g、2.84×10^6 copies/g、2.32×10^6 copies/g 和 2.57×10^6 copies/g，对照组显著高于其他处理组（$P<0.05$）。分级进水对第二级碳源的补充及进水含有的 DO 均不利于 anammox 的生长。第三级 anammox 的拷贝数分别为 1.42×10^6 copies/g、2.72×10^6 copies/g、2.48×10^6 copies/g 和 2.62×10^6 copies/g［图 4-27（c）］，处理组之间无显著性差异（$P>0.05$）。分级进水不利于厌氧氨氧化过程的发生，二级进水所含有的 DO 抑制 anammox 的活性。

如图 4-28（a）所示，第一级 20% 处理组的 *nxrA* 绝对丰度显著高于其他处理组（$P<0.05$），各处理组丰度分别为 5.94×10^5 copies/g、8.61×10^5 copies/g、1.38×10^6 copies/g 和 6.96×10^5 copies/g，分级进水同样强化第一级的 NO_2^--N 氧化过程；第二级的 *nxrA* 绝对丰度各处理组之间差异不显著（$P>0.05$）；分级进水所含有的 NH_4^+-N 对第三级的 NO_2^--N 氧化过程产生影响（$P<0.05$）。

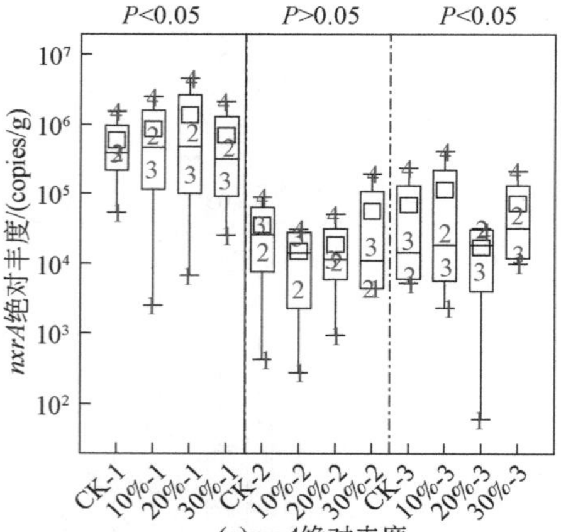

(a)*nxrA*绝对丰度

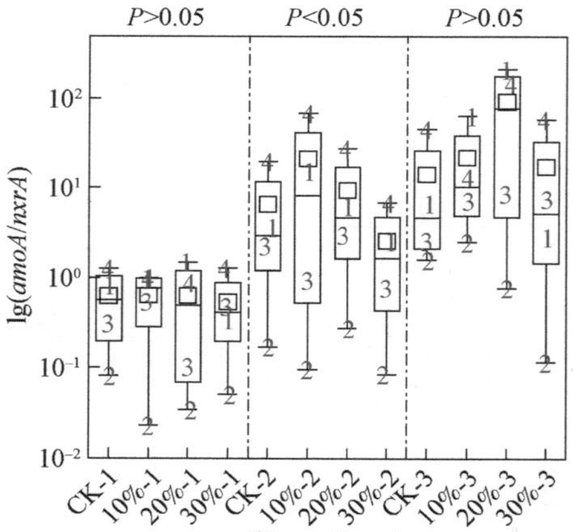

(b)*amoA*/*nxrA*

图 4-28　*nxrA* 绝对丰度和 *amoA*/*nxrA*

如图 4-28（b）所示，第一级的 *amoA*/*nxrA* 均小于 1，分别为 0.55、0.52、0.34 和 0.60。而第三级的 *amoA*/*nxrA* 均大于 10，分别为 16.8、27.3、52.0 和 22.3。处理组之间

并无显著差异（$P>0.05$）；各层级之间差异显著，第三级显著高于其他两级（$P<0.05$）。

如图 4-29 所示，分级进水显著地增加了阶梯垂直流人工湿地第二级反硝化过程功能基因丰度。第二级的 *narG* 拷贝数分别为 2.39×10^4 copies/g、3.28×10^4 copies/g、2.31×10^4 copies/g、2.21×10^4 copies/g，随分级进水比例升高呈先上升后下降趋势，10% 处理组显著高于其他处理组（$P<0.05$）[图 4-29（a）]。第一层级和第二层级的 *nirS* 及 *nirK* 绝对丰度的差异不显著（$P>0.05$）[图 4-29（b）、（c）]。反硝化细菌能够利用包括 NO_3^- 在内的许多电子受体，因此分级进水对 *nirS* 及 *nirK* 基因的影响差异均不显著。

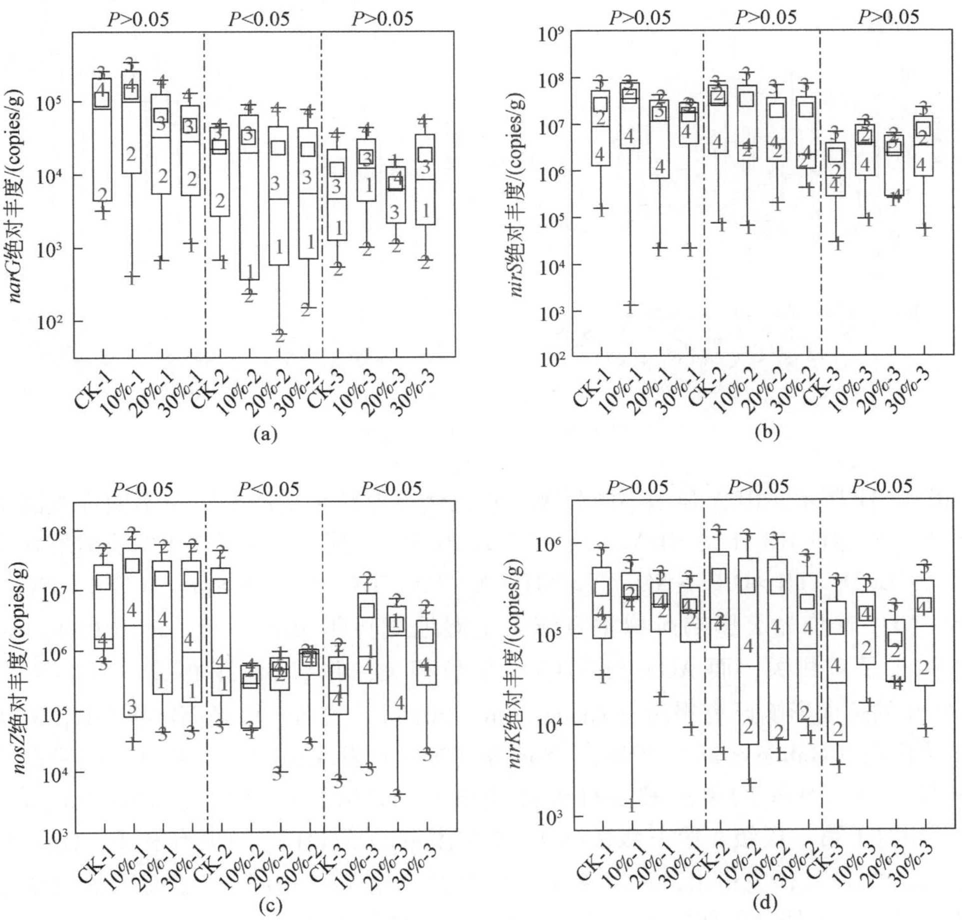

图 4-29　*narG*、*nirS*、*nirK* 和 *nosZ* 基因的绝对丰度

nirS 和 *nirK* 基因编码的亚硝酸盐还原酶（nitrite reductase，NIR）在功能上没有显著差异，但二者催化位点不同，且不能共存于同种细胞中（Sanchez and Minamisawa，2018）。Smith 和 Ogram（2008）发现，不同的 *nir* 型反硝化细菌群落对土壤中环境梯度的反应不同，*nirK* 反硝化细菌可能比 *nirS* 反硝化细菌对环境变化更敏感。*nirS*/*nirK* 对分级进水的响应一定程度上更能反映系统反硝化过程受到的影响。如图 4-30（a）所示，湿地运行过程，*nirS* 均占绝对优势。第二级 *nirS*/*nirK* 分别为 111、125、120 和 78.2。第一、第二级湿地的

nirS/nirK 呈先上升后下降趋势，10%处理组显著高于其他处理组（$P<0.05$）。分级进水强化了第一级的硝化过程，NO_3^- 的积累促使反硝化细菌的物种组成向 *nirS* 基因型转变。图 4-30（b）展示了 CK、10%、20%和 30%分级进水处理组各级湿地的 *nosZ/nir*，各组的 *nosZ/nir* 在三个层级均存在显著差异（$P<0.05$）。其中，第一级分别为 2.97、3.51、2.89 和 2.43；第二级分别为 1.21、0.260、1.17 和 0.79；第三级分别为 2.05、2.96、3.27 和 2.23。

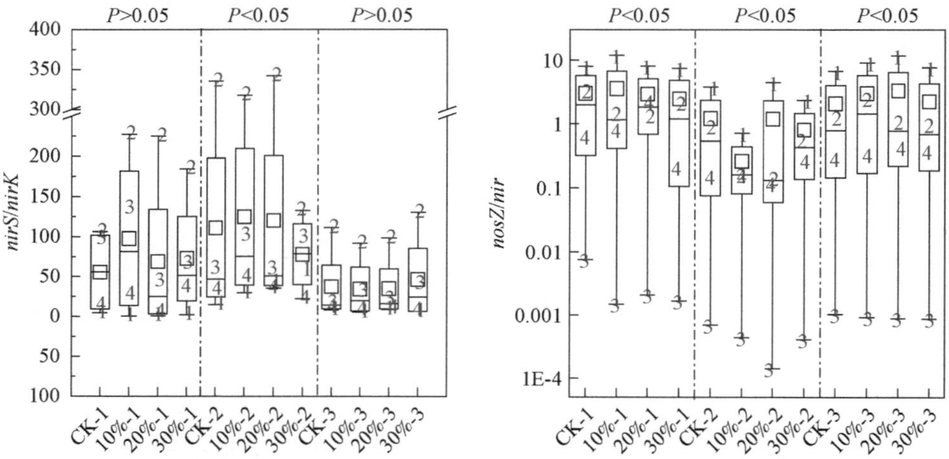

(a)*nirS/nirK* (b)*nosZ/nir*

图 4-30 *nirS/nirK* 及 *nosZ/nir*

如图 4-31 所示，RDA 显示不同分级进水比例下氮转化功能基因与不同环境因子之间的相关性，坐标轴 RDA1 与 RDA2 的解释率为 70.3%。其中，环境因子相应的解释率贡献的顺序为 COD_{Cr}/TN > ORP > NO_3^--N > NH_4^+-N > TOC/TN > NO_2^--N > pH。COD_{Cr}/TN、ORP、NO_3^--N、NH_4^+-N 均显著影响阶梯垂直流人工湿地氮转化功能基因（$P<0.05$）。AOB 与 NH_4^+-N 浓度呈正相关，而 AOA 与 NH_4^+-N 呈负相关，并与 pH 正相关。NH_4^+-N 浓度对 AOA/AOB 的负面影响已有报道（Zhang et al., 2015）。然而，单是高浓度 NH_4^+-N 并不能抑制硝化作用（Mahne et al., 1996）。Yao 等（2011）发现 pH 是 AOA 和 AOB 群落结构的关键解释变量。AOA 的丰度和多样性随土壤 pH 的增加而增加（Gubry Rangin et al., 2011）。相对于第一层级，第三级的 NH_4^+-N 浓度减小而 pH 增加更有利于 AOA 的生长。Yasuda 等（2013）研究指出，环境条件（如 NH_4^+-N 浓度、pH 以及温度）的改变导致游离氨浓度升高，可能会促使氨氧化过程的主导微生物由 AOB 向 AOA 转变。

基因 *nxrA* 的丰度与 COD_{Cr}/TN 呈正相关。AOB 在氨单加氧酶（AMO）催化的 NH_3 氧化过程中，两个电子被用于 O_2 活化而非产能（Hagopian and Riley, 1998），导致其能量转化效率低于 NOB，这使得维持硝化系统稳定所需的 AOB/NOB 生物量比率理论值约为 2∶1。根据第一级的低氧环境，以及专有的 NO_2^- 还原微生物 *Luteimonas* 的高丰度，推断该层级的反硝化过程主要通过 NO_2^- 途径完成。在同时发生硝化/反硝化的系统中，NOB 将不得不与反硝化微生物争夺 NO_2^-，AOB/NOB 理论上应该进一步升高（Hagopian and Riely, 1998）。但本研究第一级的 *amoA/nxrA* 小于 2，AOB 自养提供的 NO_2^- 不足以满足 NOB 的生

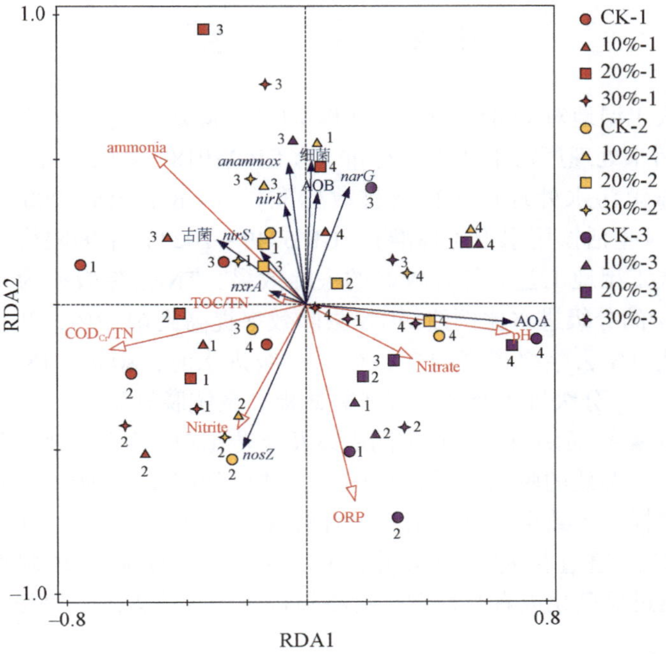

图 4-31　阶梯垂直流人工湿地氮转化功能基因及环境因子 RDA 分析图

长。推断 NOB 可能具有混合营养代谢，能够依赖于其他底物（如有机化合物）提高生物量（Winkler et al. , 2012）。第三级因为 AOA 主导氨氧化活性。AOB 比 AOA 氨氧化活性和底物消耗速率约高 10 倍（Schauss et al., 2009），所以本研究所得 *amoA/nxrA* 与理论值相当，水质分析也显示第三级没有出现 NO_2^- 累积。

编码硝酸盐还原酶（nitrate reductase，NAR）的功能基因 *narG* 丰度与 COD_{Cr}/TN 呈负相关。显示反硝化过程存在自养反硝化。关于功能基因 *narG* 的文献报道较少，不过也有研究者将 *narG* 作为功能标记物，来表征以硝酸盐为电子受体的硝化呼吸细菌群落的组成特征（Gregory et al., 2003）。

基因 *nirK* 与 *nirS* 的丰度与 NO_3^--N 均呈负相关。Ligi 等（2014a）在河流湿地细菌群落研究中也得出同样的结论。因为分级进水强化了第一级的硝化过程，NO_3^-的积累促使反硝化细菌的物种组成向 *nirS* 基因型转变。

本研究中功能基因 *nosZ* 在 ORP 较高的第一、第三级具有较高丰度［图 4-29（d）］，与 ORP 呈显著正相关，这是意料之外的结果，因为一氧化氮合成酶（NOS）被认为是反硝化途径中氧敏感性最强的酶，这种酶可以被环境中非常少量的氧气抑制（Thomson et al., 2012），但氧敏感性可能因携带 *nosZ* 基因的细菌不同系统发育起源而表现不同（Jones et al., 2013）。一些细菌［如施氏假单胞菌（*Pseudomonas stutzer*）］能在有氧的情况下进行反硝化而不是好氧呼吸，并且对环境条件的变化有快速反应能力（Miyahara et al., 2010）。因此，在微氧条件下，微生物群落具有较高的 N_2O 还原能力，可能是特定微生物菌株适应这些条件的结果。

4.4 小　结

阶梯垂直流人工湿地对 COD、TP 及 DBPs 均具有良好的去除效果，出水中 COD 水质远远优于《城镇污水处理厂污染物排放标准》（GB 18918—2002）的一级 A 标准，TP 浓度基本可达到《城镇污水处理厂污染物排放标准》（GB 18918—2002）的一级 B 标准，DBPs 浓度均低于《生活饮用水卫生标准》（GB 5749—2022）中的限值。

阶梯垂直流人工湿地工艺对氮有较好的去除效果，TN 去除效率为 45.0%。二级进水时，未预处理 20% 的分级进水比例使得 TN 去除效率提高到 61.7%。进水预曝气后 10% 的分级进水比例使得 TN 去除率提高到 78.8%。三级进水时，80%：15%：5% 进水份额的 TN 去除率为 53.0%。分级进水及预曝气能有效提高系统脱氮效率。

根据稳定同位素 ^{15}N 示踪 16S rDNA 测序以及氮转化功能基因 qPCR 结果，我们将分级进水阶梯垂直流人工湿地的脱氮途径进行归纳，结果如图 4-32 所示。阶梯垂直流人工湿地的微环境变化多样，大致可以分为第一级有氧缺氧、第二级厌氧、第三级好氧缺氧。氮素的 0.60%～1.77% 通过植物吸收去除，3.20%～11.5% 通过填料沉积及吸附去除，81.5%～89.9% 通过反硝化或者其他微生物路径转化为气体去除。分级进水主要是强化微生物脱氮过程。

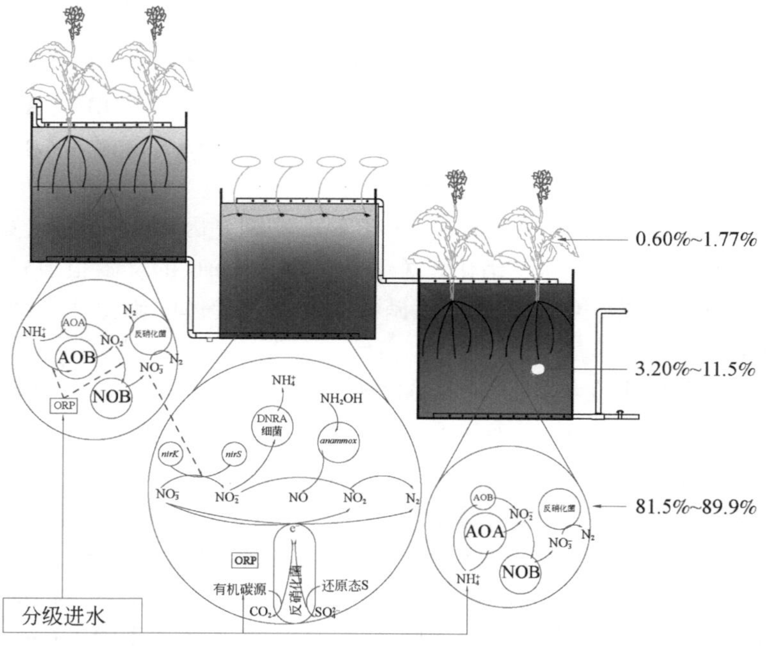

图 4-32　分级进水阶梯垂直流人工湿地氮去除路径

分级进水基于 ORP、碳源以及 NH_4^+-N 对系统微生态过程产生影响。第一级以短程硝化、硝化反硝化过程为主，氨氧化过程由 AOB 主导。分级进水降低了第一级的水力负荷，从而提高 ORP，进而改变硝化反应的路径（短程硝化向硝化过渡）并强化硝化反应强度。

第二级以硫自养反硝化为主，反硝化微生物之间以及反硝化微生物与其他氮转化微生物（DNRA 细菌、anammox）之间均通过转录的氮转化功能基因形成竞争协同的关系。分级进水为兼性以及异养反硝化细菌提供碳源以强化反硝化。同时，异养反硝化能够补充自养反硝化消耗的碱度。分级进水比例的增加使得第二级反硝化微生物由自养反硝化向自养–异养混合营养反硝化转化。自养与异养反硝化的协同作用是低 C/N 条件下获得高脱氮效率的原因。

第5章 微生物燃料电池-人工湿地耦合系统

微生物燃料电池（MFC）主要由阳极室、阴极室、电极、质子交换膜（PEM）、外电路、电解液以及微生物等要素组成，是以微生物为催化剂，将底物中的化学能转化为电能的清洁能源生产单元，不仅能够去除水中的污染物，还能利用污水中的有机物产电。单室 MFC 系统只有一个极室，多将阴极与 PEM 合并，以空气（氧气）替代原来阴极室中高电位的电解液，也有报道将阴极、阳极和 PEM 三者合并，以减小内阻，并且体积小、效率高。

将 MFC 阳极置于湿地底部，在有机物被微生物氧化分解过程中，有机物释放的电子可以通过细菌传递给阳极，阳极充当电子受体并将电子从外电路导向阴极完成阳极半反应；阴极置于湿地表层，获得较高的氧化还原电位，而最终的电子受体（氧气或者高价含氧酸盐）在阴极表面结合溶液中的质子和外电路中的电子发生还原反应，从而完成阴极半反应；电子在外电路中传导，其他离子在系统内部以水流为载体传递，进而系统内外形成闭合电路产生电流，构成耦合系统 CW-MFC（陈子豪等，2019）。CW-MFC 早期研究主要关注水体中有机物的去除，鉴于电子在从阳极到阴极的传递过程，有可能加强系统短程硝化反硝化作用以及生物阴极上的硝化与反硝化作用来提升系统脱氮效果（Xu L et al., 2018），利用 CW-MFC 强化脱氮已受到关注。通过将 CW 与 MFC 耦合，利用 MFC 的电化学作用，促进 CW 系统对有机物及氮素的去除，有望节省人工曝气、外加碳源、分级进水等强化手段所需的原料成本和运行成本。Corbella 和 Puigagut（2018）发现利用耦合系统处理生活污水时，相比于单一 CW 系统，MFC 生物阴极的强化作用可将氨氮去除率提升 25%～82%，多个生物阴极比单个生物阴极提升作用更明显。Wang J F 等（2016）指出在闭合电路条件下，耦合系统能将硝酸盐去除率提升一倍。因此，利用耦合系统本身产生的电流来强化其脱氮效果亟待研究。

5.1 垂直上行流 CW-MFC 系统

由于垂直上行流人工湿地中下层的厌氧环境和中上层的好氧环境刚好满足微生物燃料电池单室系统阳极和阴极对氧化还原电位的需求，近年来将微生物燃料电池与人工湿地系统耦合的研究广受关注。

5.1.1 装置构建及运行

构建三组垂直上行流 CW-MFC 系统（图 5-1），3 组系统电极位置和电极间距各有不同（表 5-1）。其中，G1、G2 组阴极位置相同而阳极位置不同，G2、G3 两组阳极位置相同而阴极位置不同（G1 与 G2 组系统柱体高度为 45cm，而 G3 组系统柱体高度为 35cm）。

各组装置均为垂直流空气生物阴极耦合系统，布水方式为连续上行流。各组内分别设有开路系统和闭路系统，3 个平行。系统运行分为两个周期，各六周，前一阶段水力条件为 HLR=100mm/d，后一阶段水力条件为 HLR=200mm/d。

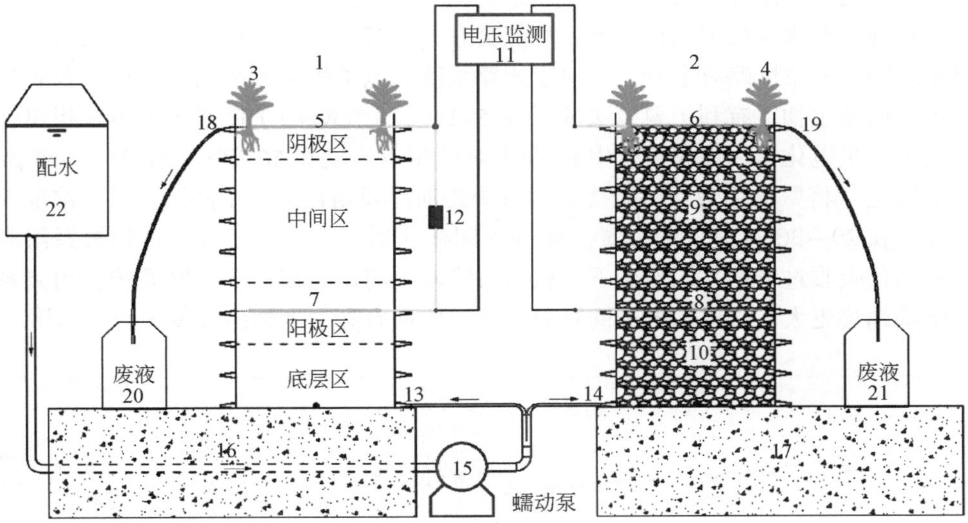

图 5-1 CW-MFC 耦合系统示意图

1-闭路 CW-MFC 耦合系统，2-开路 CW-MFC 耦合系统，3、4-植物（美人蕉），5、6-阴极，7、8-阳极，9、10-填料，11-数字信号采集器，12-定值电阻，13、14-进水口，15-蠕动泵，16、17-支撑底座，18、19-出水口，20、21-出水废液收集装置，22-进水配水槽

表 5-1 G1、G2、G3 三组实验设置情况表

组别	柱体高度/cm	电极位置（高度）及间距/cm	采样点设置（高度）/cm
G1	45	A：15，C：45，*d*=30	0，10，15，20，30，40，45
G2	45	A：25，C：45，*d*=20	0，10，20，25，30，40，45
G3	35	A：25，C：35，*d*=10	0，10，20，25，30，35

注：高度均以装置底部（进水口）为 0 基准面。

5.1.2 耦合系统净化效果

以垂直上行流 CW-MFC 小试系统为对象，分别探讨了在 100mm/d 和 200mm/d 水力负荷下，G1、G2、G3 3 组系统（电极间距分别为 30cm、20cm、10cm）中氮素（包括氨氮、总氮、硝态氮、亚硝态氮）沿程变化情况，并结合有机物（COD_{Cr}）浓度以及 pH、DO、ORP 等理化指标探讨氮素变化规律。通过分析不同水力负荷、电极间距及开闭路条件对氨氮、总氮去除率的影响，探讨系统设置及运行条件对耦合系统脱氮效果的影响。

1. 100mm/d 水力负荷下耦合系统氮素沿程变化

G1 组阳极区位于耦合系统 10～20cm 高度区域，阴极位于 40～45cm 高度区域，两个区域之间为中间区，最底部 10cm 为底层区。由图 5-2 可知，在 100mm/d 水力负荷下，由于进水 DO 浓度较高，而水流速度较低，底层区发生明显硝化反应（40% 氨氮被去除）。Oon 等（2017）同样发现 CW-MFC 耦合系统底层对氨氮具有较好的去除效果。进入阳极区后，开路系统氨氮浓度略有上升，闭路系统则有所下降。碳毡材料较为致密，对氨氮的吸附作用较强，在水流的剪切作用下，可能会有一些富集的氨氮进入所采集的水样中，导致开路系统中氨氮浓度略有上升；而对于闭路系统，电子传递效率的提升使阳极附近生长了种类丰富的微生物，有利于氨氮去除［图 5-2（a）］。Wang J F 等（2016）指出，阳极附近富集了大量电化学活性菌，其中 β-变形菌的相对丰度在 56.7% ~81.5%，而 β-变形菌在氨的氧化（将氨氧化为亚硝酸盐）过程中扮演重要角色。在中间区，氨氮浓度无明显变化，尤其在 20 ~30cm 高度的位置。而进入阴极区后，在空气复氧、植物根系泌氧以及植物根系同化吸收过程的共同作用下，氨氮去除较为明显。相比于开路系统，闭路系统氨氮浓度下降趋势更大，这说明电子的高效流动与传递有利于生物阴极发挥脱氮作用。

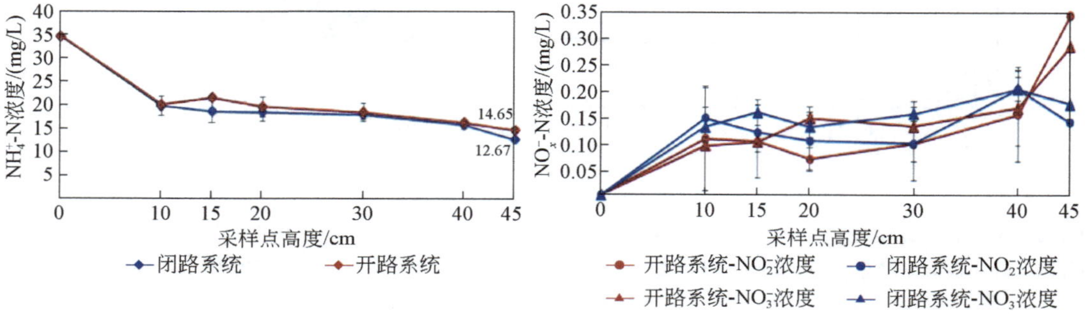

(a)氨氮浓度　　(b)硝态氮及亚硝态氮浓度

图 5-2　100mm/d 水力负荷下 G1 组氨氮、硝态氮及亚硝态氮浓度沿程变化图

硝态氮与亚硝态氮由湿地系统内氨氮经亚硝化反应与硝化反应生成。一般硝化速率低于反硝化速率，所以产生硝态氮与亚硝态氮后，在有机物充足的情况下（C/N=2.5 ~5），通过反硝化作用转化为氧化亚氮或氮气而除去（Zhao et al.，2010）。系统内硝态氮与亚硝态氮浓度均在 0.5mg/L 以下，说明反硝化效果良好［图 5-2（b）］。在位于阳极以下的底层区，随着氨氮浓度的降低，硝态氮与亚硝态氮浓度明显增加。不过，在闭路系统中，相比于底层区，阳极区以上采样点硝态氮与亚硝态氮浓度明显降低，表明闭合电路可强化阳极区的反硝化作用。Wang J F 等（2016）指出闭路 CW-MFC 耦合系统阳极区存在丰富的反硝化细菌，它们对氮素的高效脱除具有重要作用。水流进入阴极区下端时，耦合系统表层复氧有利于加强硝化反应，使得硝态氮与亚硝态氮浓度有所增加。在阴极上端，开路系统硝态氮与亚硝态氮浓度继续增加；但在电路闭合条件下，硝态氮和亚硝态氮作为电子受体在阴极得到电子被还原，其浓度又有所降低。

总氮包括氨氮、硝态氮、亚硝态氮以及有机氮。系统中的有机氮主要来源于填料与电极表面脱落的生物膜以及植物根系的分泌物与凋落物。系统出水总氮浓度变化趋势与氨氮基本一致，开路系统与闭路系统出水总氮浓度分别为 16.07mg/L 与 14.62mg/L（图 5-3）。与相关研究提出的耦合 MFC 可同时强化人工湿地硝化、反硝化作用的规律相符（Gude，

2016)，闭路系统阳极区与阴极区的总氮去除率高于开路系统。

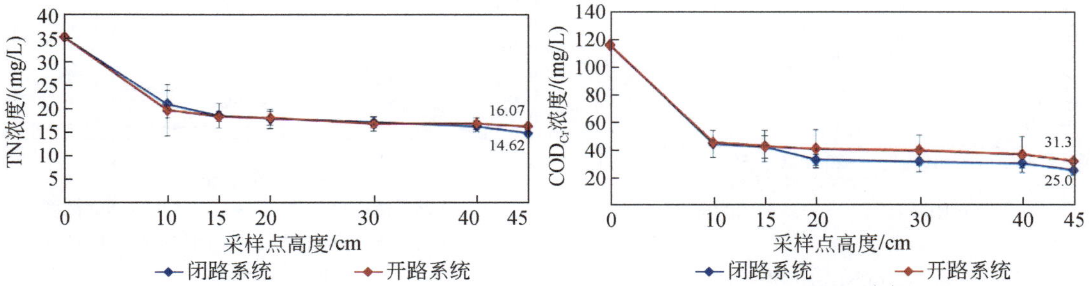

(a)TN浓度　　(b)COD_{Cr}浓度

图 5-3　100mm/d 水力负荷下 G1 组 TN 及 COD_{Cr}浓度沿程变化图

COD_{Cr}浓度的变化规律与系统反硝化作用乃至 TN 去除密切相关。模拟污水中添加的葡萄糖、乙酸钠两种有机物都是易降解物质，所以在较短的时间内就可被大量去除。与 Corbella 等（2016）的报道相似，本研究发现 COD_{Cr}在湿地的前 1/3 段被大量消耗。在阳极区，闭路系统对 COD_{Cr}的去除率高于开路系统，可能是由于闭路系统阳极附近聚集了更丰富的微生物，以有机物为底物获取电子，并转移至阳极，使得有机底物被更快地消耗。

系统的 pH 变化受填料材质、硝化反应及有机物分解等因素影响。本研究所用填料为陶粒，会导致出水 pH 出现明显升高趋势（图 5-4）。不过，在闭路系统的阳极区与阴极区，pH 上升趋势减缓直到略有下降，这可能与阴极区发生的硝化反应及有机物分解产生小分子有机酸有关（Liu S T et al.，2014）。由于有机物和氨氮的氧化作用，与 Oon 等（2016）的研究报道类似，DO 浓度与 ORP 在耦合系统底层区出现大幅下降的现象（图 5-4）。在中间层上端和阴极区，由于植物根系的泌氧作用，系统内 DO 浓度有所增加（Yang et al.，2016）。

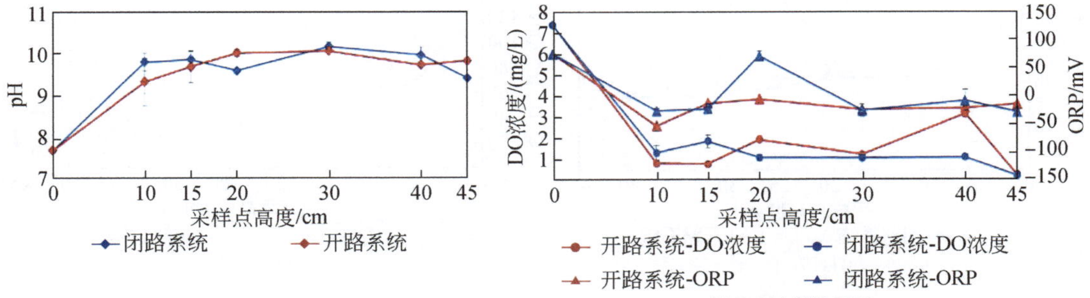

(a) pH　　(b) DO浓度及ORP

图 5-4　100mm/d 水力负荷下 G1 组 pH、DO 浓度及 ORP 沿程变化图

相比于 G1 组开路和闭路系统，G2 组开路（14.96mg/L）与闭路系统（12.69mg/L）出水氨氮浓度与 G1 组相似（图 5-5）。在 0～10cm 及 40～45cm 高度区域氨氮被大量去除，而在中间区氨氮浓度基本没有变化。

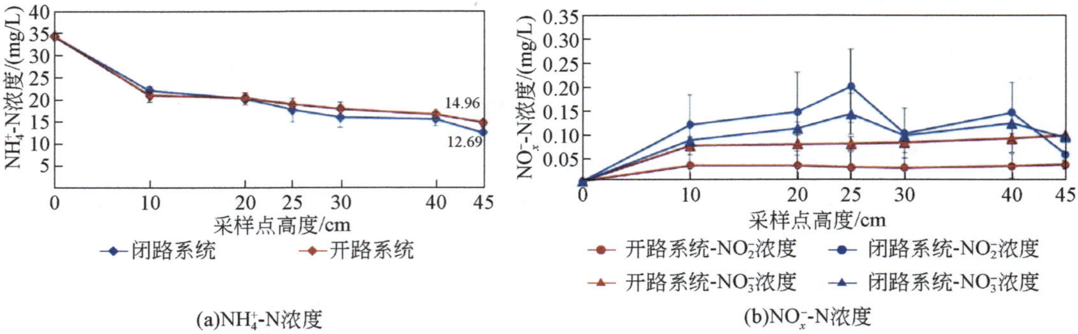

图 5-5　100mm/d 水力负荷下 G2 组氨氮、硝态氮及亚硝态氮浓度沿程变化图

G2 组系统硝态氮与亚硝态氮浓度沿程变化主要有 3 个特点：一是闭路系统的硝态氮与亚硝态氮浓度均高于开路系统，说明闭路系统硝化作用得到了强化，可能是因为闭合电路促进了 β-变形菌、硝化细菌等微生物生长（Wang J F et al.，2016）；二是闭路系统硝态氮与亚硝态氮浓度总体呈现上升趋势，在阳极区前端达到最高值后，在阳极区、阴极区有明显降低，而在开路系统中，二者浓度变化平稳，波动不大；三是闭路系统沿程亚硝态氮浓度虽然高于硝态氮浓度，但大多低于 0.2mg/L，与 Corbella 和 Puigagut（2018）的研究结果相近。

G2 组闭路系统和开路系统出水总氮浓度分别为 12.92mg/L 和 15.92mg/L，闭路系统脱氮效率优于开路系统。闭路系统总氮去除效果的提升主要源于阳极与阴极脱氮能力的提高。另外，开路系统 G2 组与 G1 组出水总氮浓度基本一致，而闭路系统 G2 组的总氮去除效果则优于 G1 组，可能与 G2 组更优的产电性能有关。同时，G2 组对 COD_{Cr} 的去除率比 G1 组高（图 5-6），可能有更多的有机物参与到了脱氮反应中。

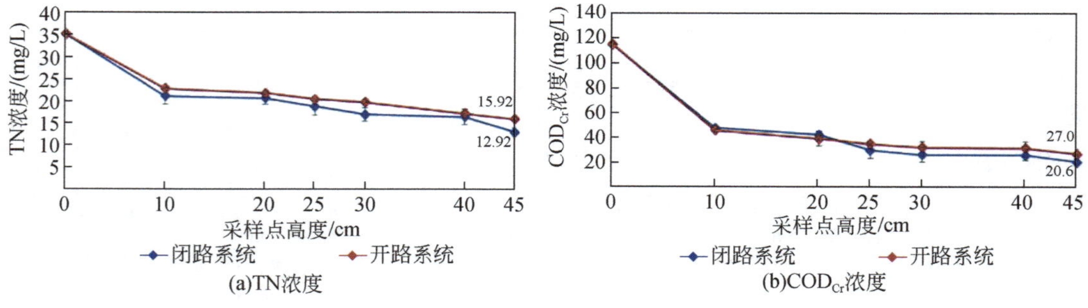

图 5-6　100mm/d 水力负荷下 G2 组总氮及 COD_{Cr} 浓度沿程变化图

与 G1 组一样，由于 DO 充足，底层区 COD_{Cr} 去除率较高；闭路系统 COD_{Cr} 在阳极及阴极所在区域都有明显去除，在水流经过阳极区后，闭路系统的 COD_{Cr} 浓度始终低于开路系统。因此，相较于 G1 组，G2 组最终出水的 COD_{Cr} 浓度较低，COD_{Cr} 去除率可达到 82.1%，与 Doherty 等（2015）关于 CW-MFC 系统 COD_{Cr} 去除率（81%）的报道相近。

G2 组 pH 变化趋势与 G1 组类似，随水流方向逐渐升高的趋势更为明显（图 5-7）。其闭路系统高于开路系统，并且闭路系统在阴极和阳极 pH 略有下降，其原因与 G1 组一样，均是 MFC 对 CW 的影响作用（Zhou Y et al.，2018；Huang et al.，2016）。从出水的 pH 来看，闭路系统 G2 组出水 pH 为 8.98，低于 G1 组。G1 组阳极相比于 G2 组位置靠下，系统内将有更多的质子参与阴极还原反应，使系统碱度上升（Zhao et al.，2013）。

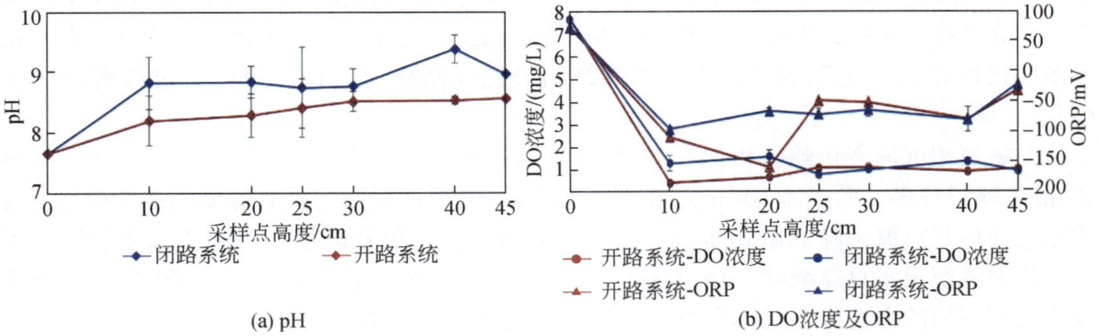

图 5-7　100mm/d 水力负荷下 G2 组 pH、DO 浓度及 ORP 沿程变化图

虽然在阴极区和中间区的上层，空气扩散以及植物根系泌氧有助于 DO 浓度提升，但微生物在有机物分解和氨氮氧化过程中会消耗 DO。在水流沿程方向，系统 DO 逐渐被消耗。ORP 与 DO 浓度变化规律类似。

与 G1、G2 组相比，除了电极间距不同之外，G3 组系统的高度不同。由于缩短电极间距为 10cm，G3 组没有中间区，其阳极位置与 G2 组相同，但阴极位置比 G2 组低 10cm，系统高度也比 G2 组低 10cm。开路和闭路系统出水氨氮浓度相比于 G2 组均有所升高，分别为 16.99mg/L 和 14.39mg/L（图 5-8）。在 30cm 高度以下 G2 组系统结构与 G3 组相同，而在 30cm 高度处，G3 组闭路系统氨氮浓度 15.6mg/L 略低于 G2 组（16.2mg/L），但随后 G3 组的阴极氨氮去除效果却低于 G2 组，这可能是由于中间区的缺失导致了阴极氨氮去除能力的下降。Fang Z 等（2017）指出电极间距对系统的影响主要体现在阴极区。G3 组内阻（主要为活化内阻）最大，平均电流密度最小，这不利于促进包括脱氮微生物在内的阴极生物膜的生长（Song et al.，2010）。

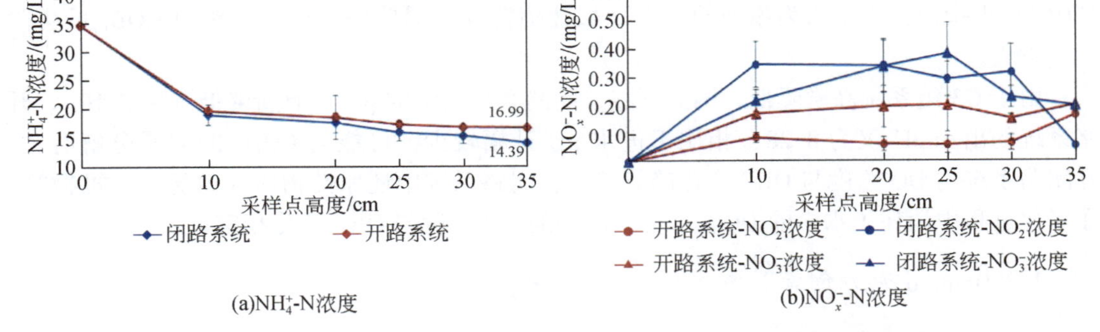

图 5-8　100mm/d 水力负荷下 G3 组氨氮、硝态氮及亚硝态氮浓度沿程变化图

硝态氮与亚硝态氮浓度在 G2 组与 G3 组系统中的沿程变化趋势基本一致，但 G3 组系统硝态氮与亚硝态氮浓度显著高于 G2 组，说明 G3 组的反硝化作用不完全。系统中间区的缺失（电极间距过小）可能导致空气渗入阳极区影响阳极反硝化过程（Fang Z et al., 2017）。另外，植物根系更易伸展至 G3 组阳极区，并通过根系泌氧作用影响阳极反硝化过程（Yang et al., 2016）。在闭路系统中，阴极可作为电子供体促进硝态氮与亚硝态氮去除，而在开路系统中，可能由于电子供体缺乏，硝态氮与亚硝态氮浓度不降反升。在开路系统阴极区以硝化过程为主，而闭路系统阴极区反硝化（短程反硝化）过程得到明显强化。

与氨氮浓度的变化趋势相似，G3 组出水总氮浓度也略高于 G2 组。总氮在底层区前 10cm 去除量较多，而在后 10cm 去除量明显降低，总氮的去除与氨氮的氧化密切相关，表明硝化作用是总氮去除的限速步骤。总氮在闭路系统阳极和阴极的去除率基本相同，不过，闭路系统出水总氮浓度（15.47mg/L）低于开路系统（18.69mg/L）（图 5-9）。上述发现表明不同的电极位置对耦合系统总氮去除具有一定影响。同样地，Sajana 等（2014）指出缩小电极间距，不利于系统对总氮的去除。

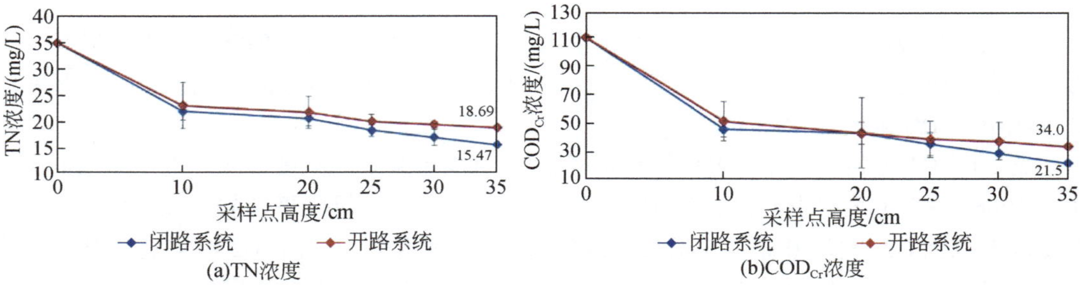

图 5-9　100mm/d 水力负荷下 G3 组 TN 及 COD_{Cr}浓度沿程变化图

G3 组闭路系统出水 COD_{Cr}浓度为 21.5mg/L，与 G2 组（20.6mg/L）非常接近。在 G2 组中间区，COD_{Cr}浓度基本没有变化，说明有机物的去除主要依赖于阴极（以及部分底层区）的好氧氧化作用以及在阳极的厌氧分解（Villaseñor et al., 2013）。G3 组中间区的缺失虽然对氨氮和总氮的去除产生了影响，但几乎不影响 COD_{Cr}的去除。另外，Fang Z 等（2017）也指出，由于人为添加的碳源（如葡萄糖等）易降解，电极间距对 COD_{Cr}的去除影响不大。

由于 G3 组系统高度降低，因此开路、闭路系统出水的 pH 都有所降低（图 5-10）。开路系统的出水 pH 仅为 8.28，相比于进水 pH 升幅较少，可能与 COD_{Cr}的大量分解有关。开闭路系统内 DO 浓度与 ORP 变化趋势接近，闭路系统中还原性物质（氨氮、有机物等）在氧化过程中消耗了水中的 DO，这与观测到的 DO 浓度与 ORP 变化相符。

2. 200mm/d 水力负荷下耦合系统氮素沿程变化

按照饱和上行流运行方式，污水从 0cm 高度位置进入系统，从 45cm 高度的出水口离开系统，氨氮浓度逐层递减，由 34.2mg/L 降为 15.46mg/L（开路系统）和 12.22mg/L

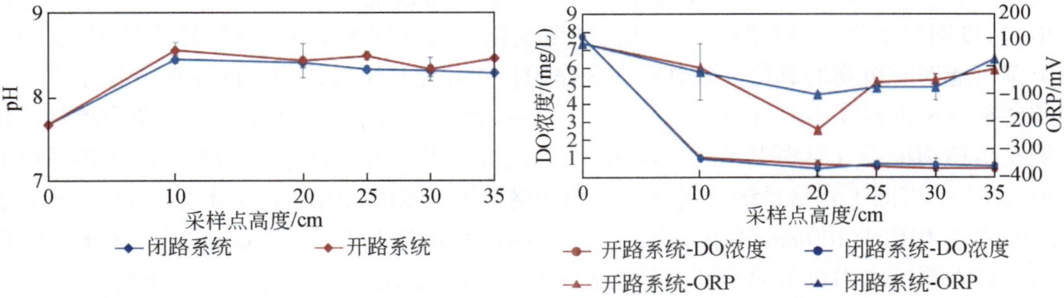

(a) pH　　(b) DO浓度及ORP

图 5-10　100mm/d 水力负荷下 G3 组 pH、DO 浓度及 ORP 沿程变化图

(闭路系统)(图 5-11)。在闭路系统，氨氮的去除集中在 0～10cm 的位置和 30～45cm 的位置，以40～45cm（阴极区）去除最为明显。阳极收集的电子通过闭合电路传递至阴极，使得阴极富集了较多的好氧及兼性厌氧微生物（Fang et al., 2018），从而有利于强化阴极区氨氮的去除。与 100mm/d 水力负荷下的处理效果相比，G1 组开路系统氨氮去除率略有下降，而闭路系统出水氨氮浓度更低。Pelissari 等（2016）指出，增大水力负荷使 DO 扩散作用增强，进而有利于好氧菌的生长。提高水力负荷后，G1 组闭路系统氨氮去除能力进一步增强，可能与水力负荷提高促进好氧菌的生长，强化系统阴极区氨氮的去除有关。

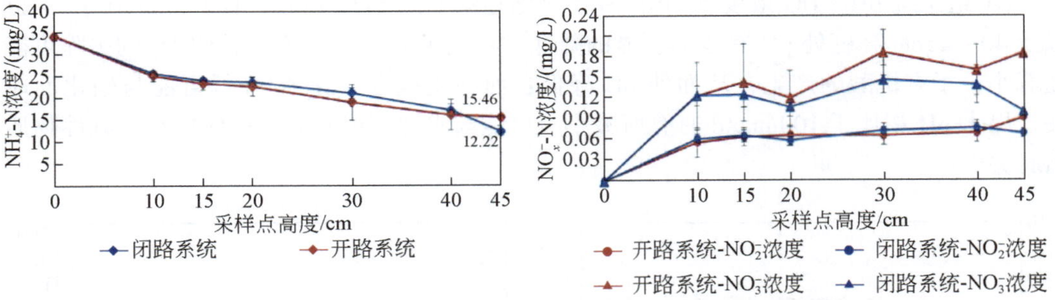

(a)NH_4^+-N浓度　　(b)NO_x^--N浓度

图 5-11　200mm/d 水力负荷下 G1 组氨氮、硝态氮及亚硝态氮浓度沿程变化图

在水力负荷为 200mm/d 时，G1 组系统中硝态氮和亚硝态氮的浓度较 100mm/d 时更低，说明系统反硝化作用充分，未受水力负荷升高影响。提高水力负荷可使系统内水流混合更加均匀，减少了氨氮氧化产物的局部积累，在有机碳源供应充足的前提下，反硝化效果更好（Wang J F et al., 2016）。

G1 组总氮浓度的变化趋势与氨氮浓度基本一致，在阳极区，闭路系统总氮浓度下降略大于开路系统；在中间区和阴极区，闭路系统的总氮浓度始终低于开路系统，阴极区闭路系统总氮浓度下降略多于开路系统。最终出水开路系统、闭路系统总氮浓度分别为 16. 36mg/L 与 12. 64mg/L。对比 100mm/d 水力负荷条件下出水中总氮浓度，200mm/d 时开路系统去除效果略有下降，而闭路系统则有所提升。

在底层区，开路系统对有机物的去除量大于闭路系统。随后在阳极区，闭路系统的 COD_{Cr}浓度明显下降，而开路系统 COD_{Cr}浓度变化平稳（图 5-12）。在闭路系统阳极附近，产电菌可能对有机物的氧化去除具有促进作用；而开路系统有机物去除主要依赖于厌氧产甲烷路径（Salinas-Juárez et al.，2016）。在 40cm 处，开路系统的 COD_{Cr}浓度略有增加，这可能是由植物根系分泌物引起的（Zhou Y et al.，2018）。在中间层和阴极区，闭路系统的 COD_{Cr}浓度一直低于开路系统，闭路系统和开路系统出水的 COD_{Cr}浓度分别为 44.8mg/L 和 57.2mg/L。相比于 100mm/d 条件下，出水 COD_{Cr}浓度明显升高。Huang 等（2016）同样指出，随着系统水力负荷的增加，总氮去除所受影响较小，而 COD_{Cr}去除率下降。

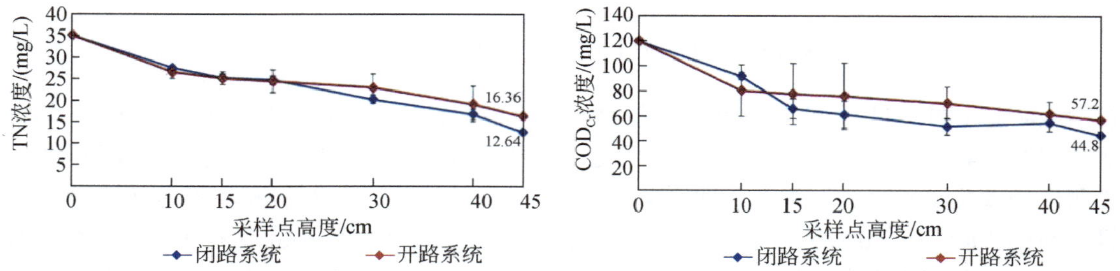

(a)TN浓度　(b)COD_{Cr}浓度

图 5-12　200mm/d 水力负荷下 G1 组 TN 及 COD_{Cr}浓度沿程变化图

G1 组系统 pH、DO 浓度和 ORP 沿程变化趋势如图 5-13 所示。闭路系统在 15 ~ 20cm 以及 40 ~ 45cm 高度处 pH 有较为明显的降低。在阳极区，厌氧条件下 COD_{Cr}的去除可能伴随着小分子有机酸的产生，从而使 pH 降低；而在阴极区，pH 的降低可能与硝化反应有关。出水 pH 相比于 100mm/d 时有所减小，可能与水力停留时间缩短使填料中碱性物质溶出有关。

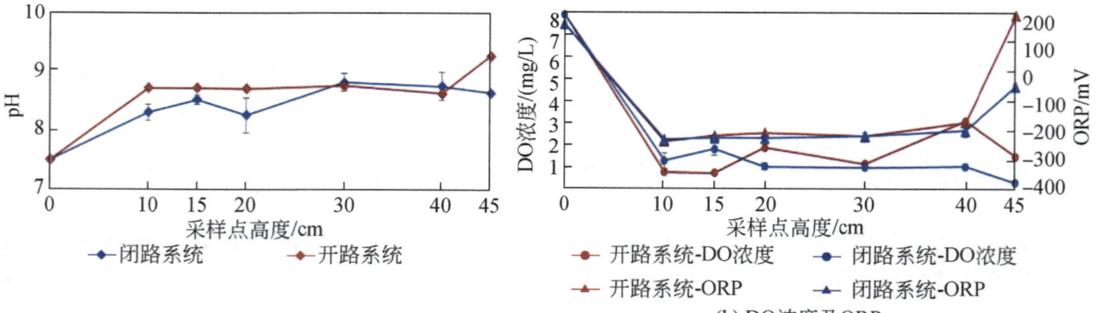

(a) pH　(b) DO浓度及ORP

图 5-13　200mm/d 水力负荷下 G1 组 pH、DO 浓度及 ORP 沿程变化图

进水的 DO 浓度和 ORP 都处于较高水平，流经底层区后均出现明显降低趋势。在阳极区直至中间区，ORP 变化不大，一直保持厌氧状态，DO 浓度在电极所在的位置有所波动，可能是碳毡电极的水力传导系数和陶粒基质不同引起的。水流流经电极时流动状态会发生改变，从而使得 DO 等物质的传质受到影响（Pelissari et al.，2016）。在阴极区，水体 DO

浓度下降，并且在闭路系统下降更为明显，可能与有机物及氨氮氧化消耗有关。

G2 组开路系统和闭路系统出水氨氮浓度分别为 17.56mg/L 和 16.11mg/L（图 5-14）。在开路系统，水体氨氮浓度在底层区（0～10cm）下降最为明显；而 G2 组闭路系统与 G1 组相同，提升水力负荷后，水体氨氮浓度在阴极区下降趋势更明显，出现硝化作用在底层区弱化而在阴极区增强的现象。对比水力负荷为 100mm/d 时，开路系统、闭路系统出水氨氮浓度均有所增加。提高水力负荷后，可能有利于异养菌生长，并与硝化细菌竞争水中的 DO，从而影响氨氮去除率（Pelissari et al.，2016）。

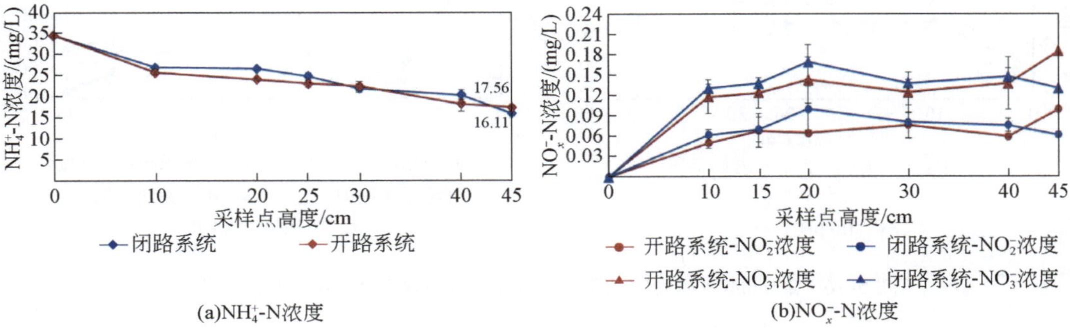

图 5-14　200mm/d 水力负荷下 G2 组氨氮、硝态氮及亚硝态氮浓度沿程变化图

G2 组硝态氮、亚硝态氮浓度的变化趋势与 G1 组一致。沿水流方向，硝态氮与亚硝态氮浓度在开路系统中呈增加趋势，而在闭路系统呈先增加后减小趋势，可能与阴极区存在局部缺氧区域有关。虽然阴极直接接触空气，但在阴极区仍然存在相对厌氧的微环境（Fang et al.，2018），有利于硝态氮与亚硝态氮作为电子受体而被还原。

当水力负荷由 100mm/d 提高至 200mm/d 时，G2 组出水总氮浓度有所升高，开路系统和闭路系统出水的总氮浓度分别为 18.98mg/L 和 16.62mg/L（图 5-15）。开路系统沿程各区域水体总氮浓度逐渐下降，而闭路系统的底层区和阴极区为水体总氮去除的主要区域。

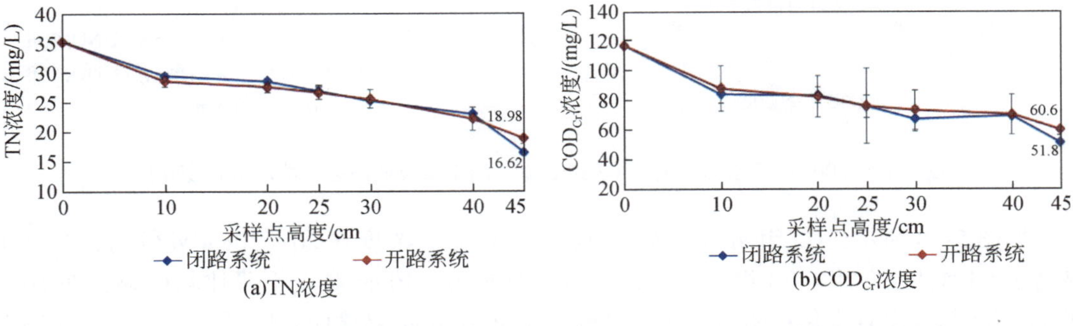

图 5-15　200mm/d 水力负荷下 G2 组 TN 及 COD_{Cr} 浓度沿程变化图

G2 组开路系统、闭路系统出水 COD_{Cr} 浓度分别为 60.6mg/L 和 51.8mg/L，在相同水力负荷（200mm/d）下，G2 组闭路系统出水 COD_{Cr} 浓度与 G1 组相差不大，而开路系统出水

COD_{Cr}浓度出现了小幅上升趋势（图 5-15）。

水力负荷为 200mm/d 时，G2 组开路系统和闭路系统出水 pH 分别为 9.26 和 8.21，相比于 100mm/d 时均有所降低，这与 G1 组的规律是相同的（图 5-16）。系统的 DO 浓度及 ORP 均是在底层区变化明显，在阳极区及阴极区有波动。在中间区上端和阴极区下端，DO 浓度有所增加，可能是由于植物根系泌氧（Yang et al.，2016）。

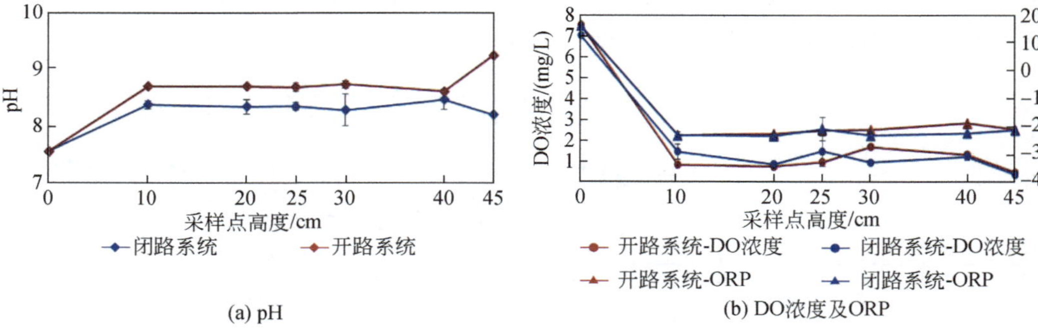

图 5-16　200mm/d 水力负荷下 G2 组 pH、DO 浓度及 ORP 沿程变化图

在 3 组系统中，不论水力负荷是 100mm/d 还是 200mm/d，G3 组对氨氮的去除效果最差（图 5-17）。在闭路系统，提高水力负荷对 G1 组氨氮去除没有负面影响，反而有促进作用；而随水力负荷升高，G2 组处理效果略有下降，G3 组所受影响最大，出水氨氮浓度明显升高。

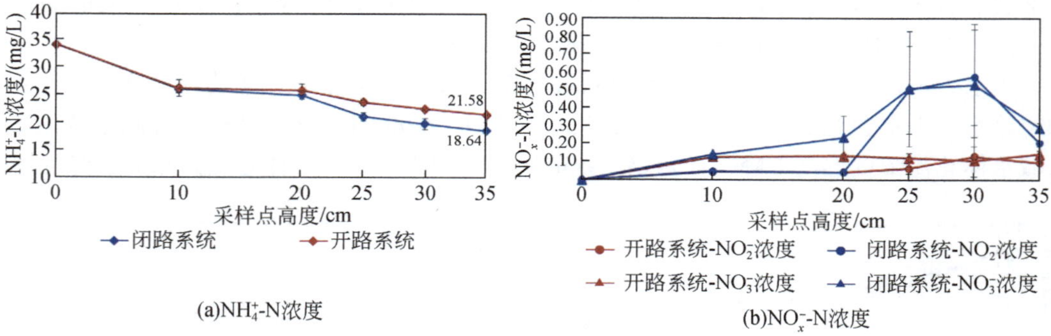

图 5-17　200mm/d 水力负荷下 G3 组氨氮、硝态氮及亚硝态氮浓度沿程变化图

如图 5-18 所示，G3 组闭路系统亚硝态氮、硝态氮浓度在 20～30cm 处较高，并且明显高于 G1 组与 G2 组。G3 组总氮浓度在底层区的 0～10cm 高度下降比较明显，在 10～20cm 高度基本没有变化；闭路系统总氮浓度在 20～30cm 高度明显降低，与该区域亚硝态氮与硝态氮的大量生成有一定联系。G3 组出水的总氮浓度在水力负荷为 200mm/d 时高于 100mm/d 时，0～10cm 高度总氮去除减少是主要原因。在两种水力负荷条件下，10～20cm 高度总氮浓度变化均不明显。此外，闭路系统出水总氮浓度均低于开路系统，阳极区和阴极区可能在脱氮过程中发挥了较大作用（Gude，2016）。

G3 组系统对 COD_{Cr} 的去除集中在 0 ~ 10cm 和 20 ~ 35cm 的位置。另外，相比于 G1 组与 G2 组，G3 组出水 COD_{Cr} 浓度更低（图 5-18）。系统对 COD_{Cr} 的去除主要通过阳极区的厌氧反应和阴极区的好氧反应。G3 组电极间距较小，空气更易渗透至阳极区，虽然不利于系统产电，但闭路系统阳极对 COD_{Cr} 去除仍具有一定促进作用（Oon et al.，2017）。

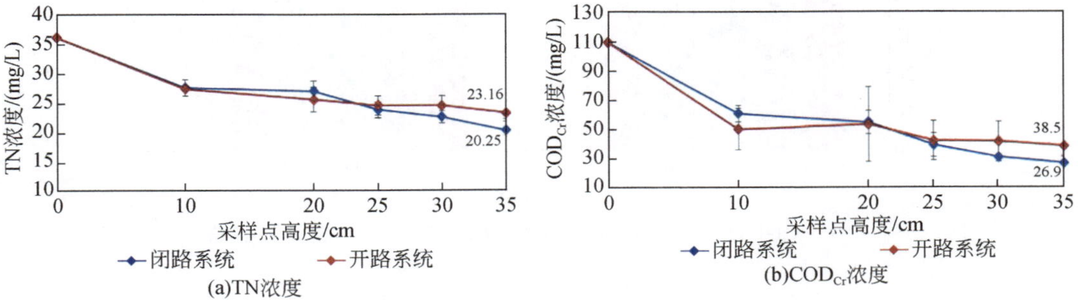

图 5-18　200mm/d 水力负荷下 G3 组 TN 及 COD_{Cr} 沿程变化图

G3 组系统沿程出水 pH 大多在 8 ~ 9，闭路系统的 pH 略低于开路系统（图 5-19）。系统内 DO 浓度大多在 1 ~ 2mg/L，闭路系统稍高；ORP 处于 –300 ~ 200mV，闭路系统略高于开路系统。

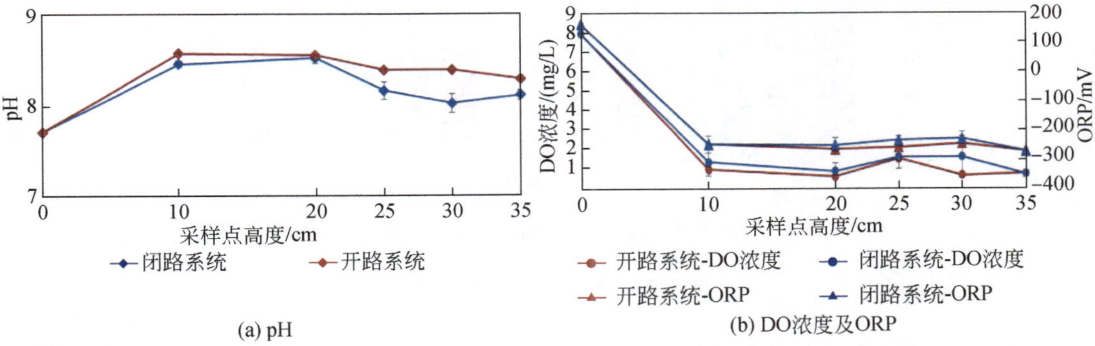

图 5-19　200mm/d 水力负荷下 G3 组 pH、DO 浓度及 ORP 沿程变化图

3. 耦合系统脱氮效率影响因素分析

由图 5-20 与图 5-21 可知，开路系统的氨氮、总氮去除率均低于闭路系统。闭合电路后对系统氨氮和总氮去除率的提升作用最高可达 25.1% 和 35.6%（G1 组，HLR = 200mm/d 时）。

对于开路系统而言，氨氮去除率主要受水力负荷影响。在 200mm/d 水力负荷下，开路系统对氨氮的去除率低于 100mm/d 时，其中，G1、G2 组受水力负荷影响较小，而 G3 组受水力负荷影响较大。而在相同水力负荷下，G1、G2 组开路系统对氨氮的去除率相近，略高于 G3 组。

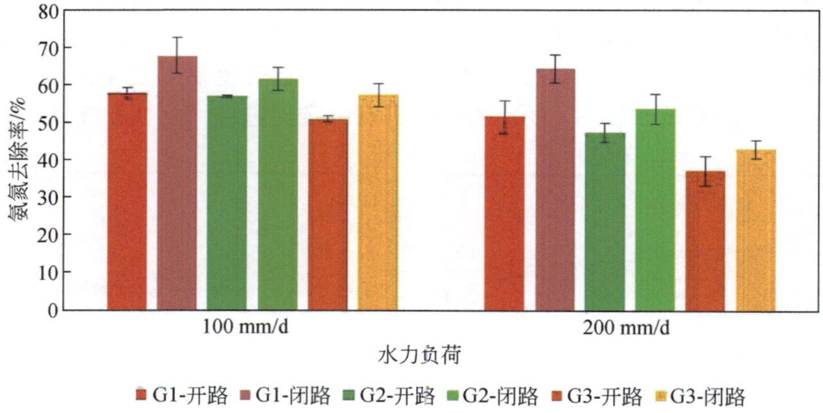

图 5-20 各组系统氨氮去除率

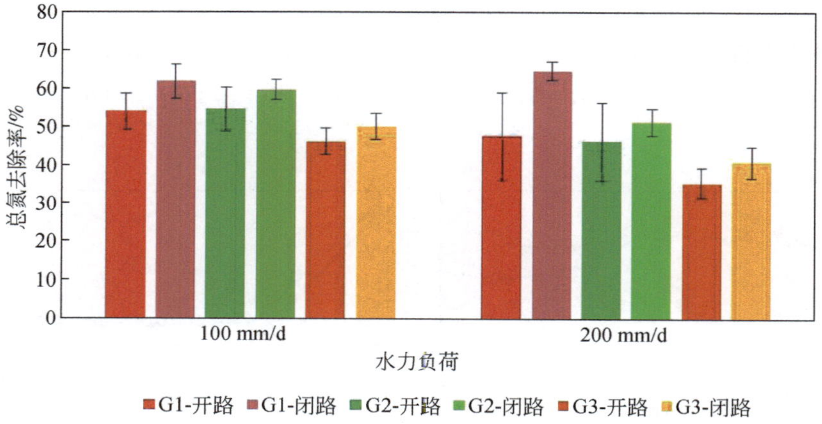

图 5-21 各组系统总氮去除率

闭路系统对氨氮的去除率受到水力负荷和电极间距的双重影响。随着水力负荷的增大和电极间距的减小，系统对氨氮的去除率下降。在 100mm/d 水力负荷下，G1 组（电极间距为 30cm）闭路系统对氨氮的去除率（67.6%）最高；其次是 200mm/d 水力条件下，G1 组闭路系统对氨氮的去除率为 64.3%。

系统对总氮的去除率总体低于对氨氮的去除率，在 35.7% ~64.8%。对于开路系统，与氨氮去除率类似，无论是在 100mm/d 还是 200mm/d 的水力负荷条件下，G1 组与 G2 组对总氮的去除率基本相同且略高于 G3 组；100mm/d 水力条件下系统对总氮的去除率要高于 200mm/d 时的情况。

对于闭路系统而言，电极间距大的系统总氮去除效果较好（G1>G2>G3）。此外，对于 G2 组与 G3 组，增大水力负荷后，系统对总氮的去除率有所下降，而 G1 组对总氮的去除率反而上升。在 200mm/d 水力负荷下，G1 组（电极间距为 30cm）闭合电路系统对总氮的去除率（64.8%）最高。

G1 组（电极间距为 30cm）虽然在 100mm/d 的水力负荷下对氨氮的去除率最高，但在 200mm/d 负荷条件下（单位时间内水处理量提高一倍），对氨氮的去除率仅下降 3.3 个百分点。同时，G1 组在 200mm/d 水力负荷下对总氮的去除率最高。因此，从工程应用角度来看，G1 组（电极间距为 30cm）系统在 200mm/d 水力负荷下运行有利于对水体氨氮和总氮去除。

分别将系统对氨氮的去除率和总氮的去除率作为因变量，选取水力负荷（100mm/d 和 200mm/d）、电路条件（开路、闭路）和电极间距（30cm、20cm、10cm）为固定因子（自变量），利用 SPSS 19.0 进行单因素方差分析，发现水力负荷和电极间距对氨氮和总氮的去除率均有显著影响（表 5-2）。

表 5-2 耦合系统脱氮影响因素统计学分析结果

统计学结果	水力负荷		电极间距		开闭路	
	P	*F* 检验值	*P*	*F* 检验值	*P*	*F* 检验值
NH_4^+-N 去除率	0.001	12.131 **	0.001	8.618 **	0.005	8.534 **
TN 去除率	0.009	7.364 **	0.000	11.225 **	0.004	8.942 **

注：n（NH_4^+-N）= 62，n（TN）= 60。

标准 F 值：4.98<$F_{0.01}$（1，50）<$F_{0.01}$（1，48）<5.18，7.08<$F_{0.01}$（2，50）<$F_{0.01}$（2，48）<7.31。

** 在 99% 的置信水平上，因素对实验指标有非常显著的影响。

水力负荷可能通过改变微生物的活性和群落组成与结构影响系统脱氮性能（Pelissari et al.，2016），并对阴极区溶解氧等物质的传质产生影响；电极间距除了影响阳极接触不同形态氮素和溶解氧的位置，还可能与电化学反应的强化作用有关，有必要进一步研究耦合系统产电与脱氮之间的关联。

5.1.3 耦合系统产电性能

通过研究不同电极间距和水力负荷条件下系统的产电性能（包括外电压、电流密度、功率密度、内阻、库仑效率等指标）分析耦合系统产电性能与脱氮效率间的相关性，探讨 MFC 对 CW 脱氮的强化作用及其内在原因，特别是水力负荷与电极间距对这种强化作用的影响。

1. 100mm/d 水力负荷下耦合系统产电性能

3 组系统在其运行周期内外电压连续日变化情况及平均外电压如图 5-22 所示。

CW-MFC 耦合系统电压日均变化情况与阴极、阳极的氧化还原电位有关，并且受到水温（Dai et al.，2015）、进水 COD_{Cr}浓度（Velvizhi and Venkata，2015）及植物活动（Zhang S et al.，2016）的影响。阳极表面有厌氧生物膜，而阴极表面有好氧生物膜，阴、阳极间形成了较大的电位差（Sajana et al.，2014）。在连续 6 周运行期间，3 组装置闭路系统电压在 200～600mV，而开路系统电压为 600～1000mV，开路电压总是大于闭路电压，这是因为开路电压只是一个电势的差值，系统没有（几乎没有）电流通过；而闭路系统内有电流流过，测得的电压为外电阻的电势降（Fang Z et al.，2017）。除了系统内阻所占的内电压外，还有电极由浓差极化、活化极化等作用所产生的极化损失（Salinas- Juárez et al.，2016）。

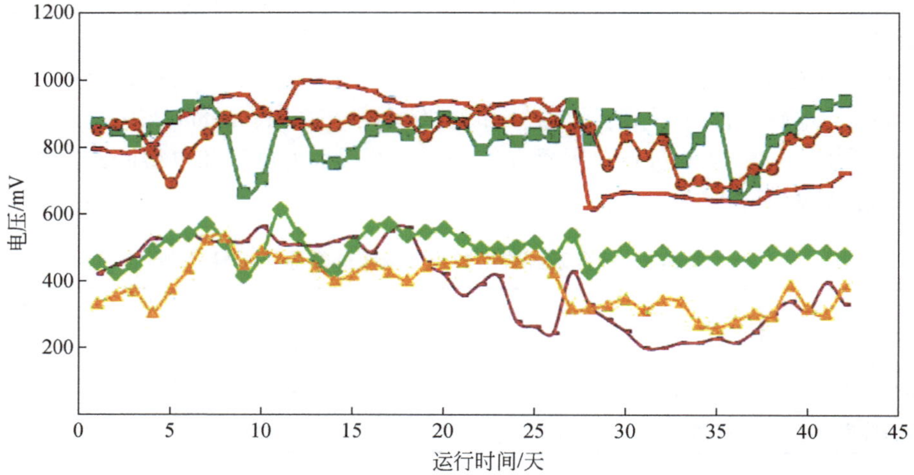

图 5-22　100mm/d 水力负荷下 3 组系统外电压日变化图

由图 5-23 可知，G1、G2、G3 三组系统的开路电压分别为 876mV、831mV、845mV，三组系统的开路电压相近且稳定。开路电压不受内阻的影响，可见电极间距的改变对系统的电动势影响不大，这可能是由于阳极表面有致密的厌氧生物膜包被，而阴极均与空气接触，故阴极与阳极的电势差稳定（Xie et al.，2018）。

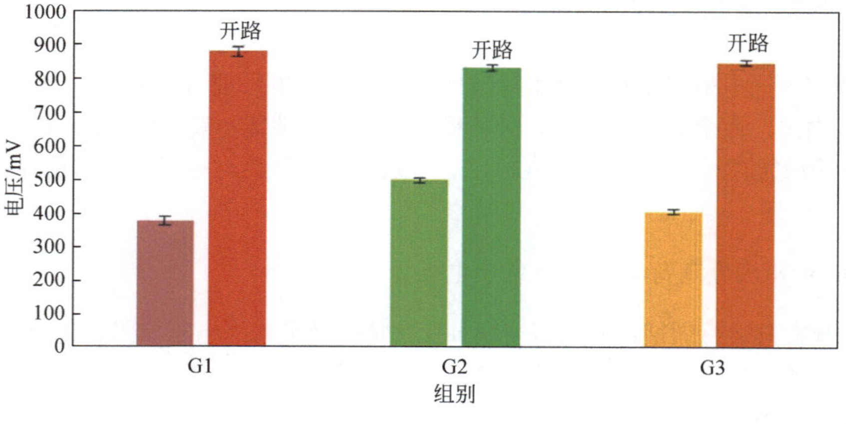

图 5-23　100mm/d 水力负荷下系统运行周期外电压平均值

各组闭路系统的外电压中 G2 组最高，为 490mV，G3 组略高于 G1 组，分别是 404mV 和 374mV。影响闭路系统外电压的因素包括：阴、阳极表面生物膜的生长及活性会影响系统捕获电子的能力和阴极表面电子参与还原反应的速度，从而决定系统的产电能力（电动势）及电极表面的极化电压损失（Salinas-Juárez et al., 2016）；电极间距大小会影响阴阳极的氧化还原电位差值大小，从而影响系统电动势，并且电极间距大小还会影响系统内阻（Fang Z et al., 2017）；系统中植物生长状态（Yang et al., 2016）也会导致内阻出现变化。

根据平均外电压的测定结果，计算得到系统平均电流及平均功率，以电极面积将数据标准化后，得到图 5-24 所示结果。

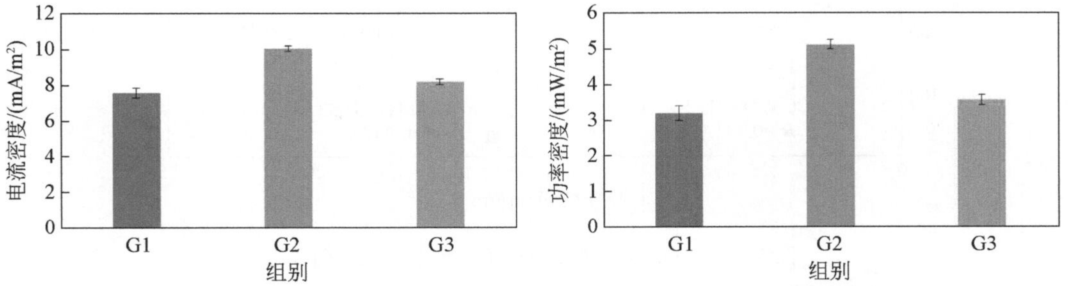

(a)电流密度 (b)功率密度

图 5-24 100mm/d 水力负荷下 3 组系统电流密度与功率密度

通过比较 3 组系统的电流密度可以发现，随着电极间距增大，电流密度先增大后减小。G2 组（20cm 电极间距）的产电性能最好，功率密度最大，为 5.13mW/m²，其次是 G3 组（3.58mW/m²）及 G1 组（3.21mW/m²）。

影响电流密度与功率密度的因素除了上述外电压的影响因素之外，还有电极的面积。适当增加阴、阳极面积有助于提升产电性能（Gude, 2016），但电极面积过大会影响单位面积功率密度；而当电极面积过小时，获得电子能力不足，会使电流密度和功率密度偏小（Fang et al., 2018）。因此，要取得理想的功率密度，需要选择合适面积的电极。

以电流密度为横坐标，以不同阻值下的外电压为纵坐标，绘制能表征系统伏安特性的极化曲线（图 5-25）。随着系统内的电流（电流密度）增大，极化曲线依次出现活化极化区、线性区、浓差极化区这 3 个区域，其中线性区最常见。线性区代表微生物燃料电池在正常工作时的伏安特性，其变化规律符合欧姆定律，当极化现象不严重时，可用线性区估测电池内阻（Logan et al., 2006）。3 组系统线性拟合的 R^2 分别为 0.998、0.994 和 0.984，说明其电池性能良好，即在一段相对较短的工作时间内（几个小时），其内阻和电池电动势基本保持不变，电能输出稳定。

功率密度曲线以电流密度为横坐标，以功率密度为纵坐标，其拟合后是一条接近抛物线的二次曲线。相同电流密度时，G2 组的输出功率（功率密度）最大，这与前面的结果相符。当功率密度（功率）达到最大时，其对应的外接电阻与内阻相等。由图 5-26 可知，3 条曲线拟合程度良好，有两条（G1、G2）曲线的 R^2 达到了 0.999，一条（G3）曲线的 R^2 为 0.995，可用功率密度曲线估测系统内阻。

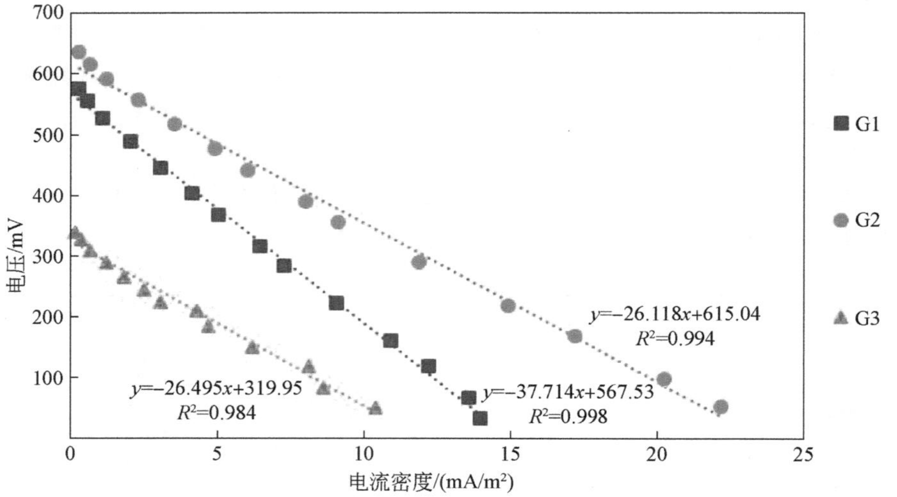

图 5-25　100mm/d 水力负荷下 3 组系统极化曲线图

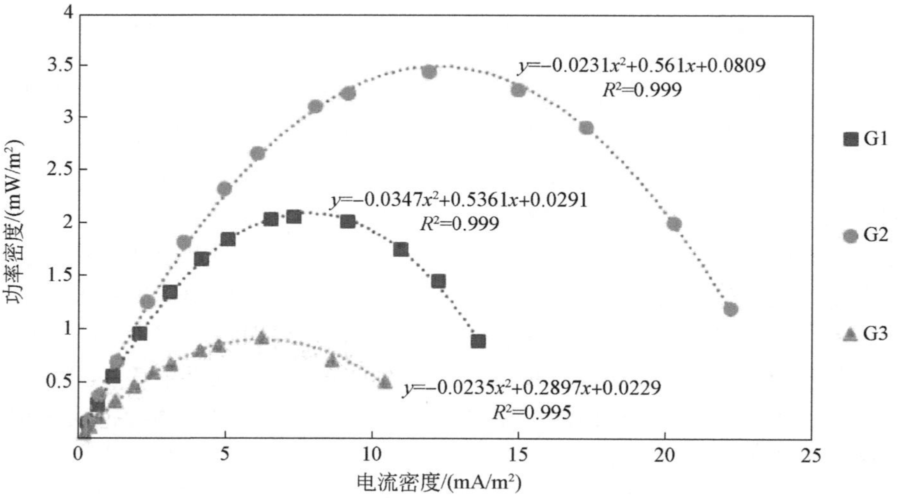

图 5-26　100mm/d 水力负荷下 3 组系统功率密度曲线图

在相同的运行条件下，电极间距越大，则系统内阻越大，溶液的导电性越好，则系统内阻越小。电极间距为 30cm 的 G1 组内阻最大（接近 800Ω）。G1 组电极间距高于其他两组，因此其产电输出性能（平均功率密度）受内阻影响而最小。虽然 G3 组电极间距最小，但其内阻却高于 G2 组（图 5-27）。这一方面是因为上述分析的 G3 组系统活化内阻较大且活化内阻的比例高于欧姆内阻；另一方面也有研究表明，阳极微生物丰度会影响内阻大小，G3 组电极间距过小可能使得氧气渗入阳极（Fang Z et al.，2017），叠加植物根系泌氧的影响，导致其阳极微生物受到影响而使得内阻增大。

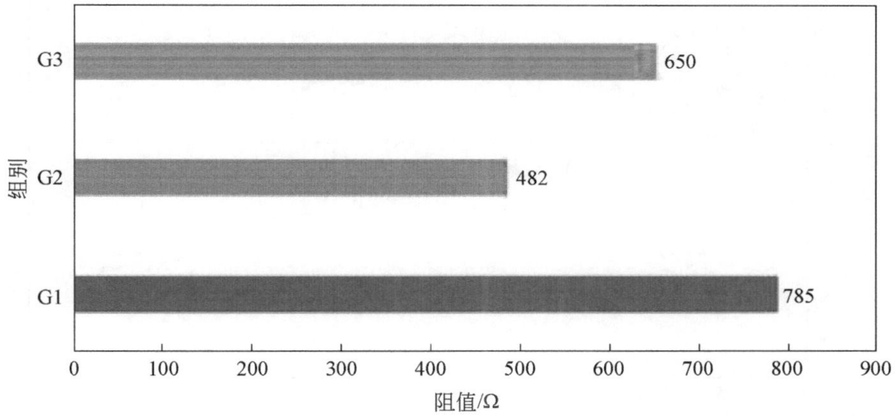

图 5-27　100mm/d 水力负荷下 3 组系统内阻值

当水力负荷为 100mm/d 时，3 组系统的库仑效率相差不大，G2 组库仑效率最大，介于 3% ~4%（图 5-28）。库仑效率表征系统内阳极区生物质能转化为电能的比例，是评价一个电池产电性能的重要指标（Puig et al.，2012）。其不仅与阳极 COD_{Cr} 分解产生电子的速率有关，还与阳极区微生物的电子传递速率、阳极的面积以及阴极表面氧气得电子的速率有关。

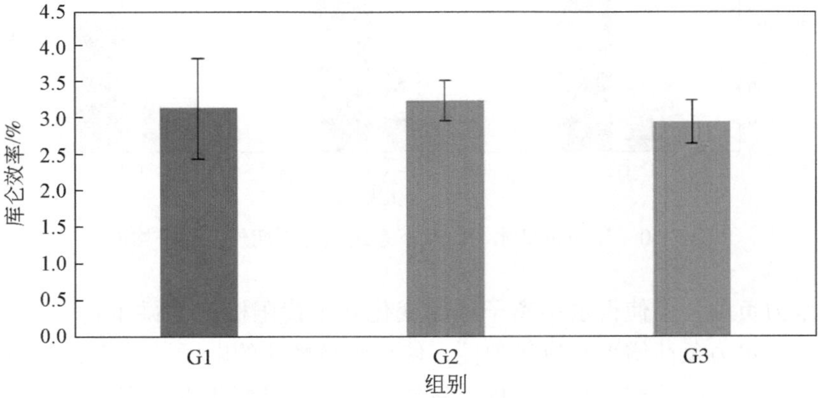

图 5-28　100mm/d 水力负荷下 3 组系统库仑效率

2. 200mm/d 水力负荷下耦合系统产电性能

在 200mm/d 连续上行流的运行条件下，3 组系统在其运行周期内，外电压连续日变化情况及外电压平均值分别如图 5-29 及图 5-30 所示。

在 200mm/d 的运行条件下，电压日变化波动加大，这可能是冬季气温变化较大，使系统植物生长受到影响而引起的（Zhou Y et al.，2018）。与水力负荷 100 mm/d 的各组相比（图 5-23），200 mm/d 时各组开闭路系统的电压均有所下降（图 5-30）。Zhang 等（2011）指出，溶液中离子的消耗及阳极微生物的不足会导致开路电压的变化。对于开路

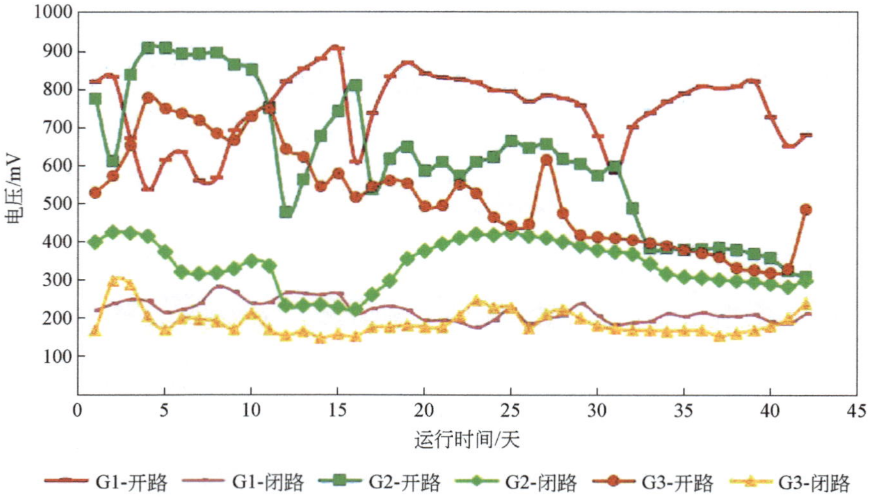

图 5-29 200mm/d 水力负荷下 3 组系统外电压连续日变化图

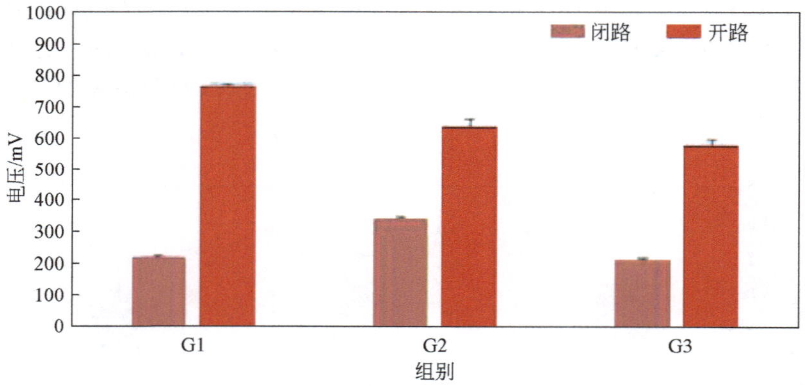

图 5-30 200mm/d 水力负荷下系统运行周期外电压平均值

系统，提高水力负荷，会使得水中离子浓度变化并干扰阳极产电微生物，引起电压波动；对于闭路系统，水力负荷增大水流运动性，使得阳极捕获的电子数减少，而阴极与质子等接触的时间也变短，因此产电受到影响。另外，季节气温变化也对产电有一定影响，Zhou Y 等（2018）指出，低温会使得阳极的电位升高，从而使电池电压下降。提高水力负荷后，G2 组仍然保持最大的输出电压（337mV），G1 组（217mV）与 G3 组（207mV）输出电压相近。

相比于 G1 与 G3 组，G2 组功率密度最高，达到 2.40mW/m^2。对比 100mm/d 的水力负荷，提升水力负荷后 3 组系统功率密度均大幅度下降（图 5-31）。根据欧姆定律，功率密度下降的主要原因是输出电压的下降。

在 200mm/d 水力条件下，系统的极化曲线和功率密度曲线分别如图 5-32 和图 5-33 所示。相比于 100mm/d 水力条件，水力负荷增加一倍，G1 组与 G2 组的电动势均减小，而 G3 组电动势略有增加。电池的电动势是由阴阳极反应共同决定的。通过对比极化曲线

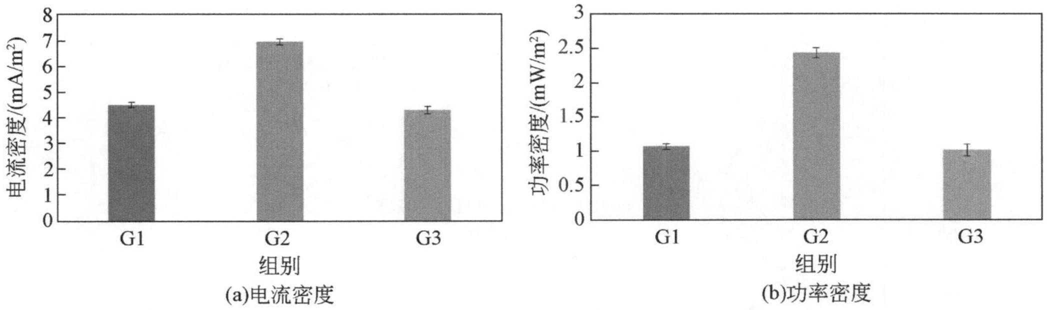

图 5-31　200mm/d 水力负荷下 3 组系统电流密度与功率密度

图 5-25 和图 5-32 可以发现，G1 组浓差极化增大。浓差极化的原因是离子积累速率大于反应速率。这也正是流速增大对阳极造成的影响，即阳极有大量质子累积而影响了质子扩散，产生浓差极化损失（Wang J F et al.，2016）；而 G3 组活化极化减小，说明提高流速加强了传质，促进产电菌生长和活性增强，从而有助于减小阴极活化能（Rismani- Yazdi et al.，2011）。

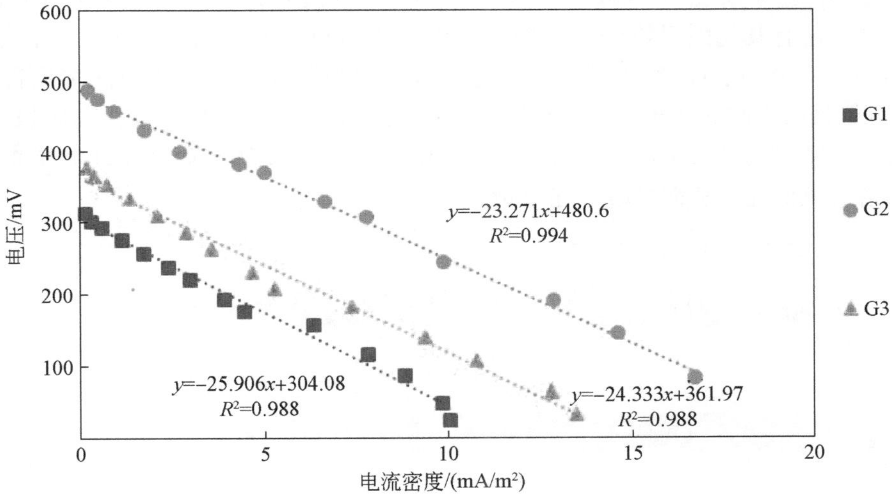

图 5-32　200mm/d 水力负荷下 3 组系统极化曲线图

从系统的功率密度曲线也可以看出，G1、G2 组功率密度曲线的相关系数变小，而 G3 组变大，这也说明水力负荷的变化使得 G1、G2 组产电稳定性略有下降，而 G3 组性能提升，这与上面的分析可以相互印证。

相比于之前 100mm/d 的水力负荷，G1、G2、G3 组内阻均有所减小（图 5-34）。Rabaey 等（2008）等指出，系统长期运行有利于阴极生物膜的生长，提高其还原反应速率并降低内阻。经过前期较长时间的运行，阴极的生物膜可能活性更高，故 3 组系统内阻较低。在 G1、G2、G3 组中，仍是 G2 组内阻最小，G1 组内阻略大于 G3 组。此外，3 组系统内阻较为接近，但提高水力负荷后，系统内阻减小的比例各不相同，即 G2 组内阻减

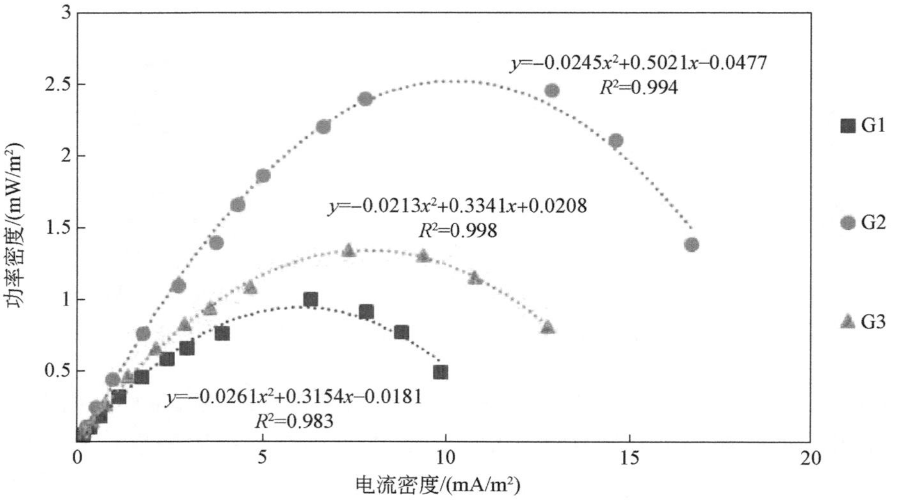

图 5-33　200mm/d 水力负荷下 3 组系统功率密度曲线图

小了 12%，G1 组与 G3 组分别减小了 39% 与 29%，这说明除了阴极生物膜趋于成熟稳定的原因之外，还有其他因素影响系统内阻。由于水力负荷的提高增加了溶质传输的速度（Fang Z et al.，2017），G1 组内阻减小可能是因为水力负荷提高使阴极区传质得到强化；而 G3 组可能是由于缺乏质子交换膜导致氧气渗入阳极，以及植物根系距离阳极过近，而对阳极微生物活动产生了影响（Xie et al.，2018），提高水力负荷使有机负荷相应提高，则可加速溶解氧消耗，从而减缓上述影响。

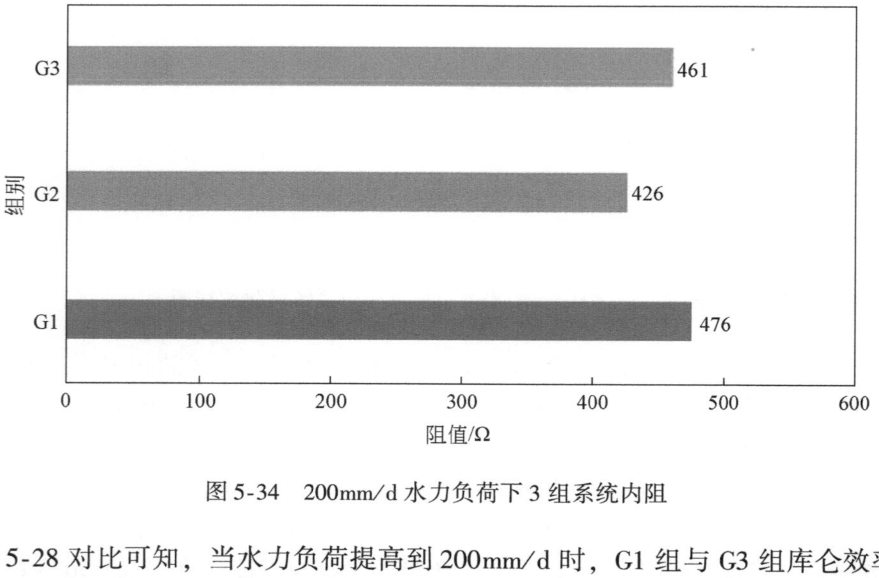

图 5-34　200mm/d 水力负荷下 3 组系统内阻

与图 5-28 对比可知，当水力负荷提高到 200mm/d 时，G1 组与 G3 组库仑效率明显下降（均小于 2%），G2 组库仑效率仍保持最大（图 5-35）。以脱氮为主要目的的耦合系统的库仑效率一般小于 10%，在这样一个较低的库仑效率水平上，虽然一些有机物在阳极通过与氧气直接接触反应或厌氧产甲烷途径被消耗（Kim et al., 2011），使阳极区降解的COD_{Cr}略有差异，但并不是限制其库仑效率的主要因素，而此时的电流强度即阴极氧气得电子的还原反应才是限速步骤（Ahn et al., 2014；Milner et al., 2016）。

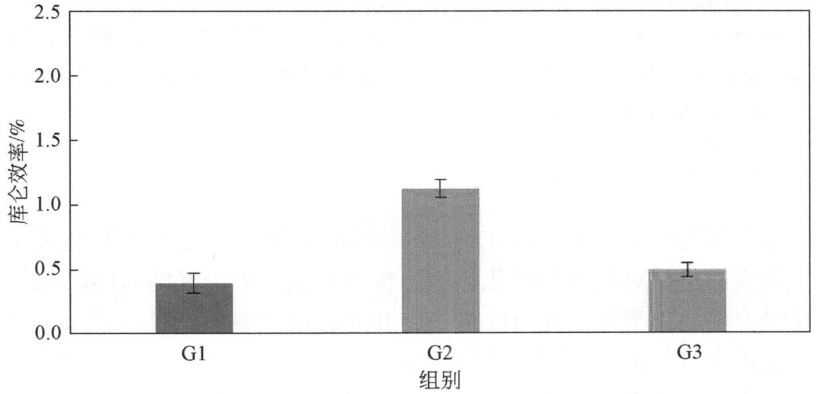

图 5-35　200mm/d 水力负荷下 3 组系统库仑效率

3. 耦合系统产电性能影响因素分析

将开路电动势、外电压、功率密度、系统内阻、库仑效率共 5 项产电指标作为因变量，以水力负荷（100mm/d、200mm/d）、电极间距（30cm、20cm、10cm）为固定因子（自变量），利用 SPSS 19.0 进行多变量（可重复）方差分析，结果如表 5-3 所示。

表 5-3　耦合系统产电影响因素统计学分析结果

统计学结果	水力负荷		电极间距	
	P	*F* 检验值	*P*	*F* 检验值
开路电动势（U_{cell}）	0.003	13.71**	0.2690	1.467
外电压（U_R）	0.000	26.16**	0.010	7.035**
功率密度（PD）	0.000	32.33**	0.007	7.586**
系统内阻（*r*）	0.009	9.524**	0.080	3.140
库仑效率（CE）	0.000	119.4**	0.220	1.721

注：$n=18$。

标准 *F* 值：$F_{0.01}$（1，12）=9.33，$F_{0.01}$（2，12）=6.93。

** 在 99% 的置信水平上，因素对实验指标有非常显著的影响。

由表 5-3 可知，水力负荷对 5 项产电指标均有显著影响，电极间距只对外电压和功率密度有显著影响。水力负荷对系统产电性能的影响可以归结为水流速度对阳极捕获电子的影响、流动对阳极产电微生物的干扰以及系统内离子传质使内阻发生的变化。而电极间距的影响主要表现在：间距过小导致空气及植物根系泌氧渗入阳极区而影响产电；而间距过大使欧姆内阻变大，并且质子等物质不易传输到阴极完成还原反应。

5.1.4 耦合系统脱氮过程模拟

应用数值模拟的方法，以 CW 模型为基础，在 Hydrus 软件中构建水流运动及生化反应模型，采用 Richards 方程，对饱和/非饱和水的流动、热量及对流-弥散传质过程进行数值求解（Langergraber，2017），并通过调整模型参数来拟合闭路耦合系统的强化脱氮效果，建立 CW-MFC 脱氮过程模拟模型。

1. 模型构建

为模拟耦合系统的脱氮效果，将 CW-MFC 视作多种基质的人工湿地系统，并将碳毡电极的电化学效应简化为对脱氮的强化作用。选取脱氮效果最好的 G1 组闭路系统为对象，构建耦合系统水力传导模型及生化反应模型，并通过调试参数来进行模型校正，直至拟合良好。建模时取进水口与出水口所在的纵向矩形平面，作二维矩形域进行模拟。为模拟水流传输及氨氮变化，将矩形域离散化处理，以适当的方式将其分隔成若干三角形有限元网格，利用迭代运算方法求解（表 5-4）。根据系统实际的水力停留时间，取 50h 模拟时长，建立水力平衡状态。设置模拟时间、迭代参数等相关信息（表 5-5）。

表 5-4 耦合系统建模描述

系统情况	描述
几何域	2D-*XZ* 方向
长度单位	厘米（cm）
定义范围	29cm×45cm 矩形
时间单位	小时（h）
基质种类	2 种（陶粒和碳毡）
离散化设置	*X* 方向 14cm；*Y* 方向 35cm 有限元网格数 980 个
系统运行条件	连续上行流（取 HLR=100mm/d 的水力条件）
模拟内容	水流传输及氨氮变化

表 5-5 水力模型时间设置

参数	设置值
模拟过程	水流
模拟时长	50h
初始步长	0.001h
最小步长	0.0001h
最大步长	1h
时变边界条件记录	1 次
输出设置	每 2h 输出一次

选取 van Genuchten Mualem 模型作为水力模型的控制方程（Pucher et al., 2017），表达式如下：

$$\theta(h)=\theta_r+\frac{\theta_s-\theta_r}{(1+|\alpha\cdot h|^n)^m}(h<0) \quad (5\text{-}1)$$

$$\theta(h)=\theta_s(h\geqslant 0) \quad (5\text{-}2)$$

$$K(h)=K_s\cdot S_e^l\cdot[1-(1-S_e^{\frac{1}{m}})^m]^2 \quad (5\text{-}3)$$

$$S_e=\frac{\theta-\theta_r}{\theta_s-\theta_r} \quad (5\text{-}4)$$

各方程互相关联，θ 为含水量，θ（h）为体积含水率，θ_r 为固定含水量，θ_s 为饱和含水量，$K(h)$ 为不饱和水力传导函数，K_s 为饱和水力传导系数，l 为空隙连通参数，α、n 为经验参数，$m=1-1/n$，h 为水头，S_e 为有效水含量。

按照 van Genuchten Mualem 模型的基本原理，在 Hydrus 软件中设置运算所需的初始条件、边界条件。测定填料和碳毡的饱和渗透系数 K_s 与孔隙率 θ_s，并按经验值选取公式所需其余参数（表 5-6），一并代入运算。

表 5-6　水力模型运算表

要素	设置
平衡方程	van Genuchten Mualem 模型
材料特性	（1）饱和渗透系数 陶粒：3508.02cm/h，碳毡：495.50cm/h （2）孔隙率 陶粒：0.413，碳毡：0.958
初始条件	pressure head（水头平衡）
边界条件	进水：时变边界条件 出水：恒定水头

系统的生化反应建立在溶质运移（彼此运输、接触、碰撞等）的基础上。考虑到垂直上行流人工湿地的特点，选取 CWM1 湿地模块来建立湿地生化反应模型。各物质的迁移转化以如下方程为基础：

$$\frac{ds_k^k}{dt}=\alpha\cdot\left[(1-f)\cdot\frac{k_{s,k}\cdot c_k^{\beta_k}}{1+\eta_k\cdot c_k^{\beta_k}}-s_k^k\right] \quad (5\text{-}5)$$

式中，s_k^k为假定时变吸附浓度；c_k为液相浓度；α 为一级交换速率系数，当$\eta_k=0$ 时，$k_{s,k}$和β_k为吸附等温系数；f 为假定溶液相平衡时的交换位点比例（在湿地模型中设置为 0）。

生化模型以水力模型为基础，考虑到生化反应的规律和系统的稳定性，将迭代运算的最大步长缩小，以提高运算精准度，并延长模拟时长至 5 天（120h），直至系统内组分平衡且稳定（主要是氨氮不再发生明显变化）。调整模型内相关参数（Rizzo et al., 2014；郦剑等，2001），直至拟合良好。生化模型运算表见表 5-7。

表 5-7　生化模型运算表

要素	设置
模拟过程	水流和溶质运移
初始条件	水力平衡结果
模拟时长	120h
迭代参数	最大步长 0. 01h
生化模型	CWM1 湿地模块
主要参数	水解速率常数：0. 006 25h^{-1} 自养菌最大增长速率：0. 0417h^{-1} 氧利用饱和系数：1mg O_2/L 氨利用饱和系数：0. 5mg N/L

2. 模拟结果分析

由图 5-36 可知，系统在进水口（左下）和出水口（右上）位置，水流速度较大；而在左上角和右下角位置，流速明显很小；水流流经阴极、阳极碳毡位置时，流速变缓，而相应地在电极两侧流速增大；在其余位置，流速基本恒定。

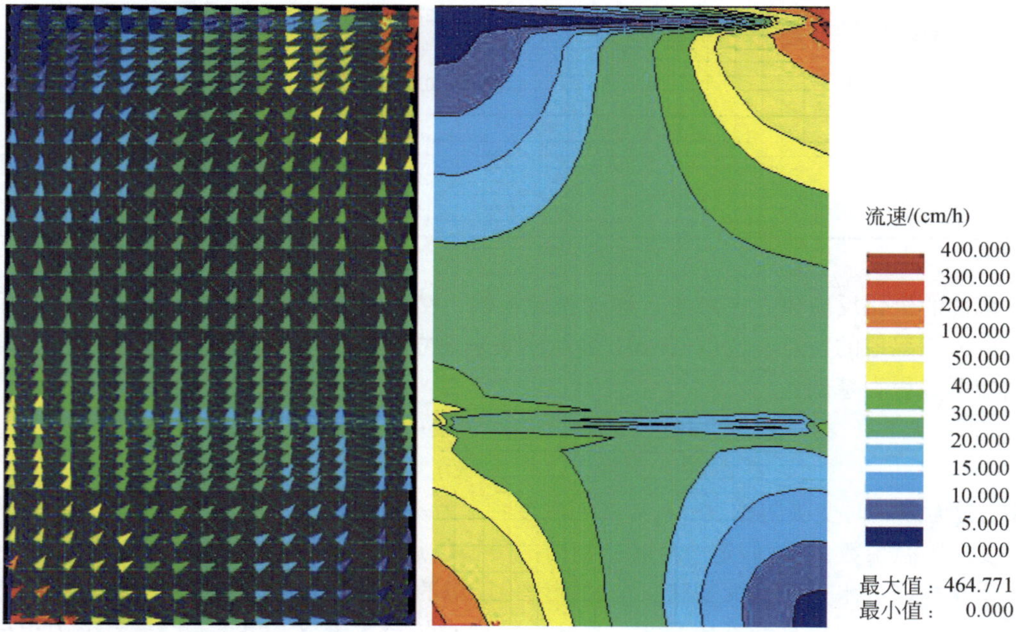

图 5-36　系统水力传导模拟情况

在进水口和出水口，水流分别受到蠕动泵动力和自由出流重力的影响，流速很大；而在另外两个对角区域，由于器壁限制和流动形式的影响，则各产生一个流动性很差的死水区，这对整个系统的生化反应是不利的，相当于削弱了系统的处理能力并且使其内部传质受限、扩散不均（Toscano et al.，2009）。另外，由于碳毡电极水力传导系数较小，流体流速变缓，这有利于污水充分接触电极表面的生物膜，有利于污染物的去除。

通过对比系统内各层的氨氮模型模拟值与实测值（图 5-37）发现，总体来说，氨氮拟合度良好。在 10cm、15cm、20cm 高度处，模拟值高于实测值；而在 30cm、40cm、45cm 各层模拟值略低于实测值。从最终出水的氨氮浓度来看，实测值为 12.67mg/L，而模拟值为 12.47mg/L，CW-MFC 模型拟合良好。

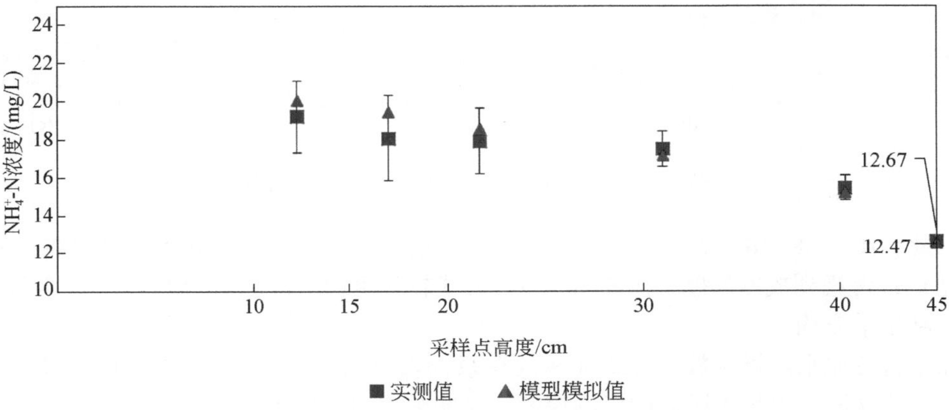

图 5-37　系统氨氮模拟对照

对于拟合值和实测值之间的差异，主要可以归结为以下几点原因。

一方面，如水力学分析中提到的，存在一些死水区及流速大的区域（Langergraber，2011），系统内各处流速不均，这对系统的影响不可忽略。因此，各层生化反应的溶质平衡结果也不均匀，模拟结果需取各点的平均值，这给模拟值带来了一定的误差。

另一方面，在实际采样测量时，取水时阀门打开相当于管嘴出流（郦剑等，2001），尤其是靠下端的采样点受水压影响大，出水流速大，对其周围的水层扰动很大。由于系统直径较大，因此所取得的水样只能最大限度地近似代表该层的情况，而不能完全排除其他层的干扰，这也是重要的系统误差之一。

所选取的建模平面是圆筒直径矩形面，是情况最为简单、最理想化的一个反应面；而实际情况中圆筒反应器其他弦截面情况复杂、并不均一，想要建立更加全面完整的反应模型，则需要更加完善的建模思路和更高的计算能力。

3. 系统优化分析

系统脱氮是溶质运移和生化反应作用的结果，而溶质运移则是生化反应的基础。尤其在连续流系统中，良好的水力传导条件对溶质运移尤为重要。考虑到实验所采用的方法使得系统中水流不均匀区域较大［图 5-38（a）］，改变进水或出水方式，并重新进行模拟，分别得到图 5-38（b）~（d）的结果。其中，图 5-38（b）为进水方式不变，改为从左上角位置出水；图 5-38（c）为进水方式不变，改为左上、右上双侧出水；图 5-38（d）为左下、右下双侧进水（流量减半），并左上、右上双侧出水。图 5-38（d）方式水流均一性最好，死水区和流速过大区面积明显减小，其次是图 5-38（c）方式，而图 5-38（b）方式死水区和流速过大区面积均增大且分化严重，水流更加不均。

图 5-38　不同进水方式下系统水力传导模拟图

因此，图 5-38（d）方式水力条件最佳，但增加进水点位，将导致机械设备（进水泵等）增加；考虑到成本问题，图 5-38（c）方式较为可取，即底端单侧进水、顶端双侧出水，有利于水流均一化。

如果转变原来阴极的放置方式（平放在系统表层），改为“半露式垂直埋置”在出水口附近，这样既可以扩大阴极的影响深度，又能减缓出水口附近的水流速度，使污水与埋置的阴极生物膜更加充分接触，并能使阴极上半部分接触氧气。基于这一思路，通过水流运动数值模拟可知其水力传导性能良好［图 5-38（e）］。采取相关设置后，该系统有望取得更优的处理效果，有待通过后续实验和模型研究进行验证。

5.2　复合垂直流 CW-MFC 系统

在垂直流 CW-MFC 系统脱氮过程中，硝化反应是限速步骤，上行流单元往往会因系统溶解氧含量过低而难以取得满意的氨氮去除效果。在上行流单元后端接入下行流单元有可能强化氨氮的去除，并进一步提升脱氮效果。

5.2.1　装置构建及运行

构建 3 组由上行流单元和下行流单元组成的复合垂直流 CW-MFC 系统（图 5-39），分别采用陶粒（CM-A）、石英砂（CM-B）和沸石（CM-C）3 种不同的填料作为系统的基质。在系统上行流单元底部一侧设有进水口，以及四处采水口（沿水流方向从下至上等距设置，分别为 U4 ~ U1）；在系统下行流底部一侧设有连接垂直插管的出水口，以及 4 处采水口（沿水流方向从上至下等距设置，分别为 D1 ~ D4）。

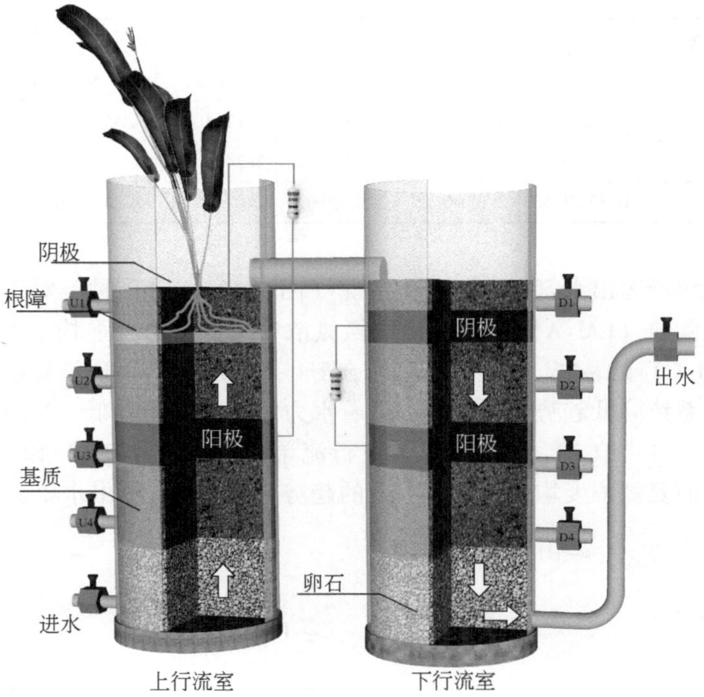

图 5-39　复合垂直流 CW-MFC 系统示意图

5.2.2　耦合系统净化效果

1. 水力负荷的影响

由表 5-8 可知，CM-A 系统上、下行流单元出水 pH 均高于 CM-B 系统和 CM-C 系统。进水中溶解氧浓度处于较低水平，经 3 组系统上行流单元处理后出水溶解氧浓度均升高，可能与湿地植物根系泌氧有关，其中 CM-B 系统升幅低于 CM-A 系统和 CM-C 系统。除了 CM-B 系统（水力停留时间为 2.8 天时），各系统下行流单元出水溶解氧浓度均高于 3.00mg/L。

表 5-8　耦合系统进水和上、下行流单元出水 pH 和溶解氧浓度

项目	水力停留时间	进水	CM-A 出水		CM-B 出水		CM-C 出水	
			上行流	下行流	上行流	下行流	上行流	下行流
pH	7.6 天	6.71±0.25	8.01±0.09	9.12±0.13	7.72±0.08	7.81±0.12	7.59±0.15	7.71±0.13
	4.0 天	7.50±0.49	8.38±0.24	8.97±0.14	7.45±0.11	7.60±0.05	7.33±0.08	7.51±0.10
	2.8 天	6.88±0.05	8.36±0.21	8.17±0.02	7.34±0.07	7.45±0.04	7.25±0.06	7.34±0.05

续表

项目	水力停留时间	进水	CM-A 出水		CM-B 出水		CM-C 出水	
			上行流	下行流	上行流	下行流	上行流	下行流
溶解氧浓度/(mg/L)	7.6 天	0.10±0.03	3.60±0.66	4.29±0.80	2.12±0.92	4.45±0.78	2.92±0.87	4.91±0.83
	4.0 天	0.24±0.22	3.40±0.79	3.72±0.53	2.24±0.31	3.66±0.74	3.28±0.08	3.23±0.92
	2.8 天	0.47±0.30	2.63±0.69	3.02±0.64	2.03±1.13	2.23±0.15	2.21±1.05	3.31±0.66

根据耦合系统沿程出水氨氮浓度变化情况（图 5-40），基质种类对系统氨氮去除率有较大影响，填充陶粒（CM-A）的系统沿程氨氮浓度降低趋势明显快于填充石英砂（CM-B）和沸石（CM-C）的系统。3 组耦合系统在 U4 ~ D2 层间均出现氨氮浓度明显降低的趋势，其中 CM-A 系统降低趋势尤为明显。随着水力停留时间的降低（H1 ~ H3），CM-A 系统上行流单元（AU4 ~ AU1）、CM-B 系统下行流单元（BD1 ~ BD4）以及 CM-C 系统上、下行流单元各层面氨氮浓度均呈现逐渐上升的趋势；CM-A 系统出水氨氮浓度受水力停留

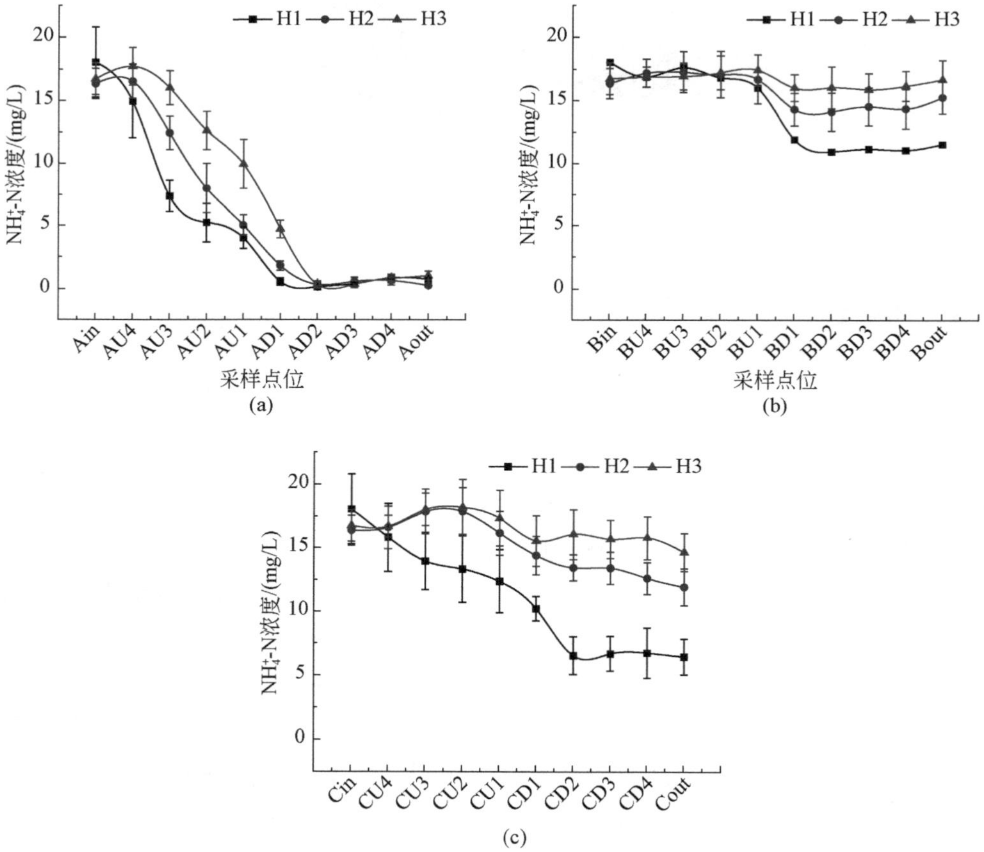

图 5-40 不同水力负荷下耦合系统沿程氨氮浓度变化规律

H1、H2 与 H3 分别表示系统水力停留时间为 7.6 天、4.0 天和 2.8 天；A、B 和 C 分别表示填充陶粒、石英砂和沸石作为基质的耦合系统；in、out、U4 ~ U1、D1 ~ D4 分别表示进出水与耦合系统分层出水；下同

时间影响较小，当水力停留时间降至 2. 8 天时，氨氮浓度仍然维持在 1. 50mg/L 以下。

耦合系统沿程出水硝态氮与亚硝态氮浓度均出现较大波动（图 5-41），例如在 U3 和 D1-D2 层面，3 组耦合系统硝态氮与亚硝态氮浓度均出现一定程度波动。不过，各耦合系统硝态氮与亚硝态氮浓度均值大多低于 0. 3mg/L，并且出水口处其浓度处于较低水平。

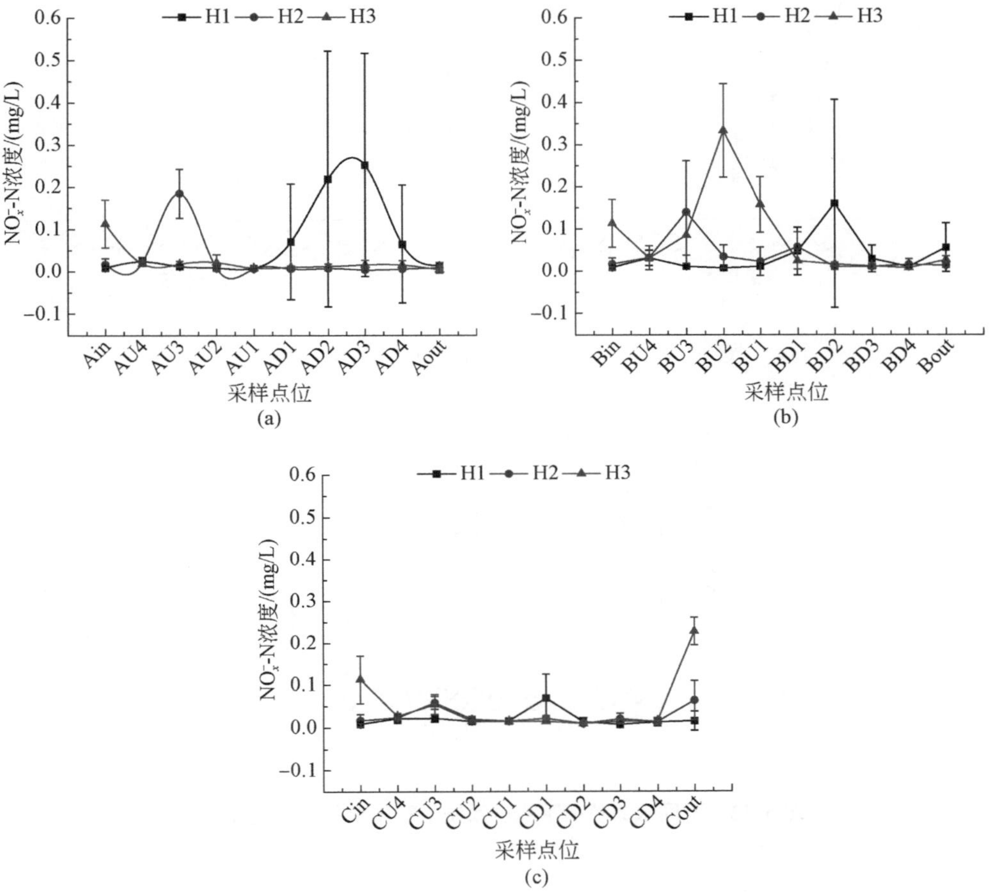

图 5-41　不同水力负荷下耦合系统沿程硝态氮与亚硝态氮浓度变化规律

由图 5-42 可知，与氨氮浓度的变化趋势类似，CM-A 系统沿程出水磷酸盐浓度降低的趋势明显快于 CM-B 和 CM-C 系统，并且 CM-A 系统下行流单元磷酸盐浓度均处于极低水平，在水力停留时间为 4. 0 天和 2. 8 天时，出水口磷酸盐平均浓度仅为 0. 03mg/L。随着水力停留时间的降低，CM-A 系统上行流单元、CM-B 和 CM-C 系统各层面磷酸盐浓度均呈现逐渐上升的趋势。

在 3 组耦合系统上行流单元，水体硫酸盐浓度沿程变化情况总体呈现下降趋势（图 5-43）。在下行流单元，CM-B 和 CM-C 系统水体硫酸盐浓度沿程变化较为平稳，而 CM-A 系统水体硫酸盐浓度沿程变化呈现上升趋势，在水力停留时间为 7. 6 天时水体硫酸盐浓度上升趋势最为明显，可能与陶粒基质释放有关。

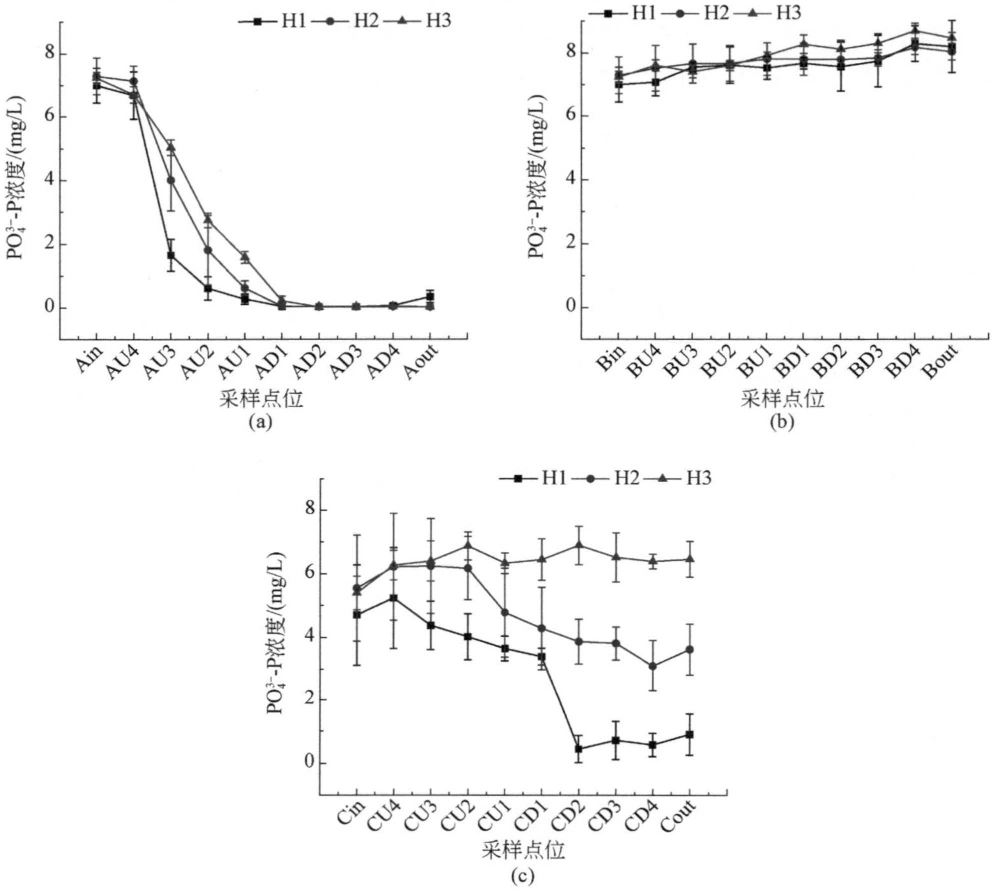

图 5-42 不同水力负荷下耦合系统沿程磷酸盐浓度变化规律

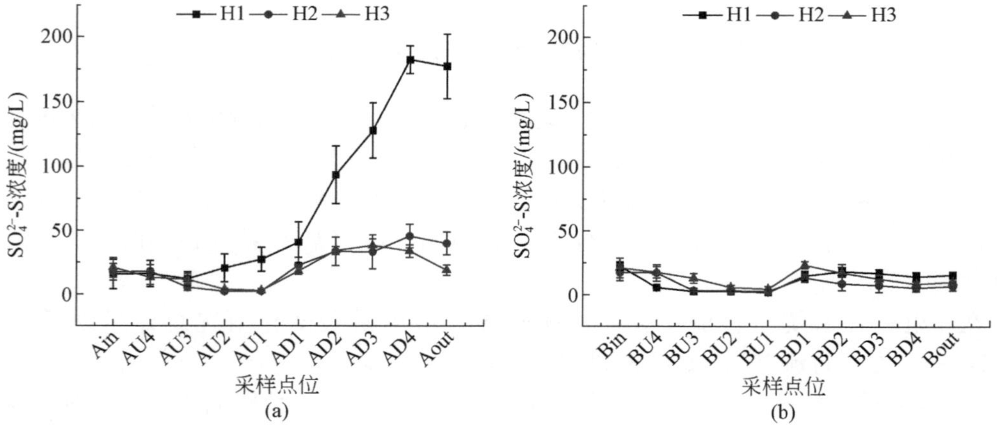

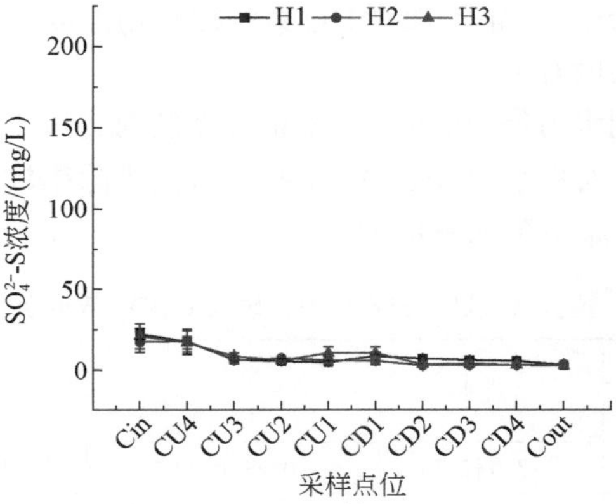

(c)

图5-43　不同水力负荷下耦合系统沿程硫酸盐浓度变化规律

在3组耦合系统上行流单元，硫化物浓度出现不同程度的波动，并且水力停留时间越短，波动越大（图5-44）。在下行流单元，除CM-B系统在水力停留时间为2.8天时下行

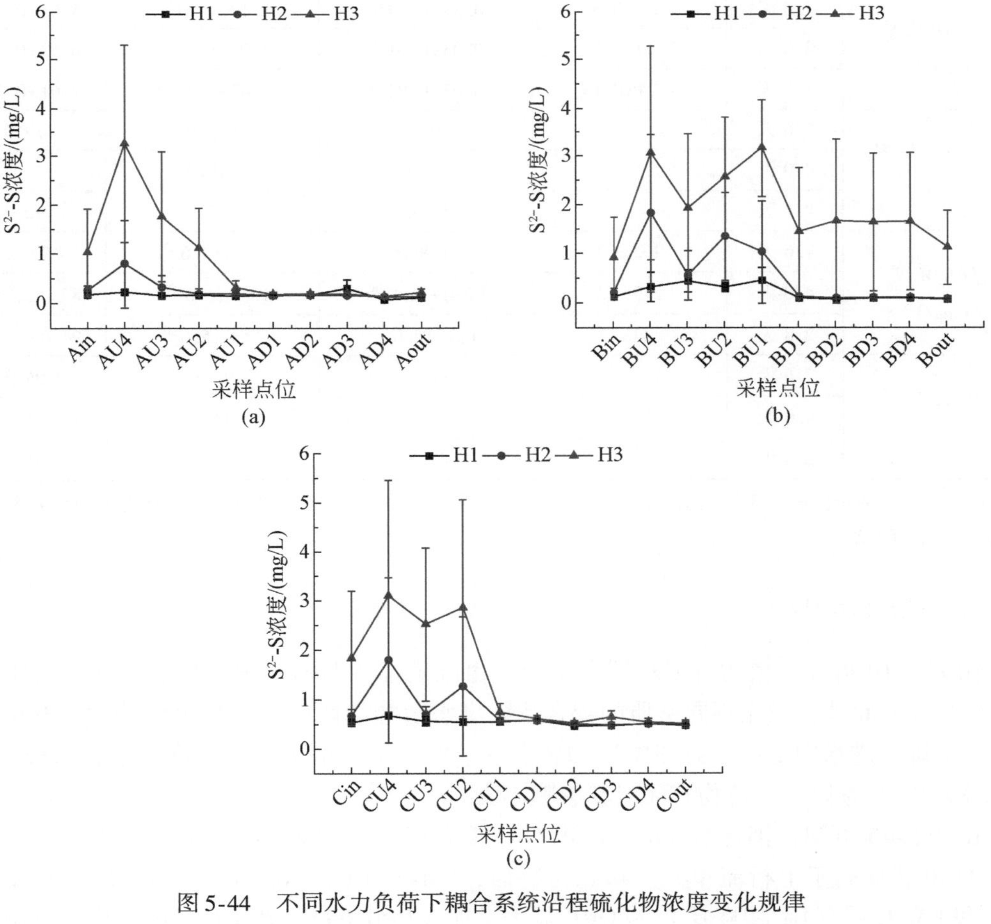

图5-44　不同水力负荷下耦合系统沿程硫化物浓度变化规律

流单元各层面有硫化物检出，CM-A 和 CM-C 系统硫化物浓度均处于极低水平，可能与下行流单元较高的溶解氧浓度有关。

由表 5-9 可知，不同水力停留时间下，CM-A 系统对进水中 NH_4^+-N 和 PO_4^{3-}-P 均有较高的去除率。虽然 CM-B 对进水中 NH_4^+-N 和 PO_4^{3-}-P 的去除率较低，但在不同水力停留时间下对 COD_{Cr}的去除率均保持在 90% 以上。

表 5-9　耦合系统进、出水中氮、磷与 COD_{Cr}浓度及其去除率

项目	水力停留时间	进水	出水		
			CM-A	CM-B	CM-C
NH_4^+-N 浓度/(mg/L)	7.6 天	18.0±2.75	0.75±0.14^{aA}	11.5±1.21^{bA}	6.43±1.39^{cA}
	4.0 天	16.4±1.20	0.28±0.14^{aB}	15.3±1.30^{bB}	11.9±1.45^{cB}
	2.8 天	16.7±1.25	1.03±0.34^{aA}	16.7±1.51^{bB}	14.7±1.47^{cC}
NH_4^+-N 去除率/%	7.6 天		95.8	36.1	64.3
	4.0 天		98.3	6.7	27.4
	2.8 天		93.8	0.0	12.0
PO_4^{3-}-P 浓度/(mg/L)	7.6 天	7.00±0.55	0.35±0.19^{aA}	8.19±0.81^{bA}	5.67±0.23^{cA}
	4.0 天	7.29±0.58	0.03±0.01^{aB}	8.03±0.26^{bA}	6.62±0.28^{cB}
	2.8 天	7.24±0.19	0.03±0.01^{aB}	8.47±0.17^{bA}	7.61±0.19^{cC}
PO_4^{3-}-P 去除率/%	7.6 天		95.0	−17.0	19.0
	4.0 天		99.6	−10.2	9.2
	2.8 天		99.6	−17.0	−5.1
COD_{Cr}浓度/(mg/L)	7.6 天	262±69	9.0±8.0^{aA}	11.0±4.0^{aA}	15.0±12.0^{aA}
	4.0 天	243±22	90.0±21.0^{aB}	18.0±6.0^{bAB}	87.0±21.0^{aB}
	2.8 天	243±15	128±12.0^{aC}	20.0±5.0^{bB}	94.0±11.0^{cB}
COD_{Cr}去除率/%	7.6 天		96.6	95.8	94.3
	4.0 天		63.0	92.6	64.2
	2.8 天		47.3	91.8	61.3

注：a、b、c 表示出水水质在不同耦合系统间是否存在显著性差异；A、B、C 表示出水水质在不同水力停留时间下是否存在显著性差异。

2. 植物种类影响

由表 5-10 可知，植物有无对耦合系统脱氮除磷能力具有明显影响，特别是 CM-B 与 CM-C 系统。此外，填充不同基质的耦合系统出水磷酸盐浓度存在显著性差异，有植物的 CM-A 系统对进水中氨氮（91.3%）和磷酸盐（82.9%）的去除率最高。耦合系统 COD_{Cr}去除率均在 90% 以上，植物有无对其影响不大。

由图 5-45 可知，耦合系统沿程出水 ORP 变化范围在−200mV ~ 200mV，其中，下行流单元 ORP 普遍高于上行流单元。移除植物后，CM-A（U2 ~ D3 层）、CM-B 层（D1 ~ D3 层）和 CM-C 层（U1 ~ D4 层）的 ORP 显著增加（$P<0.05$）。在 D1 ~ D3 层中，移除植物

后的耦合系统 ORP 均显著高于有植物的系统。

表 5-10　植物对耦合系统进、出水 N、P 和 COD_{Cr} 浓度的影响

项目		进水	出水		
			CM-A	CM-B	CM-C
NH_4^+-N 浓度/(mg/L)	有植物	16.6±2.96	1.45±1.16[a]	4.25±1.97[b*]	1.46±1.53[a*]
	无植物	16.3±1.54	2.15±0.64[a]	8.91±2.48[b]	5.75±1.73[c]
NH_4^+-N 去除率/%	有植物		91.3	74.4	91.2
	无植物		86.8	45.3	64.7
PO_4^{3-}-P 浓度/(mg/L)	有植物	6.72±0.66	1.15±0.33[a*]	6.10±0.88[b*]	3.73±1.03[c*]
	无植物	6.55±0.27	2.12±0.24[a]	6.69±0.54[b]	6.52±0.48[b]
PO_4^{3-}-P 去除率/%	有植物		82.9	9.2	44.5
	无植物		67.6	−2.1	0.5
COD_{Cr}浓度/(mg/L)	有植物	232±14.0	18.0±17.0	12.0±8.0	14.0±11.0
	无植物	240±26.0	16.0±6.0	13.0±5.0	16.0±3.0
COD_{Cr}去除率/%	有植物		92.2	94.8	94.0
	无植物		93.3	94.6	93.3

注：a、b、c 表示不同耦合系统出水水质指标间的差异显著性；* 表示在同一耦合系统有无植物的处理间的差异显著性。

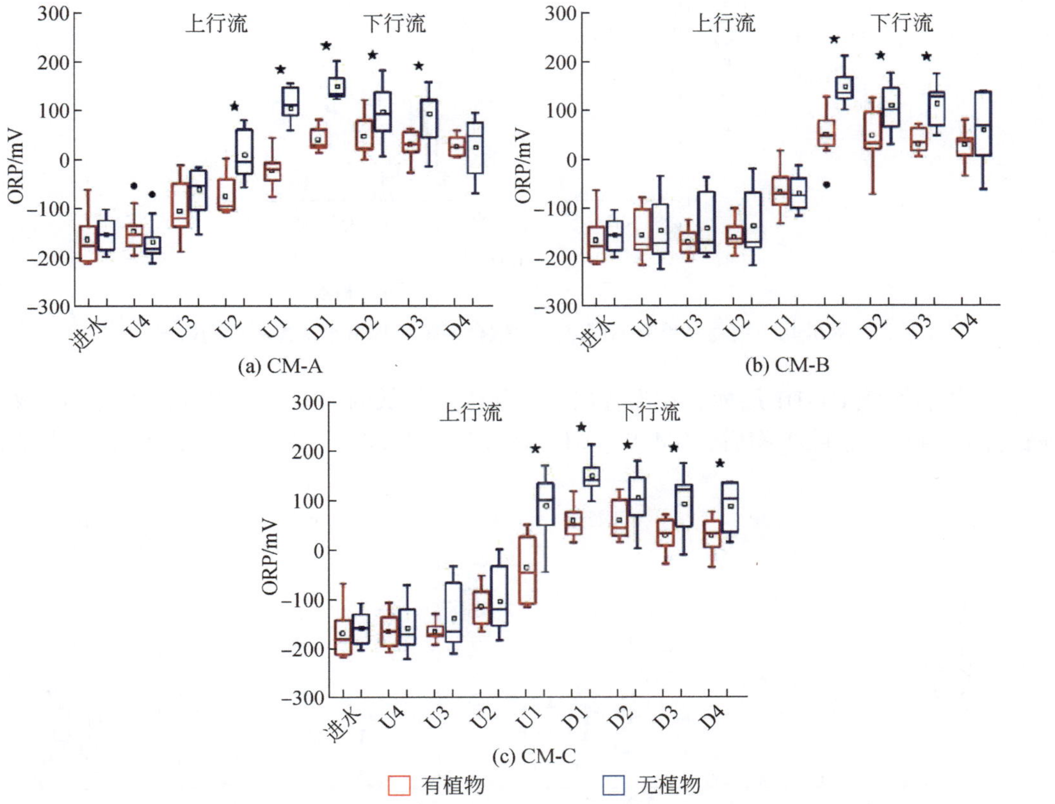

图 5-45　植物对填充不同基质的耦合系统沿程氧化还原电位的影响

•表示异常高（低）值，★表示在有无植物的系统间存在显著性差异，下同有植物时，耦合系统上行流单元沿程出水氨氮浓度具有明显下降趋势，下行流单元沿程出水氨氮浓度均处于较低水平。移除植物后，CM-B 和 CM-C 上行流单元沿程出水氨氮浓度下降趋势减弱，下行流单元沿程出水氨氮浓度均显著增加。在耦合系统 U1-D1 层面，沿程出水氨氮浓度均出现明显降低趋势（图 5-46）。

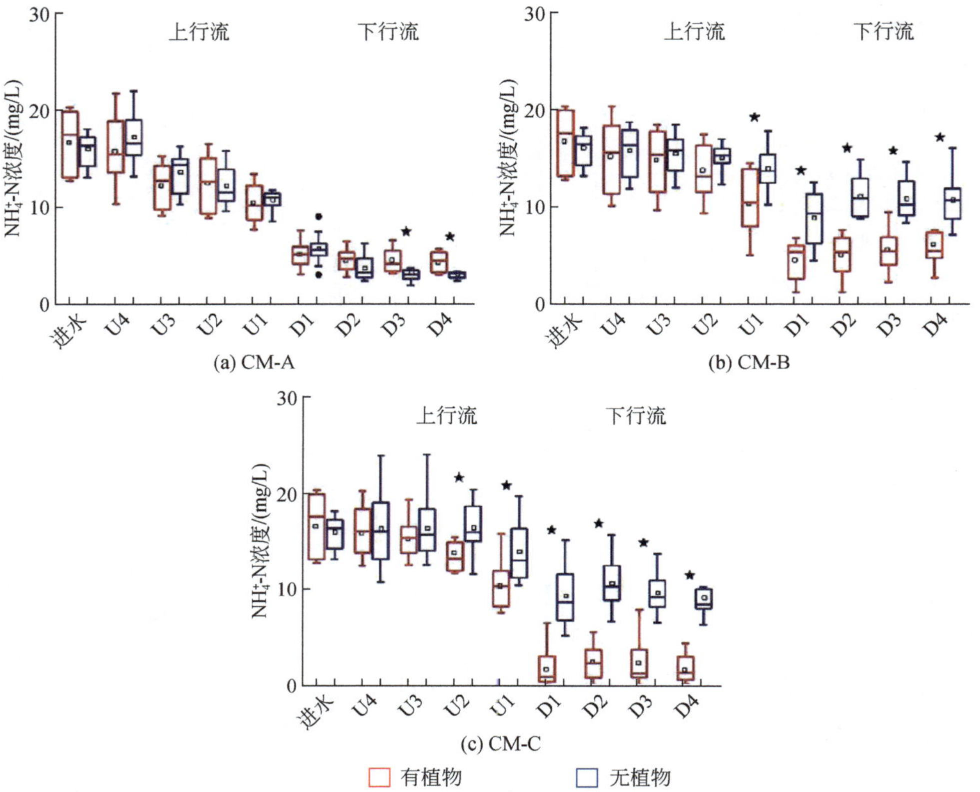

图 5-46　植物对填充不同基质的耦合系统沿程出水氨氮浓度的影响

在耦合系统 U1-D1 层面，在沿程出水氨氮浓度降低的同时，硝态氮和亚硝态氮浓度升高（图 5-47）。移除植物后，CM-B（U1～D4 层）和 CM-C（U1、D2 和 D4 层）中硝态氮

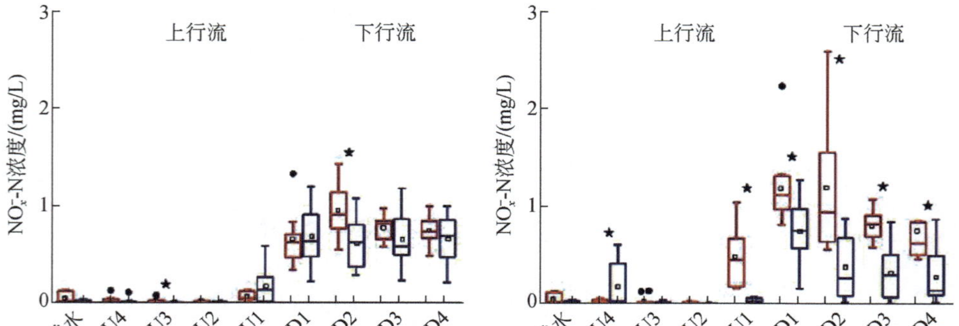

(a) CM-A　　(b) CM-B

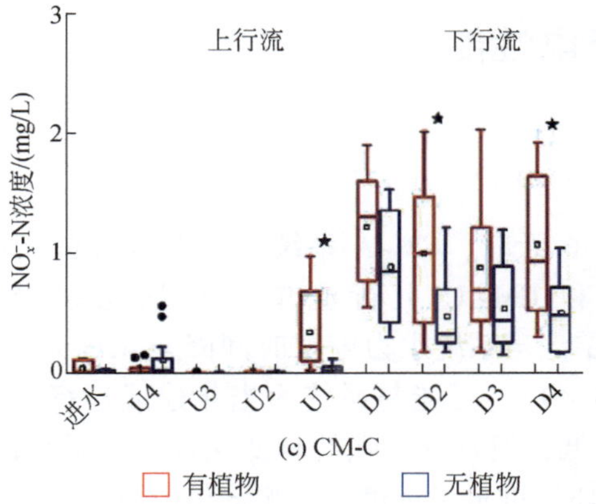

图 5-47 植物对填充不同基质的耦合系统沿程出水硝态氮与亚硝态氮浓度的影响

和亚硝态氮浓度显著低于有植物系统。

CM-A（U4 ~ D3 层）和 CM-C（U2 ~ D1 层）系统在有植物时沿程出水磷酸盐浓度有下降趋势，移除植物后 CM-A 与 CM-C 系统 D1 ~ D4 层出水磷酸盐浓度明显升高（图 5-48）。

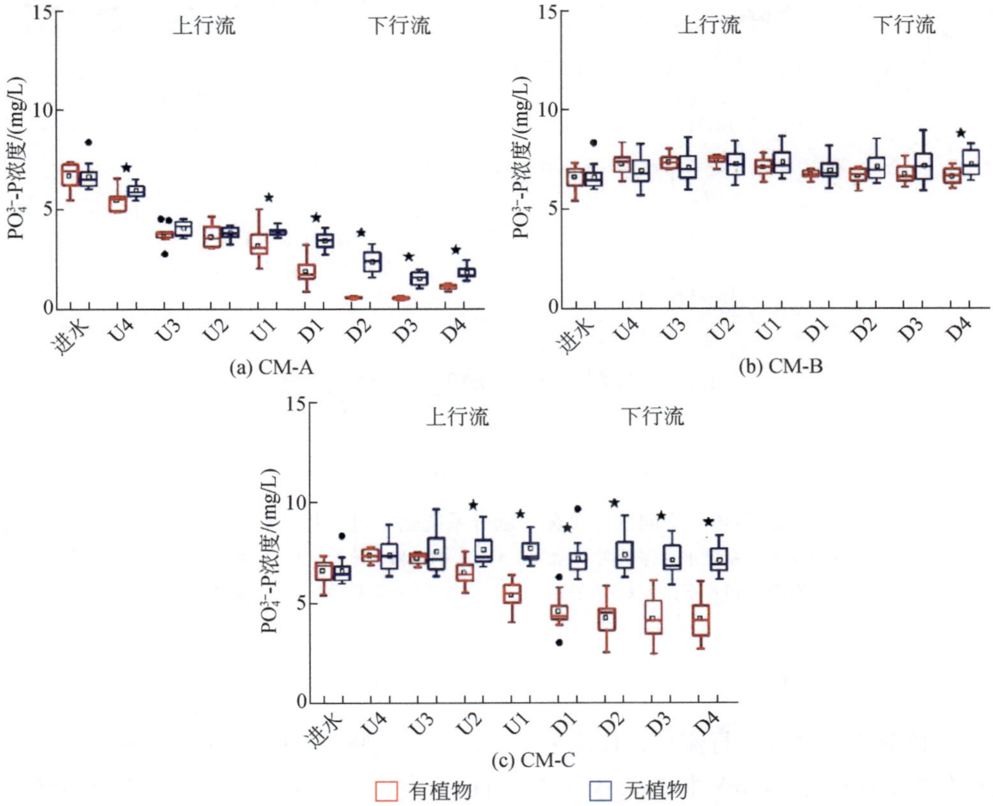

图 5-48 植物对填充不同基质的耦合系统沿程出水磷酸盐浓度的影响

5.2.3 耦合系统产电性能

1. 水力负荷影响

当水力停留时间为 7.6 天时，CM-A 系统上、下行流单元输出电压均高于 CM-B 和 CM-C；CM-A、CM-B 和 CM-C 上行流单元平均功率密度分别为 120.3mW/m^3、11.3mW/m^{3}和 14.2mW/m^3。当系统水力停留时间降至 4.0 天和 2.8 天时，各系统输出电压均降至较低水平（图 5-49），可能与系统为当年建成运行，对进水负荷耐受性较低有关。系统输出电压虽然较低，但具有较强的日变化规律。系统设定分别在 6：00、12：00 和 18：00 开始间歇运行 1h，进水过程可能影响输出电压。

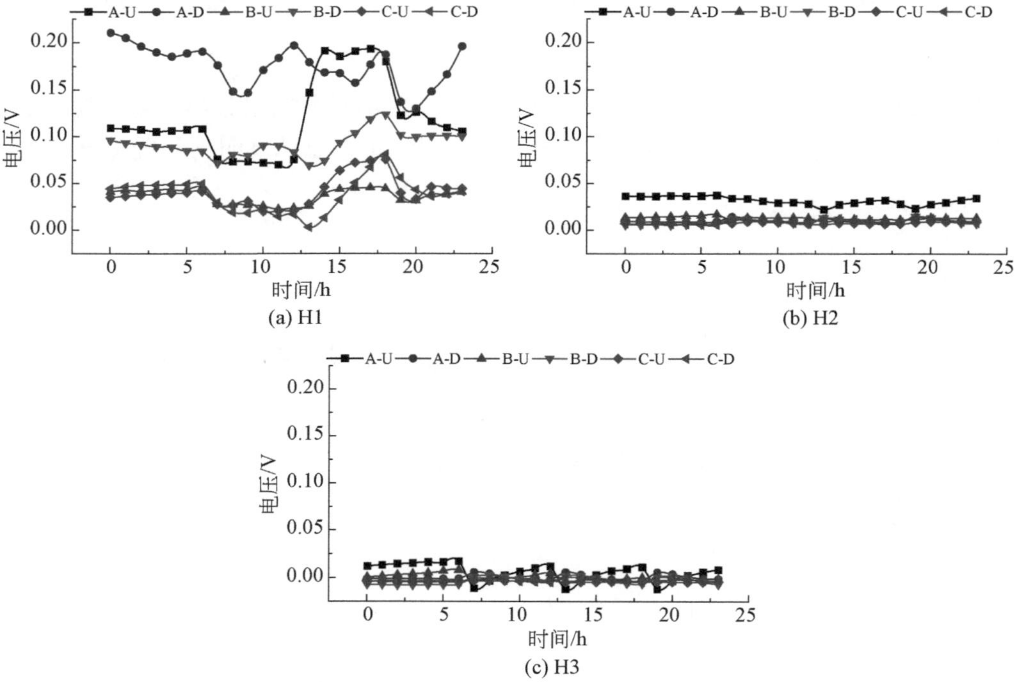

图 5-49 不同水力负荷下耦合系统输出电压日变化规律

H1、H2 与 H3 分别表示系统水力停留时间为 7.6 天、4.0 天和 2.8 天；A、B 和 C 分别表示填充陶粒、石英砂和沸石作为基质的耦合系统；U、D 分别表示上、下行流单元

2. 植物种类影响

通过监测耦合系统上行流单元输出电压发现，有植物的 CM-A、CM-B 和 CM-C 系统输出电压分别 291mV、244mV 和 263mV（表 5-11）；移除植物后，CM-A、CM-B 和CM-C的输出电压分别降为 269mV、198mV 和 195mV。与无植物的 CM-A、CM-B 和 CM-C 系统相比（平均功率密度分别为 613mW/m^3、332mW/m^{3}和 322mW/m^3），有植物的耦合系统平均功率

密度更高，分别为 718mW/m³（CM-A）、505mW/m³（CM-B）和 586mW/m³（CM-C）。

表 5-11　植物有无对耦合系统输出电压、内阻与最大功率密度的影响

项目		CM-A	CM-B	CM-C
输出电压/mV	有植物	291±32	244±26	263±43
	无植物	269±41	198±39	195±78
内阻/Ω	有植物	786	919	614
	无植物	756	946	867
最大功率密度/(mW/m³)	有植物	751	625	895
	无植物	739	299	122

由极化曲线（图 5-50）可知，无植物的 CM-B（299mW/m³）和 CM-C（122mW/m³）

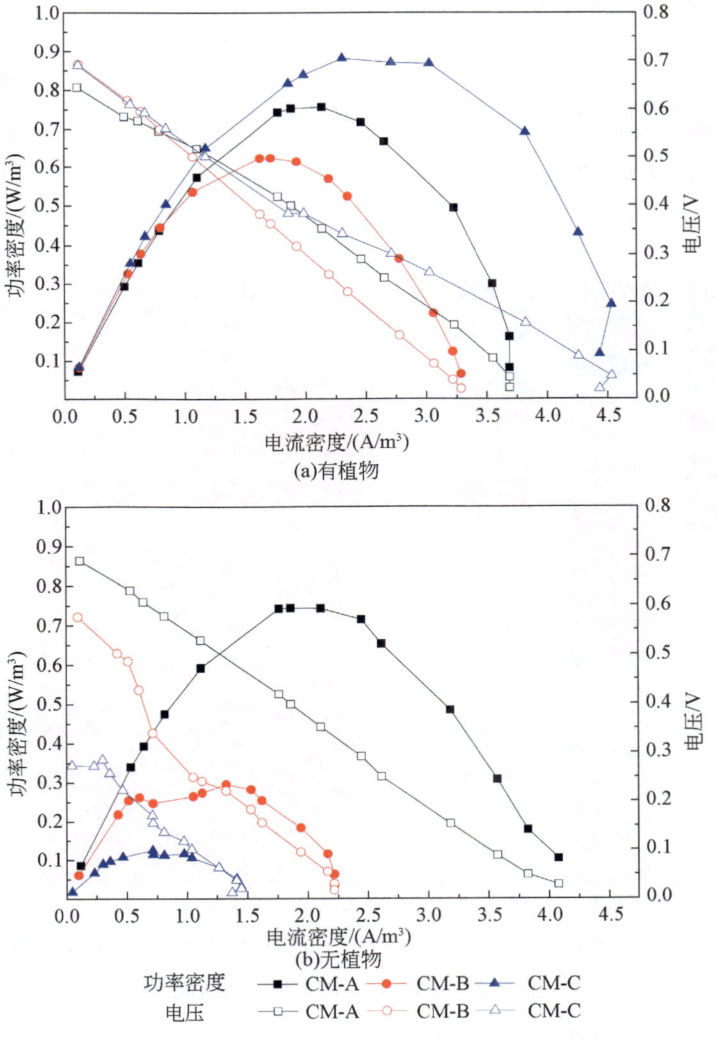

图 5-50　植物对填充不同基质的耦合系统极化曲线的影响

系统最大功率密度低于有种植的 CM-B（625mW/m³）和 CM-C（895mW/m³）系统最大功率密度。植物移除前后 CM-A 的最大功率密度几乎保持不变，分别为 751mW/m³ 和 739mW/m³。CM-B 系统不管有无植物，内阻均高于其他系统；植物移除前后对 CM-A 系统内阻（分别为 786Ω 和 756Ω）同样没有太大影响；不过，CM-C 系统无植物（867Ω）比有植物（614Ω）时内阻有明显升高。

5.2.4 微生物机制

为了评估微生物对耦合系统净化与产电效率的影响机制，采用 16S rRNA 高通量测序研究了系统上行流阴极区细菌群落组成。结果表明，变形菌门和拟杆菌门占优势［图 5-51(a)］，它们在 CM-A、CM-B 和 CM-C 占比分别达到 80.6%、65.1% 和 80.7%。变形菌门中，β-分支占优势，接着是 γ-分支、α-分支、δ-分支和 ε-分支。

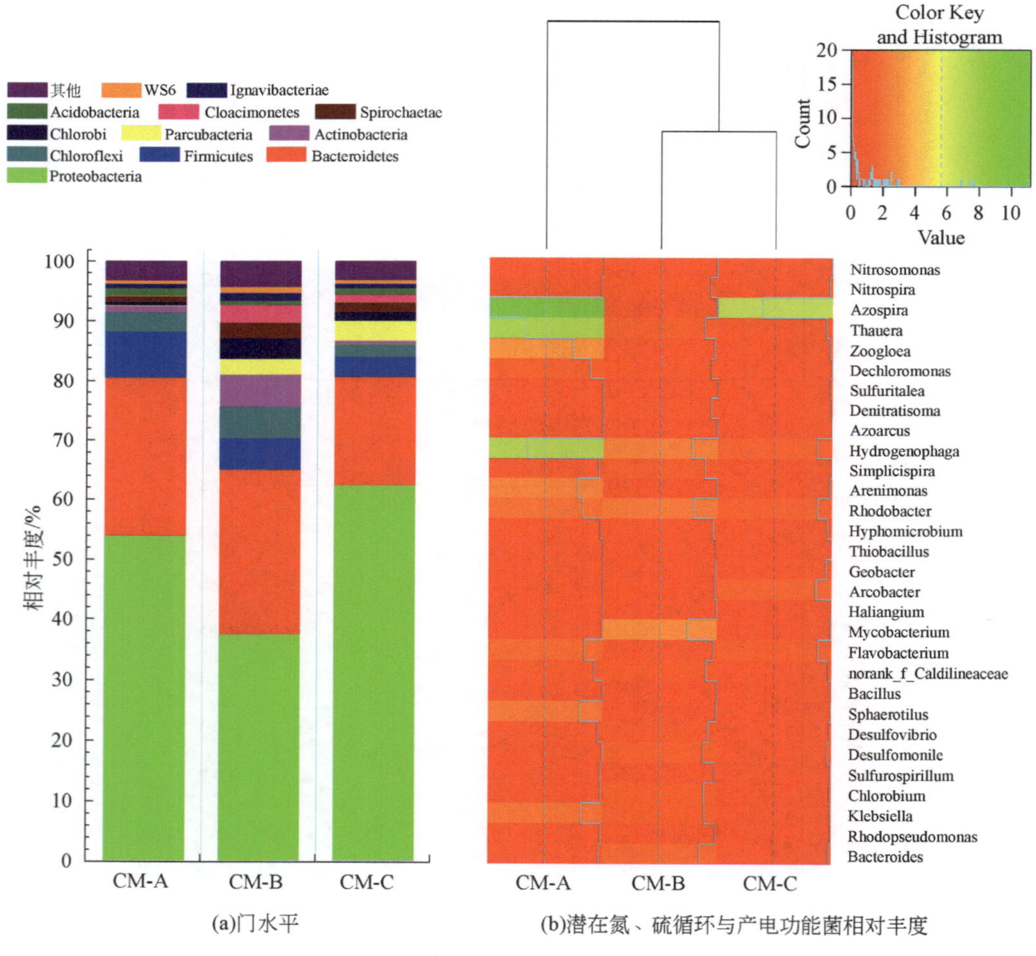

图 5-51　耦合系统微生物群落组成

在科水平，丛毛单胞菌科（Comamonadaceae）、Lentimicrobiaceae 和红环菌科（Rhodocyclaceae）相对丰度较高，在 CM-A、CM-B 和 CM-C 系统占比分别达到 50.9%、33.0% 和 42.8%。在属水平，与硝化、反硝化、硫酸盐还原和产电可能有潜在关联的功能菌如图 5-51（b）所示。在 CM-A、CM-B 和 CM-C 系统，与硝化过程有关的 *Nitrosomonas* 和 *Nitrospira* 相对丰度较低，占比分别为 0.3%、0.8% 和 0.3%；与反硝化过程有关的功能菌群，如 *Azospira*、*Thauera*、*Hydrogenophaga*、*Zoogloea*、*Arenimonas*、*Rhodobacter*、黄杆菌属（*Flavobacterium*）和 *Dechloromonas*，相对丰度分别为 35.8%、14.3% 和 15.2%，它们大多属于变形菌门 β-分支；与硫酸盐还原过程有关的 *Desulfovibrio* 和脱硫念珠菌属（*Desulfomonile*）在 CM-B 系统（2.2%）中的相对丰度高于 CM-A（0.5%）和 CM-C（0.6%）系统；与产电过程有关的克雷伯氏菌属（*Klebsiella*）、拟杆菌属（*Bacteroides*）、红假单胞菌属（*Rhodopseudomonas*）和 *Arcobacter* 相对丰度分别为 2.6%、3.1% 和 0.4%。

3 组系统上行流单元出水溶解氧浓度（2.03～3.60mg/L）虽然不高，但理论上并未低至对硝化反应过程产生不利影响。不过，在 3 组系统上行流单元阴极亚硝化细菌和硝化细菌相对丰度却较低。相比于其他两组系统，CM-A 系统阴极区氨氮去除率最高，而硝态氮和亚硝态氮浓度却未出现明显升高趋势，可能与 CM-A 系统阴极丰度较高的反硝化细菌有关。一些反硝化细菌在脱氮过程中会扮演多样化的角色。Feng 等（2015）报道一些细菌（如 *Hydrogenophaga*）可以在微生物燃料电池阴极腔实现异养硝化–好氧反硝化。同时，在潮汐流人工湿地中，*Hydrogenophaga*、*Dechloromonas* 和 *Zoogloea* 细菌被认定具有异养硝化–好氧反硝化能力，有利于通过同步硝化、反硝化实现氮的高效去除（Tan et al.，2020）。上述 3 种细菌在 CM-A 系统中的相对丰度明显高于其他系统，可能在 U2～D2 层面高效脱氮过程中扮演了重要角色。

在 CW-MFC 上行流单元的 U4～U2 层，硫酸盐浓度呈现逐渐降低的趋势，而硫化物浓度呈现逐渐增加的趋势。接着在 U2～D1 层，硫化物浓度逐渐降低，可能与反硝化脱硫过程有关。Huang C 等（2017）认为不仅自养细菌可以参与反硝化脱硫，一些异养细菌也可以实现硝酸盐、硫化物和有机碳的同步去除。有报道指出，*Thauera* 细菌是对硫化物有一定耐受性的兼性反硝化细菌（Liang et al.，2020；Mao et al.，2013），在同时存在硫化物和有机碳的条件下会成为优势种（Zhang et al.，2019）。在 CM-A 系统，相对丰度较高的 *Thauera* 细菌可能有助于高效脱氮。

此外，*Thauera* 在系统产电方面可能也发挥了重要作用，该属细菌是自养反硝化生物阴极的主要菌株（Jiang et al.，2017）可在脱氮的同时实现高性能的产电（Yang N et al.，2018）。*Rhodobacter* 和 *Hydrogenophaga* 除了参与脱氮，在将电子从阴极表面传递到最终电子受体的过程中也发挥了重要作用（Huang et al.，2014）。上述菌株在 CM-A 系统阴极相对丰度高于 CM-B 和 CM-C，可能有助于提高 CM-A 系统产电输出。CM-A 系统较高的脱氮效率可归因于阴极区域中较高丰度的细菌（*Azospira*、*Thauera*、*Hydrogenophaga*、*Zoogloea*、*Rhodobacter* 和 *Dechloromonas*），这些细菌可能同时参与硝化和反硝化以及反硝化硫化物去除。基质吸附和通过 *Thauera* 与 *Dechloromonas* 进行反硝化除磷可能是系统除磷的主要途径。

移除植物后，耦合系统电极区 *nirK*/16S rDNA 明显增加（图 5-52）。移除植物对 CM-A 系统上行流单元阳极区 *nirK* 与 *nirS* 基因相对丰度影响较大，使得 *nirK*/*nirS* 明显升高；除此以外，在已调查的其他耦合系统电极区，*nirS* 型反硝化细菌的相对丰度高于 *nirK* 型反硝化细菌。与有植物的耦合系统相比，无植物的耦合系统 *nirS*（CM-A 上行流单元阳极区和 CM-B 下行流单元阴极区除外）和 *nosZ*（CM-A 下行流单元阴极区除外）基因相对丰度更高。在耦合系统上行流单元阴极区（除 CM-A 外），*nirS*/16S rDNA 高于其他电极区，表明 *nirS* 型反硝化细菌在该区域反硝化过程中占主导地位。

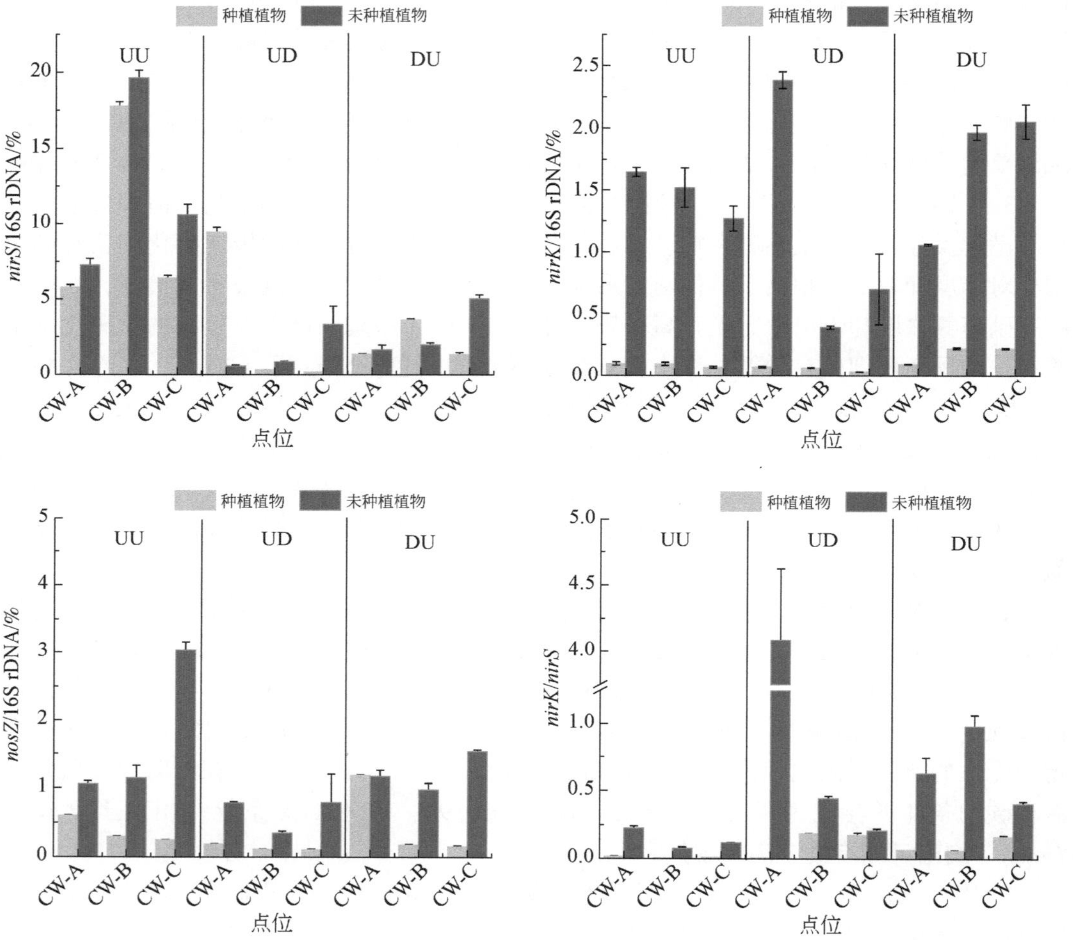

图 5-52　植物对填充不同基质的耦合系统电极区域功能基因相对丰度的影响

UU、UD 和 DU 分别表示上行流单元阴极、阳极，以及下行流单元阴极

有植物的 CM-A 和 CM-C 系统对氨氮的去除率较高。在 CW-MFC 系统中填充陶粒作为基质，可提高孔隙水 pH、促进同步硝化反硝化过程（Zhong et al.，2020），CM-A 系统较高的氨氮去除率可能与上述因素有关。沸石可通过较高的离子交换和吸附能力有效去除水体氨氮（Yakar et al.，2018），有助于提高填充沸石的 CM-C 系统对氨氮的去除率。在 CM-A 和 CM-C 系统的 U1～D1 层，均出现了氨氮浓度明显降低趋势，以及硝态氮和亚硝态氮浓度小幅升高的现象。结合上行流单元阴极区较高的 *nirS*/16S rDNA，表明该区域有可能

发生同步硝化反硝化过程。此外，阴极反硝化是 CW-MFC 系统重要的脱氮途径之一，U1 和 D1 层分别位于上、下行流单元阴极区。有植物的 CM-A 和 CM-C 系统的输出电压和功率密度较高，可能有助于阴极反硝化脱氮。在 CM-A 系统中，不管有无植物，氨氮浓度在 U4 ~ U3 层（上行流阳极区域）均出现明显降低现象，而在 CM-B 系统和 CM-C 系统的对应层面并未出现氨氮浓度降低的现象。Srivastava 等（2020）提出 CW-MFC 的阳极区有可能存在阳极驱动的厌氧氨氧化过程。据报道，中等浓度的 Fe(Ⅲ)可促进功能菌生长，从而强化厌氧氨氧化反应（Zhang S Q et al., 2021）。CM-A 系统填充的陶粒中 Fe 含量较高（Zhong et al., 2015b），可能在阳极区氨氮去除过程中发挥了一定作用。

在 D1 ~ D3 层中，移除植物后的耦合系统 ORP 均显著高于有植物的系统。在植物根系泌氧作用下，根系尖部 ORP 可增至 100mV（Flessa and Fischer, 1992），不过，作用范围仅限于沿根部延伸约 8mm 的区域（Liu B Y et al., 2018）。在该微氧化区域之外，植物凋落物、根系分泌物和根系周转会影响根际层有机碳浓度（Hale and Moore, 1980），使得还原性化合物（如硫化物）浓度升高，同时降低孔隙水 ORP。移除植物后，切断根际层有机碳供应可能是 D1 ~ D3 层 ORP 升高的主要原因。不过，D1 ~ D3 层出水氨氮浓度不降反升，同时，CM-B 系统和 CM-C 系统对应层面硝态氮与亚硝态氮浓度也出现降低现象，表明植物在 CW-MFC 系统硝化反应过程中发挥了重要作用。

在 CM-C 系统，移除植物使得氨氮去除率从 91.2% 降至 64.7%。虽然沸石对氨氮去除有一定促进作用，但是若不对其进行再生处理，连续运行后吸附能力会逐渐降低（Martins et al., 2017）。在有植物的 CM-C 系统，植物根系通过氮素同化与根区泌氧促进硝化作用，有利于沸石的生物再生。移除植物后，不利于沸石吸附能力的生物再生，导致 CM-C 系统对氨氮去除率降低。同时，移除植物也使得 CM-C 系统对磷酸盐去除率从 44.5% 降至 0.5%。与 CM-C 系统类似，CM-B 系统在移除植物后，对氨氮和磷酸盐的去除率也出现明显降低现象。在上行流单元，有植物的 CM-B 和 CM-C 系统电压输出分别为 244mV 和 263mV，移除植物后 CM-B（198mV）和 CM-C（195mV）系统输出电压均明显降低。上述结果表明，植物对提升 CW-MFC 耦合系统净化和产电能力具有重要作用。

不管有无植物，CM-A 系统均保持了较高的脱氮除磷效率。没有植物时，阴极区（U1 ~ D1 层）的同步硝化反硝化和阴极反硝化过程，以及阳极区（U4 ~ U3 层）由阳极驱动的厌氧氨氧化过程对维持较高的脱氮效率可能具有重要作用。对于磷的去除，在陶粒上的吸附位点饱和之前，CM-A 系统可以维持稳定除磷效率。

在脱氮除磷与产电效率方面，陶粒和沸石是 CW-MFC 耦合系统较为理想的填充基质；在不同的水力停留时间下，填充陶粒的 CW-MFC 耦合系统对 N 和 P 的去除率相对稳定，而当水力停留时间从 7.6 天降低到 2.8 天时，输出电压大大降低；即使缺少植物，使用陶粒作为基质仍有助于 CW-MFC 耦合系统维持良好的净化与产电性能。在耦合系统除磷效率明显下降时，建议更换或重新活化系统中填充的基质。

5.3 小　　结

（1）水力负荷与电极间距对 CW-MFC 的脱氮性能（氨氮和总氮的去除率）有非常显

著的影响（$P<0.01$）。电极间距较大时，出水氨氮与总氮浓度较低，较大的电极间距（阳极位置靠下）利于系统脱氮。提高水力负荷弱化了底层区的作用，而使闭路系统阳极区和阴极区的处理能力增强。此外，提高水力负荷使所有的开路系统出水氨氮浓度与总氮浓度都有所增加；但在闭路系统中，G1 组氨氮浓度和总氮浓度略有下降（但变化不大），G2、G3 组氨氮浓度和总氮浓度升高且 G3 组氨氮浓度和总氮浓度升高明显，说明较大的电极间距利于在较高水力负荷下脱氮。在 30cm 的电极间距及 200mm/d 的水力负荷下，耦合系统可以取得最高的总氮去除率，而其氨氮去除率（仅比最高去除率低 3.3 个百分点）也较高。因此，从实际处理水量及脱氮效率角度出发，电极间距为 30cm，水力负荷为 200mm/d是较优的系统运行条件。

（2）借助 Hydrus 软件 CWM1 湿地模型，成功模拟了耦合系统的氨氮去除效果。基于该模型，对耦合系统的运行过程进行模拟后，提出几点建议。从经济实用的角度出发，可采用单侧进水、双侧出水的方式，以改善系统水力条件，提高水流均一性。从提升系统生化反应性能角度来看，可适当增加电极厚度以富集更多微生物；而在系统驯化前期除了向阳极接种厌氧污泥之外，阴阳极均应接种适量好氧菌，以缩短系统成熟时间。

（3）选择陶粒和沸石作为基质，有利于提高耦合系统产电及对 NH_4^+-N 和 PO_4^{3-}-P 的去除率。在不同水力停留时间下，填充陶粒的 CM-A 系统对进水中 NH_4^+-N 和 PO_4^{3-}-P 均有较高的去除率。当耦合系统植被收割时，填充陶粒的系统对 N、P 的去除率和产电效率优于填充石英砂和沸石的系统。

第 6 章　模块化折流人工湿地

新污染物危害生态环境和人体健康，是全球环境问题之一。抗生素作为一类新污染物，在地表水环境中广泛存在，具有浓度低、潜在生态风险高的特点。同时，人工湿地存在占地面积大、堵塞、内部碳氧分布不平衡和温室气体排放等问题，限制了该技术进一步的推广应用。因此，开展创新工艺人工湿地对抗生素等新污染物去除作用与温室气体排放特征等研究，对于保护水环境，削减温室气体排放，协同推进减污降碳，保障生态环境质量和人类健康具有重要意义。模块化折流人工湿地借鉴移动床生物膜反应器工艺特点进行创新设计，灵活组合多维度调控策略，旨在实现污染物与温室气体排放协同控制。本章构建了模块化折流人工湿地，探究了其脱氮除磷效果、抗生素去除及温室气体排放规律。

6.1　模块化折流人工湿地设计与构建

于同济大学南校区温室内构建 3 套模块化人工湿地（MCW）小试装置和 1 套传统水平流人工湿地（HFCW）装置（对照组 CK）（图 6-1），装置材料为 PVC。HFCW 的尺寸为 80.0cm×40.0cm×55.0cm，内部无垂直挡板，填料层高度为 50cm，基质全部采用砾石（ø4～8mm）填充。MCW 由前后两级人工湿地单元（40.0cm×40.0cm×55.0cm）组成，每

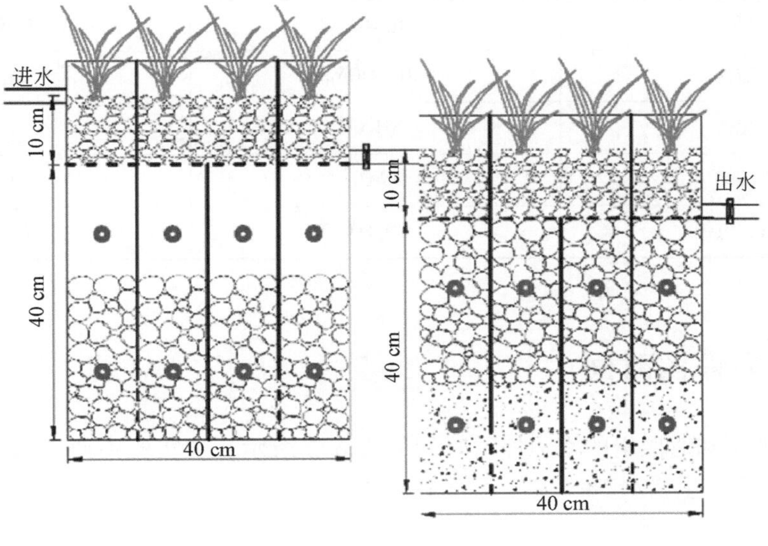

图 6-1　模块化折流人工湿地设计示意图

级人工湿地单元内部有 3 块等距竖向隔板，底部穿孔过水高度为 10cm，使人工湿地内部水流依次顺流形成向下—向上—向下—向上的水流方向。MCW 每个单元设置沿程 8 个取样点，在距离人工湿地底部 10cm 和 30cm 的高度分别等距设置 4 个取样点。

3 组 MCW 装置的一级单元和二级单元分别命名为 A-F、B-F、C-F、A-S、B-S 和 C-S，其中 F 表示一级单元，S 表示二级单元。MCW 每个单元分成上下两层，在高度为 40cm 处设置一个横向隔板，横向隔板上面填充 10cm 高的砾石（ø4 ~ 8mm）。MCW 一级单元横向隔板下面填充陶粒（ø10 ~ 30mm），设置 3 组，基质填充度分别为人工湿地单元横向隔板下部体积的 90%（A 组）、60%（B 组）和 30%（C 组）；二级单元横向隔板下面除填充与一级单元相同体积的陶粒外，用生物炭（ø1 ~ 8mm）将其余体积填满。MCW 中的基质分别是多孔轻质陶粒和生物炭；所用的生物炭是以核桃壳为原材料在 600℃缺氧条件下热解的产物，具有疏松多孔和能释放有机物的特征。

湿地种植植物为西伯利亚鸢尾，在每个人工湿地单元内种植 6 株，种植密度为 38 株/m^2，进水采用蠕动泵连续进水，水力负荷设置为 250mm/d 和 500mm/d 两个阶段。MCW 装置于 2020 年 12 月启动，初期通过稀释的污水处理厂浓缩污泥加速人工湿地挂膜。经过 4 个月启动运行后，人工湿地系统稳定运行，开始正式实验，系统运行分为三个阶段。

6.1.1 进水水质

进水水质按照《城镇污水处理厂污染物排放标准》（GB 18918—2002）一级 A 标准配制模拟污水，以 CH_3COONa 为碳源，以 NH_4Cl、KNO_3 为氮源，以 KH_2PO_4 为磷源，具体组成见表 6-1。

表 6-1 进水水质 （单位：mg/L）

名称	化学式	浓度
乙酸钠	CH_3COONa	60
氯化铵	NH_4Cl	5
硝酸钾	KNO_3	10
磷酸二氢钾	KH_2PO_4	0.5

6.1.2 水力停留时间

MCW 处理组和对照组的水力停留时间如表 6-2 所示，本实验中使用的基质孔隙率分别为陶粒 44.0%、生物炭 58.5%、砾石 48.6%。

表 6-2　人工湿地的水力停留时间　　（单位：h）

人工湿地	250mm 第一级	250mm 第二级	250mm 系统	500mm 第一级	500mm 第二级	500mm 系统
A	9.5	8.7	18.2	4.8	4.4	9.1
B	12.7	9.6	22.3	6.4	4.8	11.2
C	16.0	10.4	26.4	5.0	5.2	13.2
CK	—	—	18.7	—	—	9.3

6.2　运行特性与脱氮除磷效果

6.2.1　理化参数变化

1. pH

MCW 系统的沿程 pH 浓度如图 6-2 所示，进水的 pH 为 7.7±0.2，在 MCW 一级单元中 pH 显著升高，猜测是由于初始陶粒偏碱性。在二级单元随着水流逐渐从进水口流向出水口，pH 保持稳定，最终 3 个 MCW 系统的出水 pH 稳定在 7.4～7.6，所有 MCW 系统内部 pH 在 7.4～8.4。对照组沿程有 4 个取样点，pH 从进水端的 7.8±0.1 降至出水端的 7.5±0.1。对照组和 MCW 整个系统的 pH 适合硝化细菌、反硝化细菌、厌氧氨氧化细菌生存。

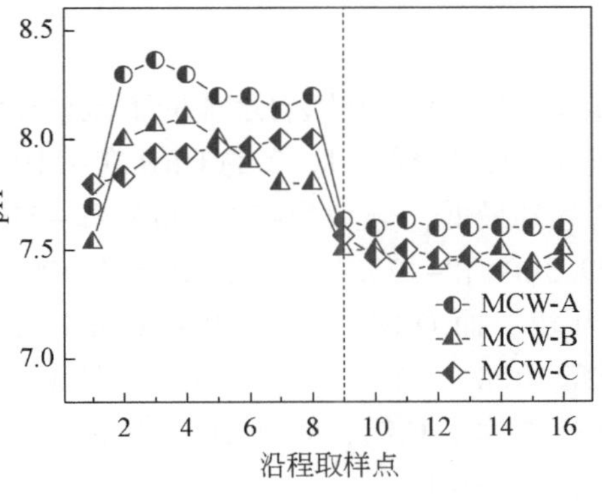

图 6-2　不同基质填充度的模块化人工湿地沿程 pH 变化

pH 是污水中污染物被吸附的一个重要参数，决定了吸附剂的表面电荷、电离度以及污染物在污水中的形态。CW 中 pH 升高一般解释为是陶粒和生物炭的高碱性，但在 4 个 CW 系统中观察到的 pH 范围都在硝化细菌和反硝化细菌的适宜生存 pH 范围内。CW 中高浓度的羟基、铵离子、碳酸盐、碳酸氢盐和其他有机物降解中间产物离子等也会影响 pH 的变化。

2. DO 浓度

MCW 系统的沿程 DO 浓度如图 6-3 所示，取样点 1、4、5、8 位于一级单元的水面下 5cm（表层），取样点 2、3、6、7 位于一级单元的底部（底层）；取样点 9、12、13、16 位于二级单元的表层，取样点 10、11、14、15 位于二级单元的底层，从图 6-3 可以看出，表层的 DO 浓度显著大于底层，表层 DO 浓度主要为 1 ~ 2mg/L，属于兼性有氧环境。在取样点 2、3 处的 DO 浓度较低，在 MCW 一级单元前半程由于 COD_{Cr}的部分异养降解和氨氧化作用，进水中的 DO 被消耗到极低浓度，该区域基本处于厌氧状态。由于一级单元的出水跌流到二级单元，大气复氧作用较强，因此二级单元进水处的 DO 浓度最高。

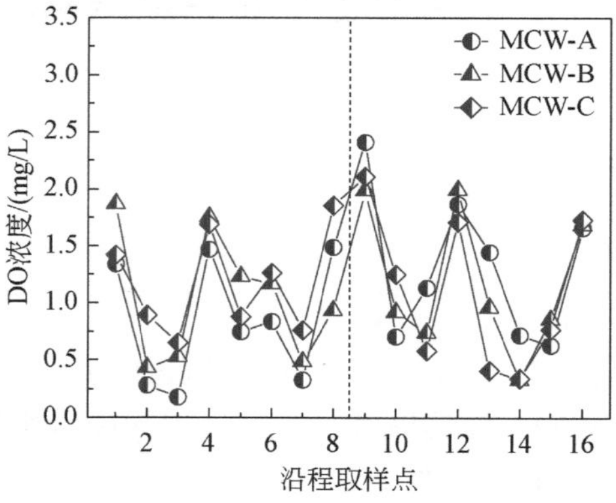

图 6-3　同基质填充度的模块化人工湿地沿程 DO 浓度变化

3. ORP

沿程取样点的 ORP 如图 6-4 所示，其随着水流向下流动逐渐降低，随着水流向顶部流动而升高。在 MCW 一级单元中，取样点 1、2 的 ORP 在−119. 5 ~ −47. 1mV，两次下行流底部（取样点 3、7）ORP 达到最低，分别为−246. 0mV 和−276. 1mV，随着水流上行流至顶部，ORP 分别升高到−99. 3mV 和−123. 1mV。ORP 大于 100mV 通常被解释为好氧环境，ORP 小于−100mV 为厌氧环境，而 ORP 介于−100 ~ 100mV 通常被认为是缺氧环境（Ong et al., 2010），因此，本研究 MCW 一级单元内基本属于缺氧、厌氧环境。C 组的 ORP 最高，A、B 组在底部的还原条件优于 C 组，A、B 组一级单元填充基质数量远大于 C 组，基质填充深度影响人工湿地内部的 ORP。

MCW 二级单元整体的 ORP 高于一级单元。一方面，在二级单元中还原性物质减少使 ORP 条件改善；另一方面，生物炭可以加速空气的传递，从而改变 ORP（Deng et al., 2019）。在垂直方向上 ORP 随着深度降低，植物氧气释放和被动氧气扩散使表面 5 ~ 20cm 存在较高的 ORP。在二级单元中，下向流底部的 ORP 达到最低，A、B、C 组 ORP 较低，分别为−166. 5mV、−65. 5mV、−44. 6mV，上向流表面 ORP 达到最高，A、B、C 组 ORP 分别为−4. 8mV、−11. 3mV、7. 0mV。A、B 组的 ORP 变化幅度大于 C 组，厌氧、缺氧微区变化更加明显。

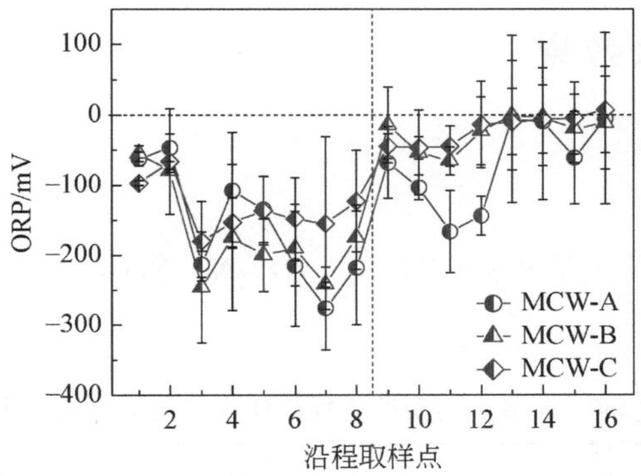

图 6-4　不同基质填充度的模块化人工湿地沿程 ORP 变化

4. 温度

实验期间水温与室温如图 6-5 所示，正式运行第一阶段 HLR 为 250mm/d 时最低水温在 17.7～26.5℃，最高水温在 27.7～37.5℃；最低室温在 17.2～26.3℃，最高室温在 30.6～40.7℃。第二阶段 HLR 为 500mm/d 非低温工况时最低水温在 15.7～26.1℃，最高水温在 21.1～39.0℃；最低室温在 15.2～26.3℃，最高室温在 32.2～38.2℃。第三阶段为冬季 12 月低温阶段，冬季低温（<15℃）时（HLR 为 500mm/d），最低水温在 5.5～9.6℃，最高水温在 13.2～16.1℃；最低室温在 4.5～8.9℃，最高室温在 15.3～17.9℃，平均室温低于 10.3℃，低温阶段的温度符合低温定义。

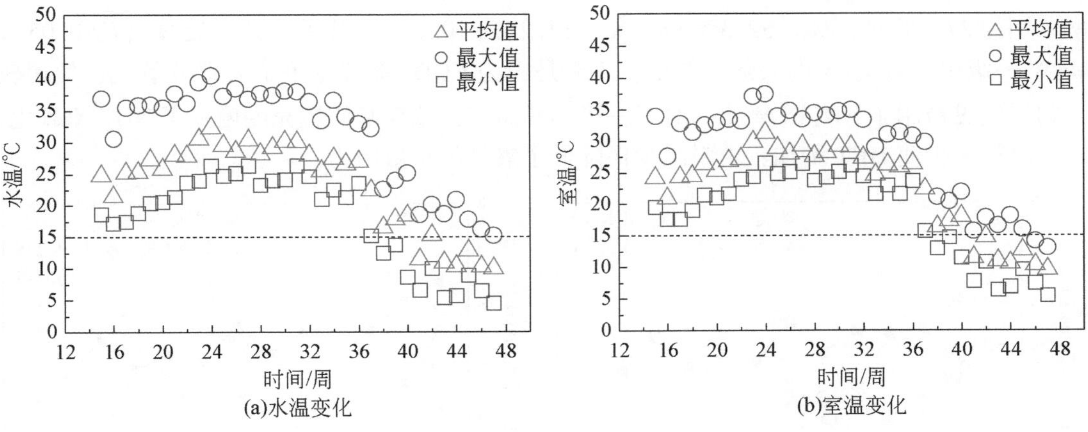

图 6-5　实验期间水温与室温变化

两种 HLR 下（非低温）的温度类似，温度对水质指标去除的影响较小。

6.2.2 污染物去除效果

1. NH_4^+-N 的去除

250mm/d 水力负荷下，进出水 NH_4^+-N、NO_3^--N、NO_2^--N、COD_{Cr}和 TP 的平均浓度如表6-3 所示。

表 6-3 250mm/d 水力负荷下模块化人工湿地进出水水质状况 （单位：mg/L）

项目	NH_4^+-N	NO_3^--N	NO_2^--N	COD_{Cr}	TP
进水	5. 26±0. 33	12. 4±0. 43	—	60. 2±2. 51	0. 56±0. 04
A-F	3. 83±0. 60	0. 22±0. 26	0. 22±0. 23	6. 95±1. 67	0. 30±0. 06
B-F	3. 56±0. 53	0. 47±0. 41	0. 32±0. 28	7. 52±1. 91	0. 35±0. 08
C-F	3. 63±0. 65	0. 88±0. 79	0. 57±0. 49	8. 07±1. 64	0. 41±0. 08
CK	3. 14±0. 54	1. 76±0. 68	0. 90±0. 40	6. 21±1. 56	0. 41±0. 10
A-S	2. 80±0. 42	0. 49±0. 36	0. 21±0. 16	5. 02±1. 00	0. 18±0. 07
B-S	2. 57±0. 47	0. 70±0. 57	0. 36±0. 38	4. 99±1. 23	0. 22±0. 08
C-S	2. 43±0. 63	1. 21±1. 11	0. 37±0. 29	5. 24±1. 54	0. 31±0. 09

MCW 一级单元的NH_4^+-N 出水浓度变化幅度较大，二级单元的NH_4^+-N 出水浓度更稳定（图 6-6）。NH_4^+-N 的平均进水浓度为（5. 26±0. 33）mg/L，A-F、B-F、C-F 的NH_4^+-N 去除率分别为 27. 4% ±8. 6% 、32. 3% ±8. 1% 、31. 2% ±10. 2% ，组间差异不显著（$P>0.05$）。MCW 一级单元NH_4^+-N 的去除率较低，主要是因为COD_{Cr}降解竞争了大部分氧气，使得较少的氧气可被用于NH_4^+-N 氧化。对于一级单元而言，减少基质填充度增强了NH_4^+-N 氧化，因为填料减少使 HRT 增加，填料减少还降低了氧气的扩散阻力。

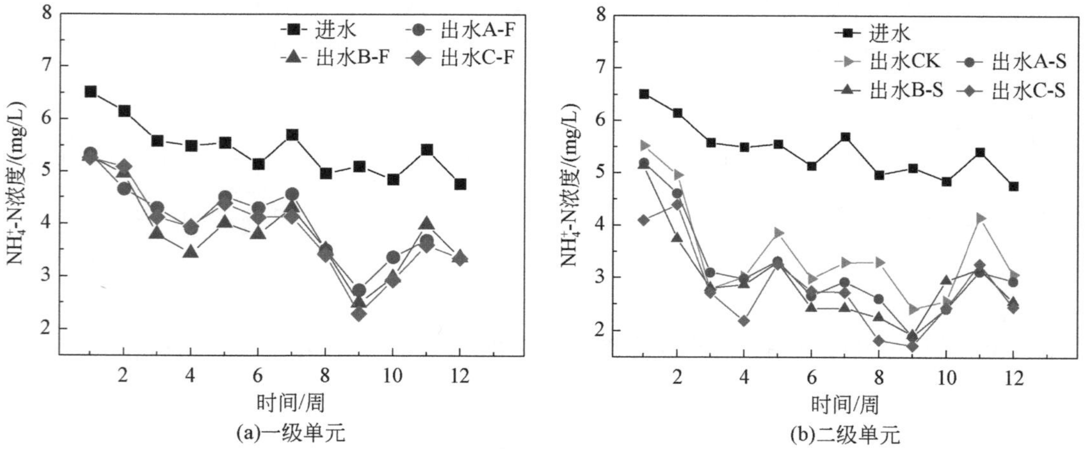

图 6-6 250mm/d 水力负荷下一级单元和二级单元的 NH_4^+-N 进出水浓度

MCW 组合系统和对照组的 NH_4^+-N 平均去除率分别为 40. 2% ±6. 8% 、46. 8% ±7. 4% 、51. 3% ±10. 6% 和 36. 4% ±9. 3% 。B 组和 C 组 NH_4^+-N 去除率提高，相比于对照组有显著提升（$P<0.05$），因为 MCW 延长了水流路径，使水流与氧气的接触更加充分。由 MCM 装置内水流沿程方向上 DO 浓度变化可知，挡板的设置强化了大气复氧作用，因此强化了 NH_4^+-N 的氧化。有很多研究证实了根际好氧区的存在强化了硝化反应（Vymazal，2007）。添加挡板的人工湿地比未带挡板的人工湿地 ORP 变化幅度更大，提高了脱氮效果（Tee et al.，2012）。在添加了挡板的 HFCW 中污水能够与根茎微需氧区有更多的接触，水流流动路径也更长，因此提高了 NH_4^+-N 的氧化效率。

沿着水流路径设置的沿程采样点位置如图 6-7 所示。沿程的 NH_4^+-N 浓度变化（图 6-8）表明在一级单元中由进水带入的氧气去除了部分 NH_4^+-N。在取样点 5 和取样点 13 的位置能够观察到 NH_4^+-N 浓度少量降低，充分说明水流从底部向上流到表面，大气复氧作用能够增强 NH_4^+-N 的氧化，沿程 DO 浓度的变化也证实了这一点。在 MCW 一级单元中，从进水端到出水端 NH_4^+-N 浓度略有上升。

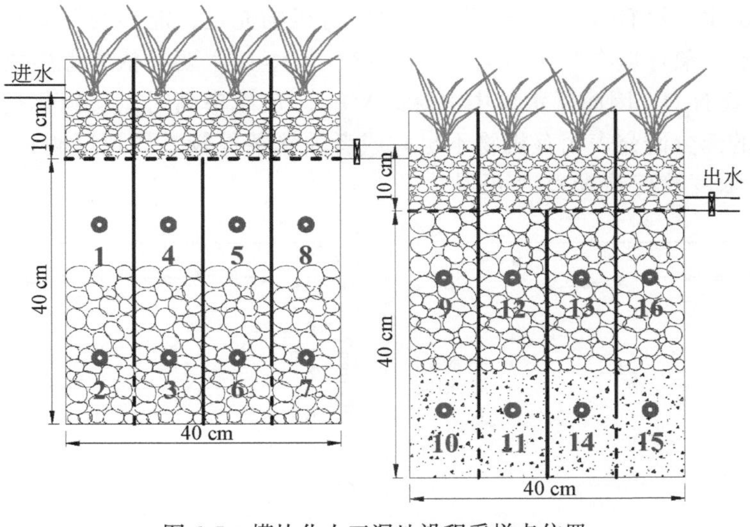

图 6-7　模块化人工湿地沿程采样点位置

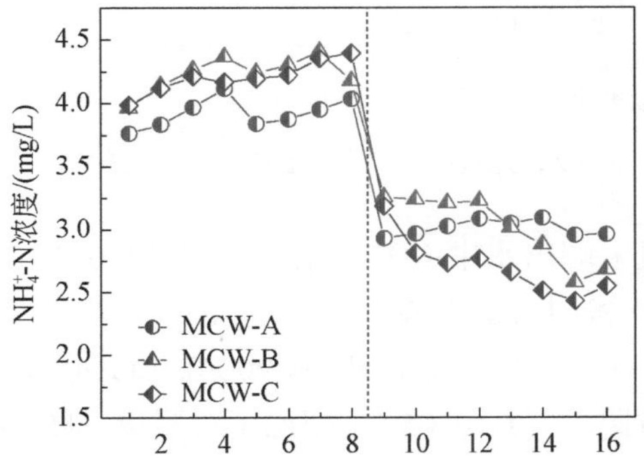

图 6-8　沿程 NH_4^+-N 浓度变化

目前大部分研究认为异化硝酸盐还原发生在有机物大量存在的情况下，而且需要在ORP低于-200mV的条件下。而本装置的进水COD_{Cr}浓度低，一级单元前端比后端更低的NH_4^+-N浓度是由进水携带的氧气造成的。NH_4^+-N在从MCW一级单元流向二级单元的过程中，水流跌落暴露在大气中，因此NH_4^+-N浓度急剧降低。有研究表明，孔隙率高的基质以及多孔有机基质能够增强NH_4^+-N的去除（Cui et al.，2012）。本研究采用的陶粒可能有利于NH_4^+-N吸附；MCW二级单元中添加的生物炭可能会增加对氨氮的吸附，生物炭的多孔结构可以提供微环境，有利于氨氧化细菌等微生物群落的生长。

2. NO_3^--N的去除

在250mm/d水力负荷运行期间，MCW进出水的NO_3^--N和NO_2^--N浓度分别如图6-9和图6-10所示，NO_3^--N平均进水浓度为（12.4±0.43）mg/L，一级单元出水中NO_3^--N浓度低于（0.88±0.79）mg/L，NO_2^--N浓度低于（0.57±0.49）mg/L，MCW-A出水浓度明显低于MCW-C组（$P<0.05$），可能是由于前者的厌氧条件更好。一级单元中NO_3^--N几乎被完全去除，而且出水中没有NO_2^--N积累。进水中有机物充足，能够为反硝化提供大量的电子。良好的缺氧厌氧环境有利于NO_3^--N的去除，NO_3^--N主要是依靠微生物的完全反硝化作用转化成N_2或N_2O，因而从水体中去除。NO_3^--N负载率高时，反硝化是最主要的脱氮机制。而以前的部分研究表明有机物不足时或者缺氧条件较差导致反硝化过程不完全时，出水中NO_3^--N浓度较高或NO_2^--N积累。

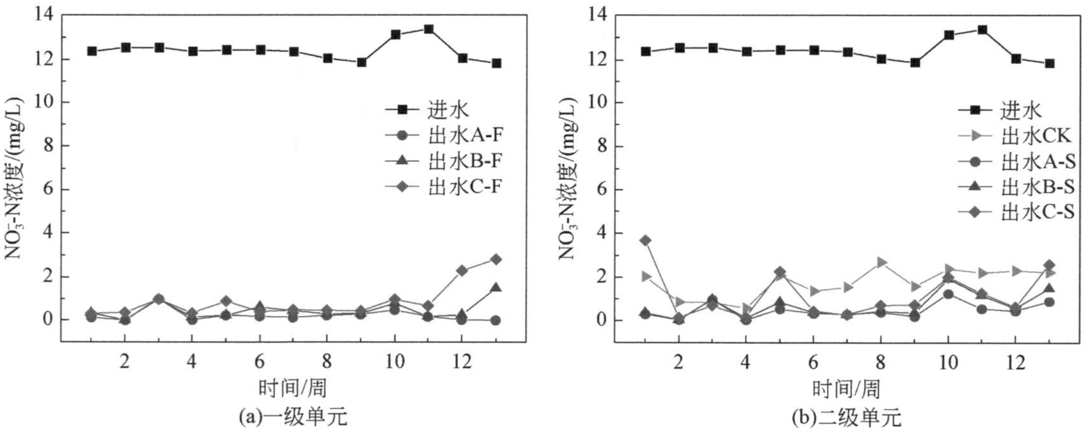

图6-9　250mm/d水力负荷下一级单元和二级单元的NO_3^--N进出水浓度

A、B、C组和对照组末端出水中NO_3^--N浓度分别为(0.49±0.36)mg/L、(0.70±0.57)mg/L、(1.21±1.11)mg/L和(1.76±0.68)mg/L，NO_2^--N浓度分别为(0.21±0.16)mg/L、(0.36±0.38)mg/L、(0.37±0.29)mg/L和(0.90±0.40)mg/L，MCW的NO_3^--N浓度和NO_2^--N浓度都显著低于对照组（$P<0.05$）。相比于对照组，MCW的底部反硝化条件更好，对NO_3^--N的去除更加完全。减少基质填充度使MCW底部ORP增加，因此C组的反硝化效果下降。MCW的ORP最低可以达到-280.3mV。MCW二级单元中的NO_3^--N浓度较一级

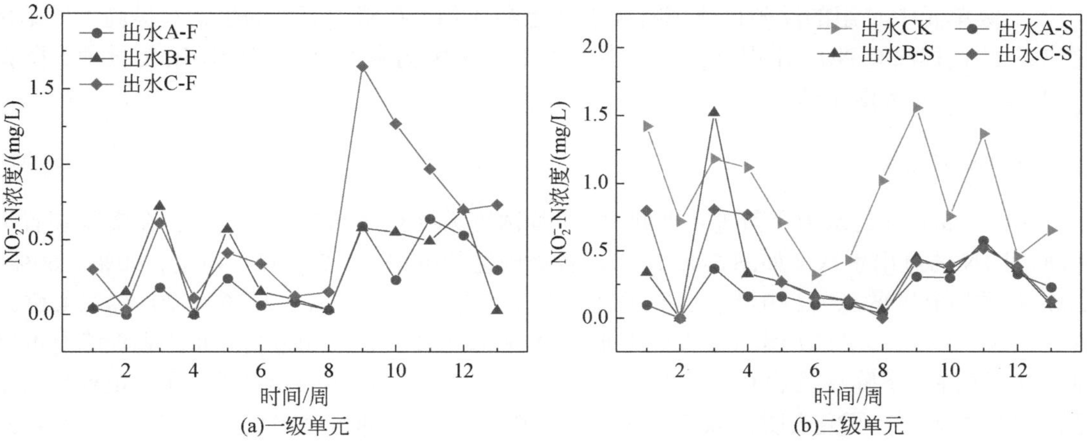

图 6-10 250mm/d 水力负荷下一级单元和二级单元的 NO_2^--N 出水浓度

单元中略有上升，说明 NH_4^+-N 被氧化成 NO_3^--N 后没有全部被反硝化去除。C/N 对完全反硝化具有重要的作用，碳源的缺乏是限制 NO_3^--N 去除的主要原因。虽然 NO_3^--N 浓度上升，A、B、C 组对 NO_3^--N 的去除率仍分别达到 96.1% ±2.8%、94.5% ±4.4%、90.3% ±8.9%，而对照组的 NO_3^--N 的去除率为 85.8% ±5.5%，MCW 相比于对照组有显著提升（$P<0.05$）。A 组和 B 组间差异不显著（$P>0.05$），A 组去除率显著大于 C 组（$P<0.05$）。本研究中 MCW 反硝化被促进归因于二级单元中的生物炭释放的有机物（Chen et al., 2020a）。

沿程 NO_3^--N 浓度和 NO_2^--N 浓度变化如图 6-11 所示。MCW 一级单元前端发现 NO_3^--N 已经被大量去除，部分 NO_3^--N 反硝化不完全，生成了少量 NO_2^--N。随着水流路径，一级单元前端的 NO_2^--N 逐渐被完全反硝化，从水体中完全去除。水流从一级单元出水口流向二级单元时，NO_3^--N 浓度由于 NH_4^+-N 氧化而增加，而 NO_2^--N 也在此过程降低到极低的浓度，可能是由于被氧化。

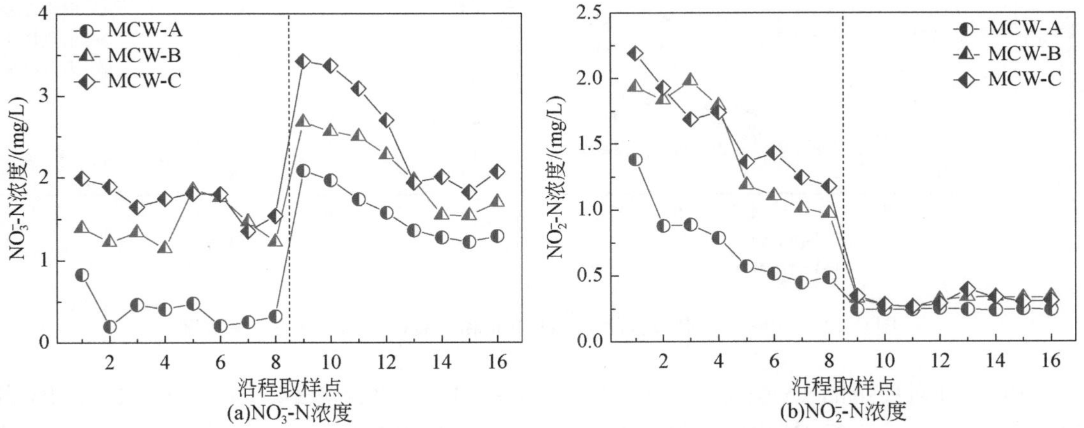

图 6-11 250mm/d 水力负荷下 MCW 沿程 NO_3^--N、NO_2^--N 浓度变化

二级单元中 C 组的反硝化速率略高于 B 组和 A 组，C 组中更多的生物炭提高了反硝化速率。此过程没有 NO_2^--N 积累，说明在二级单元中生物炭促进了完全反硝化过程，降低了出水 NO_2^--N 浓度。

3. TN 的去除

以 250mm/d 的水力负荷进水期间 TN 平均浓度为（17.62±0.86）mg/L，在实验装置运行期间 TN 的进出水浓度如图 6-12 所示。各处理组的出水 TN 浓度趋于稳定，90%、60%、30% 基质填充度的 A-F、B-F、C-F 的 TN 去除率分别为 73.5%±2.7%、70.7%±4.6%、62.9%±8.5%，C-F 的出水 TN 去除率低于 A-F 和 B-F（$P<0.001$）。随着基质填充度降低，TN 去除率下降，虽然 C 组的基质数量仅为 A 组的 1/3，但 HRT 延长在一定程度上增强了 TN 去除。有研究表明，以 CH_3COONa 为碳源，2h 内即可完成反硝化作用，但是极易造成 NO_2^--N 积累，由 CH_3COONa 特定的代谢方式决定（殷芳芳等，2009）。进水中 COD_{Cr} 浓度较高，CH_3COONa 提供了大量的电子用于 NO_3^--N 和 NO_2^--N 反硝化。在本实验中 COD_{Cr} 在 MCW 一级单元中的好氧降解消耗了进水中的氧气，这也是一级单元的 DO 浓度和 ORP 较低的原因，更低的 DO 浓度和 ORP 为反硝化创造了良好的环境条件。当污水中的进水有机物处于高浓度时，CW 的硝化率降低（Wu et al.，2011），有机物降解的速度更快，氧气消耗得更多，从而限制 CW 中的硝化作用。二级单元 TN 去除率分别为 21.1%±11.6%、24.5%±12.4%、30.9%±11.7%，单元间差异不显著。二级单元缺少碳源，生物炭增强了 NH_4^+-N 的氧化和 NO_3^--N 的反硝化，增强了 TN 的去除，B 组和 C 组相比于 A 组分别提高了 16.1% 和 46.4%。MCW 二级单元出水 TN 浓度相对于一级单元降低较少，限制 TN 进一步去除的主要原因是 NH_4^+-N 硝化作用较弱。

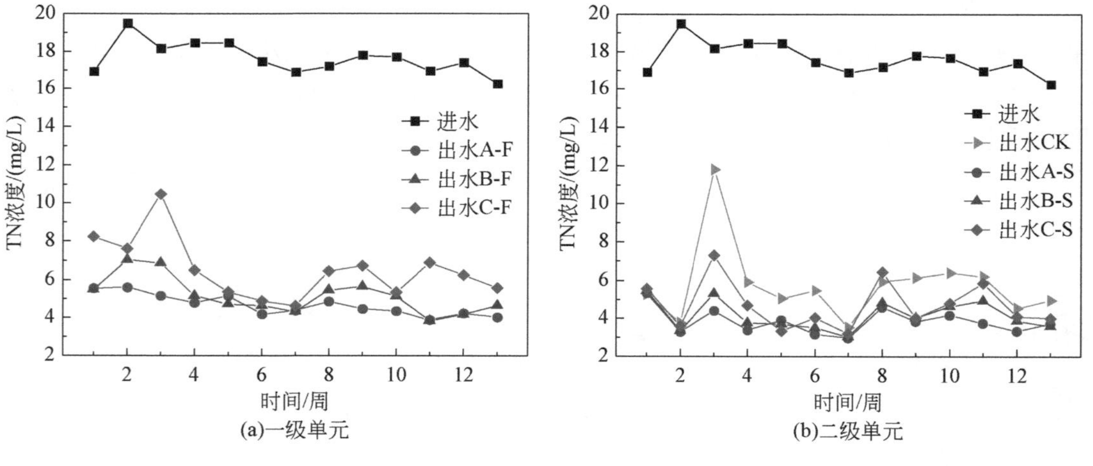

图 6-12　250mm/d 水力负荷下一级单元和二级单元的进出水 TN 浓度

MCW 和对照组的 TN 去除率分别为 78.1%±4.1%、76.8%±4.5%、73.3%±7.2% 和 67.2%±11.1%，C 组 TN 去除率显著低于 A、B 组，但 MCW 系统相比于对照组 TN 去除率显著提升（$P<0.05$），C 组即使陶粒填充度为 30%，TN 去除效果也优于对照组（$P<$

0.05)，MCW TN 去除率较对照组提升了 9.1% 以上。A 组的 TN 去除效果最好，主要是因为 A 组的厌氧反硝化条件更好。

沿程 TN 去除规律如图 6-13 所示，TN 在由第一个垂直隔板围成的腔室内就得到了大量去除。在一级单元中，均匀设置的沿程采样点没有观察到采样点之间 TN 去除速率的明显差异，TN 去除速率相对稳定。3 组 MCW 一级单元的差别包括基质填充度不同以及由填充度不同造成的 HRT 不同，A、B、C 组一级单元的 HRT 分别为 9.5h、12.7h、16h（表 6-2）。3 组 MCW 一级单元的 TN 去除速率差异较小，说明基质填充度对 TN 去除影响较小。合适的 HRT 和丰富的微生物都能促进 TN 的去除。

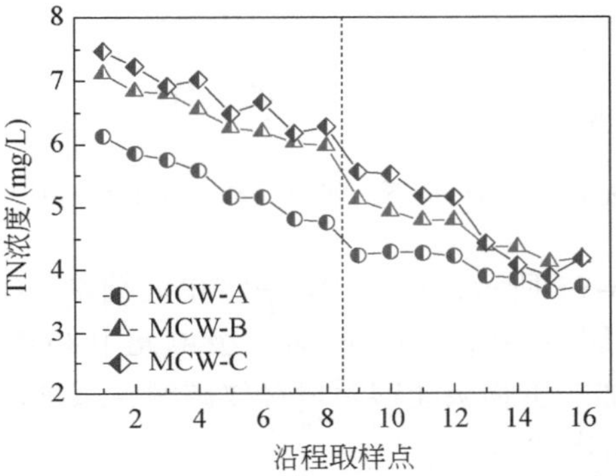

图 6-13　250mm/d 水力负荷下 MCW 沿程 TN 浓度变化

在二级单元中 A、B、C 组的 TN 去除速率依次升高，在垂直隔板影响下形成的上向流和下向流交替进行的过程中 NH_4^+-N 逐渐被氧化成 NO_3^--N，提供了反硝化底物。C 组的 TN 去除速率高于 A、B 组，可能是 C 组的生物炭填充数量最多（70%），在二级单元进水 COD_{Cr}浓度较低情况下，生物炭能够缓慢释放碳源增强脱氮效果。而且二级单元中 A、B、C 组 HRT 分别为 8.7h、9.6h、10.4h（表 6-2），HRT 差异较小。有研究显示，生物炭通过其丰富的孔隙结构和复杂的官能团促进氮转化，提高微生物的丰度和活动（Wu X T et al.，2020）。

4. COD_{Cr}的去除

在 250mm/d 水力负荷运行期间 COD_{Cr}的进出水浓度如图 6-14 所示。

COD_{Cr}的平均进水浓度为（60.2±2.51）mg/L，A-F、B-F、C-F 对 COD_{Cr}的去除率分别为 88.4%±2.8%、87.5%±3.0%、86.6%±2.7%，C-F 的出水有机物浓度最高（P<0.05）。A、B、C 组和对照组的 COD_{Cr} 去除率分别为 91.9%±1.5%、92.2%±1.2%、91.8%±1.7% 和 89.7%±2.5%，MCW 处理组的 COD_{Cr} 去除率大于对照组（P<0.05）。COD_{Cr}在 MCW 一级单元中被大量降解用于反硝化，与 NO_3^--N 的去除趋势相同。COD_{Cr}在 MCW 二级单元中只有少量去除，MCW 处理组的 COD_{Cr}去除率大于对照组，生物炭可以促进有机分子的吸附。有研究表明，有机分子容易通过分子间作用吸附到生物炭表面（Kizito et al.，2017）。

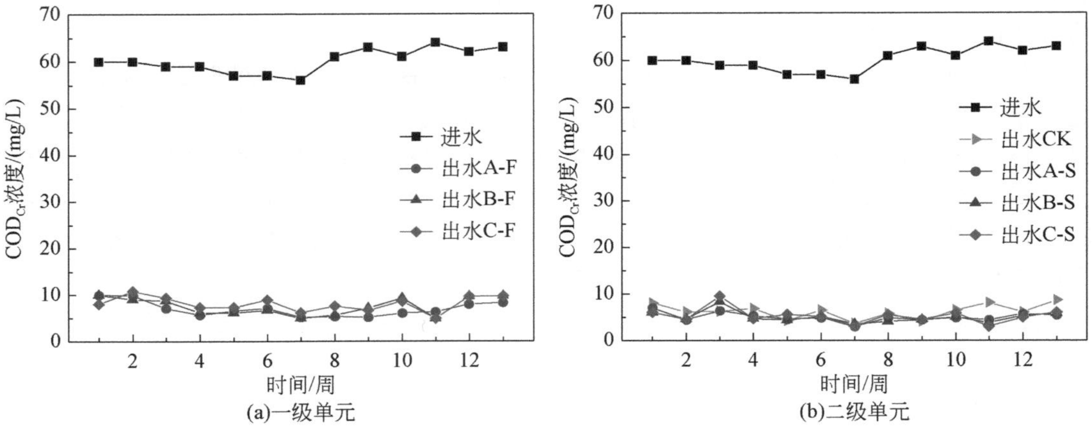

图 6-14　250mm/d 水力负荷下一级单元和二级单元的 COD_{Cr}进出水浓度

沿程 COD_{Cr}浓度如图 6-15 所示，在 MCW 一级单元前端 COD_{Cr}的浓度已经低于 16mg/L，随着水流路径 COD_{Cr}被缓慢降解。在 MCW 二级单元中 COD_{Cr}浓度出现波动，COD_{Cr}浓度升高说明二级单元中添加的生物炭能够缓慢释放碳源，增加水体中的有机物浓度，促进了 MCW 二级单元中的反硝化过程。

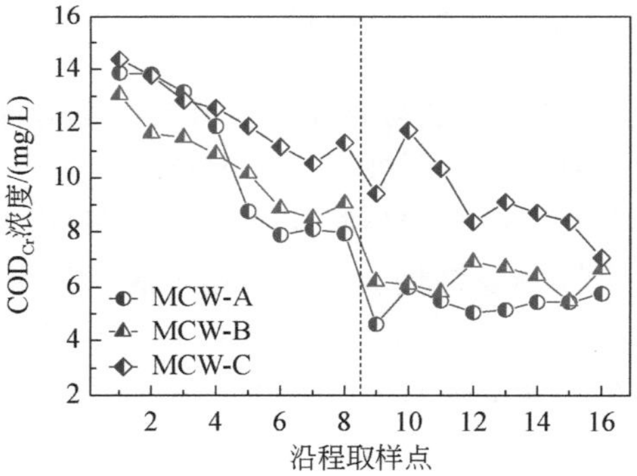

图 6-15　250mm/d 水力负荷下 MCW 沿程 COD_{Cr}浓度变化

5. TP 的去除

在 250mm/d 水力负荷运行期间 TP 的进出水浓度如图 6-16 所示，TP 的平均进水浓度为（0. 56±0. 04）mg/L，在运行期间 TP 的出水浓度逐渐增加，在 8～13 周逐渐趋于稳定。CW 中 TP 的去除依赖于多种途径的综合作用，包括底物吸附、化学沉淀、植物吸收和微生物降解，底物吸附和化学沉淀是 TP 去除的主要机制（Cheng et al., 2022）。在对比 CW 的植物作用实验中，TN、NO_3^--N 和 NH_4^+-N 的去除率在未种植和已种植美人蕉的 HFCW 中没有显著差异，但是在磷酸盐去除方面具有显著差异（Gupta et al., 2016）。

A-F、B-F、C-F 的 TP 去除率分别为 42. 8% ±8. 7% 、34. 4% ±10. 7% 、22. 3% ±5. 3% ，

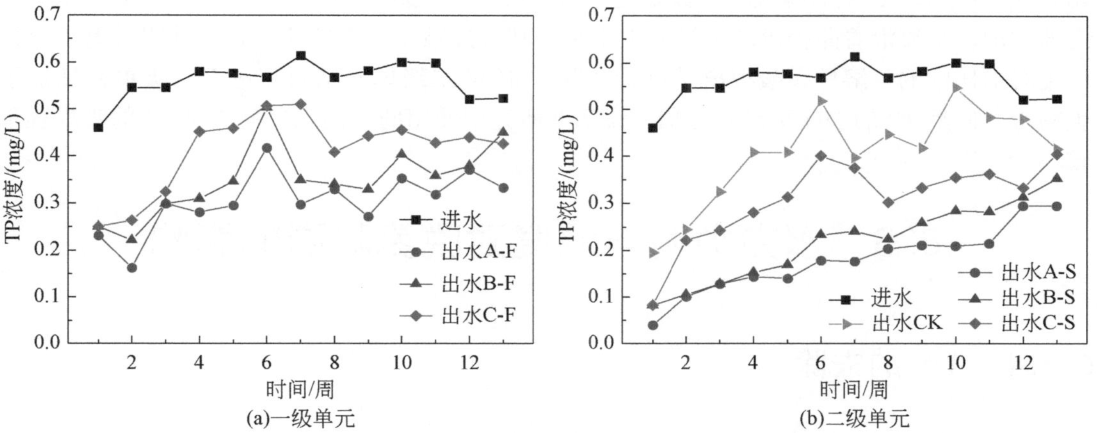

图 6-16　250mm/d 水力负荷下一级单元和二级单元的 TP 出水浓度

一级单元中 A 组 TP 去除率最高，A、B 组没有显著差异（P>0.05）。A、B、C 组的陶粒填充数量比值为3∶2∶1，TP 去除率与 MCW 基质填充度呈现较明显的正相关性。据报道，湿地中底物吸附作用去除的 TP 占 TP 去除的36.2%~87.5%（Lan et al., 2018）。二级单元 TP 去除率分别为32.4%±9.1%、25.2%±6.3%和23.1%±4.1%，A、B 组没有显著差异（P>0.05）。改性生物炭 CW 的出水 TP 浓度显著低于未添加生物炭的 CW，归因于改性生物炭表面的高吸附容量。本实验的生物炭未改性，对 TP 的吸附作用较弱。MCW 系统和对照组的 TP 平均去除率分别为57.3%±10.8%、50.7%±10.1%、37.1%±7.7%和28.1%±7.4%，A 组和 B 组显著大于对照组和 C 组（P<0.05），对照组出水相当于30%陶粒填充度的 C 组一级单元出水。对照组中 TP 出水浓度高于 A、B、C 组，因为砾石孔隙率不具备多孔性结构，吸附容量小于轻质陶粒。值得注意的是，C 组的二级单元 TP 出水浓度和 A 组的一级单元 TP 出水浓度接近，再次证明 TP 去除主要是由于基质的吸附。

TP 沿程浓度如图6-17所示，MCW 一级单元的 TP 去除率和陶粒填充度表现出明显的

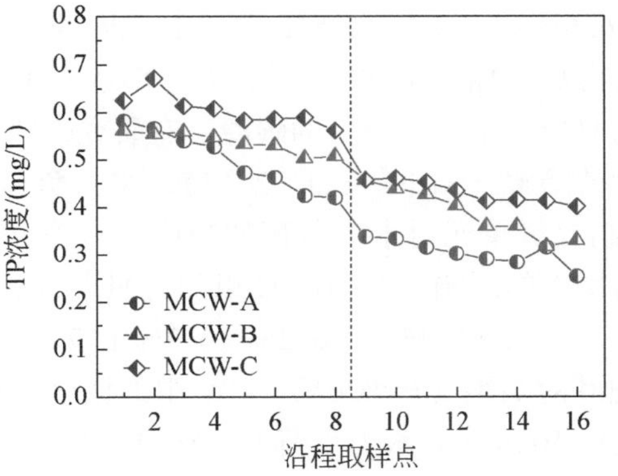

图 6-17　250mm/d 水力负荷下 MCW 沿程 TP 浓度变化

相关性。A、B、C 组的陶粒填充数量比值为 3∶2∶1，随着陶粒填充度减少，TP 出水浓度逐渐增加。水流沿着路径流动的过程中不断与基质接触，可通过基质表面基团的离子交换作用对水体中的可溶性磷酸根离子进行去除。MCW 二级单元基质相比于一级单元增加了生物炭，但是 TP 的去除率没有增加，说明本研究中使用的核桃壳生物炭对 TP 的吸附容量较小。

6.3 水力负荷与温度对脱氮除磷的影响

6.3.1 TN 的去除

将模块化人工湿地的水力负荷增大一倍，由 250mm/d 调整为 500mm/d，待出水稳定后对 4 组人工湿地系统的进出水水质进行跟踪监测。A、B、C 组的一级单元 TN 平均出水浓度分别为（4.19±0.54）mg/L、（3.98±0.45）mg/L、（5.50±1.21）mg/L，在增大水力负荷之后。一级单元中 A、B、C 组的水力停留时间分别为 4.8h、6.4h、8h，C 组的水力停留时间远大于 A 组，但是对 TN 的去除效果更差，说明人工湿地填料减少至 30% 对 TN 去除影响大于水力停留时间增加的影响。MCW 的 A、B、C 组和对照组末端出水平均 TN 浓度分别为（4.08±0.60）mg/L、（3.74±0.64）mg/L、（4.41±1.52）mg/L 和（4.81±0.88）mg/L。

如图 6-18（a）所示，500mm/d 水力负荷下的 TN 去除率和 250mm/d 水力负荷下比较，一级单元的 TN 去除率没有显著性差别（$P>0.05$），这是由于一级单元有机物充足；二级单元的 TN 去除率显著下降（$P<0.01$），可能是因为生物炭释放有机物缓慢，不能提供充足碳源；总体的 TN 去除率没有显著性差别（$P>0.05$）。进水属于低污染物负荷，生物炭在二级单元中增强了脱氮，降低了不完全反硝化的影响。A、B、C 组一级单元 500mm/d 水力负荷下 TN 去除率分别为 74.5%±3.6%、76.5%±2.4%、67.6%±7.7%，A、B 组对 TN 的去除效果明显高于 C 组（$P<0.05$），A、B 组之间无显著性差异（$P>0.05$）。二级单元分别为 6.6%±4.1%、11.8%±5.2%、26.5%±8.7%，C 组显著高于 A、B 组（$P<0.05$）。随着生物炭添加量增多，TN 的去除率逐渐上升，可能是由于生物炭增强了微生物的多样性，同时提供了反应所需的碳源。有研究表明，生物炭可以增强微生物的定殖，从而增强污染物的降解（Kizito et al., 2017）。水力负荷增大使 MCW 二级单元的 TN 去除率下降，其中 A 组二级单元对水力负荷的响应最显著（$P<0.05$），因此增加生物炭比例可以降低水力负荷增大的影响。A、B、C 组和对照组 500mm/d 水力负荷下 TN 去除率分别为 77.4%±1.5%、78.8%±1.4%、76.2%±6.3% 和 72.3%±4.3%，A、B 组对 TN 的去除效果明显高于 C 组和对照组（$P<0.05$）。CW 中的微生物群落需要足够的接触时间来降解污染物，在本研究中 500mm/d 水力负荷下，MCW 的水力停留时间最短为 9.1h，可能存在反硝化不完全的现象。

温度对 TN 去除率的影响较大［图 6-18（b）］，500mm/d 水力负荷运行工况下，在冬季 12 月平均气温低于 15℃时，A、B、C 组一级单元的 TN 去除率分别为 64.3%±3.8%、

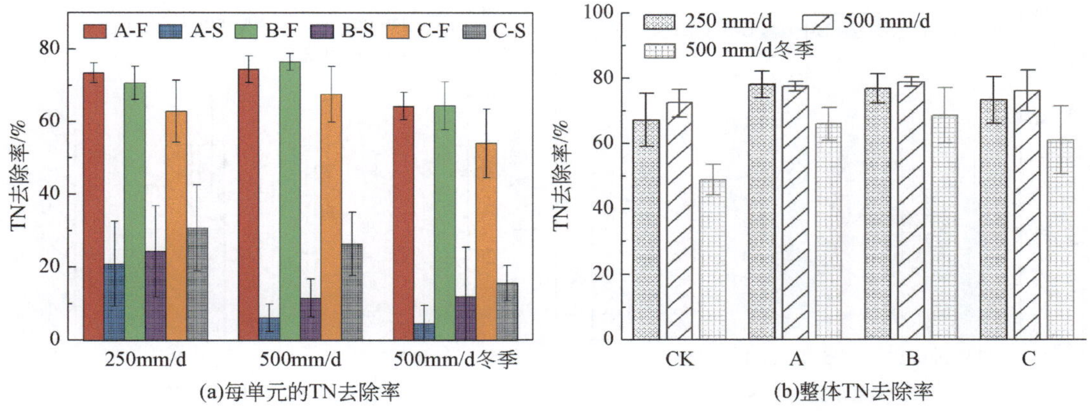

图 6-18　不同水力负荷下每单元的 TN 去除率与整体 TN 去除率

64.5%±6.6%、54.1%±9.4%，二级单元的 TN 去除率分别为 4.7%±5.0%、12.2%±13.4%、15.8%±5.8%，A、B、C 组人工湿地系统的 TN 去除率分别为 65.9%±4.9%、68.7%±8.5%、61.0%±10.3%，A 组和 B 组的 TN 去除率差别不显著（$P>0.05$）。一级单元的 TN 去除率降低了 13.7%~20%，显著低于非低温（$P<0.05$）；二级单元的 TN 去除率降低了 28.8%~40.4%，与非低温没有显著差异（$P>0.05$）。在其他研究中也观察到了添加生物炭的 CW 中低温对 TN 去除的影响不明显，未添加生物炭的 TN 去除率明显下降，一些反硝化细菌在添加了生物炭的 CW 中相对丰度增加（Li J et al., 2019）。对于人工湿地系统整体而言，对照组的 TN 去除率从 72.3%±4.3% 下降为 48.9%±4.6%，降低了 32.4%（$P<0.05$）；而 MCW 的 TN 去除率降低较少（$P<0.05$），A、B、C 组的 TN 去除率分别降低了 14.8%、12.8%、19.9%，MCW 在抗低温方面具有明显优势。合适的 CW 设计有利于提高低温下的性能，低温下微生物活动、有机物分解、硝化和反硝化性能均下降，导致 TN 去除率下降。

6.3.2　NH_4^+-N 的去除

不同工况下每单元的 NH_4^+-N 去除率如图 6-19（a）所示，500mm/d 水力负荷非低温时 A、B、C 组一级单元 NH_4^+-N 去除率分别为 33.9%±3.4%、35.4%±7.0%、37.0%±9.3%，单元间差别不显著（$P>0.05$）。二级单元 NH_4^+-N 去除率分别为 17.2%±9.1%、19.0%±12.6%、40.6%±10.5%，C 组对 NH_4^+-N 的去除率显著大于 A、B 两组（$P<0.05$）。A、B、C 组 MCW 系统和对照组对 NH_4^+-N 的去除率分别为 45.0%±8.7%、47.7%±9.3%、61.9%±11.9% 和 50.6%±1.3%，C 组去除率显著大于 A、B 两组（$P<0.05$）。

水力负荷从 250mm/d 升高到 500mm/d，一级单元的 NH_4^+-N 去除率增加了 9.6%~23.7%（$P<0.05$），因为增大水力负荷加强了进水中氧气的传输，从而增大了氨氧化的效率；二级单元的 NH_4^+-N 去除率没有显著变化（$P>0.05$），可能是生物炭减弱了水力负荷

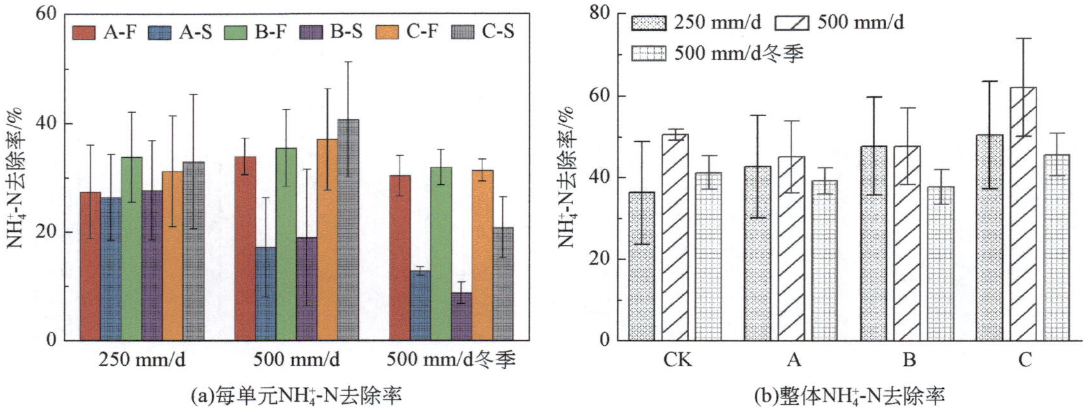

图 6-19 不同水力负荷下每单元 NH_4^+-N 去除率与整体 NH_4^+-N 去除率

变化的影响。水力负荷增大对 A、B、C 组人工湿地系统和对照组的 NH_4^+-N 去除率没有显著性影响（$P>0.05$），可能是随着水力负荷增大，进水氧气的输送增强。水力停留时间对 NH_4^+-N 去除的影响可能归因于 CW 中植物根系和微生物的长时间接触。因为在本研究中的水力停留时间仅为 9.1 ~ 13.2h，因此对 NH_4^+-N 的去除率较低。

冬季 12 月低温（<15℃）时 A、B、C 组一级单元 NH_4^+-N 去除率为 30.3% ±3.7%、31.9% ±3.2%、31.3% ±2.0%；二级单元 NH_4^+-N 去除率分别为 12.8% ±0.8%、8.8% ±2.0%、20.8% ±5.6%；一级单元和二级单元的组间差别不显著。A、B、C 组和对照组的 NH_4^+-N 去除率分别为 39.2% ±3.2%、37.8% ±4.2%、45.6% ±5.2% 和 41.2% ±4.1%，对照组和 MCW 系统的 NH_4^+-N 去除率没有显著差别（$P>0.05$）。C 组的 NH_4^+-N 去除率大于 A、B 组，与非低温以及低负荷下的趋势相同，说明 C 组中的氧气条件更优。500mm/d 水力负荷的低温和非低温比较，MCW 一级单元的 NH_4^+-N 去除率下降（$P>0.05$）；二级单元的 NH_4^+-N 去除率下降，差异显著（$P<0.05$）；三组 MCW 系统和对照组的 NH_4^+-N 去除率均下降，差异显著（$P<0.05$）。据报道当温度低于 15℃时，硝化作用受到抑制（Werker et al., 2002）。16.5 ~32℃温度范围有利于 CW 的硝化作用，对生物膜反应器中氨氧化菌的研究表明不同的氨氧化菌对温度变化的反应不同，AOA 细菌对低温的抵抗力更强（Lin et al., 2020）。因此，推测本研究的低温条件下氨氧化细菌的活性降低，所以 3 个 MCW 一级单元和二级单元的 NH_4^+-N 去除率均降低。

6.3.3 NO_3^--N 的去除

500mm/d 水力负荷非低温时（图 6-20），A、B、C 组一级单元 NO_3^--N 去除率分别为 98.7% ±1.2%、96.6% ±2.5%、90.5% ±6.3%，A 组和 B 组的一级单元 NO_3^--N 去除率显著大于 C 组（$P<0.05$），与 250mm/d 水力负荷工况下相比没有显著性差别（$P>0.05$）。对于组合系统整体，A、B、C 组和对照组的 NO_3^--N 去除率分别为 94.6% ±4.1%、

93.7%±5.6%、83.6%±10.5%和 88.7%±3.6%，A 组和 B 组的 NO_3^--N 去除率大于 C 组（$P<0.05$）和对照组（$P>0.05$）。与 250mm/d 水力负荷工况下相比，3 组 MCW 的 NO_3^--N 去除率没有明显下降（$P>0.05$）；对照组的 NO_3^--N 去除率也没有显著变化（$P>0.05$）。有研究表明水力负荷增大后 NO_3^--N 的去除率增加，与脱氮相关的属丰度增加（Zhang N et al.，2022）。

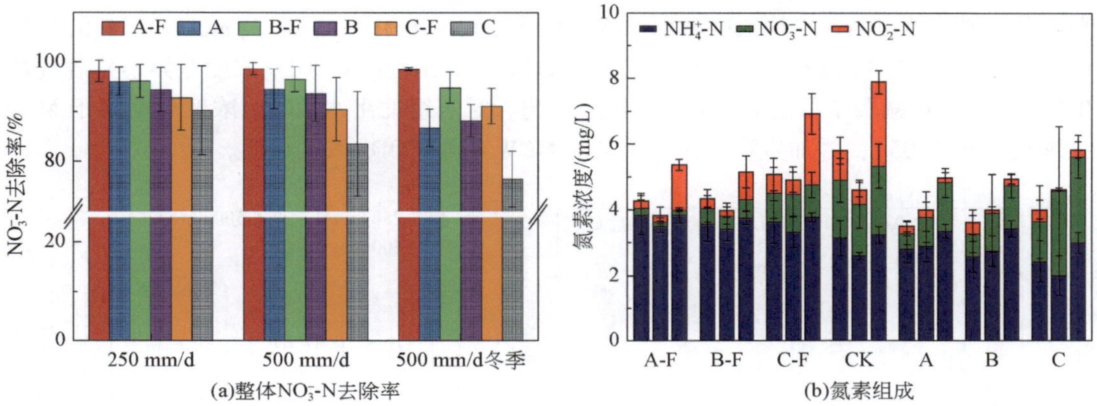

图 6-20　不同水力负荷下一级单元与整体 NO_3^--N 去除率、氮素组成

500mm/d 水力负荷冬季 12 月低温（<15℃）时，A、B、C 组一级单元 NO_3^--N 去除率分别为 98.6%±0.3%、94.8%±3.2%、91.2%±3.6%，A 组的一级单元 NO_3^--N 去除率显著大于 C 组（$P<0.05$），与相同水力负荷非低温时比较没有显著性差别（$P>0.05$）。对于系统整体，A、B、C 组和对照组的 NO_3^--N 去除率分别为 86.7%±3.8%、88.2%±3.3%、76.5%±5.7%和 81.1%±6.5%，A、B 组的 NO_3^--N 去除率大于 C 组和对照组（$P>0.05$）；与相同水力负荷非低温时比较，3 组 MCW 和对照组的 NO_3^--N 去除率均下降（$P<0.05$），主要也是因为低温抑制了微生物活性。

在 3 种工况下 MCW 一级单元出水 NO_2^--N 浓度均较高，在二级单元中出水 NO_2^--N 浓度都低于 0.3mg/L。在一级单元中大量的 NO_3^--N 被反硝化，部分反硝化不完全成为中间态 NO_2^--N，MCW 在二级单元中由于交替的氧化还原条件将 NO_2^--N 及时还原；而对照组由于水流条件较差和碳源不足，出水 NO_2^--N 浓度显著高于 MCW 处理组（$P<0.05$）。水力负荷增加后出水 NO_2^--N 浓度略微降低（$P<0.05$）。冬季低温（<15℃）显著增加了 MCW 一级单元出水的 NO_2^--N 浓度（$P<0.05$），MCW 末端出水 NO_2^--N 浓度没有增加（$P>0.05$），但对照组的出水 NO_2^--N 浓度显著增加（$P<0.05$），显示出生物炭有助于完全反硝化。

6.3.4　COD_{Cr}的去除

有机物被用作反硝化碳源，500mm/d 水力负荷非低温时 A、B、C 组一级单元出水 COD_{Cr}平均浓度分别为（9.1±2.6）mg/L、（9.4±4.2）mg/L、（8.8±2.0）mg/L，与 250mm/d

水力负荷相比未显著增加（$P>0.05$）；3 组 MCW 和对照组的末端出水 COD_{Cr}平均浓度分别为（7.1±1.2）mg/L、（5.5±0.4）mg/L、（5.0±0.5）mg/L 和（8.4±4.2）mg/L，与 250mm/d 水力负荷相比出水 COD_{Cr}浓度略微增加（$P<0.05$），主要是因为水力停留时间减少，对有机物的分解不充分。如图 6-21 所示，在此水力负荷下冬季低温（<15℃）时 A、B、C 组一级单元出水 COD_{Cr}平均浓度分别为（8.5±1.0）mg/L、（10.5±0.4）mg/L、（9.6±0.6）mg/L，与相同水力负荷非低温时相比 COD_{Cr}去除率显著降低（$P<0.05$）；3 组 MCW 和对照组的末端出水 COD_{Cr}平均浓度分别为（6.5±1.2）mg/L、（5.3±0.3）mg/L、（5.5±0.7）mg/L 和（8.9±1.4）mg/L，与相同水力负荷非低温时相比出水 COD_{Cr}浓度差异不显著（$P>0.05$），生物炭减弱了低温对 COD_{Cr}去除的影响。对照组的出水 COD_{Cr}浓度均略高于 MCW 处理组（$P<0.05$），添加生物炭比例越高的 MCW 出水 COD_{Cr}浓度越低。

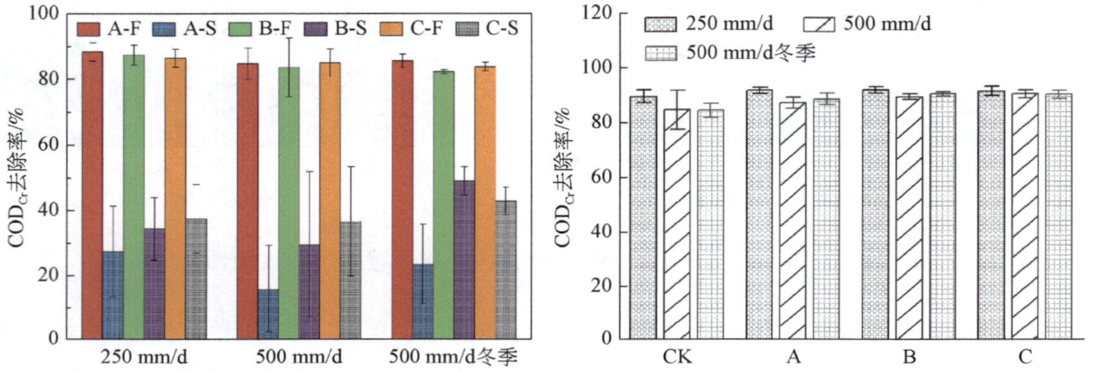

(a)一级单元 COD_{Cr}去除率　　(b)整体 COD_{Cr}去除率

图 6-21　不同水力负荷下一级单元与整体 COD_{Cr}去除率

6.3.5　TP 的去除

水力负荷和温度对 TP 去除的影响如图 6-22 所示，500mm/d 水力负荷非低温时，A、B、C 组一级单元的 TP 去除率分别为 18.0%±4.9%、16.4%±6.2%、14.6%±7.1%，一级单元各组 TP 去除率没有显著差异（$P>0.05$）。水力负荷增大后一级单元的 TP 去除率降低（$P<0.05$），水力停留时间过短对 TP 去除影响较大。二级单元 TP 去除率分别为 18.8%±12.2%、17.5%±6.9%、13.7%±4.8%，二级单元各组 TP 去除率没有显著差异（$P>0.05$）。水力负荷增大后二级单元的 TP 去除率降低（$P<0.05$）。MCW 组合系统和对照组的 TP 平均去除率分别为 33.1%±13.0%、28.0%±10.3%、26.2%±4.0% 和 24.9%±14.4%，水力负荷增大后 MCW 系统的 TP 去除率降低了 29.4%~44.8%（$P<0.05$），此时填料吸附容量的优势不明显。水力负荷增大对 TP 去除率降低的影响较大，可能的原因是水力停留时间过短，并且此时期植物处于生长成熟期。

500mm/d 水力负荷冬季低温（<15℃）时，A、B、C 组一级单元的 TP 平均去除率分别为 22.2%±2.1%、17.8%±4.1%、20.5%±4.4%，3 个处理组没有显著差异（$P>$

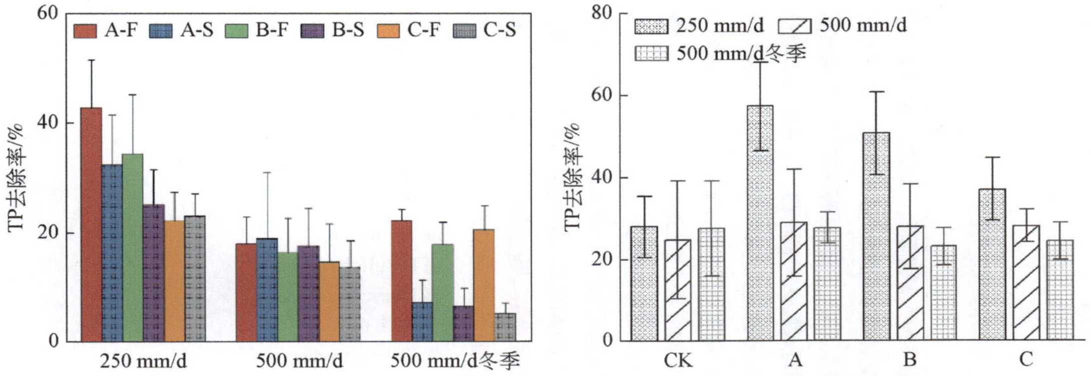

(a)每单元TP去除率　　(b)整体TP去除率

图 6-22　不同工况条件下每单元 TP 去除率与整体 TP 去除率

0.05)，与相同水力负荷非低温时相比 TP 去除率没有明显差异（P>0.05）；二级单元的 TP 平均去除率分别为 7.2% ±4.1%、6.5% ±3.4%、5.2% ±2.0%，3 个处理组没有显著差异（P>0.05），与相同水力负荷非低温时相比没有显著下降（P>0.05）；MCW 组合系统和对照组的 TP 平均去除率分别为 27.8% ±3.9%、23.2% ±4.5%、24.6% ±4.5% 和 21.8% ±8.0%，与相同水力负荷非低温时相比没有显著差异（P>0.05），3 组 MCW 的 TP 去除率高于对照组（P>0.05），可能是因为冬季氧气条件较好，并且西伯利亚鸢尾是四季生植物，因此低温对 TP 的去除影响不明显。

6.4　微生物群落组成及氮转化功能基因

6.4.1　微生物群落结构组成

1. 群落组成（门水平）

如图 6-23 所示，对照组和 MCW 系统的微生物群落（门水平）主要是变形菌门（Proteobacteria）、绿弯菌门（Chloroflexi）、放线菌门（Actinobacteria）、拟杆菌门（Bacteroidetes）、酸杆菌门（Acidobacteria）、髌骨细菌门（Patescibacteria）、脱硫菌门（Desulfobacterota）、芽单胞菌门（Gemmatimonadota）、厚壁菌门（Firmicutes）、迟杆菌门（Latescibacterota）、浮霉菌门（Planctomycetes）、黏细菌门（Myxococcota）、硝化螺旋菌门（Nitrospirae）、疣微菌门（Verrucomicrobia）、螺旋体门（Spirochaetae）等。变形菌门、放线菌门［主要是放线菌（*Actinomycetes*）］、绿曲菌门和厚壁菌门与几乎所有的氮循环基因有关。

变形菌门的相对丰度为 24.9%~55.1%，主要由 α-Proteobacteria 和 γ-Proteobacteria 组成，没有 β-Proteobacteria。MCW 一级单元中变形菌门的相对丰度更高，其有助于减少有

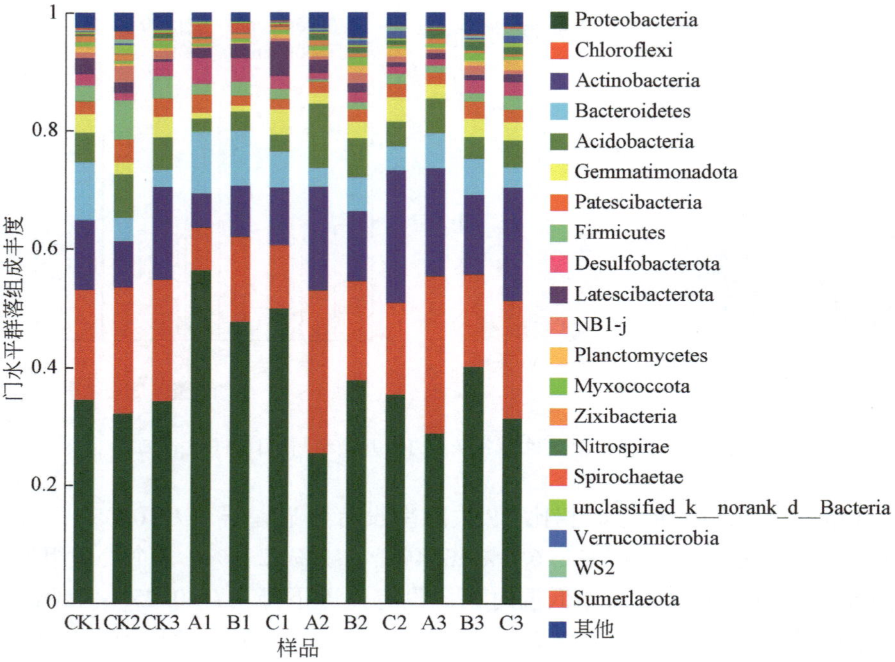

图 6-23　模块化人工湿地微生物群落组成（门水平）

机污染物，包括与全球主要碳、氮、硫循环相关的高水平的细菌代谢多样性（Kersters et al.，2006），一级单元的变形菌门相对比例明显高于二级单元，与前端有机污染物降解较多有关。绿弯菌门的相对丰度为7.1%~27.1%，MCW二级单元的绿弯菌门相对丰度大于一级单元。该门包含具有不同代谢生活方式的多种生物体，包括光能自养生物［绿弯菌属（*Chloroflexus*）］、有机卤化物呼吸生物［脱卤球菌纲（Dehalococcoidia）］以及嗜热菌［热微菌属（*Thermomicrobium*）］等，能够分解死亡的细菌体（Hug et al.，2013）。放线菌门的相对丰度为5.7%~21.4%，MCW二级单元的放线菌门相对丰度大于一级单元。放线菌可以降解有机污染物和无机污染物，包括含氮有机化合物，常常是自然界中主要的细菌种类，主要有链霉菌属（*Streptomyces*）、放线菌属（*Actinomyces*）、北里孢菌属（*Kitasatospora*）、小单孢菌属（*Micromonospora*）、诺卡菌属（*Nocardia*）、微球菌属（*Micrococcus*）、节杆菌属（*Arthrobacter*）和红球菌属（*Rhodococcus*）（Mawang et al.，2021）。拟杆菌门的相对丰度为3.2%~11.9%，与之前大多数关于人工湿地内的微生物群落丰度的研究类似（Xue et al.，2019）。MCW一级单元的拟杆菌门相对丰度大于二级单元。拟杆菌门是以降解复杂有机物的能力而闻名的化学异养细菌，主要有拟杆菌属（Bacteroidia，专性厌氧菌）、柱状嗜纤维菌（*Cytophagia*）、黄杆菌属（Flavobacteria，厌氧菌）和鞘氨醇杆菌属（Sphingobacteria，需氧菌）。黄杆菌属（*Flavobacterium* sp.）是一种重要的异养反硝化细菌，也是活性污泥中的典型属（Sack et al.，2011），能够降解多环芳烃等复杂化合物，有利于除磷和除氮。*Thauera terpenica*、红杆菌属（*Rhodanobacter* sp.）、寡养单胞菌属（*Stenotrophomonas* sp.）是反硝化细菌（Adrados et al.，2014）。酸杆菌门相对丰度为2.4%

~10.6%，MCW 二级单元酸杆菌门的相对丰度大于一级单元。酸杆菌门具有广泛利用碳源（尤其是生物炭中存在的顽固碳）的能力（Imparato et al., 2016）。芽单胞菌门相对丰度为 0.90%~4.67%，只含有芽单胞菌科（Gemmatimonadaceae）。Gemmatimonadaceae 可通过有氧和无氧呼吸生长（Ansola et al., 2014）。Gemmatimonadaceae（bin_CL3.16）含有 *gcd* 基因，能够溶解有机磷（Wu et al., 2021）。硝化螺旋菌门相对丰度为 0.12%~1.36%，MCW 二级单元的硝化螺旋菌门相对丰度显著大于一级单元。硝化螺旋菌门是氨氧化细菌的重要组成部分，在硝化过程中起重要作用（Truu et al., 2009）。浮霉菌门相对丰度为 0.44%~6.69%，MCW 二级单元的浮霉菌门相对丰度显著大于一级单元，而且随着生物炭的增多而增多。浮霉菌门具有广泛的厌氧代谢能力（Daims et al., 2001）。

2. 群落组成（属水平）

参与氮循环的主要功能微生物有 AOB、AOA、NOB、厌氧氨氧化细菌和反硝化细菌。如图 6-24 所示，在微生物群落组成的属水平上，与氮转化相关的微生物主要有类固醇杆菌科（Steroidobacteraceae）未知属［有机物分解细菌（Li et al., 2021；Du et al., 2022）］（0.9%~7.0%）、Caldilineaceae 科未知属［异养反硝化除磷菌（Cao et al., 2020；Gao et al., 2021）］（1.6%~4.7%）、氟球菌属（*Defluviicoccus*）［反硝化细菌（Wang et al., 2008；Chu et al., 2021）］（1.1%~5.2%）、*Azospira*［N_2O 还原细菌（Pan et al., 2013）］（0.08%~12.3%）、Gemmatimonadaceae 未知属［反硝化细菌（Franke-Whittle et al., 2015；Aanderud et al., 2018；Cao et al., 2020）］（0.81%~4.2%）、丙酸杆菌科（Propionibacteriaceae）未知属［促进 COD 利用（Gui et al., 2021）］（0.49%~3.1%）、Comamonadaceae 科未知属［PAOs 细菌（Ge et al., 2015；Rey-Martinez et al., 2019），反硝化细菌（Wang S K et al., 2021）］（0.26%~4.4%）、脱氮单胞菌属（*Denitratisoma*）［反硝化细菌（Aanderud et al., 2018；Chu et al., 2021）］（0.39%~4.4%）、*Thauera*［兼性自养反硝化聚磷菌（Cao et al., 2020；Chu et al., 2021）］（0.01%~8.0%）。

相对丰度占比>1.0% 的功能微生物还有厌氧绳菌科（Anaerolineaceae）未知属［异养蓄磷微生物（Gao et al., 2021）］（0.35%~2.2%）、类诺卡氏菌属（*Nocardioides*）［同化硝酸盐（Hwang et al., 2022）］、嗜邻聚杆菌目未鉴定属（norank_f_norank_o_Vicinamibacterales）［有机磷溶解细菌（Wu et al., 2021）］（0.25%~1.6%）、黄单胞菌科（Xanthomonadaceae）未知属［反硝化除磷菌（Vieira et al., 2018；Cheng et al., 2022）］（0.04%~2.3%）、砂单胞菌属（*Arenimonas*）［反硝化细菌（Zhang M et al., 2020）］（0.05%~4.4%）、*Acinetobacter*［异养反硝化除磷菌（Zhang M et al., 2020）］（0.03%~3.1%）、生丝微菌属（*Hyphomicrobium*）（反硝化细菌）（0.25%~1.4%）、聚糖菌属（*Candidatus_Competibacter*）［典型反硝化细菌（Chen Y S et al., 2016；Cao et al., 2020；Li et al., 2020）］（0.13%~2.2%）、红游动菌属（*Rhodoplanes*）［反硝化细菌（Zhang H Y et al., 2022）］（0.35%~1.1%）、*Nitrospira*（NOB）（0.11%~1.3%）、有益杆菌属（*Diaphorobacter*）［反硝化细菌（Xia et al., 2022）］、糖单胞分泌菌属（*Saccharimonadales*）［氨氧化细菌（Shi et al., 2021）］、*Thiobacillus*［硫自养反硝化细菌（Xia et al., 2022）］（<1.6%）、*Pseudomonas*［兼性化学自养反硝化聚磷细菌（Chu et al., 2021）］、发硫菌属

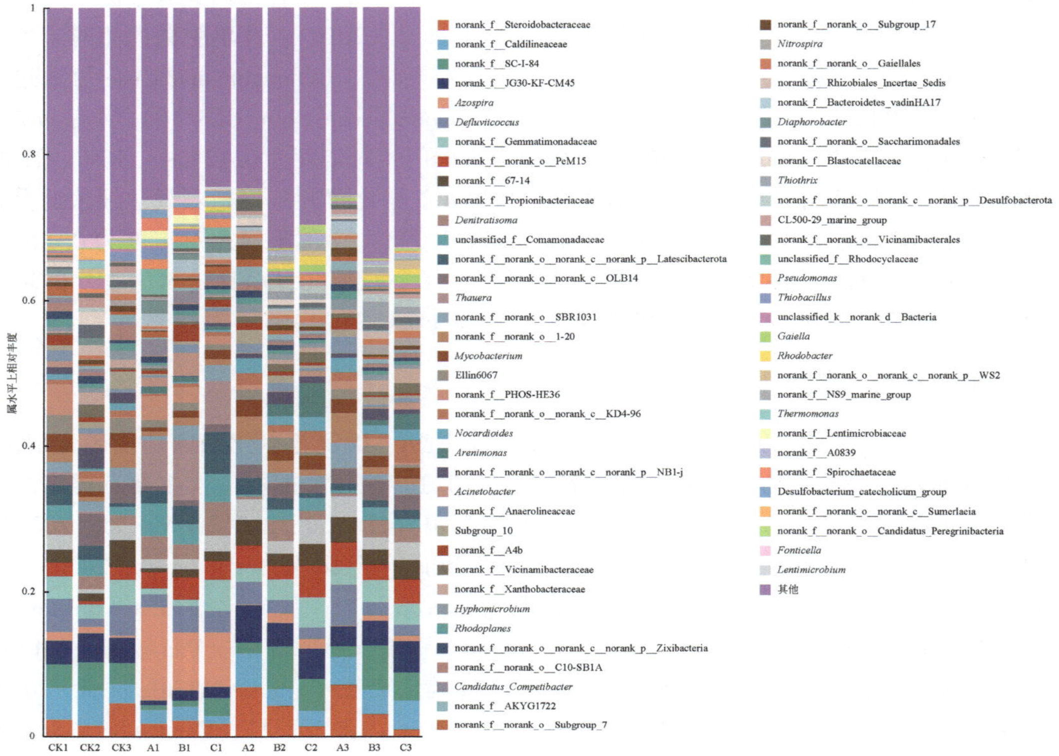

图 6-24　模块化人工湿地微生物群落组成（属水平）

（*Thiothrix*）［聚磷菌 PAOs（Rey-Martínez et al., 2019）］、盖亚女神菌属（*Gaiella*）［碳循环细菌（Shi et al., 2021）］、*Rhodobacter*［异养反硝化细菌（Cheng et al., 2022）］、脱硫杆菌属（*Desulfobacterium_catecholicum*）［脱硫杆菌（Watanabe et al., 2013）］、慢生微菌科（Lentimicrobiaceae）未知属［严格厌氧发酵产酸细菌（Yao et al., 2022）］、螺旋体科（Spirochaetaceae）未知属［乙酸盐分解细菌（Li et al., 2017；Huang et al., 2021）］、热单胞菌属（*Thermomonas*）［反硝化细菌（Chu et al., 2021；Xia et al., 2022）］、慢生微菌属（*Lentimicrobium*）［严格厌氧反硝化细菌（Sun et al., 2016；Wang H S et al., 2020）］、Rhodocyclaceae 未知属［反硝化细菌（Chu et al., 2021）］、杆状脱硫菌属（*Desulforhabdus*）［脱硫细菌（Ducey and Hunt, 2013）］、温泉胞菌属（*Fonticella*）（同化乙酸盐细菌）等。亚硝化菌硝基轮状菌属（*Nitrolancea*）、*Nitrosospira* 的含量低于 1%。

根据优势物种分布比例，*Azospira*、Caldilineaceae 未知属、*Defluviicoccus*、Gemmatimonadaceae 未知属、*Thauera*、*Denitratisoma*、Comamonadaceae 未知属、*Arenimonas* 等相对丰度最高的物种均是与反硝化相关的微生物。*Candidatus _ Competibacter*、Rhodocyclaceae 未知属、*Thiobacillus* 和 *Arenimonas* 等反硝化细菌的相对丰度由于基质填充度减少而降低，但是 *Defluviicoccus*、*Denitratisoma*、Propionibacteriaceae 未知属和分枝杆菌属（*Mycobacterium*）等反硝化细菌的相对丰度增加，因此基质填充度对反硝化细菌相对丰度的影响不明显，不同基质填充度的 MCW 反硝化性能没有显著差别。*Azospira* 的相对丰度

也随着基质填充度减少而降低，因此可能增大 N_2O 的释放量。部分反硝化细菌 *Thauera* 的相对丰度与基质填充度没有明显相关性。

亚硝化单胞菌科（Nitrosomonadaceae）的氨氧化菌相对丰度与基质填充度无明显相关性，但在二级单元中的相对丰度更高。Nitrosomonadaceae 的氨氧化菌主要是 Ellin6067 和 *Nitrosomonas*，而 mle1-7 和 MND1 的相对丰度极少。氨氧化菌相对丰度与基质填充度之间没有观察到相关性。*Nitrosomonas*（0. 05%~0. 25%）富集在二级单元中，促进了二级单元中的氨氧化。*Nitrospira* 主要存在于二级单元，促进了二级单元的硝化作用，但其相对丰度与生物炭量没有明显关系。属于 Rhodocyclaceae 的 *Thauera* 能够在缺氧条件下吸收磷（Xu J et al., 2018），未观察到其相对丰度与基质填充度的相关性。

Arenimonas 和黄色杆菌科（Xanthobacteraceae）未知属的相对丰度在二级单元中随生物炭数量增加而增加，可能是因为 B、C 组在二级单元中脱氮效果相比于 A 组增强。有研究表明一些反硝化细菌在添加了生物炭的 CW 中相对丰度增加（Li et al., 2020）。但 *Defluviicoccus* 和 Anaerolineaceae 未知属的相对丰度随生物炭数量增多而减少，Anaerolineaceae 相对丰度的减少不利于磷的去除。有研究表明，生物炭是一种高效的 NO_3^--N 吸附剂，可以增强 CW 系统对 NO_3^--N 的捕集能力（Yao et al., 2012），可以促进反硝化细菌的脱氮作用。生物炭释放的溶解性有机碳源可以为异养反硝化微生物［如 Comamonadaceae、红细杆菌科（Rhodobacteraceae）、Xanthomonadaceae］提供碳源，同时生物炭的微孔结构可以为反硝化细菌提供缺氧条件和附着位点，增强反硝化作用（Cheng et al., 2022）。*Azospira* 作为 N_2O 还原细菌，主要存在于一级单元中，但在二级单元中相对丰度随着生物炭量增加而增加，有助于减少 MCW 中 N_2O 排放。有研究表明，CW 中的生物炭可以促进污染物去除和植物生长，也可以减少 N_2O 的排放（Zhou et al., 2018b）。之前的研究表明人工湿地中添加生物炭在目水平上增加了鞘脂单胞菌目（Sphingomonadales）、浮霉状菌目（Planctomycetales）、硝化螺旋菌目（Nitrospirales）、红螺菌目（Rhodocyclales）和黄色单胞菌目（Xanthomonadales）的丰度，在科水平上增加了浮霉菌科（Planctomycetaceae）、Comamonadaceae、硝化螺旋菌科（Nitrospiraceae）、伯克氏菌科（Burkholderiaceae）和鞘氨醇单胞菌科（Sphingomonadaceae）的丰度（Cheng et al., 2022）。

3. 群落组成空间差异

在属水平将优势物种进行 Circos 可视化（图 6-25），根据水流流向按照空间差异对微生物样品进行分组，A、B、C 组一级单元微生物样品命名为 P1，A、B、C 组二级单元陶粒样品命名为 P2，二级单元生物炭样品命名为 P3。对分组样本的丰度求均值，便于观察不同的微生物菌属在空间上的分布差异。相对丰度小于 1% 的合并为其他。

1）反硝化细菌

人工湿地基质微生物样品的反硝化细菌多样性较高。在所检测到的所有反硝化细菌中，*Defluviicoccus* 和 Comamonadaceae 未知属只能还原 NO_3^--N，是糖原积累微生物（GAOs）。*Defluviicoccus* 能够同时降解多种有机化合物，将 NO_3^--N 部分反硝化成 NO_2^--N（Chu et al., 2021）。Comamonadaceae 能够在较短水力停留时间下大量存在（Ge et al.,

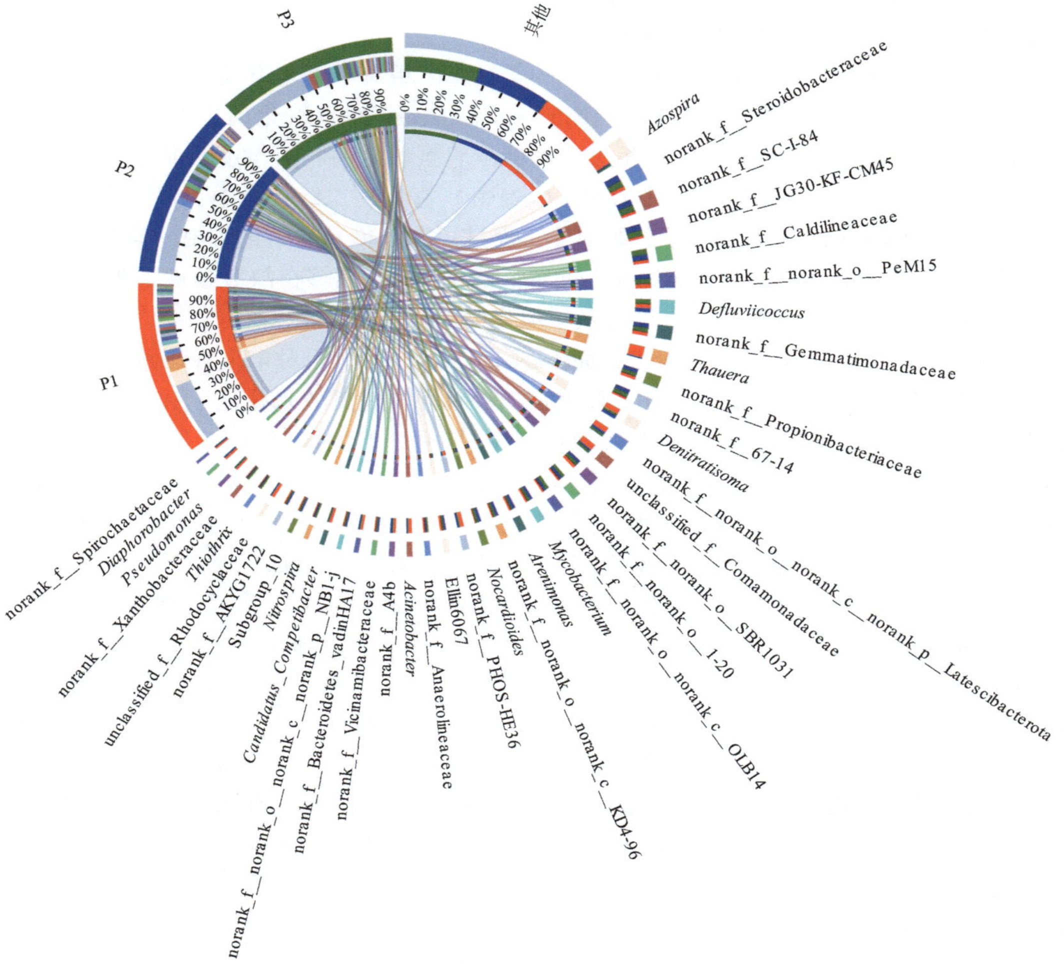

图 6-25　模块化人工湿地微生物群落空间分布（属水平）

P1：一级单元；P2：二级单元陶粒；P3：二级单元生物炭

2015；Rey-Martinez et al.，2019）。*Azospira* sp. 是一种高效 N_2O 还原细菌，具有全套的反硝化基因（Zhou et al.，2022）。*Denitratisoma* 进行短程反硝化作用将 NO_3^--N 还原成 NO_2^--N，再进一步还原成 N_2O。*Thauera* 进行短程反硝化作用还原 NO_3^--N（Wu P et al.，2020）。*Diaphorobacter* 包括能够产生硝酸盐和亚硝酸盐还原酶的菌株（Xia et al.，2022）。*Azospira*、*Denitratisoma*、Comamonadaceae、*Thauera* 和 *Acinetobacter* 等反硝化细菌在一级单元中的相对丰度显著大于在二级单元中的相对丰度，促进了一级单元中较完全的反硝化反应。*Thauera* 和 *Candidatus_Competibacter* 反硝化细菌容易在部分反硝化过程富集，*Candidatus_Competibacter* 是典型的糖原积累生物（GAOs）（Chu et al.，2021），只能快速分解乙酸盐，在 MCW 一级单元中的相对丰度显著更大，促进快速反硝化作用。

Diaphorobacter、Rhodocyclaceae 未知属、*Thiobacillus* 和 *Pseudomonas* 等反硝化细菌也主要富集在一级单元中。脱氮硫杆菌（*Thiobacillus denitrificans*）（反硝化硫杆菌属）是一种

化能自养营养菌，仅使用无机化合物作为电子供体（Pelissari et al.，2017）。*Thiobacillus denitrificans* 是一种自养兼性厌氧物种，更喜欢将氧气作为电子受体，但在厌氧条件中则将氮氧化物作为替代电子受体（*Kellermann and Griebler*，2009；Shao et al.，2010），而 *Thiobacillus* 富集在一级单元中，有利于在厌氧条件缺少有机碳时强化去除硝酸盐。*Mycobacterium*、*Nocardioides*、*Arenimonas*、Vicinamibacterales 未知属和 *Rhodobacter* 等反硝化细菌主要富集在二级单元中，对二级单元中反硝化作用具有重要贡献。*Nocardioides* 可以利用乙酸盐作为碳源，在有氧条件下同化硝酸盐（Hwang et al.，2022），主要存在于二级单元中促进脱氮。*Rhodoplanes* spp. 能够参与 N 循环的多个步骤，包括氮固定及 NO_3^--N、NO_2^--N、N_2O 还原，含有多个与氮固定有关的直系同源物，是调控反硝化作用最重要的类群（Zhang H Y et al.，2022），在 MCW 的一级、二级单元中均较丰富。*Ignavibacterium* 也在湿地样品中被检测到，是专性厌氧异养嗜热嗜中性的绿色硫细菌（Iino et al.，2010）。*Ignavibacterium* 编码 *nos* 基因，可能将 N_2O 还原为 N_2（Wang S K et al.，2021）。*Ignavibacterium* 的相对丰度在一级单元大于二级单元，在二级单元中随着生物炭量的增加而减少，但 N_2O 还原菌 *Azospira* 的相对丰度随生物炭量的增加而增加。

2）氨氧化细菌

在本研究所有微生物样品中发现的 AOB 包括 Nitrosomonadaceae（1.08%~3.14%）和 *Nitrosospira*，Nitrosomonadaceae 在二级单元中的相对丰度比一级单元略高，*Nitrosospira* 的相对丰度极低，因此氨氧化作用较弱。大多数氨氧化细菌属于 β-变形菌纲（Betaproteobacteria）和 γ-变形菌纲（Gammaproteobacteria），是化学自养生物，可将 NH_4^+-N 氧化成 NO_2^--N，如海洋氨氧化古菌（*Nitrosopumilus maritimus*）。氨氧化细菌 *Nitrosospira* sp. 和维也纳亚硝化球菌（*Nitrososphaera viennensis*）及古生菌加尔加亚硝化球菌（*Nitrososphaera gargensis*）还可以降解有机氮化合物（Lu et al.，2021）。

3）亚硝酸盐氧化细菌

本实验样品中检测到的 NOB 主要是 Nitrospiraceae 科 *Nitrospira* 属（0.12%~1.15%），主要富集在二级单元中，与二级单元中较好的氨氧化性能有关。所有样品的硝化螺旋菌门（Nitrospirota）中只有 *Nitrospira* 属和热脱硫弧菌纲（Thermodesulfovibrionia）未知目，*Nitrospira* 属是 NO_2^--N 氧化的主要贡献者。Thermodesulfovibrionia 是硫酸盐还原且嗜热的细菌，也能够氧化 NO_2^--N（Haouari et al.，2008）。

4）磷转化菌

本实验中所有磷转化菌包括反硝化聚磷菌（DPAOs）和 PAOs。Caldilineaceae 未知属、Comamonadaceae、*Thauera*、Xanthomonadaceae 未知属、*Acinetobacter*、*Pseudomonas* 等优势菌是 DPAOs（Vieira et al.，2018；Zekker et al.，2021），主要富集在 MCW 一级单元中。Caldilineaceae 和 *Acinetobacter* 还能够降解复杂的化合物（de Celis et al.，2020），能够在 C/N 低且 COD 低的情况下为 PAOs 提供更多的碳源（Gao et al.，2021）。已知 Anaerolineaceae 未知属是异养聚磷菌，没有任何 N 转化基因（Wang S K et al.，2021）。Anaerolineaceae 的相对丰度随着基质填充度减少而降低，可能是磷酸盐去除降低的原因。Thiothrix 属于 PAOs，是一种丝状细菌，生长于有机碳浓度低的条件下（Rey-Martínez et al.，2019），主要富集在二级单元中。

5）菌群分型以及与环境因子关联分析

菌群分型分析通过统计聚类的方法研究不同样本优势菌群结构，不考虑环境因子等外部因素的影响，将结构近似的不同样本聚为一类。根据菌群在运算分类单元（OTU）水平的相对丰度，计算詹森-香农距离（Jensen-Shannon distance，JSD）距离，并进行PAM（partitioning around medoids，围绕中心点划分）聚类，通过Calinski-Harabasz（CH）指数计算最佳聚类K值。经过计算聚类得到本实验的微生物样品最佳聚类K值为2，采用主坐标分析（principal coordinates analysis，PCoA）进行可视化（图6-26）。MCW一级单元的陶粒表面微生物聚为一类（OTU625），对照组微生物、MCW二级单元的陶粒和生物炭表面微生物聚为一类（OTU3531），表明在对照组中的优势菌群和MCW二级单元的优势菌群更相似。根据不同分组样本的离散情况，相比于基质种类，A、B、C组的不同基质填充方式对优势微生物的影响更大，陶粒表面微生物和相同单元的生物炭表面微生物更相似。

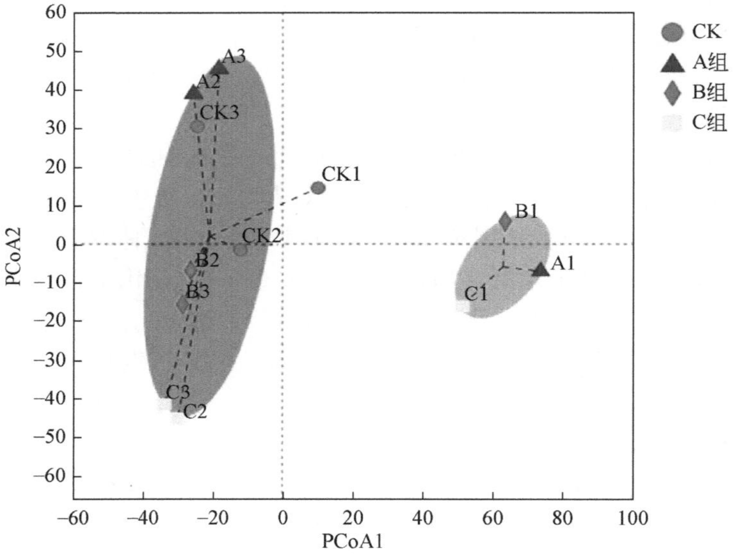

图6-26　模块化人工湿地菌群分型分析

图6-27是基于OTU分类水平（97%相似性）的RDA分析，红色箭头表示数量型环境因子，环境因子箭头的长短可以代表环境因子对物种数据影响程度的大小。环境因子箭头间的夹角为锐角代表两个环境因子呈正相关，钝角代表两个环境因子呈负相关。可以看出，ORP、pH、NH_4^+-N、NO_3^--N、TP等均对微生物群落组成具有显著性影响。在人工湿地pH变化范围内，pH与NO_3^--N浓度呈负相关，与TN、NH_4^+-N、TP、COD_{Cr}的出水浓度呈正相关，可以解释为NH_4^+-N的氧化会消耗碱度，反硝化会产生碱度（Kadlec，1994）。ORP与NO_3^--N浓度呈正相关，与TN、NH_4^+-N、TP、COD_{Cr}的出水浓度呈负相关。较高的ORP有利于NH_4^+-N的去除，与之前的研究结论一致（Tee et al.，2012）。Zhong等（2014）表明具有更好ORP和DO条件的CW取得了更高的脱氮和磷酸盐去除效率。

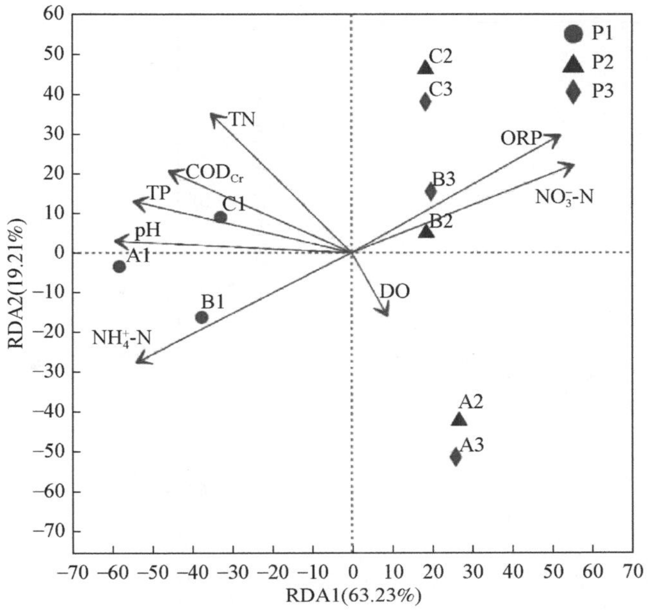

图 6-27　OTU 水平下湿地微生物群落组成 RDA 分析

6.4.2　氮转化相关功能基因

1. 氨氧化过程相关基因的丰度

amoA-AOB、*amoA*-AOA 和 *anammox* 基因是参与人工湿地氨氧化过程的基因。从图 6-28 可以看出，*amoA*-AOA 比 *amoA*-AOB 的丰度大 1 个数量级，A、B、C 组一级单元中 *amoA*-AOB 的丰度分别为 1.47×10^5 copies/g、8.3×10^4 copies/g、1.13×10^6 copies/g，*amoA*-AOA 的丰度分别为 3.76×10^6 copies/g、1.89×10^7 copies/g、7.33×10^6 copies/g，本实验人工湿地系统中 AOA 更加丰富。对编码氨单加氧酶（ammonia monooxygenase，AMO）*amoA* 基因的定量分析表明，不同土壤中 AOA 是 AOB 的 2～3000 倍，在生态系统中 AOA 和 AOB 是功能冗余的，但是 AOB 的氨氧化活性约比 AOA 高 10 倍（Schauss et al.，2009）。随陶粒填充度减少，*amoA*-AOB 丰度增多。随陶粒填充度减少，*amoA*-AOA 的拷贝数在 A、B、C 组一级单元中先上升后下降，在二级单元中 A 组显著更大。*amoA*-AOA/*amoA*-AOB 随基质填充量减少呈下降趋势。AOB 在高氨氮浓度时增长更快，在低氨氮浓度时增长会变慢；而 AOA 将主导氨氮浓度通常较低的环境（Prosser and Nicol，2012；Zhang et al.，2015）。

MCW 二级单元的 *amoA*-AOB 丰度大于一级单元。结合 ORP 变化数据可知，二级单元的氧化还原电位显著高于一级单元，一级单元以厌氧环境为主，二级单元以缺氧环境为主，受到底物浓度和 DO 浓度的影响，二级单元发生氨氧化的条件更好。在 A、B、C 组一级单元的 *anammox* 16S rRNA 丰度分别为 1.54×10^9 copies/g、1.41×10^{10} copies/g、5.45×10^9

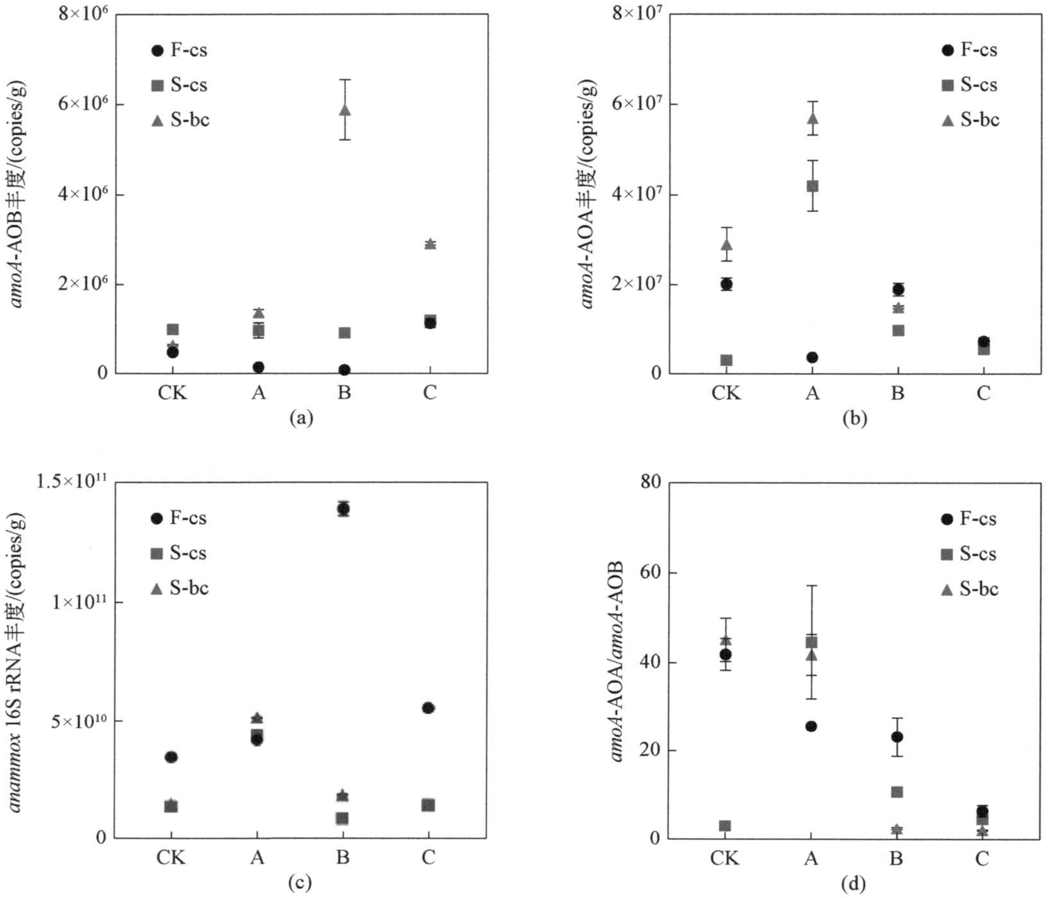

图 6-28　AOA 和 AOB 的 *amoA* 基因丰度、*anammox* 16S rRNA 丰度及 AOA 和 AOB *amoA* 丰度比

F-cs 表示一级单元陶粒样品；S-cs 表示二级单元陶粒样品；S-bc 表示二级单元生物炭样品

copies/g，二级单元陶粒层的 *anammox* 16S rRNA 丰度分别为 6.72×10^9 copies/g、8.7×10^8 copies/g、2.38×10^9 copies/g，A 组显著高于其他两组；二级单元生物炭层的 *anammox* 16S rRNA 丰度分别为 6.04×10^9 copies/g、2.24×10^9 copies/g、2.80×10^9 copies/g，A 组显著高于其他两组。一级单元中 *anammox* 16S rRNA 丰度大于二级单元，因此一级单元中的条件更有利于厌氧氨氧化。陶粒填充度为 90% 的 A 组二级单元中 *anammox* 16S rRNA 的丰度大于 B 组和 C 组，证明 A 组的厌氧条件更好，可能有利于厌氧氨氧化发生。

2. 亚硝化过程相关基因的丰度

细菌中由 *nxrA* 基因编码的亚硝酸盐氧化酶在 NO_2^--N 氧化中起重要作用。*nxrA* 基因在 A、B、C 组一级单元中的丰度分别为 2.52×10^5 copies/g、4.46×10^5 copies/g、6.19×10^5 copies/g［图 6-29（a）］。随着基质填充度减少，*nxrA* 基因丰度呈上升趋势，可能增大了完全硝化作用的比例，因为减少基质填充度使 ORP 增大。NOB 对 DO 浓度变化比较敏感，

AOB 的氧半饱和常数低于 NOB，NOB 在低 DO 浓度（0.1～1.0mg/L）时受到抑制。随着生物炭数量增加，MCW 中 *nxrA* 基因的拷贝数未减少，NOB 的丰度未受生物炭的影响。MCW 二级单元的 *amoA* 基因丰度也大于对照组，所以 MCW 二级单元使氨氮的氧化更充分。如图 6-29（b）所示，*amoA* 基因丰度是 *nxrA* 基因丰度的 1.2～110.5 倍，*nxrA* 基因的丰度小于 *amoA* 基因，说明含有 *amoA* 基因的细菌的贡献率大于含有 *nxrA* 基因的细菌。

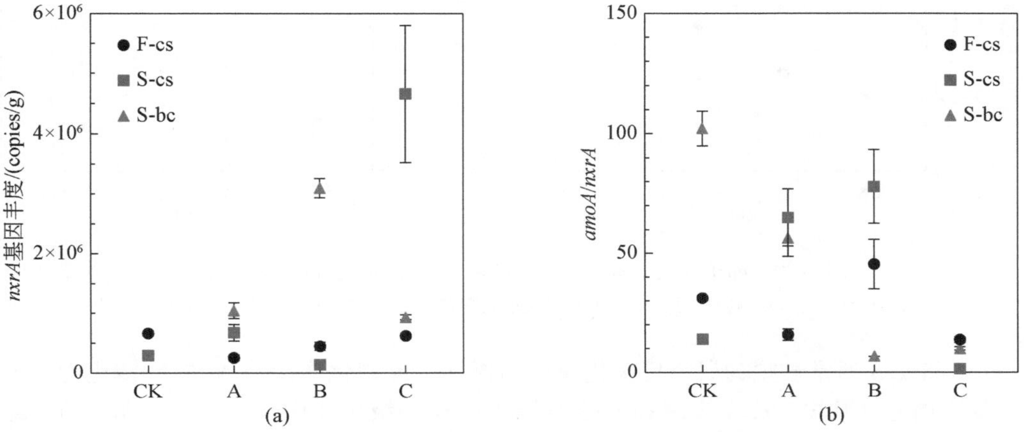

图 6-29　*nxrA* 基因丰度（a）及 *amoA*/*nxrA* 基因丰度比

F-cs 表示一级单元陶粒样品；S-cs 表示二级单元陶粒样品；S-bc 表示二级单元生物炭样品

3. 反硝化过程相关基因丰度

参与反硝化过程的 *narG*、*nirK*、*nirS* 和 *nosZ* 基因丰度情况如图 6-30 所示，在本研究中 *narG* 基因在 A、B、C 组一级单元和对照组中的丰度分别为 9.49×10^7 copies/g、8.08×10^7 copies/g、3.21×10^8 copies/g 和 1.39×10^8 copies/g。在 C 组中一级单元内 *narG* 拷贝数最大（$P<0.05$），容易造成 NO_2^--N 积累。

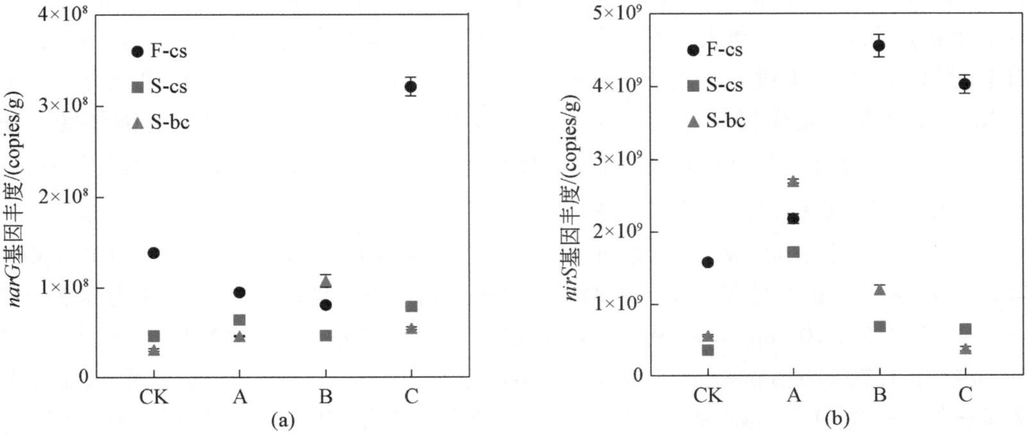

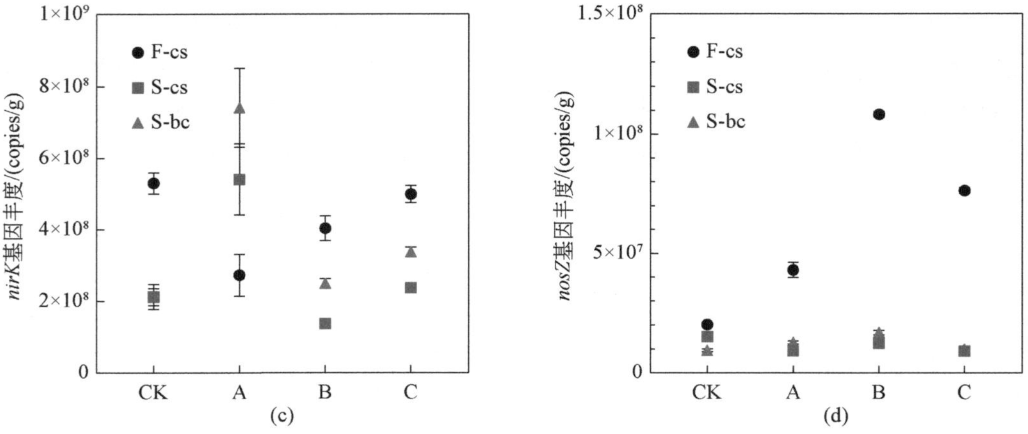

图 6-30 *narG*（a）、*nirS*（b）、*nirK*（c）和 *nosZ*（d）基因丰度

F-cs 表示一级单元陶粒样品；S-cs 表示二级单元陶粒样品；S-bc 表示二级单元生物炭样品

nirK 和 *nirS* 通常被视为研究反硝化作用的指标，反硝化作用将 NO_2^--N 转化为 N_2O 和 NO。基质填充度减少，*nirK* 丰度和 *nirS* 基因丰度在一级单元中均呈上升趋势，在二级单元中均呈下降趋势。一级单元中 *nirS* 基因丰度分别为 2.18×10^9 copies/g、4.56×10^9 copies/g、4.03×10^9 copies/g；二级单元陶粒层的 *nirS* 基因丰度分别为 1.73×10^9 copies/g、6.79×10^8 copies/g、6.44×10^8 copies/g，处理组间差异显著（$P<0.05$）；二级单元生物炭层的 *nirS* 基因丰度分别为 2.70×10^9 copies/g、1.21×10^9 copies/g、3.71×10^8 copies/g，处理组间差异显著（$P<0.05$）。一级单元中 *nirK* 基因丰度分别为 2.73×10^8 copies/g、4.04×10^8 copies/g、5.00×10^8 copies/g。A 组二级单元的 *nirK* 基因丰度和 *nirS* 基因丰度显著大于 B 组和 C 组（$P<0.05$）。二级单元陶粒层的 *nirK* 基因丰度分别为 5.42×10^8 copies/g、1.37×10^8 copies/g、2.37×10^8 copies/g，处理组间差异显著（$P<0.05$）；二级单元生物炭层的 *nirK* 基因丰度分别为 7.42×10^8 copies/g、2.49×10^8 copies/g、3.38×10^8 copies/g，处理组间差异显著（$P<0.05$）。有研究观察到 N_2O 排放量与 *nirS* 和 *nirS*+*nirK* 的丰度具有显著的正相关关系（Chen et al.，2020c）。反硝化基因丰度与 CW 中的基质类型有关，底层生物炭基质的 *nirK* 基因丰度和 *nirS* 基因丰度显著大于上层陶粒基质（$P<0.05$），因此在底层更充分的厌氧条件下 NO_2^--N 更容易发生反硝化，底层的生物炭基质也能为反硝化提供所需碳源。还原 NO_2^--N 的基因丰度比还原 NO_3^--N 的基因丰度大 1 个数量级，人工湿地内部被还原的 NO_2^--N 能够及时被进一步还原，不会造成 NO_2^--N 积累。

nosZ 基因丰度在 MCW 一级单元中分别为 4.31×10^7 copies/g、1.08×10^8 copies/g、7.64×10^7 copies/g，B 组显著大于另外两组（$P<0.05$）；在二级单元陶粒层中分别为 9.35×10^6 copies/g、1.25×10^7 copies/g、9.18×10^6 copies/g；在二级单元生物炭层中分别为 1.28×10^7 copies/g、1.70×10^7 copies/g、1.00×10^7 copies/g［图 6-30（d）］。二级单元中 *nosZ* 基因丰度显著低于一级单元 *nosZ* 基因丰度，因为二级单元中相应的底物浓度低。在 MCW 系统去除氮的分析中，C 组二级单元对 NO_3^--N 和 TN 的去除量最大，其生物炭数量最多，在碳

源不足的情况下更能促进反硝化反应。*nosZ* 基因丰度在 MCW 二级单元底层生物炭层大于上层陶粒层，与 *nirK*、*nirS* 基因丰度规律一样，生物炭的添加有助于减少 N_2O 的排放。有研究在 C/N 为 10 时观察到了最低的 N_2O 排放通量，主要原因是 *nosZ* 基因丰度大量增加（Chen et al.，2020c）。

nirS/nirK 基因丰度比如图 6-31（a）所示，*nirS* 是 *nirK* 的 1.1～11.3 倍，MCW 一级单元的 *nirS/nirK* 的基因丰度比显著大于二级单元（$P<0.05$），一级单元的环境使 *nirS* 在 NO_2^--N 还原中明显占主导作用。*nirS/nirK* 基因丰度比的差异表明环境因素对不同 NIR 类型生物体产生影响。*nirK* 和 *nirS* 被认为是功能冗余的，具有 *nirS* 基因的反硝化细菌群落对环境的反应与具有 *nirK* 基因的反硝化细菌群落不同，这些群落占据了不同的生态位（Jones and Hallin，2010）。Ligi 等（2014b）发现细菌群落中 *nirK/nirS* 基因丰度比与人工湿地的 NO_3^--N 浓度呈负相关。在本研究中一级单元的 NO_3^--N 浓度高，*nirS/nirK* 基因丰度比大。Jones 和 Hallin 分析了全球不同栖息地的具有 *nirS* 和 *nirK* 基因的群落，观察到 *nirS* 基因丰度与 NO_3^--N 浓度有显著的正相关关系，与 NH_4^+-N 浓度呈负相关关系，NO_3^--N 浓度是直接影响，而 NH_4^+-N 浓度对 NIR 型反硝化细菌的影响可能是间接的（Ligi et al.，2014b）。（*nirS*+*nirK*）/*nosZ* 的基因丰度比在 37.6～269.5，如图 6-31（b）所示，一级单元的（*nirS*+*nirK*）/*nosZ* 基因丰度比差异不显著，二级单元中 A 组的（*nirS*+*nirK*）/*nosZ* 基因丰度比显著大于 B 组和 C 组，虽然 A 组中 N_2O 还原基因的丰度更大，但是 N_2O 和 NO 还原基因的丰度没有相应增加，因此温室气体的排放风险更大。而在 B 组和 C 组中由于生物炭数量更多，温室气体排放的风险可能会降低。

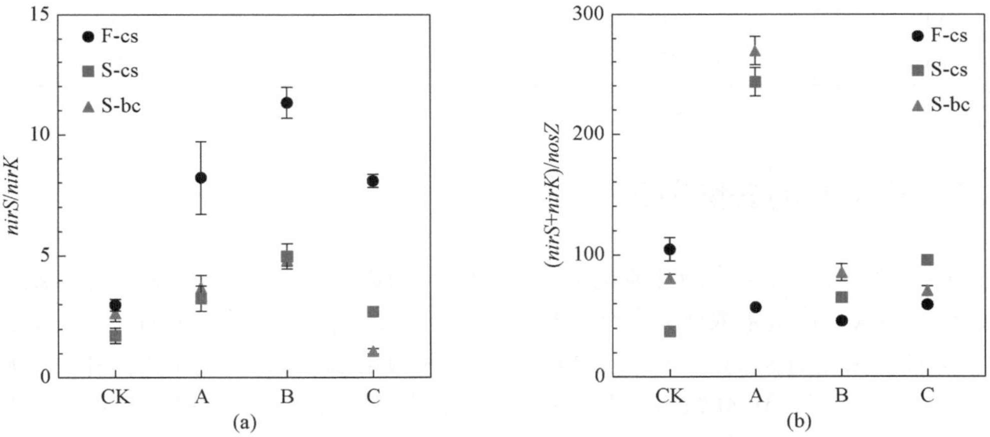

图 6-31 *nirS/nirK*（a）和（*nirS*+*nirK*）/*nosZ*（b）的基因丰度比

F-cs 表示一级单元陶粒样品；S-cs 表示二级单元陶粒样品；S-bc 表示二级单元生物炭样品

6.5 抗生素去除及抗生素对脱氮除磷的影响

在前期研究的基础上，构建了 3 组模块化折流人工湿地 MCW 装置，分别记为 CK（60% 基质填充度，进水无抗生素）、AC（60% 基质填充度，进水添加抗生素）以及 AC90

(90%基质填充度，进水添加抗生素)，研究不同条件下抗生素对各系统脱氮除磷的影响及温室气体排放规律。

6.5.1 进水污染物浓度

进水中传统污染物浓度仍然按照《城镇污水处理厂污染物排放标准》（GB 18918—2002）一级A标准配制模拟污水，以 CH_3COONa 为碳源，以 NH_4Cl、KNO_3 为氮源，以 KH_2PO_4 为磷源；根据 Wang 等（2021）的研究，磺胺类、喹诺酮类抗生素在中国水产养殖尾水中较为常见，并且浓度范围均在 ng/L 至 μg/L 级别。基于此，本研究选用了常见的4种抗生素，按照相应的浓度范围配制，具体组成见表6-4。

表6-4 进水污染物浓度及配制药品表 （单位：mg/L）

污染物	配制药品	浓度
COD_{Cr}	乙酸钠（CH_3COONa）	58.0
NH_4^+-N	氯化铵（NH_4Cl）	5.00
NO_3^--N	硝酸钾（KNO_3）	12.0
TP	磷酸二氢钾（KH_2PO_4）	0.500
SMX	磺胺甲噁唑（$C_{10}H_{11}N_3O_3S$）	0.03
SDZ	磺胺二甲基嘧啶（$C_{12}H_{14}N_4O_2S$）	0.03
CIP	环丙沙星（$C_{17}H_{18}FN_3O_3$）	0.003
ENR	恩诺沙星（$C_{19}H_{22}FN_3O_3$）	0.02

6.5.2 抗生素的去除效果

图6-32为MCW中4种抗生素的进出水浓度。磺胺类抗生素：磺胺嘧啶（SDZ）及磺胺甲噁唑（SMX）的进水浓度分别为（24.6±7.1）μg/L、（18.1±7.7）μg/L，AC组出水中两种抗生素的浓度分别为（12.9±3.8）μg/L、（9.9±3.9）μg/L，相应的去除率分别为47.8%和45.3%；而AC90组出水中两种抗生素的浓度分别为（18.6±3.6）μg/L、（14.9±5.6）μg/L，相应的去除率分别为24.4%和17.7%，分析发现AC组对这两种抗生素的去除效果均显著优于AC90组（$P<0.05$）。喹诺酮类抗生素：环丙沙星（CIP）、恩诺沙星（ENR）的进水浓度分别为（0.555±0.097）μg/L、（10.5±1.6）μg/L，AC组出水中两种抗生素的浓度分别为（0.298±0.062）μg/L、（3.01±0.98）μg/L，去除率分别为46.3%和71.3%；AC90组出水中两种抗生素的浓度分别为（0.325±0.080）μg/L、（5.63±1.91）μg/L，相应的去除率分别为41.4%和46.4%，AC组和AC90组对CIP的去除率无显著性差异，而AC组对ENR的去除率显著高于AC90组（$P<0.05$）。

有研究显示，人工湿地中好氧条件以及与氨氧化菌对磺胺类抗生素的去除有重要作

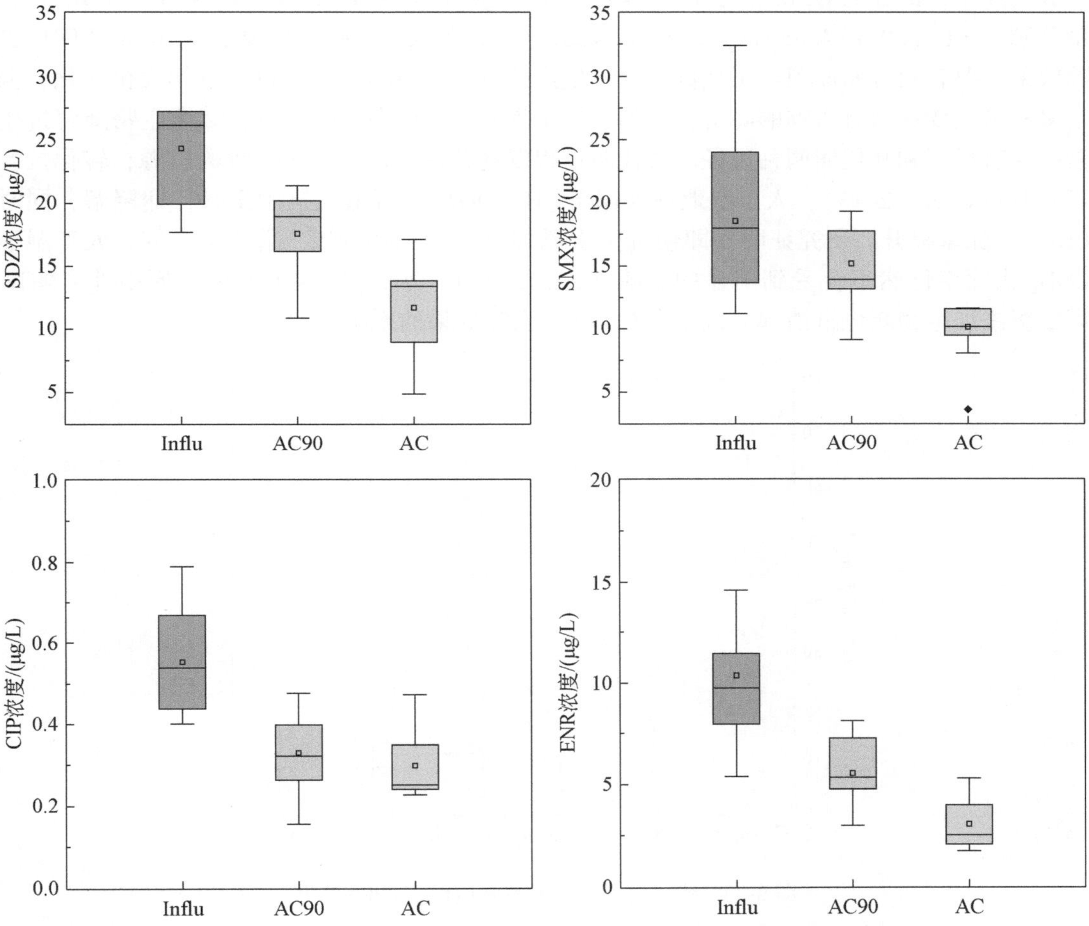

图 6-32　模块化折流人工湿地抗生素进出水浓度

Influ 表示进水；AC 表示 60% 基质填充组；AC90 表示 90% 基质填充组

用，氨单加氧酶对磺胺类抗生素 SMX 的非特异性共代谢实现生物降解（Liu et al.，2022），AC 组中基质填充度降低导致系统中 DO 浓度增加，增强的氨氧化过程可能是磺胺类抗生素去除率提高的原因。相比于磺胺类抗生素，AC 组与 AC90 组对喹诺酮类抗生素去除率的差异相对较小，可能是喹诺酮类抗生素在人工湿地等生态设施中的去除以吸附为主（Oberoi et al.，2019），基质填充度增加对此类抗生素的去除有利。

6.5.3　水质净化作用的影响

1. COD_{Cr}去除

图 6-33 为 MCW 进出水 COD_{Cr}浓度。AC-F 的 COD_{Cr}去除效果优于 CK-F，但不具有显著性差异，COD_{Cr}去除量分别为（58.3±1.63）mg/L 及（50.8±6.24）mg/L。由于 MCW 第

一级去除了大部分的 COD_{Cr}，装置整体的 COD_{Cr} 去除效果与 MCW 第一级类似，COD_{Cr} 去除量分别为 AC（60.1±4.82）mg/L 及 CK（55.2±5.29）mg/L。抗生素不影响 MCW COD_{Cr} 去除效果主要有两方面原因：①在低浓度抗生素胁迫下，虽然微生物群落结构发生变化，但是多种微生物参与有机物的降解，抵消了抗生素对 COD_{Cr} 去除的影响；②微生物降解抗生素主要有代谢和共代谢两种途径，共代谢过程以葡萄糖、CH_3COONa 等为碳源，转化抗生素（Tran et al.，2013），人工湿地进水存在 CH_3COONa，可增强抗生素共代谢降解，同时 COD_{Cr} 去除率提升。研究证明，即使抗生素添加量达到 100μg/L，远超本研究，人工湿地 COD_{Cr} 去除率仍然不会受到明显的影响（Zheng et al.，2021）。除上面两个原因外，MCW 第二级添加生物炭也抵消部分抗生素对 COD_{Cr} 去除效果的影响。

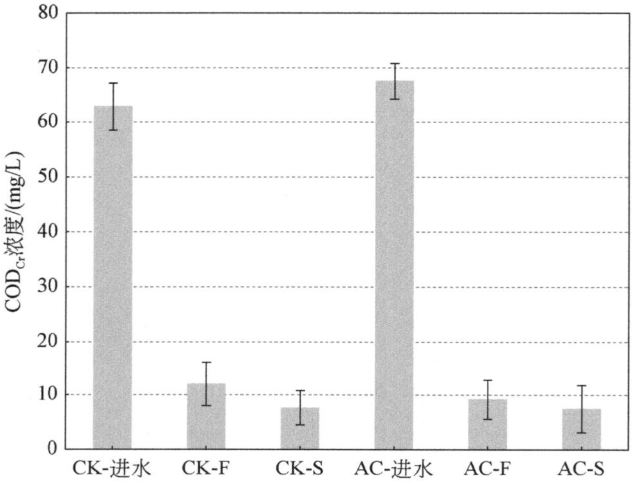

图 6-33 模块化折流人工湿地 COD_{Cr} 进出水浓度

CK 表示对照；AC 表示 60% 基质填充组；F 表示第一级；S 表示第二级

2. TOC 去除及沿程浓度变化

实验期间 CK 与 AC 的进出水 TOC 浓度如图 6-34 所示。MCW 第一级的 TOC 去除效果并无显著性差异，平均去除率分别为 CK-F 90.6%、AC-F 89.6%。装置整体 TOC 去除效果 AC 优于 CK，平均去除率分别为 92.6% 及 90.6%，同样不具有显著性差异。研究证明，低浓度抗生素并不会影响有机碳的去除，并且因为共代谢作用增强其去除效果（Huang et al.，2015），本研究中 MCW TOC 去除效果与之相符。但是，抗生素可能会影响 TOC 的沿程浓度变化。

图 6-34（b）中，进水桶到沿程取样点 1 处，由于较高的 DO 浓度，微生物充分好氧降解有机碳，两组装置 TOC 均显著下降。沿程取样点 1～3，从好氧层进入厌氧层，由于 MCW 前部微生物内源代谢能力较强，因此 TOC 浓度有一定程度的上升。进入 MCW 第二级，同 TN 一样，TOC 浓度变化幅度不大。但是，MCW 第二级填充生物炭，释放碳源，因此 CK 在沿程取样点 7 及 10～11 均有上升，并且在取样点 10～11 处上升更为明显，随

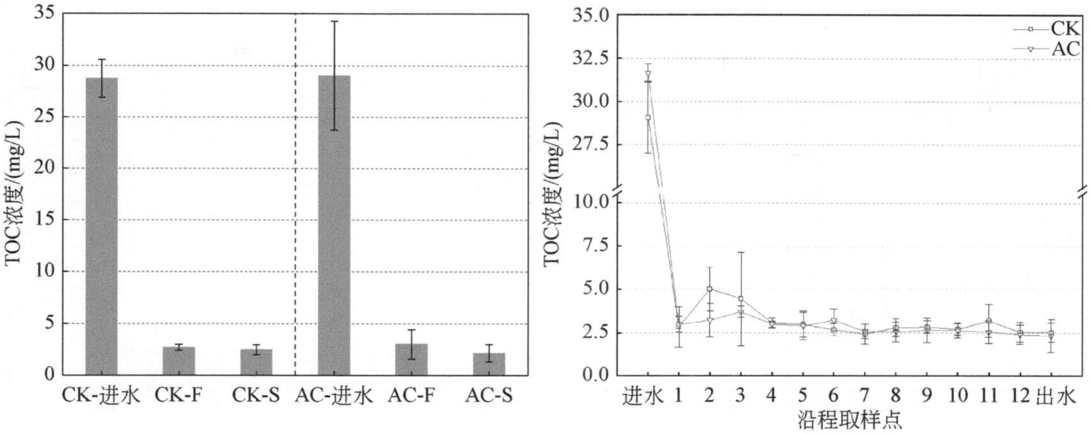

(a)TOC进出水浓度 (b)TOC沿程浓度

图 6-34 模块化折流人工湿地 TOC 进出水浓度及沿程浓度

CK 表示对照；AC 表示 60% 基质填充组；F 表示第一级；S 表示第二级

后在 11 ~ 12 处迅速下降至原浓度。

综上所述，进水中的 TOC 在 MCW 第一级前半部分大量降解，造成后续碳源不足，虽然第二级生物炭补充碳源，但在厌氧层利用较少。

3. 脱氮及沿程氮转化

实验期间 CK 与 AC 脱氮效果见图 6-35。由于进水不含 NO_2^--N，不单独讨论 NO_2^--N 去除效果。CK-F 的 NH_4^+-N 去除率显著高于 AC-F（$P<0.05$），其分别为 76.3% 和 65.4%；CK-S 的 NH_4^+-N 平均去除率为 64.6%，与 AC-S（68.4%）相似，不具备显著性差异；由于 AC-F 较差的 NH_4^+-N 去除效果，AC 的总 NH_4^+-N 去除率为 88.1%，显著低于 CK（95.0%）（$P<0.05$）。CK-F 的 NO_3^--N 去除率为 84.9%~92.4%，显著高于 AC-F（79.2%~85.8%）（$P<0.05$）；由于 NO_3^--N 为氮转化过程中间物质，并且 MCW 第一级去除了大部分 NO_3^--N，同样不再单独探讨第二级去除 NO_3^--N 的效果；对于装置 NO_3^--N 去除效果，CK 与 AC 并无显著性差异，NO_3^--N 平均去除率分别为 85.3% 及 81.9%。对于 TN 去除率，CK-F 与 AC-F 相似，分别为 65.3%~88.6% 及 65.2%~81.4%；但 CK-S 显著低于 AC-S（$P<0.05$），分别为 15.3%~50.0% 及 29.7%~71.1%；MCW 总的 TN 去除率并无显著性差异，CK 为 73.5%~96.6%，AC 为 76.0%~93.4%。

CK 与 AC 沿程 TN、NH_4^+-N、NO_3^--N 及 NO_2^--N 浓度变化如图 6-36 所示。通过沿程氮素浓度变化，结合 pH、DO 浓度、ORP 等水质理化参数变化，可从宏观角度解释抗生素影响 MCW 脱氮效果的规律。

从进水桶到沿程取样点 1 处，NH_4^+-N 浓度及 NO_3^--N 浓度均有下降。但是 CK 中 NH_4^+-N 浓度下降的幅度明显大于 AC。人工湿地 NH_4^+-N 主要由硝化过程去除，anammox 过程及植物同化吸收也去除少部分 NH_4^+-N（Tee et al.，2012）。猜测抗生素好氧降解消耗 DO，间接

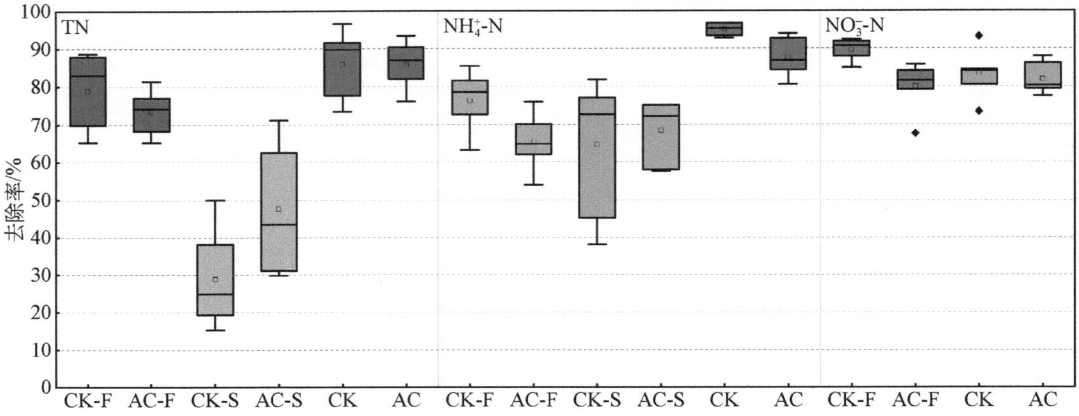

图 6-35　模块化折流人工湿地 TN、NH$_4^+$-N 及 NO$_3^-$-N 去除率

CK 表示对照；AC 表示 60% 基质填充组；F 表示第一级；S 表示第二级

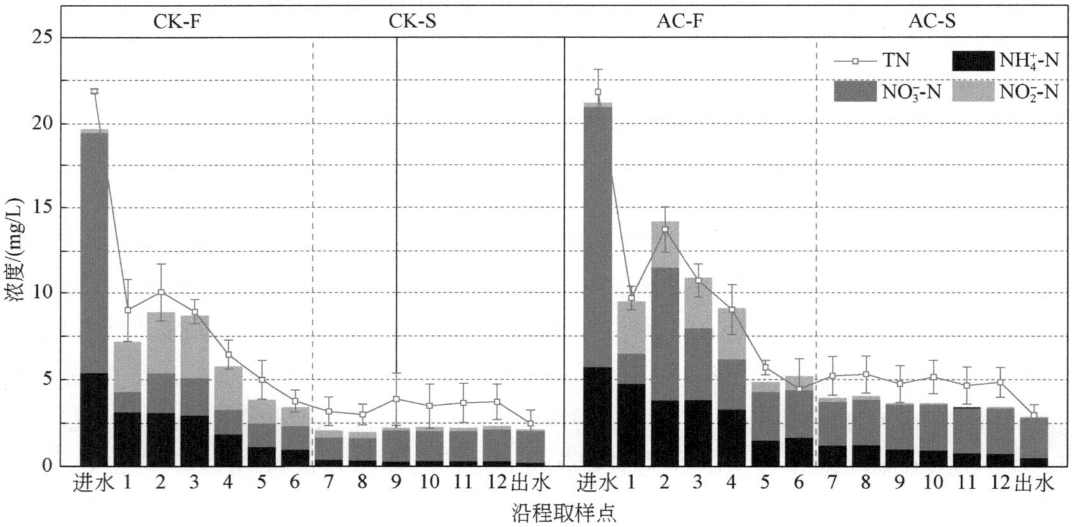

图 6-36　模块化折流人工湿地 TN、NH$_4^+$-N、NO$_3^-$-N 及 NO$_2^-$-N 沿程浓度

CK 表示对照；AC 表示 60% 基质填充组

影响硝化过程，导致此处 NH$_4^+$-N 去除效果变差。

沿程取样点 1～3，从好氧层进入厌氧层，TN 浓度有所上升，可能是取样点 2、3 处微生物内源代谢旺盛，产生营养物质。CK 及 AC 在沿程取样点 2、3 处均出现了 NO$_3^-$-N 及 NO$_2^-$-N 积累，并且 AC 中的 NO$_3^-$-N 及 NO$_2^-$-N 浓度高于 CK。这个现象主要是由两点原因造成的，一是进水中的碳源不足，限制了反硝化过程，多数研究证明碳氮比为 5 可获得最佳的脱氮效果（Zhu et al.，2014），当进水以易降解碳源为主时，NO$_3^-$-N 及 NO$_2^-$-N 积累现象变严重（Ajibade et al.，2023）；二是抗生素的存在抑制反硝化，即使抗生素浓度为

1.2μg/L，也能观测到反硝化效果受到限制，NO_3^--N 及 NO_2^--N 出水浓度升高。值得注意的是，AC 中，从沿程取样点 1 ~ 2 的变化来看，仍然存在 NH_4^+-N 浓度下降的现象，猜测可能是 anammox 过程去除了部分 NH_4^+-N。在 NH_4^+-N 低浓度情况下，抗生素并不会对 anammox 过程产生影响，anammox 过程对脱氮的贡献可能会增加。

沿程取样点 3 ~ 5，从厌氧层进入好氧层，NH_4^+-N 浓度进一步下降，并且下降幅度相似。沿程取样点 4 ~ 5，CK 及 AC 的 NO_3^--N 浓度及 NO_2^--N 浓度下降，并且 AC 中的降幅更大。不同于沿程取样点 1 处，此处抗生素并未对硝化过程及反硝化过程产生较大影响，这可能存在两点原因，一是沿程取样点 1 处 COD_{Cr}浓度高，利于异养菌的生长，抗生素存在可能进一步促进异养菌生长，使其在与自养硝化细菌竞争中处于优势，间接导致 NH_4^+-N 去除效果变差。研究证实，进水 CH_3COONa 含量高，硝化过程受到限制，NH_4^+-N 去除效果不佳（Lyu et al.，2017）。二是抗生素可能促进了异养硝化–好氧反硝化脱氮过程。Qu 等（2022）研究证明，低浓度磺胺类抗生素存在，促进异养硝化–好氧反硝化过程，人工湿地脱氮效果受抗生素影响不大。

沿程取样点 5 ~ 6，再次从好氧层进入厌氧层，各组装置 NO_3^--N 浓度基本不再发生变化，说明在缺少有效碳源的情况下，MCW 第一级后部厌氧层的反硝化过程速率较低。此外，观测到 AC 在沿程取样点 6 处的 NH_4^+-N 浓度要高于 5 处，推测可能是因为 DNRA 过程。Zhang 等（2023）的研究同样发现，在抗生素长期（34 ~ 190 天）暴露的情况下，DNRA 过程不会再受限，甚至 DNRA 速率有一定的提升，有利于 NO_3^--N 去除。

沿程取样点 6 ~ 7，从 MCW 第一级到 MCW 第二级，均为厌氧层，NH_4^+-N 及 NO_2^--N 的浓度下降，但 NO_3^--N 浓度仍然基本保持不变。说明在生物炭的作用下，抗生素并未对 MCW 第二级的脱氮效果产生显著影响。MCW 第二级填充的生物炭补充碳源，促进反硝化过程的进行，并且通过吸附作用去除 NH_4^+-N。研究证明，人工湿地填充生物炭会促进反硝化进程，并且生物炭添加量与 NH_4^+-N 去除显著正相关（Deng et al.，2019）。但是，由于生物炭释放的物质多为高分子化合物，反硝化过程利用受限，因此各组装置的 NO_3^--N 浓度并未发生明显变化。另外，anammox 过程也可能是 NH_4^+-N 浓度及 NO_2^--N 浓度同时下降的原因。研究证实低浓度的抗生素并不会胁迫 anammox 过程，并且硝化及反硝化过程受限，间接促进 anammox 速率提升（Zhang et al.，2023）。

沿程取样点 7 ~ 出水口，NO_3^--N 浓度及 NO_2^--N 浓度基本不再发生变化，生物炭吸附及微生物转化使 NH_4^+-N 浓度逐渐下降。但是，由于 MCW 第二级微生物量较少，硝化速率有限，因此 AC 出水 NH_4^+-N 浓度仍然较高。此外，MCW 第二级厌氧层的 TOC/TN 仅为 0.44 ~ 1.09，因此，在碳源的限制下反硝化速率较低，人工湿地均出现了不同程度的 NO_3^--N 积累。Wang Y 等（2020）的研究也证明，多级人工湿地后半段的 COD_{Cr}/TN 仅为 1.57，造成了 NO_3^--N 积累。

综上，MCW 第一级前部，抗生素影响人工湿地硝化过程，导致 AC-F 去除 NH_4^+-N 效果不佳。抗生素抑制反硝化过程，导致 AC-F 的 NO_3^--N 去除效果不如 CK-F。在生物炭作用及缺少微生物生长必需物质的情况下，抗生素并未对 MCW 第二级的脱氮效果产生明显的影响。

4. TP 去除

如图 6-37 所示，对于 MCW 第一级出水 TP 浓度，CK-F 为（0.41±0.05）mg/L，略低于 AC-F［（0.45±0.03）mg/L］，但是不存在显著性差异（$P>0.05$）。猜测抗生素与磷之间存在竞争吸附关系，并且抗生素抑制除磷微生物的活性，二者共同作用导致 TP 出水浓度上升。但是，较低的抗生素浓度并不能对 MCW 除磷效果产生显著影响。MCW 第二级出水浓度分别为（0.40±0.03）mg/L（CK-S）和（0.41±0.030）mg/L（AC-S），仍不具有显著性差异。MCW 第二级填充生物炭有助于抵消抗生素对 TP 去除效率的影响。

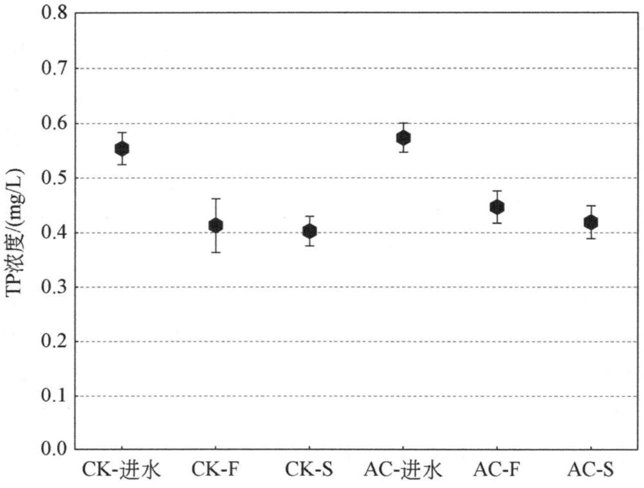

图 6-37　模块化折流人工湿地 TP 进出水浓度

CK 表示对照；AC 表示 60% 基质填充组；F 表示第一级；S 表示第二级

6.6　抗生素胁迫 MCW 温室气体排放规律

6.6.1　温室气体排放规律

1. CO_2和 CH_4排放

自 2023 年 10 月 23 日起开始监测 MCW 温室气体排放，间隔 2 周进行下一次监测，每次采集 3 组平行样本。MCW CO_2排放通量、CH_4排放通量及排放因子（3 次测试的平均 CH_4排放因子）如图 6-38 所示。实验期间 MCW 第一级 CO_2排放通量分别为220～352mg/(m^2·h)（AC-F）和 337～627mg/(m^2·h)（CK-F），AC-F 的 CO_2排放通量显著低于 CK-F（$P<0.05$）。对于 MCW 第二级，AC-S 同样显著低于 CK-S（$P<0.05$），CO_2排放通量分别为 144～321mg/(m^2·h) 及 192～451mg/(m^2·h)。因此，两组装置总的 CO_2

排放通量 CK 显著高于 AC（$P<0.05$）。

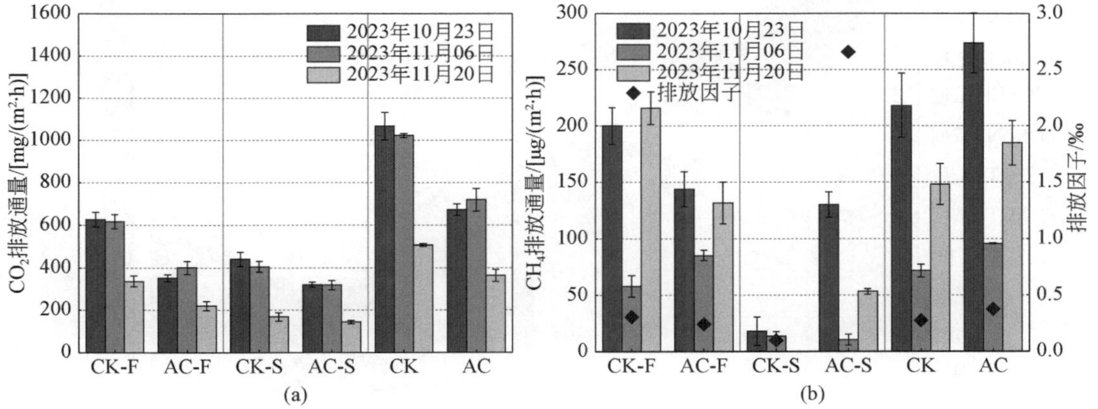

图 6-38　模块化折流人工湿地 CO_2 排放通量、CH_4 排放通量及平均排放因子

CK 表示对照；AC 表示 60% 基质填充组；F 表示第一级；S 表示第二级

MCW 第一级 CH_4 排放特征与 CO_2 排放特征相似，CK-F 为 58.1～216μg/(m²·h)，AC-F 为 85.3～144μg/(m²·h)，第一次和第三次 CK-F 的 CH_4 排放通量均显著高于 AC-F（$P<0.05$），但第二次 CK-F 低于 AC-F（$P>0.05$），这可能与此次温度突然降低，导致进水 DO 浓度发生变化有关。AC-S 的 CH_4 排放通量同样存在类似的情况，第一次和第三次显著高于 CK-S（$P<0.05$），但第二次无显著性差异，CH_4 排放通量分别为（129.9±11.2）μg/(m²·h) 及（53.3±2.5）μg/(m²·h)。抗生素显著增加了装置总的 CH_4 排放通量（$P<0.05$），AC 为 187μg/(m²·h)，CK 为 149μg/(m²·h)。温室气体排放因子可以反映 MCW 装置的降碳减污效率，排放因子越低，表示单位面积人工湿地降解单位质量污染物排放的温室气体越少。相比之下，CK 的 CH_4 排放因子在 0.123‰～0.412‰，低于 AC 的 CH_4 排放因子（0.155‰～0.672‰）。MCW 第一级的 CH_4 排放因子相差不大，AC-F 为 0.246‰，CK-F 为 0.307‰，但 MCW 第二级的 CH_4 排放因子 AC-S 远超 CK-S，因此，综合来看，抗生素主要降低了 MCW 第二级的降碳减污效率。

为进一步分析抗生素及环境因子对人工湿地温室气体排放的影响规律，阐明 MCW CO_2 及 CH_4 排放差异，本研究又进行了温室气体排放相关性分析（图 6-39）。可以看出，多种抗生素与人工湿地 CO_2 排放通量呈负相关，其中，与 CIP、ENR 及 SDZ 显著负相关（$P<0.05$）。抗生素多种降解方式均会消耗 DO，影响有机物好氧降解生成 CO_2，同时磺胺类抗生素可以抑制叶酸合成过程，影响微生物好氧呼吸（Ding and He，2010），减少有机物好氧氧化，两方面综合作用使 AC-F 的 CO_2 排放通量低于 CK-F。AC-F 后半段好氧层（沿程取样点3～5）TOC 去除效果不如 CK-F，也从侧面证明抗生素胁迫减少了有机物好氧氧化。

MCW CH_4 排放通量则与进水 SMX、TC 及 OTC 浓度显著正相关（$P<0.05$）。此外，本研究 6 种抗生素进水浓度均与 TOC 去除率正相关，TOC 去除效果 AC 最优，说明加入抗生素在一定程度上促进了 TOC 的去除。但是，抗生素抑制微生物好氧降解有机物过程，并

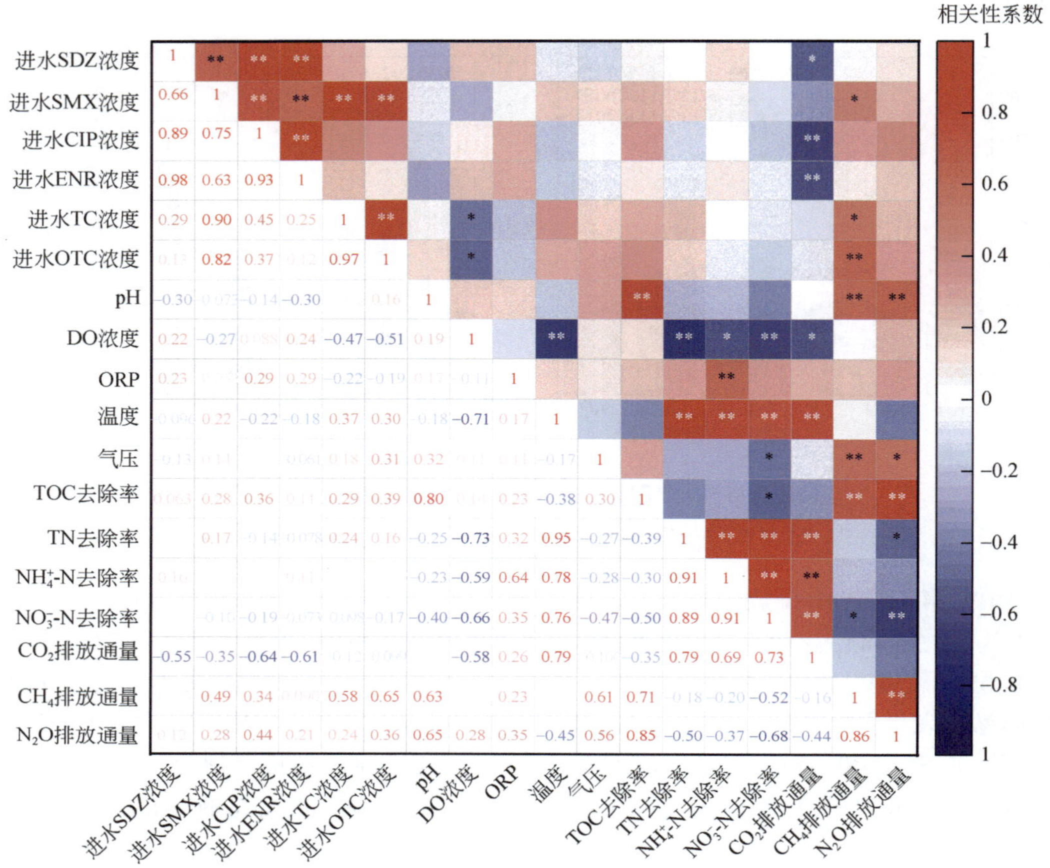

图 6-39　抗生素影响温室气体排放相关性分析

* $P<0.05$；** $P<0.01$

且抗生素降解过程中消耗 DO，因此抗生素使厌氧产 CH_4过程可能更为活跃。有研究证实在低浓度磺胺类抗生素胁迫下，*mcrA* 基因丰度有一定提升，产 CH_4过程活跃（程粟裕，2021）。此外，抗生素降解以厌氧降解为主，其降解的中间产物也能刺激 CH_4的产生。但是，低浓度抗生素可能也会促进 CH_4氧化过程（Tong and Xie，2019）。研究证实，喹诺酮类抗生素存在的情况下，反硝化型甲烷厌氧氧化（DAMO）过程的反应速率有所增加（杨玉琦等，2023），这可能是 CK-F 的 CH_4排放通量高于 AC-F 的原因。综合来看，抗生素的存在增加了 MCW 总 CH_4排放通量。需要注意的是，虽然 AC 的 CH_4排放通量高于 CK，但在相似的污染物负荷下，CK 及 AC 的 CH_4排放通量仍比较低，仅为传统的水平潜流人工湿地的 20% 左右（Corbella and Puigagut，2015）。因此，MCW 有利于 CH_4减排。

总的来说，在 TOC 去除效果相差不大的情况下，抗生素降解消耗了 DO 且其抑制微生物好氧降解有机物，降低 CO_2的排放；而抗生素创造的更多的厌氧环境及其降解的中间产物促进了 CH_4生成，同时抗生素会促进甲烷好氧氧化（AMO）过程，导致 MCW 第一级和第二级 CH_4排放规律的变化，但整体上抗生素促进了 CH_4排放。

2. 抗生素胁迫 MCW N_2O 排放

实验期间，CK 与 AC N_2O 排放通量及平均排放因子如图 6-40 所示。对于 MCW 第一级的 N_2O 排放通量，前两次 CK-F 均显著高于 AC-F，平均 N_2O 排放通量分别为 262μg/(m²·h) 及 177μg/(m²·h)（$P<0.01$）；但第 3 次 CK-F 显著低于 AC-F（$P<0.05$），N_2O 排放通量分别为 251μg/(m²·h) 及 291μg/(m²·h)，可能是第 3 次测试时的气温相比前两次较低引发 N_2O 排放通量变化。MCW 第一级的 N_2O 排放因子 3 次测试结果也不同，前两次 CK-F 均大于 AC-F，平均 N_2O 排放因子分别为 0.63‰及 0.47‰；第 3 次测试 CK-F 小于 AC-F，N_2O 排放因子分别为 1.05‰及 1.83‰。对于 MCW 第二级的 N_2O 排放通量，3 次测试 CK-S 均显著低于 AC-S（$P<0.05$），平均 N_2O 排放通量分别为 −73.6 ~ 154μg/(m²·h) 及47.6 ~ 235μg/(m²·h)。对于 MCW 第二级的 N_2O 排放因子，3 次测试 CK-S 同样均低于 AC-S，平均 N_2O 排放因子分别为 2.46‰及 3.09‰。对于 MCW 总的 N_2O 排放通量，3 次测试 CK 也均显著低于 AC（$P<0.05$），平均 N_2O 排放通量分别为 289μg/(m²·h) 及 369μg/(m²·h)。对于 MCW 总的平均 N_2O 排放因子，CK 均略低于 AC，平均 N_2O 排放因子分别为 0.84‰及 1.05‰。

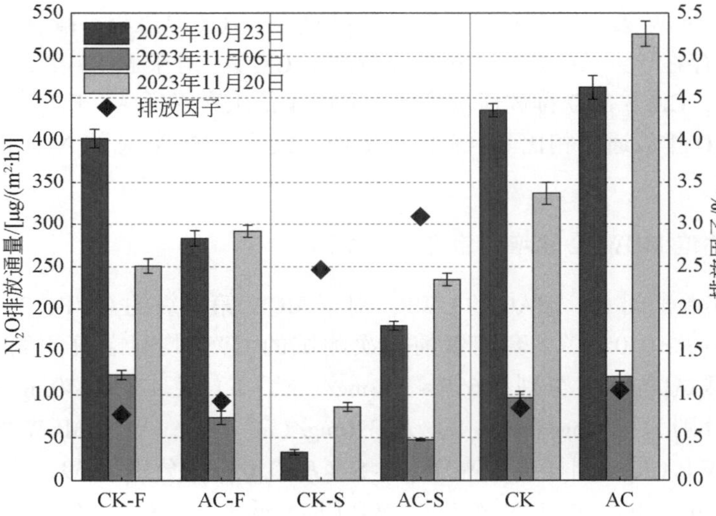

图 6-40 模块化折流人工湿地 N_2O 排放通量及平均排放因子

CK 表示对照；AC 表示 60% 基质填充组；F 表示第一级；S 表示第二级

同样地，结合温室气体排放相关性分析，阐明抗生素胁迫下 MCW N_2O 排放规律。图 6-39 中，每种抗生素都与 MCW N_2O 排放通量呈正相关，并且多种抗生素与 NO_3^--N 去除率呈负相关，说明抗生素可能影响人工湿地反硝化过程，造成 MCW N_2O 排放通量增加。有研究证实，50μg/L 的 SMX 对反硝化过程 N_2O 还原的抑制率达到 26%（Wang et al., 2019）。SDZ 会影响滨海缓冲带微生物群落的反硝化过程，造成 N_2O 排放通量增加，与本研究结果一致（Hou et al., 2015）。实验期间 NO_3^--N 及 NO_2^--N 沿程浓度变化表现出在 AC-

F 前部的厌氧层出现了 NO_3^--N 及 NO_2^--N 积累，也证明了抗生素抑制了反硝化过程。前两次 AC-F 的 N_2O 排放通量低于 CK-F 则可能是因为进水有效碳源不足，因缺少电子供体而发生不完全反硝化造成 CK-F 释放大量 N_2O。图 6-39 中，TOC 去除率与 N_2O 排放通量同样显著正相关，说明进水缺少有效碳源会引起 N_2O 排放通量增加。研究证明，人工湿地处理低碳氮比污水，缺少有效碳源导致反硝化过程受限，N_2O 排放通量大幅度上升（Lyu et al., 2017）。而在 AC-F 中，虽然存在同样的问题，并且抗生素还会抑制反硝化，但低浓度抗生素可能刺激其他氮还原过程，如 anammox 过程、DNRA 过程、异养硝化–好氧反硝化过程等，减少了不完全反硝化生成 N_2O。在缺少有效碳源的情况下，5μg/L 的 SMX 可以促进 N_2O 减排（Guan et al., 2022）。因此，常温下，对于 MCW 第一级，抗生素不是造成 CK-F N_2O 排放通量高于 AC-F 的主要因素。图 6-39 中，温度与 TN、NH_4^+-N 及 NO_3^--N 去除率之间均为显著正相关（$P<0.05$），说明低温会导致 MCW 脱氮效率下降。低温下，抗生素的存在对反硝化过程更为不利，AC-F 脱氮效果大幅度下降，N_2O 排放更多。MCW 第二级填充生物炭用于提供反硝化碳源，减少了 CK-S 的 N_2O 排放。多项研究均证实，人工湿地填充生物炭有利于 N_2O 减排（Zheng et al., 2022）。但是，生物炭补充有效碳源的能力有限，抗生素导致 AC-F NH_4^+-N 去除率明显下降，AC-S 进水 TN 浓度高于 CK-S，低碳氮比及抗生素导致 AC-S N_2O 排放通量更高。

因此，对于 MCW 第一级，常温下抗生素刺激其他氮还原过程，减少 N_2O 排放；但低温下，抗生素的存在导致 AC-F N_2O 排放通量高于 CK-F。对于 MCW 第二级，生物炭补充反硝化有效碳源，CK-S N_2O 排放通量降低，而由于抗生素降低 AC-F TN 去除率，AC-S 进水碳氮比低，N_2O 排放通量相比 CK-S 显著增加。最终，MCW 总的 N_2O 排放通量在抗生素的影响下增加。

3. 抗生素胁迫 MCW 全球增温潜势（GWP）

图 6-41 为实验期间 CK 与 AC 的 GWP。对于 MCW 第一级的 GWP，3 次测试 CK-F 均显著高于 AC-F（$P<0.05$），2 套装置前两次测试的 GWP 均显著高于第 3 次测试（$P<0.05$），前两次测试的 GWP 分别为 655 ~ 752mg/(m^2 · h) 及 425 ~ 440mg/(m^2 · h)；第 3 次测试的 GWP 分别为 417mg/(m^2 · h) 及 310mg/(m^2 · h)。对于 MCW 第二级的 GWP，前两次测试的 GWP CK-S 同样显著高于 AC-S（$P<0.05$），分别为 397 ~ 451mg/(m^2 · h) 及 332 ~ 377mg/(m^2 · h)；第 3 次测试的 GWP CK-S 低于 AC-S，但不显著（$P>0.05$），分别为 193mg/(m^2 · h) 及 215mg/(m^2 · h)。从图 6-41 可以看出，MCW 总的 GWP 与 MCW 第一级相似，在 3 次测试中 CK 组的总 GWP 均显著高于 AC 组（P<0.05），温度降低造成 GWP 显著降低（$P<0.05$），分别为 610 ~ 1200mg/(m^2 · h) 及 525 ~ 818mg/(m^2 · h)。

抗生素抑制微生物好氧降解有机物且抗生素降解消耗 DO，减少 MCW CO_2 排放通量（Ding and He, 2010）。CO_2 排放通量在 GWP 中占比较大，AC-S 的 CO_2 排放通量低，其 GWP 也低于 CK-S，但这并不意味着抗生素的存在有利于温室气体减排，相反，抗生素存在增加了人工湿地 CH_4 及 N_2O 的排放通量，AC 的 CH_4 及 N_2O 排放因子也均高于 CK，不利于人工湿地降碳减污。CH_4 及 N_2O 不仅全球增温潜势高于 CO_2，N_2O 排入大气中还会破坏平流层（Jiang et al., 2020）。因此，减少人工湿地非 CO_2 温室气体的排放也需要引起关注。

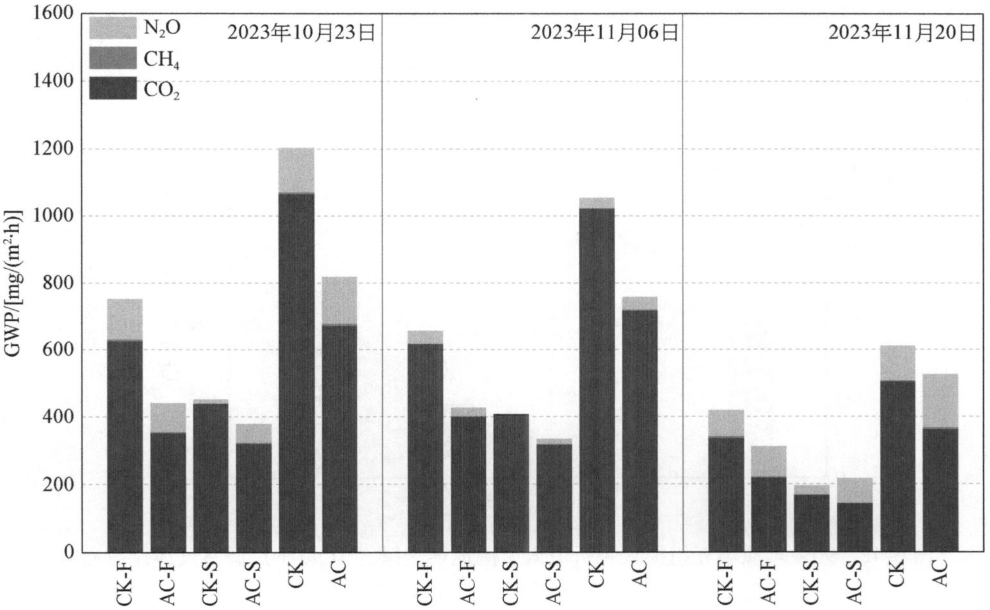

图 6-41　模块化折流人工湿地 GWP

CK 表示对照；AC 表示 60% 基质填充组；F 表示第一级；S 表示第二级

另外，在温度的影响下，人工湿地温室气体尤其是 CO_2 排放通量显著减少。图 6-39 中，温度与人工湿地 CO_2 排放通量呈极显著正相关（$P<0.01$），CO_2 排放通量减少，MCW 的 GWP 明显下降。而在低温下，抗生素使 AC 的非 CO_2 温室气体尤其是 N_2O 的排放通量明显增加，进而造成 AC 的 GWP 下降幅度小于 CK，极不利于温室气体减排。需要注意的是，冬季人工湿地污水处理效果下降，相比常温情况下，温室气体排放因子反而更高，抗生素的存在更加不利于降碳减污。

总之，抗生素显著减少了 CO_2 的排放，使 AC 的 GWP 小于 CK，但 AC 非 CO_2 温室气体排放通量高，不利于人工湿地减排。低温使 2 套装置的 GWP 均明显降低，但低温下抗生素增加 N_2O 排放通量造成 AC 的 GWP 下降幅度相比 CK 较小，更不利于温室气体减排。

6.6.2　不同基质填充度 MCW 温室气体排放规律

由于仅 MCW 第一级基质填充度不同且在 MCW 第一级降解大部分污染物，因此本部分仅讨论 AC90-F 与 AC-F 的温室气体排放差异。于 2023 年 11 月 20 日（第 3 次测试）测定了 AC90-F 的温室气体排放通量，结果如图 6-42 所示。

1. CO_2 和 CH_4 排放

图 6-42 中，AC90-F 的 CO_2 排放通量为 212mg/(m^2 · h)，与 AC-F 之间并无显著性差异（$P>0.05$）。AC90-F 中同样存在抗生素影响微生物好氧降解有机物的现象，并且由于

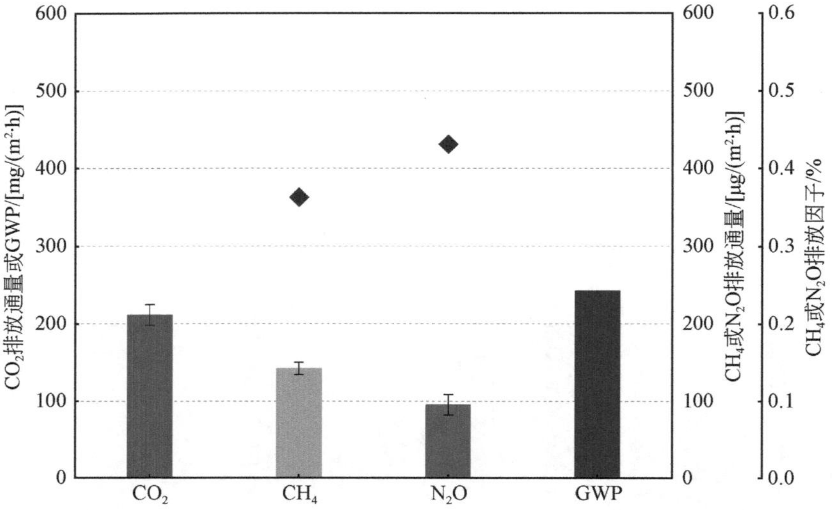

图 6-42　90% 基质填充组模块化折流人工湿地第一级（AC90-F）温室气体排放通量、平均排放因子及 GWP

基质填充度增加，AC90-F 的好氧层的 DO 浓度较低，因此其 CO_2 排放通量同样较低。AC90-F 中较低的 DO 浓度使 CH_4 排放通量高于 AC-F，为 142μg/(m^2. h)，但同样不具备显著性差异（$P>0.05$），AC90-F 的 CH_4 平均排放因子为 0. 36‰，也与 AC-F 的 CH_4 平均排放因子（0. 23‰）相似，这可能是因为二者的进水均以易降解碳源为主，TOC 去除效果均较好，较低的 DO 浓度并未明显地改变 TOC 的转化路径。此外，低温导致植物生长缓慢，植物通气组织转运 CH_4 减少可能也是一个原因。研究证实，温度变化对人工湿地 CH_4 排放的影响大于 CO_2 排放与其影响植物生长有关（Søvik et al.，2006）。

2. N_2O 排放

图 6-42 中，AC90-F 的平均 N_2O 排放通量为 95. 1μg/(m^2 · h)，显著低于 AC-F（$P<0.05$），并且其平均 N_2O 排放因子为 0. 43‰，明显低于 AC-F 的平均 N_2O 排放因子，说明 AC90-F 较好的缺氧环境有利于促进完全反硝化过程的进行，降低 N_2O 排放通量。本课题组前期研究也证明，在基质填充度为 90% 的 MCW 中，N_2O 还原菌属 *Azospira* 的丰度高于基质填充度为 60% 的 MCW，可能有利于 N_2O 减排（向晓琴，2021）。另外，低温同样导致 AC-F 的脱氮效率下降，而 AC90-F 中良好的缺氧环境也使其脱氮效率受低温影响小于 AC-F，因此其 N_2O 排放因子较低。

3. 全球增温潜势（GWP）

AC90-F 的 GWP 为 243mg/(m^2 · h)，低温下，基质填充度提升使 AC90-F 的 N_2O 排放通量降低，进而使其 GWP 显著低于 AC-F 的 GWP（$P<0.05$），说明在低温下，人工湿地基质填充度提升有助于减少温室气体排放。此外，在 AC90-F 中 CH_4 排放通量同样相比同

类研究较低，说明在不同的基质填充度下的 MCW 均有利于 CH_4 减排（Corbella and Puigagut, 2015）。但常温下，基质填充度影响人工湿地温室气体排放的规律，本研究并未进行探究，希望未来研究中补足为通过调节基质填充度调控温室气体排放提供理论依据。

6.7 小　　结

（1）MCW 系统基质填充度对氧化还原条件有影响，90%陶粒填充度组的厌氧环境最好，30%陶粒填充度组的好氧环境更好。250mm/d 的 HLR 条件下，TN 去除率高于 73.3%，NH_4^+-N 去除率高于 40.2%，NO_3^--N 去除率高于 90.3%，TP 去除率高于 37.1%，COD_{Cr} 去除率高于 91.8%，MCW 系统的 TN、NH_4^+-N、NO_3^--N 和 TP 去除率相比于对照组分别提升了 9.1%~16.2%、10.4%~40.9%、5.3%~12.1%和 32%~104.0%。在 MCW 组合系统中，60%基质填充度组相比于 90%填充度组的基质数量减少，NO_3^--N、TN 和 TP 的去除效果没有显著差异，但 NH_4^+-N 去除性能增强（$P<0.05$），而 30%填充度组的 NO_3^--N、TN 和 TP 的去除率都显著降低（$P<0.05$），因此 60%基质填充度组的综合性能最佳。

（2）HLR 增加到 500mm/d，对氮的去除影响不明显，对 TP 的去除有影响。HLR 增加，MCW 一级单元的 TN 和 NO_3^--N 去除率没有明显变化（$P>0.05$），NH_4^+-N 去除率增加（$P<0.05$），HLR 增加促进了进水中氧气的扩散，增强了 NH_4^+-N 的氧化。低温影响 MCW 硝化和反硝化性能，对 TP 去除影响不明显（$P>0.05$）。低温下对照组的 TN 去除率降低了 32.4%，而 90%、60%和 30%基质填充度组的 TN 去除率分别降低了 14.8%、12.8%和 19.9%。MCW 系统 TP 的去除率下降不明显（$P>0.05$）。MCW 在抗低温方面具有明显优势。

（3）MCW 系统基质填充度对磺胺类抗生素去除有显著影响（$P<0.05$），60%基质填充度时对磺胺嘧啶及磺胺甲噁唑的去除率分别达到 47.8%和 45.3%，而 90%填充度时其去除率分别为 24.4%和 17.7%；基质填充度对环丙沙星的去除无显著影响，对恩诺沙星的去除影响显著（$P<0.05$），60%填充度时对恩诺沙星的去除率分别为 71.3%，显著高于 90%填充度时 MCW 的去除率。综合来看，60%填充度时具有更好的抗生素去除效果。

（4）抗生素抑制微生物好氧降解有机物，并且抗生素降解过程中消耗 DO，导致 MCW 的 CO_2 排放通量显著降低。抗生素使 MCW 厌氧环境增强，CH_4 排放通量显著升高。抗生素增加了 MCW N_2O 排放通量。其中，常温下，MCW 第一级由于缺少碳源限制反硝化过程而抗生素刺激其他氮还原过程，使 N_2O 排放通量有所减少；但是低温下，抗生素促使 N_2O 排放通量显著增加；第二级 N_2O 排放通量显著增加。抗生素的存在增加了人工湿地非 CO_2 温室气体排放通量。另外，虽然低温降低了人工湿地温室气体排放通量，但由于污染物降解效率下降，其温室气体排放因子相比常温更高。基质填充度提升未明显影响 MCW 中的 CO_2 及 CH_4 排放通量，但创造的良好的缺氧环境有助于减少 N_2O 排放，从而使 GWP 降低。

第7章 生态滤床

城市化过程中土地利用变化最显著的特征是下垫面不透水面积占比增大，地下储存水量减小，地表径流量增加，导致了一系列城市水环境问题。降雨径流冲刷地面和屋面后，会挟带大量有毒有害的污染物质，其排入江河湖泊后会严重污染受纳水体。径流也改变了原有的水文循环，大量的不透水面取代了原有的天然绿地，大大减少了降雨径流的渗透，径流量增加，洪峰峰值增加且提前。因降雨事件具有随机性、偶发性、普遍性、污染负荷时空变化幅度大的特点，地表径流的控制和及时处理难度较大，给现存的城市排水管网处理能力也带来巨大的挑战。

低影响开发（low impact development，LID）技术起源于20世纪90年代美国马里兰州，作为城市水资源利用及可持续发展的雨洪管理新模式，被广为接受并利用。该技术主要利用规模较小、多种形式且分散的原位处理技术，以达到储存、渗透过滤、蒸发并截留处理地表径流的目的，从而最大限度地保护开发改造地区的水文机制并减少城市开发过程中引起的负面影响。

作为一种典型的低影响开发技术，生态滤床（ecological filter）是广义人工湿地在城市雨水径流拦截和净化方面的重要应用。生态滤床在降雨径流的处理方面展现了良好的水质和水量调控作用，因此过去几年已经被广泛应用于城市区域雨水径流管理。

7.1 生态滤床简介

与人工湿地相似，生态滤床是在小块下凹土地上填充渗透性的介质，通过植物-介质渗滤、填料吸附和生物等作用，去除地表径流中的大量污染物，处理后的径流入渗地下水或者通过装置底部的排水管收集输送到城市排水管网或者后续处理设施。

生态滤床的主要结构包括植被、覆盖层和填料层。其中，覆盖层为植被提供生长介质，并起到净化作用，填料层除了储存和净化径流，还可以为植物和微生物提供生长载体。生态滤床的净化过程主要包括渗滤、蒸散、吸附、离子交换和生物作用。

（1）渗滤：大量径流中的颗粒物在流经生态滤床上层填料时，即可被介质截留滤除。

（2）蒸散：部分雨水径流可挥发到大气中，同时植物根系能吸收径流中的水分，并通过蒸腾作用挥散到空气中，在夏日高温时尤为显著。

（3）吸附：覆盖层及填料介质比表面积较大，污染物（如氨氮、磷和重金属等）容易吸附截留在其表面上，其次土壤中有机物质可加强对金属的吸附性能。

（4）离子交换：土壤胶体一般带负电，能交换吸附径流中的阳离子，从而使径流中某些污染物（如NH_4^+-N）通过离子交换被去除。

（5）生物作用：植物根系组织可以吸收径流中的离子盐并为介质中的好氧微生物提供

氧气。植物、微生物同化吸收和转化也能去除污染物质，如营养物质（氮、磷）既可被生物同化吸收为自身物质，又可通过生物降解（矿化、硝化和反硝化）去除。

7.1.1 生态滤床的净化效果及影响因素

近年来的研究结果表明，生态滤床对总悬浮物（TSS）的去除率大多介于80%~90%，对重金属也有80%以上的截留作用。磷尤其是磷酸盐的去除率也能维持在50%~60%，但氮（尤其是硝态氮）的去除率差异很大。可见，生态滤床在水质改善方面有很大的潜力。影响生态滤床净化效果的因素较多，主要包括温度、填料、渗透速率、干湿交替（落干时间）、植物种类等。

（1）温度：温度会影响植物和微生物酶的活性，间接影响系统对营养物的去除能力。同时，温度的变化对溶解态的氮的去除有很大的影响，夏季其去除效果比冬季好很多，因为温度会影响硝化反硝化反应的进行，而生态滤床对TSS和磷的去除并不怎么依赖生物过程，所以其去除率不如氮去除率那么容易受到影响。

（2）填料：填料不仅对污染物起到吸附、过滤和离子交换作用，还能为植物和微生物提供载体。颗粒态污染物容易积累在介质表层中，填料表层更容易出现明显的沉积，长期截留固体颗粒最终会导致系统表层土壤板结，所以表层土壤应定期更换。有研究表明，氮和溶解态磷的去除效果对填料性能很敏感，为避免填料介质的氮、磷本底值过高，需要严格控制外加碳源的投加量，避免在淋洗作用下出水水质恶化（Lucas and Greenway，2008）。如果填料与磷不能进行沉淀和吸附作用，磷会从填料中解析成离子态的PO_4^{3-}-P，导致系统对磷的去除效果大大降低。有研究表明，通过向填料中添加金属（如Al、Ca、Fe等）或有机物，可提高设施的除磷效果，对磷的去除效率可提高至3倍（Arias et al.，2001）；Vepraskas和Richardsonm（2000）研究表明，磷的去除主要依靠填料中Fe的氧化物将其吸收。但填料中含较多的磷和Fe会使二者出水水质变差，因此填料中磷浓度不应超过40mg/kg。

（3）渗透速率：生态滤床的渗透能力由填料、设施表面积和蓄水层深度3个因素决定。确定设施的渗透速率需要在达到处理水量和水质净化效果之间取得平衡，既要保证系统处理径流量，又要保证有足够的接触时间达到相应的处理效果和支持植物生长。填料的渗透速率由表层土控制，不同国家环境保护局对渗透速率的要求不同，要求渗透速率在12.5~360mm/h（Coustumer et al.，2009）。在我国还没有较好的设计规范，在实际设计时可参照国外研究结果选取。

（4）干湿交替（落干时间）：生态滤床的净化性能会受降雨历时与雨前干燥期的长短、干湿交替的频率影响。干旱期填料的孔隙率会变大，而且会使土壤开裂，下次进水后系统的渗透系数也会因此而增大，但一旦介质过于干燥，出现大量裂缝和间隙，则会减少吸附概率，降低生态滤床的处理效果。TSS、重金属和磷的去除率基本不会受到前期落干时间的影响，而出水溶解态氮浓度受前期干燥时间的影响较为显著，经过干燥期后其浓度显著上升。因为较长的干旱时间（5~11天）使得系统为氨化作用提供充分的好氧环境，有机氮得以转化为氨氮，并且干旱环境使得菌类细胞死亡后释放氨氮，积累的氨氮经硝化作用转化为硝态氮形式，在下次降雨初期排出（Scholz et al., 2002）。研究还发现，当系统反硝化作用不彻底时，NO_3^--N 的淋洗效果会随着持续落干而增强，淹没区的设置可以很好地抵抗这种不利影响（Blecken et al., 2009）。

（5）植物种类：植物也是影响生态滤床净化效果的主要因素之一，其根系泌氧能力对氮的去除至关重要，填料与植物的交界面成为微生物的活跃区，能够去除多种污染物。目前，国外多采用植被种类较为单一的生物滞留设施。Passeport（2007）研究证实，有灌木、覆盖物、树木的生态滤床与植草型的设施对污染物的去除效果相当。生物滞留设施植物的首选原则为结合当地情况和项目资金落实情况，选择易取得、根系发达、输氧能力强、耐旱耐涝的植物。植物的种类与收割计划也会影响设施的去除效果，因此也需要在这方面加以考虑。

7.1.2 生态滤床的设计与运行

1）设计参数

生态滤床的设计参数主要包括容积、下凹深度、坡度、底部宽度、淹水高度、渗透系数等。目前，生态滤床常用的容积设计方法有5种（Roy-Poirier et al., 2010）：根据水质处理目标确定容积；根据合理的径流洪峰削减量确定容积；基于不透水地区的汇水面积的比例确定容积；根据负荷确定容积；根据 RECARGA 模型确定容积。生态滤床维持一定的容积不仅有利于削减洪峰流量，还可以为反硝化创造条件，但由于各个地区地理位置和地下水位等具体情况不同，生态滤床下凹深度可根据当地情况设计，一般在0.5～1.5m。生态滤床可存在15～45cm的淹水高度，达到最大标准水位时，要采用溢流口将多余水排出。存在淹水情况时，应考虑种植植物的耐淹水能力，并兼顾景观效果和卫生条件。降雨的间歇性导致生态滤床系统内的干湿交替机制影响生态滤床的微生物反应。生态滤床的底部宽度设计范围为1～2m，以保证雨水渗入面积及排水层穿孔管的平行铺设。生态滤床的运行效能和其结构设计有密切关系，虽然已有一些设计标准，但对其运行效果及机制还缺乏相应研究。

2）植物和填料选择

植物的选择与配置是生态滤床设计的重要内容。植物通过自身吸收、输送溶解氧、为微生物提供栖息地、疏松土壤、滞缓径流、调节微气候等功能实现其在生态滤床中的作用。不同植物具有相异的形态结构（如根系结构、生物量和根系深度）和生理机能（如生物量组成、吸收速率和光合作用特征），对污染物的吸收、土壤的物化作用及微生物群落的影响不同。目前已发现了一些性能优异的植物，如美人蕉和黄菖蒲等既能去除污染物，又有一定观赏价值的植物，为生态滤床在植物选择方面提供了参考。填料的配置方式也是一个重要的设计环节。不同的基质粒径，水流阻力大小也不同，污染物的沉淀与过滤作用不同，最终呈现的净化效果也不同。基质粒径小，其比表面积总和大，纳污容量、生物降解和微生物活动的挂膜空间也比较大，从而有利于污染物的吸附与去除，但更容易引起堵塞，缩短滤沟的使用周期；基质粒径大，各粒子之间空隙率高，增强了系统的充氧能力，有利于脱氮。

3）维护要求

冬季大量植物残体残留于草皮表层，当径流流经生态滤床时，部分颗粒物被截留的同时，径流中有机质含量可能会增加，所以需对植物进行修剪和收割。为了保证生态滤床对雨水的处理效率并防止冲蚀，水流能否均匀分散地进入和通过生态滤床非常关键，尤其在植被长成之前，需要采取必要的临时性防护措施。在流量集中汇入、易造成冲蚀的地方，可用卵石等进行消能分流处理并及时去除进水口附近的沉积物。通过定期清理溢流口碎片垃圾、去除覆盖物和表层填料保证渗透速率。

7.2 生态滤床拦截地表径流污染

虽然生态滤床在城市径流污染控制中具有巨大的应用潜力，但它的运行效果与结构设计有重要联系。同时，运行方式也在很大程度上影响着生态滤床的净化效果。近几年的研究发现，改变某些设计参数（如组合植被的方式、滤层介质的厚度、滞水区的深度和碳源的投加等）可以提高生物沟的运行效能，但尚未形成成熟的设计标准。

作者在调查典型城市地表径流水质水量特征的基础上，结合上海市杨浦区的具体情况，综合考虑经济效益、生态环境利益，开展了生态滤床在城市径流污染控制效果和工艺优化方面的研究，以期为生态滤床净化地表径流的应用提供运行参数，为生态滤床的设计和管理提供理论依据及技术指导。

7.2.1 上海市杨浦区地表径流污染特征及污染形成过程

以往的研究表明影响径流污染物的最主要的两个因素是土地使用类型和地理位置（Chapman and Horner，2010）。土地使用类型不同，其污染程度会有很大的不同，地表径流中污染物的组成也会有相当大的差别。城市不透水地表主要分为两类：一类是各种建筑屋面，另一类是各种路面。由于两者的功能不同，人为活动对两者的影响在程度上不同。因此，本研究共设置4个采样点：采样点1为校园，以同济大学南校区体育场馆门口的道路为研究区域；采样点2为居住区，以同济大学南校区食堂人员居住区为研究区域；采样点3为商业区，主要指各种商业活动集中的区域，人流量和车流量均相对较大，包括各种商贸、餐饮和市场等，属污染最严重的区域；采样点4为屋顶，以同济大学海洋楼屋顶为研究对象。其中采样点1～3为路面，采样点4为建筑屋面，可对比了解不同用地类型径流污染差别。

1）不同用地类型的径流污染特征

影响城市地表径流污染的因素包括降雨特征、城市土地利用类型、大气污染状况、地表卫生管理状况等。其中，城市土地利用类型及其空间格局是影响城市地表径流污染的关键性因素。本研究显示，路面污染的变化范围远远大于屋面污染。路面径流各项污染物的变化范围为TSS浓度105～398mg/L、浊度29～97NTU、COD_{Cr} 54～143mg/L、TP浓度0.13～0.61mg/L、PO_4^{3-}浓度0.04～0.27mg/L、TN浓度1.81～14.23mg/L，NO_3^--N浓度0.98～6.58mg/L和NH_4^+-N浓度0.38～3.21mg/L（图7-1）。而屋面径流各项污染物的变

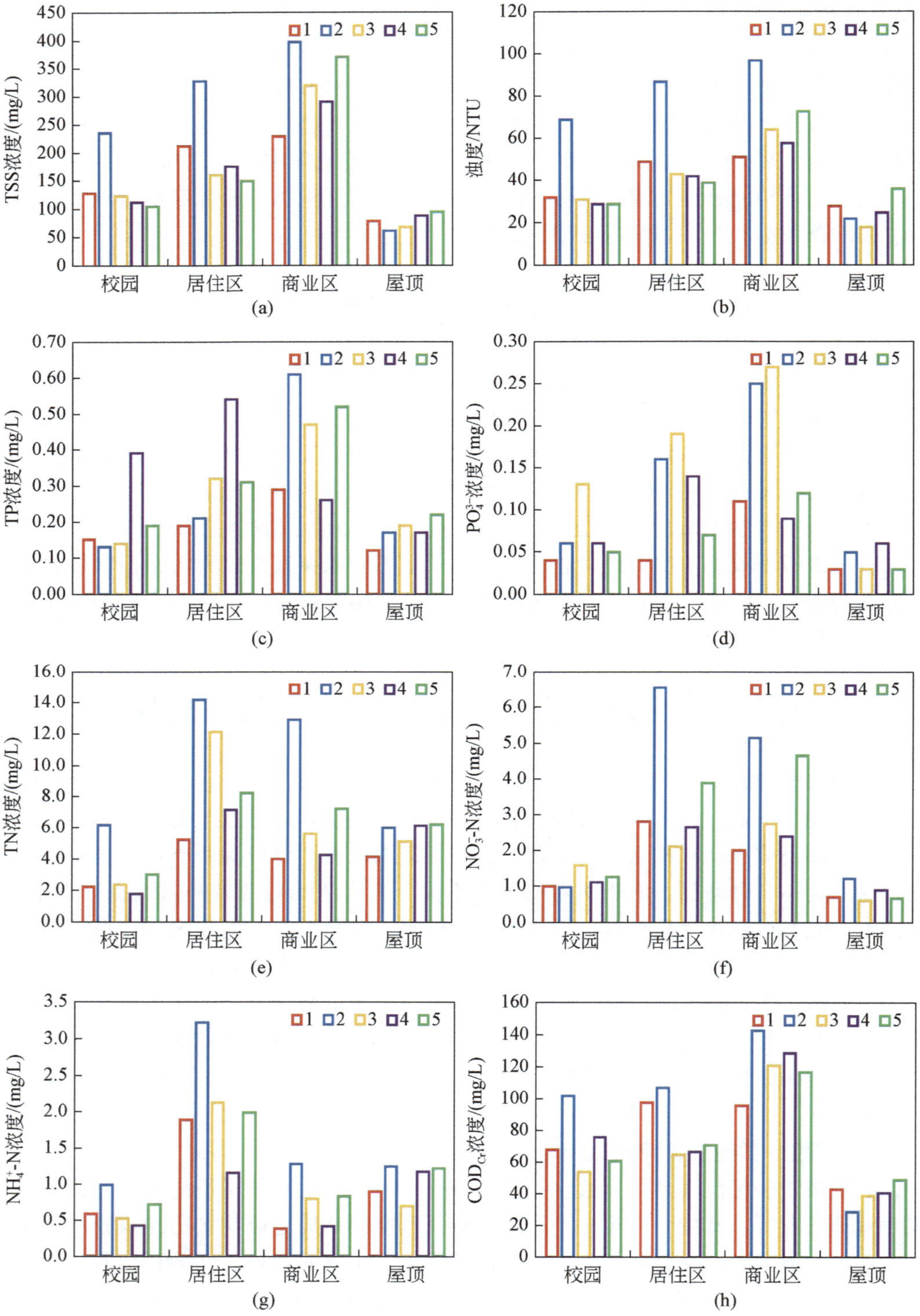

图 7-1　上海市杨浦区不同用地类型径流水质

1～5 代表不同降雨事件

化范围分别为 TSS 浓度 62 ~ 95mg/L、浊度 18 ~ 36NTU、COD_{Cr}浓度 29 ~ 49mg/L、TP 浓度 0.12 ~ 0.22mg/L、PO_4^{3-}浓度 0.03 ~ 0.06mg/L、TN 浓度 4.17 ~ 6.23mg/L，NO_3^--N 浓度 0.62 ~ 1.24mg/L 和 NH_4^+-N 浓度 0.69 ~ 1.24mg/L。林莉峰等（2007）对上海市文教区屋面径流水质及其影响因素进行了探讨，结果表明，SS、COD_{Cr}、NH_4^+-N、TP 和 TN 的降雨事件平均浓度（event mean concentration，EMC）中值分别为 76.9mg/L、42.6mg/L、1.61mg/L、0.14mg/L 和 4.8mg/L，屋面径流水质整体上受大气沉降等污染物的累积效应的影响最大，而受雨水冲刷作用的影响次之。

由于受到各种人类活动的直接影响，城市道路径流污染受到交通量、人流量、周围土地利用等多种因素影响，径流水质变化复杂。研究结果表明，径流污染物浓度虽然存在波动，但都维持在较高污染水平，TSS、COD_{Cr}、TP、PO_4^{3-}、TN、NO_3^--N 和 NH_4^+-N 的平均浓度分别为 322mg/L、121mg/L、0.43mg/L、0.06mg/L、6.23mg/L、1.04mg/L 和 1.24mg/L。校园绿化率较高，并且日常清扫及时，卫生状况良好，故相比于居住区和商业区路面，校园路面径流污染程度较轻。

2）城市地表径流污染形成过程

城市地表径流污染是在天然降雨与地表污染物的相互作用下形成的。城市径流污染过程就是降雨及其形成的径流对地表污染物溶解、冲刷，最终排放进入受纳水体的过程。在一次降雨径流过程中，径流中污染物浓度随时间的变化特征主要取决于降雨径流特征和地表污染物的数量。以上海市杨浦区南校食堂宿舍居住区降雨-径流-污染物浓度的变化过程为例，探究城市径流污染过程的特征，结果见图 7-2。

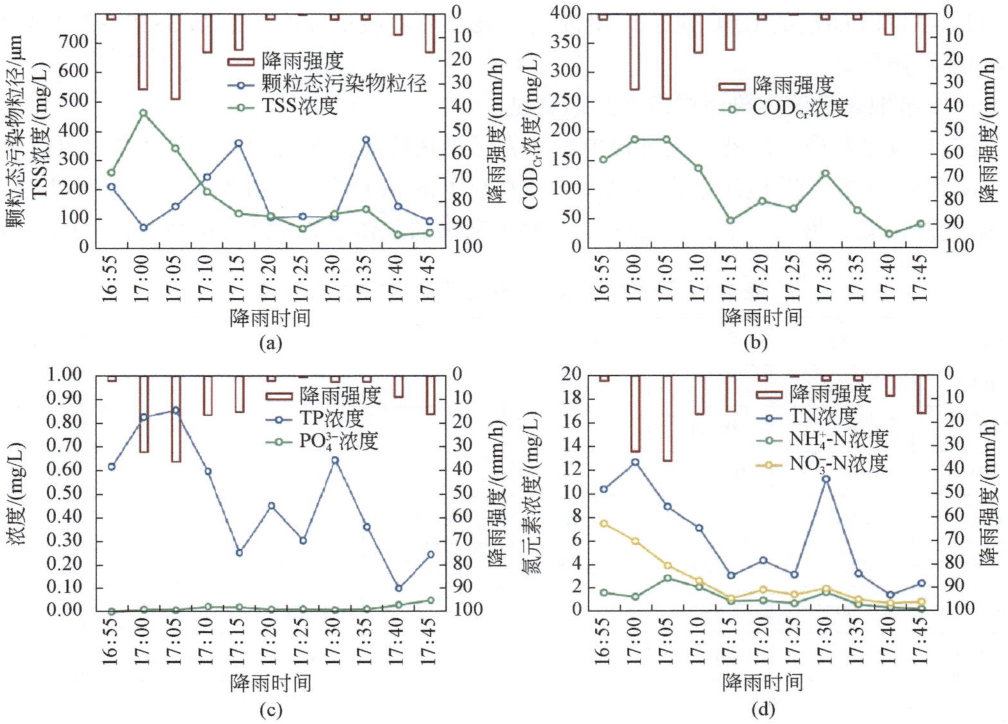

图 7-2　降雨-径流-污染物浓度的变化过程

随着降雨径流的产生和径流流量的增加，COD_{Cr}、TSS、TN 和 TP 浓度峰值与降雨强度峰值存在一致性。颗粒态污染物粒径主要在 500μm 以下。降雨强度出现峰值后，体积平均粒径也马上出现一个峰值，这表明降雨强度增大会导致径流挟带更多颗粒态污染物。在初期径流的强度和流量不足以很快冲刷掉汇水区域中累积污染物的情况下，在降雨径流增加过程中，颗粒态污染物的浓度还会再次升高，直至冲刷彻底。

而溶解态污染物（PO_4^{3-}、NO_3^--N 和 NH_4^+-N）浓度与 COD_{Cr}、TSS、TN 和 TP 浓度的变化特征存在明显的差异。在径流形成初期，PO_4^{3-}、NO_3^--N和 NH_4^+-N 浓度都达到最大。随着汇水区域降雨径流的增加，这 3 种污染物的浓度下降，当降雨强度增大时，PO_4^{3-}、NO_3^--N 和 NH_4^+-N 浓度未呈现升高趋势，在径流的回落过程，PO_4^{3-}、NO_3^--N 和 NH_4^+-N 稳定于一个较低的浓度。溶解态污染物浓度的峰值提前于径流的峰值，在整个径流过程中整体表现为初期径流污染物的浓度高于后期径流污染物的浓度，即初期冲刷特征。已有的研究表明，初期 20% 径流中的污染负荷占整场降雨污染负荷的 80%，因此对初期雨水径流进行控制是实施源头控制和削减污染负荷效率较高的措施（刘志勇和徐晓军，2012）。

虽然城市路面初期径流污染物浓度较高，但随着降雨历时增加，污染物浓度下降，只有少量指标如 SS、COD_{Cr}超标，若采取相应措施，控制超标项目浓度，路面径流完全适合于绿地灌溉。本次降雨事件中 TSS、PO_4^{3-}、TP、NO_3^--N、NH_4^+-N、TN 和 COD_{Cr}的 EMC 分别是 263mg/L、0.15mg/L、0.78mg/L、3.27mg/L、1.52mg/L、7.54mg/L 和 131mg/L。与《污水综合排放标准》（GB 8978—1996）中的一级排放标准比较，TSS 的 EMC 远远超过 70mg/L，是排放标准的 4 倍左右。COD_{Cr}的 EMC 是排放标准（100mg/L）的 1.3 倍左右。TP、NH_4^+-N 和 COD_{Cr}的 EMC 也远远超过《地表水环境质量标准》（GB 3838—2002）中 V 类水的标准限值。

3）城市地表径流污染组成及其形态特征

表 7-1 为地表径流污染形成过程中各地表污染物浓度的相关矩阵。从表 7-1 可以看出，除了 NH_4^+-N，TSS 与其他污染指标之间均存在显著的相关性。一方面说明降雨径流对它们的冲刷过程相似，另一方面说明 TSS 是其他污染物的载体。TSS 是城市径流污染的主要污

表 7-1　降雨径流水质指标之间的相关性（n=20）

指标	TSS	COD_{Cr}	TP	PO_4^{3-}	TN	NO_3^--N	NH_4^+-N
TSS	1.00						
COD_{Cr}	0.95**	1.00					
TP	0.62**	0.56**	1.00				
PO_4^{3-}	0.70**	0.61**	0.694**	1.00			
TN	0.51*	0.34	0.38	0.56**	1.00		
NO_3^--N	0.80**	0.68**	0.55*	0.61**	0.73**	1.00	
NH_4^+-N	-0.12	-0.12	-0.36	-0.42	0.09	-0.01	1.00

** 在 α=0.01 水平上显著。

* 在 α=0.05 水平上显著。

染物，并且富含好氧物质和营养元素。NH_4^+-N 同其他污染物之间均不存在相关性，说明 NH_4^+-N 在地表径流的冲刷过程中可能存在着形态转化过程。

为了进一步明确城市降雨径流污染组成和污染物质间的关系，我们研究了城市径流过程中 TN 和 TP 的形态特征。颗粒态 TN 和 TP 分别占 35% 和 81%。其中，TN 大部分（65%）是以溶解态形式存在的。已有研究结果表明，降雨径流中 NO_3^--N 占 TN 的 43%，NH_4^+-N 占 TN 的 11%，而有机氮占 TN 的 46%，从溶解态 TN 的组成来看，NO_3^--N 占 TN 的 43%，NH_4^+-N 占 TN 的 20%。NH_4^+-N 可能来源于餐饮废水和垃圾。而径流中的 P 通常以颗粒态形式存在。

7.2.2 生态滤床小试系统的构建和运行

用于本研究的生态滤床小试系统的设计见图 7-3。实验中采用有机玻璃柱体，内直径为 25cm，高度为 130cm。较宽的内径利于植物根系生长。

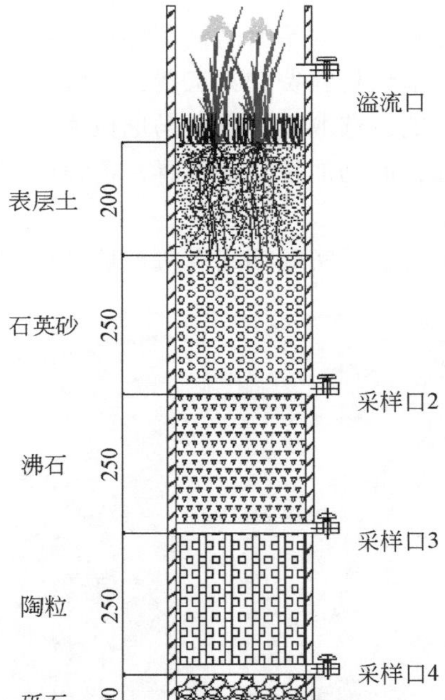

图 7-3 生态滤床系统装置图

尺寸单位：mm

生态滤床填料层厚度 105cm，从下到上依次铺设砾石、陶粒、沸石、石英砂和土壤。主要填料层陶粒、沸石和石英砂的粒径依次为 2～5mm、5～10mm 和 9～12mm，铺设厚度均为 25cm。填料最上层有 20cm 的土壤层，能够保证植物的良好生长。同时，设置 15cm 溢流高度。底部设置 10cm 排水层，铺设粒径为 3～12mm 的大颗粒砾石，中间埋入直径为

30mm 的穿孔 PVC 管均匀排水。从上到下除填料层每层填料底部依次设置采样口（共 4 个采样口）。种植层采用草坪草马尼拉和湿生植物黄菖蒲，种植密度约为 40 株/m^2，同时种植马尼拉覆盖土壤层。种植前黄菖蒲和马尼拉的情况见图 7-4。

图 7-4　黄菖蒲与马尼拉

本实验中，植物的选择主要考虑多年生，茎部有较强的韧性，能适应雨水的短暂性浸泡造成的湿热环境；根系比较发达、耐旱耐涝。草坪草根系较浅，生长所需土壤层厚度较小，设计中可以降低池深，既节约材料费和人工费，又降低设施的堵塞风险。因此，本研究根据实际情况和主要设计目的，选取黄菖蒲和马尼拉为系统植被。黄菖蒲根茎发达，耐旱耐涝，同时在花期观赏性强；而马尼拉四季常青，覆盖面积大，更有利于截留颗粒态污染物。

为避免阳光直射造成藻类生长，实验期间有机玻璃柱体用黑色薄膜遮盖（图 7-5）。

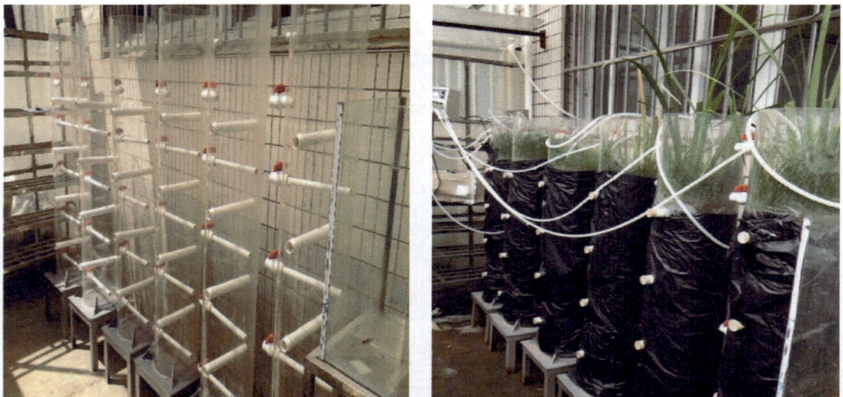

图 7-5　生态滤床实物图

实验中共构建 9 个生态滤床装置。基于植被类型，分为 3 组，每组 3 个平行。空白组未种植任何植物，一组只种植马尼拉（马尼拉组），另一组种植马尼拉和黄菖蒲（黄菖蒲组）。植物移栽至生态滤床，移栽时黄花鸢尾总长 40cm，根长 7 ~ 8cm。

本实验采用人工配水和实际城市径流相结合进行生态滤床的运行特性研究。实际径流来自7.2.1节所述的3号采样点，即径流污染较为严重的商业区。

生态滤床系统对城市地表径流的控制实验研究包括以下两个阶段的实验。

（1）生态滤床在不同降雨情况下的运行特性研究：根据径流水质监测的结果，模拟长时间低强度降雨和短时强降雨，考查水质水量波动对其净化能力和调蓄效应的影响。比较不同植被类型生态滤床的运行情况，并分析生态滤床在间歇运行情况下的抗冲击负荷能力。

（2）生态滤床优化运行特性研究：通过改变滞水区深度，考察生态滤床净化能力提升效果；同时，分析在不同滞留时间下，生态滤床内污染物的变化规律。研究生态滤床种植层和不同深度填料层对径流污染物的沿程去除效果。剖析生态滤床渗透过程中污染物沿程去除规律，提出生态滤床的设计和维护管理的注意事项，为生态滤床系统的工程化应用提供指导。

7.2.3 生态滤床拦截地表径流污染的效果

实验采用了人工配水模拟地表径流，模拟雨水水质见表7-2。春秋季容易出现长时间的降雨，降雨强度不大，但持续时间长。长时间低强度降雨地表径流模拟实验中每组平行通过一个三通蠕动泵控制进水流量在60mL/min波动。在间歇流运行方式下进行水质净化实验，间歇时间为一周。两次降雨历时分别为11h和7h。每个柱体表面积为0.05m^2，按服务面积/表面积为25来计算服务径流量，两场降雨所模拟的日降水量分别约为30mm和20mm。

表7-2 模拟雨水水质

污染指标	长时间低强度降雨		短时强降雨				
	1	2	1	2	3	4	5
浊度/NTU	120	156	98	101	112	93	102
COD_{Cr}浓度/(mg/L)	100	119	108	121	112	103	112
TP浓度/(mg/L)	1.23	1.29	1.17	1.06	1.02	1.07	1.11
NH_4^+-N浓度/(mg/L)	0.85	0.98	1.27	1.19	1.02	1.19	1.02
NO_3^--N浓度/(mg/L)	3.14	3.18	2.42	2.51	2.51	2.62	2.69
TN浓度/(mg/L)	7.15	7.18	8.30	7.63	7.74	8.27	7.83

短时强降雨径流模拟实验控制进水流量在80～100mL/min波动，降雨历时为1h，按服务面积/表面积为25来计算服务径流量，模拟日降水量约为60mm。在降雨期间，短时强降雨易将干期内累积的表层污染物冲刷出来，从而形成污染程度较严重的径流，因此需要提高配水中的进水污染物浓度。通过控制进水总量和进水污染物浓度，模拟初期径流对系统的冲刷作用。同时，控制不同的落干期天数（1天、2天、3天、4天和8天），模拟生态滤床在雨—晴—雨的运行方式下，对初期径流的水质净化效果。

1）不同降雨条件下生态滤床对常规污染物的去除效果

在长时间低强度降雨模拟实验中，随着降雨历时的增加，3组生态滤床出水浊度保持稳定，均低于 15NTU，去除率大于 90%（图 7-6）。未种植植物的空白组出水浊度显著低于植物组，但空白组出现淹水，甚至溢流现象，可能是由于表层颗粒态污染物的积累导致渗透系数下降。第二次模拟径流进水浊度高，但浊度去除率并未随之降低，说明生态滤床具有抗冲击负荷能力。模拟雨水中的 COD_{Cr} 多以溶解态的形式存在。马尼拉组和黄菖蒲组中 COD_{Cr} 出水浓度显著低于空白组。同时，系统对 COD_{Cr} 也有较好的冲击负荷能力。以硅藻土模拟颗粒态污染物，存在一部分溶解态磷附着于硅藻土表面的现象，但大部分 TP 仍以溶解态 PO_4^{3-} 形式存在。因此，在此仅讨论 TP 的浓度变化。3 组系统出水 TP 浓度存在显著性差异，黄菖蒲组出水 TP 浓度最低，空白组出水 TP 浓度最高，这可能是由于 PO_4^{3-} 易被植物利用。影响磷吸收速率的主要因素包括植物根系与磷接触的面积及植物的种类和根龄，还包括温度和土壤 pH 等一些环境因素。

3 组生态滤床出水 TN 浓度存在显著性差异，黄菖蒲组出水 TN 浓度最低，空白组出水 TN 浓度最高。进一步分析出水不同形态氮污染物的浓度表明黄菖蒲组出水 NH_4^+-N 浓度显著低于空白组。从第一场降雨的前 4h 内系统的进出水污染物浓度变化规律可以看出，植物组有一定的抗冲击负荷能力，而空白组出水污染物浓度则受到进水污染物浓度的影响。空白组 NO_3^--N 溢出，植物组与空白组出水 NO_3^--N 浓度存在显著性差异。随着降雨历时的延长，植物组对 NO_3^--N 的去除效果呈现下降的趋势。

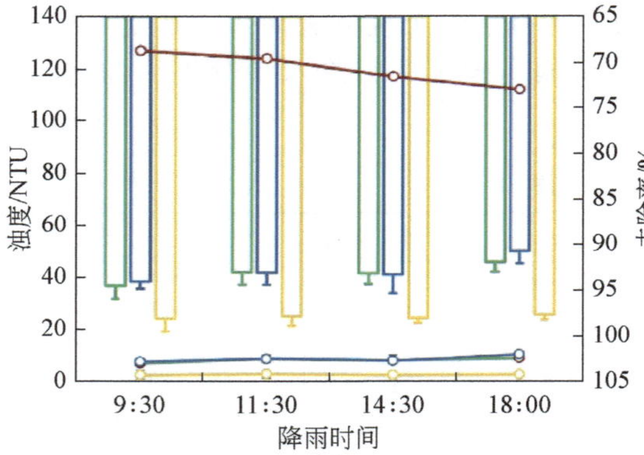

(a)

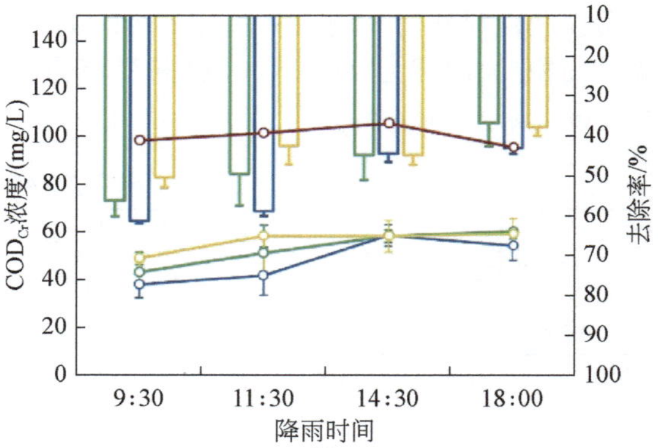

(b)

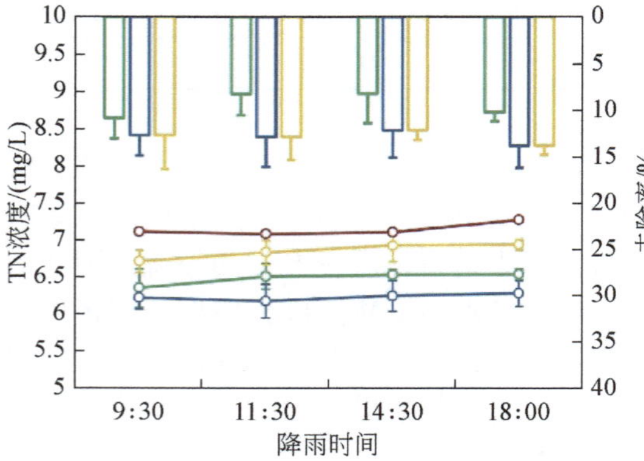

(c)

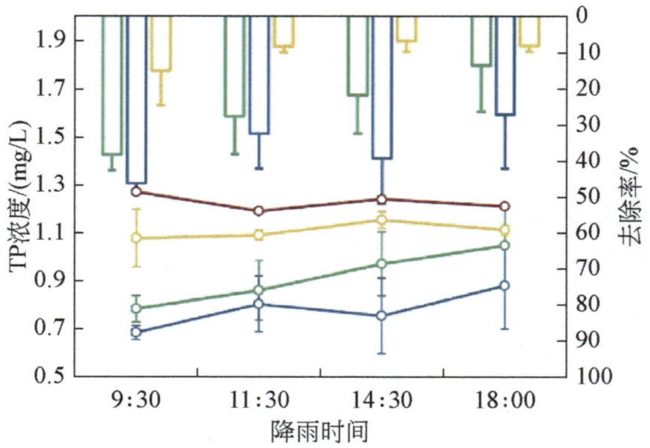

(d)

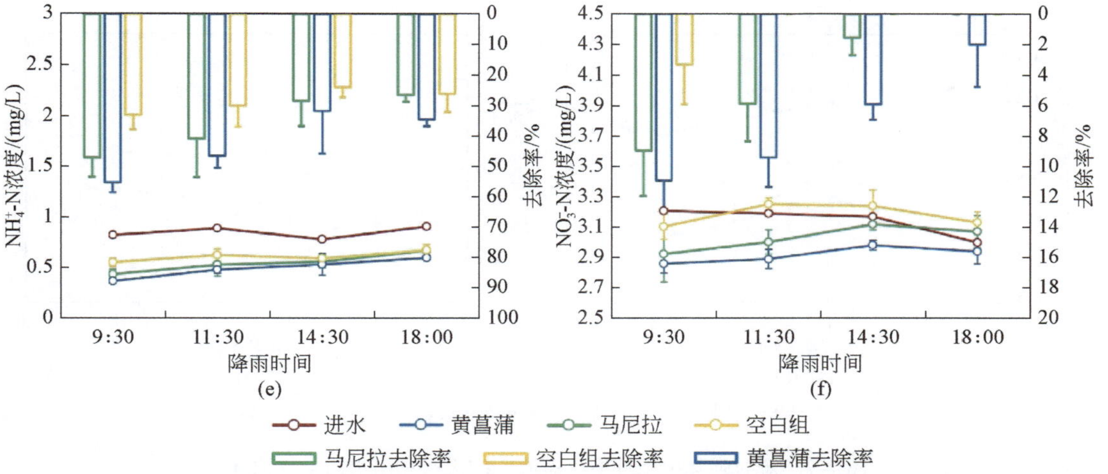

图 7-6　长时间低强度降雨条件下生态滤床的进水和出水污染物浓度和去除率

在短时强降雨条件下，无植物的空白组出水浊度显著低于种植植物的生态滤床（图 7-7)，并且空白组溢流情况明显。植物组出水浊度在 40～60NTU 波动，体现较好的抗冲击负荷能力。3 组系统出水 COD_{Cr} 随进水浓度变化而波动。黄菖蒲组出水 COD_{Cr} 浓度显著低于空白组。3 组生态滤床系统出水 TP 浓度存在显著性差异，黄菖蒲组出水 TP 浓度最低，空白组出水 TP 浓度最高。空白组出水 TP 浓度受进水 TP 浓度影响较大，而植物组则表现出较好的抗冲击负荷能力。

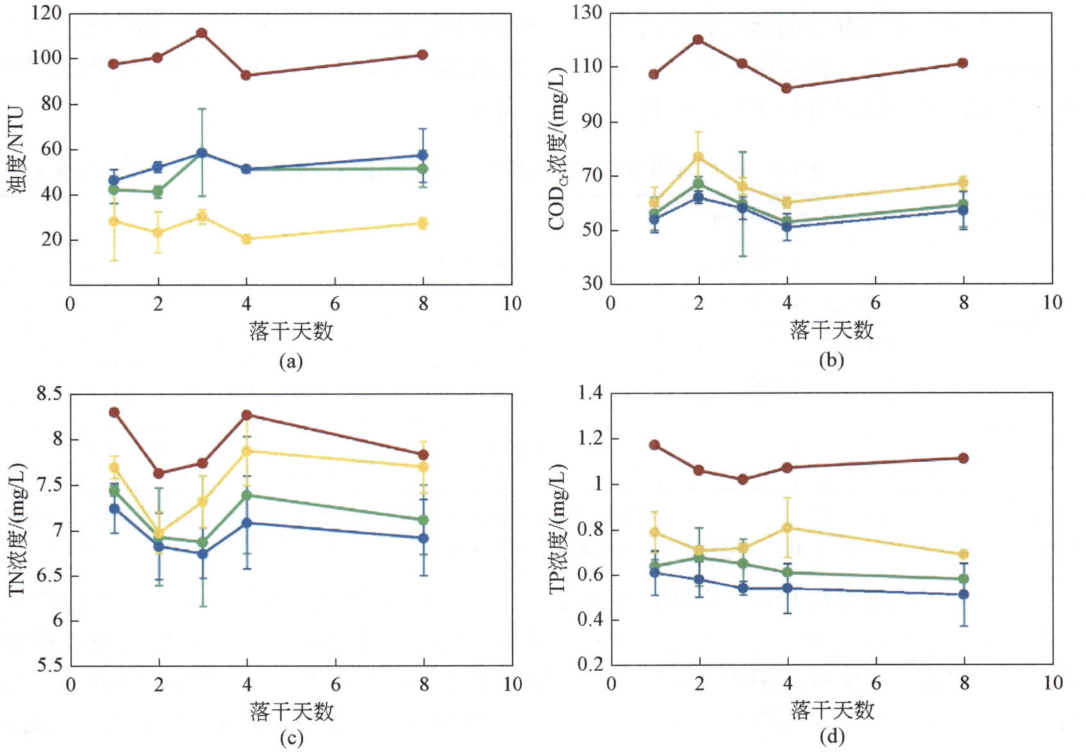

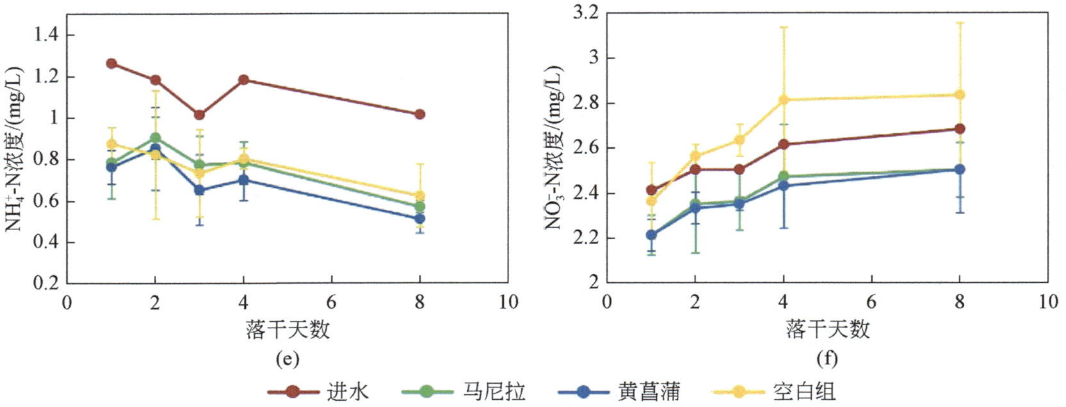

图 7-7　短时强降雨条件下生态滤床的进水和出水污染物浓度

3 组系统对 NH_4^+-N 均有较高的抗冲击负荷能力。落干 4 天后，进水浓度的增大并没有造成出水浓度的突增。当落干期天数大于 2 天之后，空白组出现出水 NO_3^--N 浓度大于进水 NO_3^--N 浓度的现象。干旱时间使得系统为氨化作用提供充分的需氧环境，有机氮得以转化成 NH_4^+-N，在下场降雨初期，累积的 NH_4^+-N 在需氧环境下经硝化作用转化为 NO_3^--N 排出（周毅和陈永祥，2014）。植物组出水 NO_3^--N 浓度显著低于空白组。植物组未出现 NO_3^--N 溢出现象，但出水 NO_3^--N 浓度也受到进水浓度的影响。3 组系统出水 TN 浓度均与进水 TN 浓度变化趋势一致，表现为较差的抗冲击负荷能力。

在典型降雨情况下的运行特性研究中，上述实验共进行模拟降雨 7 场，降雨涵盖了短时强降雨和长时间低强度降雨两种降雨类型。监测两种降雨情况下 3 组系统中径流污染物的出水浓度并对结果进行了统计分析（表 7-3 和表 7-4）。

表 7-3　不同降雨情况下生态滤床对常规污染物的去除率　　（单位:%）

降雨类型	不同植被类型	浊度	COD_{Cr}	TP	NH_4^+-N	NO_3^--N	TN
长时间低强度降雨	空白组	98（±1）[a]	44（±5）[a]	10（±8）[a]	29（±6）[a]	0[a]	4（±2）[a]
	马尼拉组	93（±1）[b]	48（±8）[a]	28（±15）[b]	30（±10）[a]	3（±5）[b]	9（±2）[b]
	黄菖蒲组	94（±1）[b]	53（±8）[c]	29（±13）[c]	42（±9）[b]	6（±4）[c]	12（±2）[c]
短时强降雨	空白组	73（±4）[A]	40（±3）[A]	31（±5）[A]	32（±4）[A]	0[A]	6（±3）[A]
	马尼拉组	51（±6）[B]	46（±11）[B]	42（±5）[B]	32（±9）[A]	6（±1）[B]	10（±1）[B]
	黄菖蒲组	47（±4）[B]	48（±7）[B]	49（±3）[C]	38（±8）[A]	7（±1）[B]	12（±1）[B]

注：长时间低强度降雨情况下，a、b、c 相同字母代表无显著性差异，不同字母代表具有显著性差异，$P<0.05$；短时强降雨情况下，A、B、C 相同字母代表无显著性差异，不同字母代表具有显著性差异，$P<0.05$。

长时间低强度降雨和短时强降雨情况下，空白组对浊度的去除率均显著高于植物组，这可能是由于植物根系增大了表层土壤层的孔隙。但是在实验中，空白组出现积水现象，甚至部分溢流。在实际应用中，这部分污染物直接排入自然水体，大大增加了降雨引起的面源污染负荷。在短时强降雨情况下，3 组系统对颗粒物的去除率分别均低于其在长时间暴雨情况下的去除效果。短时强降雨对系统造成明显的冲刷作用，部分已截留的大颗粒污染物也再次被快速流动的水流带出系统。模拟径流中 COD_{Cr} 多以溶解态的形式存在。在长时间低强度降雨情况下，黄菖蒲组对 COD_{Cr} 的去除率显著高于其他两组。而在短时强降雨情况下，黄菖蒲组与马尼拉组对 COD_{Cr} 的去除率无显著差别。3 组系统在长时间低强度降雨情况下的 COD_{Cr} 去除率比在短时强降雨情况下高 2 ~5 个百分点。

表 7-4　双因素方差分析

变量	降雨类型		植被类型		交互作用	
	F	*P*	*F*	*P*	*F*	*P*
浊度	3894. 380	<0. 001	272. 928	<0. 001	122. 306	<0. 001
COD_{Cr}	21. 916	<0. 001	11. 917	<0. 001	32. 166	<0. 001
TP	46. 969	<0. 001	19. 088	<0. 001	0. 360	0. 699
NH_4^+-N	0. 032	0. 859	6. 201	0. 003	0. 616	0. 543
NO_3^--N	1. 149	0. 287	29. 081	<0. 001	1. 468	0. 237
TN	2. 587	0. 112	56. 542	<0. 001	0. 452	0. 638

在长时间低强度降雨和短时强降雨情况下，3 组系统对 TP 的去除率均存在显著性差异，黄菖蒲组 TP 去除率最高，空白组 TP 去除率最低，这可能是由于植物对营养盐的吸收作用。植物的种类及组合会直接影响生态滤床的 TP 去除效果。已有的研究表明，生态滤床中 TP 的去除率一般大于 50% （Blecken et al.，2011）。实际降雨径流中 P 大多以颗粒态的形式存在（Clark and Pitt，2012），而生态滤床能较好地截留颗粒态污染物，这可能导致本实验中生态滤床对 TP 的去除率相比于之前的研究结果要低一些。

对不同降雨强度下和不同植被类型下的生态滤床污染物去除率进行降雨类型和植被类型双因素方差分析（表 7-4）。由结果可知，降雨强度对浊度、COD_{Cr} 和 TP 有显著影响。三者的共同特点是大多以颗粒态形式存在，降雨强度影响生态滤床对颗粒态污染物的截留效果。相比于在短时强降雨情况下，生态滤床在长时间低强度降雨情况下，处理效果更为稳定且优异。因此，生态滤床可采用连续稳定的运行方式。然而，由于降雨事件的突发性和不均匀性，生态滤床在自然条件下很难实现连续稳定运行。因此，有学者建议将多种面源控制措施相结合，例如在生态滤床前设置截留池以实现生态滤床稳定运行，建立生态排水系统（王健等，2011）。

2）不同降雨条件下生态滤床对重金属的净化效果

随着城镇化的持续推进，以 Cu、Zn、Pb、Cd 等为主的城市径流重金属污染越来越受到关注。同时，径流中微塑料颗粒污染对人类健康的风险也日益凸显。目前有关重金属、微塑料污染的研究集中于自然水体环境中，并且以污染现状调查居多，对微塑料污染控制的研究集中于污水处理厂等城市污水处理设施方面，而对雨水径流中的重金属和微塑料的污染现状和控制还处于早期研究阶段。因此，如何采用低耗、高效的海绵城市设施对城市雨水径流中重金属和微塑料污染进行控制有重要研究价值。

在已有城市雨水径流污染控制研究的基础上，作者团队设置了不同填料、砂土比的生态滤床小试装置开展雨水径流中重金属和微塑料的去除作用研究，为源头控制雨水径流重金属和微塑料污染提供理论与技术支撑。

通过研究发现，当生态滤床填料为砂土比 1∶1 时对 Cu 去除效果最佳（图 7-8）。

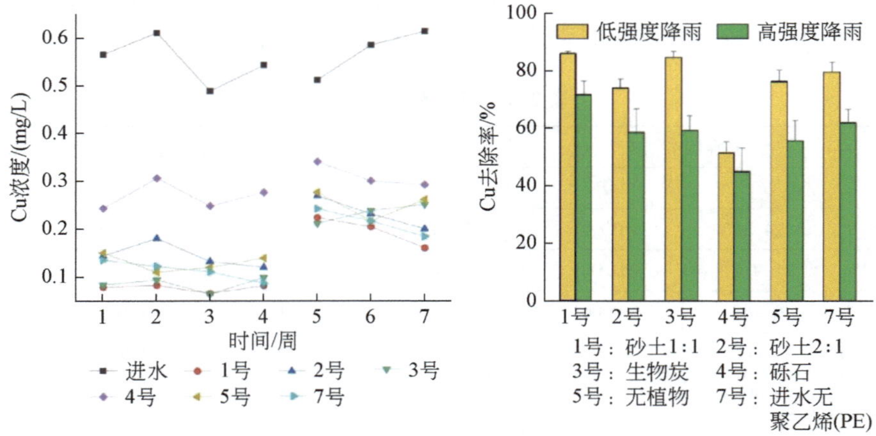

(a)

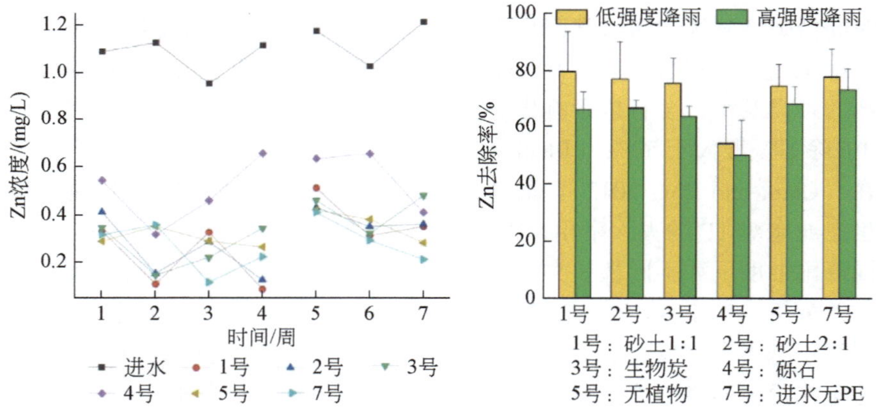

(b)

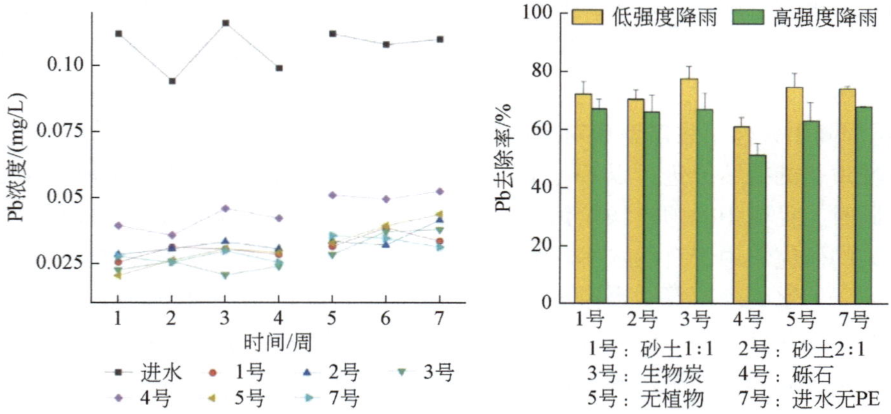

(c)

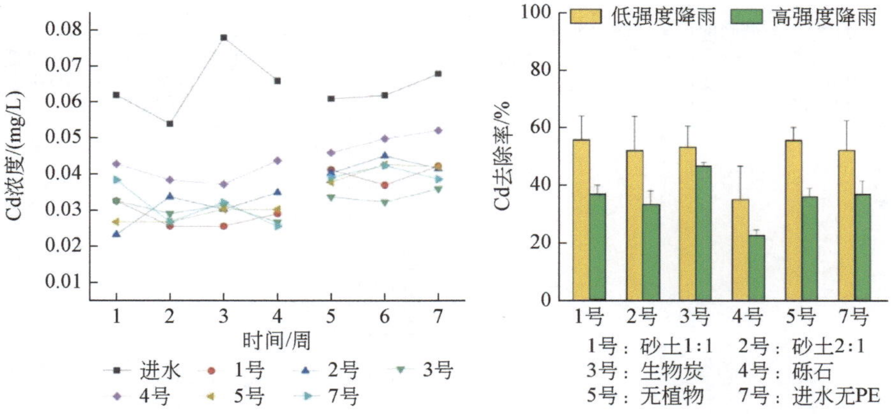

(d)

图 7-8　生态滤床对 Cu、Zn、Pb 和 Cd 的去除效果

而填料为生物炭时对 Pb 去除效果较佳，两种工况条件下 Pb 平均去除率为 77.6% 和 67.1%，此外对 Cd 去除具有更佳的抗水力负荷性能，两种工况条件下 Cd 去除率分别为 53.1% 和 46.4%。填料为砾石的生态滤床在两种工况条件下的重金属出水浓度均最高、去除率最低，选择 2 号生态滤床（填料为沙土比 2：1）监测生态滤床出水重金属浓度变化，在低强度降雨工况下出水 5min 起每 40min 取一次水样并测其浓度，在高强度降雨工况下出水 5min 起每 15min 取一次水样并测其浓度，结果如图 7-9 所示，不同重金属的出水浓度变化随时间呈现不同规律，其中以 Cu、Pb 出水浓度变化较为稳定，而 Zn、Cd 出水浓度相对变化较大。结合去除率和去除稳定性而言，去除效果排序为 Cu>Pb>Zn>Cd。在低强度降雨条件下，Cu 和 Pb 的出水浓度在 5min 时基本可以达到稳定，Zn 在出水 5min 后还有进一步小幅下降的趋势，Cd 在 80min 后出水浓度渐趋稳定。在高强度降雨条件下，各重金属在 35～50min 出水浓度均出现了不同程度的上升趋势，说明当水力负荷较大时，会对出水重金属浓度稳定性产生一定影响。

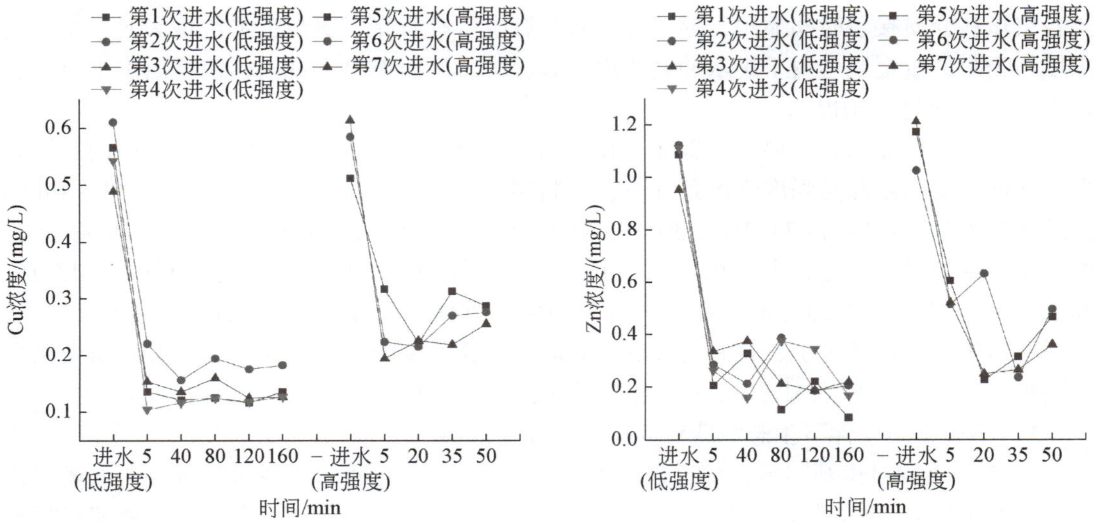

(a)　　(b)

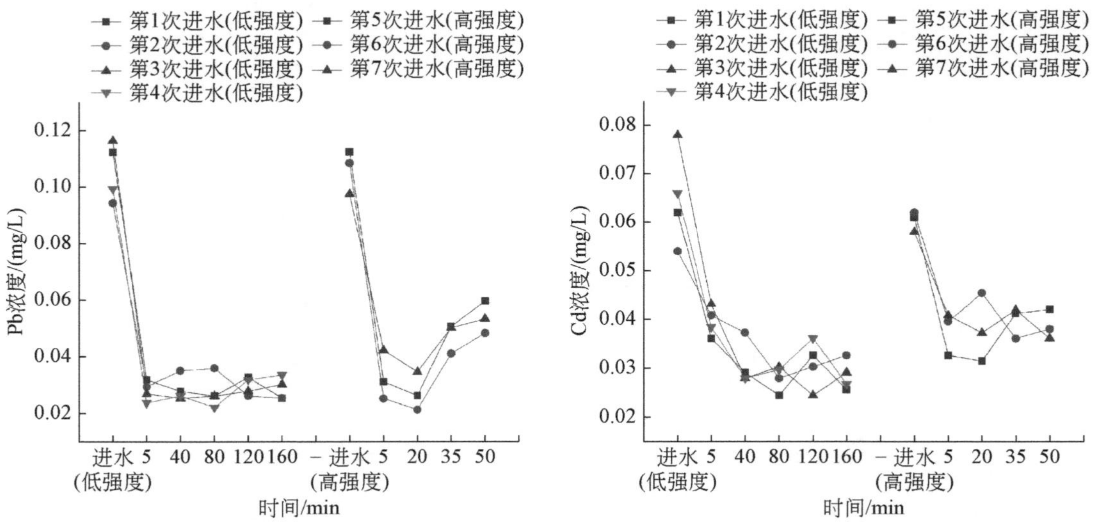

(c) (d)

图 7-9 生态滤床出水 Cu、Zn、Pb、Cd 浓度历时变化

从以上实验结果可知，生态滤床对 4 种重金属去除特征不同，Cu 去除效果在低强度降雨工况最理想但受水力负荷冲击影响较大，Zn 去除效果较理想但稳定性较差，Pb 去除效果稳定性强，Cd 去除效果最差。一方面由于重金属电负性顺序为 Pb>Cu>Zn>Cd，Pb 对土壤颗粒、沸石或生物炭材料的亲和力最高，更多发生专属吸附且去除稳定性较高；另一方面实验中重金属浓度差异显著，其浓度高低顺序为 Zn>Cu>Pb>Cd，Cu、Zn 由于浓度较高多发生离子交换作用，并且 Zn 电负性较低，故出水稳定性较差。Cd 电负性最低以及在地表水体中 Cd 浓度普遍较低，在竞争吸附过程中不具有结合优势。

在雨水径流特性影响方面，低强度降雨工况下各组装置对 4 种重金属去除效果均优于高强度降雨工况，这是由于高强度降雨条件下形成的雨水径流流量更大，汇入生态滤床时与各层填料介质接触时间缩短，导致吸附效果有限。有研究表明当进水量增大时，生态滤床填料吸附的重金属会由于进水冲刷作用引起脱附，从而被出水带出，使得出水中重金属浓度增大（李鹏，2017）。

本研究结果显示，填料层设置沸石和生物炭均能有效提高生态滤床对重金属的去除效果，在低强度降雨和高强度降雨条件下，填料层沸石对生态滤床去除 Cu、Zn、Pb、Cd 的贡献率分别为 30.7% 和 23.2%、30.1% 和 25.3%、13.4% 和 21.8%、29.8% 和 32.5%，填料层生物炭对生态滤床去除 Cu、Zn、Pb、Cd 的贡献率分别为 39.3% 和 24.1%、28.7% 和 21.5%、21.2% 和 23.2%、31.4% 和 51.7%，整体来看生物炭的去除效果优于沸石，这可能与生物炭粒径更小，具有更大的比表面积、孔隙度和离子交换性能有关。研究结果表明根际层砂土比 1∶1 比 2∶1 对重金属的去除效果更佳。

3）不同降雨条件下生态滤床对微塑料的净化效果

1～5 号装置对微塑料聚乙烯（PE）的去除率如图 7-10 所示。各组装置在 7 次进水条件下对原水中 PE 的去除率均为 100%，总体而言，在本研究中生态滤床装置能够很好地截留 100μm 左右的 PE 颗粒。LeFevre 等（2015）研究河砂、土壤组成的生物滞留雨水花园去除直径大于 75μm 的轮胎磨损颗粒，发现其去除率达 99.6%。Gilbreath 等（2019）和 Werbowski 等（2021）先后监测同一个生物滞留设施去除微塑料的研究结果表明微塑料去除率均在 90% 以上。Wang Q T 等（2021）研究表明，介质粒径是影响微塑料迁移的重要因素，就去除效果而言，土壤颗粒>砂粒>砾石，此外发现随着与土壤等颗粒接触时间延长，微塑料颗粒密度上升将有助于其下渗迁移。

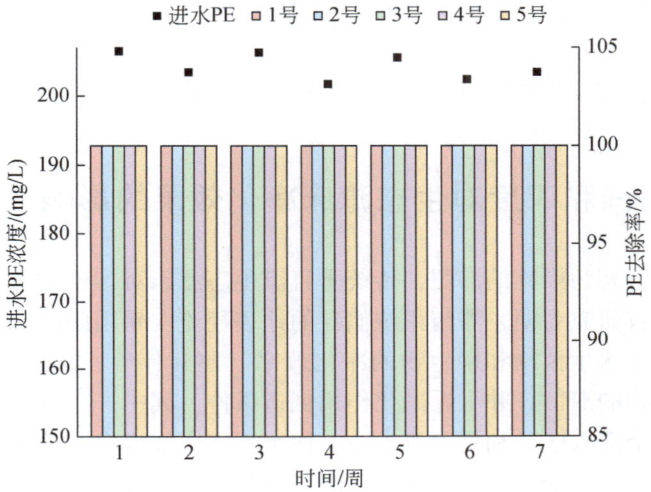

图 7-10　生态滤床对 PE 的去除率

在截留机理方面，微塑料被土壤介质或生物炭等填料颗粒截留主要受表面吸附作用，包括物理吸附和化学吸附（化学络合反应）。其中，物理吸附占主导，其中静电相互作用、疏水作用和物理截留是主要作用机制。颗粒表面与微塑料表面带相同或相反电荷含氧官能团存在一种排斥或吸引的弱相互作用（图 7-11）。当微塑料尺寸较大时，会减小表面的相互作用干扰，截留以过滤和空隙填充为主。Wang Z H 等（2020）在模拟生物炭小型滤柱去除聚苯乙烯（PS）颗粒时将去除作用机制分为“拦截”、“裹挟”和“纠缠”（图 7-12）。

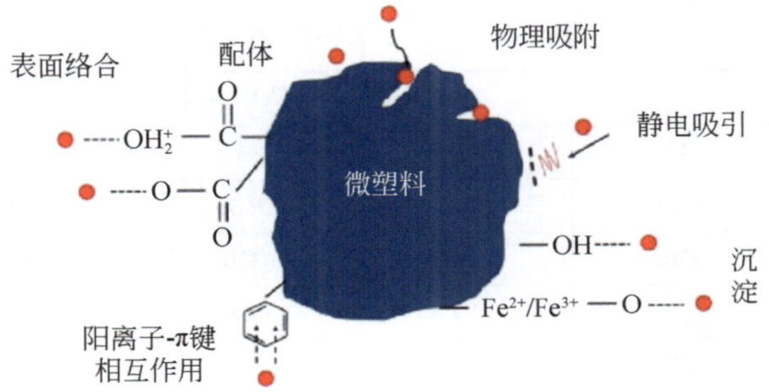

图 7-11　微塑料颗粒表面相互作用示意图

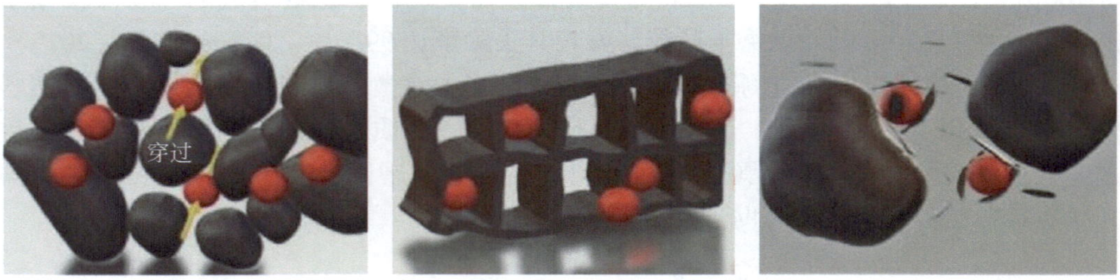

(a)拦截　　(b)裹挟　　(c)纠缠

图 7-12　微塑料颗粒被截留的 3 种机制——“拦截”、“裹挟” 和 “纠缠”

7.2.4　滞水时间和深度对生态滤床净化效果的影响

由于缺少对溶解态污染物的滞留，传统垂直流生态滤床对污染物并未达到稳定且较高水平的去除效果。有研究表明，滞留系统储存的地表径流在暴雨间歇期不加以排空，其永久水面的存在提高了水生植物和微生物的净化效率（赵建伟等，2007）。因此，为了促进系统对溶解态污染物的滞留，并为反硝化作用创造条件，其中一个方法是改进传统生态过滤，在底部构造一个滞水区。利用上弯水头，使水不从底部流出，这样滞水区内具有一定的水头高度。因此，两次降雨事件的间隔时间就成为评价生态滤床效能的一个重要时间周期。间隔时间可能很短，仅有几小时，也可能长达几周。在这段时间内，生态滤床渗透积水并由于蒸散等作用而逐渐落干，同时净化滞留污染物。本研究改进了传统生态过滤，在底部构造一个滞水区，其结构优化的设计如图 7-13 所示。研究的目的是探讨结构优化后的生态滤床在不同滞留时间下，生态滤床内污染物的变化规律，分析生态滤床种植层和不同深度填料层对径流污染物的沿程去除效果，并提出生态滤床设计和维护管理的注意事项，为生态滤床系统的工程化应用提供指导。

生态滤床的滞水实验在降雨充沛的夏季进行，实验时间 6 月 12 日 ~8 月 26 日，选择其间降雨历时较长并且能收集到径流雨水的 5 次降雨事件进行实验。实验用水来自 7.2.1 节中叙述的 3 号商业区路面处收集的地表径流。所采集的 5 次地表径流水质情况见表 7-5。

表 7-5　实际径流污染物浓度

项目	降雨事件				
	1	2	3	4	5
pH	7.49	7.41	7.36	7.28	7.66
TSS 浓度/(mg/L)	230	398	320	291	370
浊度/NTU	51.2	97	64	58	72.8
TP 浓度/(mg/L)	0.29	0.61	0.47	0.26	0.52
PO_4^{3-} 浓度/(mg/L)	0.11	0.25	0.27	0.09	0.12
TN 浓度/(mg/L)	4.03	12.9	5.62	4.31	7.26

续表

项目	降雨事件				
	1	2	3	4	5
NO_3^--N 浓度/(mg/L)	2.03	5.17	2.76	2.42	4.69
NH_4^+-N 浓度/(mg/L)	0.38	1.27	0.79	0.41	0.82

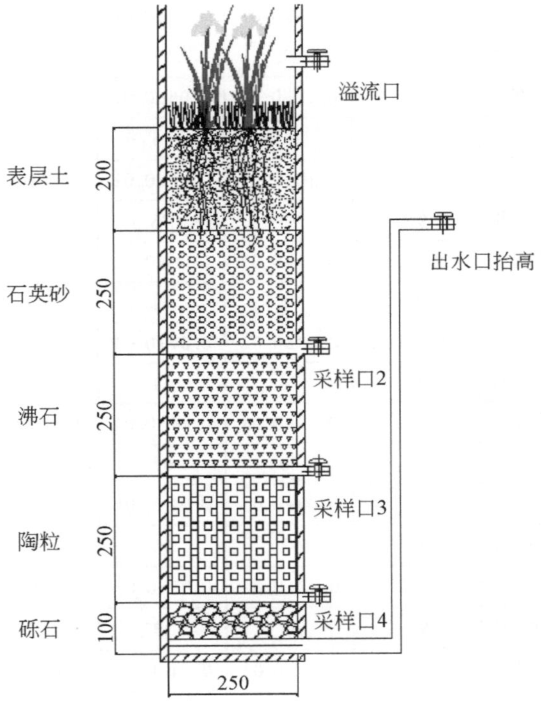

图 7-13　改进后的生态滤床系统

尺寸单位：mm

1）不同滞水时间下生态滤床出水水质的变化

实验采用连续进水，并控制出水口高度，直至出现溢流后结束进水。分别对 5 次降雨径流经生态滤床处理后的水质进行了测定。实验结果表明，在随机进水的情况下（不同的污染物浓度），改进的生态滤床的运行效果良好（表 7-6）。5 次运行周期出水浊度均低于 5NTU，这表明系统对浊度的去除高效且稳定。相比于空白组的堵塞问题，植物组系统能够维持系统的渗透性，颗粒态污染物的去除效果稳定。虽然许多研究都表明生态滤床对颗粒态污染物去除效果良好，但也存在较多由堵塞导致生态滤床运行失败的案例。王书敏等（2011）认为研究结果存在分歧的根源是生态滤床设计参数不同和系统运行时间的长短差异。本实验中种植层的不同可能导致了空白组与植物组的运行结果的差异。有相关研究表明植物通过在土壤层产生微孔来防止堵塞的发生（Clark and Pitt，2012）。实验中两组生态滤床 TP 的去除率范围为 60%~84%，出水 TP 浓度为 PO_4^{3-} 浓度的两倍左右，这表明部分溶解态有机磷可能也随出水流出系统。生态滤床颗粒态磷去除效果较好，这与传统生态滤床主要依赖于沉淀和过滤等物理去除机理有关，但溶解态磷的去除效果往往一般，有些系统中甚至出现磷渗出的现象（Davis et al.，2006）。

表 7-6　生态滤床对实际径流污染物的去除效果

实验次数	滞水时间	处理组	项目	浊度/NTU	TP/(mg/L)	PO_4^{3-}/(mg/L)	TN/(mg/L)	NO_3^--N/(mg/L)	NH_4^+-N/(mg/L)
1	6月12～17日	黄菖蒲	浓度	1.91±0.49	0.08±0.01	0.03±0.01	2.69±0.21	1.26±0.29	0.11±0.02
			去除率/%	96	72	73	33	38	71
		马尼拉	浓度	1.15±0.87	0.11±0.02	0.06±0.01	2.89±0.42	1.41±0.20	0.17±0.06
			去除率/%	99	62	45	28	31	55
2	6月20～25日	黄菖蒲	浓度	3.88±1.22	0.10±0.01	0.06±0.02	7.18±0.13	3.46±.2.15	0.32±0.05
			去除率/%	96	84	76	48	33	75
		马尼拉	浓度	4.85±2.06	0.15±0.02	0.09±0.02	8.32±0.23	3.88±2.08	0.49±0.05
			去除率/%	95	75	64	36	25	61
3	6月26日～7月1日	黄菖蒲	浓度	1.92±0.62	0.12±0.02	0.07±0.03	4.21±0.42	2.39±0.23	0.24±0.03
			去除率/%	97	74	74	25	-3	70
		马尼拉	浓度	4.48±2.14	0.19±0.03	0.09±0.04	4.69±0.02	1.72±0.10	0.35±0.07
			去除率/%	92	60	67	17	16	56
4	7月12～22日	黄菖蒲	浓度	2.32±1.03	0.09±0.02	0.04±0.01	3.04±1.50	1.39±0.60	0.15±0.04
			去除率/%	96	77	56	30	37	64
		马尼拉	浓度	4.64±2.41	0.12±0.02	0.06±0.02	3.88±1.09	1.79±1.18	0.16±0.05
			去除率/%	92	65	33	22	26	62
5	8月14～26日	黄菖蒲	浓度	2.23±2.05	0.10±0.02	0.04±0.01	5.12±0.25	2.25±0.29	0.23±0.09
			去除率/%	97	80	67	29	52	72
		马尼拉	浓度	2.84±2.44	0.15±0.02	0.06±0.02	5.45±0.44	2.70±0.26	0.27±0.12
			去除率/%	96	71	50	25	42	67

相比于底部设置快速排水系统的传统生态滤床，改造后的生态滤床 TN 净化能力有一定的提升，去除率范围为 17%～48%。在第三轮实验中，马尼拉组出现了 NO_3^--N 溢出现象，可能是由于前一轮实验中较高的进水 TN 浓度可能对这一轮出水产生影响。部分截留的颗粒态氮发生了形态转化，导致下一次降雨过程中发生出水 NO_3^--N 浓度高于进水 NO_3^--N 浓度的情况。根据《城市污水再生利用 景观环境用水水质》（GB/T 18921—2019），绿化用水中浊度、NH_4^+-N 浓度、TN 浓度和 TP 浓度必须分别低于 10NTU、5mg/L、15mg/L 和 0.5mg/L。由生态滤床的出水水质（表 7-6）可知，地表径流经生态滤床处理后完全符合绿化用水的标准，不仅可以达到雨水回用的目的，还能美化环境，减少绿化用水量，具有一定的经济效益。

为了探讨滞水时间对生态滤床处理效果的影响，对 8 月 14 日的降雨事件不同滞水时间下生态滤床出水水质进行比较，分别于滞水的第 1 ~ 第 5 天、第 7 天和第 12 天从图 7-13 所示的 2 ~ 4 号采样口采集水样进行水质指标的测定。

研究结果显示，生态滤床可有效去除颗粒态污染物，处理效果也比较稳定，马尼拉组与黄菖蒲组去除率分别为 96% 和 97% （图 7-14）。随着运行时间的增加，尤其是生态滤床中植物的不断生长，系统水力传导速率不断稳定。因此，可认为经过 4 个月实际地表径流运行后，生态滤床系统已达到相对稳定的状态。颗粒态污染物的首要去除机制是机械拦截，植被种类对颗粒态污染物的去除存在影响。虽然存在颗粒态污染物的积累，系统的去除效果并没有受到影响。两组生态滤床出水浊度在不同滞留时间下存在显著性差异，但去除率一直保持在较高水平。

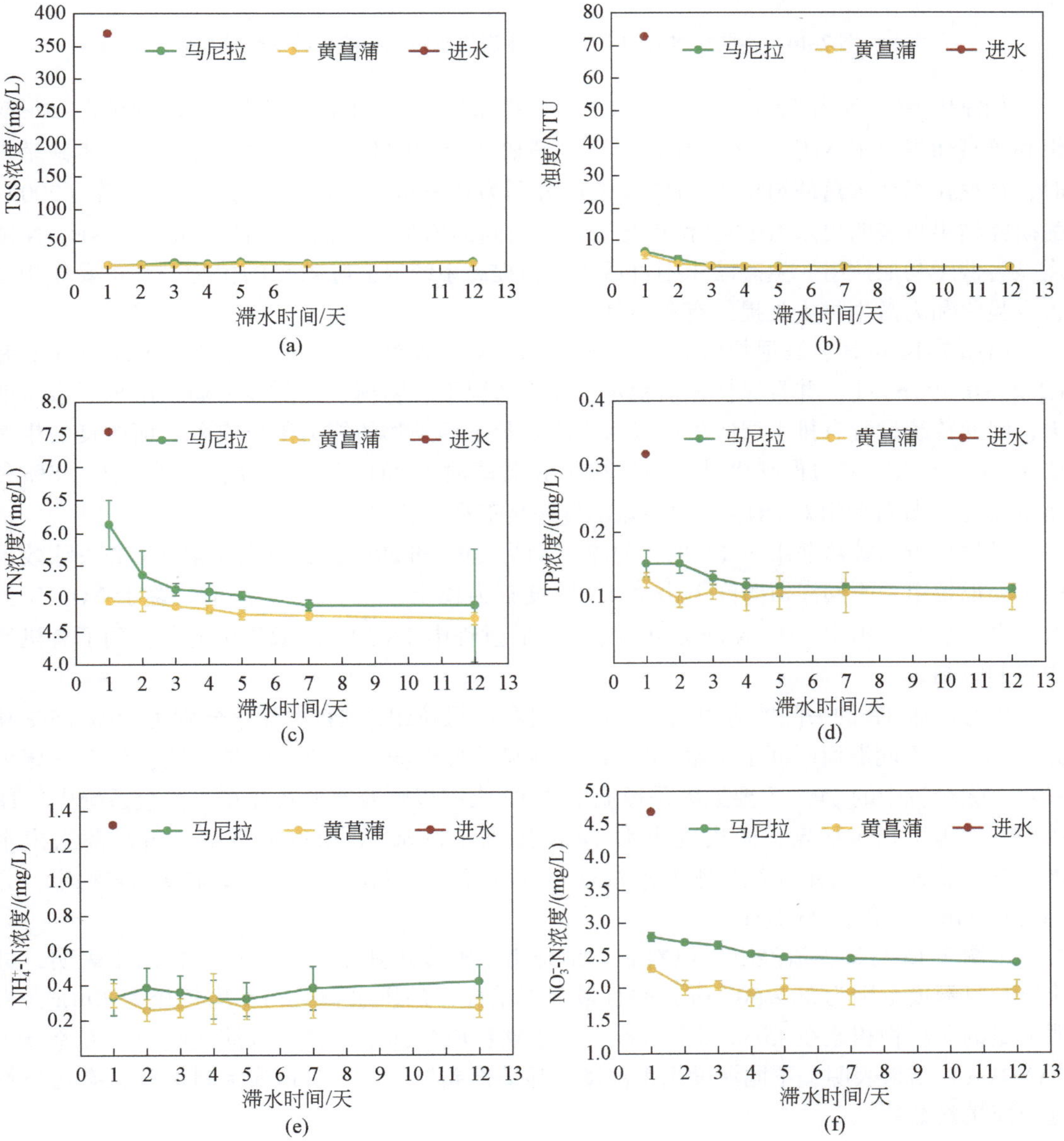

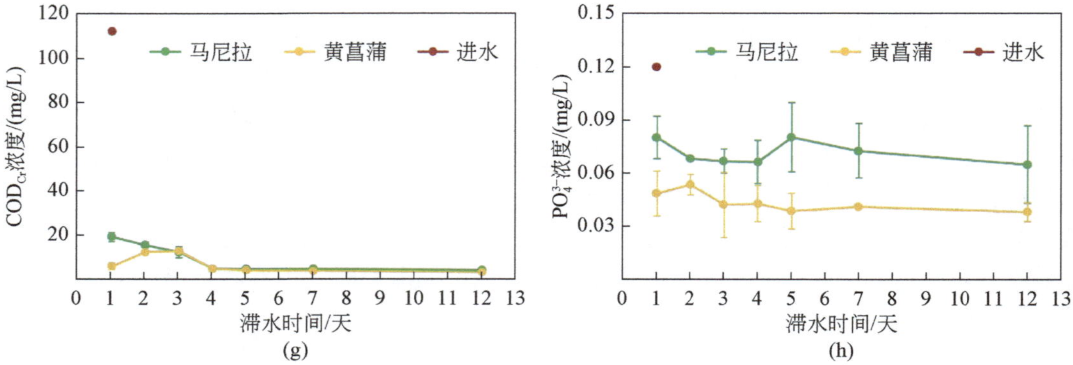

图 7-14　不同滞水时间下生态滤床进出水污染物浓度的变化情况

径流中 NO_3^--N 占 TN 的43%，NH_4^+-N 占 TN 的11%，而有机氮占 TN 的46%。马尼拉组和黄菖蒲组出水 NH_4^+-N 浓度在进水后呈现快速降低的趋势，之后慢慢上升。实验结束时，马尼拉组和黄菖蒲组出水 NH_4^+-N 浓度分别为 0.36mg/L 和 0.27mg/L。Cho 等（2009）的研究结果也表明出水 NH_4^+-N 浓度随着运行时间的增加而升高。黄菖蒲组出水 NH_4^+-N 浓度显著低于马尼拉组。生态滤床中可适当种植提高系统氮去除效果的植物，其主要作用是自身吸收和为微生物生长提供有利条件。

由图 7-14 可知，马尼拉组和黄菖蒲组出水 NO_3^--N 浓度分别为（2.70±0.26）mg/L 和（2.25±0.29）mg/L，并且保持相对稳定。通常情况下，阴离子吸附能力弱于阳离子吸附能力，因此传统设置有排水层的生态滤床去除负价态污染物的能力十分有限，而改良的生态滤床 NO_3^--N 去除能力得到提升。马尼拉组和黄菖蒲组 NO_3^--N 去除率分别为 13%±8% 和 28%±9%，黄菖蒲组对 NO_3^--N 的去除率显著高于马尼拉组。

马尼拉组和黄菖蒲组对 TN 的去除率分别为 26% 和 29%，黄菖蒲组对 TN 的去除效果优于马尼拉组。不同滞留时间下出水 TN 浓度较为稳定，与 NO_3^--N 类似。鉴于 NO_3^--N 去除效果一般并且出水 NH_4^+-N 浓度可忽略，实验过程中 TN 的去除效果可能是受到了有机氮积累的限制。

生态滤床 TP 的去除能力很高，黄菖蒲组和马尼拉组中 TP 去除率分别为 70%±5% 和 81%±5%。不同滞留时间下出水 TP 浓度存在显著性差异。有研究结果表明，生态滤床可有效去除径流中的 TP，主要原因是径流中的 TP 大多以颗粒态形式存在。两组系统中，TP 的去除过程均相对稳定，未出现出水 TP 浓度高于进水 TP 浓度的现象。黄菖蒲组出水 PO_4^{3-}浓度显著低于马尼拉组出水 PO_4^{3-}浓度。黄菖蒲和马尼拉组出水 PO_4^{3-}浓度均较稳定，分别为 0.04mg/L 和 0.06mg/L。

由图 7-15 可知，流经上层填料后，系统出水浊度迅速下降。粒度分析结果表明，进水颗粒物粒度范围为 50～500μm，并且最上层采样口的出水颗粒物平均粒径为 30μm，表明大量的颗粒物积累在 45cm 深度填料中，小颗粒成分继续迁移、沉淀或吸附。方差分析（ANOVA）结果表明，不同深度出水浊度无显著性差异，进一步证实大量的颗粒态污染物被上层填料截留。

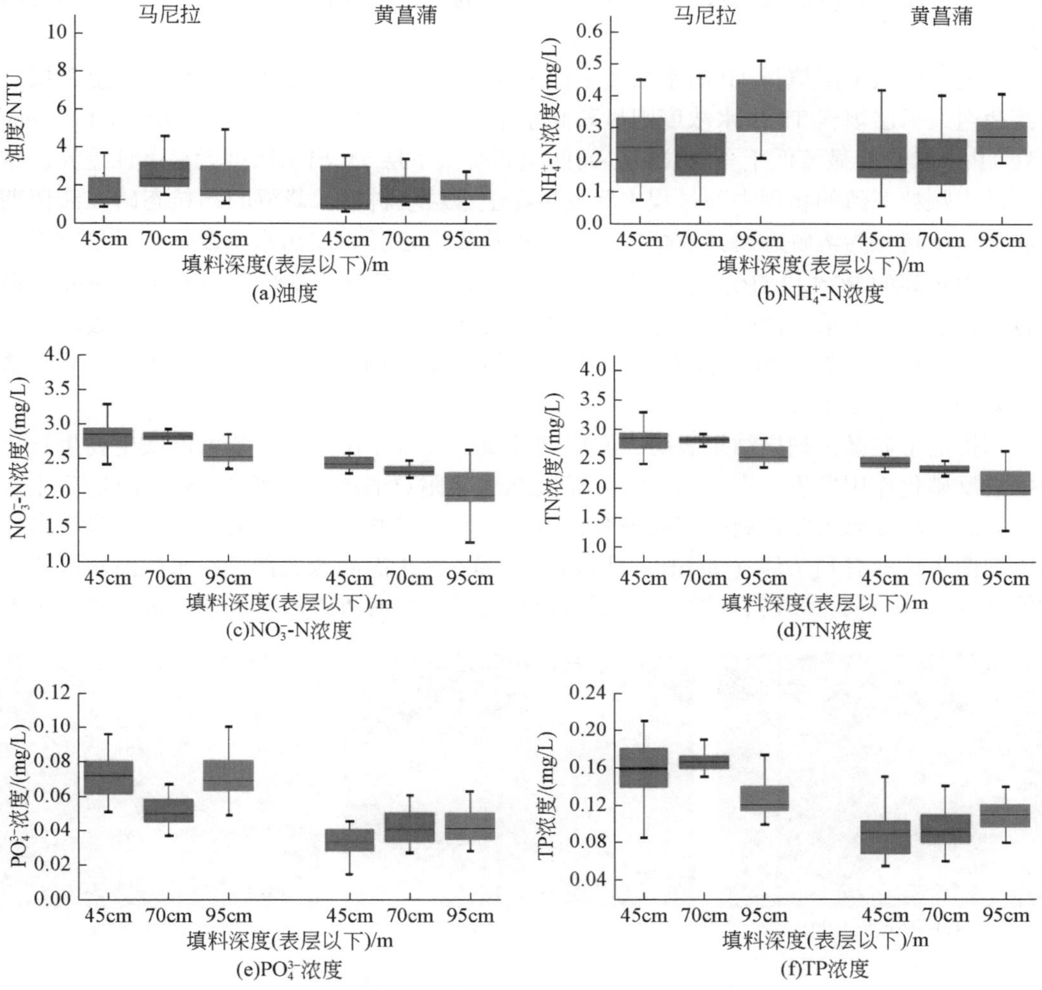

图 7-15　不同深度填料内生态滤床内径流污染物浓度变化情况

两组系统中最下层 NH_4^+-N 出水浓度显著高于上两层出水［图 7-15（b）］。在表层，NH_4^+-N 可能被氧化成 NO_3^--N 或者被植物根系固定，从而被吸收利用。底部的缺氧条件可能导致 NH_4^+-N 的积累。

马尼拉组和黄菖蒲组两组系统中 NO_3^--N 浓度变化趋势相似，由上层至下层逐渐降低［图 7-15（c）］。黄菖蒲组最上层 NO_3^--N 出水浓度与下两层有显著差异。马尼拉组最上层 NO_3^--N 去除率为−10%～30%，出现溢出现象，这可能是由于在间歇期间，表层填料中截留的 NH_4^+-N 和有机氮可能会通过硝化等作用转化为 NO_3^--N，而黄菖蒲组植物在表层吸收利用 NO_3^--N。马尼拉组和黄菖蒲组最下层 NO_3^--N 出水浓度最低，分别为 2.57mg/L 和 2.01mg/L。TN 的出水浓度与 NO_3^--N 出水浓度类似，这表明 TN 的去除可能受限于 NO_3^--N 的去除［图 7-15（d）］。在最下层，黄菖蒲组对 TN 和 NO_3^--N 的去除率分别为 29% 和

36%，显著高于其他两层出水。结果表明，适当的设计参数和运行方式会促进生物反硝化作用。

马尼拉组最下层填料 TP 出水浓度中值范围为 0.08 ~ 0.14mg/L，显著低于上两层。而黄菖蒲组最下层填料 TP 出水浓度则显著高于上两层。同时，黄菖蒲组在 45cm 和 70cm 深度处 TP 出水浓度显著低于马尼拉组，而两组系统最下层 TP 出水浓度无显著性差异。这表明，进水颗粒态磷的物理去除过程主要发生在土壤层填料中。截留的颗粒态磷在滞留期间可能进一步转化为溶解态磷并被植物吸收。黄菖蒲组各层 PO_4^{3-} 出水浓度低于马尼拉组。黄菖蒲组中较高的 PO_4^{3-} 和 TP 去除效果可能是由于植物根系与径流污染物的接触时间增多和接触面积增大。如果停留时间充分，溶解态磷可在微孔中找到反应点，紧密地吸附在某特定表面反应点。在铁改良砂滤系统处理模拟径流雨水磷污染的研究中发现了类似结果（Erickson et al.，2011）。

扫描电子显微镜扫描结果表明，底层陶粒填料表面存在空隙，其可供微生物生长，从而促进反硝化作用发生，沸石和陶粒有提供 PO_4^{3-} 吸附点的潜力（图 7-16）。改造后生态滤床中氮的去除效果虽然得到一定的提升，但仍然十分有限。有研究结果表明，只有当介质提供细菌生长的有利条件（如 pH、足够的有机碳），生态滤床底部存在永久滞水区才是有效的（Davis et al.，2001），这可能需要对填料进行添加有机碳的改进来促进反硝化作用。

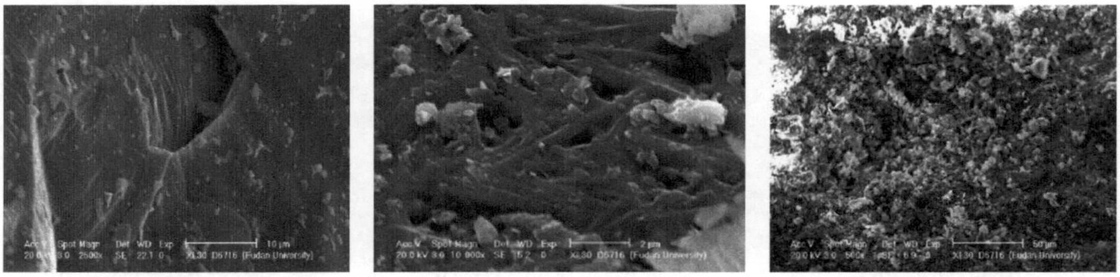

(a)石英砂(×2500)　(b)沸石(×10 000)　(c)陶粒(×500)

图 7-16　填料的扫描电子显微镜扫描结果

2）滞水深度对生态滤床净化效果的影响

为提高生态滤床对氮的去除效果和为反硝化创造条件，其中一个方法是在系统底部构造一个滞水区，这样滞水区的水头高度就会成为影响系统除氮性能的一个重要参数。关于底部滞水区的深度设计方面缺乏相关的研究，因此本研究在生态滤床底部设置不同深度的滞水区，探究系统在降雨和落干交替运行的情况下污染物净化效果和径流削减效果，为生态滤床的设计和维护管理提供参考借鉴。

实验装置改进如图 7-17 所示，进水方式仍然采用间歇进水，进水间隔为一周，出水口分别抬高 150mm、300mm、450mm 以及 600mm，以营造相应的滞水深度。

本实验生态滤床采用滤料、壤土及有机质的混合填料装填方式构建，综合考虑安全性、经济性、易得性以及适用性，本实验选择的滤料主要有粗砂、高炉矿渣、陶粒 3 种，土壤选择壤土，有机质选择草炭土、碎木屑两种，选择两种规格的碎石作为排水层，除草炭土及碎木屑外，其余材料均来自巩义市某滤料厂。粗砂、高炉矿渣、陶粒与碎石的基本

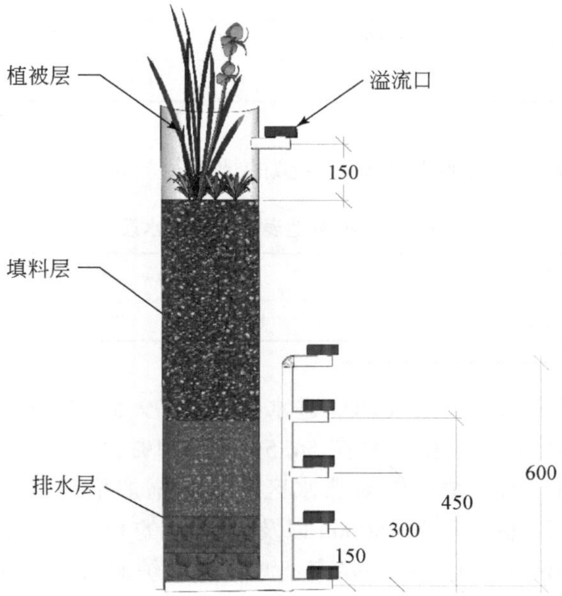

图 7-17　滞水生态滤床装置

尺寸单位：mm

性质见表 7-7。壤土、草炭土、碎木屑有机质浸出实验结果如表 7-8 所示。

表 7-7　填料性质特征

填料类型	规格	孔隙率/%	密度/(g/cm^3)	堆积密度/(g/cm^3)	成分/%
粗砂	颗粒不定型 2 ~ 3mm	43	2.66	1.75	SiO_2 ≥99
高炉矿渣	颗粒不定型 2 ~ 4mm	50 ~ 60	2.72	1.2	CaO ~ 40 SiO_2 ~ 36 Al_2O_3 ~ 7 MgO ~ 6
陶粒	球型 2 ~ 3mm	60 ~ 70	2.66	1.0	Al_2O_3 ~ 61 SiO_2 ~ 13 Fe_2O_3 ~ 4 TiO_2 ~ 3
碎石	颗粒不定型 4 ~ 8mm，8 ~ 16mm	40	2.8	1.85	SiO_2 ≥98

表 7-8　有机质浸出浓度　　（单位：mg/L）

指标	壤土	草炭土	碎木屑
COD_{Cr}	14.8	36.6	193.2

续表

指标	壤土	草炭土	碎木屑
TOC	4.56	11.95	93.55

本实验采用人工配水模拟地表径流，模拟的地表径流进水的浓度如表 7-9 所示。

表 7-9　模拟地表径流进水水质　　　（单位：mg/L）

项目	COD_{Cr}	TOC	TP	TN	NO_3^--N	NH_4^+-N
浓度	104	47.1	1.38	8.39	2.00	2.45

由图 7-18 以及图 7-19 可知，COD_{Cr} 进水浓度在 99.5～109mg/L，DOC 进水浓度在 37.4～50.0mg/L，各组 COD_{Cr} 去除率在 54.5%～92.4%，DOC 去除率范围在 57.3%～92.5%。碎木屑组 COD_{Cr} 出水浓度随着滞水区深度的增加呈现升高趋势，在滞水深度为 450mm 时达到最高；滞水区高度为 450mm 以及 600mm 的 COD_{Cr} 去除率显著低于无滞水区、滞水区为 150mm 和 300mm 的 COD_{Cr} 去除率；滤料为高炉矿渣的系统 COD_{Cr}、DOC 去除率显著低于陶粒组；添加了碎木屑的系统 COD_{Cr}、DOC 去除率显著低于无有机质和添加草炭

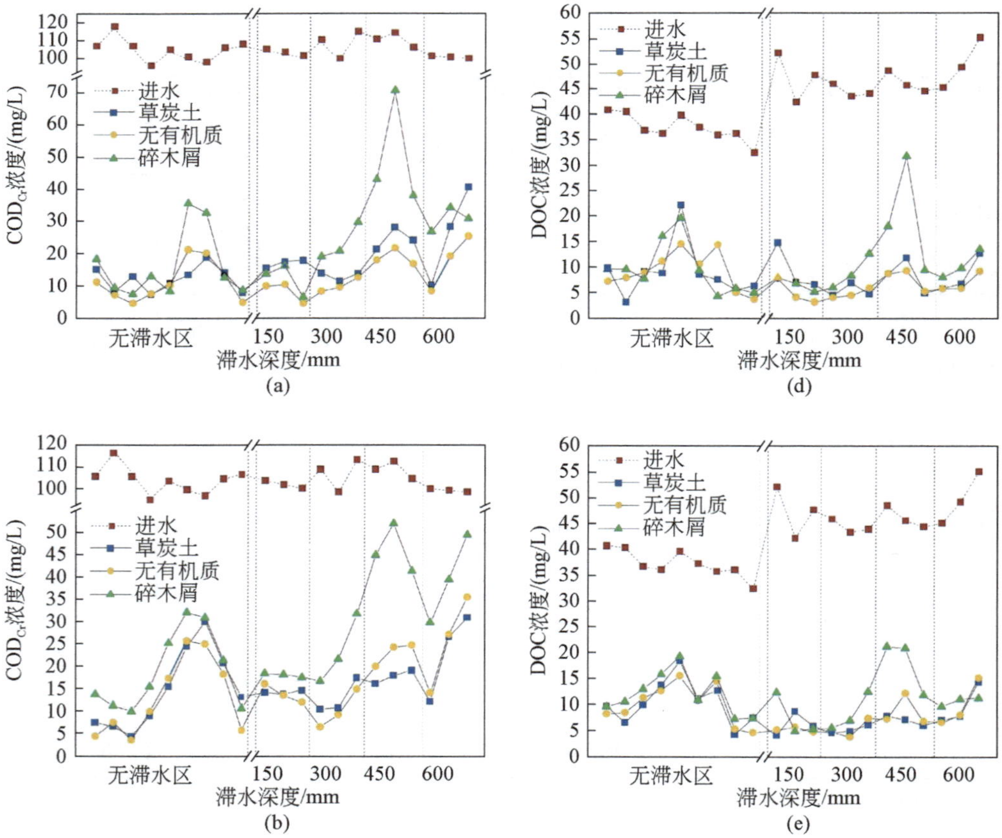

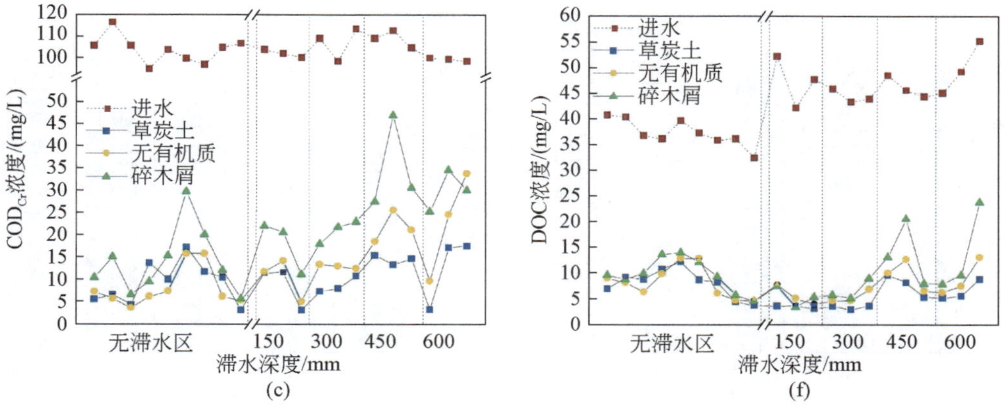

图 7-18　不同滞水深度下生态滤床进出水中 COD_{Cr}和 DOC 的浓度

图 7-18（a）~（c）分别为粗砂组、高炉矿渣组及陶粒组进出水 COD_{Cr}浓度变化；

图 7-18（d）~（f）分别为粗砂组、高炉矿渣组及陶粒组进出水 DOC 浓度变化

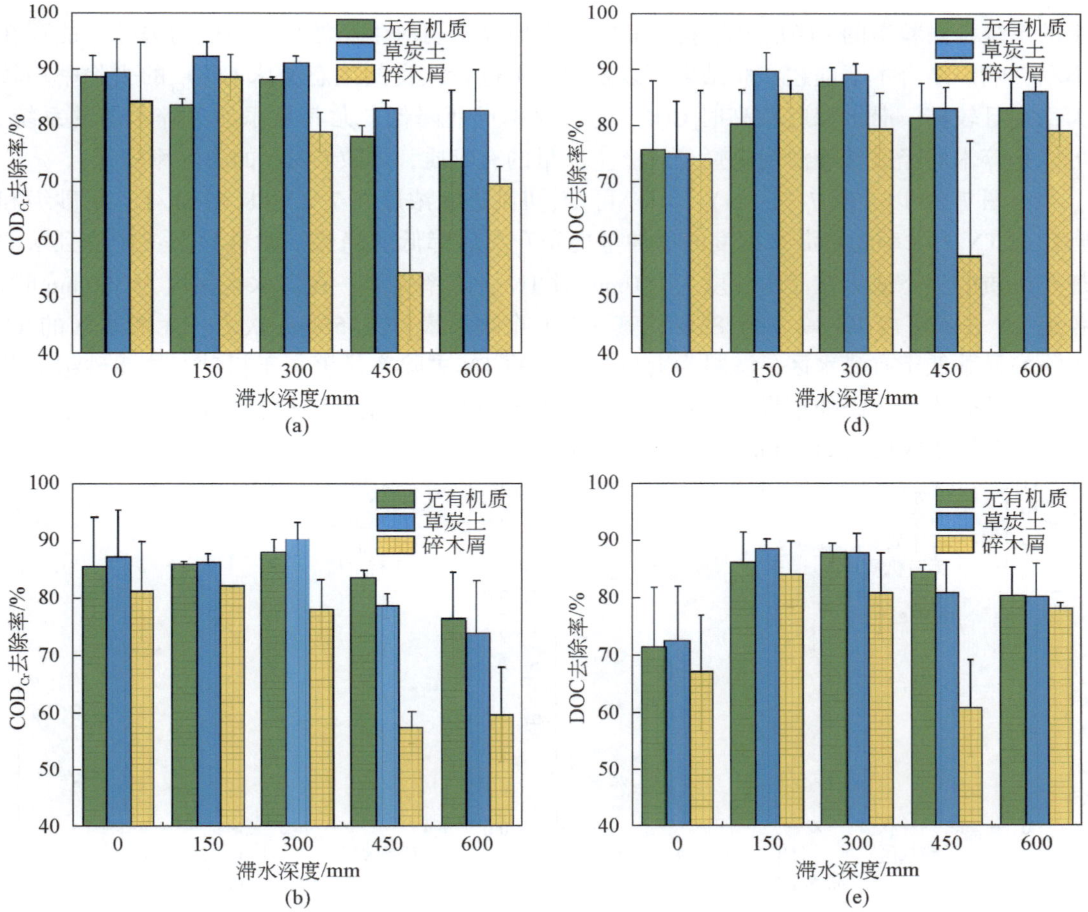

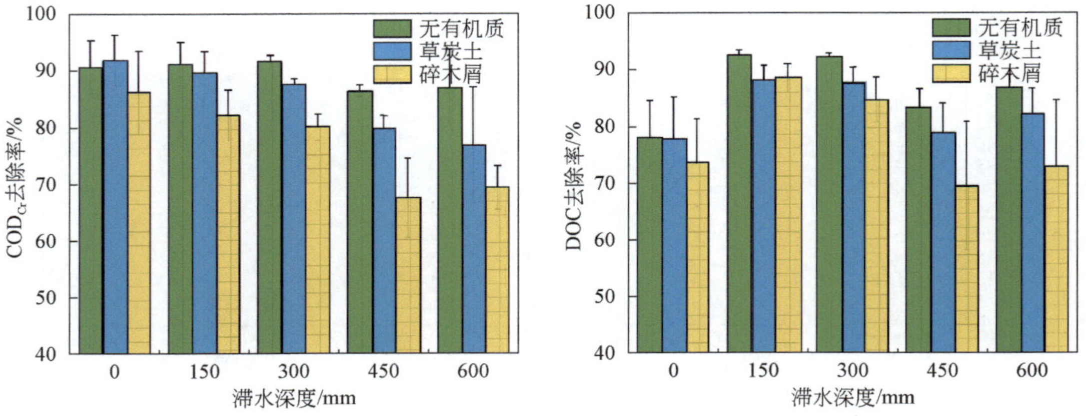

(c) (f)

图 7-19 不同滞水深度下生态滤床 COD_{Cr}、DOC 去除率

图 7-19（a）~（c）分别为粗砂组、高炉矿渣组及陶粒组 COD_{Cr} 去除率；图 7-19（d）~（f）分别为粗砂组、高炉矿渣组及陶粒组 DOC 去除率

土的系统。陶粒组的 COD_{Cr} 去除效果最好，添加碎木屑对生态滤床 COD_{Cr} 的去除可能存在不利影响。结合本章前述实验结果可以发现，不进行改良的生态滤床 COD_{Cr} 的去除率均较为稳定且较高，滞水深度较高时 COD_{Cr} 的去除率反而降低，尤其是添加了碎木屑的系统，可能是碎木屑经过长期浸泡腐烂分解产生大量的有机质，导致 COD_{Cr} 的去除率降低。

由图 7-20 以及图 7-21（a）~（c）可知，TN 进水浓度在 7.20 ~ 8.67mg/L，粗砂组和陶粒组 TN 去除率随着滞水深度的增加呈现先升高后降低的趋势，滤料为高炉矿渣且未添加有机质的生态滤床在滞水深度为 150mm 时 TN 去除率突降；在滞水区深度为 300mm 时，各组 TN 去除率在 79.8%~94.85%，其 TN 去除效果最好，450mm 次之，无滞水区的 TN 去除率显著低于有滞水区，滤料为陶粒的系统的 TN 去除率显著高于粗砂组，粗砂组显著高于高炉矿渣组，添加草炭土的系统显著高于无有机质的组别。填料配置为陶粒+草炭土的组别在滞水深度为 300mm 时 TN 去除率最高。

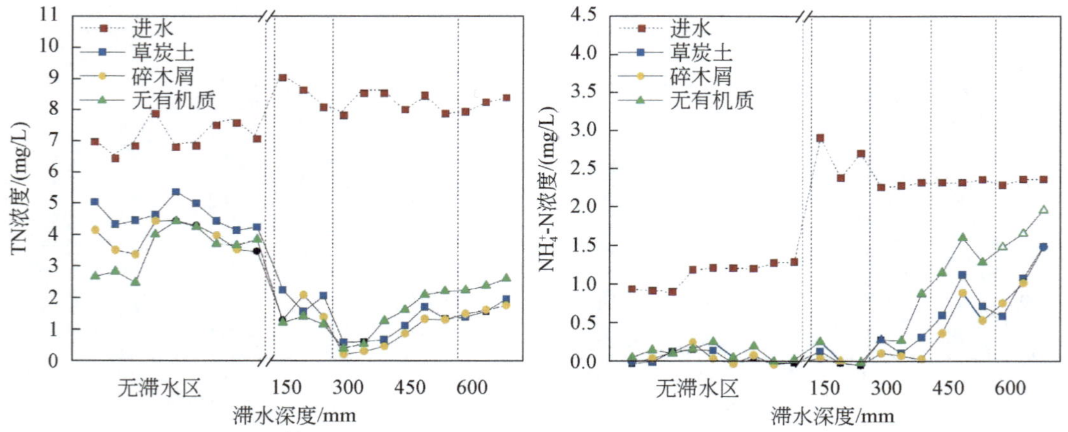

(a) (d)

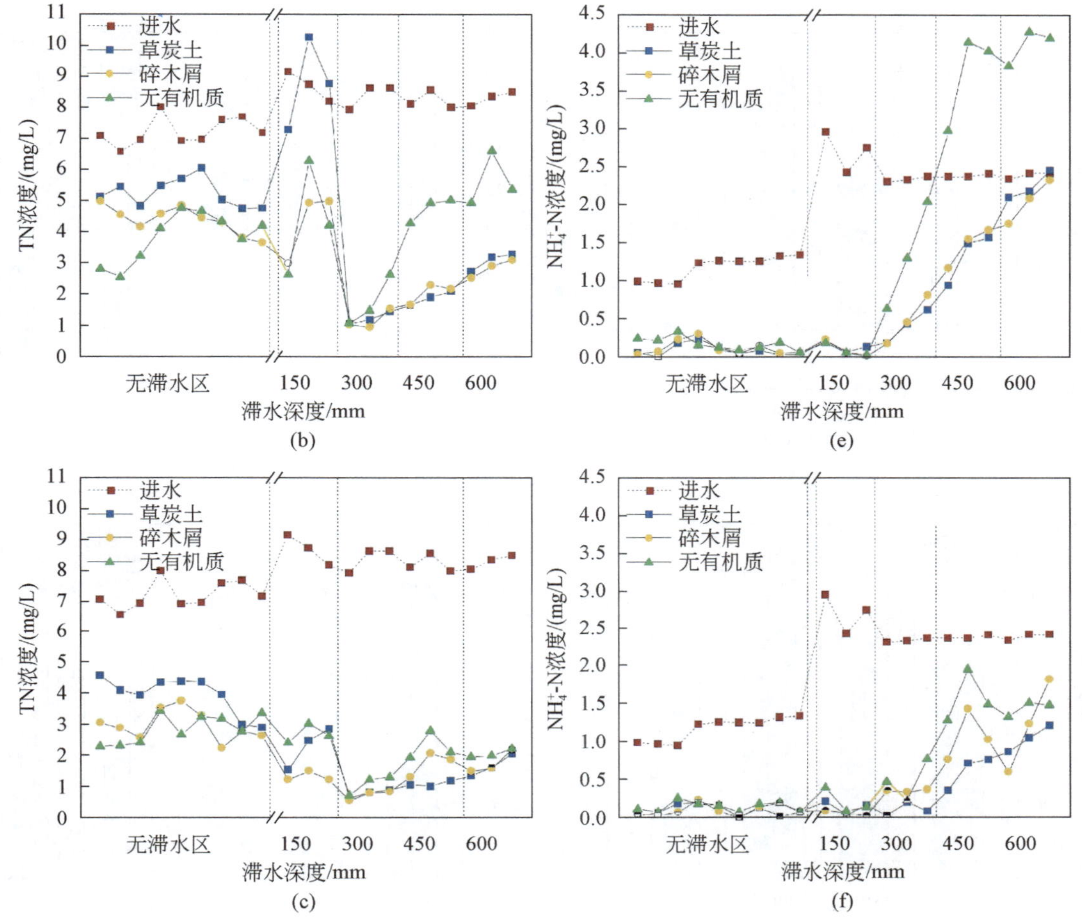

图 7-20　不同滞水深度下生态滤床 TN、NH_4^+-N 进出水浓度

图 7-20（a）~（c）分别为粗砂组、高炉矿渣组及陶粒组进出水 TN 浓度变化；图 7-20（d）~（f）分别为粗砂组、高炉矿渣组及陶粒组进出水 NH_4^+-N 浓度变化

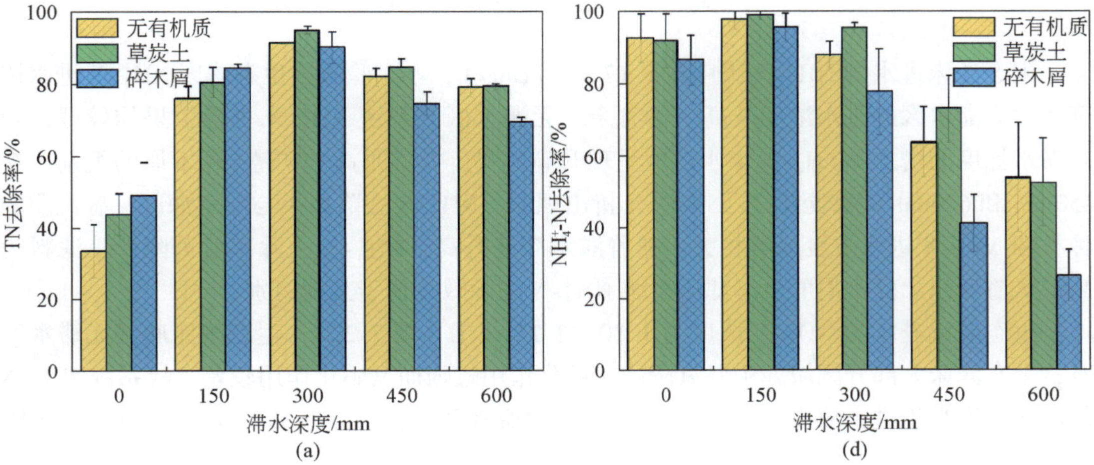

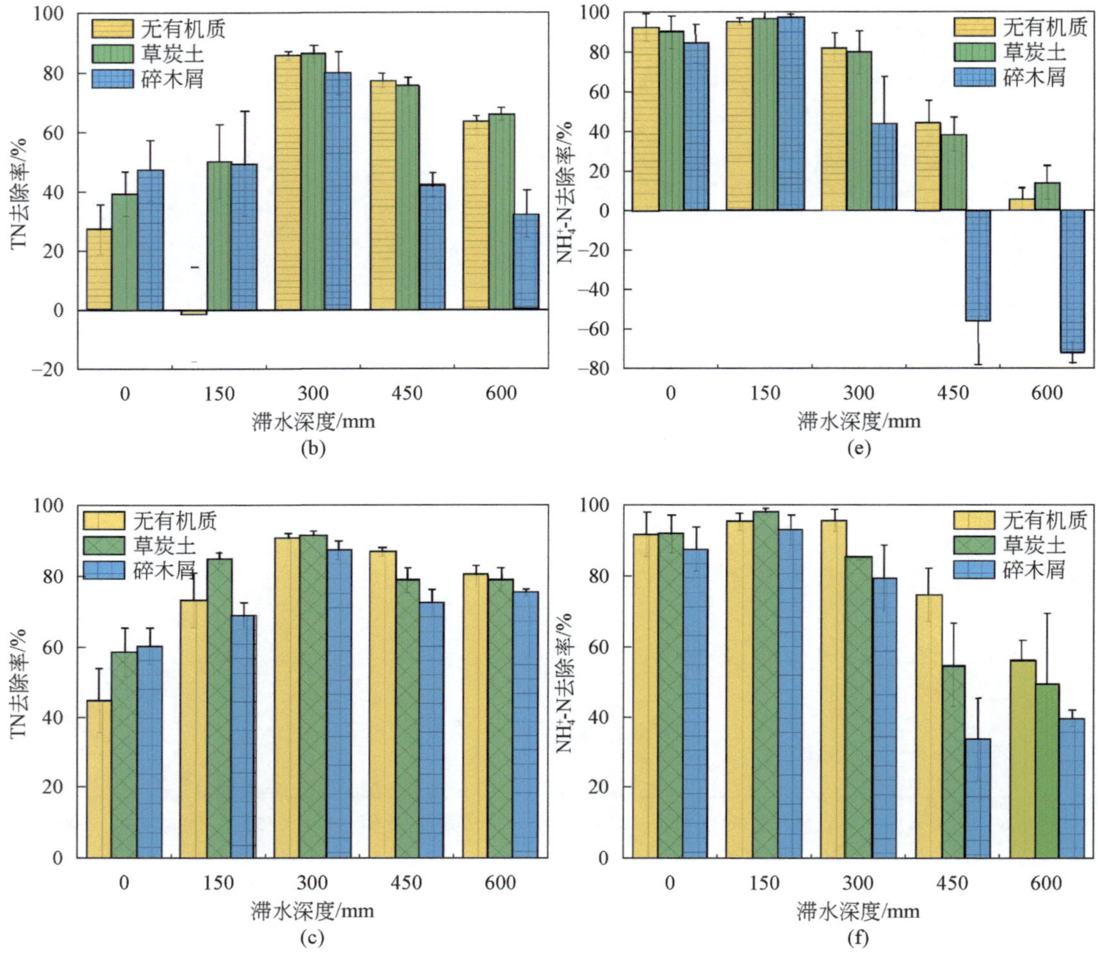

图 7-21　不同滞水深度下生态滤床 TN、NH_4^+-N 去除率

图 7-21（a）~（c）分别为粗砂组、高炉矿渣组及陶粒组 TN 去除率；图 7-21（d）~（f）分别为粗砂组、高炉矿渣组及陶粒组 NH_4^+-N 去除率

生态滤床进水的 NH_4^+-N 浓度在 1.17 ~ 2.71mg/L，本实验阶段生态滤床 NH_4^+-N 进水浓度相比无滞水区的进水浓度升高一倍有余。无滞水区的系统 NH_4^+-N 去除效果均较好，随着滞水深度的增加，NH_4^+-N 出水浓度呈现升高趋势，尤其是高炉矿渣+碎木屑的组别，在 450mm 和 600mm 时甚至出现了 NH_4^+-N 析出现象。NH_4^+-N 去除效果与滞水深度、有机质的种类和 NH_4^+-N 进水浓度显著相关。随着滞水深度升高，NH_4^+-N 去除率显著降低，滤料为高炉矿渣和添加碎木屑的生态滤床系统 NH_4^+-N 去除效果低于其他组别。

生态滤床进水的 NO_3^--N 浓度为 1.80 ~ 2.21mg/L（图 7-22），生态滤床底部无滞水区时，生态滤床大部分区域处于好氧阶段，硝化作用较强而反硝化作用较差，故系统 NO_3^--N 的出水浓度高于进水浓度，底部设置 150mm 的滞水区后，粗砂组和陶粒组的 NO_3^--N 去除

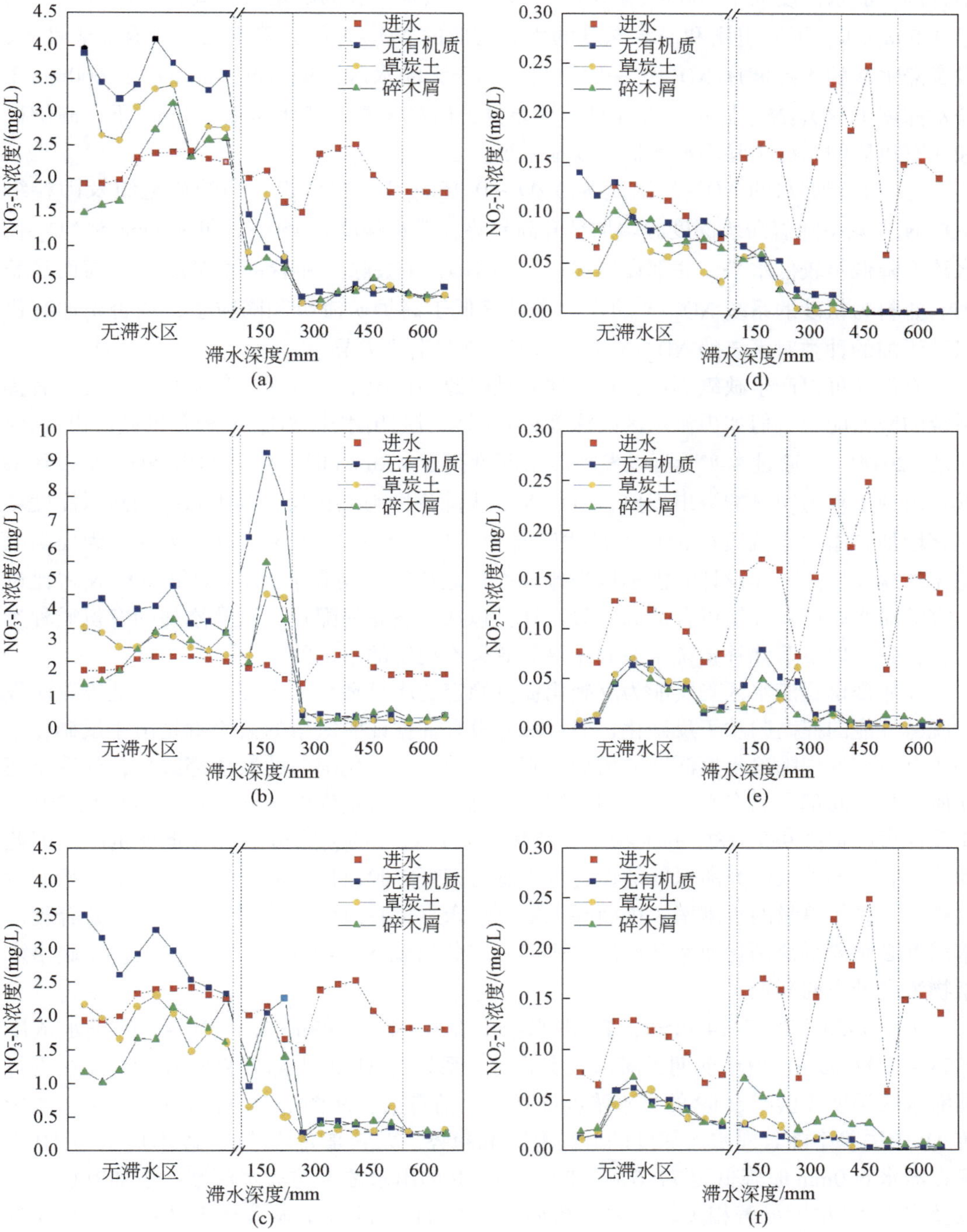

图 7-22　不同滞水深度下生态滤床 NO_3^--N、NO_2^--N 进出水浓度

图 7-22（a）~（c）分别为粗砂组、高炉矿渣组及陶粒组进出水 NO_3^--N 浓度变化；

图 7-22（d）~（f）分别为粗砂组、高炉矿渣组及陶粒组进出水 NO_2^--N 浓度变化

率升高；滞水深度大于300mm系统的NO_3^--N的去除率较为稳定且较高，NO_3^--N浓度均低于0.50mg/L。不同组别和滞水深度的生态滤床的NO_3^--N的去除率之间具有显著性差异，设置滞水区的生态滤床NO_3^--N去除率显著高于无滞水区，300mm、450mm和600mm 3种滞水深度下NO_3^--N去除率不存在显著性差异，但显著高于滞水深度150mm下。高炉矿渣和无有机质的系统去除率显著低于其他系统。

生态滤床进水的NO_2^--N浓度为0.09～0.16mg/L，粗砂组、高炉矿渣组及陶粒组的NO_2^--N去除率随着滞水深度的增加呈升高趋势，滞水深度为450mm和600mm时NO_2^--N出水浓度降低至较低水平，底部设置滞水区后NO_2^--N去除率随着滞水深度的升高而显著增加。滤料为粗砂的系统NO_2^--N的去除率显著低于高炉矿渣组和陶粒组，是否添加有机质以及添加的种类对系统的NO_2^--N去除率不存在显著性差异。

淹没区可以产生缺氧环境，在添加充足碳源的情况下可以促进反硝化，从而显著提高系统的脱氮能力，但如果淹水区的深度过高则会引起出水中NH_4^+-N和有机氮淋出（Payne et al., 2014b）。通过本实验可以发现滞水深度高于450mm时，生态滤床NH_4^+-N去除率降低且出现了较为明显的溢出现象，NO_3^--N的去除率则与之相反，其去除率随滞水深度增加显著增加。添加有机质对NO_3^--N的去除有利，却不利于NH_4^+-N去除。因此，为提高生态滤床的脱氮性能，在设计时需根据当地地表径流特征、径流中NH_4^+-N和NO_3^--N占比设置适宜的滞水高度，并辅以合适的参数设计，包括合适滤料配置，以及添加的有机质种类及比例，是可以显著弥补传统生态滤床除氮效果不稳定的不足的。

在底部设置滞水区确实能为反硝化提供稳定的厌氧环境，大部分研究都把设置淹没区后脱氮性能的提高归功于反硝化，但目前并没有证据证明氮素的去除就是由于反硝化，另外还有研究发现随着土壤深度的增加，硝化细菌和反硝化细菌的数量都减少，就算是底层介质较长时间都浸润在水中，反硝化细菌和总细菌的含量依然很低（Payne et al., 2014a）。淹没区可以提高9%～18%的生物量，植物的生长对氮的去除可能也有重要贡献，因此后期研究有必要深入研究滞水区的设置对生态滤床系统脱氮进程的影响，进一步解析淹没区反硝化对脱氮总量的贡献率，进而寻求生态滤床强化脱氮效率的理论支撑，设置合理的滞水深度必须要平衡硝化速率和反硝化速率，避免出现NH_4^+-N或者NO_3^--N溢出引起出水污染物浓度升高的现象。

由图7-23和图7-24可知，TP进水浓度在0.64～1.48mg/L，PO_4^{3-}-P的进水浓度在0.58～1.32mg/L，由于前期无滞水区实验时，系统对TP的去除效果较好，因此在进行不同滞水区深度实验时，TP的进水浓度提高了一倍有余，从图7-24可以看出，生态滤床系统TP的去除率随着滞水区深度的升高有降低趋势，尤其是高炉矿渣+碎木屑组的TP去除率在滞水600mm时降低至77.6%。TP、PO_4^{3-}-P的出水浓度与滞水深度、添加有机质种类以及进水TP浓度显著相关。滤料为粗砂的系统TP去除效果显著优于高炉矿渣组和陶粒组，双因素方差分析显示，碎木屑组的TP去除率总体低于添加无有机质和草炭土的系统（$P<0.05$）。LeFevre等（2015）研究表明设置滞水区时，虽然NO_3^--N去除率明显提高，但是除磷效果会变差。虽然PO_4^{3-}-P能够与铝或铁的氢氧化物结合，但内部滞水区厌氧状态会导致三价铁还原成为可溶性二价铁，引起PO_4^{3-}-P释放。有机质的添加容易出现磷从

填料中解吸的现象，因此为防止系统出现磷的释放，应严格控制滞水区的深度及填料中有机质的含量，并选择磷本底值较低的填料。

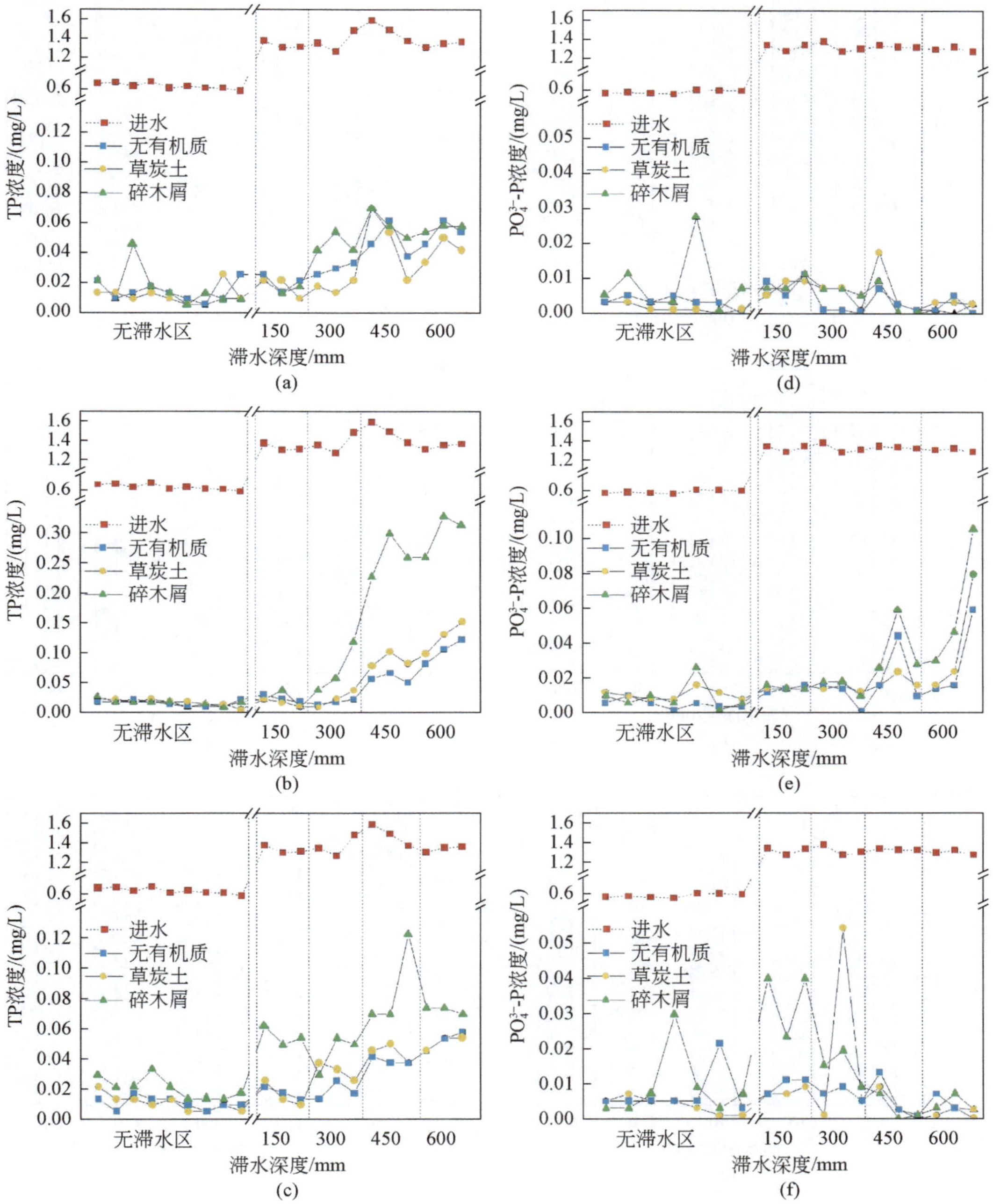

图 7-23 不同滞水深度下生态滤床 TP、PO_4^{3-}-P 进出水浓度

图 7-23（a）~（c）分别为粗砂组、高炉矿渣组及陶粒组进出水 TP 浓度变化；图 7-23（d）~（f）分别为粗砂组、高炉矿渣组及陶粒组进出水 PO_4^{3-}-P 浓度变化

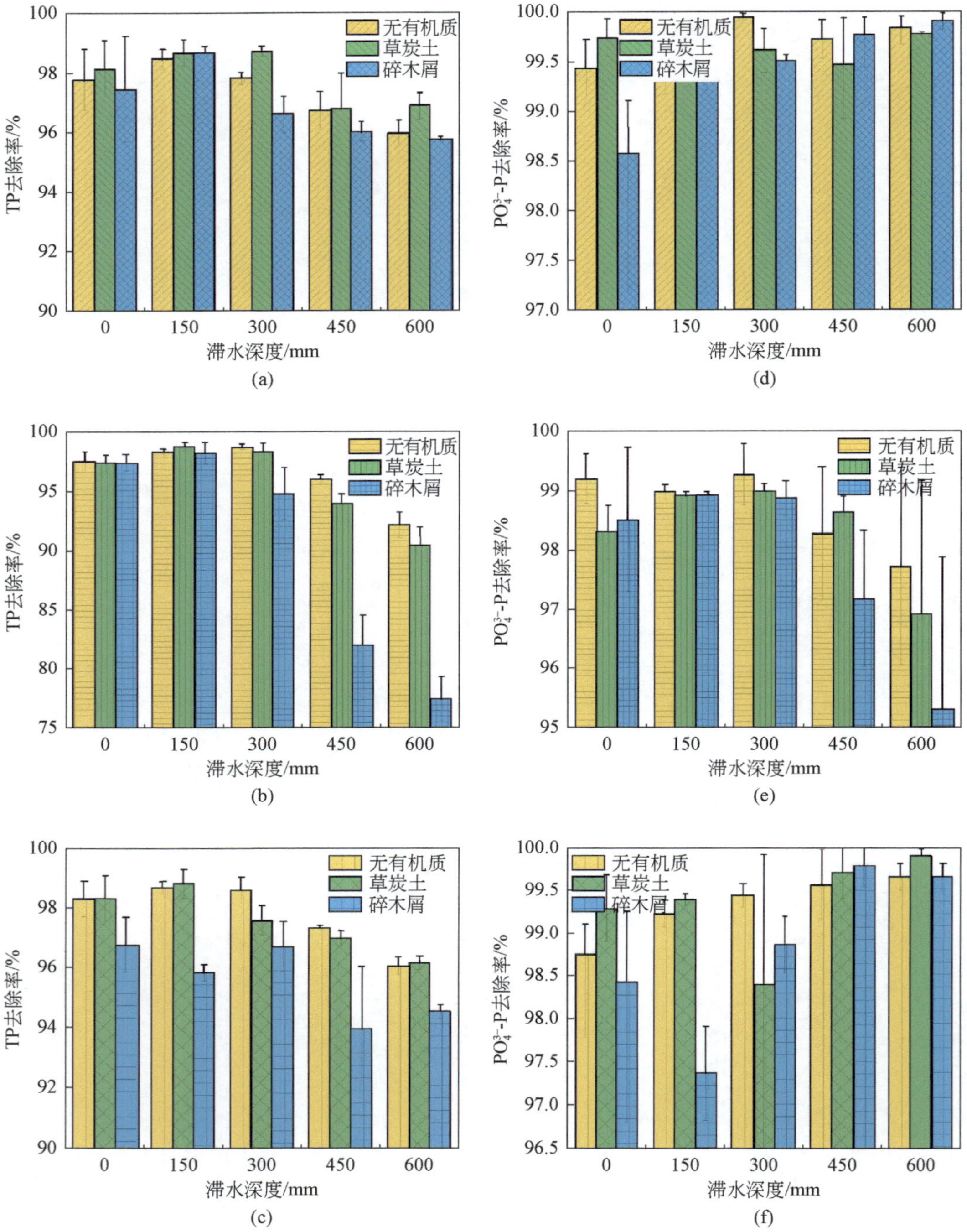

图 7-24　不同滞水深度下生态滤床 TP、PO_4^{3-}-P 去除率

图 7-24（a）~（c）分别为粗砂组、高炉矿渣组及陶粒组 TP 去除率；图 7-24（d）~（f）分别为粗砂组、高炉矿渣组及陶粒组 PO_4^{3-}-P 去除率

由图 7-25（a）~（c）可知，生态滤床在不同的滞水深度下，洪峰削减率在 23.8%~67.19%，底部设置滞水区时显著高于无滞水区的洪峰削减率，滞水深度为 150mm 和 300mm 时洪峰削减效果不存在显著性差异，但滞水 450mm 时的洪峰削减率显著高于其他滞水深度时的效果，滞水深度为 600mm 时的洪峰削减效果较其他深度差。滤料为粗砂的系统洪峰削减率显著高于高炉矿渣组，添加了草炭土的系统洪峰削减率显著高于无有机质组以及碎木屑组。

由图 7-25（d）~（f）可知，生态滤床小试系统的径流总量削减率先随着滞水深度的增加而升高，在滞水深度为 600mm 时又降低。径流总量削减率在 8.21%~65.0%，不同的滞水深度下各组径流总量削减效果差别较大。不同滞水深度下径流总量削减率存在显著差异，在滞水深度低于 450mm 时，径流总量削减率随着滞水深度的增加显著提高，滞水深度为 450mm 时的径流总量削减率最高，显著高于其他滞水深度时的径流总量削减率，但滞水深度为 600mm 时径流总量削减率有显著降低趋势，滤料为高炉矿渣的系统径流总量削减率显著低于粗砂组和陶粒组的径流总量削减率，添加草炭土的生态滤床径流总量削减率显著高于添加无有机质和添加碎木屑的生态滤床的径流总量削减率。

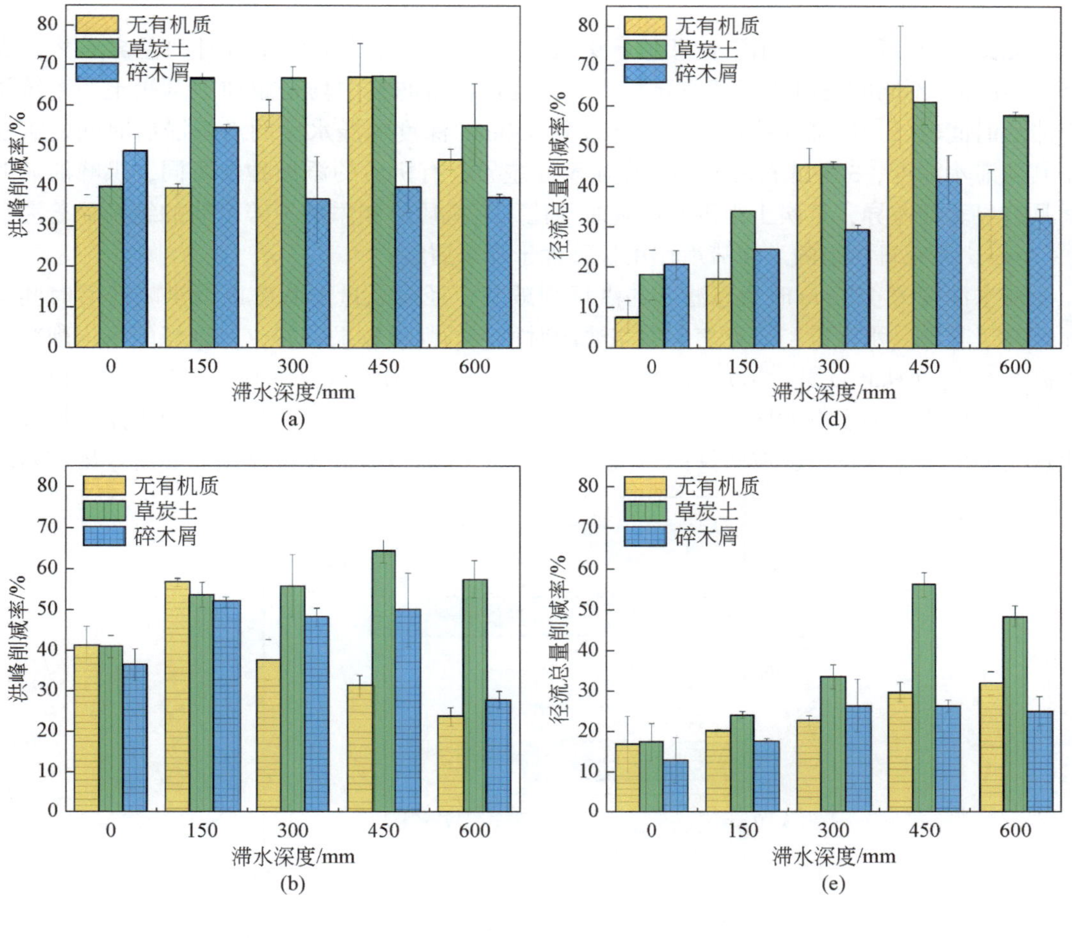

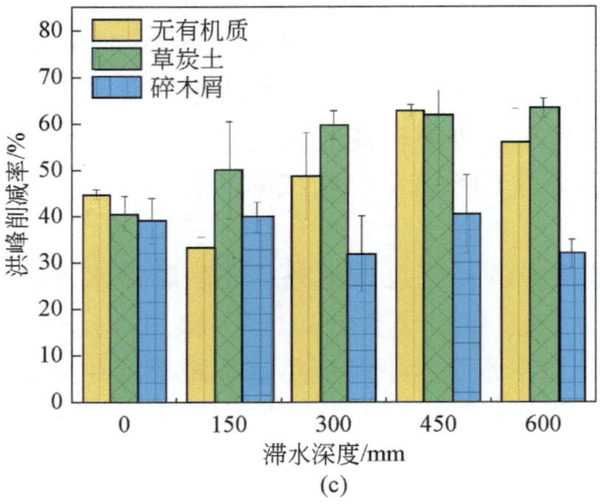

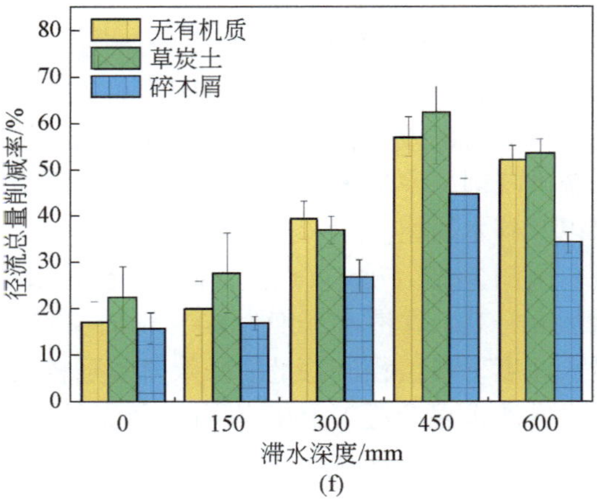

图 7-25　不同滞水深度下生态滤床洪峰削减率、径流总量削减率

图 7-25（a）~（c）分别为粗砂组、高炉矿渣组及陶粒组出水洪峰削减率；图 7-25（d）~（f）分别表示粗砂组、高炉矿渣组及陶粒组出水径流总量削减率

如图 7-26 所示，不同滞水深度下 9 组生态滤床系统的洪峰滞后时间差异较大，在 15 ~ 34min，不同的滤料之间其差异并不大，但是各组滤料中均是添加了草炭土的系统洪峰滞后时间较长。底部无滞水区及底部设置 450mm 深度的滞水区的洪峰滞后时间显著长于其他滞水深度，3 种滤料之间不存在显著性差异，有机质的添加种类不同，洪峰滞后时间具有显著性差异，草炭土组洪峰出现时间比无有机质组和添加了碎木屑的组别显著滞后 5 ~ 7min，无有机质组的洪峰滞后作用显著优于碎木屑组。

滞水深度为 450mm 时生态滤床的洪峰削减率、径流总量削减率以及洪峰滞后时间均显著高于其他滞水深度。研究表明生态滤床对径流的削减效果较好，对洪峰的平均削减率可高达 80%（Hatt et al., 2008），对小降雨事件可以 100% 截留（Davis, 2008），相比而言，本实验构建的生态滤床小试系统在顶部没有设置种植土层，在整个实验周期中均没有出现明显的溢流现象，具有较好的径流处理能力，因此也就造成对径流的截留效果相对较

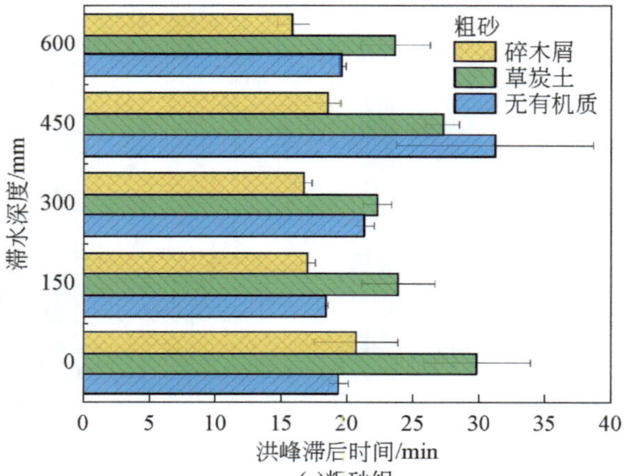

(a)粗砂组

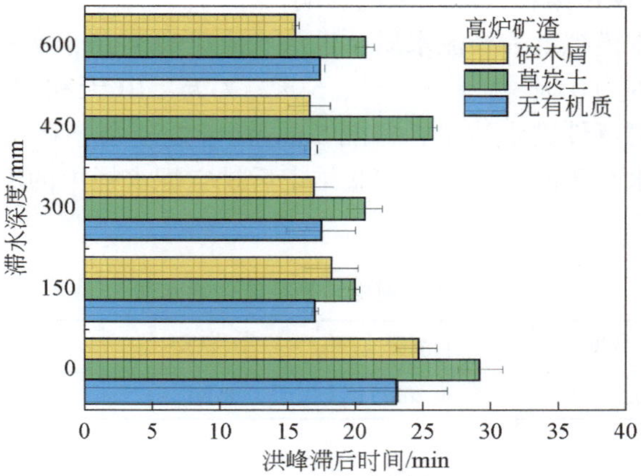

(b)高炉矿渣组

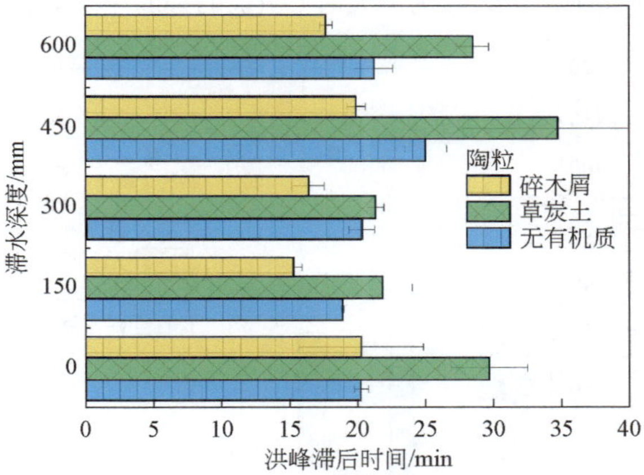

(c)陶粒组

图 7-26　不同滞水深度下生态滤床洪峰滞后时间

差，值得一提的是，短暂的停留时间并未造成水质处理效果较差。

7.2.5　间歇落干对生态滤床净化效果的影响

城市每次降雨的水质和水量是不确定的，具有随机性和间歇性的特点，并且受前期晴天天数的影响，前期干燥天数越长可能会导致下次降雨时地表径流初期冲刷特征越为明显。生态滤床的净化性能会受降雨历时与雨前干燥期的长短、干湿交替的频率影响，尤其是溶解态形式的 NO_3^--N 的出水浓度受前期干燥时间的影响较为显著，经过干燥期后NO_3^--N 出水浓度显著上升。干湿交替对生态滤床去除污染物以及径流量削减方面的影响仍有很多不确定性，尤其是对水量的调控效果缺乏相关的研究，因此本研究通过设置不同的间歇进水时间，模拟自然降雨事件发生的偶发性及不确定性对生态滤床净化效果的影响。

1）间歇落干对常规污染物去除效果的影响

实验采用人工配水模拟地表径流水质，进水水质见表7-10，实验期间在配水桶进行配水，间歇落干天数分别为0天、1天、3天、5天、7天、10天和15天，进水时开启搅拌器，按照计算好的降雨事件进水流量，每隔5min调节蠕动泵；在每个小试系统的出水口放置量杯。为保证进水水质的一致性，实验结束后排空配水桶中的原水，下次实验时重新按照设定浓度配水。

表7-10　模拟地表径流进水水质　　　　（单位：mg/L）

阶段	COD_{Cr}浓度	TP浓度	TN浓度	NO_3^--N浓度	NH_4^+-N浓度
间歇落干	103	1.20	8.50	2.20	2.40

如图7-27所示，间歇落干实验阶段的COD_{Cr}进水浓度为102mg/L，COD_{Cr}去除率与间歇落干天数显著相关，间歇落干天数为1天时COD_{Cr}的去除率显著低于其他间歇落干天数，

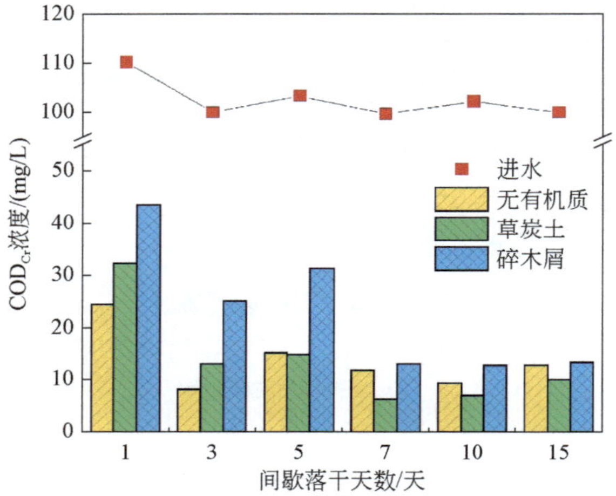

(a)粗砂

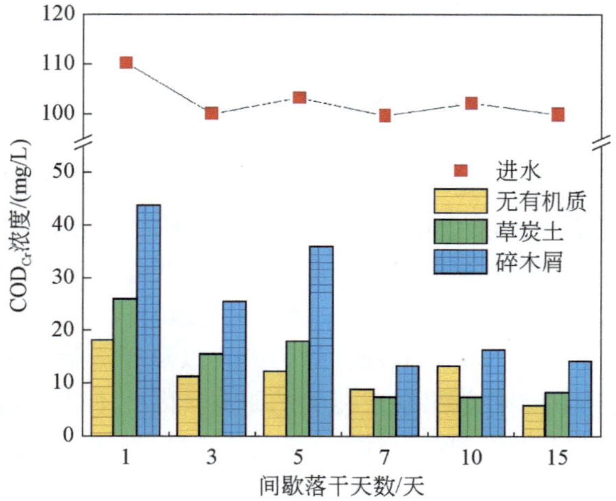

(b)高炉矿渣

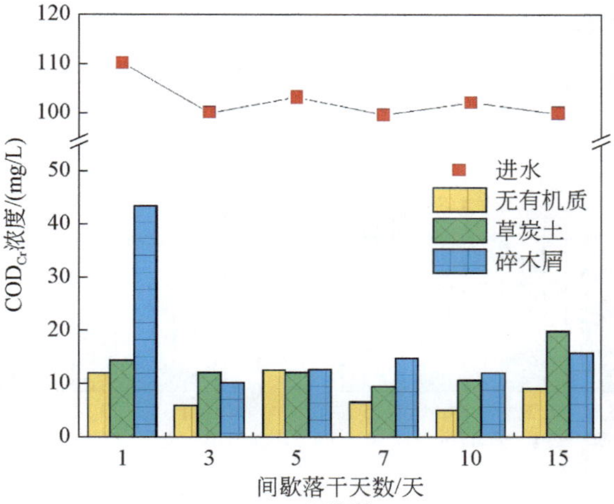

(c)陶粒

图 7-27 不同间歇落干天数时生态滤床对 COD_{Cr}的去除效果

去除率为 60.3%~89.0%；各组 COD_{Cr}去除率随着间歇落干天数的增加整体呈现降低的趋势。虽然图 7-27 反映出陶粒组 COD_{Cr}的去除率较高，但却没有显著性差异。添加碎木屑的组别 COD_{Cr}出水浓度显著高于添加草炭土和无有机质的组别，添加碎木屑对 COD_{Cr}的去除可能存在不利影响，可能是由于在间歇落干期间生态滤床中的微生物细胞因缺乏水分而衰亡，造成添加有机质的系统 COD_{Cr}出水浓度升高。

由图 7-28（a）~（c）可知，TN 进水浓度为 8.57mg/L，出水浓度范围为 3.44 ~ 4.36mg/L，对于不同的间歇落干天数，TN 的出水浓度变化不显著，就滤料而言，陶粒组的 TN 去除率显著高于粗砂组和高炉矿渣组，添加草炭土的系统 TN 去除率显著高于无有机质的系统，TN 出水浓度较无有机质的组别低 0.7mg/L。间歇落干天数较短时，系统长期处于湿润环境中，有利于径流中的 NO_3^--N 因反硝化而被去除；间歇落干天数较长时，系统内干旱的环境则有利于系统进行氨化和硝化反应，故总体而言 TN 浓度随间歇落干天数的变化并不明显。

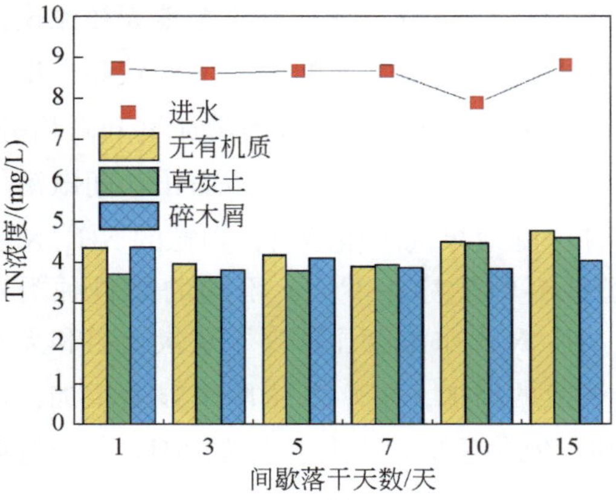

(a)

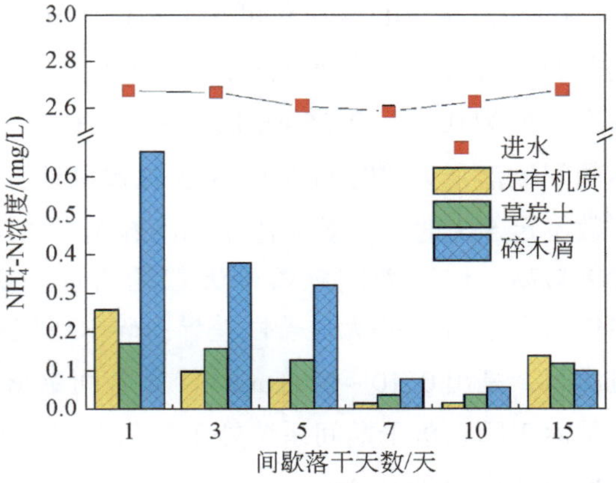

(d)

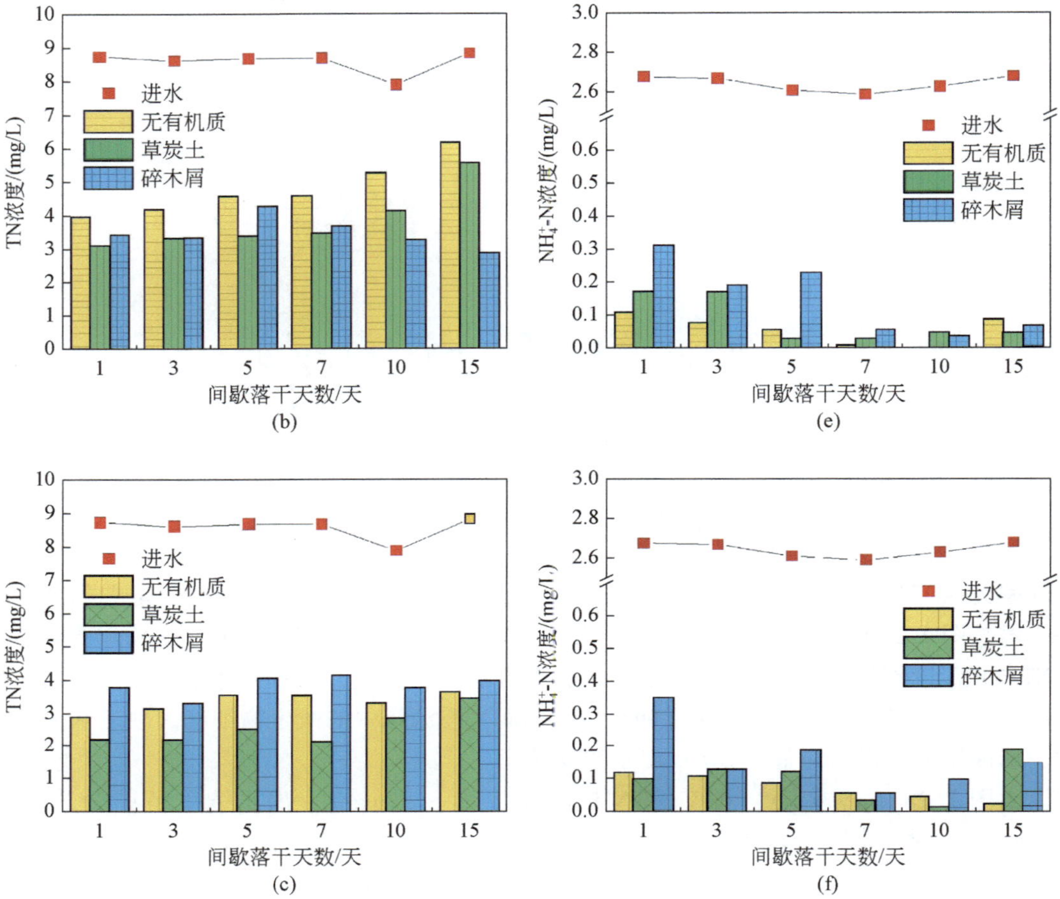

图 7-28　不同间歇落干天数时生态滤床对 TN、NH_4^+-N 的去除效果

图 7-28（a）~（c）分别为粗砂组、高炉矿渣组及陶粒组进出水 TN 浓度变化；图 7-28（d）~（f）分别表示粗砂组、高炉矿渣组及陶粒组进出水 NH_4^+-N 浓度变化

由图 7-28（d）~（f）可知，NH_4^+-N 进水浓度为 2.64mg/L，浓度升高至地表径流模拟实验的近两倍，不同间歇落干天数时生态滤床小试系统对 NH_4^+-N 的去除率均较高，出水浓度均值为 0.04 ~ 0.25mg/L，并且 NH_4^+-N 去除率随着间歇落干天数的增加呈升高趋势，不同间歇落干天数时的 NH_4^+-N 去除效果具有显著性差异，从图 7-28 可以看出，间歇落干天数不足 5 天时，高炉矿渣组和陶粒组的 NH_4^+-N 去除效果优于粗砂组，陶粒的 NH_4^+-N 去除率最高，但随着间歇落干天数的增加，新型滤料的优势并不大，不同的滤料种类对 NH_4^+-N 的去除率并无显著性差异；碎木屑组的 NH_4^+-N 出水浓度显著高于草炭土组和无有机质组，高出 0.10 ~ 0.11mg/L。随着间歇落干天数的增加，NH_4^+-N 去除率显著增加，可能是由于间歇落干期间系统处于好氧环境，有利于氨化反应以及径流中的 NH_4^+-N 经过硝化反应转化为 NO_3^--N。

由图 7-29（a）~（c）可知，除陶粒组添加有机质的两组 NO_3^--N 出水浓度一直低于进水浓度外，其他 7 组均有高于进水 NO_3^--N 浓度的时候，可能是由于系统处于较为干燥的环境下，无法为反硝化提供厌氧环境，致使在下一次进水时积累的 NO_3^--N 被冲刷出系统。不同间歇落干天数对系统 NO_3^--N 出水浓度影响不明显；陶粒组的 NO_3^--N 出水浓度显著低于粗砂组及高炉矿渣组，由图 7-29（d）~（f）可知，NO_2^--N 的进水浓度在 0.02mg/L 左右，NO_2^--N 作为硝化反硝化的过渡形态，从图 7-29（d）~（f）可以看出，生态滤床系统并未出现 NO_2^--N 的积累。图 7-29（a）中的粗砂以及粗砂+碎木屑组的 NO_2^--N 出水浓度高于进水浓度，其他 7 组的 NO_2^--N 出水浓度均较低，不同间歇落干天数下 NO_2^--N 出水浓度不存在显著性差异，说明间歇落干天数的增加并不是 NO_2^--N 浓度变化的主要因素；粗砂组的 NO_2^--N 浓度显著高于高炉矿渣组与陶粒组；多因素方差分析显示，添加草炭土的系统 NO_2^--N 出水浓度整体低于其他组。

本实验添加有机质的系统 NO_3^--N 的去除率显著高于无有机质系统，研究表明，NO_3^--N 的去除效果较差可能是因为间歇落干期间有机氮氨化作用，NH_4^+-N 硝化作用产生 NO_3^--N，晴天时 NO_3^--N 在生态滤床中积累，等降雨后再释放出来，因此导致 NO_3^--N 的去除率偏低（Davis et al.，2006）。Blecken 等（2009）也发现，没有反硝化反应或没有足够的反硝化作用，在持续干旱后会导致 NO_3^--N 淋洗作用更强，然而外加碳源对缓解这种现象非常有效。

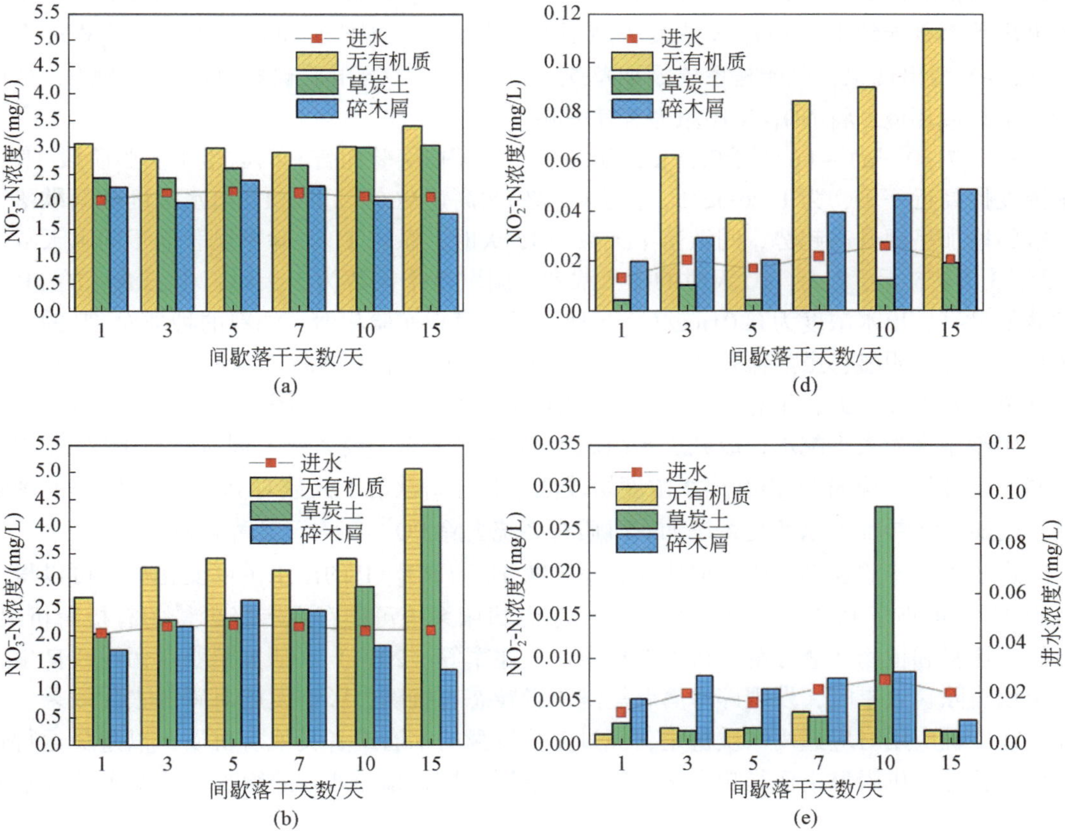

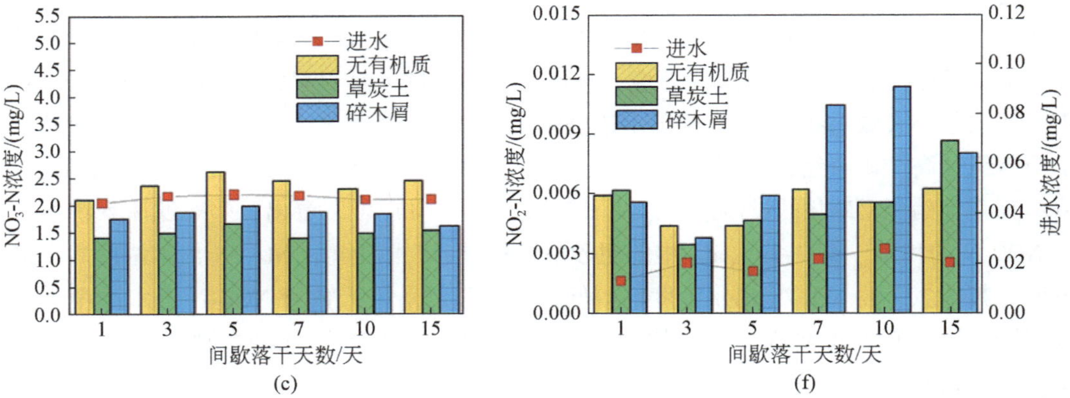

图 7-29　不同间歇落干天数时生态滤床对 NO_3^--N、NO_2^--N 的去除效果

图 7-29（a）~（c）分别为粗砂组、高炉矿渣组及陶粒组进出水 NO_3^--N 浓度变化；图 7-29（d）~（f）分别表示粗砂组、高炉矿渣组及陶粒组进出水 NO_2^--N 浓度变化

本实验中生态滤床系统设计并未设置缺氧区，不具有较强的反硝化脱氮功能，加之降雨径流对填料也有一定的淋溶作用，可能是其脱氮效能不佳的重要原因（Wilcock et al., 2012）。降雨径流中的高 NO_3^--N 比例、持续时间条件下有机氮向 NO_3^--N 的转化、系统中氮的淋出等都可导致出水 NO_3^--N 浓度居高不下。本研究发现添加草炭土能在一定程度上缓解 NO_3^--N 浸出现象，可能是系统添加草炭土后，有机质溶出后被好氧微生物利用，从而营造了缺氧环境，将 NO_3^--N 还原为氮气去除。

由图 7-30（a）~（c）可知，相比于地表径流模拟实验而言，间歇落干实验阶段 TP 进水浓度提高近一倍，为 1.26mg/L，但去除率仍然高达 96% 以上。TP 出水浓度随间歇落干天数的增加呈现升高趋势，间歇落干天数为 15 天时，系统 TP 去除率显著低于间歇天数为 1 天、3 天、5 天、7 天、10 天时的出水浓度，间歇落干天数为 5 天时，生态滤床的 TP 去除效果最好，出水浓度为 0.01mg/L。与地表径流模拟实验相似，滤料的种类对 TP 的去除效果影响并不明显；虽然添加了草炭土的系统 TP 去除率整体高于添加了碎木屑的系统，但其浓度相差并不大，生态滤床对 TP 的去除效果仍然较好。由图 7-30（d）~（f）可知，由于实验用水为人工配水，故其进水组成为 PO_4^{3-}-P 形态，经系统处理后，与 TP 变化规律不同的是各组系统的 PO_4^{3-}-P 出水浓度均较低，并且间歇落干天数对 PO_4^{3-}-P 去除率的影响并不明显，滤料种类以及是否添加有机质对系统去除 PO_4^{3-}-P 均无显著影响。

进水中并未添加有机磷，但比较各组系统 TP 与 PO_4^{3-}-P 的出水浓度变化后，可以得到各组 TP 浓度高于 PO_4^{3-}-P 浓度，因此说明生态滤床系统可能存在有极少量的有机磷析出，可能是填料和植物残渣分解后析出有机磷。王建军等（2014）在研究给水厂污泥改良生物滞留填料除磷效果时，发现碎木屑腐烂淋出颗粒态有机磷会影响设施对磷的去除效果。因此，在工程应用时应选用性质稳定，经过充分发酵的木屑或者其他有机质，以避免运行过程中颗粒态有机磷淋出而影响出水水质。一些研究推荐添加适量的给水厂污泥或者粉煤灰

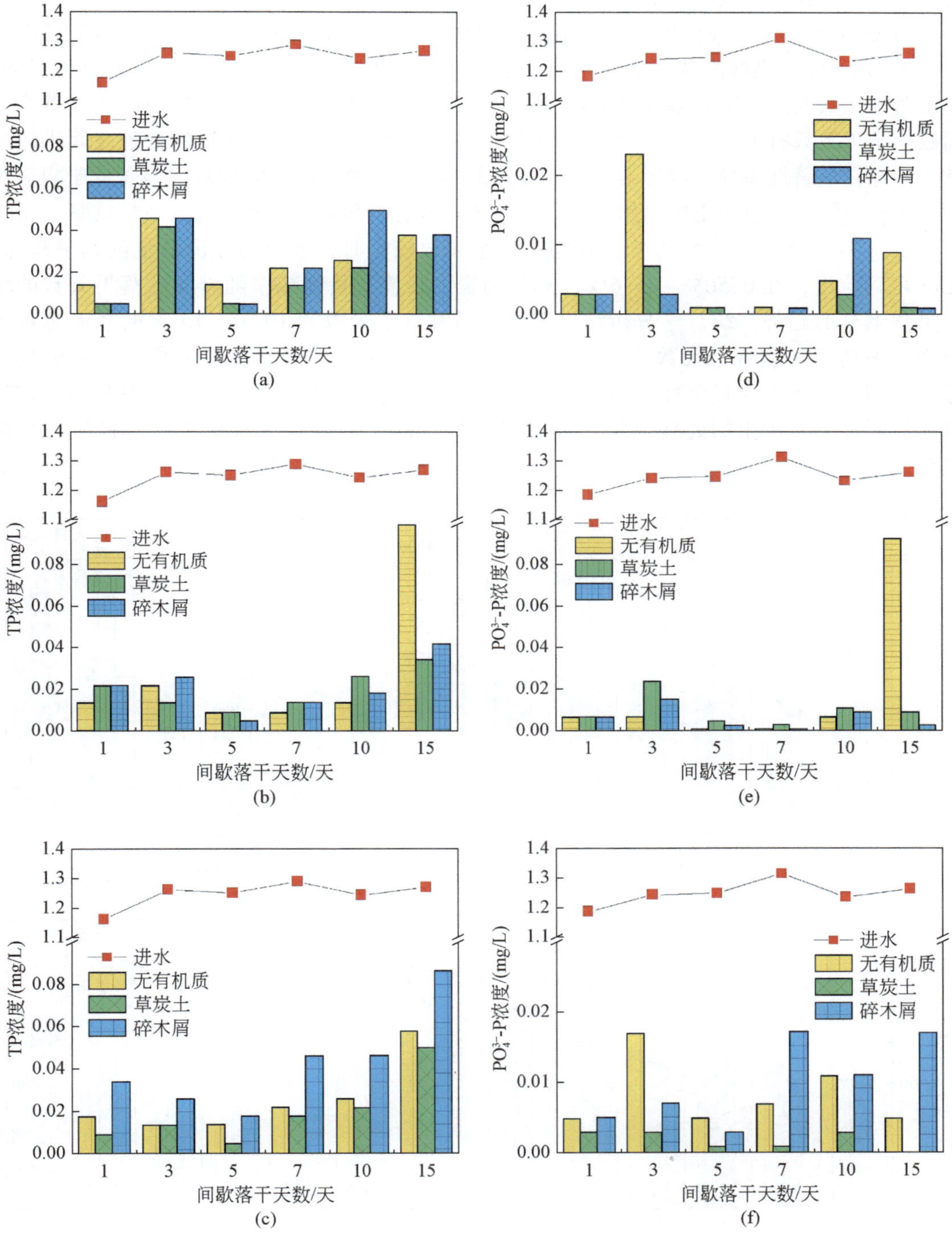

图 7-30　不同间歇落干天数时生态滤床对 TP、PO_4^{3-}-P 的去除效果

图 7-30（a）~（c）分别为粗砂组、高炉矿渣组及陶粒组进出水 TP 浓度变化；图 7-30（d）~（f）分别表示粗砂组、高炉矿渣组及陶粒组进出水 PO_4^{3-}-P 浓度变化

对填料加以改良，可提高系统对磷的去除效果（O'Neill and Davis，2012）。

由图 7-31（a）~（c）可知，在不同的间歇落干天数时，系统对径流的洪峰削减率在 35.6%~79.6%，洪峰削减率随着间歇落干天数的增加有升高的趋势，经方差分析得到，间歇落干天数对洪峰削减率有显著性影响，间歇落干天数为 15 天的洪峰削减率显著高于间歇落干天数只有 1 天、3 天、5 天的洪峰削减率，间歇落干天数相近的处理之间洪峰削减率不存在显著性差异。与污染物的去除效果不同，陶粒组的洪峰削减率显著低于粗砂组和高炉矿渣组，但草炭土组仍然具有显著高于碎木屑组和无有机质组的洪峰削减率。

由图 7-31（d）~（f）可知，在间歇落干天数较小时，系统的径流总量削减率较低，尤其是陶粒组，在 0.50%~25.6%。总体而言，径流总量削减率随着间歇落干天数的增加呈现上升的趋势。统计学分析结果表明，间歇落干天数为 10 天、15 天的径流总量削减率显著高于间歇落干天数为 1 天、3 天、5 天、7 天的径流总量削减率。间歇天数相近的处理之间不存在显著性差异；陶粒组的径流总量削减率显著低于粗砂组和高炉矿渣组，但添加了草炭土的处理组仍然具有显著高于碎木屑组和无有机质组的径流总量削减率。

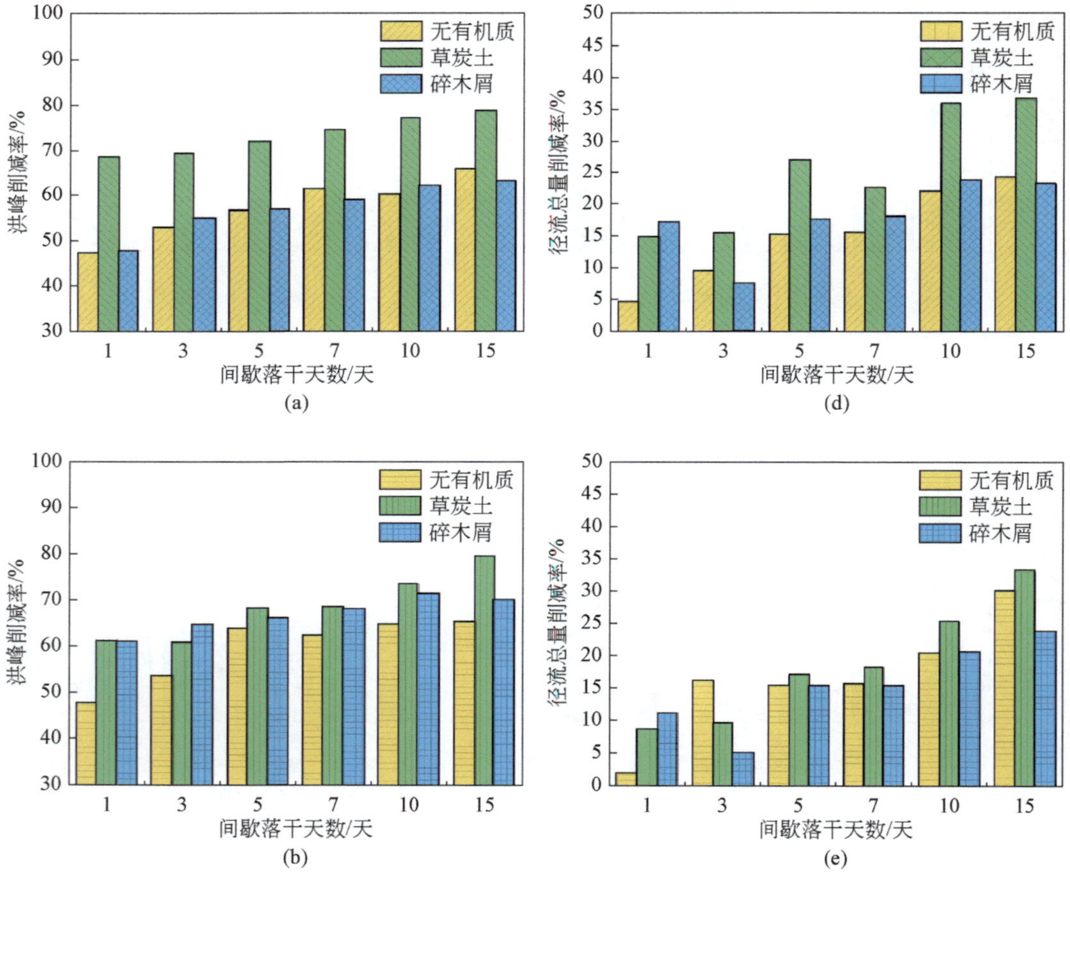

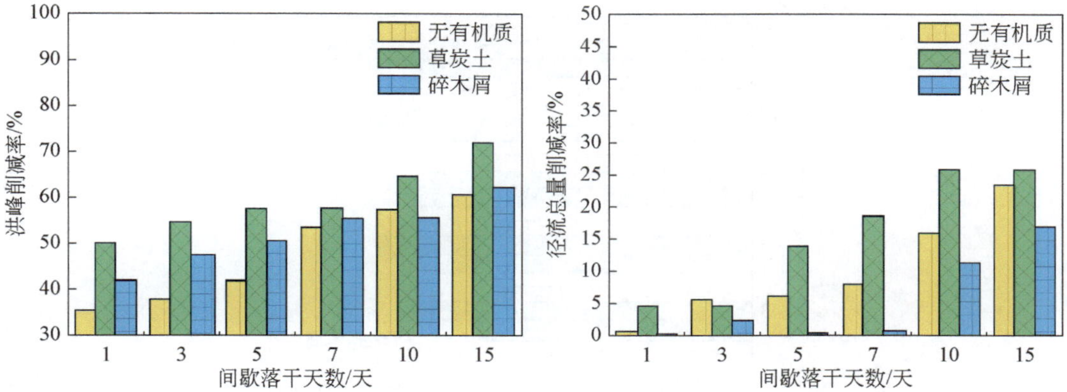

(c)　　　　　　　　　　　　　　　　(f)

图 7-31　不同间歇落干天数时生态滤床洪峰削减率、径流总量削减率

图 7-31（a）~（c）分别为粗砂组、高炉矿渣组及陶粒组洪峰削减率；图 7-31（d）~（f）分别表示粗砂组、高炉矿渣组及陶粒组出水径流总量削减率

如图 7-32 所示，对于不同的间歇落干天数，生态滤床系统的洪峰滞后时间为 15 ~ 34min，随着间歇落干天数的增加，系统内部逐渐变干燥，系统出水的洪峰滞后时间延迟。多因素方差分析显示，间歇落干天数为 15 天的洪峰滞后时间显著长于间歇落干天数为 1 天、3 天以及 5 天的洪峰滞后时间，间歇落干天数相近的处理之间洪峰滞后时间不存在显著性差异；3 种滤料之间洪峰滞后时间不存在显著性差异。多因素方差分析显示，添加草炭土的处理组洪峰滞后时间显著长于另外两种处理的系统。

随着间歇落干天数的增加，生态滤床小试系统的洪峰削减率、径流总量削减率以及洪峰滞后时间呈上升趋势，本实验结果表明较长的干燥期有利于提高小试系统对径流的削减效果，添加草炭土能显著削减并滞留地表径流。研究表明，生态滤床等生物滞留设施能够通过蒸发和渗透削减大量的径流体积，其中 19% 的径流可通过蒸发损失（Hunt et al., 2003）。本研究中的生态滤床由于均设置了较大体积分数的滤料，其渗透性能较好，实验

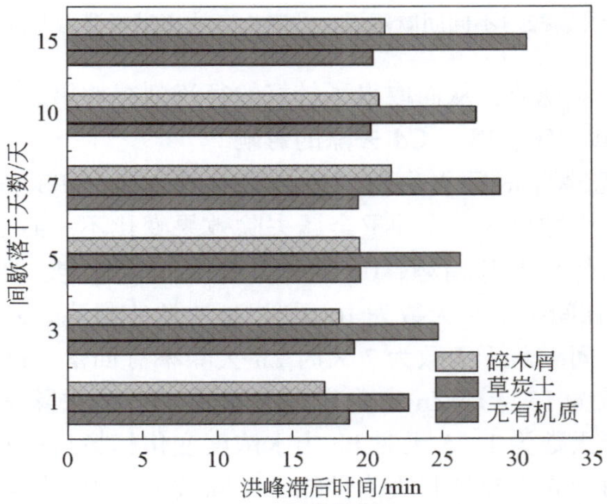

(a)粗砂组

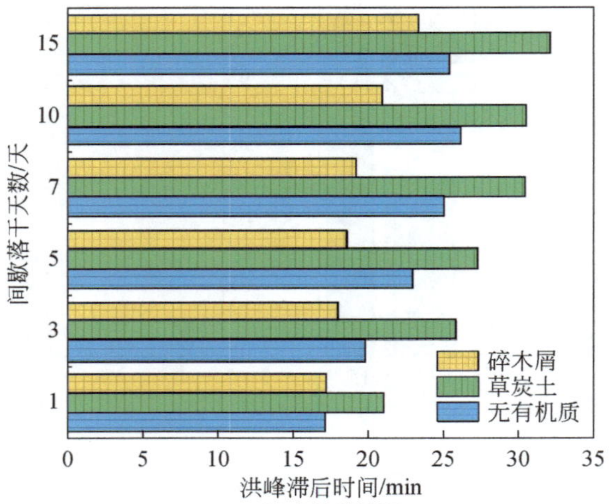

(b)高炉矿渣组

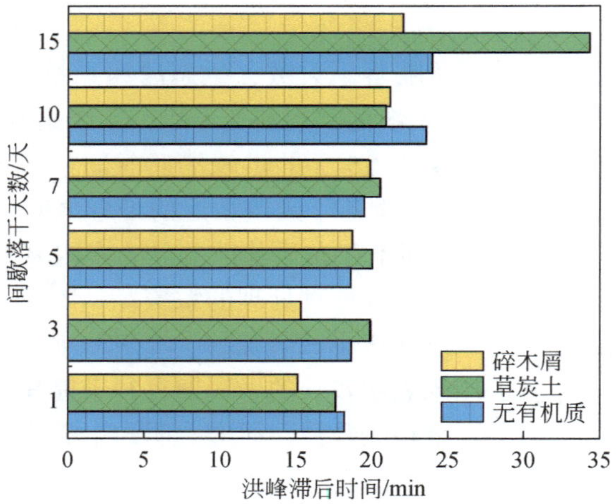

(c)陶粒组

图 7-32　不同间歇落干天数时生态滤床洪峰滞后时间

期间没有出现明显的溢流现象，从而取得了较好的径流削减效果。

2）间歇落干对 Cu、Zn、Pb、Cd 去除的影响

图 7-33 是不同间歇落干时间下生态滤床装置对 Cu、Zn、Pb 和 Cd 去除效果的影响，可以看出，随间歇落干天数延长，4 种重金属去除效果变化不一致。4 种重金属去除率在间歇落干天数 5 天内整体呈上升趋势。Cu 的去除效果较为稳定，在间歇落干天数为 7 天时 Cu 出水浓度最低，在间歇落干天数为 10 天时 Cu 去除率最高。Zn 去除率最高的间歇落干天数为 5 天，随后在间歇落干天数为 7 天时 Zn 去除率有回落。随后与间歇落干天数 10 天相比，间歇落干天数为 15 天时 Zn 去除率再次降低。Pb 的去除率在间歇落干天数为 10 天时最高，在间歇落干天数为 1 ~5 天时 Pb 出水浓度变化趋势与进水浓度相似，说明装置在间歇落干天数较短时尚未恢复填料吸附性能，去除效果受 Pb 进水浓度影响较大。Cd 去除率在间歇落干天数为 5 天时最高，但随后下降程度较小，仅维持在 27.6% 左右，说明随

后间歇落干天数对其去除率影响不大。

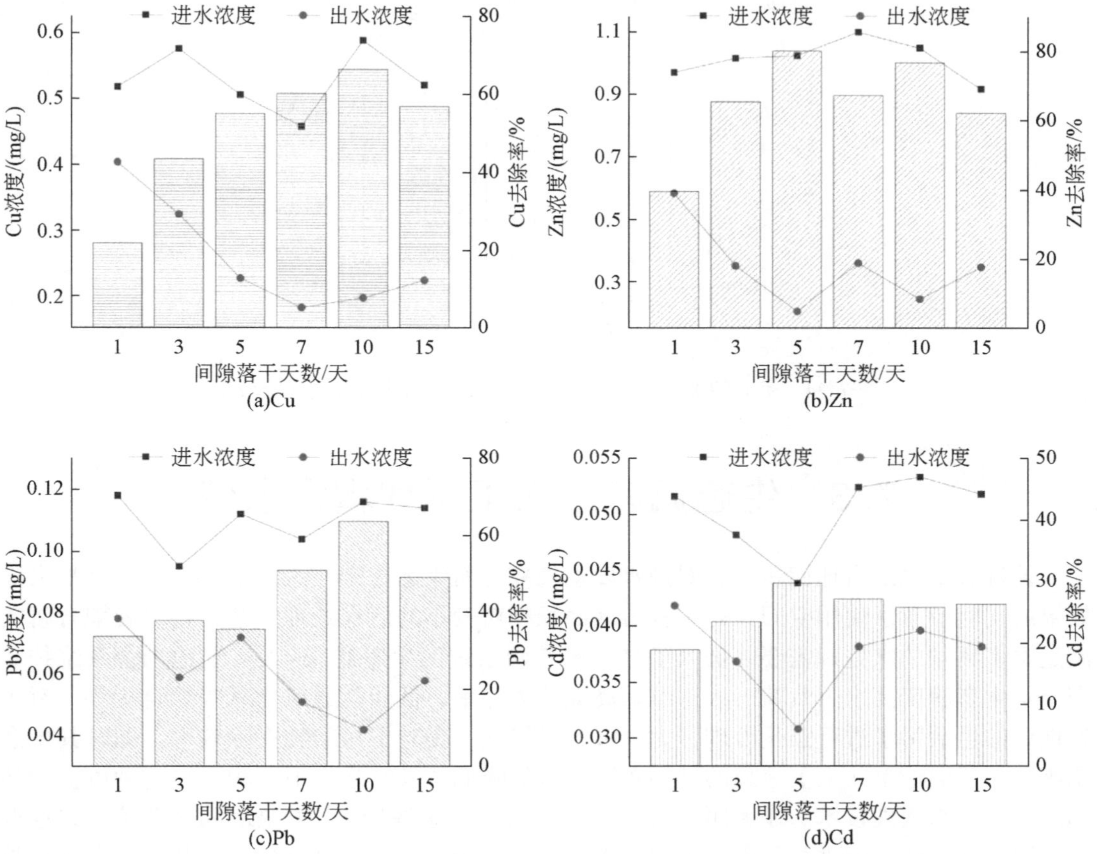

图 7-33 不同间歇落干天数时生态滤床对 Cu、Zn、Pb、Cd 去除的影响

生态滤床间歇落干天数的长短会影响重金属去除效果，这是因为当间歇落干天数较短时，生态滤床内部介质处于相对湿润的环境中，此时填料处于膨胀状态，渗透系数较小，但填料吸附能力还未恢复；当间歇落干天数较长时，生态滤床内部介质处于干燥的环境中，填料之间彼此不黏接，导致渗透系数增大，导致滤速较快，接触不充分，这可能会导致生态滤床出水初期水质较差。有研究发现，当生态滤床设施间歇落干天数超过 3 周时，重金属去除率会显著降低（Blecken et al., 2009）。

3）间歇落干对微塑料 PE 去除效率的影响

图 7-34 为在不同间歇落干天数下生态滤床对 PE 颗粒的去除结果。间歇落干天数为 1 天、3 天、5 天、7 天、10 天和 15 天时 PE 去除率都为 100%，去除效果稳定。有研究发现，间歇落干天数的延长会加速微塑料颗粒下渗（Wang Q T et al., 2021），这可能是由于在干湿交替条件下，较长的间歇落干天数会使土壤砂粒等介质颗粒表面湿度降低，导致黏附力下降，表面吸附的微塑料在遭受水流冲击时更易脱附下渗。

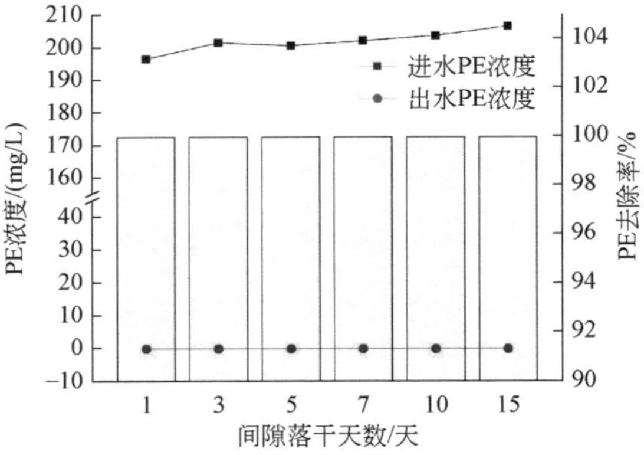

图 7-34　不同间歇落干天数时生态滤床对微塑料 PE 的去除效果

7.3　生态滤床与人工湿地耦合系统

传统人工湿地占地面积大，对进水要求较高，而生态滤床在保持了较高的污染物去除效果的同时节省了使用空间，是一种占地面积相对较小的污水处理工艺，将二者耦合将能满足更多场景的水处理需要。加入了自通风管网系统的生态滤床-人工湿地耦合系统技术利用了生态滤床高水力负荷、人工湿地高氮磷去除率、低能耗通风增氧等综合优势，对预处理后的生活污水进行强化处理，大大降低了能耗，提升了污染物去除效率，同时其生态滤床和人工湿地单元上下叠放的结构布置也有效降低了其实际占地面积，是一种可稳定达标的生活污水处理技术。作者团队研发了一套新型生态滤床-人工湿地耦合系统，并选取了不同的填料和级配进行了中试工程的建设及运行研究，以探讨该耦合工艺的实际运行效果和影响因素，为后期示范工程的建立积累工程数据和设计参数。

耦合系统中试工程所选用的污水处理终端为上下分层的生态滤床和潜流人工湿地耦合系统中试工程（图 7-35）。工艺流程为进水—格栅—调节池—自通风生态滤床—潜流人工湿地—出水。耦合系统中试工程在相同进水、通风及植物选配条件下，选取了不同材质的填料以及级配方式，设计了 2 套平行的耦合系统以考察不同填料及配置对耦合系统去除污染物的效果影响，并通过比较和分析最终获取耦合系统的运行参数。2 套生态滤床-潜流人工湿地耦合系统中间以隔墙分开，右侧为采用混合过滤石材的原有系统 a，左侧为采用不同填料的对比系统 b。上层为生态滤床，下层为潜流人工湿地，并且左侧部分潜流人工湿地被上层相同面积的生态滤床单元覆盖，形成一种局部的上下叠加覆盖。

中试工程设计进水量为 $50m^3/d$。耦合系统进水为经过格栅和调节池预处理后的生活污水，COD_{Cr} 为 25.9mg/L，NH_4^+-N、TN 和 TP 的浓度分别为 19.9mg/L、21.5mg/L 和 2.31mg/L。生态滤床系统和人工湿地系统均采用间歇式进水方式，其中生态滤床系统通过前端调节池液位控制提升进水水位，两个系统的 HRT 分别为 18.9h 和 57.5h。

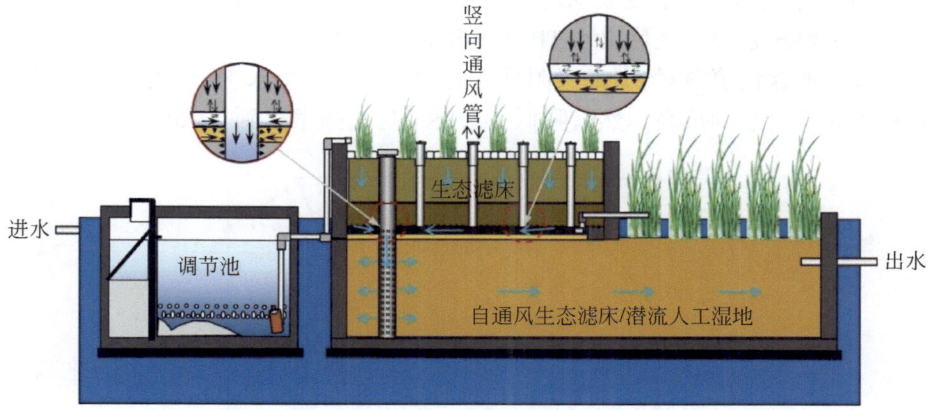

图 7-35　生态滤床和潜流人工湿地耦合系统中试工程工艺流程图

7.3.1　不同填料配置的处理效果

不同填料配置的去除效果、不同的自然条件、用水习惯和经济发展水平均能导致污水水质水量存在差异。为研究不同填料及配置的耦合系统中试工程运行效果以及影响因素，同时分析生态滤床及潜流人工湿地对污染物去除的贡献率情况，在耦合系统构建后，考察了将格栅及调节池预处理后的低污染物浓度出水作为生态滤床和潜流人工湿地工艺进水的耦合系统运行效果。

通过格栅及调节池的预处理后，出水 COD_{Cr} 虽然已经得到了一定的削减，但同时存在较大幅度的变化（图 7-36）。耦合系统的进水 COD_{Cr} 浓度变化不规律，在第 120 天与第 150 天时进水污染物浓度分别到了最低值和最高值。而虽然进水 COD_{Cr} 浓度波动比较大，但是系统 a 和系统 b 均保持了较为理想的 COD_{Cr} 去除效果，出水 COD_{Cr} 平均浓度分别达到了 7.23mg/L 和 5.88mg/L，去除率分别为 63.1% 和 74.1%。

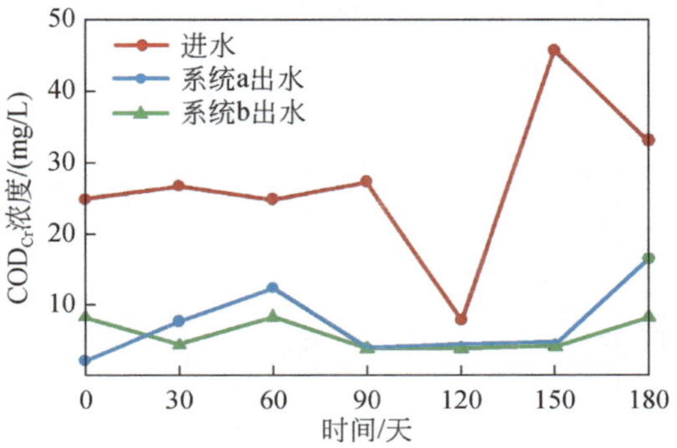

图 7-36　耦合系统对 COD_{Cr} 的去除效果

图 7-37 显示，进水 TP 浓度波动范围（1.24～3.44mg/L）较大。系统 a 出水 TP 浓度在前 150 天内呈略减趋势，之后出水 TP 浓度随着温度降低而显著增加至 1.63mg/L，这可能与系统 a 设置的含钙填料对 TP 的吸附性能有关；系统 b 出水 TP 浓度初期呈现出升高的趋势，在第 150 天时达到最高，然后降低，最终平均去除率达到 69.5%。

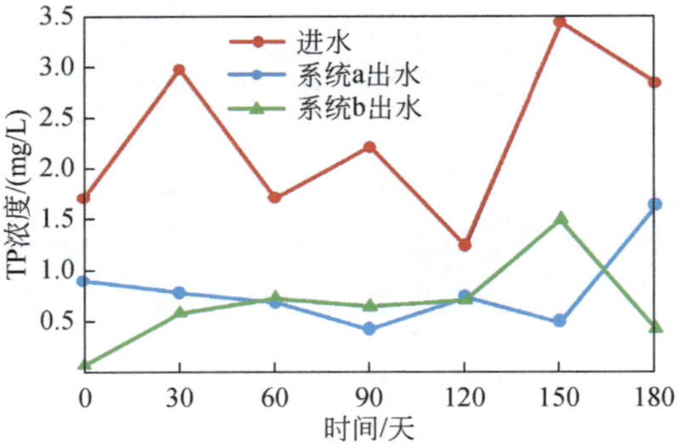

图 7-37　耦合系统对 TP 的去除效果

从图 7-38 可以看出，虽然系统进水 NH_4^+-N 浓度波动范围大，但系统 a 及系统 b 出水 NH_4^+-N 平均浓度分别降低至 4.16mg/L 与 1.45mg/L，均保持了较好的去除效果。系统 b 出水 NH_4^+-N 去效果更好，NH_4^+-N 去除率达到了 94.1%。系统 a 及系统 b 在第 30～第 90 天这几次采样中出水 NH_4^+-N 浓度相同，而在进水口和出水口附近的采样中发现系统 b 的 NH_4^+-N 浓度均低于系统 a，其可能原因是随着温度逐渐的升高和进水 NH_4^+-N 浓度的递减，新型生态滤床–人工湿地耦合工艺系统保持了良好的 NH_4^+-N 去除效果；第 120 天后随着温度开始慢慢回落以及进水 NH_4^+-N 浓度的大幅上升，系统 a 及系统 b 的出水 NH_4^+-N 浓度均有所升高。系统进水 TN 浓度的变化趋势与 NH_4^+-N 浓度相似，并且从开始检测到第 150 天，系统 a 及系统 b 出水 TN 浓度基本保持了递减趋势，之后出水 TN 浓度又随着温度降低而开始增加。系统 a 及系统 b 出水的 TN 平均浓度分别降低至 5.02mg/L 与 4.06mg/L，TN 的去除率分别达到了 70.9% 和 73.6%，均保持了较好的去除效果，差距较对 NH_4^+-N 的去除效果小。

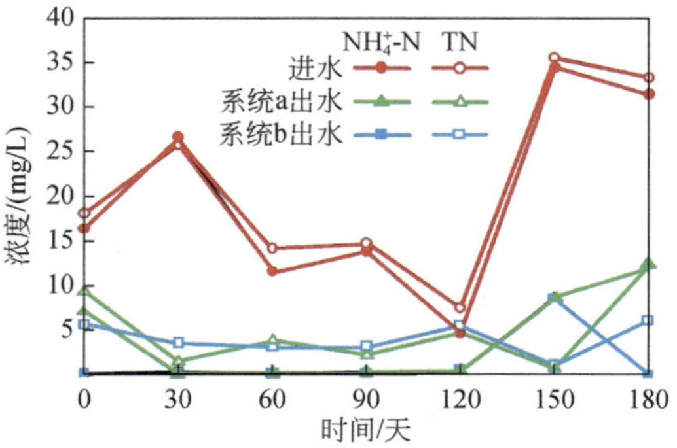

图 7-38　耦合系统对 TN 和 NH_4^+-N 的去除效果

7.3.2 填料优化配置对处理效果的提升

新型生态滤床和潜流人工湿地耦合系统作为一个整体，分别经过格栅与调节池的预处理使得污染物先被去除一部分，生态滤床及潜流人工湿地作为后置单元，进一步强化去除污染物。因此，为了真实反映作为核心工艺的生态滤床及人工湿地的运行效果，对系统的净化效率的提升进行量化分析，应该去除格栅及调节池的作用。系统 a 及系统 b 均设置了自通风管网系统，不同之处为填料的选择和配置。因此，有必要从填料的选择和布置方面开展针对 2 套耦合对比系统对污染物去除效果的研究。表 7-11 反映了新型生态滤床和潜流人工湿地耦合系统去除效果对比情况。

表 7-11 生态滤床和潜流人工湿地耦合系统去除效果比较 （单位:%）

项目	去除率			
	COD_{Cr}	NH_4^+-N	TN	TP
系统 a	63.1	82.6	70.9	61.4
系统 b	74.1	94.1	73.6	69.5

系统 b 比系统 a 在主要水质指标削减上均有明显的提升，即不同填料及不同的布置方式对耦合系统的去除效果有显著影响。不同的填料具有不同的吸附特征和微生物附着性能，从而影响着污水处理效果。

表 7-12 反映了耦合系统作为一个整体（为更好地考察耦合系统的综合性能，将系统 a 和系统 b 的平均水平作为整体的参数指标）及系统 a 和系统 b 中的生态滤床及潜流人工湿地单元对污染物去除的贡献率情况。

表 7-12 耦合系统不同单元对污染物去除的贡献率 （单位:%）

污染物	贡献率					
	系统 a		系统 b		综合	
	人工湿地	生态滤床	人工湿地	生态滤床	人工湿地	生态滤床
COD_{Cr}	32.7	67.3	28.1	71.9	30.4	69.6
NH_4^+-N	56.2	43.8	44.1	55.9	50.1	49.9
TN	25.6	74.4	34.8	65.2	30.2	69.8
TP	34.0	66.0	23.2	76.8	28.6	71.4

对于 COD_{Cr}的去除，无论是系统 a 和系统 b 还是综合系统，上层生态滤床的作用均大于下层潜流式人工湿地；系统 b 中生态滤床的贡献率大于系统 a 中生态滤床的贡献率，这可能与 2 个耦合系统中选择了不同种类的填料以及填料的孔径不同导致了停留时间相对略小有关。对于 NH_4^+-N 的去除，上层生态滤床在系统 b 中的作用要优于在系统 a 以及综合系统中的作用；而下层潜流人工湿地的作用在系统 a 中最大。从前述自通风管网系统的设置

位置可知，上层生态滤床单元中溶解氧主要受进水及自通风管网的影响，因此硝化反应主要发生在上层生态滤床单元内，对 NH_4^+-N 的去除效果较好。从整体来看，在耦合系统各单元对 NH_4^+-N 的去除中，生态滤床与潜流人工湿地的贡献率相当。对 TN、TP 的去除中，上层生态滤床与下层潜流人工湿地的表现与耦合系统对 NH_4^+-N 的去除贡献率情况相反，反硝化脱氮主要发生在下层潜流人工湿地单元内。综合系统的生态滤床与潜流人工湿地对 TN 的贡献率与对 COD_{Cr} 的去除贡献率情况相似，起主要作用的还是潜流人工湿地单元。因此，潜流人工湿地单元对 TP 去除的贡献率较大可能与系统所处的初期运行阶段、所选择填料特征以及下层潜流人工湿地单元的容积较大等因素有关。而人工湿地作为一个强化脱氮除磷工艺，稳定确保出水水质达标（Kong et al.，2013）。

7.3.3 温度对填料优化配置处理效果的影响

图 7-39 显示的是温度对耦合系统净化效果的影响。温度升高，耦合系统对 COD_{Cr} 去除率总体呈下降趋势，NH_4^+-N 去除率呈上升趋势，与其他研究结论一致（孔令为等，2014）。温度对 TN、TP 的去除效果影响不明显。

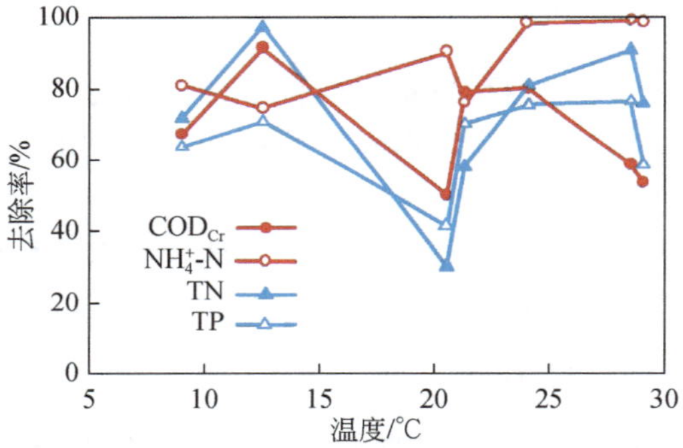

图 7-39 温度对耦合系统净化效果的影响

7.4 生态滤床的工艺优化及维护管理

7.4.1 植物选择

目前，生态滤床中植物的工程效益没有得到很好的定量，但是研究证实植物能通过多种途径促进生态滤床的短期和长期运行效果。生态滤床中的植物应能适应由降雨引起的间歇性淹水和落干，以利于发挥植物的去污性。有关生态滤床中植物选择的研究表明植物有利于提升对氮、磷等营养物质的净化能力，主要表现为植物吸收和为微生物生长提供有利环境。同时，植物选择需考虑物种的合理规划与搭配，兼顾景观性。本实验中，黄菖蒲根系茂盛，在土壤层形成的微孔有利于降低堵塞发生。

7.4.2 填料选择

填料的选择对生态滤床的污染物去除效果起着关键作用。考虑到成本效益，需根据当地材料的供应能力及经济因素等填料。以截留径流中的颗粒态污染物为主要目标进行生态滤床系统设计时，20cm 的填料深度是足够的。一般大颗粒污染物截留在填料表层，因此应考虑堵塞问题。考虑到维持表层细颗粒土壤层水力传导性能较为容易，以前的研究建议 2 年定期维护，去除填料表层 2 ~5cm，并每间隔一年进行监测，但实际操作中对系统稳定造成一定影响（Hatt et al.，2008）。一般来说，生态滤床中表层土壤层渗透系数 K 越大，填料的孔隙率就越大，抗堵塞的能力就越强。生态滤床在小降雨事件中通常有着良好的水力削减性能，但是在大降雨情况下，其运行效果会下降。在我国径流污染较重的情况下，建议在种植层下层采用渗透速率较大的介质，以提高生态滤床在大降雨事件中的水力性能。本研究中常水头测试结果表明，马尼拉组和黄菖蒲组的渗透系数分别为 1.22×10^{-3}m/s 和 1.74×10^{-3}m/s，基于本研究结果，建议在填料层中种植植物，以延长系统的使用期限。本研究中改进后的生态滤床的 NO_3^--N 去除效果比传统生态滤床好，NO_3^--N 去除效果往往受限于反硝化环境下的停留时间，在本研究中设置滞水区的生态滤床为氮去除提供了一个相对有利的环境。生态滤床系统设计需考虑填料层的深度。Hunt 等（2012）建议，对于氮去除而言，最少需要 0.75m 的填料层厚度，但实际建设中最少需要 0.9m。

填料配置方式可从选择滤料及碳源的种类、粒径以及配比等方面入手，选择填料多为粗砂、砂壤土、沸石、陶粒等，添加碳源的种类却各有不一，如木屑、树皮、切碎的报纸、树叶、锯末、麦秆、泥炭等。本节地表径流模拟实验的研究结果表明不同填料配置的生态滤床的径流削减效果以及 N 的去除效果差异较大，陶粒的水质净化效果优于高炉矿渣和粗砂，草炭土的添加能强化系统的脱氮效果，碎木屑可能会造成有机质的淋洗，设计合适的滤料及碳源添加量对调控地表径流的效果非常重要。

7.4.3 滞水区的设置

许多研究表明，城市径流中包含大量的溶解态氮，因此径流中氮的去除有赖于生物转化过程。但仅仅靠植物吸收、填料截留很难满足要求。如果在传统生态滤床底部设置滞水区，使水不从底部流出，可以为反硝化作用创造条件，并为氮去除提供一个相对有利的环境。同时，积水层能够为暴雨提供暂时的储存空间，避免强降雨时部分初期径流未经处理直接漫流至河道。部分颗粒物在此层沉淀，进而促使附着在颗粒物表面的污染物得以去除，其高度一般根据周边地形和当地降雨特性等因素而定。

目前，关于滞水区的设置对生态滤床调控效果的影响尚有疑虑，大量研究发现淹没区的设置的确可以提高 NO_3^--N 的去除率（Palmer et al.，2013），但同样发现这种方式并不能取得较为稳定的脱氮效果，反而导致氨氮和有机氮的去除率下降（Vymazal，2007），滞水区对系统水力性能的影响就更不得而知了。本研究结果发现，不同滞水深度导致生态滤床污染物去除和径流削减效果差异显著，滞水区深度过低，不能为反硝化提供适宜的厌氧条件，致使 NO_3^--N 的去除效果较差，过高的滞水深度虽然能显著提高系统对 NO_3^--N 的去除率，但是对硝化作用和有机物降解产生负面影响。如果按照90%的径流控制率设计，上海城市径流污染控制的设计日降水量约为 42mm（潘国庆，2008）。生态滤床可存在 150 ~ 450mm 积水层高度，达到最大标准水位时，要采用溢流口将多余水排出（Liu J et al.，2014）。在日降水量为 60mm 时，有植被组生态滤床在 150mm 积水层高度下未出现溢流现象。综合考虑处理效果、景观卫生效果和建设成本，本书建议积水层高度为 150 ~ 300mm。

7.4.4 间歇落干

干旱时间的长短对生态滤床的水质水量调控有影响，研究发现系统的渗透系数在膨润期下降，在干旱时又会在一定程度上恢复（Hatt et al.，2008）。虽然 P 等污染物的去除基本不受干湿交替的影响，但经过长期干旱后 N 的去除率会明显下降，因为过长的干旱时间使系统一直处于好氧环境下，氨氮经硝化微生物硝化作用转化为硝态氮，却无法提供反硝化的厌氧条件，硝态氮去除率下降，甚至大量从生态滤床系统释放出。底部设置淹没区可抵抗长期干旱对生态滤床除氮效果的不利影响（Blecken et al.，2009）。本书间歇落干实验说明前期落干天数同样影响着生态滤床的调控效果，前期干旱时间越长，虽然有利于有机物的降解和硝化作用，并且也能增强系统削峰减量的效果，但对 P 和硝态氮的去除却产生不利影响，虽然降雨是一种自然事件，实际运用时不能进行人为控制，但希望能为实际应用时提供设计运行参考。

总而言之，生态滤床需根据地表径流特征，因地制宜地设计合理滞水深度，平衡硝化与反硝化速率，同时避免出现氨氮或者硝态氮溢出而引起出水污染物浓度升高现象。不同的填料配置对径流的削减效果以及 N 的去除效果差异较大，因此选择合适的填料配置对生态滤床系统调控地表径流的效果的重要性显而易见。

7.5 小　　结

城市降雨径流作为污染物迁移转化的主要驱动力，是城市非点源污染的研究热点和重点。生态滤床在城市水资源利用、经济性及生态环境恢复方面的显著优点决定了它在地表径流水质水量调控和尾水深度处理方面的广阔应用前景。通过研究典型城市不同用地类型地表径流的污染特征和生态滤床对径流污染控制功能，结合生态滤床和潜流人工湿地耦合系统对尾水深度处理效果，可以发现以下结论。

（1）城市路面污染程度远远大于屋面污染程度，与居住区和商业区路面相比，校园路面径流污染较轻；降雨过程中，TSS、TN、TP 和 COD 浓度与降雨强度存在一致性，降雨强度降低后，污染物浓度也下降并趋于稳定。

（2）生物滤床对地表径流污染物具有良好的去除效果，对 COD、NH_4^+-N、TN 和 TP 的去除率分别达到 70%、90%、70% 和 70% 以上；生态滤床对 Cu、Zn、Pb 和 Cd 的去除效果具有较明显的差异，Cu 去除率最佳，Pb 去除效果稳定，通过填料的优化配比可显著提高对重金属去除率至 32.5%~51.7%，整体而言生物炭对重金属的去除效果优于沸石；生态滤床对 PE 颗粒截留去除率为 100%，说明生态滤床能有效截留粒径范围在 100 ~ 120μm 的微塑料颗粒，以过滤、空隙填充和物理吸附作用为主。

（3）生态滤床对城市径流污染控制具有巨大的应用潜力，尤其在长时间低强度降雨情况下，生态滤床能够稳定运行并且净化效果较好。同时，选择恰当的植物对提高生态滤床的运行效能意义重大，生物量较大的挺水植物比低矮的草皮类植物净化效果更好，而且适当增加生态滤床底部的滞水深度和滞水时间是强化脱氮除磷效果的有效方式，但具体滞水深度的设计需要结合地表径流特征进行考量。同时，填料的优化配置对耦合系统污染物去除效率的提升效果显著。

（4）在生态滤床的相关设计中，填料配置、植物种类、滞水深度和落干频率和时间是需要重点考虑的因素，根据处理对象对这些参数进行合理的调整可以显著提高系统的处理效率，使其在路径污染控制和深度处理领域发挥更大的作用。

第 8 章　强化漂浮人工湿地

漂浮人工湿地（FTWs）技术是将水生植物（蔬菜、花卉及作物等）种植在漂浮基质上，并放置在富营养化水体中，通过植物的截留沉降作用、吸收吸附作用及其根系附着微生物的降解转化作用等削减水体中的有机物、N、P 及重金属等，达到改善水质的目的，同时可以为高等水生生物的生存、繁衍创造生态环境条件，还可以营造水上景观。

近年来，FTWs 技术因具有成本低、景观效果好、管理简单等优点已经在富营养化水体如河道、水库、湖泊等得到广泛应用。但该技术仍存在一定的局限性，例如在冬季低温条件下，FTWs 中的植物枯萎或生长缓慢，其生长速率及营养物质吸收能力下降，并且系统中所包含的微生物数量和种类缺乏，使得 FTWs 水质净化效果有限。有研究者通过将 FTWs 与生物接触氧化技术相结合，即在 FTWs 下方悬挂人工填料，构建一种强化漂浮人工湿地（EFTWs），以期加强系统中微生物的作用，提高其对 N、P 等污染物的去除能力。

EFTWs 系统中放置的人工填料有纤维填料、立体弹性填料、带状填料、生物绳、陶粒和稻草等。人工填料巨大的比表面积为微生物提供附着载体，形成生物膜，有利于一些生长缓慢的微生物不断积累，从而促进水体中有机污染物的分解，强化了 EFTWs 系统中微生物的作用。EFTWs 中水生植物根系与人工填料交错生长，植物根系分泌的小分子有机物和氧气等可以为微生物生长提供养分和适宜的生长环境，增强系统净化能力。EFTWs 技术结合了 FTWs 和生物接触氧化技术的优势，是一种新兴生态工程原位修复技术，也是人工湿地创新工艺之一。

8.1　EFTWs 水质净化效果

EFTWs 系统中增加了人工填料，以期为微生物提供更大的附着面积，从而加强系统中微生物对污染物的去除能力，为了比较 EFTWs 与 FTWs 的水质净化能力，开展了对比实验研究。

试验共设置 4 个处理组：EFTWs（植物+人工填料+浮板）、FTWs（植物+浮板）、填料组（人工填料+浮板）和空白组（浮板），每组 3 个平行。EFTWs 载体的水面覆盖率为 50%，每个设有植物的 FTWs 种植 6 株美人蕉，每株植物平均重（61.2±6.8）g、高（66.5±9.7）cm；在每个设有填料的处理组浮板下悬挂 0.5m^2 带状填料，填料被分成三等份（每等份 50cm×33cm），平行悬挂，间距为 20cm（图 8-1）。试验用水为生活污水和自来水配置水体（体积比为 1∶2）。试验运行期间，平均水温为（29.1±2.5）℃。每七天换一次水，每次排空水箱中水，再用新配置水补充至原水位，分别于换水当天及换水后第 4 天、第 7 天采集水样并检测，分析水体中 N、P 和有机物等指标浓度。

图 8-1　带状人工填料

8.1.1　EFTWs 对氮的去除效果

4 组水体中 TN 浓度在第 4 天和第 7 天的变化趋势一致，都是逐渐降低，但降低的速率不同［图 8-2（a）］。EFTWs、FTWs、填料组和空白组在第 4 天时 TN 平均去除率分别为 68.6%、52.5%、22.5% 和 19.7%，第 7 天时 TN 平均去除率分别达到 90.6%、84.6%、35.2% 和 28.2%。可见，随着处理时间的延长，水体中 TN 的去除率逐渐提高，并且 EFTWs 和 FTWs 对 TN 的去除效果尤其明显。与 TN 浓度变化趋势相同，4 组系统中 NH_4^+-N 浓度在第 4 天和第 7 天都呈下降趋势［图 8-2（b）］。EFTWs、FTWs、填料组和空白组在第 4 天时的 NH_4^+-N 平均去除率分别为 69.4%、52.7%、13.3% 和 11.9%，第 7 天时的 NH_4^+-N 平均去除率分别达到 97.6%、92.9%、43.9% 和 37.5%。有研究表明，较长的水力停留时间有利于硝化细菌等生长速率较慢的微生物的繁殖（Chiemchaisri and Yamamoto，1993），并且植物能够吸收更多营养物质。

图 8-2（c）显示，4 组系统中 NO_x^--N 的平均进水浓度为 1.26mg/L，第 4 天时 4 个处理组的 NO_3^--N 平均浓度分别降低了 78.5%、60.7%、55.8% 和 62.0%，到第 7 天时，4 个处理组的 NO_x^--N 的平均浓度又有所升高；尤其是填料组和空白组，这两个系统的 NO_x^--N 平均出水浓度比初始浓度高 50.8% 和 23.0%，可能是由于这两个系统中的 DO 浓度较高，更有利于硝化作用的进行（Li et al.，2007）。而在 EFTWs 和 FTWs 中，植物的吸收作用抑制了 NO_x^--N 浓度的升高。

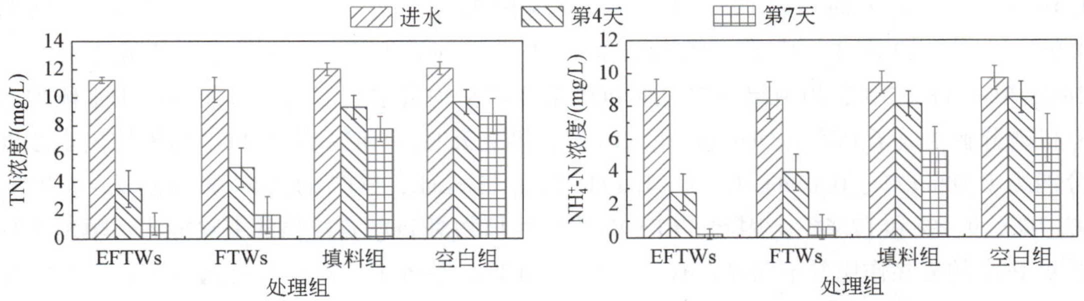

(a)TN浓度　　(b)NH_4^+-N浓度

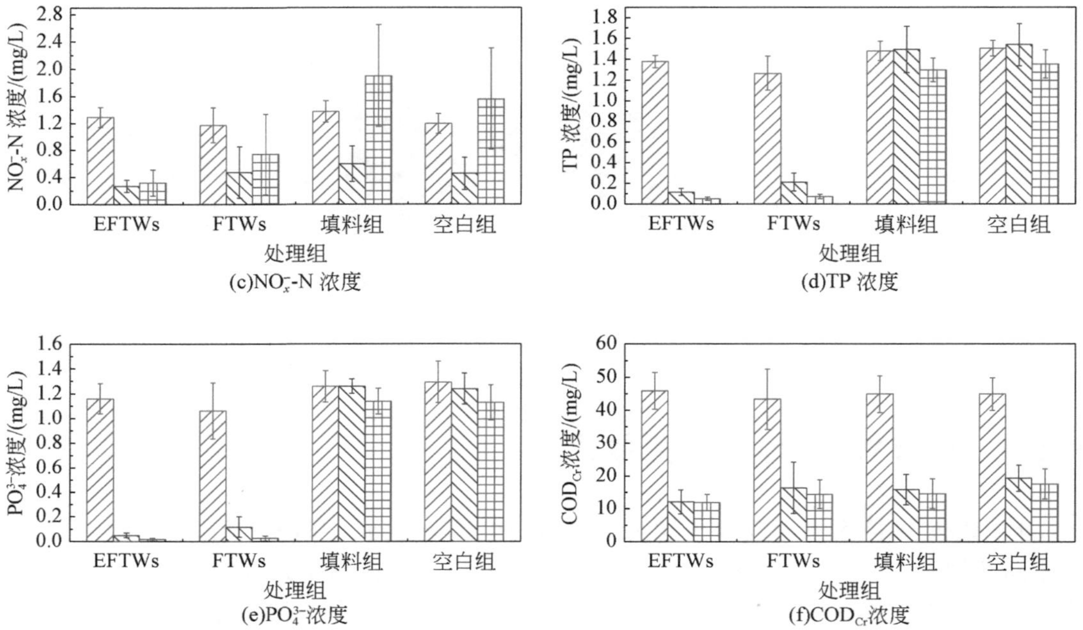

(c)NO_x^--N 浓度　(d)TP 浓度

(e)PO_4^{3-}浓度　(f)COD_{Cr}浓度

图 8-2　EFTWs 中氮、磷、有机物浓度变化

8.1.2　EFTWs 对磷的去除效果

由图 8-2（d）看出，4 组系统中 TP 的平均进水浓度为 1.41mg/L，第 4 天时 EFTWs 和 FTWs 中 TP 的去除率分别为 91.5% 和 83.1%，而填料组和空白组中的 TP 基本没有去除；第 7 天时 EFTWs、FTWs、填料组和空白组中 TP 的去除率分别为 96.1%、94.2%、11.9% 和 9.8%。可见，EFTWs 和 FTWs 在前 4 天已经对 TP 有较好的去除效果，而填料组和空白组在最后 3 天才对 TP 有所去除，并且去除率只有 10% 左右。表明，EFTWs 中植物对 TP 的去除起主要作用，并且去除作用主要在前 4 天完成。Liu 等（2016）的研究也表明，在 EFTWs 中，植物对 P 的去除作用比填料生物膜强。

4 组系统中 PO_4^{3-} 的变化趋势与 TP 一致［图 8-2（e）］。PO_4^{3-} 的平均进水浓度为 1.19mg/L；第 4 天时，EFTWs、FTWs、填料组和空白组中 PO_4^{3-} 的平均浓度分别为 0.05mg/L、0.12mg/L、1.26mg/L 和 1.24mg/L，EFTWs 和 FTWs 中 PO_4^{3-} 的去除率分别达到 95.8% 和 89.2%，填料组和空白组 PO_4^{3-} 浓度较平均进水浓度增加可能是由于水体中的有机磷分解生成了 PO_4^{3-}（Qian et al.，2011）；第 7 天时，4 组系统中 PO_4^{3-} 的平均出水浓度分别为 0.02mg/L、0.03mg/L、1.14mg/L 和 1.13mg/L，PO_4^{3-} 的去除率分别为 98.7%、97.7%、9.4% 和 12.6%。因此，EFTWs 中水生植物对 PO_4^{3-} 有较强的去除能力，填料生物膜对 PO_4^{3-} 的去除作用并不明显。有研究表明，FTWs 系统中，磷主要是通过植物的吸收作用去除，其次是沉降作用（Saeed et al.，2016）。

8.1.3 EFTWs 对有机物的去除效果

图 8-2（f）显示，4 组系统中 COD_{Cr} 的平均进水浓度为 44.8mg/L；第 4 天时，EFTWs、FTWs、填料组和空白组中 COD_{Cr} 的平均去除率分别为 73.4%、61.0%、63.9% 和 56.7%；第 7 天时，4 组系统中 COD_{Cr} 的平均去除率分别达到 73.6%、65.0%、67.0% 和 60.4%。有研究表明，植物根系和漂浮载体以及人工填料上附着的微生物可以有效去除水体中的有机物（Headley and Tanner，2012）。可见，EFTWs 中植物和人工填料上的生物膜均对水体中 COD_{Cr} 的去除起作用，并且在前 4 天已基本完成去除作用。

8.1.4 EFTWs 中微生物群落结构

1）α 多样性分析

由表 8-1 看出，EFTWs 中，植物根系上的检出序列（Reads）数和 OTU 数分别为 232 241 和 92 537，均低于人工填料（Reads 数和 OTU 数分别为 327 027 和 146 738）。对样品微生物群落的多样性指数进行计算，在 EFTWs 中，植物根系和人工填料上生物膜的 Chao1 指数分别为 50 442 和 62 720，Shannon 指数分别为 12.3 和 12.0（表 8-1），可见，EFTWs 中植物根系上的微生物群落多样性高于人工填料，而人工填料上微生物的群落丰富度高于植物根系。

表 8-1　样品 Reads 数、OTU 数及 α 多样性指数

样品	Reads 数	OTU 数	Chao 1 指数	Shannon 指数	Good's coverage/%
FTWs 植物根系	274 531	129 076	77 169	12.1	97.9
EFTWs 植物根系	232 241	92 537	50 442	12.3	96.4
EFTWs 人工填料	327 027	146 738	62 720	12.0	98.3
填料组人工填料	349 986	152 762	65 343	12.0	98.5

注：Good's coverage 是指微生物测序数据覆盖率，其数值越高，则样本中新物种没有被测出的概率越低，该指数实际反映了本次测序结果是否代表样本的真实情况。

2）物种分类分析

在门水平上比较样品微生物群落的相对丰度，从 4 个样品中共检测到 52 个细菌门类，变形菌门、拟杆菌门、绿弯菌门、蓝藻门（Cyanobacteria）和绿细菌门（Chlorobi）等构成了 12 个相对丰度较高的门类（图 8-3）。与自然湿地和人工湿地相似，EFTWs 中的微生物群落也以变形菌门为主（Zhong et al.，2015a），其次是拟杆菌门。变形菌门在 EFTWs 和填料组中人工填料上的相对丰度约为 44%，在 EFTWs 和 FTWs 中植物根系上的相对丰度约为 57%，有研究表明，变形菌门中包含了大量与全球碳循环和氮循环相关的代谢细菌（Ansola et al.，2014）；拟杆菌门在填料组中填料、EFTWs 中填料、EFTWs 中根系和 FTWs 中根系的相对丰度分别为 14.8%、16.8%、29.5% 和 25.7%。可见，变形菌门和拟杆菌门在植物根系的相对丰度均高于人工填料。

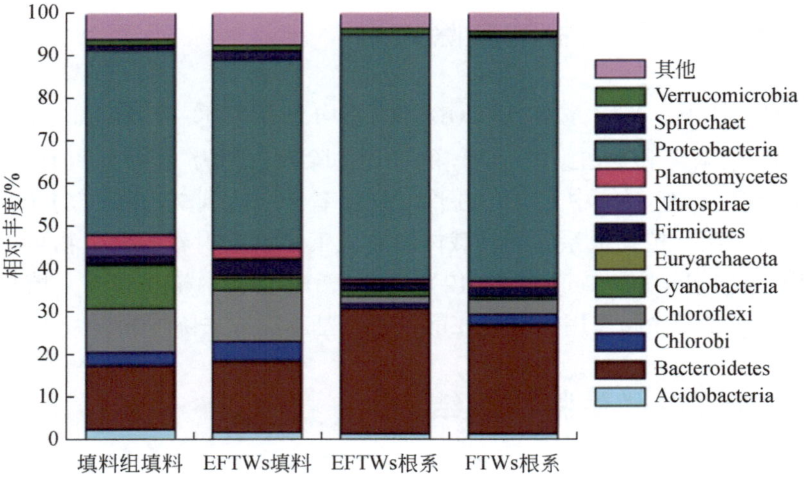

图 8-3　门水平上微生物群落结构

蓝藻是参与环境中碳循环和氮循环的重要细菌。填料组和 EFTWs 中填料上蓝藻门的相对丰度分别为 10.2% 和 2.69%（图 8-3），EFTWs 和 FTWs 中植物根系上蓝藻门的相对丰度分别为 1.46% 和 0.75%；填料组和 EFTWs 中填料上绿弯菌门的相对丰度分别为 10.2% 和 12.0%，EFTWs 和 FTWs 中植物根系上绿弯菌门的相对丰度分别为 1.61% 和 3.48%；绿细菌门在填料组中填料、EFTWs 中填料、EFTWs 中根系和 FTWs 中根系的相对丰度分别为 3.32%、4.37%、1.17% 和 2.43%。可见，人工填料上蓝藻门、绿弯菌门和绿细菌门的相对丰度均高于植物根系，说明在 EFTWs 中，与植物根系相比，藻类更倾向于附着在人工填料上，可能是由于漂浮载体的遮挡使得植物根系接受的光照强度低于人工填料。

图 8-3 显示，在 4 个微生物样品中均检测到硝化螺旋菌门，并且其在填料组中人工填料上的相对丰度最高（1.86%），其次是 EFTWs 中人工填料（0.46%）、FTWs 中根系（0.20%）和 EFTWs 中根系（0.12%）。硝化螺旋菌是一种参与硝化反应的革兰氏阴性细菌，是一种亚硝酸氧化菌，有研究表明，环境中较高的 NO_2^--N 浓度和 DO 浓度有利于硝化螺旋菌的生长（Zhong et al., 2015a），人工填料上较多的藻类通过光合作用形成微好氧环境，使得填料组中人工填料上的硝化螺旋菌门的相对丰度高于其他微生物样品。

选取相对丰度在1%以上的22 个纲，在纲水平上比较样品微生物群落的相对丰度（图 8-4）。由图 8-4 看出，β-变形菌纲作为变形菌门中的典型代表，在 4 个样品中相对丰度最高，其在人工填料上的相对丰度约为 23%，在植物根系上的相对丰度约为 30%。有研究表明，β-变形菌纲对人类活动产生的污染物质比较敏感，并且对有机物质的生物降解起到重要作用（Drury et al., 2013）。4 个微生物样品中，变形菌门中的 α-变形菌纲、β-变形菌纲、γ-变形菌纲和 δ-变形菌纲的相对丰度差异较大，研究表明，这 4 种细菌的相对丰度与环境中有机碳和氨氮浓度有关（Liao X B et al., 2013）。在植物根系上相对丰度较高的还有拟杆菌门中的鞘脂杆菌纲（Sphingobacteriia），其在 EFTWs 中根系、FTWs 中根系、

EFTWs 中填料和填料组中填料的相对丰度分别为 13.5%、11.1%、6.17% 和 8.08%；γ-变形菌纲在 4 个样品中的相对丰度分别为 10.7%、10.0%、4.92% 和 7.09%。

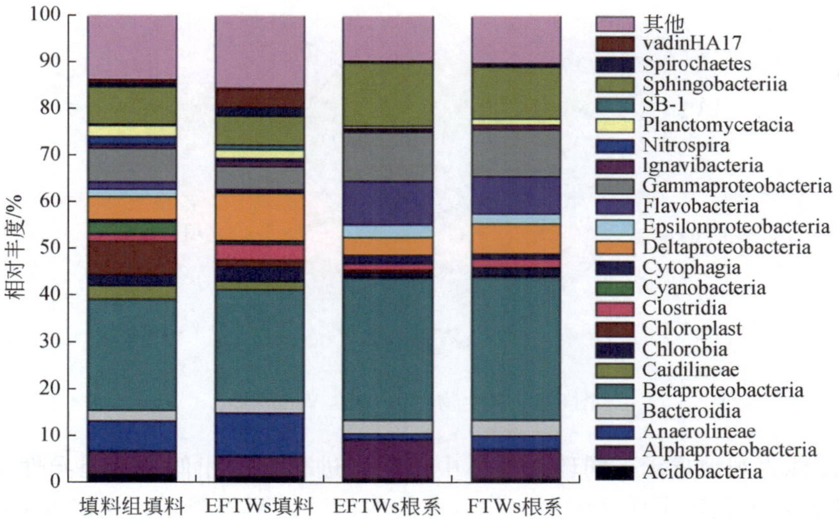

图 8-4　纲水平上微生物群落结构

可见，植物根系上的 β-变形菌纲、鞘脂杆菌纲、γ-变形菌纲、黄杆菌纲（Flavobacteria）和 α-变形菌纲（Alphaproteobacteria）的相对丰度均高于人工填料。而人工填料上的绿弯菌门中的厌氧绳菌纲（Anaerolineae）相对丰度高于植物根系，这可能是由于植物根系的泌氧作用，使植物根系上产生微好氧环境，不利于厌氧绳菌的繁殖。比较 4 个微生物样品中变形菌门中 δ-变形菌纲（Deltaproteobacteria）的相对丰度，发现在 EFTWs 系统中 δ-变形菌纲更倾向于附着在人工填料上。

3）β 多样性分析

维恩（Venn）图能够表征微生物样品之间共有和特有的 OTU 数，由图 8-5 看出，本研究的每个微生物样品中特有的 OTU 数较多，样品之间共有的 OTU 数较少。EFTWs 中，植物根系和人工填料上的生物膜共有的 OTU 数为 9735，仅占 OTU 总数的 11.0%，特有的 OTU 数分别为 29 604 和 49 223。可见，EFTWs 系统中植物根系和人工填料上的微生物群落结构差异较大，可能是两种载体表面不同的理化条件影响了附着微生物的群落结构。植物根系通过输送氧气和分泌糖类、氨基酸等活性物质，使其表面的理化环境不同于周围环境，从而有利于能利用这些氧气和分泌物的微生物繁殖（Toyama et al.，2011）。

与填料组和 FTWs 相比，EFTWs 中特有的 OTU 数为 63 120，占其 OTU 总数的 71.3%，可见，人工填料的添加提高了 FTWs 中微生物的群落多样性。通过比较 EFTWs 和填料组中人工填料样品发现，二者共有的 OTU 数为 15 604，特有的 OTU 数分别为 43 354 和 46 199；通过比较 EFTWs 和 FTWs 中植物根系上的微生物样品发现，二者共有的 OTU 数为 10 738，特有的 OTU 数分别为 28 601 和 45 513。可见，EFTWs 中植物根系和人工填料均对彼此表面附着的微生物群落结构产生影响。

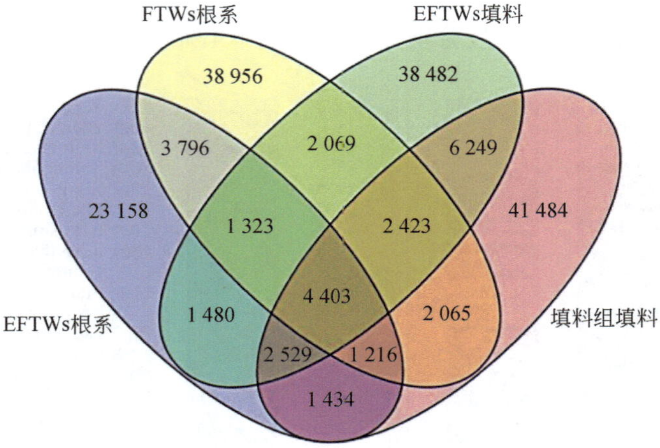

图 8-5 微生物样品 OTUs Venn 图

PCoA 图能直观地显示不同环境样品中微生物进化上的相似性及差异性，图 8-6 中样品点的距离远近代表了样品中微生物群落的相似性，距离越近，相似度越高。图 8-6 中 PC1、PC2 和 PC3 3 个主坐标的贡献率分别为 15.22%、11.05% 和 10.64%。在 PC1 方向上，两组填料生物膜样品的位置显著区别于两组植物根系微生物样品，说明植物根系和人工填料上的微生物群落结构差异较大；EFTWs 与填料组中的填料生物膜样品在 PC2 方向上距离较远，EFTWs 与 FTWs 中的植物根系样品在 PC3 方向上的分布也明显区别开，说明 EFTWs 中的微生物群落结构与 FTWs 和填料组不同；EFTWs 中的植物根系和人工填料样品在 3 个主坐标方向上的距离均较远，说明二者的微生物群落结构差异较大。因此，EFTWs 中的微生物群落结构可能与其附着载体和所处环境的理化条件有关（Ansola et al., 2014）。

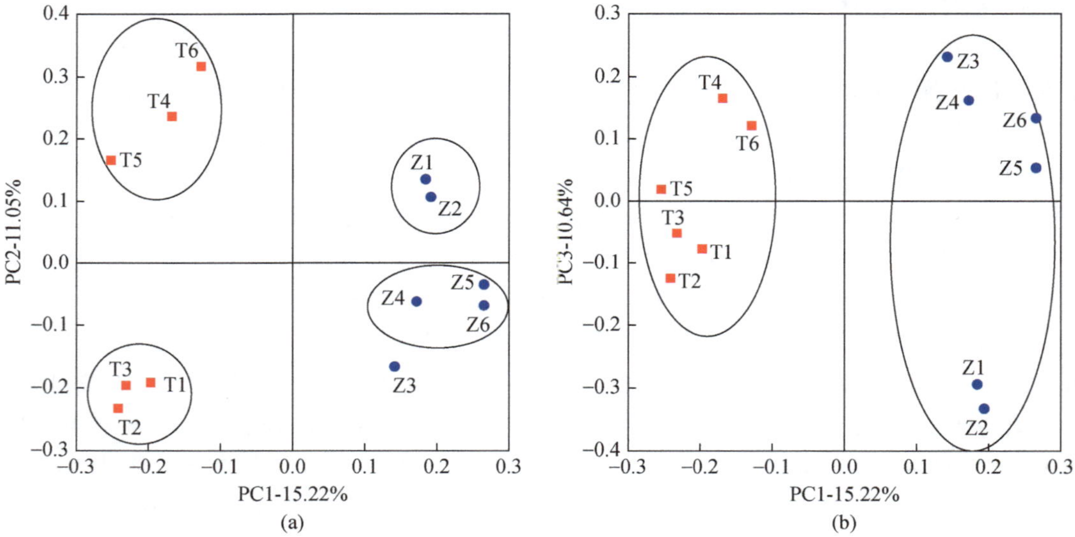

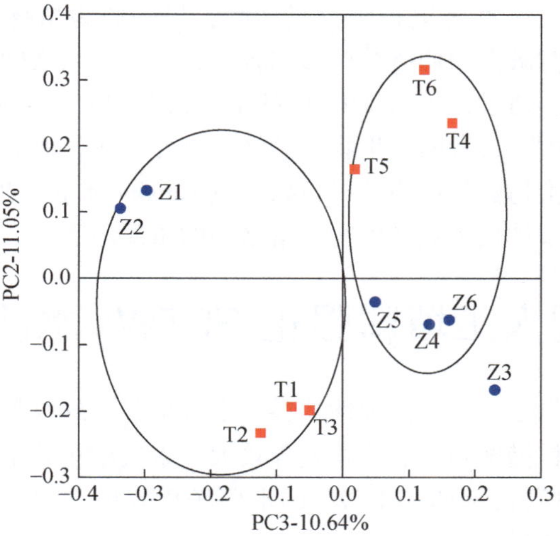

(c)

图 8-6　微生物样品 PCoA 图

T1 ~ T3 表示 EFTWs 中填料生物膜，T4 ~ T6 表示填料组中填料生物膜，Z1 ~ Z3 表示 EFTWs 中植物根系，Z4 ~ Z6 表示 FTWs 中植物根系

4）样本聚类分析

样本聚类分析可以直观显示不同样品中微生物进化上的相似性及差异性，通过进化树上树枝的距离和聚类的远近可以观察样品间的进化距离。由图 8-7 看出，本研究分析的微

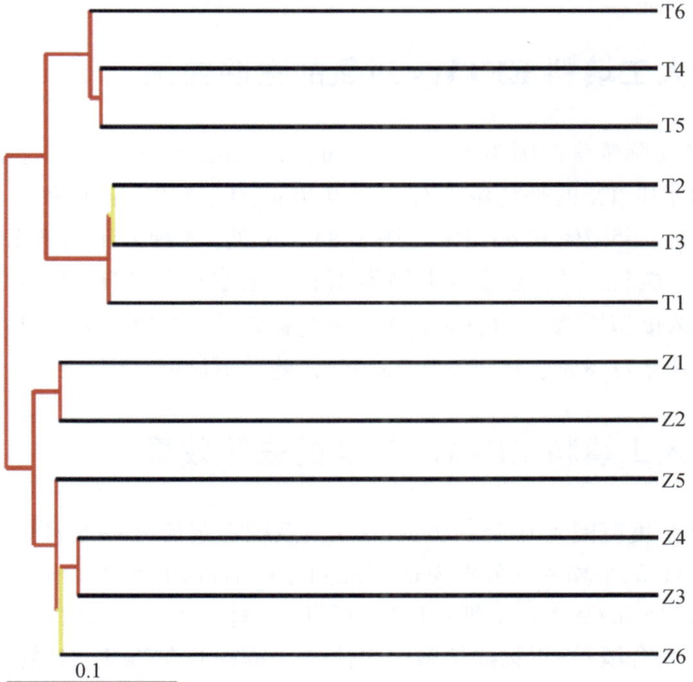

图 8-7　样本聚类分析进化树

生物样品被分成两大类，一类为填料生物膜样品，另一类为植物根系样品，二者距离最远，说明不同附着载体对微生物群落结构影响较大；平行样品之间的距离最近，说明本次测序结果的可信度较高。通过比较 EFTWs 中的植物根系和人工填料上的生物膜样品发现，即使处于同一水体环境中，二者的微生物群落结构差异较大。研究表明，水生植物根系表面与其所在水体中的微生物群落结构差异也较大（Tanaka et al.，2012）。因此，在 EFTWs 中，附着载体上的理化条件是影响微生物群落结构的重要因素。

8.2 不同人工填料强化 EFTWs 水质净化效果

目前使用的人工填料主要有立体弹性填料、组合填料、纤维填料、生物绳、陶粒和稻草等，不同人工填料的粗糙度和比表面积差异较大，水质净化效果可能不同。

选取 3 种常见人工填料，研究 EFTWs 的水质净化效果。试验共设置组合填料组、生物绳填料组、立体弹性填料组 3 个处理，在 8 个尺寸为 40cm×80cm×60cm 的 PVC 水箱中进行，水箱一侧底部进水，另一侧高度 30cm 和 50cm 处分别设置取样阀门和出水口。每组悬挂 9 串人工填料（每串长度 50cm），种植 4 株挺水植物，植物和人工填料均匀交错分布。受试植物选用美人蕉和黄菖蒲，选取大小一致的美人蕉幼苗和黄菖蒲幼苗，每个水箱随机种植两株美人蕉和黄菖蒲。漂浮载体选用尺寸为 60cm×40cm×4cm 的聚苯乙烯发泡塑料板。进水为人工配水，使用分析纯葡萄糖、KH_2PO_4、NH_4Cl、KNO_3配置，人工配水中 TN、COD_{Cr}和 TP 设置浓度分别为 2～5mg/L、30～50mg/L 和 0.3～0.5mg/L，水力停留时间为 7 天。

8.2.1 不同人工填料 EFTWs 对氮的去除效果

进水中 TN 的实际浓度范围为 1.12～4.49mg/L，系统稳定后（一个月后），3 种人工填料 EFTWs 的出水中 TN 的平均浓度分别为 0.78mg/L、1.00mg/L 和 0.37mg/L，平均去除率分别为 65.1%、55.7% 和 83.9%（图 8-8）。可见，3 种人工填料 EFTWs 对 TN 的去除能力为立体弹性填料>组合填料>生物绳填料。进水中的 NH_4^+-N 浓度范围为 0.03～0.21mg/L，出水浓度范围为 0～0.09mg/L，系统稳定后，3 种人工填料 EFTWs 对 NH_4^+-N 的平均去除率分别为 71.8%、75.6% 和 73.0%，差异不显著（图 8-9）。

8.2.2 不同人工填料 EFTWs 对磷的去除效果

进水中的 TP 浓度范围为 0.35～0.54mg/L，系统稳定后（一个月后），3 种人工填料 EFTWs 的出水中 TP 的平均浓度分别为 0.37mg/L、0.41mg/L 和 0.14mg/L，平均去除率分别为 22.4%、12.2% 和 69.3%（图 8-10）。可见，3 种人工填料 EFTWs 对 TP 的去除能力为立体弹性填料>组合填料>生物绳填料，立体弹性填料 EFTWs 对 TP 的去除率（69.3%）最高。

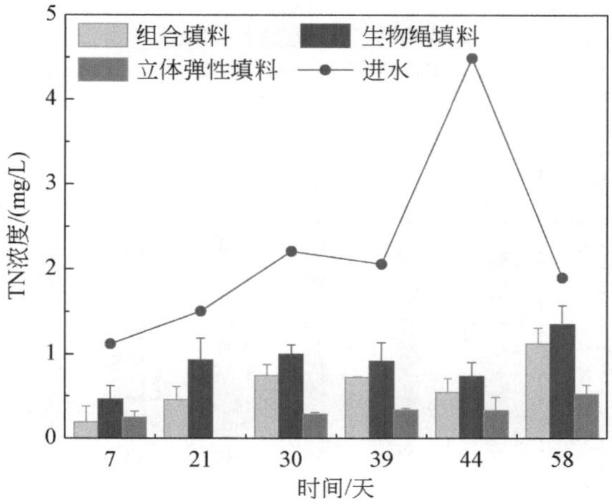

图 8-8　不同填料 EFTWs 进出水中 TN 浓度变化

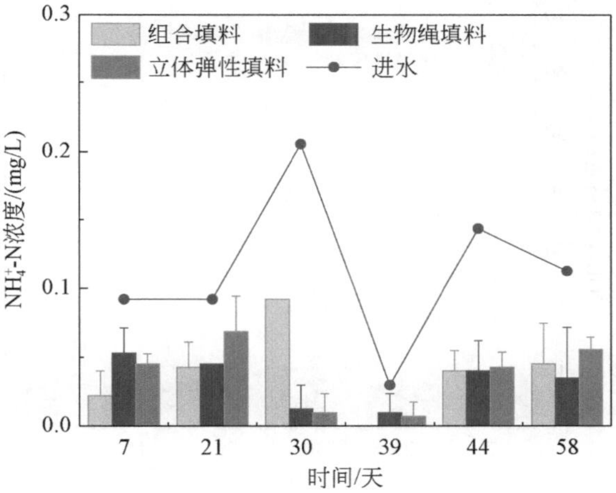

图 8-9　不同填料 EFTWs 进出水中 NH_4^+-N 浓度变化

8.2.3　不同人工填料 EFTWs 对有机物的去除效果

进水中的 COD_{Cr}浓度范围为 18.7～59mg/L，系统稳定后（一个月后），3 种人工填料 EFTWs 系统的出水中 COD_{Cr}的平均浓度分别为 13.0mg/L、11.0mg/L 和 10.7mg/L，平均去除率分别为 70.2%、73.9% 和 76.7%（图 8-11）。可见，3 种人工填料 EFTWs 对 COD_{Cr}的去除能力差别不大。

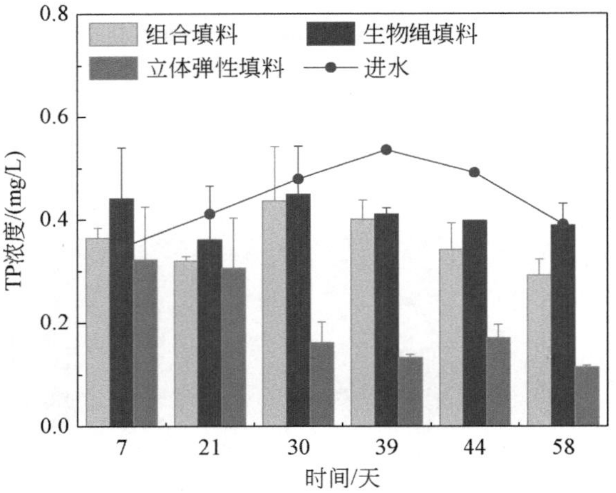

图 8-10　不同填料 EFTWs 进出水中 TP 浓度变化

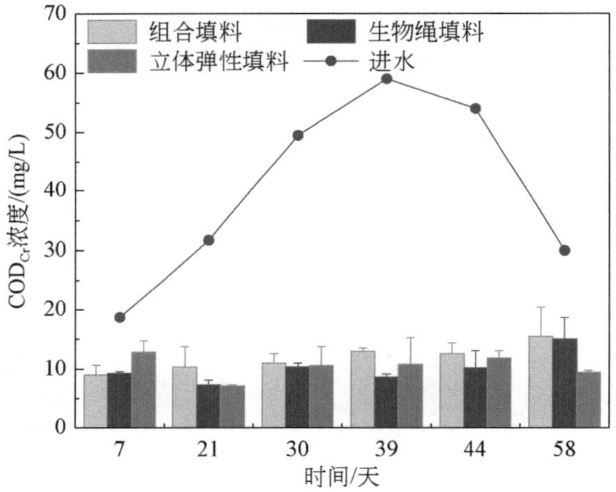

图 8-11　不同填料 EFTWs 进出水中 COD_{Cr}浓度变化

综上所述，3 种人工填料 EFTWs 运行稳定后，对水体中 TN 和 TP 的去除能力为立体弹性填料>组合填料>生物绳填料，并且差异较大；对水体中 COD_{Cr}和 NH_4^+-N 的去除率均在 70% 以上，并且差异不显著。本研究使用的立体弹性填料纤维丝较硬，并且分布均匀舒展，具有较大的比表面积；组合填料上纤维丝数量较少，并且纤维丝柔软，容易黏结在一起；生物绳填料虽然纤维多，但纤维丝分布密集，填料内部多呈厌氧状态，不利于好养微生物的生长和繁殖。有研究对比了组合填料、立体弹性填料和竹填料的静态挂膜效果，结果表明，系统稳定时，立体弹性填料反应器中细菌总数最多，因此具有较好的水质净化效果（陈亚男，2012）。

8.3 曝气 EFTWs 水质净化效果

EFTWs 的载体在一定程度上遮盖了部分水面，阻碍了水体表面的氧气交换，使得水体中的溶解氧浓度不高，不利于有机物的好氧分解和硝化作用的进行，因此该技术的运行还需要一定程度的人工曝气（Zhang L L et al., 2018）。然而，曝气过多又会造成能源浪费，因此研究 EFTWs 运行的最佳曝气条件具有重要意义。

本研究通过设置不同的增氧条件，研究 EFTWs 对水体的净化效果及出水中氮的组成结构，确定其运行的最佳增氧条件。EFTWs 选用立体弹性填料，试验分两个阶段进行，第一阶段共设置不增氧及每天增氧 2h、4h 和 8h 4 个处理组；第二阶段设置每天增氧 2h、3h 和 4h 3 个处理组。

8.3.1 曝气 EFTWs 对氮的去除效果

试验第一阶段的进水 TN 浓度范围为 1.53～6.19mg/L，在不增氧及每天增氧 2h、4h 和 8h 条件下，4 组 EFTWs 的 TN 平均出水浓度分别为 2.72mg/L、2.10mg/L、2.62mg/L 和 2.75mg/L，对 TN 的平均去除率分别为 29.8%、46.1%、31.4% 和 28.0%（图 8-12）。可见，增氧 2h 时 EFTWs 对 TN 的去除效果最好。该系统中，氮的去除主要依靠微生物转化及植物的吸收作用（Zhang L L et al., 2016）。在微生物对氮的转化过程中，有好氧反应和厌氧反应，当溶解氧浓度太低时，不利于氨化作用和硝化作用的发生，导致出水中 NH_4^+-N 浓度较高；当溶解氧浓度太高时，水体中的 NH_4^+-N 都转化为 NO_2^--N 和 NO_3^--N，导致水体中的 NH_4^+-N 浓度较低，不利于植物的生长和对氮的吸收。另外，较高的溶解氧浓度也不利于反硝化作用的发生，导致出水中 NO_3^--N 积累（张晓一等，2019）。因此，不增氧或增氧时间太长均不利于 EFTWs 对水体中 TN 的去除。

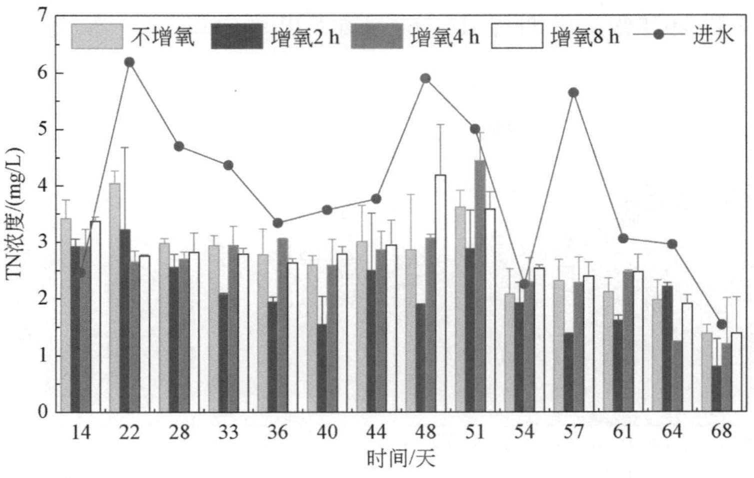

图 8-12 第一阶段不同增氧条件下 EFTWs 对水体中 TN 的净化效果

试验第二阶段的进水 TN 浓度范围为 2.08 ~4.54mg/L（图 8-13），当增氧 2h、3h、4h 时，系统出水中 TN 平均浓度分别为 1.27mg/L、0.76mg/L 和 1.58mg/L，TN 平均去除率分别为 56.6%、73.9% 和 47.1%。可见，在 EFTWs 中，增氧 3h 时对 TN 的去除效果最好。

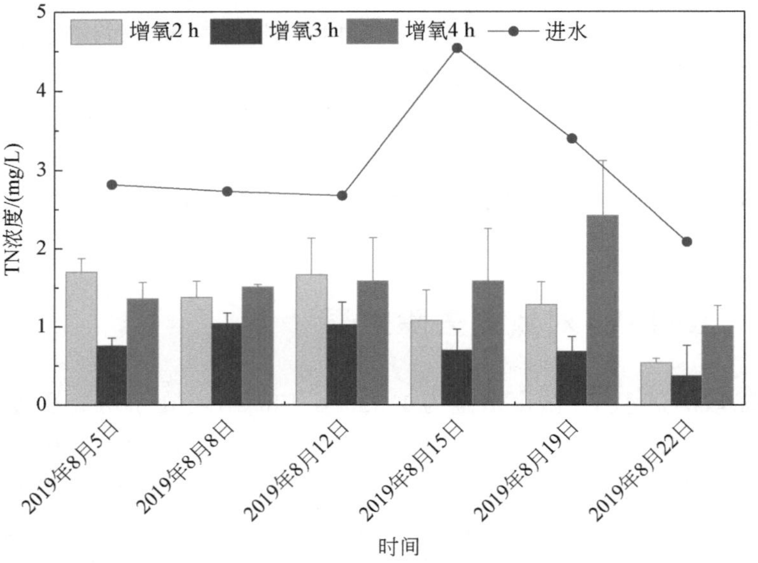

图 8-13　第二阶段不同增氧条件下 EFTWs 对水体中 TN 的净化效果

不同增氧条件下，EFTWs 出水中的氮形态组成差异明显。由图 8-14（a）可以看出，不增氧系统出水中，NH_4^+-N 所占比例最高，平均占比为 89.5%。相较于其他系统，增氧 2h 的系统中 3 种形态氮的总浓度最低，前期（0 ~28 天），出水中以 NH_4^+-N 为主，平均占比为 78.4%；中期（33 ~ 48 天），出水中 NH_4^+-N、NO_3^--N 和 NO_2^--N 平均占比分别为 27.5%、43.0% 和 29.5%；后期（51 ~ 68 天），出水中以 NH_4^+-N 为主，平均占比为

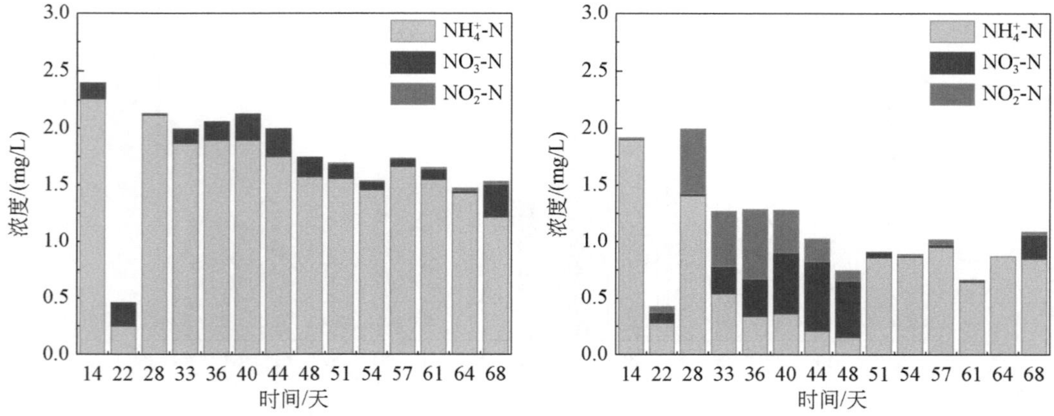

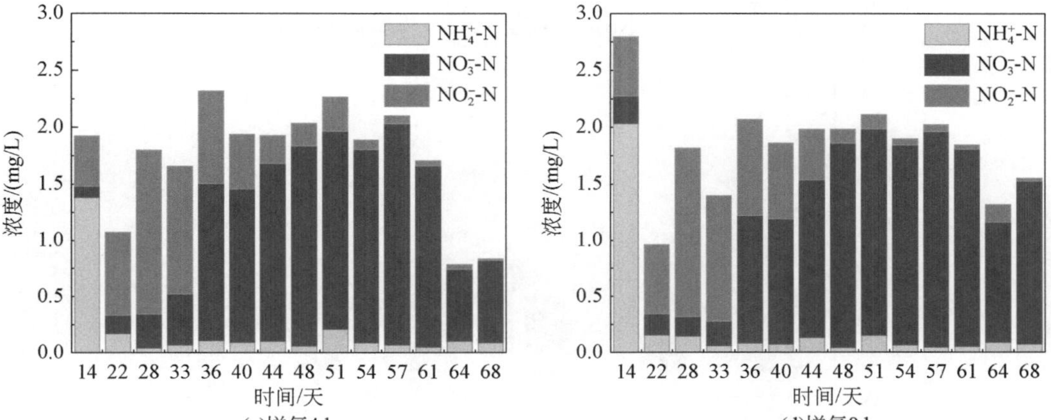

(c)增氧4 h

(d)增氧8 h

图 8-14　第一阶段不同增氧条件下 EFTWs 出水中氮的组成

93.3%，见图 8-14（b）。由图 8-14（c）、（d）可知，增氧 4h 和 8h 系统的出水组成相似，基本以 NO_2^--N 为主逐渐转变成以 NO_3^--N 为主，48 天以后，增氧 4h 和 8h 的系统出水中 NO_3^--N 所占比例分别为 87.6% 和 91.1%。去除 NH_4^+-N 的亚硝化细菌大多属于好氧型微生物，不增氧系统出水中 NH_4^+-N 浓度较高，可能是由于较低的 DO 浓度不利于亚硝化作用和硝化作用的发生（聂玉华，2015）。增氧 4h 和 8h 虽然有利于硝化作用的发生，但是水体中 COD_{Cr}浓度较低，缺乏碳源，不利于反硝化作用的发生（Chen et al.，2014）。因此，不增氧会造成 EFTWs 出水中 NH_4^+-N 浓度较高，增氧 4h 和 8h 会造成出水中 NO_3^--N 积累。

试验第二阶段，当增氧 2h、3h、4h 时，NH_4^+-N、NO_3^--N 和 NO_2^--N 的总浓度分别为 0.79mg/L、0.23mg/L、0.73mg/L（图 8-15）。增氧 3h 系统中 3 种形态氮的总浓度最低且

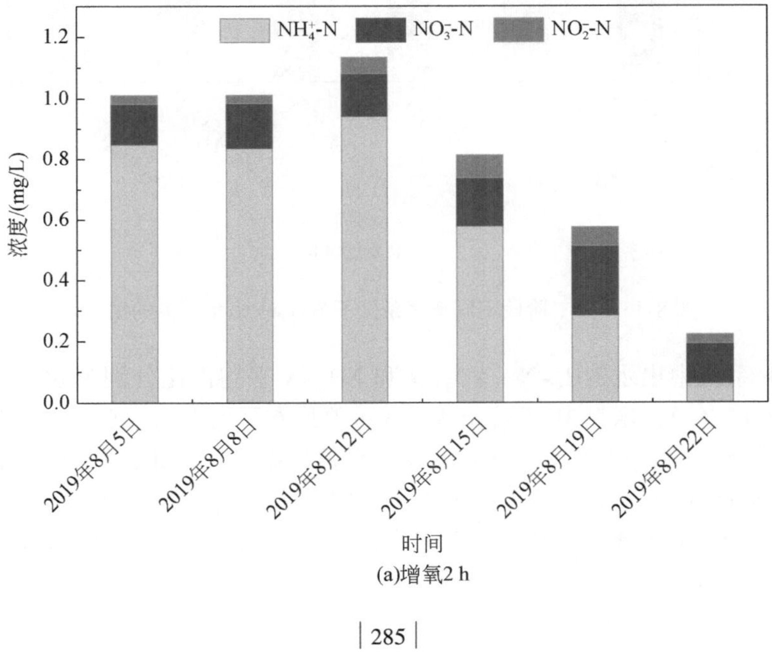

(a)增氧2 h

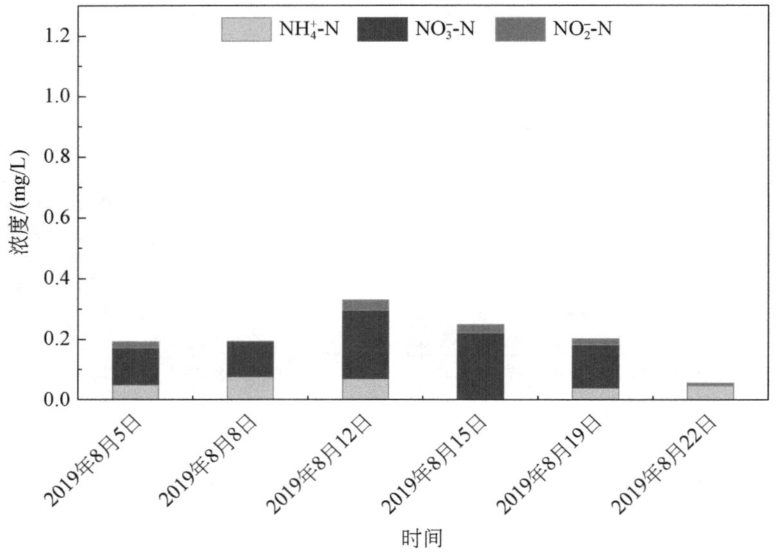

(b)增氧3 h

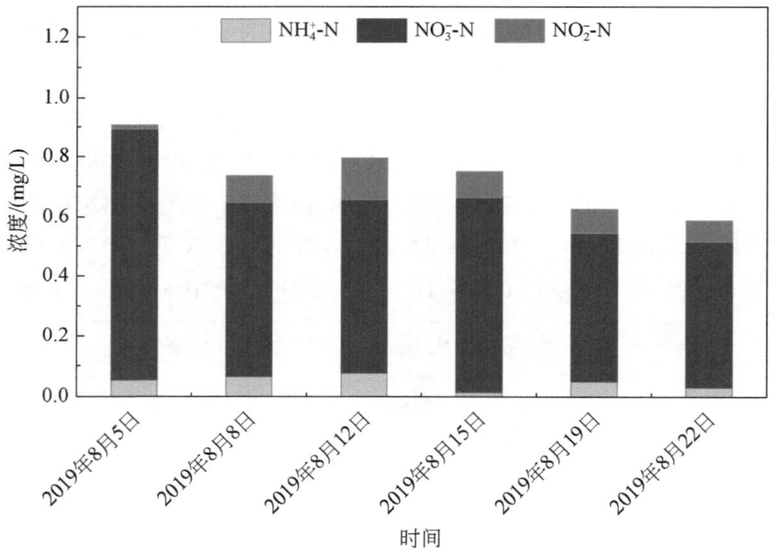

(c)增氧4 h

图 8-15　第二阶段不同增氧条件下 EFTWs 出水中氮的组成

稳定，增氧 2h 系统中出水 NH_4^+-N、NO_3^--N 和 NO_2^--N 平均占比分别为 66.4%、26.4% 和 7.2%，见图 8-15（a）；增氧 3h 系统出水中 3 种氮形态平均占比分别为 21.2%、70.4% 和 8.4%，见图 8-15（b）；增氧 4h 系统出水中 3 种氮形态平均占比分别为 6.5%、82.3% 和 11.2%，见图 8-15（c）。可见，增氧 2h 的系统中出水 NH_4^+-N 浓度较高，增氧 4h 时会造成 NO_3^--N 积累，增氧 3h 系统的出水中既不会造成 NH_4^+-N 浓度高，也不会有 NO_3^--N 积累。

8.3.2 曝气 EFTWs 对磷的去除效果

试验第一阶段，进水中 TP 浓度范围为 0.28 ~0.74mg/L，在不增氧及每天增氧 2h、4h 和 8h 条件下，出水中 TP 平均浓度分别为 0.42mg/L、0.39mg/L、0.41mg/L、0.42mg/L（图 8-16），对 TP 的平均去除率分别为 18.3%、24.5%、21.6% 和 17.2%。可见，在曝气 EFTWs 中，增氧 2h 对 TP 的去除效果最好。在 EFTWs 中，植物的吸收作用是 TP 的重要去除途径（Zhang L L et al., 2016）。另外，不同增氧条件还会影响水体中氮的形态，而水体中的 NH_4^+-N 和 NO_3^--N 浓度会影响植物的生长，从而影响植物对水体中磷的吸收。

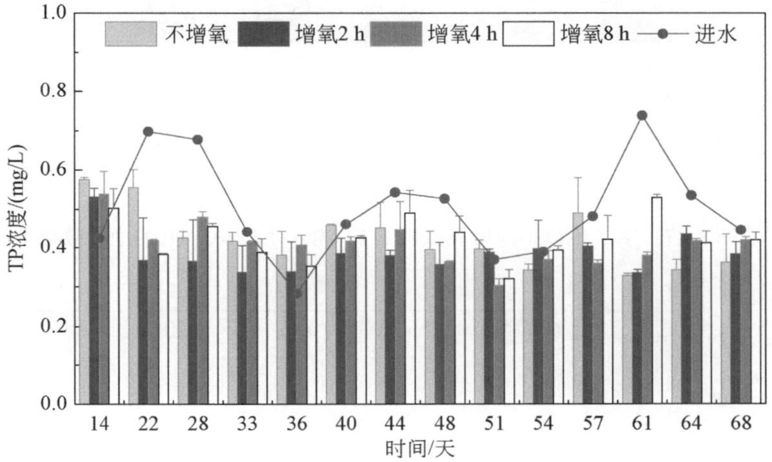

图 8-16 第一阶段不同增氧条件下 EFTWs 对水体中 TP 的净化效果

试验第二阶段，进水中 TP 浓度为 0.40 ~0.54mg/L，当增氧 2h、3h、4h 时，出水 TP 平均浓度分别为 0.25mg/L、0.21mg/L、0.41mg/L，平均去除率分别为 46.7%、54.9% 和 9.5%（图 8-17）。当增氧 4h 时，EFTWs 对水体中 TP 的去除率最低，这可能是由于该系统中 DO 充足，硝化细菌繁殖旺盛，NH_4^+-N 被转化，导致 NH_4^+-N 浓度较低，不利于植物的生长，从而影响了植物对水体中磷的吸收。

8.3.3 曝气 EFTWs 对有机物的去除效果

试验第一阶段，EFTWs 进水中 COD_{Cr}浓度为 36 ~115mg/L（图 8-18），在不增氧及每天增氧 2h、4h 和 8h 条件下，出水 COD_{Cr}平均浓度分别为 23.7mg/L、18.4mg/L、14.1mg/L 和 15.2mg/L，对 COD_{Cr}的平均去除率分别为 62.7%、70.0%、78.1% 和 76.5%。可见，增氧 4h 时，EFTWs 对 COD_{Cr}的去除率最高，其次是增氧 8h 和 2h，不增氧系统中 COD_{Cr}去除率最低。在 EFTWs 中，COD_{Cr}的去除主要依靠微生物对有机物的转化和降解作用，水体中的 DO 浓度和微生物数量是影响其去除效果的重要因素，增氧有利于好养微生物的繁殖和有机物的降解，但过高的增氧量对提高水体中有机物的去除效率并不明显（谭剑聪，

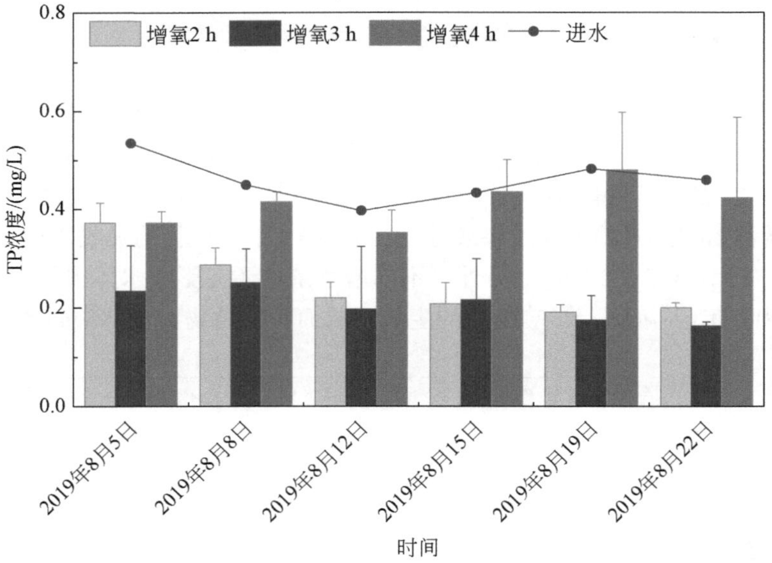

图 8-17　第二阶段不同增氧条件下 EFTWs 对水体中 TP 的净化效果

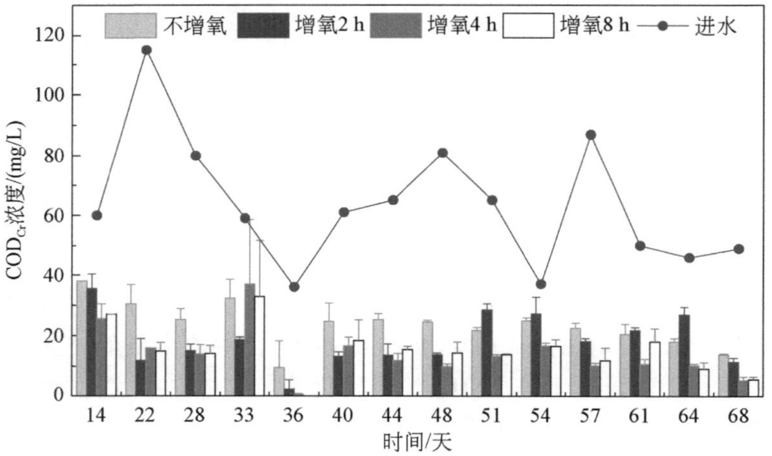

图 8-18　第一阶段不同增氧条件下 EFTWs 对水体中 COD_{Cr}的净化效果

2015）。

试验第二阶段，不同增氧条件下，EFTWs 进水中 COD_{Cr}浓度为 38 ~ 72mg/L，当增氧 2h、3h、4h 时，出水中 COD_{Cr}平均浓度分别为 12.9mg/L、10.1mg/L、11.7mg/L，平均去除率分别为 76.1%、81.7%和 79.1%（图 8-19）。

综上所述，用 EFTWs 处理水体时，当增氧强度为 1L/min、每天增氧 3h 时，EFTWs 对水体中 TN、TP 和 COD_{Cr}的去除效果最好，其次是增氧 2h。不增氧会造成出水中 NH_4^+-N 浓度较高，增氧 4h 和 8h 会导致出水中 NO_3^--N 积累。

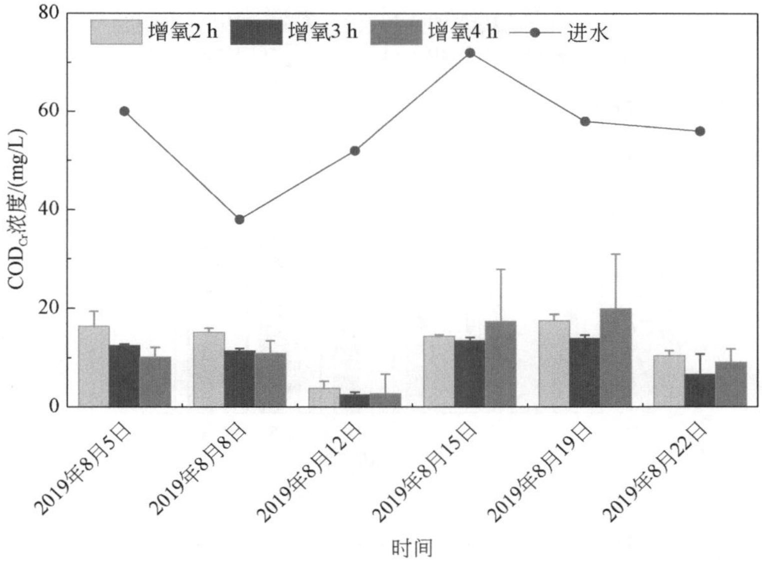

图 8-19　第二阶段不同增氧条件下 EFTWs 对水体中 COD_{Cr}的净化效果

8.4　EFTWs 处理不同氮源水体

水体中氮的成分复杂，主要由有机氮和无机氮两大类组成，无机氮又包括 NH_4^+-N、NO_3^--N 和 NO_2^--N 等多种形态，并且它们在微生物的作用下可以相互转化。高浓度的 NH_4^+-N会导致受纳水体黑臭，高浓度的 NO_3^--N 不仅会引起水体富营养化，还会对人类和动物的健康构成威胁，因此，水体中的 NH_4^+-N 和 NO_3^--N 污染已经引起人们的关注（Bartucca et al.，2016）。目前，EFTWs 技术多用于处理富营养化河道、湖泊，其水质净化效果得到一定认可（Li et al.，2010；Zhao et al.，2012）。然而，该技术在不同氮源水体中的运行效果尚缺乏系统研究。EFTWs 中水生植物和微生物是去除污染物的主体，二者在不同氮源水体中可能有不同响应，从而导致水质净化效果不同。

本研究对比了 EFTWs 在 4 种不同氮源水体即全 NO_3^--N 水体（T1：NH_4^+-N 0mg/L）、NH_4^+-N 与 NO_3^--N 浓度比 1：2（T2：NH_4^+-N 5mg/L）和 2：1（T3：NH_4^+-N 10mg/L），以及全 NH_4^+-N（T4：NH_4^+-N 15mg/L）水体中的水质净化效果与系统中氮的转化过程。试验共设置 4 个处理组，每组 3 个平行，根据富营养化实际水体中的污染物水平，设计水体中 TN、COD_{Cr}和 TP 浓度分别为 15mg/L、90mg/L 和 1mg/L。

8.4.1　pH、DO 浓度和 ORP 变化

图 8-20 显示了 4 种不同氮源水体中 pH、DO 浓度和 ORP 变化。4 组系统中的平均 pH 分别为 7.07、7.08、7.03 和 7.01，并且基本随时间呈上升趋势［图 8-20（a）］。不同水体

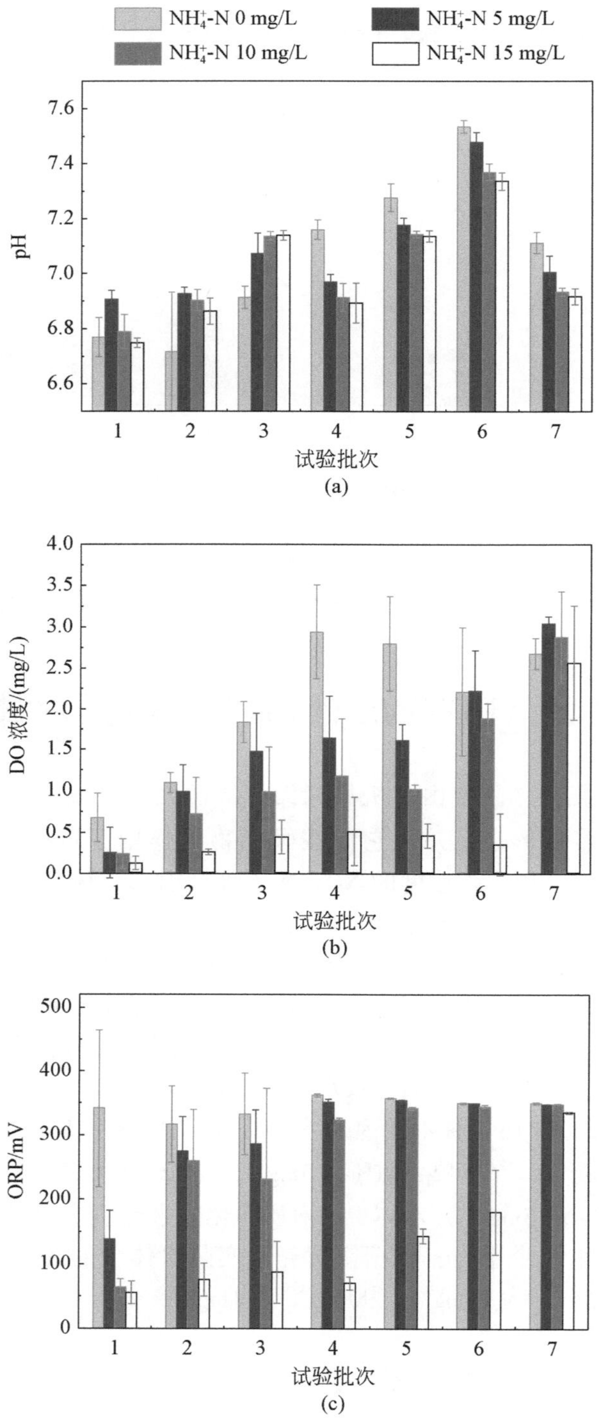

图 8-20　EFTWs 对不同氮源水体中 DO 浓度、ORP 和 pH 的影响

中平均 DO 浓度分别为 2.03mg/L、1.60mg/L、1.27mg/L 和 0.67mg/L，平均 ORP 分别为 344mV、300mV、273mV 和 136mV［图 8-20（b）、（c）］，均随 NH_4^+-N 浓度的升高而降低，可能是由于水体中的 NH_4^+-N 浓度越高，微生物的硝化作用就越强，因此消耗了水体中更多的 DO，使得水体中的 ORP 更低（Clevinger et al.，2014）。

8.4.2 氮、磷和有机物去除效果

由图 8-21（a）看出，在前四批次试验中，EFTWs 对 4 种不同氮源水体中 TN 的去除能力为 NH_4^+-N 0mg/L>NH_4^+-N 5mg/L>NH_4^+-N 10mg/L>NH_4^+-N 15mg/L，TN 平均去除率分别为 86.9%、75.9%、42.9% 和 8.3%，4 组之间存在显著性差异（$P<0.05$）；在后三批次试验中，NH_4^+-N 0mg/L 系统中 TN 的平均去除率降至 72.5%，低于 NH_4^+-N 5mg/L 系统中 TN 的平均去除率（83.5%），并且二者之间差异显著（$P<0.05$）。观察发现，NH_4^+-N 0mg/L 系统的植物出现叶片发黄的现象，可能是美人蕉长期生长在只有 NO_3^--N 而没有 NH_4^+-N的水体中，出现营养不良的状况，从而影响了水体中 TN 的去除。总体来看，EFTWs 对 4 种不同氮源水体中 TN 的平均去除率分别为 80.7%、79.2%、47.0% 和 10.1%。

EFTWs 对 4 种不同氮源水体中 TP 的去除率在第一批次试验中几乎没有差异［图 8-21（b）］，可能是由于植物正处于对新环境的适应期，并未吸收较多的 P；随着试验的进行，4 组 EFTWs 对 TP 的去除率逐渐提高；试验结束时，TP 的去除率分别为 50.9%、71.4%、74.0% 和 53.6%。有研究表明，EFTWs 中，植物吸收的 P 量占其总去除量的 91.4%（Zhang L L et al.，2016），可见，水体中 P 的去除与植物的生长密切相关，EFTWs 在 NH_4^+-N 和 NO_3^--N 共存的水体中对 P 的去除效果最好，因此植物可能在 NH_4^+-N 和 NO_3^--N 共存的水体中长势最好。

4 组 EFTWs 中，COD_{Cr}的平均去除率分别为 88.3%、85.1%、80.6% 和 73.4%，并且存在显著性差异（$P<0.05$）。图 8-21（c）显示，4 组 EFTWs 中 COD_{Cr}的去除率随 NO_3^--N

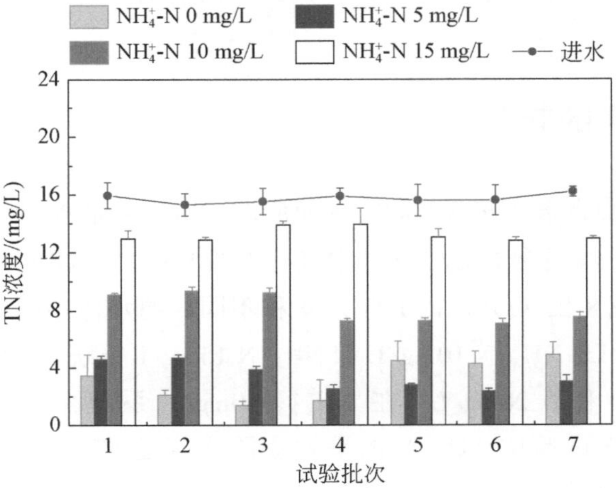

(a)

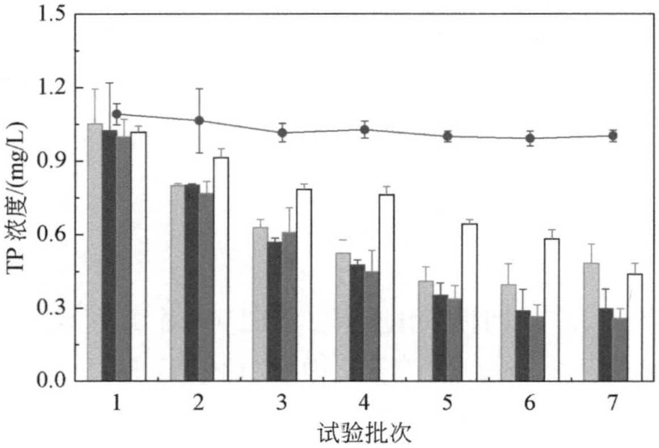

(b)

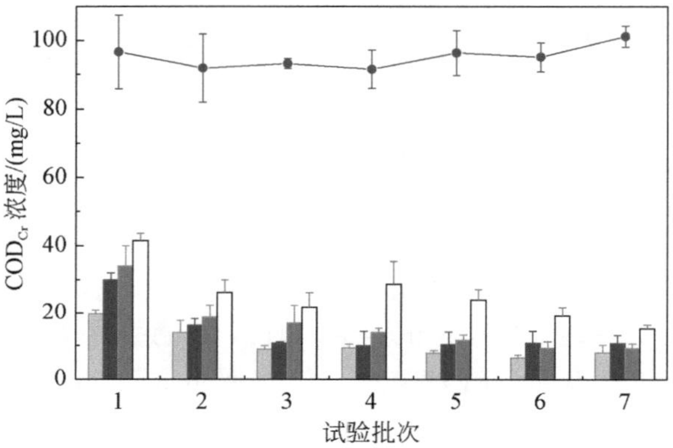

(c)

图 8-21　EFTWs 对不同氮源水体中 TN、TP 和 COD_{Cr}的去除效果

浓度的增加而升高，可能是由于较高浓度的 NO_3^--N 有利于微生物的反硝化作用，反硝化作用又需要消耗水体中有机物作为碳源，因此 COD_{Cr} 的去除率得到提高（Chen et al., 2014）。

8.4.3　水体中氮的转化

本试验中进水是由自来水和营养盐配制而成的，所用自来水中含有一定量的 NO_3^--N，因此虽然 NH_4^+-N 15mg/L 系统配制的水体中没有添加 KNO_3，但仍然含有一定浓度的 NO_3^--N（1.48mg/L）。由图 8-22 可知，EFTWs 对 4 种不同氮源水体中的 NO_3^--N 均有较好的去除效果，NH_4^+-N 5mg/L、NH_4^+-N 10mg/L 和 NH_4^+-N 15mg/L 系统中 NO_3^--N 出水浓度分别为 0.25mg/L、0.25mg/L 和 0.28mg/L。在 NH_4^+-N 0mg/L 系统中（进水 NO_3^--N 浓度为 16.4mg/L），前三批次试验中 NO_3^--N 的平均去除率高达 97.9%，试验第 35 天时降到 76.1%，然后逐渐升高，试验结束时，NO_3^--N 的平均去除率为 91.1%。整个试验期间，

NH_4^+-N 0mg/L、NH_4^+-N 5mg/L、NH_4^+-N 10mg/L 和 NH_4^+-N 15mg/L 系统中 NO_3^--N 的平均去除率分别为 91.5%、98.1%、96.5% 和 82.8%，去除的 NO_3^--N 总量分别为 25.5g、19.0g、10.4g 和 2.16g，其去除量随水体中 NO_3^--N 浓度升高而增加。经分析，EFTWs 对 NO_3^--N 的去除量与进水提供量呈显著正相关关系（$r=0.998$），二者之间的拟合公式为 $m_{removal}=0.9274\times m_{influent}+0.2057$。

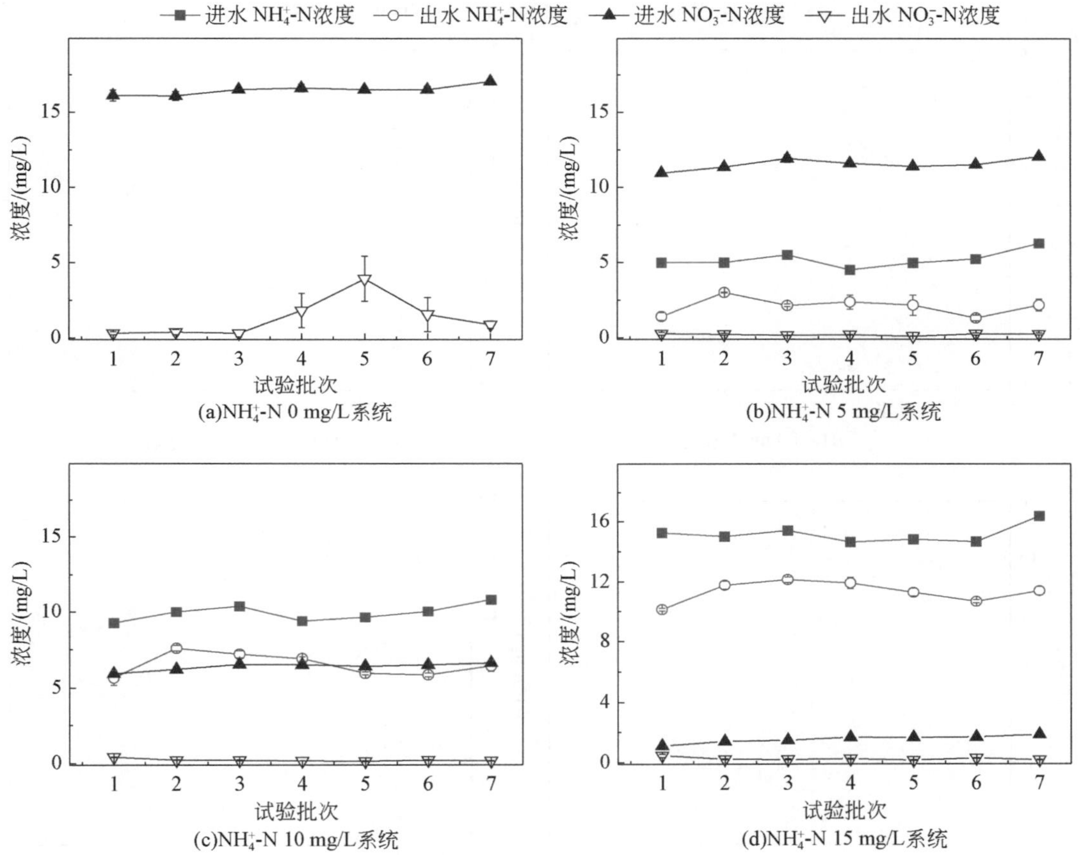

图 8-22 EFTWs 对不同氮源水体中氮转化的影响

由图 8-22（b）~（d）看出，EFTWs 对 NH_4^+-N 5mg/L、NH_4^+-N 10mg/L 和 NH_4^+-N 15mg/L 系统中 NH_4^+-N 的平均去除率分别为 59.4%、34.3% 和 25.1%，并且存在显著性差异（$P<0.05$）。可见，EFTWs 对水体中 NH_4^+-N 的平均去除率随 NH_4^+-N 浓度的增加而降低。试验期间，3 组系统进水提供的 NH_4^+-N 总量分别为 8.76g、16.7g 和 25.5g，NH_4^+-N 的去除量分别为 5.25g、5.73g、6.43g，经分析可知，EFTWs 对 NH_4^+-N 的去除量与进水提供量呈显著正相关关系（$r=0.971$），二者之间的拟合公式为 $m_{removal}=0.0711\times m_{influent}+4.5951$。

图 8-23 是 4 组 EFTWs 进出水中不同形态氮的组成图，可以看出，NO_2^--N 在 4 个系统

中均没有出现积累现象（NO_2^--N 浓度低于 0.1mg/L）；4 个系统的出水中除了 3 种无机态氮以外，还有其他形态氮（浓度在 1.1～1.6mg/L），而进水中并没有其他形态氮，可能是由于水体中的无机态氮被浮游藻类和微生物吸收转化成有机态氮，并储存在其体内，而水体中的 TN 包含了悬浮物中的氮。比较水体中 NH_4^+-N 和 NO_3^--N 的进水量与去除量的拟合公式，以及出水中的氮形态，可见，EFTWs 对水体中 NO_3^--N 的去除能力显著优于 NH_4^+-N。

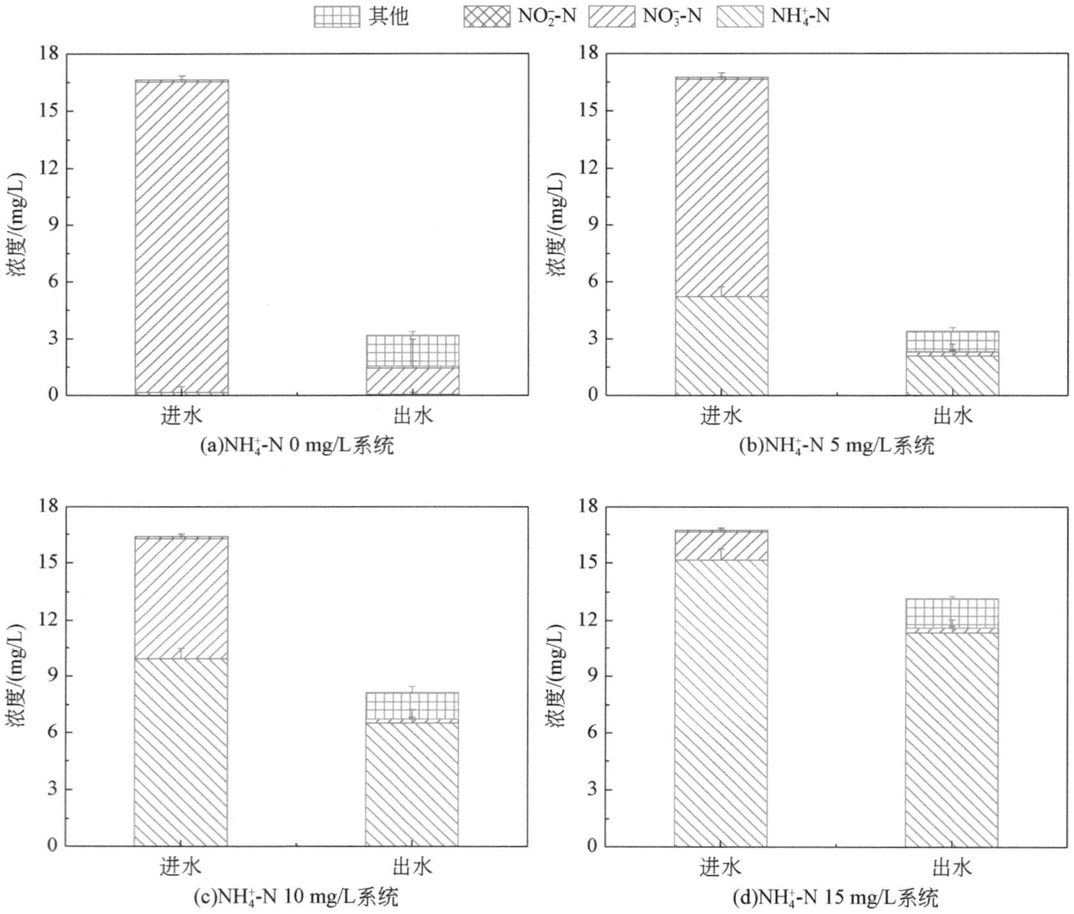

图 8-23　EFTWs 进出水中不同形态氮的组成

8.4.4　水生植物对水体中氮形态的响应

EFTWs 中植物生长对不同氮形态的响应如图 8-24 所示。植物的相对生长速率（RGR）和生物量增长量顺序为 T2>T3>T1>T4［图 8-24（a）、（b）］。T4 中植株长度受到明显抑制［图 8-24（c）］。NH_4^+-N 作为唯一氮源对植物的抑制作用与先前的研究一致（Equiza and Zwiazek，2014）。T4 中 3 种叶绿素（叶绿素 a、叶绿素 b 和类胡萝卜素）的浓度分别是 T1

的 36.8 倍、41.6 倍和 4.9 倍［图 8-24（d）］。以 NH_4^+-N 为唯一氮源时植物根系短，叶面积小，影响其对碳的获取，从而导致其生长受到抑制。单位叶面积 CO_2 利用率越高，叶绿素含量越高（Guo et al., 2007）。

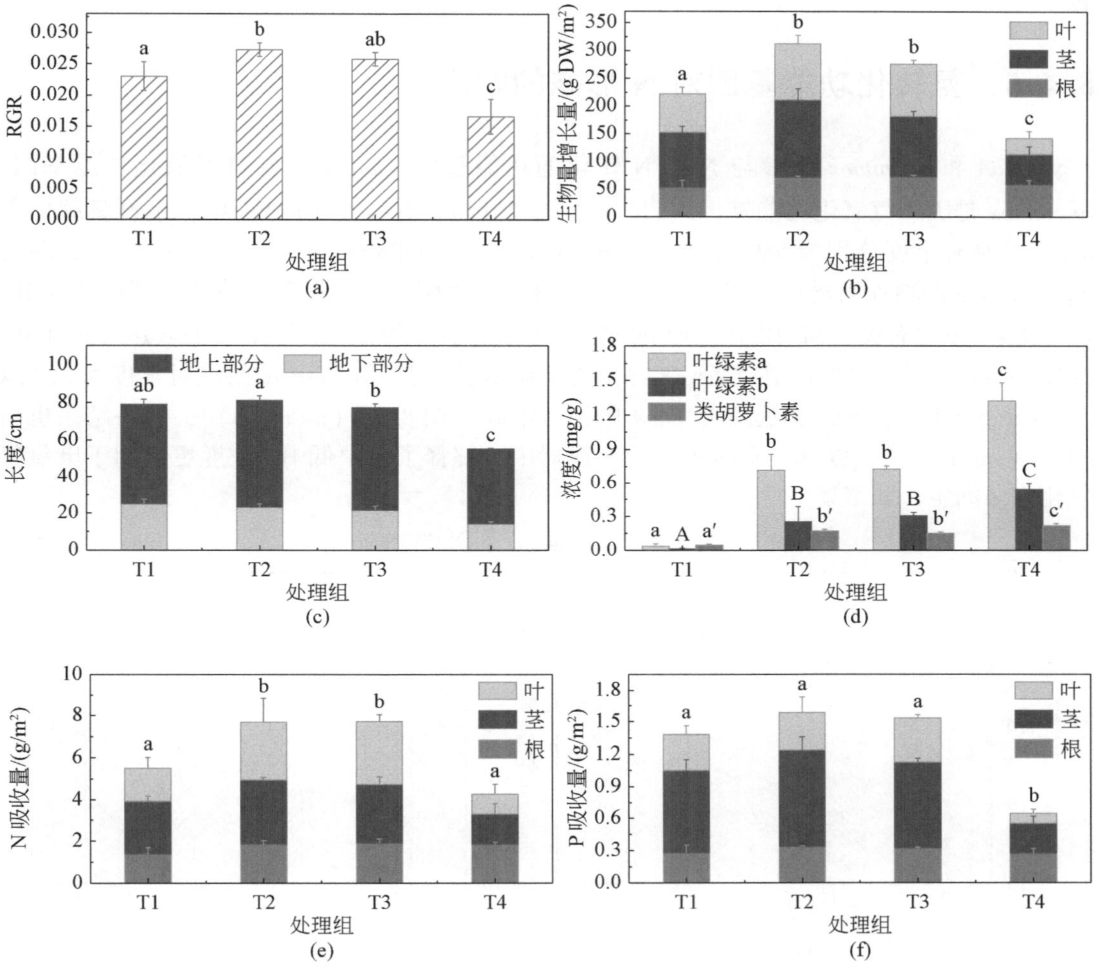

图 8-24　EFTWs 中植物生长对不同氮形态的响应

不同字母表示处理组之间存在显著性差异

T2 和 T3 组中植物分别吸收了 7.67g/m² 和 7.71g/m² 的 N，显著高于 T1 和 T4 组（分别为 5.51g/m² 和 4.26g/m²）（$P<0.05$）［图 8-24（e）］。4 个 EFTWs 中植物的 P 吸收能力分别为 1.38g/m²、1.59g/m²、1.53g/m² 和 0.65g/m²［图 8-24（f）］。从以上结果可以看出，与单一氮源水体相比，同时含有 NH_4^+-N 和 NO_3^--N 的水体中美人蕉吸收了更多的 N 和 P。NO_3^--N 处于氧化状态，NH_4^+-N 处于还原状态，植物组织中合成有机化合物需要还原态 N。因此，当植物以 NO_3^--N 形式吸收 N 时，植物细胞要先将吸收的 NO_3^--N 转化为还原态 N，这是一个耗能的过程（Konnerup and Brix, 2010）。这就解释了以 NO_3^--N 为唯一氮源

的水体中美人蕉生物量较少的原因。NH_4^+-N 对植物生长的毒性在以前的研究中是普遍存在的（Britto and Kronzucker，2002）。NH_4^+-N 毒性导致植物生物量积累降低，这与 N 和 P 的吸收有关（Cruz et al.，2006）。因此，以 NH_4^+-N 为唯一氮源的美人蕉对水中的 N 和 P 吸收较少。

8.4.5 氮转化功能基因对 N 形态的响应

amoA 和 *anammox* 是参与 NH_4^+-N 转化的功能基因，*amoA* 是好氧氨氧化功能基因，*anammox* 是厌氧氨氧化功能基因（Zhi and Ji，2014）。在 4 个 EFTWs 中，生物膜载体上 *amoA* 的绝对丰度分别为 5898copies/g、6954copies/g、9608copies/g 和 7585copies/g，随着 NH_4^+-N 浓度的增加而增加［图 8-25（a）］。有研究表明，好氧氨氧化菌的生理活性与 DO 和 NH_4^+-N 浓度有关，T4 中的低 DO 浓度（0.67mg/L）可能抑制了 *amoA* 的表达（Ji et al.，2012，Gao et al.，2017）。在 4 个 EFTWs 的生物膜载体上，*anammox* 的绝对丰度为 3.12×10^7 ~ 2.52×10^8copies/g，远高于 *amoA* 的绝对丰度［图 8-25（a）、（b）］，这一结果也出现在 Wang H L 等（2016）研究的生物滴滤器中，解释了水中低 DO 浓度更有利于厌氧氨氧化细菌的生长和富集。

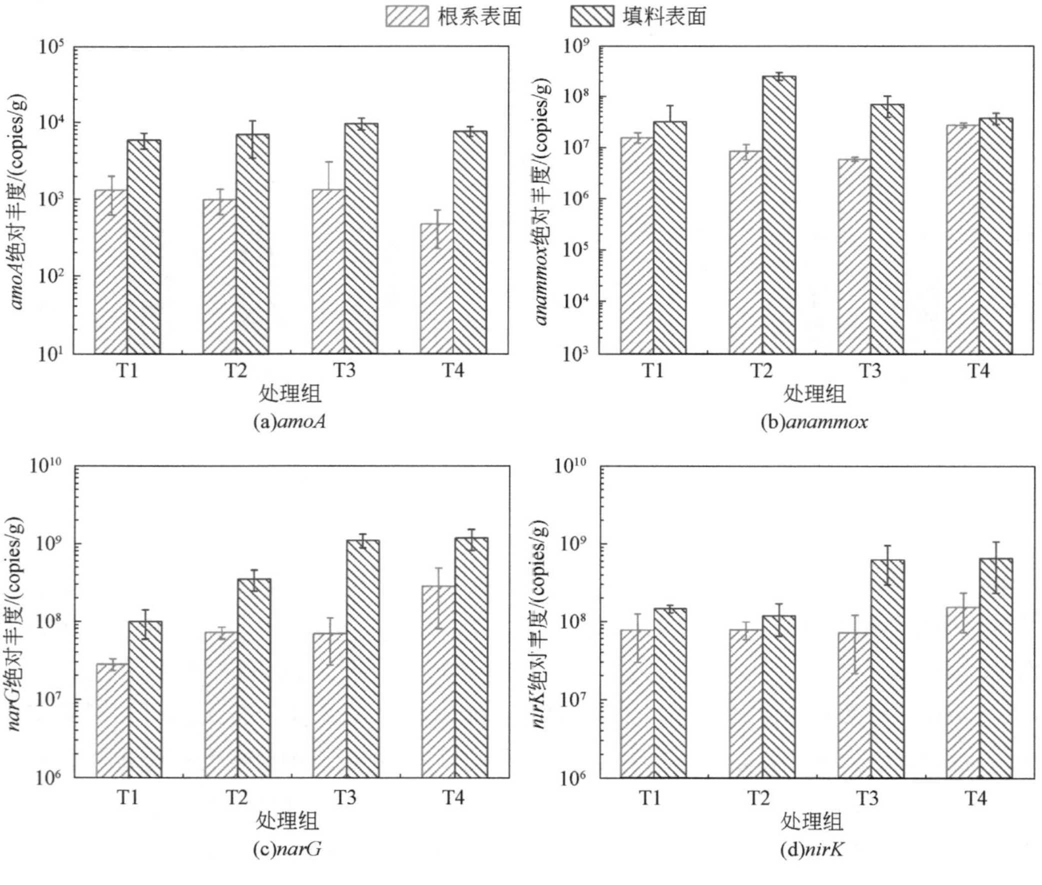

(a)*amoA*　(b)*anammox*　(c)*narG*　(d)*nirK*

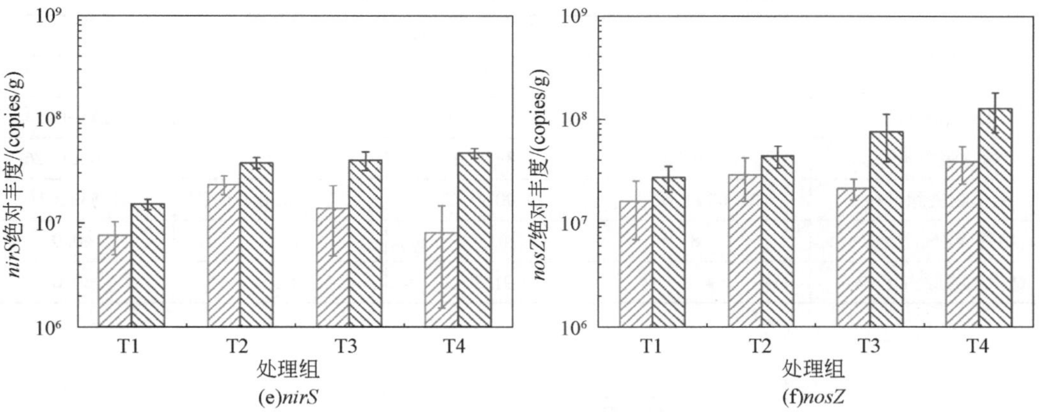

图 8-25　EFTWs 中氮转化功能基因的绝对丰度

narG、*nirK*、*nirS* 和 *nosZ* 是参与反硝化过程的 4 个功能基因。在 EFTWs 中，4 个基因在生物膜载体上的绝对丰度高于植物根系上的附着量［图 8-25（c）~（f）］，这可能是由于生物膜载体的比表面积大于植物根系（Wu et al., 2016）。此外，植物根系分泌氧气产生的微好氧环境不利于反硝化细菌的生长和繁殖（Rehman et al., 2017）。4 个 EFTWs 中附着在生物膜载体上的 4 个基因总绝对丰度顺序为 T4>T3>T2>T1，数值随着 C/N（COD_{Cr}/NO_3^--N）的增加而增加。Zhi 和 Ji（2014）的研究证实，C/N 的增加对反硝化细菌群落有积极影响。否则，由于缺乏稳定的有机化合物作为碳源，反硝化作用将受到限制（Gao et al., 2017）。反硝化细菌大多是兼性厌氧异养菌，因此需要从有机化合物的氧化中获得能量和碳（Rivett et al., 2008）。

narG 和 *nirK* 基因分别最常用于 NO_3^- 和 NO_2^-的还原（Levy-Booth et al., 2014）。在 4 个 EFTWs 中，附着在植物根系上的 *narG* 和 *nirK* 的相对丰度占 6 个基因总丰度的 71.1%~85.6%，附着在人工填料上的 *narG* 和 *nirK* 的相对丰度占 6 个基因总丰度的 58.5%~90.3%（图 8-25）。由此可见，反硝化作用是 EFTWs 中氮转化的重要途径。这一结果解释了本研究中 EFTWs 对 NO_3^--N 的去除能力（其去除率为 82.8%~98.1%）比 NH_4^+-N（其去除率为 25.1%~59.4%）强很多。

8.4.6　氮的去除途径

微生物去除作用是 EFTWs 中 TN 去除的主要途径，占 59.2%~94.1%（表 8-2）。微生物硝化和反硝化作用是主要的脱氮途径。微生物对氮的去除量随进水中 NO_3^--N 浓度的降低而降低，这与 EFTWs 中大多数反硝化细菌的含量一致（图 8-25）。虽然 T2 和 T3 中的 TN 去除率（分别为 79.2% 和 47.0%）有很大差异，但植物对 TN 的吸收量（1.84g 和 1.85g）几乎相同。T4 中植物和微生物对 TN 的去除作用很小，NH_4^+-N 是其唯一氮源，并且 DO 浓度较低，导致 TN 的去除率仅为 10.1%。可通过提供合适的氧气量提高此类水体中的 TN 去除量（Kwak et al., 2012）。

表 8-2 EFTWs 在不同形态氮水体中的脱氮途径

项目	处理组			
	T1	T2	T3	T4
TN 去除量/g	22. 3±1. 7	21. 7±0. 21	12. 1±0. 19	2. 55±0. 54
植物吸收量/g	1. 3±0. 25	1. 8±0. 31	1. 8±0. 12	1. 02±0. 26
微生物去除量/g	21. 00±1. 62	19. 90±0. 23	10. 30±0. 20	1. 53±0. 50
植物吸收占比/%	5. 8	8. 3	14. 9	40. 0
微生物去除占比/%	94. 2	91. 7	85. 1	60. 0

8.5 小　　结

（1）EFTWs 对水体中 TN、NH_4^+-N、TP、PO_4^{3-}和 COD_{Cr}的去除率优于 FTWs；不同人工填料 EFTWs 对水体中 TN 和 TP 的去除能力为立体弹性填料>组合填料>生物绳填料。

（2）每天增氧 3h 时，EFTWs 对水体中 TN、TP 和 COD_{Cr}的去除效果最好，其次是增氧 2h。不增氧会造成出水中 NH_4^+-N 浓度较高，增氧 4h 和 8h 会导致出水中 NO_3^--N 积累。

（3）EFTWs 处理不同氮源水体时，对 TN、NH_4^+-N 和 COD_{Cr}的去除率随 NH_4^+-N 浓度升高而降低；对 NO_3^--N 和 NH_4^+-N 的去除能力分别与进水提供量呈显著正相关，并且对 NO_3^--N 的去除效果优于 NH_4^+-N。植物吸收和微生物作用是水体中氮的主要去除途径，植物吸收是磷的主要去除途径。

（4）与单一氮源水体相比，生长在同时含有 NH_4^+-N 和 NO_3^--N 水体中的植物生长状况最好，并且对氮和磷的吸收能力最强；*narG* 和 *nirK* 在植物根系和人工填料上的相对丰度分别为 71. 1%~85. 6% 和 58. 5%~90. 3%，说明反硝化作用是 EFTWs 中微生物转化氮的主要途径。

（5）EFTWs 中，植物根系上附着的微生物群落多样性高于人工填料，而人工填料上的微生物群落丰富度高于植物根系；变形菌门和拟杆菌门是植物根系和人工填料上的优势菌群，二者在植物根系上的相对丰度要高于人工填料。

第9章　尾水深度净化人工湿地技术 Meta 分析

我国城镇污水处理厂出水目前大部分都已达到《城镇污水处理厂污染物排放标准》（GB 18918—2002）中最严格的一级 A 标准，有效保护了水环境，但与《地表水环境质量标准》（GB 3838—2002）Ⅳ类、Ⅲ类等水质相比仍有较大差距，特别是 TN 和 TP 等指标。过量的氮、磷和有机污染物排放会加剧水体富营养化，破坏水生生态系统。更重要的是，自“十四五”以来，我国污水处理厂的排放标准不断提高。因此，深度净化污水处理厂尾水，并减轻其不利影响已成为一个迫切需要解决的问题。到目前，常用的深度净化工艺包括人工湿地、生物滤池、高级氧化、高效气浮或沉淀、吸附等。人工湿地作为一种典型的自然处理工艺，因其能有效净化水质、建设运行费用低、生态功能丰富、景观效果好等得到了广泛应用。人工湿地一般通过基质、植物、微生物三者协同作用去除水体中污染物（成水平等，2002；Vymazal and Kröpfelová，2009）。人工湿地选取的基质种类、粒径不同，导致内部水力特性不同，局部微环境存在差异，微生物群落结构各有特色；同时，不同的基质对污染物的截留吸附效能也不同，从而影响人工湿地的处理效率（赵林丽等，2018）。另外，不同的人工湿地类型对污染物的去除效率也具有较大影响（唐孟煊等，2016；沈林亚等，2017），并且当前关于人工湿地类型的选取大多依据经验，其处理效率波动也较大（成水平等，2019）。然而，当前关于人工湿地深度净化处理尾水的相关研究仍缺乏综合去除效率及其影响因素的系统定量分析，导致如何保证人工湿地系统的去除效果稳定持久仍是一个难题。

为解决这一难题，本章将通过对当前关于人工湿地深度净化处理尾水的相关研究进行 Meta 分析来揭示人工湿地对污染物的综合去除效率，以及工艺运行参数（如水力停留时间和水力负荷）、植物和基质类型等因素对去除效率的影响。本章研究成果将对人工湿地处理尾水时的类型选择、运行参数设定、植物和基质类型选择等提供一定的科学指导，从而进一步提高人工湿地深度处理尾水的效果。

9.1　Meta 分析方法

相比于传统的文献综述方法，Meta 分析方法是一种结合多项研究结果的定量分析方法，从而获得对研究问题更精确的估计。本节重点介绍 Meta 分析方法的概况、基本步骤、统计模型及分析软件等。

9.1.1　Meta 分析方法概况

“meta”一词源于希腊文，意为“more comprehensive”，即“更广泛、更全面”。该方法源于1920年R. A. Fisher的“合并*P*值”的思想。20世纪60年代开始，在医学文献中，陆续出现了对多个独立研究的统计量进行合并的报道。英国心理学家Glass（1976）首先将这种多个同类研究的统计量合并方法称为“Meta-analysis”。Glass最早在教育研究中使用了Meta分析，而该方法现已广泛应用于医学和健康领域，尤其是针对疾病的诊断、治疗、预防和病因等问题的综合评价。20世纪80年代末，我国医学杂志较多地介绍了该方法，其中文译名有荟萃分析、二次分析、汇总分析、集成分析等。但是，无论何种中文译名均有不足之处。因此，很多学者建议仍然使用“Meta分析”这一名称。

Sackett（1997）在*Evidence-Based Medicine*中将Meta分析定义为运用定量方法概括（总结）多个研究结果的系统性评价；*The Cochrane Library*一书中将Meta分析定义为在文献评价中将若干研究结果合并成一个单独数字估计的统计学方法。总之，Meta分析是一种结合多项研究结果的定量方法，从而获得对研究问题更精确的估计（Chung et al., 2006）。相比于传统的叙述性文献综述，Meta分析与之有很大的区别。

1）研究目的不同

Meta分析对多个同类独立研究的结果进行汇总和合并分析，以达到增大样本量，提高检验效能的目的，尤其是当多个研究结果不一致或都没有统计学意义时，采用Meta分析可得到更加接近真实情况的统计分析结果。

2）文献检索要求不同

对于Meta分析，其文献检索必须有严格的筛选标准；而传统的文献综述评价要求却没那么严格，这也是Meta分析与传统的文献综述之间的重要区别之一。

3）数据分析方法不同

Meta分析是对原始文献提供的数据进行“再处理”的过程，依靠增大的样本量，选用效应大小（effect size）作为定量统计指标，其获得的结果更为客观真实；而传统文献综述所采用的等权重方法很难保证研究结果的真实性、可靠性和科学性，尤其当多个研究的结果不一致时，其结论更容易使人产生误解和困惑。

Meta分析在医学和流行病学领域比较成熟，而且应用非常广泛。随着对Meta分析方法的不断深化和拓展，Meta分析已被用于各种自然和社会科学，如教育学、心理学和商业。但是，直到20世纪90年代初，Meta分析才被引入生态学研究中，并在后来不断发展和完善。在生态学领域，Meta分析被用于识别环境风电场的影响、对外来植物入侵的生物抗性、海洋食物链变化的影响、植物对全球气候变化的反应、有效性保护管理干预措施，并指导保护工作。而且，近年来Meta分析逐渐深入修复生态学的研究中。例如，Rey等（2009）利用Meta分析来评价生态修复项目对生态系统总体状况的影响；Miller等（2010）、Whiteway等（2010）及Kail等（2015）也利用Meta分析评价了河流修复对鱼类、大型无脊椎动物和水生植物的影响。

9.1.2 Meta分析基本步骤

Meta分析主要包括以下六个步骤。

1）确定研究问题

Meta分析开始于一个研究问题，因此在开始Meta分析之前，调查人员必须确定好所要研究的问题。Meta 分析中涉及的常见问题是一种治疗方法是否比另一种治疗方法更有效，或者是否接触某种药物会导致疾病。而且，调查人员应该对所要研究的问题和主题有非常清楚的了解，以避免其他不知情的研究人员机械化地炮制 Meta 分析。此外，还要确定好研究对象的基本数据、研究结果、治疗或干预措施以及要使用的研究设计类型等。

2）文献检索

一旦确定了研究问题，就开始系统地搜索文献，这是 Meta 分析中的关键步骤，通常也是最困难的部分。最初的文献搜索应该是广泛的，以便收集尽可能多的研究。在选择阶段，将使用纳入标准淘汰一些初步研究。文献检索始于搜索已发表研究的电子数据库，如 ISI Web of Knowledge、Pubmed 及 PsycInfo 等。我们也可以搜索相关的会议记录，手工搜索相关的期刊（防止错过相关的研究），搜索我们找到的文章的参考文献部分，并咨询我们认为是该领域专家的人，所有这些都是试图避免文件抽屉问题。往往是有积极效应的研究更容易发表，而一些具有消极效应或者没有任何效应的文章则不会被发表，这便会产生 Meta 分析中比较常见的发表偏倚问题（Stern and Simes，1997）。

3）文献筛选

文献检索完成后我们会得到很多研究，但是其中很大部分研究是没用的。而这些没用的研究如果包含在 Meta 分析中，则会使分析过程中的发表偏倚问题加重。因此，我们就需要确定哪些研究可以纳入 Meta 分析中。检索出来的研究的纳入和排除标准需要在 Meta 分析的设计阶段进行定义。决定是否纳入分析的因素是研究设计、人口特征、治疗或暴露类型以及结果测量。而纳入和排除标准是 Meta 分析方案中的一个重要环节，应该在选择过程的每个步骤中跟踪纳入和排除的研究，以记录选择过程。Meta 分析的 QUOROM 指南要求调查人员提供选择过程的流程图（Moher et al.，1999）。流程图中列出了在选择过程的每个阶段纳入和排除的研究数量以及排除的原因（图 9-1）。文献筛选的过程大致如下：首先根据检索所得文章的标题和摘要，结合研究问题进行初步筛选，在此阶段排除不相关的研究；其次阅读筛选后的文献，依据筛选标准进一步筛选；最后确定可纳入 Meta 分析的研究。

4）数据提取

选定纳入 Meta 分析的研究后，下一步便是从纳入的研究中提取数据。应在设计阶段就确定好从每项研究中提取的数据类型，并构建标准化表格以记录数据。通常提取的数据的示例包括研究设计、研究组的描述（如每组中的数量、年龄，性别）、诊断信息、治疗、随访评估的长度和结果测量。数据提取的困难在于研究经常使用不同的结果指标，这使得数据组合变得不是那么容易，因此应将数据转换为统一的指标予以组合。同样地，一些研究报告标准偏差，其他研究报告标准误差。这些情况都需要将数据进行统一标准化。

数据基本是从研究中的文本、图表中直接提取得到的。常用的从图中提取数据的软件有 DataThief Ⅲ、WebPlotDigitizer 等免费软件。比较推荐的软件是 WebPlotDigitizer（Burda et al.，2017）。其他无法从文中获取的数据则需要联系相对应研究的作者；若缺少太多数据，可能需要排除该研究。

5）数据分析

效应大小反映了效果大小或（更一般地）两个变量之间关系的强度，是 Meta 分析中

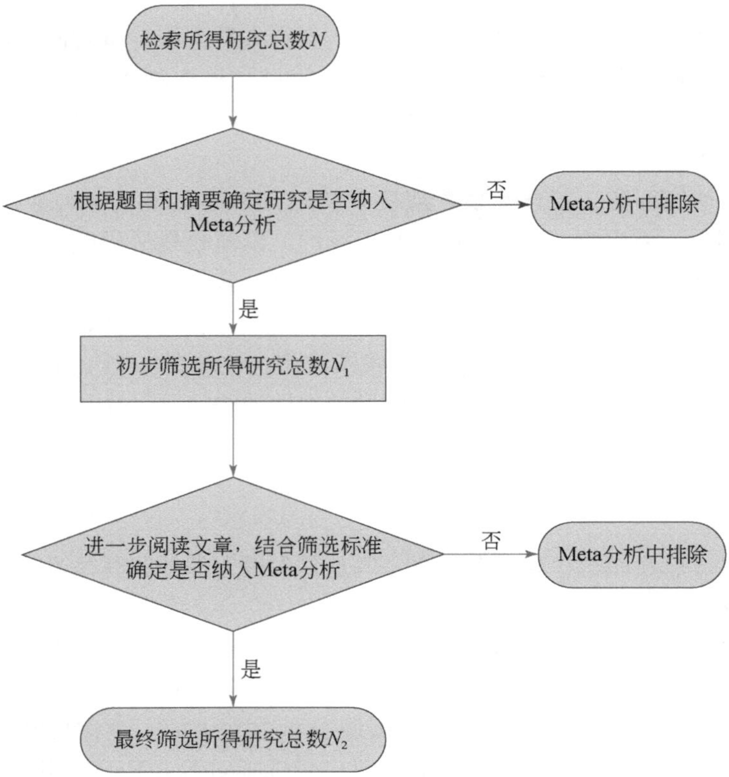

图 9-1　Meta 分析文献筛选过程流程图示例

的基本单位（Borenstein et al.，2011）。医学中的 Meta 分析通常将效应大小称为治疗效果（treatment effect），有时假设该术语指的是比值比（odds ratios）、风险比（risk ratios）或风险差异（risk differences），这在涉及医疗干预的 Meta 分析中很常见。类似地，社会科学中的 Meta 分析通常将效应大小简单地称为效应大小（effect size），并且该术语有时被假定为标准差或相关性，这在社会科学 Meta 分析中是常见的。事实上，treatment effect 和 effect size 这两个术语都可以指任何这些指数，这些术语之间的区别不在于指数本身，而在于研究的本质。当指数用于量化两个变量之间的关系或两组之间的差异时，术语 effect size 是合适的。相比之下，术语 treatment effect 仅适用于量化故意干预影响的指数。因此，男性和女性之间的差异仅能称为 effect size，而治疗组和对照组之间的差异可以称为 effect size 或 treatment effect。综上可知，在生态学中使用术语 effect size 比较合适。

我们计算每项研究的效应大小，然后使用效应大小来评估研究中效应的一致性并计算综合效应。关于效应大小的计算主要有基于均值的效应大小，基于二分类变量数据的效应大小及基于相关性数据的效应大小三大类。这里我们主要介绍基于均值的效应大小，即当研究中报告的是平均值和标准偏差时，优选的效应大小通常是原始均数差法、标准均数差法或响应比。

（1）原始均数差法。

当结果用有意义的尺度（而且所有研究使用相同的研究尺度）报告时，可以直接对均值的原始差异进行 Meta 分析，它的主要优点是具有直观意义。假设有一研究有两个独立组别（处理组和控制组），并假设我们希望比较这两组的平均值。其效应大小、原始均数差及方差的计算如下：

$$D=\bar{X}_1-\bar{X}_2 \tag{9-1}$$

$$V_D=\frac{n_1+n_2}{n_1 n_2}S_{\text{pooled}}^2 \tag{9-2}$$

$$S_{\text{pooled}}=\sqrt{\frac{(n_1-1)S_1^2+(n_2-1)S_2^2}{n_1+n_2-2}} \tag{9-3}$$

式中，D 为原始均数差；$\bar{X}_1$ 和 $\bar{X}_2$ 分别为处理组和控制组两个独立群体的样本均值；V_D 为原始均数差的方差；S_1 和 S_2 分别为处理组和控制组的样本标准差；n_1 和 n_2 分别为处理组和控制组的样本量；S_{pooled} 为处理组和控制组的组内合并标准差。注意，上述计算公式是在处理组和控制组具有相同总体标准差的假设下进行的。

（2）标准均数差法。

如上，当测量有意义时，原始均数差是一个有用的指标，无论是固有的还是因为广泛使用。但是，当这个测量鲜为人知（如基于有限分布的专有尺度）时，原始均数差法并不推荐使用，只有当 Meta 分析中所有研究的尺度相同时，原始均数差法才可作为一个效应大小分析方法的选项。如果 Meta 分析中包含的研究使用了不同的测量（如不同的心理或教育测试）来评估结果，那么其尺度也将因研究而不同，此时若将原始均数差组合起来并不具有研究意义。那么在这种情况下，我们可以将每项研究的均差除以该项研究的标准偏差，以创建一个在各研究中具有可比性的指数（标准化均差），如 Cohen（1988）提出的描述统计功效分析中的效应大小的方法，我们可以将每项研究的均差除以该研究的标准偏差，以创建一个在各项研究中具有可比性的指数（标准化均差）。同样地，假设有一研究有两个独立组别（处理组和控制组），并假设我们希望比较这两组的平均值。其效应大小、标准均数差及方差的计算如下：

$$d=\frac{\bar{X}_1-\bar{X}_2}{S_{\text{within}}} \tag{9-4}$$

$$S_{\text{within}}=\sqrt{\frac{(n_1-1)S_1^2+(n_2-1)S_2^2}{n_1+n_2-2}} \tag{9-5}$$

$$V_d=\frac{n_1+n_2}{n_1 n_2}+\frac{d^2}{2(n_1+n_2)} \tag{9-6}$$

式中，d 为标准均数差；$\bar{X}_1$ 和 $\bar{X}_2$ 分别为处理组和控制组两个独立群体的样本均值；V_d 为标准均数差的方差；S_1 和 S_2 分别为处理组和控制组的样本标准差；n_1 和 n_2 分别为处理组和控制组的样本量；S_{within} 为处理组和控制组两组内标准差。注意，上述计算公式是在处理组和控制组具有相同总体标准差的假设下进行的。

（3）响应比。

在有些研究领域，其结果是在物理尺度（如长度、面积或质量）上测量的，并且不太可能为零，此时处理组和控制组两组的平均值的比值可以作为效应大小指数。在实验生态学中，这种效应大小指数称为响应比（Hedges et al.，1999）。对于大多数社会学研究（如考试成绩、态度测量或判断等），响应比是没有意义的，因为它们没有自然尺度单位且没有自然零点。对于响应比，我们是在对数尺度上计算的，即我们计算对数响应比，并使用这些数字执行 Meta 分析中的所有步骤。同样地，假设有一研究有两个独立组别（处理组和控制组），响应比的计算公式如下：

$$R=\ln\frac{\bar{X}_1}{\bar{X}_2} \tag{9-7}$$

式中，R 为响应比，$\bar{X}_1$ 和$\bar{X}_2$ 分别为处理组和控制组两个独立群体的样本均值。

（4）小结。

由此可见，对于原始均差法，当结果尺度本身具有明确意义，或因广泛使用而为人熟知时，可以使用原始均值差（D）作为效应量。并且，只有当分析中的所有研究使用完全相同的研究尺度时，才能使用此效应大小。标准化均差法将所有效应大小转换为统一的度量，因此可将使用不同结果指标的研究纳入同一分析过程中。这种效应大小通常用于初级研究和 Meta 分析，因此对许多研究人员来说都是直观的。响应比通常用于生态学，此效应大小仅在结果具有自然零点时才有意义。

6）结果展示

Meta 分析的结果部分应包括：①研究流程图；②显示每个单独研究结果的图（如森林图）；③异质性测试结果；④总体总结统计及其 95% 置信区间；⑤灵敏度分析和 Meta 回归的结果（如果做过此类分析）。

Meta 分析中最常用的结果展示方式即为森林图，在森林图中显示每项研究的效果估计及其相关的置信区间以及总体估计。研究可以按样本大小或其他研究特征（如出版年份）进行分组。另一个比较常见的图即为漏斗图，它是用来评估 Meta 分析中发表偏倚的方法。漏斗图是一个散点图，其中每个研究的影响估计（如比值比或平均差异）在 x 轴上，研究的精确度在 y 轴上（Egger et al.，1997；Sutton et al.，2001）。其实样本大小可以作为 y 轴，但通常使用标准误差的倒数表示（Sutton et al.，2000）。如果不存在发布偏差，则该图将类似于倒置漏斗。

9.1.3 Meta 分析的统计模型

Meta 分析中包括固定效应模型、随机效应模型及混合效应模型 3 种统计模型。

1）固定效应模型

固定效应模型假设处理的真实效果对于每项研究都是相同的。因为研究结果之间没有异质性，所以只考虑研究内的变异性。

（1）无协变量模型。

Meta 分析中最简单的分析是使用固定效应模型汇集一系列独立的效应大小。模型如下：

$$y_i = \beta_{\text{Fixed}} + e_i \quad (9\text{-}8)$$

式中，y_i为第 i 项研究中的一般效应大小；β_{Fixed}为第 i 项研究中的抽样样本的效应大小；e_i为第 i 项研究的抽样误差，假设其为均值是 0、方差是$\sigma_i{}^2$的正态分布。

（2）具协变量模型。

除了估计共同的效应大小之外，研究特征可以用作协变量来模拟效应大小之间的可变性。研究特征可以是分类协变量（Hedges，1982a）和连续协变量（Hedges，1982b）的形式。加权最小二乘（WLS）方法通常用于模拟具有协变量的效应大小之间的可变性（Hedges and Olkin，1985）。这类模型用矩阵表示法会更方便，如下所示：

$$y = X\beta + e \quad (9\text{-}9)$$

式中，y 为一个 $K\times1$ 阶关于效应大小的向量；β 为一个 $p\times1$ 阶包含截距及回归系数的向量；e 为一个 $K\times1$ 阶的残差向量；X 为一个 $K\times p$ 阶的设计矩阵，第一列包含全为 1 的元素。因为假设效应大小是独立的，所以残差V_{e}的协方差矩阵是对角矩阵，即$V_{\text{e}} = \text{diag}\ [\sigma_1^2, \sigma_2^2, \cdots, \sigma_k^2]$。

2）随机效应模型

鉴于研究之间的变异程度或异质性，这种假设处理的真实效果对于每项研究都是相同的是不合理的，这可能是因为不同研究之间样本和方法的差异使得抽样样本的效应大小存在差异。而随机效应模型通常更为现实，因为它假设每项研究的真实效果估计确实不同。而且，随机效应模型将产生具有更宽置信区间的估计，所以随机效应模型可能会更为合适（Hedges and Vevea，1998；Hunter and Schmidt，2000）。下面是无协变量的随机效应模型：

$$y_i = \beta_{\text{Random}} + u_i + e_i \quad (9\text{-}10)$$

式中，y_i为第 i 项研究中的一般效应大小；β_{Random}、u_i、e_i分别为第 i 项研究中的“超级”抽样样本效应大小、研究特定效应、抽样误差。在固定效应模型中，只有一个变异来源，即抽样方差。相比之下，随机效应模型中有两个变异来源，即抽样方差和研究间方差分量。

3）混合效应模型

随机效应模型中引入特定研究的协变量具有理论意义（Overton，1998），采用这种策略或方法建立的随机效应模型通常被称为混合效应模型（Berkey et al.，1995；Thompson and Higgins，2002）。混合效应包括固定效应和随机效应。固定效应是由研究特定的协变量引起的回归系数，而随机效应是控制协变量后无法解释的特定研究效应。换言之，对于混合效应模型，效应大小由不同成分组成，其中一部分是固定的，即一个等级中所有研究具有的性质，一部分则是由某研究的特殊性质引起的，还有一部分是由误差或取样变化引起的。其模型表示为

$$y = X\beta + I_{\text{k}}u + e \quad (9\text{-}11)$$

式中，y 为一个 $K\times1$ 阶关于效应大小的向量；β 为一个 $p\times1$ 阶包含截距及回归系数的向

量；u 为一个 $K×1$ 阶关于特定研究效应的向量；e 为一个 $K×1$ 阶的残差向量；X 为一个 $K×p$ 阶的设计矩阵，第一列包含全为 1 的元素；I_k 为一个 $K×K$ 阶单位矩阵。因为假设效应大小是独立的，所以残差 V_e 的条件协方差矩阵是对角矩阵，即 $V_e = \text{diag}\ [\sigma_1^2,\ \sigma_2^2,\ \cdots,\ \sigma_k^2]$。

在许多研究中，模型会根据异质性的判断来选择。但是后来证明这种做法并不提倡。正如 Chung 等（2006）和 Borenstein 等（2011）所强调的，在大多数情况下，异质性的统计检验具有较低的统计功效。因此，选择随机效应模型相对来说更合适。在本研究中，考虑到所有研究间可能存在的共性，选择混合效应模型更为合适。在本研究的 Meta 分析中，同一研究人员做了不同的研究导致研究组间的相互依赖，或者是同一研究中的不同测量导致的研究组内相互依赖等，这些都可能导致涉及的研究不具备相互独立性（Gurevitch and Hedges，1999）。因此，我们需要对其进行评价校正。由于三级 Meta 分析（three-level Meta-analysis）可以完成对依赖性的评价校正（Cheung，2014），本研究将采用三级 Meta 分析的混合效应模型对研究数据进行分析。

9.1.4 Meta 分析的软件

当前可以用来进行 Meta 分析的软件非常多，比较常见的有 Review Manager、Stata 及 R 等。其中，Reviewer Manager 是 Cochrane 协作网出品的免费 Meta 分析软件，也可称为 RevMan，其优点是容易上手，导出图片无须进行过多修饰处理；缺点是操作烦琐，功能单一。Stata 是 Stata 公司于 1985 年开发出来的统计程序，在全球范围内被广泛应用于企业和学术机构中。它是一款商业统计分析软件，具有完整的、集成的统计分析功能，可进行数据管理、统计分析、图表、模拟和自定义编程。其优点是自由度大、功能全面、丰富、操作简单；缺点是不易上手。R 软件是一个自由、免费、源代码开放的软件，可用于统计计算和统计制图。虽然它是免费的，但其能力不差于任何其他商业软件。R 软件中的 Meta 分析功能是通过安装软件包（meta 包、rmeta 包等）实现的。它的特色在于：有效的数据存储和处理；有一整套数组和矩阵运算工具；完整连贯的统计分析工具；优秀的统计绘图功能；完善、简洁和高效的编程语言。鉴于 R 软件如此强大的功能及实用性特点，本研究将利用 R 软件进行 Meta 分析。

综上，Meta 分析作为一种结合多项研究结果的定量方法，它与传统的叙述性文献综述不同。传统的叙述性文献综述中，研究者隐含地为每项研究赋予一定程度的重要性，但在 Meta 分析中，分配给每项研究的权重是基于事先规定好的数学标准。虽然评阅人和读者仍然可能对结果的实质意义持有不同的态度（因为它们可能用于初步研究），但其采用的统计分析为该讨论提供了透明、客观和可复制的框架。Meta 分析主要包括确定研究问题、文献检索、文献筛选、数据提取、数据分析及结果展示六个步骤。其中，文献检索是比较关键的步骤，这是因为往往有积极效应的研究更容易发表，而一些具有消极效应或者没有任何效应的文章则不会被发表，这样会导致所检索到的文献不够全面，进而会产生 Meta 分析中比较常见的发表偏倚问题。因此，在这个过程中要尽可能全面地包括研究主题的文献。同时，要注意在文献筛选过程中，它不同于传统的叙述性文献综述，Meta 分析中的文献筛选一定要有严格的筛选纳入标准。对于数据分析阶段，要充分注意效应大小指标的选取。同时，在分析过程中注意分析模型的选择，大多数情况下选择随机效应模型相对来说更合适。考虑到所有研究间可能存在的共性，本章选择混合效应模型。在此过程中，还要注意研究间地点上的相互依赖、研究组间的相互依赖，或者是研究内相互依赖等，这些均需借助三级 Meta 分析对其依赖性进行校正。最后，上述数据分析过程及结果展示均可通过 R 软件来实现。

9.2 人工湿地深度净化尾水 Meta 分析方法

9.2.1 确定研究问题

当前关于人工湿地深度处理尾水所涉及的湿地类型较多，并且各湿地类型的处理效率可能会出现相互矛盾的结果，从而极易得到一些误导性的结论。因此，从整体上判断人工湿地尾水处理效果并判别较优类型对有效地处理尾水至关重要，这就需要一个定量的、系统性的分析方法来实现。而 Meta 分析便是这样一种分析方法。Meta 分析对多个同类独立研究的结果进行汇总和合并分析，以达到增大样本量，提高检验效能的目的，尤其是当多个研究结果不一致或都没有统计学意义时，采用 Meta 分析可得到更加接近真实情况的统计分析结果。基于此，本章的研究问题即为人工湿地深度净化尾水效应分析，具体包括人工湿地深度净化尾水综合效应分析、人工湿地去除污染物效率影响因素分析。

9.2.2 文献检索与筛选

本章对同行评审的文献进行了系统的搜索（文献检索的时间是 2023 年 4 月 16 日），以确定人工湿地深度净化尾水的定量证据。首先，在 ISI Web of Knowledge 外文数据库中利用关键词（constructed wetland OR artificial wetland OR manmade wetland）AND（tail water OR secondary effluent OR polishing）及 CNKI 数据库中利用关键词（人工湿地或人造湿地）AND（尾水）进行检索，初步检索到相关的文献数量是 1101 篇。其次，阅读这 1101 篇文献的题目和摘要（因为根据前面关于 Meta 分析过程文献筛选的介绍可知开始检索到的文献很大部分是没有用的），根据已确定的研究问题，进行初步筛选，得到 287 篇相关文献。再次，针对剩余的 287 篇文献，进一步制定文献纳入 Meta 分析标准，本章的文献纳入标准有以下几条：①文献中应涉及人工湿地处理前后的污染物监测结果、监测次数及标准差；②文献必须是同行评议的文章（peer- reviewed literature），而不能是综述性文章（review literature）；③文献中尾水处理的目的在于河道水质提升。最后，在以上文献纳入标准的基础上，结合全文阅读，可纳入本章 Meta 分析的文献总数为 162 篇。考虑到数据缺失情况及数据质量，剔除 27 篇文献，最终纳入本章 Meta 分析的文献总数为 135 篇。具体的文献筛选纳入流程见图 9-2。

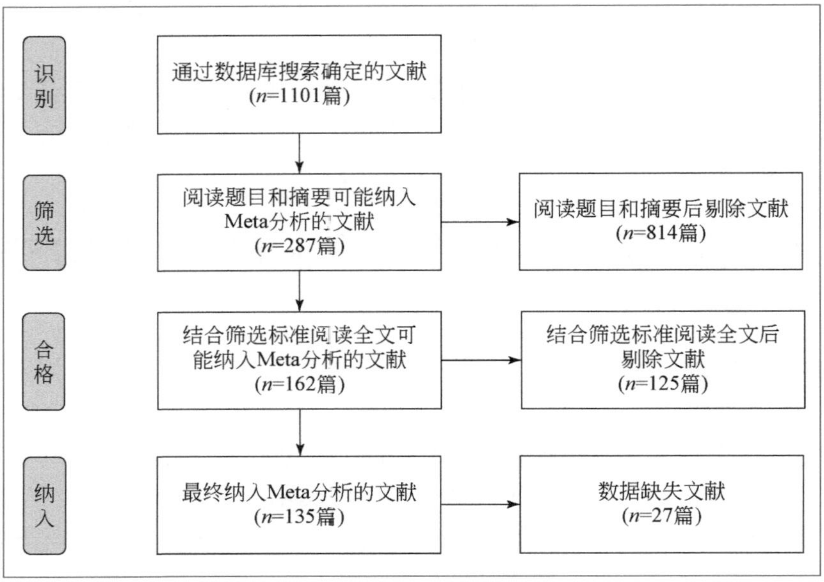

图 9-2　本章文献筛选 PRISMA 流程图

9.2.3　数据收集与分析

1）数据收集

确定好纳入 Meta 分析的文献后进行数据收集。根据本章的研究主题，所要收集的数据主要涉及人工湿地类型、尾水物质类型、水力停留时间、水力负荷、植物类型及填料类型等。所有这些数据从文献中的文本和图表获取（从图表获取数据的免费软件是 WebPlot-Digitizer），对于无法从文献中直接获取的数据，则试图联系作者本人；若最终确实无法获取该数据，则标记为 NA。

人工湿地类型主要包括表面流人工湿地（SFCW）、水平潜流人工湿地（HSFCW）、垂直流人工湿地（VSFCW）、表面流+潜流组合人工湿地（CSSFCW）、潜流组合人工湿地（CVHSFCW）及人工湿地与其他系统组合类型（CW+）6 种类型。尾水物质类型主要包括氮（N）、磷（P）、其他水质指标（OQIs）、持久性有机污染物（POPs）、药物和个人护理用品（PPCPs），以及其他有机污染物（OOPs）6 种（具体分类见表 9-1）。植物类型主要涉及挺水植物（EMs）、沉水植物（SMs）及组合植物（CMs）3 种类型（具体分类见表 9-2）。填料类型主要包括电子供体类填料（EDSs）、废物利用类填料（WUSs）、天然功能材料类填料（NFMSs）、常规材料类填料（CMSs）、功能强化类填料（FESs）及组合填料（CSs）六类（具体分类见表 9-3）。

2）数据分析

根据 9.1.2 节中关于效应大小计算的分析，本章 Meta 分析选择响应比来表征其效应大小。具体计算公式如下：

$$r = \ln \frac{\bar{X}_a}{\bar{X}_b} \tag{9-12}$$

式中，r 为各变量的效应值；$\bar{X}_a$和$\bar{X}_b$分别为人工湿地相关工艺对尾水处理前后的各变量的均值。由此可见，响应比 r 是无量纲的，当 $r>0$ 时，说明人工湿地相关工艺无法有效去除尾水污染物；当 $r<0$ 时，说明人工湿地相关工艺可以有效去除尾水污染物。

表 9-1 尾水物质具体分类情况

序号	污染物类型	污染物类别	具体污染物名称
1	N	氮	凯氏氮、氨氮、硝态氮、亚硝态氮、总氮等
2	OQIs	其他水质指标	BOD、COD、大肠杆菌、SS、TSS、VSS、TOC、浊度等
3	OOPs	其他有机污染物	双酚 A（BPA）、除草剂、敌敌畏、微塑料等
4	POPs	持久性有机污染物	有机氯农药、艾氏剂、狄氏剂、六氯苯、环氧七氯等
5	P	磷	磷酸盐、可溶性反应性磷（SRP）、总磷等
6	PPCPs	药物和个人护理用品	激素类、抗生素类、消炎药、高血压药等

表 9-2 植物类型具体分类情况

序号	植物类型	具体植物名称
1	挺水植物（EMs）	菖蒲、黄菖蒲、灯芯草、风车草、花叶芦竹、皇竹草、茭白、金门莎草、芦苇、香蒲、再力花、鸢尾等
2	沉水植物（SMs）	苦草、黑藻等
3	组合植物（CMs）	多种植物组合

表 9-3 填料类型具体分类情况

序号	填料类型	具体填料名称
1	电子供体类填料（EDSs）	海绵铁、改良海绵铁、黄铁矿、树皮、竹炭、腐殖质等
2	废物利用类填料（WUSs）	废砖、钢渣等
3	天然功能材料类填料（NFMSs）	火山石、火山渣、麦饭石、石灰岩等
4	常规材料类填料（CMSs）	砾石、黏土、沙子、砂石、石英砂、碎石、土壤、粗砂、鹅卵石等
5	功能强化类填料（FESs）	陶粒、空气浮力矩形垫等
6	组合填料（CSs）	多种填料组合

同样地，根据 9.1.2 节，往往有积极效应的研究更容易发表，而一些具有消极效应或者没有任何效应的文章则不会被发表，这便会产生 Meta 分析中比较常见的发表偏倚问题。因此，在计算各变量的响应比后，为验证结果的可靠性，本章 Meta 分析对其发表偏倚进行了分析。具体采用的方法包括漏斗图法、Egger 的回归测试及失安全系数分析。

以上所有数据分析均在版本为 3.4.3 的 R 软件（https://www.r-project.org/）中使用 compute.es 软件包（Del Re，2013）及 metaSEM 软件包（Cheung，2015）基于三级 Meta 分析来进行。

9.3 人工湿地深度净化尾水 Meta 分析定量研究结果及讨论

结合上述数据，本节将首先对所收集的具体人工湿地深度净化尾水案例全球分布特点进行分析；进一步基于上述 Meta 分析方法，对人工湿地深度净化尾水的综合效果及其影响因素（人工湿地类型、水力停留时间、水力负荷、植物类型及填料类型等）进行系统研究，并对结果的可靠性进行分析。

9.3.1 人工湿地深度净化尾水案例全球分布特点分析

自 20 世纪 80 年代以来，人工湿地因其在净化低污染水和小规模生活污水方面的明显优势已被广泛用于处理传统的三级和二级生活污水和城市污水，尤其在中国，人工湿地用于尾水深度净化的研究案例在全球范围内占比最大，达到 78.32%。这可以归因于中国的水危机和水处理策略。污水处理厂尾水深度净化处理具有经济性、稳定性和可行性等优点，已逐渐发展成为应对水危机的有效手段（Lyu et al.，2016）。同时，国家发展和改革委员会提出的《城市污水处理和资源化利用“十四五”发展规划》和生态环境部 2021 年发布的《区域再生水循环利用试点实施方案》均强调因地制宜地通过人工湿地对污水处理厂尾水进行深度处理。此外，江苏、安徽和广东的实施案例数量最多，占比分别为 17.41%、12.95% 和 11.38%。值得注意的是，这 3 个省（自治区、直辖市）位于中国南部，以亚热带/热带/赤道季风气候为主。温和、湿润和相对平衡的气候特征有利于人工湿地的成功运行，而寒冷的气候条件极大地影响水力学和（生物）地球化学过程（Ji et al.，2020）。

9.3.2 人工湿地物质综合去除效率分析

根据本章收集的 1144 个研究案例，不同案例其效应值（正值表示人工湿地对物质不具有明显的去除效应，负值表示人工湿地对物质具有明显的去除效应）估计均不相同，甚至相互矛盾（图 9-3）。为研究人工湿地对物质去除的综合效应，本章基于随机效应模型计算了 1144 个案例的累积效应值及其置信区间，结果分别为-0.87 及［-0.92，-0.81］。总体上来说，人工湿地对物质具有明显的去除效应，并且总体去除率为 58.0%。然而，进一步分析发现，对于出水中的 TN 浓度和 TP 浓度，只有 47.0% 和 72.6% 的研究案例达到我国《地表水环境质量标准》（GB 3838—2002）的 V 类标准（图 9-4）。这说明人工湿地需进一步改进其参数设计等，以进一步提高尾水水质。同时，本章对 1144 个研究案例进行了异质性分析，发现 $Q(\mathrm{df})=3\ 295\ 186$，$P<0.0001$，说明效应值的总体异质性强，后续需引入解释变量对异质性进行解释。为此，本章将引入解释变量人工湿地类型、水力停留

时间、水力负荷、植物类型及填料类型等对总体异质性进行分析。

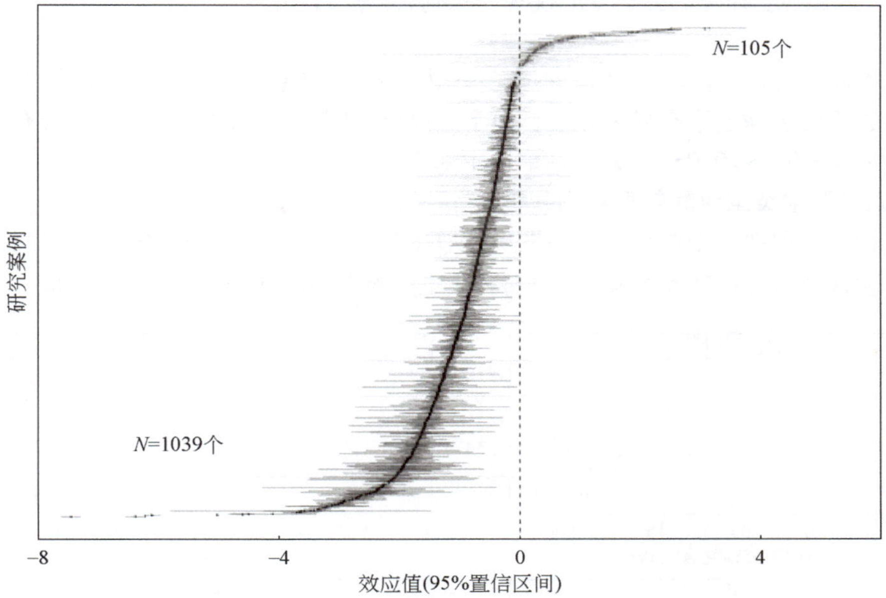

图 9-3　1144 个人工湿地相关工艺效应值估计森林图

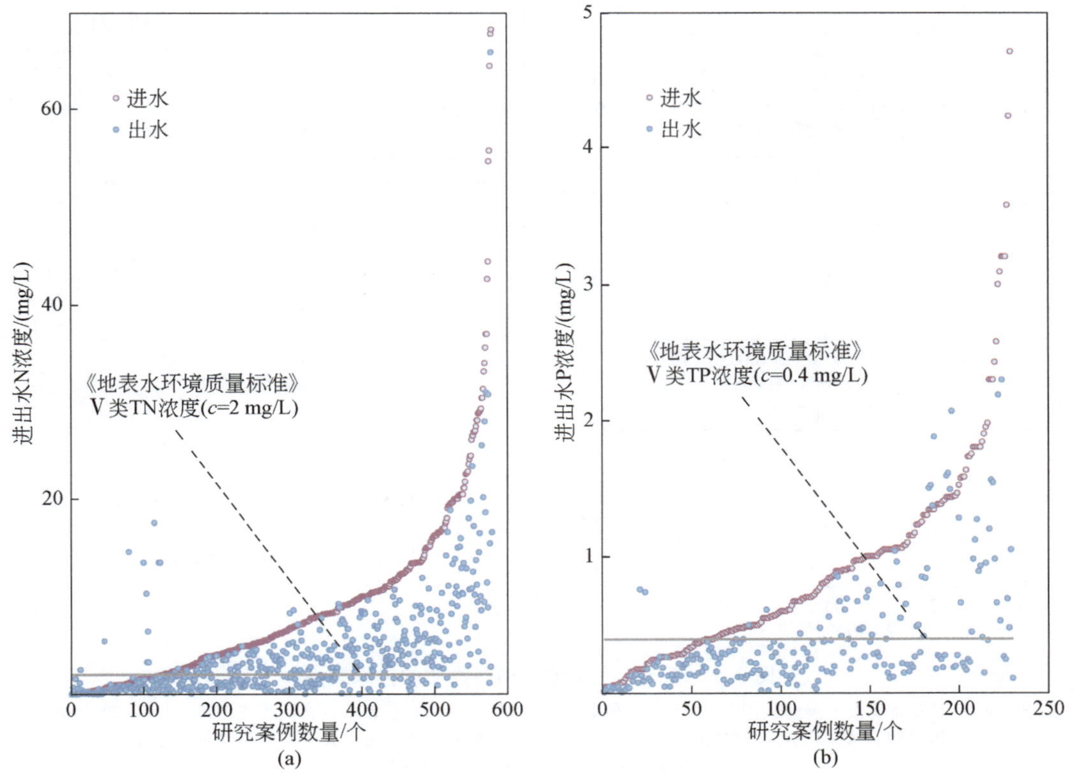

图 9-4　研究案例中 N 和 P 进出水浓度散点图

9.3.3 人工湿地物质去除效率影响因素分析

基于 Meta 分析混合效应模型，本章发现人工湿地类型、水力负荷、植物类型及填料类型等对物质的去除效率有显著影响，而水力停留时间对物质的去除效率并没有显著影响（Q_m=1.78，P=0.18>0.05）。具体结果展示如下。

1）人工湿地类型对除效率影响分析

对 6 种人工湿地类型进行分析，发现其 Q_m(df=5)=40.72，P<0.0001，说明人工湿地类型对累积效应值具有显著影响，并且每种人工湿地类型都具有积极的去除效应（图 9-5）。

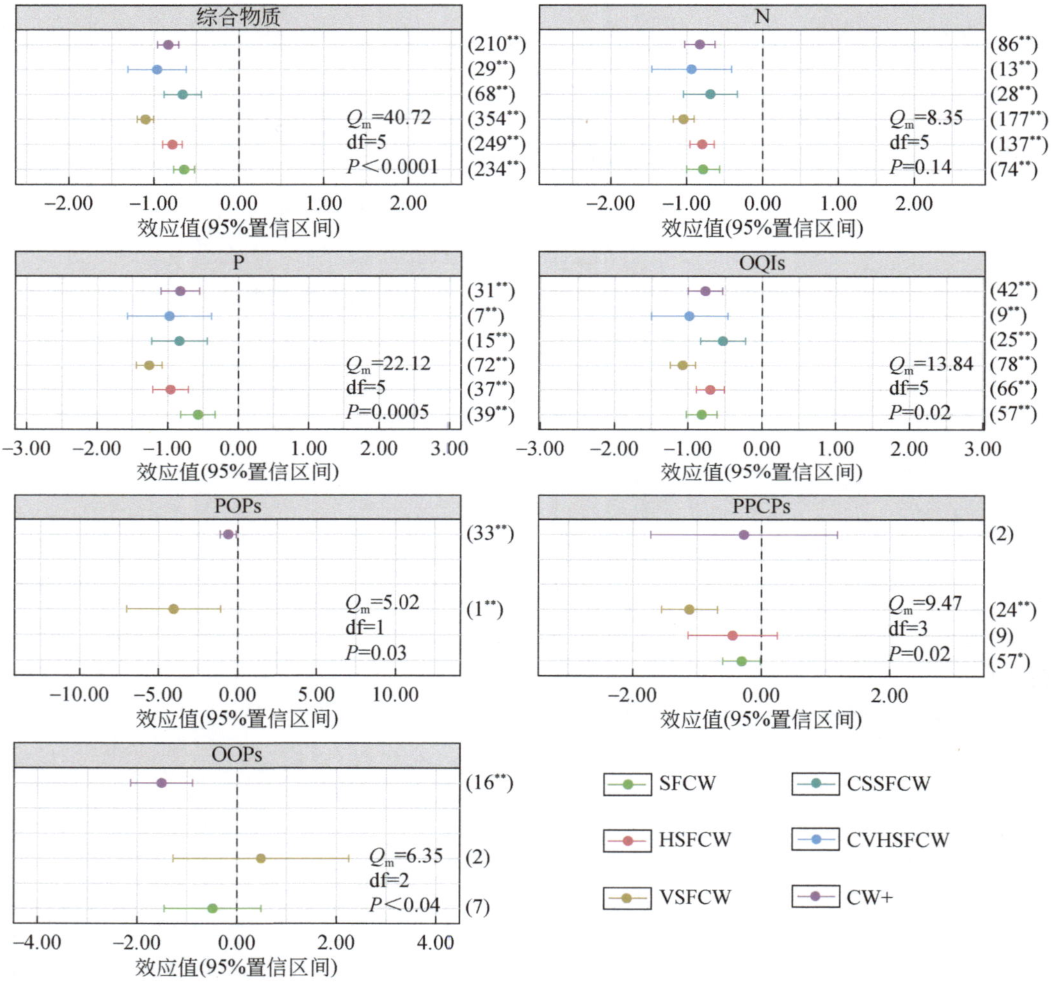

图 9-5 不同人工湿地类型对物质的去除效率

SFCW 表示表面流人工湿地，HSFCW 表示水平潜流人工湿地，VSFCW 表示垂直流人工湿地，CSSFCW 表示表面流+潜流组合人工湿地，CVHSFCW 表示潜流组合人工湿地，CW+表示人工湿地与其他系统组合类型。图右侧括号中的数据为样本量（案例数）。

** P<0.01；* P<0.05。下同

经多重比较分析发现，VSFCW 与 SFCW、HSFCW、CSSFCW 及 CW+具有显著性差异，并且 VSFCW 效果要优于 SFCW、HSFCW、CSSFCW 及 CW+。综上，VSFCW 具有较好的污染物去除效果。

结合三级 Meta 分析随机效应模型和多重比较分析，探究不同人工湿地类型对不同物质（N、P、OQIs、POPs、PPCPs 及 OOPs）的去除效率。结果发现，本研究中 6 种人工湿地类型对 N 均具有积极的去除效应，但不同人工湿地类型对 N 的去除效率无明显差异（P=0.14>0.05）。对于 P，不同类型人工湿地对其均具有积极的去除效应，并且不同类型人工湿地对其去除效率有显著影响。经多重比较分析发现，VSFCW 与 SFCW 之间存在显著差异，并且 VSFCW 对 P 的去除效率显著高于 SFCW。对于 OQIs，6 种人工湿地同样均对其具有积极的去除效应，并且 VSFCW 对 OQIs 的去除效率显著高于 CSSFCW，略高于 HSFCW。对于 POPs，本章 Meta 分析中仅涉及 CW+和 VSFCW 两种人工湿地类型，并且其对 POPs 均具有积极的去除效应。但是，由于样本量有限，无法得出哪种人工湿地对 POPs 具有更好的去除效果。对于 PPCPs，涉及的 4 种人工湿地类型中只有 SFCW 和 VSFCW 对其有积极的去除效应，并且 VSFCW 对 PPCPs 的去除效率明显高于 SFCW。对于 OOPs，涉及的 3 种人工湿地类型中只有 CW+对其具有积极的去除效应。但是，由于 CW+样本量有限，同样没有证据支持 CW+对有机物的去除效果最好。

综上，对于 N、P 及 OQIs 的去除通常会考虑更多的人工湿地类型。整体来看，各人工湿地类型对 N、P、OQIs 均具有良好的去除效果，并且不同类型人工湿地对综合物质、P 及 OQIS 去除有显著影响，VSFCW 表现出更高的去除效率。然而，对于 POPs、PPCPs 及 OOPs 等物质，由于本章 Meta 分析中样本量有限，缺乏足够的证据证明哪种人工湿地具有更好的去除效果。

2）水力负荷对去除效率影响分析

通过对影响因素水力负荷分析发现，其 Q_m 为 13.59，P<0.0001，说明水力负荷对综合物质的去除效率有显著影响。经趋势分析发现，水力负荷与去除效率呈现负相关（图 9-6），即在本章水力负荷范围内，随着水力负荷的增大，效应值的绝对值减小，即物质去除效率降低；在水力负荷为 4.32m/d 时，几乎无去除效果。对于特定物质，N、OQIs 及 PPCPs 的去除效率与水力负荷之间也存在显著相关性，并且随着水力负荷增大，物质去除效率也降低，这与白雪原等（2022）的研究结果一致，其研究中表明水力负荷增大会导致 COD 与 NH_4^+-N 的去除效率下降。一方面，水力负荷增大会对人工湿地基质吸附拦截有机物的作用产生不利影响，例如导致基质吸附作用减弱，或之前在基质间隙中拦截下来的有机物也可能脱稳被冲出等（王昊等，2013；白雪原，2020），从而使出水有机物浓度增加，去除率呈现下降趋势；另一方面，随着水力负荷的增大，有机物氧化需要消耗更多的溶解氧，会加速人工湿地内部厌氧环境的形成，这有利于反硝化细菌的生长和富集，而反硝化反应仍然是脱氮的主要制约因素（Li et al.，2015；Wang H L et al.，2015）。

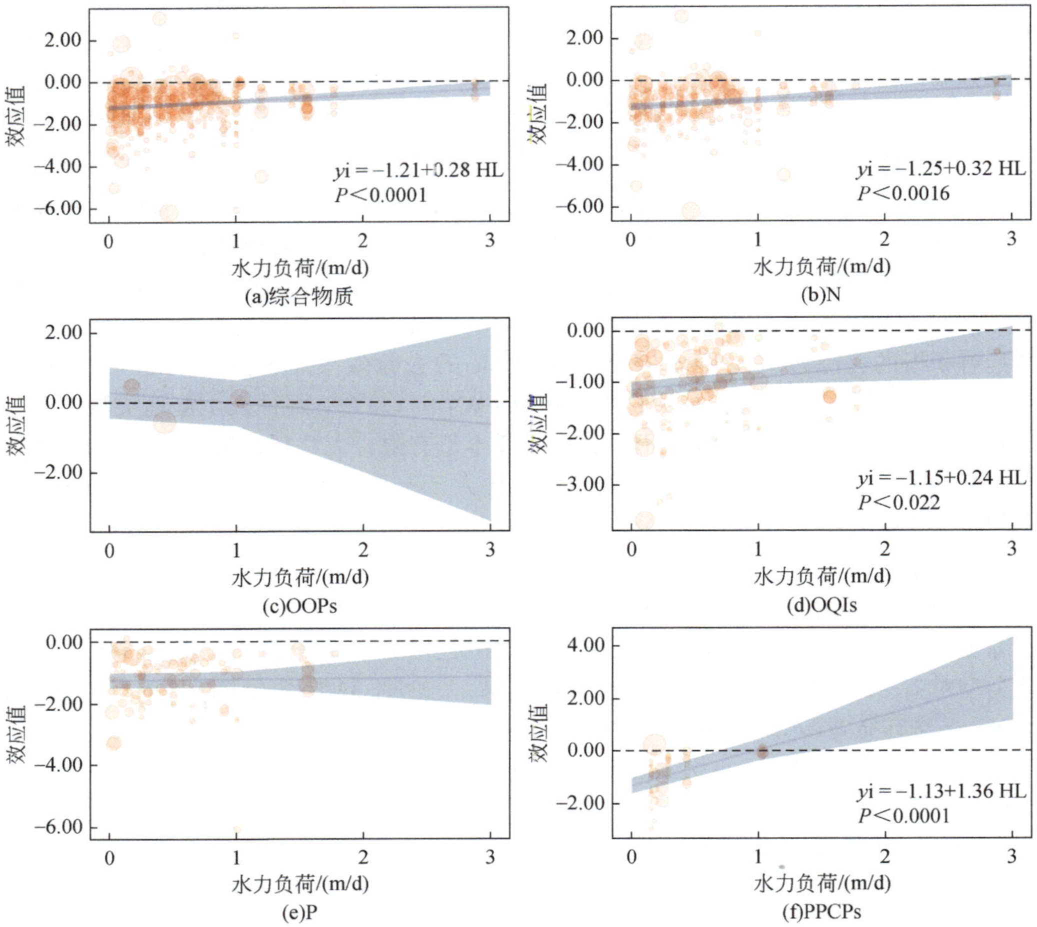

图 9-6　污染物去除效率（效应值）随水力负荷变化趋势

3）植物类型对去除效率影响分析

本章所涉及的植物类型分为挺水植物、沉水植物及组合植物（多种植物组合）三大类，通过分析结果发现，其 Q_m 为 14.86，P<0.0001（图 9-7），说明植物类型对物质综合去除效率有显著影响。经多重比较分析发现，挺水植物与组合植物之间具有显著性差异，并且去除效率为挺水植物>组合植物。而沉水植物可能由于其样本量（n=13）太少，其分析结果不具有比较性。对于特定物质，3 种植物类型对 N 和 OQIs 均具有积极的去除效应，但植物类型间无显著差异（P>0.05），这表明没有统计证据证明哪种植物对 N 和 OQIs 的去除最有效。3 种植物对 P 均有积极的去除效应，植物种类对 P 的去除效率有显著影响（P<0.05），并且挺水植物在去除磷方面比组合植物具有更强的潜力。对于 PPCPs 的去除，本章 Meta 分析中涉及的两种植物中，只有挺水植物具有积极的去除效应。最后，本章 Meta 分析中用于去除 OOPs 的两种植物（挺水植物和组合植物）均没有显示出积极的去除效应。

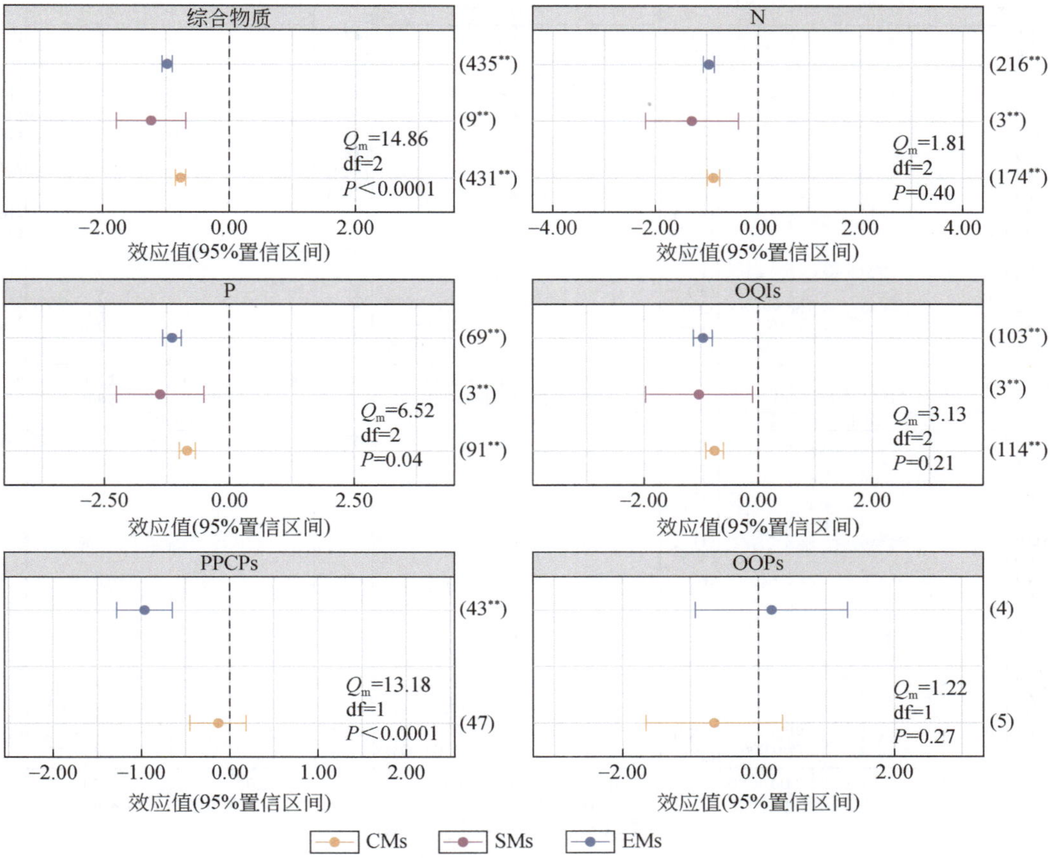

图 9-7　不同植物类型对污染物的去除效率

CMs 为组合植物，SMs 为沉水植物，EMs 为挺水植物

综上，3 种植物对综合物质、N、P 和 OQIs 的去除效率均为正。同时，植物类型显著影响综合物质及 P 的去除效率，并且挺水植物比组合植物表现出更强的去除潜力。对于 PPCPs 和 OOPs，涉及的两种植物类型中只有挺水植物对 PPCPs 表现出积极的去除效应。

另外，本章对特定植物的去除效率也进行了分析（图 9-8），其中涉及 17 种特定植物。结果表明，除 ADV 和 HM（样本量过少）外，所有特定植物对综合物质的去除效率均为正。此外，特定植物类别对综合去除率有显著影响（$P<0.05$），其中 JE/PS 的绝对效应值显著高于 CI /CP/IT，PS 的绝对效应值略高于 PA。结果表明，种植有 JE/PS 等植物的人工湿地对物质的综合去除效果优于种植 CI/CP/IT/PA 等植物的人工湿地。

具体而言，除 ADV、CR、HV、TO 和 ZL 外，其余 11 种特定植物除氮效率均为正，并且效应大小受特定植株类别影响显著（$P<0.05$）。经多重比较分析发现，JE 与 TO 及 PS 与 TO 均存在显著差异，并且 JE/PS 的绝对效应值显著高于 TO。然而，现有研究发现，相比于 IP、TD、HM 和 IT，CI 对碳氮等物质的去除效率更高（宋涛等，2022），这表明应进一步加强与特定植物相关的具体研究，为人工湿地选择适宜的植物提供科学指导。对其他物质（如 P、OQIs、POPs、PPCPs 及 OOPs）也进行了同样的分析。对于 P，除 AC、ADV、

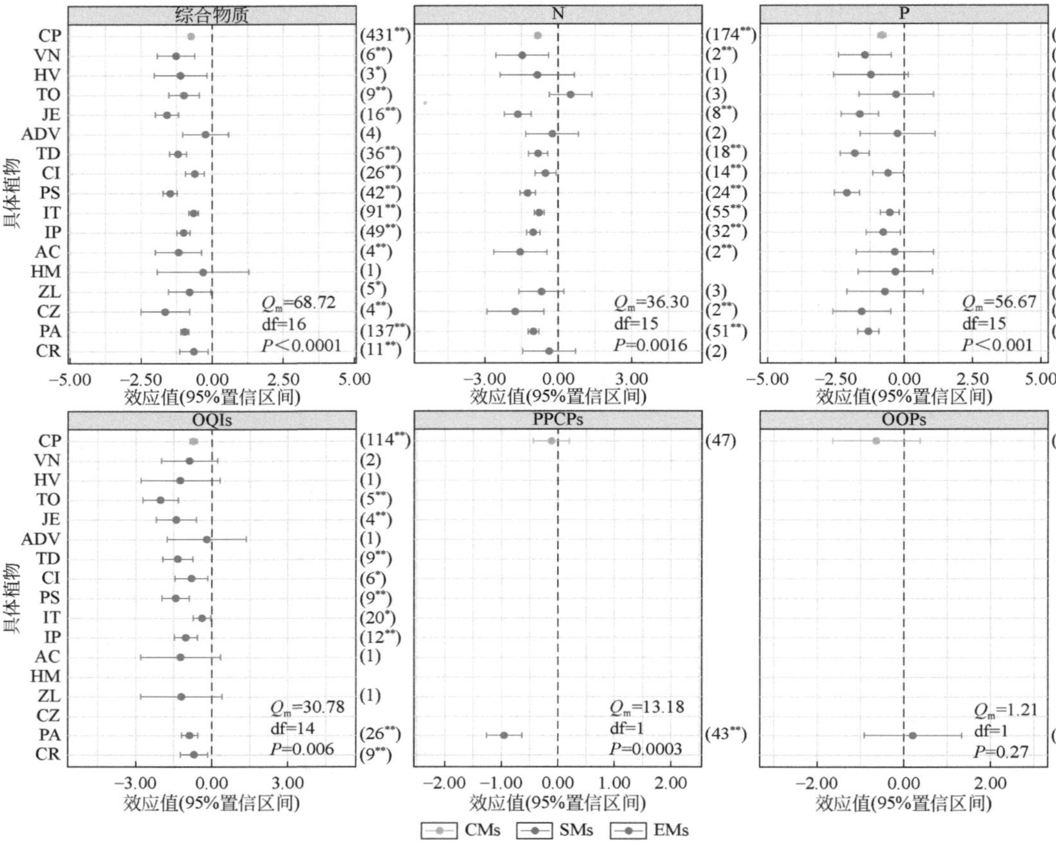

图 9-8　不同植物对污染物的去除效率

CMs 为组合植物，SMs 为沉水植物，EMs 为挺水植物；CP 为组合植物，VN 为苦草，HV 为黑藻，TO 为香蒲，JE 为灯芯草，ADV 为花叶芦竹，TD 为再力花，CI 为风车草，PS 为皇竹草，IT 为鸢尾，IP 为黄菖蒲，AC 为菖蒲，HM 为蝎尾蕉，ZL 为茭白，CZ 为香根草，PA 为芦苇，CR 为金门莎草

HM、TO 和 ZL 外，其余 11 种特定植物对其均有正向去除效应，其中 PS 的绝对效应值显著高于 CI/CP/IT，TD 的绝对效应值略高于 IT/CP。对于 OQIs，TD 的绝对效应值高于 IT/CP。最后，由于样本量小，在本章 Meta 分析中仅发现了两种特定植物（PA 和 CP）用于对 PPCPs 和 OOPs 的去除，并且只有 PA 对 PPCPs 的去除有积极效应。

综上所述，结合本章 Meta 分析结果，大多数特定植物对综合物质、N、P 及 OQIs 具有积极的去除效应，并且其去除效率受到特定植物类别的显著影响。总体而言，种植灯芯草/皇竹草的人工湿地对物质的去除效率要高于种植风车草/组合植物/鸢尾/芦苇的人工湿地，并且种植有皇竹草的人工湿地对物质的去除效率高于种植芦苇的人工湿地。具体地，种植灯芯草/皇竹草的人工湿地对氮的去除效果优于种植香蒲的人工湿地；种植皇竹草的人工湿地对磷的去除效果优于种植风车草/组合植物/鸢尾的人工湿地；种植再力花的人工湿地对磷的去除效果优于种植鸢尾/ 组合植物的人工湿地；种植再力花的人工湿地对其他水质指标的去除效果优于种植鸢尾/组合植物的人工湿地。然而，对于 PPCPs 和 OOPs 的去除，未来还需要进一步研究来揭示具有更好去除效果的具体植物。

4）填料类型对去除效率影响分析

本章 Meta 分析发现，6 种填料类型对综合物质均具有积极的去除效应，并且填料类型显著影响其去除效率（$Q_m=19.30$，$P=0.0017<0.05$）（图 9-9）。经多重比较分析发现，CSs 与 CMSs 存在显著差异，并且 CSs 的绝对效应值高于 CMSs，这说明配备组合填料的人工湿地对物质的去除效率优于配备常规材料类填料的人工湿地。

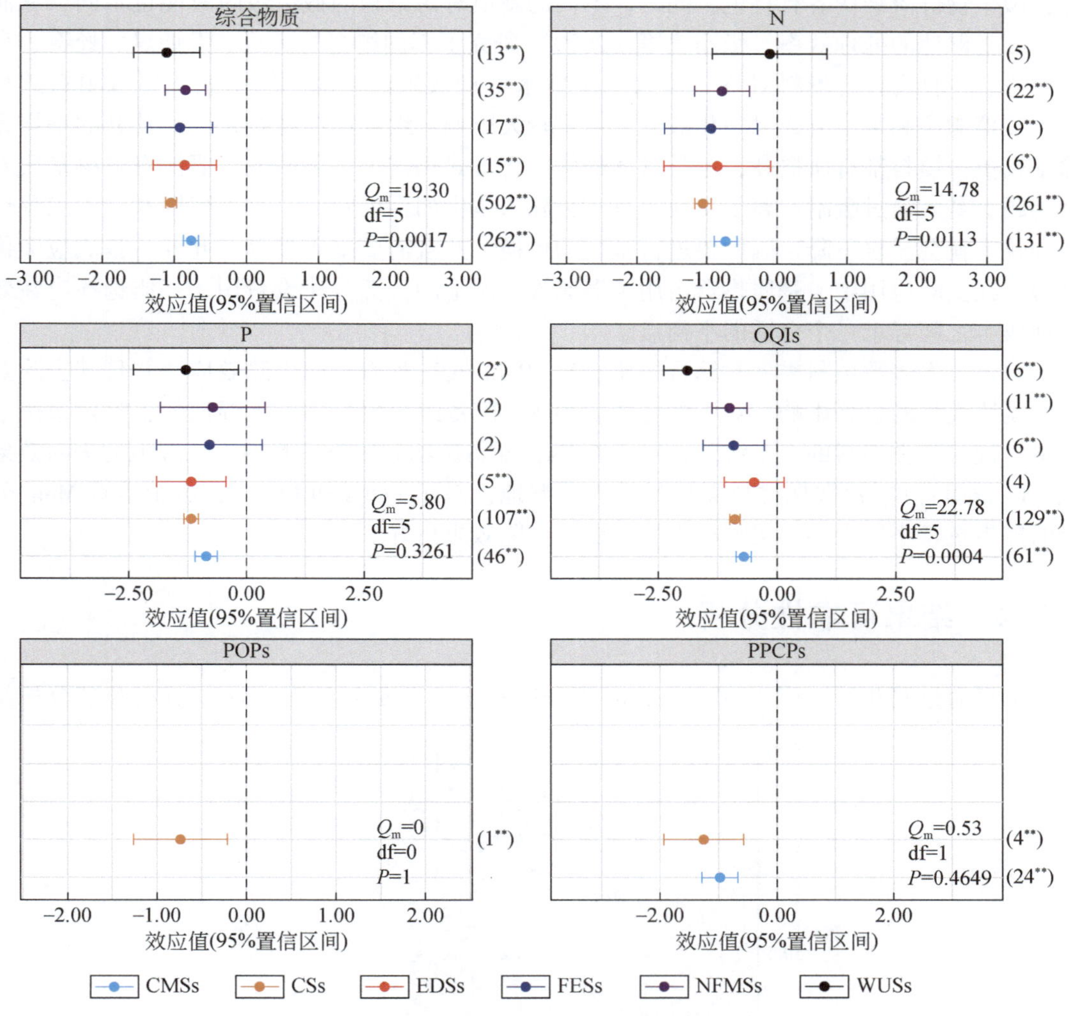

图 9-9　不同填料类型对污染物的去除效率

CMSs 为常规材料类，CSs 为组合填料，EDSs 为电子供体类，FESs 为功能强化类，NFMSs 为天然功能材料类，WUSs 为废物利用类

具体而言，除了 WUSs，其余 5 种填料对 N 的去除均具有积极效果，并且其去除效率受填料类型的显著影响。经多重比较分析发现，CSs 与 CMSs 之间存在显著差异，并且 CSs 的绝对效应值高于 CMSs。同样地，对于 P，除了 FESs 和 NFMSs 之外，其余 4 种填料对 P

均具有积极的去除效应，但不同填料类型对 P 的去除效率无显著差异。对于 OQIs，除 EDSs 外，其余 5 种填料类型均具有正向的去除效应，其中 WUSs 和 CSs 及 WUSs 和 CMSs 之间存在显著差异，并且 WUSs 的绝对效应值显著高于 CSs 和 CMSs。最后，对于 POPs 和 PPCPs，由于其样本量有限，本章 Meta 分析仅涉及一种或两种填料类型，缺乏相应的统计数据证明不同填料类型的有效性。

人工湿地选取的基质种类、粒径不同，导致内部水力特性不同，局部微环境存在差异，微生物群落结构各有特色，同时，不同的基质对污染物的截留吸附效能也不同，从而影响人工湿地的处理效率。张翔凌等（2009）研究了不同组合的沸石、无烟煤、蛭石、高炉钢渣、生物陶粒等填料对垂直流人工湿地水处理效果的影响，结果表明组合填料的种类、装填顺序和装填方式对净化效果产生了较大影响。组合填料对 COD、N 及 P 的平均去除率较单一填料都有所提高，但是具体最优组合方式仍需进一步研究，要注意解决基质寿命问题。基质通过吸附、离子交换等方式去除水体中的污染物，一旦吸附饱和，人工湿地处理效率就会显著下降，因此要进行基质的更换，并且需要妥善处理。此外，基质应廉价易得。在实际应用中，基质投资占用了潜流人工湿地的大部分建设费用，基质选择应在效率和成本之间寻求一个合适的平衡点。

综上，大多数填料类型对综合物质、N、P 和 OQIs 均有正向去除效应，并且其去除效率受基质类型的显著影响。对于综合物质和 N，配备组合填料的人工湿地的去除效果优于配备常规材料类填料的人工湿地；对于 OQIs，配备废物利用类填料的人工湿地的去除效果优于配备组合填料/常规材料类填料的人工湿地；对于 POPs 和 PPCPs，由于本章 Meta 分析的样本量较小，很难确定哪种类型的底物去除效果更好。

9.3.4 结果可靠性分析

本章通过漏斗图（图 9-10）、Egger 不对称检验及失安全系数（fsn）分析验证分析结

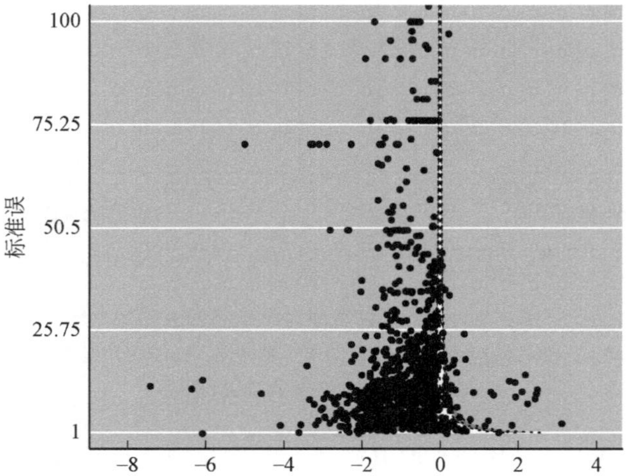

图 9-10 本章发表偏倚漏斗图

果的可靠性。分析结果发现漏斗图不对称且 Egger 不对称检验显示 $P=0.04$，略小于 0.05，说明结果可能存在一定的发表偏倚。但是，经过失安全系数分析发现，失安全系数 fsn = 219 053 367，远远大于其临界值 $5k+10$（k 为案例研究的数量，$k=1144$），说明本章分析结果不受发表偏倚影响，结论可靠。

9.4 小　结

本章 Meta 分析发现，人工湿地用于尾水深度净化的研究案例数量在中国占比最高，达到 78.32%。人工湿地对各种物质具有明显的去除效应，总体去除率为 58.0%。然而，进一步分析发现，对于出水中的 N 和 P，只有 47.0% 和 72.6% 的研究案例达到我国《地表水环境质量标准》（GB 3838—2002）V 类标准（图 9-4），这说明人工湿地需进一步改进其参数设计等，以进一步提高尾水水质。分析发现人工湿地类型、水力负荷、植物类型及填料类型对人工湿地物质去除效率有显著影响，而水力停留时间对人工湿地物质去除效率没有显著影响。具体地：①垂直流人工湿地对综合物质、P 及其他水质指标的去除或提升具有较好的潜力；②综合物质、N、P 及 PPCPs 等去除率随着人工湿地水力负荷的增加而降低；③种植挺水植物的人工湿地对综合物质和磷的去除效果优于种植组合植物的人工湿地；④种植灯芯草/皇竹草的人工湿地对综合物质和 N 具有较好的去除效果，种植皇竹草/再力花的人工湿地对 P 的去除效果较好，种植再力花的人工湿地对其他水质指标的去除效果较好；⑤配备组合填料的人工湿地对综合物质和 N 的去除效果优于配备常规材料类填料的人工湿地，配备废弃物利用类填料的人工湿地对其他水质指标的去除效率优于配备组合填料/常规材料类填料的人工湿地；⑥对于其他物质（如 POPs、PPCPs 及其他有机物），仍缺乏相应的统计数据来证明合适的人工湿地类型、水力负荷、植物类型或基质类型。

虽然本章 Meta 分析针对人工湿地对物质的综合去除效率及工艺运行参数（如水力停留时间和水力负荷）、植物和基质类型等影响因素对去除效率的影响进行了系统分析，但是在实践中人工湿地作为一个综合系统，需要全面考量，部分实践数据反馈的缺失将导致人工湿地处理效果在应用层面和研究层面出现差异，从而阻碍人工湿地巨大潜力的发挥。特别地，为进一步提高人工湿地尾水处理效率，明确相关参数的优化设定，未来 Meta 分析应加强相关数据的收集等。具体如下。

（1）关于碳源补充的相关研究数据需进一步加强。污水处理厂尾水的一个典型特点就是 C/N 较低，碳源不足影响到人工湿地脱氮效率，因此人工湿地碳源补充也是一个重要的研究方向。目前来看，人工湿地碳源补充可分为三类，一是可溶性碳源，如甲醇、果糖和污泥等。向人工湿地中补充甲醇使得 C/N 达到 3∶1，总氮去除率为 81%~98%，显著高于未添加甲醇的系统（<10%）（Huett et al., 2005）。二是固体性碳源，即不溶性的合成类可生物降解有机物。Shen 等（2015）以玉米淀粉/聚己内酯（SPCL）共混物作为人工湿地的补充碳源，提高了系统的脱氮效率，其中反硝化过程主要发生在 SPCL 填充层中，测序结果也显示反硝化细菌在该层为优势菌。采用 3-羟基丁酸酯和 3-羟基戊酸酯共聚物（PHBV）及聚乙酸（PLA）的混合物作为碳源和生物膜载体，得到了与 Shen 等（2015）

类似的结果（Yang Z C et al.，2018）。三是植物性碳源，如芦苇秆、稻壳等。赵联芳等（2018）对比了芦苇秆、二球悬铃木树叶和葡萄糖作为补充碳源对垂直流人工湿地脱氮效果的影响，评估了不同碳源对 N_2O 产生量的影响，分析了不同碳源湿地基质中微生物的优势菌群，结果表明植物性碳源有助于提高系统脱氮效率，但是 N_2O 释放量要高于葡萄糖组，3 组实验中细菌均为基质中的优势群落。可溶性碳源投加量不易控制，并且在人工湿地中很容易通过好氧降解，不能长时间发挥作用。固体性碳源需提前预埋在人工湿地基质中，效果稳定，但不易补充，并且成本昂贵。植物性碳源廉价易得，可是效果不稳定，容易受到干扰，同时会导致出水色度增加。但是究竟哪种碳源补充可以带来更好的效能仍需要通过 Meta 等大数据分析进一步确定，因此关于碳源补充的相关数据在未来研究中应该进一步加强。

（2）人工湿地处理新污染物研究需进一步拓展。随着化学合成技术日益提升，环境中各类新污染物质层出不穷，这些污染物往往具有较长的半衰期，可生化性能较差，常规污水处理难以去除，导致其逐渐在污水处理厂尾水中呈现。本章中含氮污染物和含磷污染物相比于药品和个人护理用品更容易被人工湿地相关工艺去除，这主要是由于当前关于人工湿地处理药品和个人护理用品的研究比较少，使本章 Meta 分析中相关研究的样本量较少，导致其结果不具备可比性。同时，当前药品和个人护理用品等新污染物给人类和环境都带来了巨大损害，因此有必要加强对该污染物的研究，扩大样本量，优化人工湿地参数，提高污染物的去除效率。

（3）人工湿地类型仍需进一步探索。本章大数据分析结果显示，总体来看垂直流人工湿地污染物去除效率相对来说要高；对于特定污染物而言，又呈现出稍有差异的结果。但是，具体案例研究中也显示出不同流态人工湿地工艺组合有利于提高人工湿地系统运行的稳定性，对低温/高温均有一定的适应性；人工湿地和其他工艺耦合可以提高人工湿地的处理效率。因此，相关人工湿地类型处理效果的数据仍需进一步扩大，从而更加精准验证并优化人工湿地处理工艺类型。

（4）人工湿地植物-基质等仍需进一步研究，如本章中指出组合填料的处理效果要优于常规材料类。那么，如何组合、组合比例多少等问题需要进一步研究，利用相关数据进行更加细致的 Meta 分析，从而得到最优填料组合。同时，要注意解决基质寿命问题。基质通过吸附、离子交换等方式去除水体中的污染物，一旦吸附饱和，人工湿地处理效率就会显著下降，因此要进行基质的更换，并且需要妥善处理。此外，基质应廉价易得。在实际应用中，基质投资占用了潜流人工湿地的大部分建设费用，基质选择应在处理效率和成本之间寻求一个合适的平衡点。因此，进一步提高相关研究的数据可得性，基于 Meta 分析得到最佳填料组合。

第10章　人工湿地深度净化工程案例及运行管理

人工湿地深度净化技术成功地应用于长江保护修复、黄河生态保护治理、白洋淀生态环境治理保护和城市河湖生态环境保护与修复项目中。本章总结若干在长江流域和黄河流域水质深度净化工程中的人工湿地应用案例，分析工程应用背景、目标、人工湿地工艺设计和实施及处理效果等，展示其在水质提升和水资源安全保障方面的显著效果。最后，针对人工湿地长期运行与管理过程中面临的主要问题，提出解决方案与技术指引。

10.1　长江流域人工湿地工程应用案例

长江流域横跨中国东部、中部和西部三大区域19个省（自治区、直辖市），流域总面积$1.80\times10^6 km^2$，占我国国土面积的18.8%，流域内有丰富的自然资源。长江经济带人口和生产总值均超过全国的40%。长江经济带发展战略是我国重大战略之一，以共抓大保护、不搞大开发为导向，以生态优先、绿色发展为引领，依托长江黄金水道，推动长江上中下游地区协调发展和沿江地区高质量发展。《长江经济带生态环境保护规划》中明确提到"在排污口下游、干支流入湖地区因地制宜地大力建设人工湿地污水处理工程"。

本节选取了长江下游城市江苏省太仓市、安徽省合肥市、上海市、浙江省嘉兴市和杭州市等地实施的城镇污水处理厂排污口下游或者干支流入湖入河区域人工湿地处理工程5个，工艺流程涵盖稳定塘、表面流人工湿地、水平潜流人工湿地、垂直流人工湿地、阶梯组合垂直流人工湿地和水生植物塘等，在水质改善与水资源再生回用、生物多样性保护、生态景观提升方面发挥积极作用，取得了显著的生态环境和经济社会效益。这些案例展示了人工湿地在长江大保护中的作用和意义，为长江流域生态环境保护提供切实可行的技术路径和管理策略，也为其他类似水生态环境保护与修复提供借鉴。

10.1.1　江苏省太仓市港城组团污水处理厂配套生态湿地

1. 项目背景

通过建设人工湿地工程对港城组团污水处理厂出水进行深度处理，改直排长江为排内河六里塘，保护长江，同时改善内河水环境质量，结合生态景观建设，提升区域生态环境质量。

太仓市港城组团污水处理厂配套生态湿地位于太仓市港城组团污水处理厂西侧（图10-1），范围为龙江路以东、协鑫中路以南、六里塘以西、东方中路以北的区域，包括该污水处理厂部分区域。主体工程范围总面积 11hm²，分为南北两个地块，南地块 4.7hm²，北地块 6.3hm²。

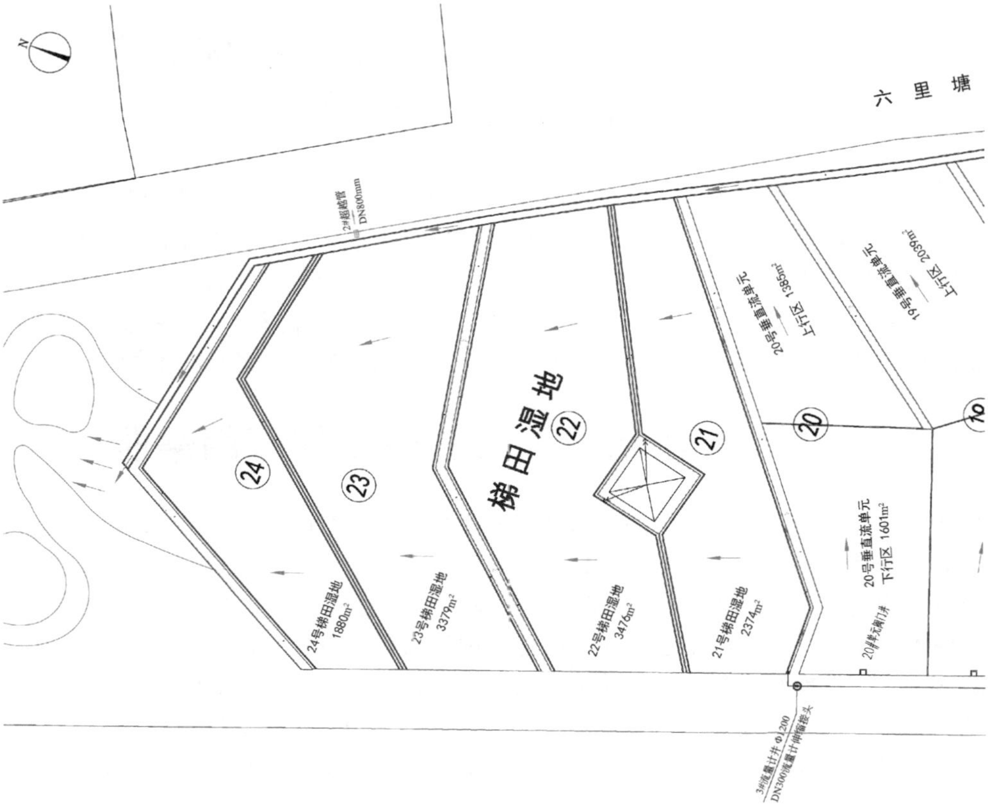

图 10-1　梯田式水平潜流人工湿地布置图

太仓市港城组团污水处理厂出水 30 000m³/d，原直接排放到长江，为了保障长江水安全，改为排放到内河六里塘，同时满足内河水质要求。因此，需要对污水处理厂出水进行深度处理。该污水处理厂进水中 80% 为工业废水，继续采用传统生物方法，很难去除剩余的有机物。若采用化学方法，则会提高污水处理厂的处理成本，同时产生的剩余污泥处理难度大，易造成二次污染。

2. 处理目标

在太仓市港城组团污水处理厂出水主要水质指标达到《太湖地区城镇污水处理厂及重点工业行业主要水污染物排放限值》（DB32/1072—2018）中化学工业其他排污单位尾水排放浓度限值要求和《化学工业主要水污染物排放标准》（DB32/939—2006）一级标准的前提下，通过建设生态湿地，污水处理厂出水经过生态湿地处理后的出水满足受纳水体功能水质目标，主要水质指标 COD_{Cr}、NH_4^+-N 和 TP 达到或优于《地表水环境质量标准》（GB 3838—2002）Ⅳ类标准；打造湿地景观，形成生态湿地公园，进行海绵城市示范，人与自然和谐共处，促进区域人口、资源、环境和经济的协调发展。

3. 工程设计

太仓市港城组团污水处理厂配套生态湿地主要包括组合垂直流人工湿地、梯田式潜流人工湿地、表面流人工湿地和沉水植物塘等。

1）组合垂直流人工湿地设计

组合垂直流人工湿地总占地面积约 $6.2\times10^4 m^2$，这部分面积含湿地内分割墙体和检修通道面积，共分为 20 组单元，编号 1～20，各个单元分散进水、并联运行。每个单元又分为前区（下行区）和后区（上行区）。

湿地总进水管布置在湿地西侧，设计管径 DN500mm，采用 PE 实壁管管材。然后经过三通 DN500mm×200mm、蝶阀 DN200mm，用 DN200mm 配水总管进入各个湿地单元下行区，下行区在填料顶面布水，将 DN200mm 配水总管的垂直方向每隔 3.0m 设置 DN100mm 穿孔配水管，将水量分配至湿地单元中。湿地下行区下部和上行区下部布置下层穿孔排水管（DN150mm），将下行区排水经管道输送至上行区，然后经间布管道均匀配水，然后水流上行进入上行区上部的 DN150mm 穿孔集水管中，穿孔集水管收水后排放进入湿地东侧出水渠道中。设计出水渠道为梯形断面明渠，设计净宽 1.5m，设计水深 0.4～0.6m。

本项目中，结合对氮磷污染物的去除，需要营造厌氧、缺氧和好氧的湿地环境，故相应的湿地床底深度加深，这样通常植物根系能够达到的区域以好氧和缺氧为主，而下部为厌氧区，最终实现在湿地内部的硝化反硝化。同时，结合后续的表面流人工湿地和沉水植物塘区，相应的组合垂直流人工湿地处理区以反硝化脱氮为主。组合垂直流人工湿地深度为 1.50m，内部填充湿地分层填料。

垂直流人工湿地池体自下而上主要包括防渗层、填料床和超高部分。本项目中垂直流人工湿地池分层与湿地流态有关，下行池从上到下依次为配水层、3 层填料层、排水层，共 5 层；上行池从上到下依次为集水层、3 层填料层、配水层，共 5 层。

人工湿地填料不仅为植物生长、微生物附着提供适宜条件，自身还通过物理化学吸附、沉降络合等作用有效去除污染物质。常用的人工湿地填料主要包括碎石、卵石、石灰石、矿渣、蛭石、沸石、砂石、高炉渣、页岩等。另有一些新型生物质填料对本工程需要重点去除的氮磷污染物去除性能较好。本项目中下行池选择沸石、碎石、生物质填料为人工湿地填料。上行池选择碎石、生物质填料、陶粒为人工湿地填料。

2）梯田式潜流人工湿地设计

梯田式潜流人工湿地共分为 4 级，编号 21～24，主要位于组合垂直流人工湿地北侧，也属于潜流人工湿地的一部分，与组合垂直流人工湿地并联运行。其平面布置图如图 10-1 所示。

3）表面流人工湿地设计

表面流人工湿地按照景观布局中水流形态和面积分配布置，整体上呈流线型蜿蜒曲折出流。池体下部填充粒径为 10～20mm 的碎石，其厚度为 300mm，填料中种植湿地植物（图 10-2）。出水端用大块块石堆砌汇流区，调节表流区水位高度和出水，以方便在后期运行管理过程中维持一定的水位来控制湿地植物的生长。湿地中采用必要的工程措施引导水流流向，保证最大的湿地水力停留时间和有效处理面积。内部水深保持在 30cm 左右。湿地以湿地挺水植物为主，通过湿地植物过滤拦截和植物吸收等处理尾水中氮磷，定期收割植物残体。

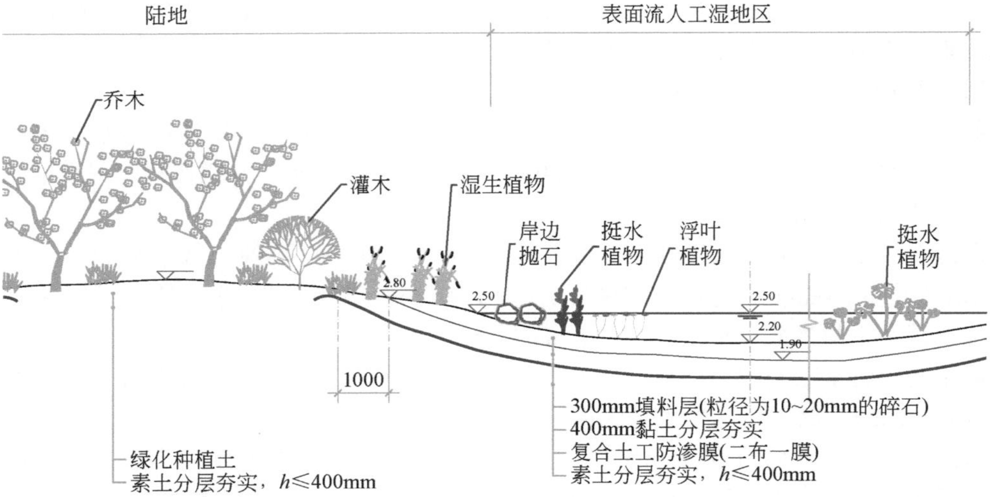

图 10-2　表面流人工湿地剖面图

尺寸单位：标高为 m，其余均为 mm

4）沉水植物塘设计

本项目中沉水植物塘的建设是在充分利用场地现状地形进行适当修整的基础上，实施以水生植物为主的生态修复措施。与传统稳定塘设计中池底平缓、水深稳定相比，本项目中沉水植物塘整体设计为深塘、浅滩间隔分布，蜿蜒布置（图 10-3）。沉水植物塘为植物提供立地条件和适宜的生长环境。岛屿部分也由乔木、灌木、草地等构成大片的乔灌草缓

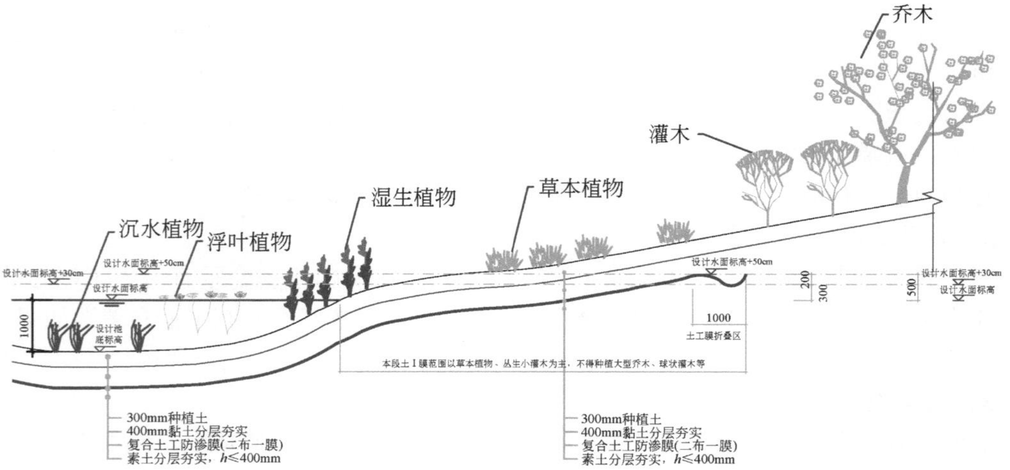

图 10-3　沉水植物塘设计断面图

尺寸单位：mm

冲带。在沉水植物塘中构建乔灌草缓冲带和水生植物带，投入水生动物，最终构成一个完整的生态修复区。沉水植物塘水深 1.50m。自岸边至深水区以缓坡过渡，增加浅水区到深水区之间的缓冲带长度，丰富湿地植物和生物系统。水陆交互断面边坡坡比小于 1∶4，以形成生态缓冲带。

4. 处理效果

实施本工程后，太仓市港城组团污水处理厂出水经过生态湿地深度净化后，主要水质指标 COD_{Cr}、NH_4^+-N、TP 达到《地表水环境质量标准》（GB 3838—2002）Ⅳ类标准，达到设计目标。水质监测结果见表 10-1。建成后的生态湿地如图 10-4 所示。

表 10-1　生态湿地进出水水质监测结果

项目	COD_{Cr}	NH_4^+-N	TP	TN
进水浓度/（mg/L）	37.0	0.76	0.07	6.44
出水浓度/（mg/L）	25.0	0.52	0.03	3.89
去除率/%	32.4	31.6	57.1	39.6

图 10-4　建成后的生态湿地

10.1.2　安徽省合肥市巢湖花塘河河口生态湿地

1. 项目背景

花塘河位于巢湖北岸，是一条农业灌溉及行洪河道，干流总长约 6.66km，流域集水面积约 $44km^2$，汛期行洪流量约 $70m^3/s$。花塘河流域北部山脉较多，属于典型的扇形流域，南部较平坦，河网、水塘密布，水流流向复杂。

花塘河流域产业类型以种植业为主。2007 年，巢湖流域种植业 TN 和 TP 流失量分别为 10 352t 和 601t。根据巢湖流域种植业 TN 和 TP 流失率，初步估算花塘河流域种植业年 TN 和 TP 流失量分别为 76t 和 4.4t，花塘河入湖氮磷负荷不容小视。

生态湿地建设区原为河口滩涂湿地，后被围湖造田改造为农田、鱼塘等，失去了湖滨带生态缓冲带作用，并造成新的农业面源污染等，如图 10-5 所示。因此，恢复花塘河河口生态湿地势在必行。

图 10-5　花塘河口入湖水体污染状况

2. 处理目标

通过本项目的实施，截留花塘河入巢湖河水及巢湖市中庙地区污水处理厂出水约 31 000m³/d，经过稳定塘、水平潜流人工湿地、表面流人工湿地和生态湿地修饰区处理后，出水主要水质指标达到《地表水环境质量标准》（GB 3838—2002）Ⅳ类标准入湖，削减入湖污染负荷，保护巢湖。

3. 工程设计

1）稳定塘

工程区域东北边一个现状池塘被改造为稳定塘。稳定塘设计总面积 13 900m^2，将稳定塘设计为两段。其中，前段为沉砂池，总面积 4625m^2；后段为兼性塘，面积为 9275m^2，两段之间用高 1m 的墙体隔断。

沉砂池为平流式，设计水流方向长度约 30m，池底坡度约 0.01，池底用混凝土砌衬。沉砂池采用重力排砂，定期进行人工清理。

兼性塘设计池深 5.2m，其中水深 1.8m，池体超高 3.1m，池底以下淤泥深 0.3m。兼性塘表面层区（0.3～0.5m）为好氧反应区，下部为兼性厌氧反应区。

稳定塘靠近堤岸一侧设进水口，采用两根 DN500mm 钢管将花塘河河水引入稳定塘，然后用两根 DN400mm 穿孔布水管布水，保证稳定塘的横断面上配水均匀；稳定塘较窄的一边作为汇流积水区，设计泵房进水口。

稳定塘外侧围堰邻近堤岸处利用现状进行边坡抛块石加固处理；新建堤坝塘内坡度 1∶2，塘外坡度 1∶3；塘内常水位以下围堰表面采用抛块石加固处理，防止冲刷；常水位以上部分采用植草加固，并适当种植一些乔木、灌木。

稳定塘南侧设置 DN1000mm 溢流管，稳定塘水位超过围堰超高时，保证超出水量迅速被排出。

2）提升泵房

提升泵房设置在建设区域的东北角，在稳定塘出水口附近。提升泵房面积 166㎡，主要由取水头部、进水渠道、格栅、前池、集水井、设备间组成。在提升泵房前段布设取水口，进水方向设置进水格栅，拦截垃圾；出水方向设置阀门，控制提升泵房的水量。提升后尾水和河水通过管道输送至水平潜流人工湿地。

3）水平潜流人工湿地

水平潜流人工湿地区由 90 个水平潜流人工湿地单元构成，共排成 6 列，每列 15 个单体并联，两列作为一个区块集中配水（图 10-6）。单池有效面积 $300m^2$，总有效处理区面积为 $27\ 000m^2$。处理区采用级配碎石填充，表面种植芦苇、水葱、香蒲、菖蒲、美人蕉、鸢尾等湿地植物。

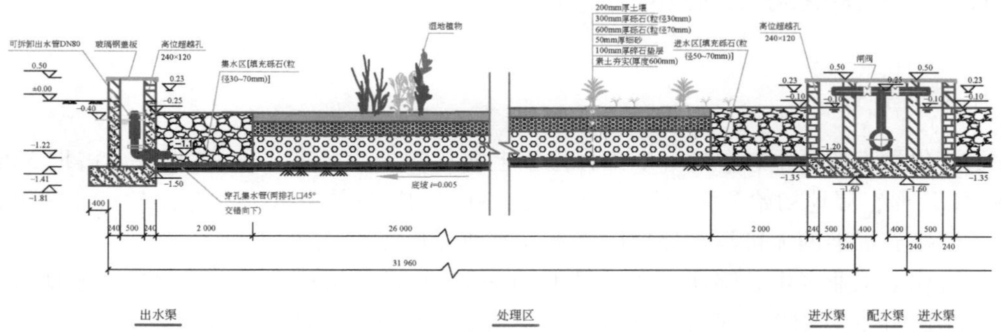

图 10-6　水平潜流人工湿地单元工艺图

尺寸单位：标高为 m，其余均为 mm

4）表面流人工湿地

河口处一片池塘被改造为表面流人工湿地，位于区域南部的长条形范围，占地总面积为 $242\ 450m^2$，其中表面流人工湿地有效处理面积约为 $169\ 715m^2$。对现状池塘进行改造，局部深挖，然后局部堆填，营造成一个竖向高差变化多样、水平方向高低缓慢起伏的生态多样区，湿地竖向高差变化较大，最高处为建设园路，最低处为深塘区。

4. 处理效果

经过多年运行，目前花塘河入巢湖水主要水质指标 COD_{Cr}、NH_4^+-N 和 TN 达到《地表水环境质量标准》（GB 3838—2002）Ⅳ类标准。水质监测结果见表 10-2。花塘河河口生态湿地现状如图 10-7 所示。

表 10-2　花塘河河口生态湿地出水水质状况　（单位：mg/L）

项目	COD_{Cr}	NH_4^+-N	TN
出水浓度	25.0	0.14	1.13

图 10-7　花塘河河口生态湿地现状

10.1.3　上海化学工业区生态湿地

1. 项目背景

上海化学工业区生态湿地一期工程位于上海化学工业区东北角 F7 地块，占地 33hm^2，呈倒“L”形，湿地初始最大设计流量为 25 000m^3/d。目前进水为上海化学工业区中央河水及达到排放标准的无机污水处理厂出水（工业无机废水）。

上海化学工业区生态湿地一期工程从 2008 年 10 月开始从中央河取水进入湿地试运行阶段，2010 年 6 月起以工业无机废水与中央河水混合进行湿地试运行至今。

2. 处理目标

本项目是上海化学工业区的展厅，高效完善的净水功能，环境优美的景观环境，设施完备的展教功能，将成为该化学工业区的一张崭新的绿色产业名片。

结合目前的实际需求，在现有结构和环境的基础上，提出符合提升完善功能发展的景观及水处理实施方案，以适应当前及未来刚性与弹性的需求，希望对净水功能与空间布局、生态打造、服务设施、生态环境景观风貌起到完善促进作用。

1）处理对象及水质、水量

上海化学工业区生态湿地处理对象主要由工业无机废水和中央河水组成，其中工业无机废水 10 000m^3/d，中央河水 15 000m^3/d。生态湿地设计处理规模为 25 000m^3/d。

根据中央河水水质以及工业无机废水水质统计分析得出的混合污水的设计进水水质指标如表 10-3 所示。

表 10-3　混合污水进水水质

项目	COD_{Cr} 浓度/(mg/L)	氯化物浓度/(mg/L)	TDS 浓度/(mg/L)	TN 浓度/(mg/L)	TP 浓度/(mg/L)	水量/(m^3/d)
中央河水	35	330	827	2.1	0.5	15 000
工业无机废水	40	1 000	2 500	12	0.5	10 000
混合污水	40	600	1 500	6	0.6	25 000

2）处理水质目标

改造后的生态湿地出水水质要求见表 10-4。

表 10-4　改造后的生态湿地出水水质要求　（单位：mg/L）

项目	COD_{Cr}	TN	TP
出水浓度	32	4.2	0.42

3. 工程设计

1）生态湿地工艺流程

上海化学工业区生态湿地工艺流程：中央河水（15 000m^3/d）经中央河取水泵房提升后和工业无机废水（10 000m^3/d）充分混合后进入生态湿地一期改造段，生态湿地出水经中途提升泵房提升进入生态湿地景观段，进一步净化后排放（图 10-8）。

生态湿地一期主处理区分为进水混合区、配水曝气区、砾石滩处理区、芦苇区和水生植物区五部分。其中，砾石滩处理区、芦苇区和水生植物区均分为两段，处理水量分别为 12 500m^3/d，两段并联运行。若一段维护，另一段处理全部水量。

后续生态二期改造完成后，生态湿地一期改造段净化处理后的混合污水经中间提升泵房提升后，进入生态湿地二期改造段进一步深度处理后排放或回用（图 10-8）。

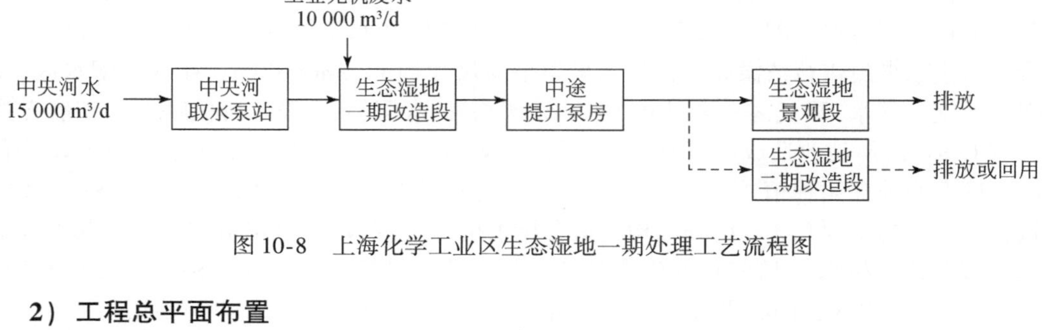

图 10-8　上海化学工业区生态湿地一期处理工艺流程图

2）工程总平面布置

本次工程改造范围面积约 26.8hm^2，主要内容包括湿地景观提升建设、污水处理提升建设以及附属设施改造等。范围即一期湿地改造范围，一期湿地面积共约 26.8hm^2。其中，一期人工湿地面积约为 15.9hm^2，一期景观段面积约为 10.9hm^2。详见图 10-9。

在竖向地形的塑造上，表面流人工湿地按照生态系统的分布格局进行设计。将湿地处理单位分为砾石滩、芦苇区和水生植物区 3 类单元。其中，多种地形地貌和乔木、灌木、草地、水生植物等为各种生物繁衍生长创造了适宜的生境，能够有效地降低水流流速、蓄水涵养水源、削弱暴雨洪水的冲击。表面流人工湿地建设需要为植物提供立地条件和适宜的生长环境。以水生植物为例，两栖植物、挺水植物、浮水植物、沉水植物等不同的植物物种对基地的要求有所区分。岛屿部分也由乔木、灌木、草地等构成大片的乔灌草缓冲带。

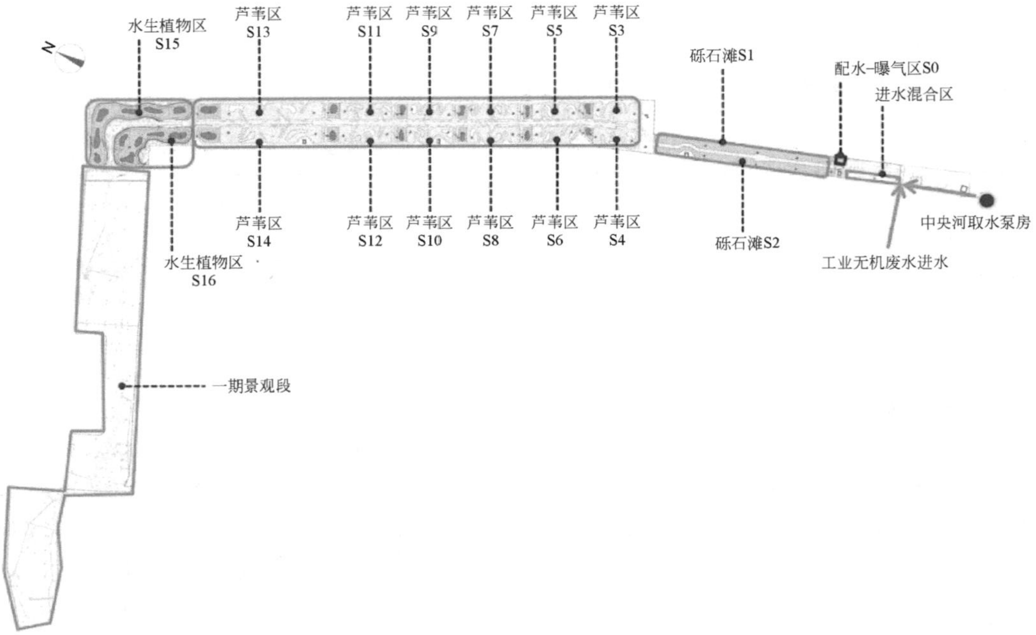

图 10-9　生态湿地一期改造工程工艺分区平面图

3）生态湿地参数设计

设计方案中废除段湿地面积加上改造段湿地处理单元总面积约 155 000m^2，一期改造段改造成进水混合区、配水-曝气区、砾石滩、芦苇区和水生植物区 5 个功能分区。进水混合区对进水渠道进行清淤改造，进水渠道平面尺寸约 11. 3m×109m；在现状配水区中增加曝气设施，配水-曝气区平面尺寸 21. 1m×14. 6m，水深 1m，采用机械曝气的充氧方式；将原有 COD_{Cr}降解池改造成砾石滩（S1、S2）。砾石滩单元利用现有的进水渠道铺设碎石，同时在碎石间隙穿插种植芦苇；在原有芦苇区的基础上，分割成 12 个单元（S3 ~ S14），通过营造不同的水深 0. 3 ~ 0. 9m，构造适合挺水植物（芦苇）、沉水植物（眼子菜、苦草、菹草）以及浮水植物（睡莲）的生存条件；将改造段最后两个单元（S15、S16）改造为水深 1. 3m 的深水区，同时沿驳岸设置不同标高的浸没式堤坝。

4）湿地植物设计

人工湿地主要以污染物去除区为主要功能区，同时考虑湿地植物在盐水环境中的生存能力以及净化能力，故选择植物不宜太多太杂。由于现状强势水生植物物种以及动物啃咬等因素，本项目选择以污染净化能力强的芦苇、千屈菜、水葱、纸莎草、眼子菜、苦草、菹草和睡莲为主，景观搭配一些观花观叶水生植物鸢尾、再力花、风车草等。

其中，水生植物池以浅水区的千屈菜、水葱、纸莎草和深水区的菹草以及浮水植物睡莲为主；芦苇区以浅水区的芦苇为主，配合深水区的眼子菜、苦草、菹草及睡莲。

4. 处理效果

生态湿地一期改造段出水水质明显改善，达到设计目标。其中，主要水质指标 COD_{Cr}、NH_4^+-N、TP 达到《地表水环境质量标准》（GB 3838—2002）Ⅳ类标准（表 10-5）。生态湿地一期改造工程建设效果如图 10-10 所示。

表 10-5　生态湿地出水水质监测结果

项目	COD_{Cr}	NH_4^+-N	TP	TN
设计出水浓度/（mg/L）	32	—	0.42	4.2
出水浓度/（mg/L）	28	0.18	0.16	1.3
去除率/%	12.5	—	61.9	69.0

图 10-10　生态湿地一期改造工程建设效果

10.1.4　浙江省嘉兴市城东再生水厂生态湿地及活水公园

1. 项目背景

嘉兴市原有市区污水均纳入联合污水处理厂集中处理后排海。随着联合排污区污水量的快速增长，外排系统已逐渐饱和。需要在嘉兴市区新建设污水处理厂。嘉兴市结合城市发展和海绵城市建设试点工作的推进，拟在城东片区新建一处再生水厂，水厂一期工程处理规模为40 000m^3/d，二期新增处理规模为40 000m^3/d，总处理规模为80 000m^3/d，城东再生水厂主要分流城中片及湘家荡南片区域的部分生活污水。

生态湿地及活水公园是嘉兴市城东再生水厂的重要组成部分，分两期建设。一期用地240 亩①，用地东南侧为再生水厂建设区，以西和以东范围为二期湿地建设范围。本工程生态湿地及活水公园一期工程位于整个场地的中部，处理再生水厂一期尾水40 000m^3/d，其经过深度净化处理后排入南侧平湖塘。

2. 处理目标

1）设计进出水水质要求

本工程生态湿地及活水公园进水水质主要指标达到《地表水环境质量标准》（GB 3838—2002）Ⅴ类标准。出水排入南侧平湖塘，设计出水水质主要指标达到《地表水环境质量标准》（GB 3838—2002）的Ⅳ类标准。设计规模处理水量40 000m^3/d。

进出水水质考核指标中重要考核指标如表10-6所示。

表10-6　生态湿地及活水公园设计进出水水质主要控制指标（日均值）

（单位：mg/L）

项目	COD_{Cr}	BOD_5	NH_4^+-N	TP
进水浓度	40	10	2	0.4
出水浓度	30	6	1.5	0.3

2）生态景观要求

生态湿地及活水公园的建设满足生态、景观、休闲、科普宣教等功能，建设为“海绵城市”湿地示范区，打造一处具有嘉兴特色的生态湿地及活水公园。

3. 工程设计

本工程结合处理分区及活水公园需求，设计工艺流程为水平潜流人工湿地+表面流人工湿地+稳定塘。

1）水平潜流人工湿地设计

按照场地形状和工艺设计计算形状进行分区，水平潜流人工湿地区（3个区域）共分为39个湿地单元，编号1～39，各个单元分散进水、并联运行。在39个水平潜流人工湿地单元中，按照折流式设计，湿地进水点进入前区，然后穿过中间隔墙后再进入后区，最终排放。

人工湿地进水来自在城东再生水厂尾水，通过在城东再生水厂出水端设置尾水提升泵站进行尾水提升。泵站出水端管道为DN900mm，然后逐渐分散出水后，管径变为DN700mm、DN600mm、DN400mm。城东再生水厂进入人工湿地的输水总管综合考虑一期

① 1亩≈666.67m^2。

和二期输水需求，共用输水总管。在一期输水总管设计时，沿着湿地外围分别向东和向西各建设一根输水总管，然后向湿地北区输送，最终形成一条环绕一期湿地建设区外围的输水环路。

水平潜流人工湿地单元从外围进水总管引水，经三通、蝶阀后分配进由 2 ~ 3 个水平潜流人工湿地单元共用的一个宽度为 1.0m 的配水渠道，然后分散进入每个水平潜流人工湿地单元，每个水平潜流人工湿地单元的布水采用穿孔花墙。

水平潜流人工湿地的长宽比近似为 3 : 1。其长度为 60 ~ 80m，宽度为 20 ~ 30m，填料深度为 1.20m。折流式水平潜流人工湿地基质层分为 4 层，自上而下采用分级填充，主要分为覆盖层、小粒径滤料层、大粒径滤料层、防渗层。防渗层下部布置一层细砂保护防渗层。防渗层设计采用塑料薄膜类防渗材料——高密度聚乙烯（HDPE）膜。

基质选择石灰石填料。在水平潜流人工湿地前端和后端设置进水区和集水区，由粒径为 50 ~ 70mm 的大块石灰石填充，作为布水和集水缓冲区域，避免堵塞。

潜流人工湿地种植水生植物，综合考虑植物的净化作用、生态习性和观赏性，进行空间和季节搭配。种植密度 9 ~ 12 株/m^2，主要水生植物包括香蒲、菖蒲、茭白、芦苇、美人蕉、风车草、千屈菜、再力花、灯芯草等。

2）表面流人工湿地设计

表面流人工湿地分为 3 个大的区域，池体大小与现状地形和进出水分区相结合，通过人工堆土进行表面流人工湿地分区。表面流人工湿地在进出水区域放置 3 ~ 5m 宽的块石，其粒径为 20 ~ 30cm。

表面流人工湿地下部不填充填料，以场地自然整形后种植水生植物为主。池体深度为 0.3 ~ 0.6m，水深保持在 0.3 ~ 0.5m，种植挺水植物如香蒲、菖蒲、茭白、芦苇、美人蕉、风车草、千屈菜、再力花、灯芯草等。

表面流人工湿地进出水通过闸门和人工堆砌碎石控制其水流形态，以保证水流经过处理区，避免出现短流和死水区。

3）稳定塘设计

稳定塘整体设计为深塘、洼地、浅滩、岛屿间隔分布，现状地形改造为具有凹岸、曲流、岛屿、浅滩、深潭的交替分布区。在稳定塘中构建乔灌草缓冲带和水生植物带，投入水生动物，最终构成一个完整的生态修复区。

稳定塘水深控制在 2.50m 以内，结合水体透明度考虑适宜沉水植物的种植范围，主要是考虑其能够实现沉水植物的种植，最终发挥沉水植物的生态修复净化功能，同时作为末端出水的蓄水和缓冲区域。

稳定塘末端排水涵流入平湖塘。在常水位时，平湖塘水位低于湿地排水水位约 1.0m。在出水穿过排水管涵跌水入平湖塘前，在排水口铺设 5m 长的块石，最终能够形成一定的跌水和水流。

4. 处理效果

实施本工程后，出水水质明显改善，出水中 COD_{Cr}、NH_4^+-N、TP 等浓度达到《地表水环境质量标准》（GB 3838—2002）Ⅳ类标准，满足设计要求。出水水质监测结果见表 10-7。

城东再生水厂生态湿地及活水公园建设效果如图 10-11 所示。

表 10-7　出水水质监测结果　　（单位：mg/L）

项目	COD_{Cr}	NH_4^+-N	TP
浓度	17.0	0.40	0.30

图 10-11　城东再生水厂生态湿地及活水公园建设效果

10.1.5　浙江省杭州市之江生态湿地及中水利用工程

1. 项目背景

根据之江新城概念规划确定的发展时序，远期 2030～2040 年之江新城基本完成 82% 的建设量，之江新城基本形成，后期的建设重点为城市功能的完善阶段，虽然远景的期限较长，但污水量的增长还是集中在近、远期。本着安全原则，本次规划污水系统布局按远景污水量（2.0×10^5～$2.5\times10^5 m^3/d$）考虑，以满足城市发展的需要。

之江净水厂近期设计规模 $1.6\times10^5 m^3/d$（土建 $1.6\times10^5 m^3/d$，设备 $8\times10^4 m^3/d$），远期规划为 $3\times10^5 m^3/d$。近期工程已于 2022 年建成，2023 年调试进水。

目前，之江地区污水处理方式是通过现有污水管网系统将其收集到九溪污水泵站再加压输送到七格污水处理厂处理，七格污水处理厂接纳之江地区污水量为 $5\times10^4 m^3/d$。九溪污水泵站2020年1月~2021年5月日均输送水量最低为41 105t，最高为52 840t，2020年日均输水量45 361t。根据区域供水能力及管网收集能力推算，近期（2025年）之江地区最大纳管污水量远远超过七格污水处理厂能够接纳的水量。因此，到2025年，七格污水处理厂没有能力继续接受来自之江地区的污水，周边其他污水处理厂同样没有能力和条件接受来自之江地区的污水。

杭州市目前正处于发展迅速、经济建设步伐加快的阶段，污水量逐年增加，造成区域内河流受到不同程度的污染。之江净水厂将区域内的生活污水、工业污水统一处理后再排至外界环境，在保护河流的同时，避免了污水零星分散治理的不利因素，创造了良好的社会形象和投资环境，使经济效益、环境效益以及社会效益协调发展。而之江地区目前尚处于水源保护范围，按照《污水综合排放标准》（GB 8978—1996）规定：《地表水环境质量标准》（GB 3838—2002）中Ⅰ、Ⅱ类水域和Ⅲ类水域中划定的保护区，禁止新建排污口，故尾水不得直接排入内河（保护范围内的）。湿地是尾水与自然水体之间的生态缓冲带，将尾水经过人工湿地处理后排入铜鉴湖（图10-12），有利于满足受纳水体功能要求，促进全面可持续发展。

图 10-12　之江生态湿地范围

2. 处理目标

之江净水厂尾水将排入铜鉴湖，回补自然水体。为改善区域水环境质量，建设人工湿地作为之江净水厂尾水与铜鉴湖之间的生态缓冲带，尾水通过人工湿地深度处理提升水质，补充铜鉴湖，满足受纳水体功能要求；还有一定的之江净水厂污水事故储水空间；人工湿地种植10种以上水生植物，提升生物多样性，增强湿地碳汇功能；城市低地调蓄、进行海绵城市示范；同时能作为中水回用的取水点，实现污水资源化；人与自然和谐共处，促进区域人口、资源、环境和经济的协调发展。

之江净水厂设计出水水质中 COD_{Cr}、BOD_5、NH_4^+-N、TP 等指标执行《地表水环境质量标准》（GB 3838—2002）Ⅲ类标准，出水 TN 浓度按不大于 10mg/L 控制，其余出水指标执行国家一级 A 排放标准（表 10-8）。

表 10-8　人工湿地出水水质设计要求　　（单位：mg/L）

项目	COD_{Cr}	BOD_5	NH_4^+-N	TP	TN
出水浓度	20	4	1.0	0.2	10

3. 工程设计

1）湿地单元进出水设计

湿地进水管布置在每组湿地起端，设计管径 DN300mm，采用 PE 实壁管管材。

经过三通、蝶阀 DN200mm，用 DN200mm 配水总管进入各个湿地单元下行区，下行区在填料顶面布水，将 DN100mm 穿孔配水支管每隔 2m 左右距离均匀布置在湿地表面，利用穿孔配水支管上分布的开孔进行分散进水到整个湿地表面，然后在下行池中垂直向下流动。

在池底每隔 4m 左右均匀布置了下层穿孔排水管（DN150mm），这些管道先将下行池中垂直向下的水流经管道均匀开孔收集后传输至上行池底部，然后下层穿孔排水管（DN150mm）利用分散开孔将水流在上行池中垂直向上输送。

在上行池表面每隔 2m 左右均匀布置穿孔集水支管（DN100mm），利用穿孔集水支管上分布的开孔将垂直向上输送的水流收集，然后再将其排到湿地单元末端设置的宽度 0.8 ~1.0m 的排水渠道中。

2）湿地竖向深度设计

本项目中，结合对氮磷污染物的去除，需要人工营造厌氧、缺氧和好氧的湿地环境，故建议加深相应的湿地床底深度，这样通常植物根系能够达到的区域以好氧和缺氧为主，而下部为厌氧区，最终实现在湿地内部的硝化反硝化处理。同时，结合后续的表面流人工湿地和沉水植物塘区，相应的组合垂直流人工湿地处理区以反硝化脱氮为主。组合垂直流人工湿地深度建议为 1.20m，内部填充湿地分层填料。

3）湿地填料设计

本项目中组合垂直流人工湿地池分层与人工湿地水流流向有关，下行池从上到下依次为配水层（植物种植层）、多层填料层、排水层；上行池从上到下依次为集水层（植物种植层）、多层填料层、配水层。湿地填料以碎石填料为主。

4）湿地池底坡度

确定较为合适的人工湿地池底坡度标准，应以确保人工湿地能够完全通畅地排水为前提。一般人工湿地设计中要求组合垂直流人工湿地单元水流方向的池底坡度不大于 1.0%。本项目设计中池底坡度按原设计的数值（0.4%），适合组合垂直流人工湿地池底坡度实际要求。

5）人工湿地防渗设计

本工程采用 HDPE 膜，为了保护 HDPE 膜，在 HDPE 膜两侧增加无纺土工布，最终形成二布一膜的防渗层结构。衬垫土工布与碎石填料之间采用粗砂镶嵌，以免锋利的碎石棱角刺破衬垫土工布与 HDPE 膜。HDPE 膜需要现场黏合、黏结和锚定，连接处厚度大于 1mm，搭接缝保证密实。

6）人工湿地植物设计

本项目中垂直流人工湿地植物功能以污染净化为主，本区人工湿地植物主要为挺水植物，栽植在湿地上层填料上，通过植物根系向湿地内部输氧，并通过根系附着微生物、植物拦截、植物吸收等多种方式净化污染物。选择低秆芦苇、茭白、西伯利亚鸢尾、香蒲、黄菖蒲、再力花、千屈菜、水芹菜共 8 种湿地植物，植物搭配种植以丰富湿地生态景观。

7）表面流人工湿地设计

表面流人工湿地设计为 4 个水池，主要接纳垂直流人工湿地出水 8.0×10^4t/d，作为后续补充工艺和湿地生态修复区，同时兼顾生态调蓄水量的功能；表面流人工湿地之间通过叠梁闸门控制水位高程，湿地调蓄时表面流人工湿地短时间会被全部淹没，设计淹没顶高程 7.0m；表面流人工湿地和潜流湿地科普展示池复合土工膜铺设范围为设计水位线以内所有区域，以及设计水位线以上 30cm 等高线范围内。另含复合土工膜末端 1m 的凹槽折叠。按照边坡坡度 1∶3 初步估算铺设面积。

4. 处理效果

实施本工程后，出水中 COD_{Cr}、NH_4^+-N、TP 等浓度达到《地表水环境质量标准》（GB 3838—2002）Ⅳ类标准，TN 浓度<10mg/L，满足设计要求。水质监测结果见表 10-9。之江生态湿地及中水利用工程建设效果如图 10-13 所示。

表 10-9　人工湿地出水水质监测结果　（单位：mg/L）

项目	COD_{Cr}	NH_4^+-N	TP	TN
出水浓度	6.4	0.11	0.03	5.8

图 10-13　之江生态湿地及中水利用工程建设效果

10.2 黄河流域人工湿地工程应用案例

黄河，作为中华民族的母亲河。黄河流域从西到东横跨青藏高原、内蒙古高原、黄土高原、华北平原四大地貌单元和我国地势三大台阶。黄河流域生态保护和高质量发展是重大国家战略，要共同抓好大保护，协同推进大治理，着力加强生态保护治理、保障黄河长治久安、促进全流域高质量发展、改善人民群众生活、保护传承弘扬黄河文化，让黄河成为造福人民的幸福河。《黄河流域生态保护和高质量发展规划纲要》强调“实施农田退水污染综合治理，建设生态沟道、污水净塘、人工湿地等氮、磷高效生态拦截净化设施，加强农田退水循环利用”“在有条件的城镇污水处理厂排污口下游建设人工湿地等生态设施”。

本节选取黄河流域和白洋淀地区等实施的城镇污水处理厂（污水处理站）排污口下游或者干支流入湖入河口人工湿地处理工程案例，工艺流程涵盖表面流人工湿地、水平潜流人工湿地、垂直流人工湿地和阶梯组合垂直流人工湿地等，人工湿地的设计与应用体现了生态保护与高质量发展的紧密结合，其在水质深度净化与再生回用、生物多样性保护和生态景观等方面发挥积极作用，取得了显著的生态环境和社会效益，为黄河流域生态保护提供技术路径和示范借鉴。

10.2.1 山西省新绛县浍河水生态修复工程

1. 项目背景

浍河为汾河的一级支流，是一条季节性河流，发源于山西省中南部太岳山脉的沁水县，流经翼城县、绛县、曲沃县、侯马市至新绛县三林镇汇入汾河。全长约118km，河床纵坡4.4‰，流域面积2060km^2。浍河流域从1954年开始设置水文站，共12处。其中，小河口水库以上5处，包括小河口水库以上支流浇底河上的两河板、油庄站，史伯河上的史伯、梁庄站以及小河口水库出口站；浍河水库7处，包括建库前的裴庄站，建库后的河运站、河运（渠道）站，1983年河运站上移后的大交（浍河）、大交（续鲁峪）、大交（渠道）站以及浍河水库出口站。

浍河属于新绛县过境河流，位于汾河左岸，在庄里村由东向西流入新绛县境内，县境内长17.95km，河床宽30m左右，年径流量0.83亿m^3，汇水面积0.345km^2，最大流量1710m^3/s，最高洪峰为396.9m（1958年）。1959年上游浍河水库落成后，常年断流。浍河在新绛县境内属于平原冲积性蜿蜒型河流，呈复式河道形态，河槽单一，最大摆动幅度达1km以上，滩槽分界明显。现主槽深约2.0m，宽10～20m，常年有污水，流量约0.5m^3/s。

浍河大部分河段为自然河道，河床较宽，但是平时水量较小，集中在河床中间7～10m宽的河槽内流动。该河道主要污染源包括点源污染、面源污染、内源污染等。

浍河沿岸村庄居民的生活污水进入河道，虽然已经进行农村污水收集处理，但是相对于浍河的目标水质，尾水仍然是浍河的污染源。面源污染主要来自地表径流等挟带的污染物：雨季，雨水冲刷两岸地面，部分生活垃圾、地表污染物以及河道沿岸的农业污染源等随雨水进入河中成为河道的污染源。而内源污染主要为河道底泥污染。底泥既是接纳和分解河道水体污染物的“沉积库”，又是向上覆水体释放有机污染物和营养盐的“污染源”。污染底泥不断向上覆水体释放有机物，使河道水质恶化。

浍河上游河水的 COD_{Cr}、NH_4^+-N 等超标，加之两岸村民将生活污水直接排放、部分河段岸边垃圾污染，使得浍河河水进入汾河之前不能达到《地表水环境质量标准》（GB 3838—2002）Ⅴ类标准。

图 10-14 为浍河现场考察图片。从图 10-14 可以看出，浍河水质较差，沿岸污染较为严重。2017 年各处监测的 COD_{Cr}年平均浓度为 72.8 ~ 79.5mg/L，NH_4^+-N 年平均浓度为 3 ~ 10mg/L，远远超过了《地表水环境质量标准》（GB 3838—2002）Ⅴ类标准，属于劣Ⅴ类水。

图 10-14　浍河流域污染情况

2. 处理目标

该河道治理目标：在入汾河口断面，经净化后浍河河道水质主要指标达到《地表水环境质量标准》（GB 3838—2002）Ⅴ类标准（表 10-10）。水体生态功能稳步提升，实现生态系统良性循环、人与自然和谐共处。

表 10-10　浍河水生态修复工程主要水质目标　　（单位：mg/L）

项目	COD_{Cr}	NH_4^+-N	TP
浓度	40	2.0	0.4

3. 工程设计

1）闸坝蓄水工程

根据本工程的地形条件、使用要求等，在主河槽内布置液压坝基础、挡水坝面、液压杆等，堤顶外侧布置控制室，安装液压缸、液压泵等控制设备，控制室和液压坝间铺设液压控制管。

液压升降坝是水利科技比较简易的活动坝技术。它广泛应用于农业灌溉、渔业、船闸、海水挡潮、城市河道景观工程和小水电站等建设。液压升降坝不阻水、不会泥沙淤积、不受漂浮物影响，放坝快速，不影响防洪安全；抗洪水冲击的能力强。它攻克了传统活动坝的缺点，同时具备传统坝的所有优点：它像橡胶坝一样紧贴河床不阻水（比橡胶坝效果更好）、像翻板门坝一样自动放坝行洪，任意保持水位高度。液压坝的控制系统布置在堤顶管理房内，液压坝和控制室间仅需液压管连接，能较好地适应本工程的需要。同时，液压坝操作较为方便，可靠性较好。图 10-15 为液压坝的结构简图。

2）强化耦合生物膜组件工程

在控源截污完成外源污染物处理的基础上，通过生态湿地、强化耦合生物膜系统净化设施等水系内原位水体生态修复等多项措施，建设河流生态廊道，营造生物多样性。

根据河道的实际考察情况，以及河道的功能，强化耦合生物膜组件采用水草式和固定式相结合的方式安装在河底。图 10-16 为强化耦合生物膜组件安装形式。

浍河设计河道流量 $0.5m^3/s$。膜组件单元：沿河道长度布置膜组件单元，间隔 3m；每个单元包含 7 套强化耦合生物膜组件、14 套帘式生物填料，以保证生物量。膜组件单元负荷：COD_{Cr}降解负荷约 660g/d，NH_4^+-N 降解负荷约 73.5g/d。根据设计目标，强化耦合生物膜系统需要降解 COD_{Cr}约 777.6kg/d，需要降解 NH_4^+-N 约 66.5kg/d。需要布置膜组件单元 882 组，本工程设计采用 900 组膜组件单元，全部布置在主河槽内，按照主河槽平均宽度 7m，需要布置河槽长度约 2700m。

配套设施建设。鼓风机 6 台（四用两备）；配套管道 1 项；配套膜架 1 项；强化耦合生物膜系统与下游入汾河口湿地协同作用，降解下游段沿岸村庄排入河道的污染物。

3）河滩人工湿地工程

本项目生态处理采用预处理区和表面流人工湿地的联合处理方式，浍河上游来水通过铺设强化耦合生物膜系统的预处理区进行初步处理，随后流入表面流人工湿地进行深度处理。

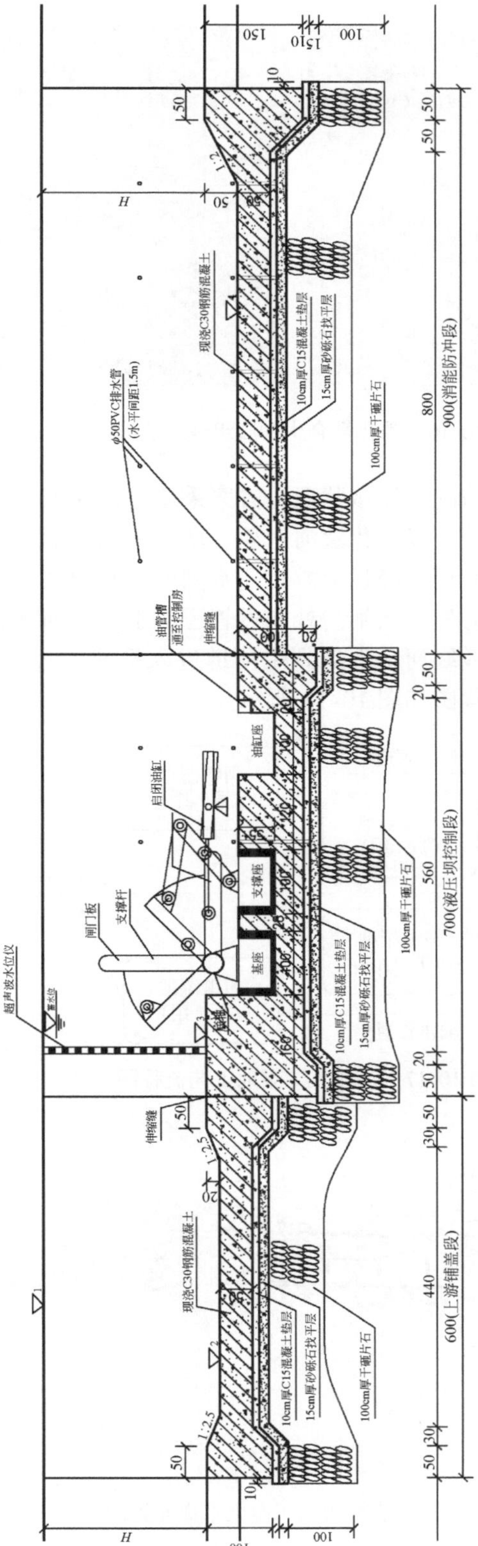

图10-15　液压坝的结构简图

尺寸单位：cm

图 10-16　强化耦合生物膜组件安装形式

根据浍河水文特征、污染情况及流域状况，方案采用建造表面流人工湿地的方式改造闸坝至入汾河口的一段河口滩地，以净化浍河水质、增强流域景观性。本工程通过平整两岸土地建造表面流人工湿地，使河水经过上游建造水闸处，并通过壅水溢流进入两块河口湿地，净化后再排入主河道；另外，从闸门处通过管道引水，将河水引入进入下游河滩湿地。通过河滩湿地净化河水，最终河水汇集到主河道进入汾河。其工艺流程图如图 10-17 所示。表面流人工湿地平面布置图如图 10-18 所示。

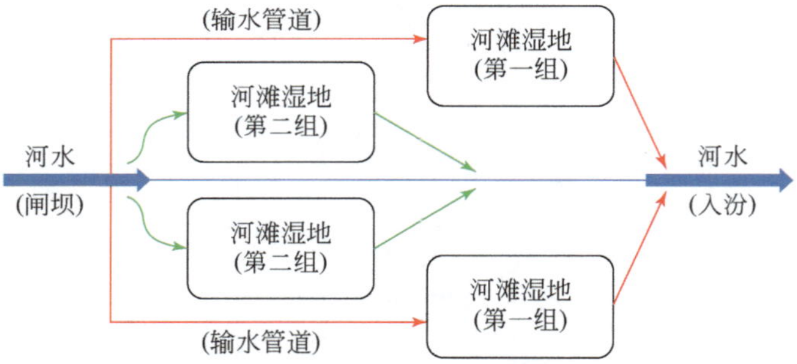

图 10-17　河滩人工湿地工艺流程图

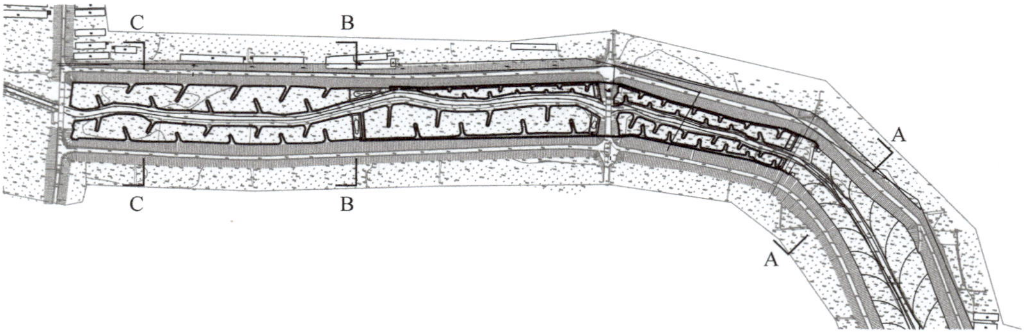

图 10-18　表面流人工湿地平面布置图

人工湿地建设区位于东横桥村北侧浍河漫滩区域，长度约为 1210m，宽度约为 70m，分为水生态修复区和人工湿地工程。图 10-19 和图 10-20 分别为生态修复区断面和表面流人工湿地断面。

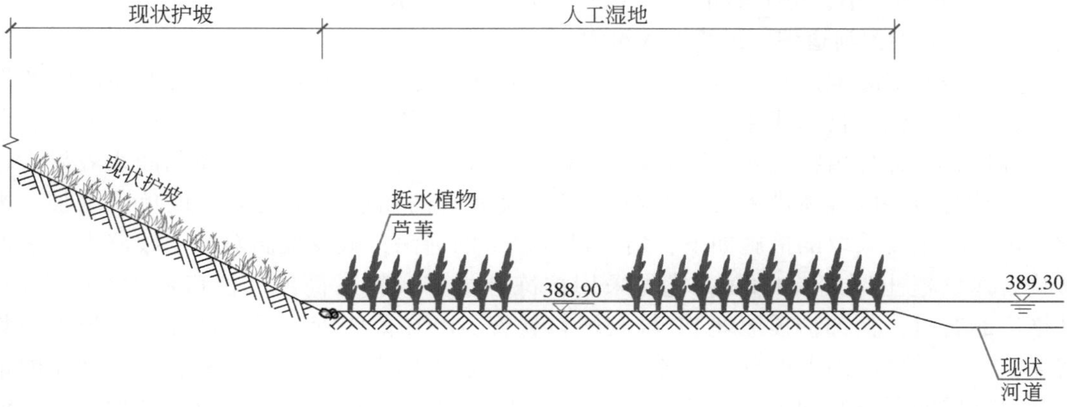

图 10-19　生态修复区断面

尺寸单位：标高为 m

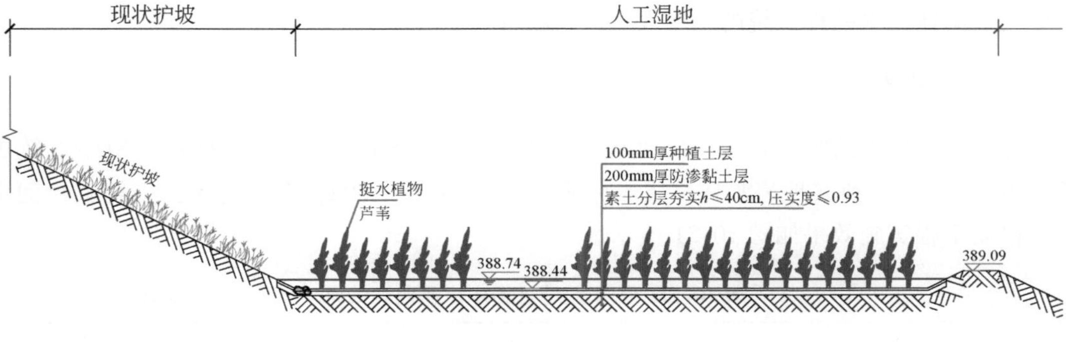

图 10-20　表面流人工湿地断面图

尺寸单位：标高为 m

水生态修复区位于表面流人工湿地前端，占地面积 16 140m²。通过种植挺水植物并结合强化耦合生物膜组件达到预处理的效果。

表面流人工湿地系统共分为 6 个单元（左岸表面流人工湿地单元：Z1 ~ Z3，右岸表面流人工湿地单元Y1 ~ Y3），占地面积 43 642m²。同时，将现状河漫滩改造为具有凹岸、曲流、浅滩、深潭的交替分布区，使其达到景观效果与污染治理相平衡的处理效果。

考虑到因地制宜的原则，表面流人工湿地水生植物的选择以北方植物为主，选用芦苇、蒲草、水葱、杞柳、荷花、睡莲、菹草、苦草等；以挺水植物为主，以沉水植物为辅。通过这些功能性的水生植物处理能力，同时通过导流坝的设置尽可能延伸水力路径，使依附在土壤/根部周围的微生物活动得到改善，通过植物和生物降解提高吸收污染物的能力。

通过在上游建设拦水坝产生壅水构建生态修复区，并种植水生植物起到预处理作用。修复区末端在河岸两侧分别设置1台闸门井，并加设格栅，拦截大颗粒污染物。拦水坝将河道水位抬升后通过取水口取水进入下游表面流人工湿地。通过DN400mm进水管分配至6个人工湿地单元中，每个单元入口处设置闸门控制取水水量。经人工湿地处理后的河水直接排入现状浍河河道中，最终汇入汾河。

低温是人工湿地运行的一大重要问题，通常在冬季低温条件下，人工湿地中的温度、含氧量、微生物的代谢能力以及微生物对有机物的分解能力等迅速下降。同时，冬季气温低，大部分植物进入休眠状态、枯萎或死亡，造成人工湿地整体的净水效果大幅下降，枯萎植物的残体进入污水会分解出含氮和磷的物质，使人工湿地负荷增加。因此，本工程主要采取的措施如下：增加进水总管的埋深，减少低温对输水线路上管道的影响，建议覆土厚度≥1.0m；优先采用抗冻性能好、施工简便、价格低廉、强度高、易推广的管材，例如护顶地埋PE橡胶塑料软管、PVC薄壁管；适当增加人工湿地植物密度，大型植物的地上部分作为覆盖层，起到保温与防寒的作用。此外，植物密实的地上茎对冰层的形成起到了支撑的作用，枯死的植物所积聚的雪层也可以有效地对人工湿地起到防寒保温的作用。

根据新绛地区的气候特点、水文条件、土壤类型及其特征、本地植物物种调查，以及所处理污水的类型与水质，选用芦苇、芦竹、水葱、菖蒲、鸢尾、再力花、千屈菜等作为主要人工湿地污水处理系统的主要人工湿地植物。

4. 治理效果

经过周年数据监测，新绛县浍河水生态修复工程范围各个站点的COD_{Cr}、NH_4^+-N浓度见表10-11，均达到《地表水环境质量标准》（GB 3838—2002）Ⅴ类标准。新绛县浍河水生态修复工程实施效果如图10-21所示。

表10-11　人工湿地进出水水质监测结果　（单位：mg/L）

项目	上平望	杨赵	小韩	西曲
COD_{Cr}浓度	21.0	18.0	24.0	22.0
NH_4^+-N浓度	0.858	0.688	1.08	0.785

图10-21　新绛县浍河水生态修复工程实施效果

10.2.2 河北省白洋淀生活污水深度处理抗低温人工湿地工程

1. 项目背景

白洋淀是华北地区最大的淡水湖泊，被誉为“华北明珠”。气候类型为大陆性季风气候，年降水量不多（平均降水量为556mm）但具有明显的季节变化性。6～9 月为主要的降雨季节，集中了大约85%的降水量。淀区内拥有丰富的水生动植物资源，是华北地区重要的湿地保护区，在调节该区域及京津腹地气候方面发挥着重要作用。

为保护白洋淀生态环境，白洋淀淀区边村和泥李庄建设了农村污水集中处理站，出水可达污水处理厂排水一级 A 标准，其中主要水质指标 COD_{Cr} 为 50mg/L，NH_4^+-N 浓度为 5.0mg/L，TP 浓度为 0.5mg/L。为进一步改善区域水环境质量，本项目于白洋淀淀区安新县端村镇边村、安新镇泥李庄建设了 3 座人工湿地工程，用于污水处理站尾水深度处理。人工湿地作为尾水与自然水体之间的生态缓冲带，有利于尾水与自然水体的配伍，为白洋淀生态缓冲带建设提供示范和借鉴。

2. 处理目标

人工湿地设计进、出水主要水质指标均如表 10-12 所示，出水水质指标达到《地表水环境质量标准》（GB 3838—2002）Ⅳ类标准。

表 10-12 人工湿地设计进出水水质指标 （单位：mg/ L）

项目	COD_{Cr}	NH_4^+-N	TP
进水浓度	50	5.0	0.5
出水浓度	30	1.5	0.3

考虑到白洋淀地理位置及气候条件，水平潜流人工湿地具有能适应寒冷地区的明显优势，本项目以水平潜流人工湿地为主要处理工艺，部分接入污水处理站尾水，发挥水质净化的主要作用。

3. 工程设计

建设边村 1 号污水处理站尾水人工湿地，工程处理规模为 $Q=50m^3/d$；建设规模完全相同的泥李庄 2 号污水处理站尾水人工湿地，两处人工湿地并联运行，工程处理规模为 $Q=50m^3/d$。

1）工程占地

参照当地地形条件及用地规划，边村 1 号污水处理站尾水人工湿地占地面积约 $160m^2$（图 10-22）；泥李庄 2 号污水处理站尾水人工湿地占地面积为 $150m^2$，分为 2 组，每组为 $75m^2$（图 10-23）。

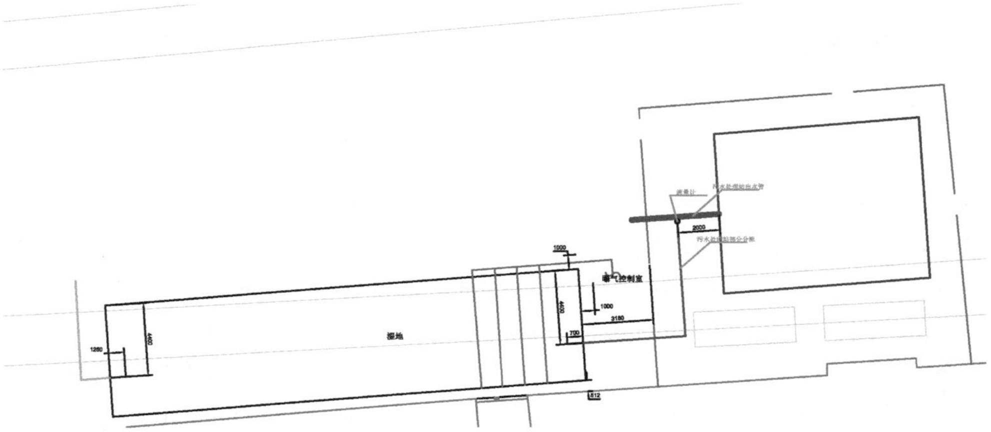

图 10-22 边村 1 号污水处理站尾水人工湿地用地范围图
尺寸单位：mm

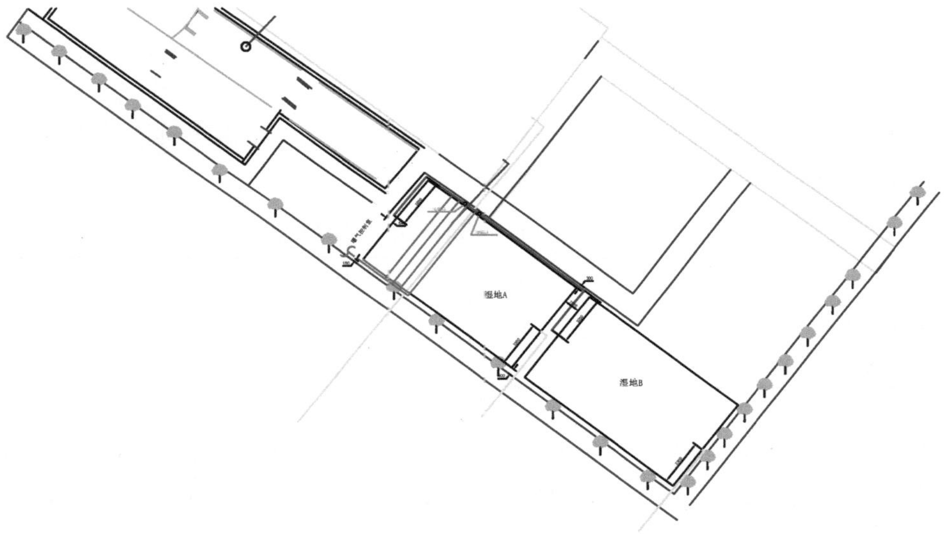

图 10-23 泥李庄 2 号污水处理站尾水人工湿地用地范围图
尺寸单位：mm

2）曝气管布置

边村 1 号污水处理站尾水经西侧的水平潜流人工湿地处理后，排至侧面沟渠。边村 1 号污水处理站尾水人工湿地在填料区前四分之一区域底部布置曝气管，以提高冬季 NH_4^+-N 的去除率。边村 1 号污水处理站尾水人工湿地平面图如图 10-24 所示。

泥李庄 2 号污水处理站尾水人工湿地分为 2 组，一组在填料区前四分之一区域底部布置曝气管，另一组不设置曝气管，检测不同运行方式下人工湿地的作用。泥李庄 2 号污水处理站尾水人工湿地平面图如图 10-25 所示。

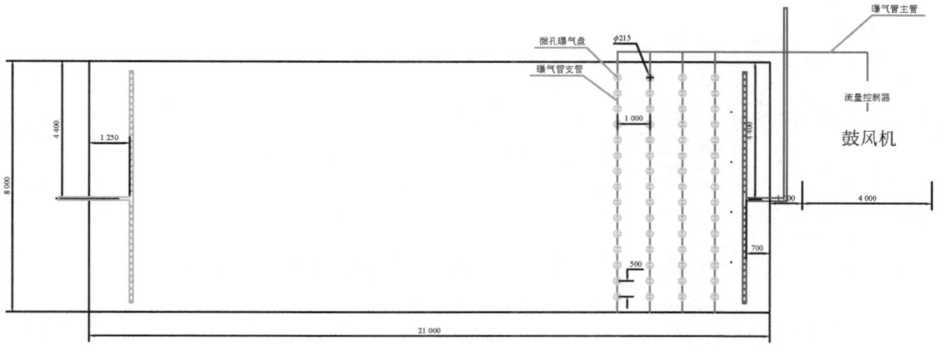

图 10-24　边村 1 号污水处理站尾水人工湿地平面图
尺寸单位：mm

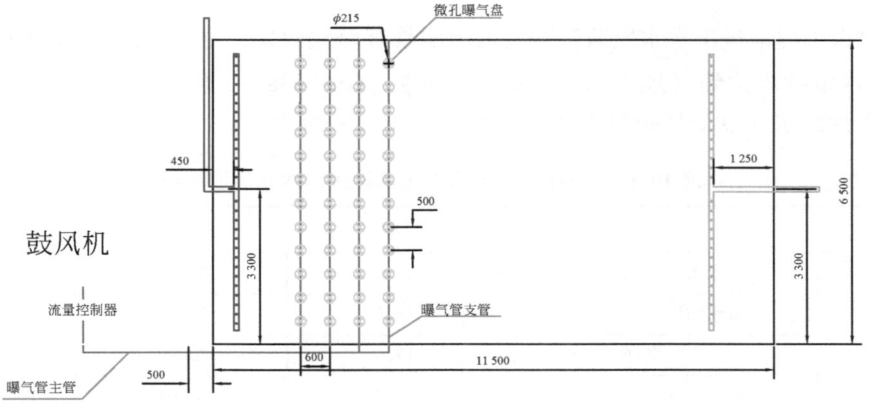

图 10-25　泥李庄 2 号污水处理站尾水人工湿地平面图
尺寸单位：mm

3）土堤隔墙建设

人工湿地隔墙采用土堤形式。图 10-26 和图 10-27 分别为边村和泥李庄人工湿地剖面图。

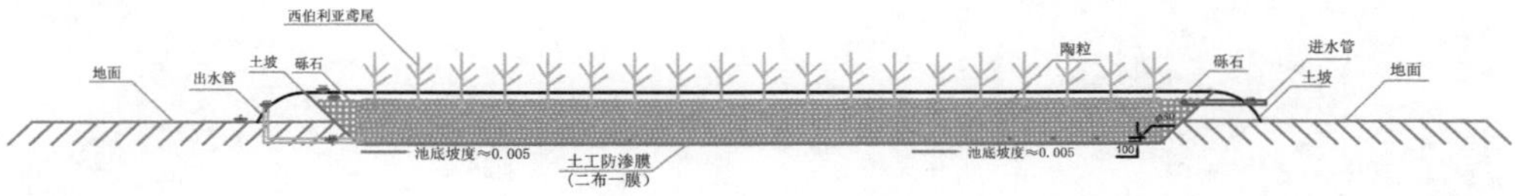

图 10-26　边村 1 号污水处理站尾水人工湿地剖面图
尺寸单位：mm

4）填料与植物

本工程进水和出水段采用直径为 8 ~ 12mm 的砾石，主体部分采用直径为 6 ~ 8mm 的陶

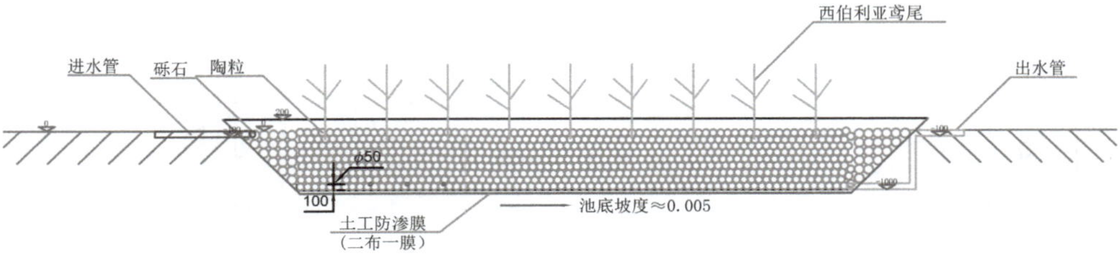

图 10-27　泥李庄 2 号污水处理站尾水人工湿地剖面图

尺寸单位：mm

粒，有利于NH_4^+-N和 TP 的吸附，同时附着的丰富的微生物降解有机污染物等。湿地植物选择耐寒植物西伯利亚鸢尾。

4. 处理效果

通过人工湿地进出水水质监测，人工湿地具有净化效果，主要水质指标 COD_{Cr}、NH_4^+-N 和 TP 出水浓度均达到《地表水环境质量标准》（GB 3838—2002）Ⅲ类标准（表 10-13）。白洋淀生活污水深度处理抗低温人工湿地如图 10-28 所示。

表 10-13　白洋淀抗低温人工湿地进出水水质监测结果

项目		COD_{Cr}	NH_4^+-N	TP
边村	进水浓度/（mg/L）	22. 9	0. 241	0. 223
	出水浓度/（mg/L）	18. 8	0. 183	0. 167
	去除率/%	17. 9	24. 1	25. 1
泥李庄	进水浓度/（mg/L）	7. 37	0. 104	0. 098
	出水浓度/（mg/L）	5. 23	0. 074	0. 063
	去除率/%	29. 0	28. 8	35. 7

图 10-28　白洋淀生活污水深度处理抗低温人工湿地

10.2.3 河南省许昌市清泥河流域综合治理工程

1. 项目背景

许昌市地处豫东平原的中西部，地势西高东低，地面高程 60 ~ 80m，地形总体较平坦。许昌市西部为外方山脉，西南部为伏牛山脉，山脉和平原之间为山前岗丘和山前平原，南部、北部和东部为平原。许昌市属北温带大陆性季风气候，降水比较充沛，光照充足，无霜期长。许昌市四季气候特征：春季干旱多风沙，夏季炎热多降水，秋季凉爽日照长，冬季寒冷少雨雪。全年平均气温在 14.3 ~ 14.6℃，年极端最高气温为 44℃，年极端最低气温为-17.5℃，夏季多偏南风，冬季多偏北风，常年主导风向为西北。

许昌市屯南污水处理厂位于市区工农路南段与瑞昌西路交叉口西南角。该工程设计总规模 6×10^4t/d，一期规模 3×10^4t/d，出水水质达到《城镇污水处理厂污染物排放标准》一级 A 类排放标准，出水排入清泥河。工程范围包括该河段全部水域及河北岸陆域，总面积为 8.4hm^2。

清泥河位于基地西南侧，水系狭窄，宽度仅有 1 ~ 2m。北岸植被以自然生长的杂草、零星杨树和人工农田为主，南岸有宽度约 60m 的杨树林。

2. 处理目标

本项目旨在改善污水处理厂尾水水质，减少对地表水系统的影响。工程采取垂直流人工湿地+表面流人工湿地组合工艺：以垂直流人工湿地作为主要处理工艺，直接接入污水处理厂尾水，发挥水质净化的主要作用；表面流人工湿地作为辅助二级净化工艺，利用表面流人工湿地保持和强化水质净化效果，提高景观效果。

3. 工程设计

清泥河人工湿地由组合垂直流人工湿地（IVCW）和垂直流人工湿地（VCW）并行组成。屯南污水处理厂的尾水由提升泵经埋地管道送至组合垂直流人工湿地系统和垂直流人工湿地系统净化。组合垂直流人工湿地共划分为 32 个湿地单元，有效处理面积 46 072m^2，设计入流水量 24 200m^3/d，设计水力荷载率 0.52m^3/(m^2 · d)，基材层约 1.5m（含 1.3m 砾石层和 0.2m 黏土层）。基质孔隙率为 0.35，水力滞留时间约为 0.94 天。每个湿地单元的上部采用穿孔配水管进行配水，然后水垂直向下流向排水层。在排水层中，水通过穿孔管道流向湿地后部，然后垂直向上流向上部穿孔集水管，最后通过排水渠排出。污水经排水渠收集后，进入集水渠，溢流至冲积平原，排入清泥河。

4. 处理效果

通过对人工湿地进出水水质进行周年监测，主要水质指标 COD_{Cr}、NH_4^+-N 和 TP 年平均浓度如表 10-14 所示，出水水质达到《地表水环境质量标准》（GB 3838—2002）Ⅳ类标准。建成的屯南污水处理厂清泥河人工湿地如图 10-29 所示。

表 10-14　清泥河流域污水处理厂尾水深度净化人工湿地进出水水质监测结果

项目	COD_{Cr}	NH_4^+-N	TP
进水浓度/（mg/L）	46. 5	0. 693	0. 163
出水浓度/（mg/L）	27. 3	0. 369	0. 059
去除率/%	41. 3	46. 8	63. 8

图 10-29　建成的屯南污水处理厂清泥河人工湿地

10. 2. 4　山东省泰安市大汶河流域泮河人工湿地水质净化工程

1. 项目背景

泰安市位于山东省中部的泰山南麓，东邻济南市、淄博市、临沂市，南连济宁市，西隔黄河与聊城市、河南省濮阳市相望，北以泰山与济南市为界，位于 116°20′E ~ 117°59′E、35°38′N ~ 36°28′N，总面积 7762km²。

大汶河，古称汶水。大汶河发源于山东旋崮山北麓沂源县境内，汇泰山山脉、蒙山支脉诸水，自东向西流经莱芜、新泰、泰安、肥城、宁阳、汶上、东平等县、市，汇注东平湖，出陈山口后入黄河。干流河道长 239km，流域面积 9098km²。

根据《泰安市城市总体规划（2011—2020 年）（2017 年修订）》，到 2020 年，中心城区常住人口控制在 1.35×10^6 人。城区排水体制为雨、污分流制。到 2030 年，城区污水收集率达到 95% 以上和污水处理达标排放率达到 100%；确保水污染治理与水资源化的实现，优化投资环境，使泰安市成为环境优美的生态城市。

根据《泰安市城市排水专项规划（2016—2020 年）》，结合现状污水处理厂和管网布设，将市城区划分为 4 个污水分区：一、二污水处理厂分区，服务面积为 144. 8km²；三污水处理厂分区，服务面积为 26km²；四污水处理厂分区，服务面积为 61. 8km²；五污水处理厂分区，服务面积为 28. 1km^2。

已建泮河人工湿地因建成后运行效果一般、处理水量较小，故需要对其进行改造提升建设，以最小的建设成本提升湿地尾水处理规模和处理水质。

2. 处理目标

1）总体目标

综合泰安市环境保护和可持续发展建设要求，将泰安市第四污水处理厂尾水经管道直接输送至人工湿地进行净化处理，处理区选址利用已建泮河（天泽湖）人工湿地进行改造提升后使用。处理尾水规模 1. 20×10^5m^3/d。

经过泮河（天泽湖）人工湿地改造提升后，一方面能扩大尾水处理量和出水水质效果，改善泮河和大汶河水环境质量；另一方面可以通过湿地景观的打造，将该处湿地打造为一处典型的湿地公园区，与大汶河国家湿地遥相呼应，服务于泰安市的生态净化、景观游憩、旅游休闲等功能。

2）设计水量目标

泮河人工湿地改造提升后设计处理水量 Q=1. 20×10^5m^3/d。水量来自泰安市第四污水处理厂排放尾水，从生物指示池经管道自流进入泮河湿地。

3）设计水质目标

根据泰安市环保论证尾水湿地出水水质标准，出口水质：COD_{Cr}排放限值执行 20mg/L、TP=0. 25mg/L、NH_4^+-N=1. 0mg/L（冬季水温低于 12℃执行 1. 5mg/L），TN=8mg/L（冬季10mg/L）。其他指标执行《地表水环境质量标准》（GB 3838—2002）Ⅳ类标准（不包括粪大肠菌群、水温），并优于上游来水监控点水质。泮河人工湿地改造工程设计进出水水质如表 10-15 所示。

表 10-15　泮河人工湿地改造工程设计进出水水质指标　（单位：mg/L）

主要水质指标	COD_{Cr}	BOD_5	NH_4^+-N	TN	TP
进水浓度/（mg/L）	30	6	1. 5（2. 0）	10（12）	0. 3
出水浓度/（mg/L）	20	≤6	1. 0（1. 5）	8（10）	0. 25
去除率/%	33. 3	—	33. 3（25）	20（16. 7）	16. 7

注：括号内为冬季限值。

3. 工程设计

1）场地分区及高程设计

建设区核心工艺为组合垂直流人工湿地，分 108 个单元格并联运行。湿地分为东西两区，后端东区的高程整体上比前端西区低 0. 1m。从西侧进水，东侧出水，人工湿地分为 6 排，单排 18 格。每两排共用一个进水渠道，共 3 组，并联运行。单元人工湿地通过进水渠道向左右两侧分别输送进水，然后人工湿地单元另一端通过集水渠道进行收水，每组共设 2 条集水渠。人工湿地设计高程应满足湿地内水力条件和湿地出水高程要求。

湿地西区总进水渠道底标高 116. 40 ~ 116. 20m，坡度 0. 5‰，布水支渠底标高

116.40m。人工湿地单元：设计垂直流人工湿地进水端底高程115.95m，填充1.2m深的填料后表面高程117.15m；出水端湿地底高程115.65m，填充1.3m深的填料后表面高程116.95m。集水渠底标高115.70~115.50m，坡度0.5‰。

湿地东区总进水渠道底标高116.20~116.00m，坡度0.5‰，布水支渠底标高116.30m。人工湿地单元：设计垂直流人工湿地起端底高程115.85m，填充1.2m深的填料后表面高程117.05m；末端湿地底高程115.55m，填充1.3m深的填料后表面高程116.85m。集水渠底标高115.50~115.30m，坡度0.5‰。

每组垂直流人工湿地出水经两侧现状集水渠收集并在末端汇合后排入泮河。

2）进水渠道曝气系统

在每条湿地总布水渠道前，中部（1号、10号湿地附近进水渠道）各安装2台潜水式造流曝气机，单台曝气量450m^3/h，可提升进水溶解氧浓度至10.0mg/L。设置潜水式造流曝气机共12台（6个点位，1用1备交替使用）。

3）湿地水力冲洗及排泥系统

本工程设置底部水力冲洗系统，包括底部布置的潜水泵和冲洗总管。潜水泵共计6台，单台流量72 L/s，扬程为30m。冲洗总管沿总布水渠底部中心布置，管径DN200mm，长度和总布水渠相同。

每个人工湿地单元通过2条接自冲洗总管的DN200mm冲洗支管进行人工湿地水力清洗，单个冲洗支管上设置1个DN200mm止回阀和1个DN200mm手电两用蝶阀，以控制人工湿地冲洗系统。每条冲洗支管分别接入4条湿地下层穿孔。人工湿地冲洗管末端安装快开蝶阀。

4）人工湿地防渗

本工程采用HDPE膜，并在其两侧增加无纺土工布，无纺土工布100 g/m^2，HDPE防渗膜0.5mm厚，形成二布一膜的防渗层结构。衬垫土工布与碎石填料之间采用粗沙镶嵌。复合土工膜搭接长度400mm，十字搭接和管道搭接处需在接缝处补加一块不小于300mm×300mm的补丁。复合土工膜上层铺设100mm厚粗砂保护层，然后上部进行湿地填料铺设。施工完成后人工湿地防渗层渗透系数不得大于1×10^{-8}m/s。

5）人工湿地植物

本工程选择如下湿地植物：低秆花叶芦苇、黄菖蒲、大香蒲、梭鱼草、千屈菜、再力花、美人蕉（黄花和红花）。

4. 处理效果

对人工湿地进出水水质进行监测，主要水质指标COD_{Cr}、NH_4^+-N和TP平均浓度如表10-16所示。出水主要水质指标达到《地表水环境质量标准》（GB 3838—2002）Ⅲ类标准，达到设计目标。建成的大汶河泮河人工湿地如图10-30所示。

表10-16 泮河人工湿地进出水水质监测结果

项目	COD_{Cr}	NH_4^+-N	TP
进水浓度/（mg/L）	14.0	0.229	0.290

续表

项目	COD_{Cr}	NH_4^+-N	TP
出水浓度/（mg/L）	11.0	0.183	0.130
去除率/%	21.4	20.1	55.2

图 10-30　建成的大汶河泮河人工湿地

10.3　人工湿地运行与管理

人工湿地后期的运行与管理是决定其能否长期稳定高效运行的关键。本节将从人工湿地启动初期管理、日常运行管理、堵塞管理、低温运行管理和安全与应急管理五方面阐述与讨论运行与管理中面临的主要问题与解决方案。具体操作技术请参考《人工湿地运行与维护标准》（T/CECS 1454—2023）。

10.3.1 人工湿地启动初期管理

人工湿地的启动初期管理是确保其有效运行的关键阶段，主要包括运行模式管理、水位调控管理和植物管理三方面。其核心目标是促进人工湿地植物和微生物的健康成长，为湿地的正式运行打下坚实基础。

在运行模式管理方面，应根据设计要求选择适宜的模式，并控制初期水力负荷。宜根据植物和微生物的生长，以及水质净化效果的评估，逐周/月增加水力负荷，直至达到设计标准。运行初期的持续时间需综合考虑植物种类、季节、气候、填料和水力负荷等因素；在水位调控管理方面，植物栽种后应立即继续充水，可根据湿地类型及植物高度选择合适的运行水位并定期调控，促进植物根系向下发育；在植物管理方面，应根据植物生长特性确定栽种时间，宜在春季或秋季栽种，必要时也可以在夏季栽种，但应采取措施保证植物存活率，植物栽种前可适量充水以保证填料表面湿润。当发现缺苗、死苗时，应及时补苗，保持正常的植物密度。

10.3.2 人工湿地日常运行管理

良好的日常运行管理对人工湿地长期高效稳定运行至关重要，主要包括运行模式管理、水质水量管理、水位调控管理、填料管理、植物管理、动物管理、其他生物管理以及设施设备管理。这些管理措施不仅影响湿地的净化效率，还是维持湿地生态平衡和实现可持续运行的关键。

1）运行模式管理

人工湿地日常运行可采用连续、间歇或潮汐流运行方式，具体应根据所设计的湿地类型和来水的水质水量选择合适的运行模式。其中，水力停留时间是影响系统污染物去除效率的关键运行参数之一，其值应通过实验或按相似条件下人工湿地的运行经验确定，在人工湿地去除率不佳时应予以调节。

2）水质水量管理

水质水量管理是人工湿地其他运行管理的基础，定期的水质水量监测与记录有利于了解与回溯人工湿地的运行状况，并有助于指导人工湿地长期保持高效稳定运行。

3）水位调控管理

水位调控管理直接或间接关系着人工湿地的运行效率，在人工湿地日常运行中，应根据不同气候状况，适时适当调整水位运行高度，预防极端气候时出现植物大量死亡、溢流、短流或壅水等影响人工湿地运行效率的异常情况发生。

4）填料管理

填料是湿地系统的主要组成部分之一，填料管理将直接影响系统的运行效率。人工湿地日常运行中，主要从杂物管理、悬浮物浓度管理和漫流/壅水现象管理三方面保障填料发挥正常功能。

5）植物管理

除填料外，植物的生长生存状态会直接或间接影响湿地系统的运行效率，并且植物凋亡后会落入人工湿地中，如果未及时收割与清理将成为湿地内部的污染源或堵塞湿地填料。因此，人工湿地日常运行中需对植物日常管护与植物收割、清理和转运管理予以足够重视。

6）动物管理

人工湿地除了水质净化功能，同样兼具生态功能及价值，可为动物提供栖息生活的优良环境。应对大部分动物予以保护，但应对系统正常运行有不良影响或对人有极大危险的动物予以控制。

7）其他生物管理

对于人工湿地内可能影响或不利于其发挥作用的病虫、害虫、藻类、杂草和入侵物种等其他生物，应同样予以重视及管理。

8）设施设备管理

设施设备管理是维持湿地运行效率的基础，包括定期巡视、检查和维护，确保设备处于良好状态。

10.3.3 人工湿地堵塞管理

延缓湿地堵塞是确保其长期稳定运行和延长使用寿命的关键。为此，需要从设计、建设、运行和维护四方面综合施策。设计阶段，应严格控制进水中的悬浮物浓度，并根据规范增设预处理设施以降低堵塞风险。建设阶段，填料铺设前需进行预冲洗，确保填料级配符合设计要求；运行阶段，定期检查水位并保证均匀配水，对于水平潜流人工湿地，从长边布水和集水，进水段沿水流方向逐步减小填料粒径，以优化水流分布和减少堵塞。当出现雍水或堵塞时，应逐步降低出水区水位，并在必要时翻洗被淤堵部分的填料。垂直流人工湿地则应采用间歇配水方式，定期清理淤泥和死亡植物组织，并且进行反冲洗；维护阶段，建议人工湿地根据气候分区采取轮休运行方式，定期快速排水或反冲洗，并检查排气管，确保其畅通，对破损或堵塞的排气管进行修补或更换。此外，可根据淤堵规律，对已经发生堵塞的区域进行清挖、清洗或更换填料后回填，以恢复湿地功能。这些措施共同构成了一套全面的人工湿地堵塞管理方案，旨在通过精心地规划和管理实现湿地的高效净化和生态平衡。

10.3.4 人工湿地低温运行管理

为提高人工湿地低温环境运行性能，可采取多项强化管理措施。首先，加强管路系统的防冻保温工作，确保在低温条件下管道不会冻结。其次，可通过水位调控形成冰层、植物残体覆盖填料表层或建设阳光大棚等保温措施，以维持池内温度不低于 4℃，保护微生物的活性。再次，可适当降低水力负荷并保持稳定的进水流量，特别是对于潮汐式运行的人工湿地，应控制两次潮汐时间不超过 24h，避免湿地在低温时段完全干涸。最后，可以采取预处理、人工曝气和延长水力停留时间等强化措施，以提高湿地在低温条件下的运行效果。通过这些综合性的管理策略，可以有效地减轻冬季低温对人工湿地效率的影响，确保其在寒冷季节也能保持一定的净化功能。

10.3.5 人工湿地安全与应急管理

人工湿地亲近自然的属性以及丰富的水体空间，包含的多种水生植物、水生动物，使人心旷神怡，常常吸引游客来此参观与游玩。为保障好游客与工作人员的健康与安全，应做好相应的安全与应急管理工作。首先，可利用现代技术如大数据、云计算和物联网，在关键区域安装视频监控和风险预警系统，实现实时监控和预警。其次，应定期进行风险排查，及时处理塌方、滑坡和通道堵塞等安全隐患。施工期间，需协调沟通，确保安全隐患得到及时处置。此外，可建立安全风险分级管控和隐患排查治理机制，定期进行风险辨识与评估，并建立安全风险数据库。同时，根据国家标准编制应急预案，确保在紧急情况下能够迅速响应。通过这些措施，可以提高人工湿地的安全管理水平，保障游客和工作人员的安全。

参考文献

阿丹．2012. 人工湿地对 14 种常用抗生素的去除效果及影响因素研究．广州：暨南大学．

白雪原．2020. 水平潜流人工湿地用于城镇污水厂尾水深度脱氮的研究与实践．长春：东北师范大学．

白雪原，姜海波，阳涛，等．2022. 不同水力负荷条件下水平潜流人工湿地处理城镇污水处理厂尾水的效率及微生物特征研究．环境生态学，4（9）：108-114.

薄香兰，刘兴，窦勇，等．2019. 不同氮磷比对小球藻叶绿素荧光参数及生长的影响．江苏农业科学，（2）：169-172.

蔡成霖，2023. 生态滤床去除雨水径流中重金属和微塑料的效果及机制．上海：同济大学．

曹艳晓，龙腾锐，傅婵媛，等．2010. 剩余污泥碱解上清液作为反硝化碳源的回用量实验研究．土木建筑与环境工程，32（1）：125-130.

陈德坤，朱文博，王洪秀，等．2018. WASP 水质模型在表流人工湿地中的优化与应用．工业水处理，38（2）：70-74.

陈曦，刘志洋．2020. 低温胁迫下六种萱草的抗寒性比较．黑龙江农业科学，（5）：7-11.

陈亚男．2012. 几种填料生物膜特性与挂膜参数优化研究．杭州：浙江大学．

陈莹，陈永华，宋胡，等．2018. 表面流–潜流–潜流串联人工湿地对排入星月水库污水的处理效果．湿地科学，16（1）：59-66.

陈韫真，叶纪良．1996. 深圳白泥坑、雁田人工湿地污水处理场．电力环境保护，1：47-51.

陈子豪，钟非，吴娟，等．2019. 产电型人工湿地脱氮性能研究进展．环境保护前沿，9（1）：44-57.

成水平，况琪军，夏宜琤．1997. 香蒲、灯芯草人工湿地的研究 I：净化污水的效果．湖泊科学，9（4）：351-358.

成水平，吴振斌，况琪军．2002. 人工湿地植物研究．湖泊科学，14（2）：179-184.

成水平，王月圆，吴娟．2019. 人工湿地研究现状与展望．湖泊科学，31（6）：1489-1498.

程海涛．2009. 区域雨水集蓄、处理和综合利用．西安：西安建筑科技大学．

程粟裕．2021. 畜禽粪便中铜和磺胺二甲嘧啶污染对稻田土壤温室气体排放及相关微生物基因丰度的影响．南京：南京农业大学．

邓徐，王婷，侯磊．2019. 一种人工湿地基质模块和模块化人工湿地：CN 209352644U.

杜健．2018. 利用水稻秸秆水解液培养微藻生长及油脂合成研究．哈尔滨：哈尔滨工业大学．

范英宏．2018. 人工湿地污染物去除动力学模拟研究．铁路节能环保与安全卫生，8（1）：20-25.

冯平，刘伟，罗莎．2006. 雨水资源的利用问题及其实验研究．天津大学学报，39（3）：316-321.

冯延申，黄天寅，刘锋，等．2013. 反硝化脱氮新型外加碳源研究进展．现代化工，33（10）：52-57.

付昆明，曹相生，孟雪征，等．2011. 污水反硝化过程中亚硝酸盐的积累规律．环境科学，32（6）：1660-1664.

高景峰，彭永臻，王淑莹，等．2001. 以 DO、ORP、pH 控制 SBR 法的脱氮过程．中国给水排水，17（4）：6-11.

高鹏飞．2009. 玉米秸秆制备生物乙醇及其综合利用．西安：西北大学．

国家环境保护局科技标准司．1997. 城市污水土地处理技术指南．北京：中国环境科学出版社．

何文滢，钟志勇 . 2022. 国内混合式学习研究评述与展望（2005—2021 年）：基于 VOSviewer 的可视化分析 . 教育文化论坛，14（5），124-135，
胡洁，许光远，胡香，等 . 2018. 组合式人工湿地深度处理小城镇污水处理厂尾水 . 水处理技术，44（11）：120-122，132.
胡正峰，孔令为，孙向阳 . 2017. 一种模块化人工湿地集成装置及用于处理污水的方法：CN 107459139A.
环境保护部 . 2010. 人工湿地污水处理工程技术规范（HJ 2005—2010）. 北京：中国环境科学出版社 .
黄娟，杨思思，李润青，等 . 2014. 低温域湿地植物根际硝化强度及氨氧化微生物研究 . 环境科学研究，27（8）：857-864.
黄时达，冷冰 . 1993. 污水的人工湿地系统处理技术 . 四川环境，12（2）：48-51.
景瑞瑛，杨扬，戴玉女，等 . 2016. 布洛芬和双氯芬酸在不同构型人工湿地中的去除行为研究 . 环境科学，37（7）：2577-2585.
孔令为，贺锋，夏世斌，等 . 2014. 钱塘江引水降氮示范工程的构建和运行研究 . 环境污染与防治，36（11）：60-66.
况琪军，吴振斌，夏宜琤 . 2000. 人工湿地生态系统的除藻研究 . 水生生物学报，24（6）：655-658.
雷旭，李冰，李晓，等 . 2015. 复合垂直流人工湿地系统中不同植物根际微生物群落结构 . 生态学杂志，34（5）：1373-1381.
李鹏 . 2017. 生物滞留系统对重金属的净化效果及出水回用风险评估 . 西安：西安理工大学 .
李银，夏先旭，曾凤，等 . 2020. 鸢尾、翠芦莉和美人蕉对城市雨水污染的净化效果 . 热带农业科学，40（6）：90-95.
郦剑，凌国平，张升才，等 . 2001. 管嘴出流形态的实验观察 . 浙江大学学报，35（4）：452-454.
梁威，吴振斌，周巧红，等 . 2003. 构建湿地去除酞酸酯的基质微生物和酶机制研究 . 长江流域资源与环境，3：254-258.
林莉峰，李田，李贺 . 2007. 海市城区非渗透性地面径流的污染特性研究 . 环境科学，28（7）：1430-1434.
刘昌伟，薛晨，杨永哲，等 . 2012. 新型潮汐流人工湿地深度处理生活污水的研究 . 中国给水排水，28（11）：10-13.
刘刚，闻岳，周琪 . 2010. 人工湿地反硝化碳源补充研究进展 . 水处理技术，36（4）：1-5.
刘琦 . 2014. 不同碳源下反硝化过程中亚硝酸盐积累规律研究 . 天津：天津大学 .
刘青 . 2020. 一种模块化人工湿地处理单元及系统：CN 210140481U.
刘瑞民，赵静，韩文辉，等 . 2024. 基于物种敏感度分布及相平衡理论的汾河流域磺胺类抗生素生态风险阈值研究 . 生态毒理学报，19：115-126.
刘志勇，徐晓军. 2012. 昆明市城市雨水工程设计降雨量的选取及案例分析. 中国给水排水，27（24）：89-92.
卢少勇，金相灿，余刚 . 2006. 人工湿地的氮去除机理 . 生态学报，26（8）：2670-2677.
聂玉华 . 2015. 微曝气强化生态浮床对污水中氮元素的去除效果研究 . 成都：西南交通大学 .
潘福霞，来晓双，王树志，等 . 2021. 曝气条件下进水 C/N 对水平潜流型人工湿地脱氮效果和氮转化功能微生物丰度的影响 . 环境工程学报，15（4）：1386-1394.
潘国庆. 2008. 不同排水体制的污染负荷及控制措施研究. 北京：北京建筑工程学院 .
庞金华，沈瑞芝，程平宏 . 1997. 三种植物对 COD 的耐受极限与净化效果 . 农业环境保护，5：209-213.
裘湛 . 2018. 人工湿地植物根际效应对根部微生物影响的研究进展 . 净水技术，37（7）：26-30.
佘丽华，贺锋，徐栋，等 . 2009. 碳源调控下复合垂直流人工湿地脱氮研究 . 环境科学，30（11）：3300-3305.

沈林亚 . 2018. 分级进水对阶梯垂直流人工湿地污水处理影响研究 . 上海：同济大学 .
沈林亚，吴娟，钟非，等 . 2017. 分级进水对阶梯垂直流人工湿地污水处理效果的影响 . 湖泊科学，29（5）：1084-1090.
宋涛，王玉杰，罗雪梅，等 . 2022. 不同挺水植物对模拟污水中 C、N 净化效果研究 . 四川环境，41（5）：12-16.
谭剑聪 . 2015. 微曝气强化生态浮床对污水中 COD_{Cr}的去除效果研究 . 成都：西南交通大学 .
唐孟煊，吴娟，代嫣然，等 . 2016. 组合式垂直流人工湿地工艺及其污水处理效果 . 环境工程学报，10（3）：1017-1022.
万志刚，顾福根，孙丙耀，等 . 2006. 6 种水生维管束植物对氮和磷的耐受性分析 . 淡水渔业，36（4）：37-40.
王昊，尤志国，何绪文 . 2013. 不同水力负荷条件下水平–沸石潜流湿地运行效果研究 . 水处理技术，39（4）：97-99.
王建军，李田，张颖 . 2014. 给水厂污泥改良生物滞留填料除磷效果的研究 . 环境科学，35（12）：4642-4647.
王健，尹炜，叶闽，等 . 2011. 植草沟技术在面源污染控制中的研究进展 . 环境科学与技术，34（5）：90-94.
王久贤 . 1997. 白泥坑人工湿地水力学计算研究 . 广东水利水电，(6)：50-52.
王书敏，于慧，张彬 . 2011. 生物沟技术在城市面源污染控制中的应用研究进展 . 安徽农业科学，39（3）：1627-1629.
王瑶 . 2017. 基于藻菌共生体系强化微藻富集和废水处理的研究 . 长春：吉林大学 .
魏星，朱伟，赵联芳，等 . 2010. 植物秸秆作补充碳源对人工湿地脱氮效果的影响 . 湖泊科学，22（6）：916-922.
闻岳 . 2007. 水平潜流人工湿地净化受污染水体研究 . 上海：同济大学 .
吴琪璐，崔文倩，沈亮，等 . 2018. 环境因子对微藻胞外多聚物主要组分的影响 . 厦门大学学报（自然科学版），57（3）：346-353.
吴振斌，陈辉蓉，雷腊梅，等 . 2000. 人工湿地系统去除藻毒素研究 . 长江流域资源与环境，(2)：242-247.
向晓琴 . 2021. 不同基质填充度模块化人工湿地强化脱氮除磷研究 . 上海：同济大学 .
向晓琴，孔令为，余少乐，等 . 2021. 不同基质填充度模块化人工湿地强化脱氮除磷效果研究 . 杭州师范大学学报（自然科学版），20：603-609.
熊家晴，李珊珊，葛媛，等 . 2017. 处理高污染河水垂直流人工湿地微生物群落特性 . 环境工程学报，11（3）：1959-1965.
许巧玲，崔理华 . 2017. 垂直流人工湿地对邻苯二甲酸二甲酯的去除效果研究 . 湿地科学，15（2）：298-301.
杨玉琦，赵悦文，张秋兰，等 . 2023. 典型抗生素对湿地反硝化甲烷厌氧氧化的影响 . 中国环境科学，43：631-637.
姚川颖 . 2014. 外加碳源强化人工湿地脱氮研究 . 沈阳：东北大学 .
殷芳芳，王淑莹，昂雪野，等 . 2009. 碳源类型对低温条件下生物反硝化的影响 . 环境科学，30（1）：108-113.
张洪刚，洪剑明 . 2006. 人工湿地中植物的作用 . 湿地科学，4（2）：146-154.
张翔凌，武俊梅，王荣，等 . 2009. 垂直流人工湿地系统中不同组合填料净化能力研究 . 中国给水排水，25（19）：1-4.

张晓一，陈盛，查丽娜，等．2019．表面流人工湿地和复合型生态浮床处理污水厂尾水的脱氮性能分析．环境工程，37（6）：46-51.

张迎颖，丁为民，陈豪，等．2009．人工湿地填料的静态吸附特性和动态除磷能力研究．江苏农业科学，3：416-418.

张悦旺，安娜，杨衍戈．2018．一种模块化人工湿地系统：CN 207313254U.

章北平，刘真，任拥政．2009．一种基质模块化人工湿地：CN 200974788Y.

赵建伟，单保庆，尹澄清．2007．城市面源污染控制工程技术的应用及进展．中国给水排水，23（12）：1-5.

赵联芳，贺丽，梅才华，等．2018．外置植物碳源型人工湿地系统反硝化脱氮效果及 N_2O 释放．安全与环境学报，18（1）：276-281.

赵林丽，邵学新，吴明，等．2018．人工湿地不同基质和粒径对污水净化效果的比较．环境科学，39（9）：4236-4241.

赵艳，汪成．2019．低氮胁迫对蛋白核小球藻生化组分和絮凝性能的影响．植物营养与肥料学报，25（3）：489-497.

周晓红，王国祥，杨飞，等，2008．刈割对生态浮床植物黑麦草光合作用及其对氮磷等净化效果的影响．环境科学，29（12）：3393-3399.

周毅，陈永祥．2014．城市雨水可持续管理技术在我国的应用障碍和对策．中国给水排水，30（4）：21-24.

朱彤，许振成，胡康萍，等．1991．人工湿地污水处理系统应用研究．环境科学研究，4（5）：17-22.

住房和城乡住建部标准定额研究所．2009．人工湿地污水处理技术导则（RISNT-G006—2009）．北京：中国建筑工业出版社．

Aanderud Z T, Saurey S, Ball B A, et al. 2018. Stoichiometric shifts in soil C∶N∶P promote bacterial taxa dominance, maintain biodiversity, and deconstruct community assemblages. Frontiers in Microbiology, 9: 1401.

Adrados B, Sánchez O, Arias C A, et al. 2014. Microbial communities from different types of natural wastewater treatment systems: vertical and horizontal flow constructed wetlands and biofilters. Water Research, 55: 304-312.

Ahn Y, Zhang F, Logan B E. 2014. Air humidity and water pressure effects on the performance of air-cathode microbial fuel cell cathodes. Journal of Power Sources, 247: 655-659.

Ajibade F O, Yin W X, Guadie A, et al. 2023. Impact of biochar amendment on antibiotic removal and ARGs accumulation in constructed wetlands for low C/N wastewater treatment. Chemical Engineering Journal, 459: 141541.

Angnes G, Nicoloso R S, da Silva M L B, et al. 2013. Correlating denitrifying catabolic genes with N_2O and N_2 emissions from swine slurry composting. Bioresource Technology, 140: 368-375.

Ansola G, Arroyo P, de Miera L E S. 2014. Characterisation of the soil bacterial community structure and composition of natural and constructed wetlands. Science of the Total Environment, 473: 63-71.

Arias C A, Del Bubba M, Brix H. 2001. Phosphorus removal by sands for use as media in subsurface flow constructed reed beds. Water Research, 35 (5): 1159-1168.

Arroyo P, de Miera L E S, Ansola G. 2015. Influence of environmental variables on the structure and composition of soil bacterial communities in natural and constructed wetlands. Science of the Total Environment, 506: 380-390.

Ávila C, Pedescoll A, Matamoros V, et al. 2010. Capacity of a horizontal subsurface flow constructed wetland system for the removal of emerging pollutants: an injection experiment. Chemosphere, 81 (9): 1137-1142.

Ávila C, Nivala J, Olsson L, et al. 2014. Emerging organic contaminants in vertical subsurface flow constructed wetlands: influence of media size, loading frequency and use of active aeration. Science of the Total Environment, 494: 211-217.

Bartucca M L, Mimmo T, Cesco S, et al. 2016. Nitrate removal from polluted water by using a vegetated floating system. Science of the Total Environment, 542: 803-808.

Bedard C, Knowles R. 1989. Physiology biochemistry and specific inhibitors of methane ammonium ion and carbon monoxide oxidation by methanotrophs and nitrifiers. Nature Reviews Microbiology, 53: 68-84.

Berkey C S, Hoaglin D C, Mosteller F, et al. 1995. A random- effects regression model for meta- analysis. Statistics in Medicine, 14 (4): 395-411.

Birkigt J, Stumpp C, Matoszewski P, et al. 2018. Evaluation of the hydrological flow paths in a gravel bed filter modeling a horizontal subsurface flow wetland by using a multi- tracer experiment. Science of the Total Environment, 621: 265-272.

Blecken G T, Zinger Y, Deletić A, et al. 2009. Influence of intermittent wetting and drying conditions on heavy metal removal by stormwater biofilters. Water Research, 43 (18): 4590-4598.

Blecken G T, Marsalek J, Viklander M. 2011. Laboratory study of stormwater biofiltration in low temperatures: total and dissolved metal removals and fates. Water, Air and Soil Pollution, 219 (1): 303-317.

Bonetti G, Trevathan-Tackett S M, Hebert N, et al. 2021. Microbial community dynamics behind major release of methane in constructed wetlands. Applied Soil Ecology, 167: 104163.

Borenstein M, Hdeges L V, Higgins J P, et al. 2011. Introduction to Meta-Analysis. New York: John Wiley & Sons.

Braskerud B C. 2002. Factors affecting phosphorus retention in small constructed wetlands treating agricultural non-point source pollution. Ecological Engineering, 19 (1): 41-61.

Bratieres K, Fletcher T D, Deletic A, et al. 2008. Nutrient and sediment removal by stormwater biofilters: a large-scale design optimisation study. Water Research, 42 (14): 3930-3940.

Britto D T, Kronzucker H J. 2002. NH_4^+ toxicity in higher plants: a critical review. Journal of Plant Physiology, 159 (6): 567-584.

Burda B U, O'connor E A, Webber E M, et al. 2017. Estimating data from figures with a web-based program: considerations for a systematic review. Research Synthesis Methods, 8 (3): 258-262.

Cao J S, Zhang T, Wu Y, et al. 2020. Correlations of nitrogen removal and core functional genera in full-scale wastewater treatment plants: influences of different treatment processes and influent characteristics. Bioresource Technology, 297: 122455.

Cao W P, Wang Y M, Sun L, et al. 2016. Removal of nitrogenous compounds from polluted river water by floating constructed wetlands using rice straw and ceramsite as substrates under low temperature conditions. Ecological Engineering, 88: 77-81.

Chang J, Fan X, Sun H Y, et al. 2014. Plant species richness enhances nitrous oxide emissions in microcosms of constructed wetlands. Ecological Engineering, 64: 108-115.

Chapman C, Horner R R. 2010. Performance assessment of a street- drainage bioretention system. Water Environment Research, 82 (2): 109-119.

Chen J, Liu Y S, Su H C, et al. 2015. Removal of antibiotics and antibiotic resistance genes in rural wastewater by an integrated constructed wetland. Environmental Science and Pollution Research, 22 (3): 1794-1803.

Chen J, Wei X D, Liu Y S, et al. 2016. Removal of antibiotics and antibiotic resistance genes from domestic sewage by constructed wetlands: optimization of wetland substrates and hydraulic loading. Science of the Total

Environment, 565: 240-248.

Chen W, Westerhoff P, Leenheer J A, et al. 2003. Fluorescence excitation and emission matrix regional integration to quantify spectra for dissolved organic matter. Environmental Science & Technology, 37 (24): 5701-5710.

Chen X, Zhu H, Bañuelos G, et al. 2020a. Biochar reduces nitrous oxide but increases methane emissions in batch wetland mesocosms. Chemical Engineering Journal, 392: 124842.

Chen X, Zhu H, Yan B X, et al. 2020b. Greenhouse gas emissions and wastewater treatment performance by three plant species in subsurface flow constructed wetland mesocosms. Chemosphere, 239: 124795.

Chen X, Zhu H, Yan B X, et al. 2020c. Optimal influent COD/N ratio for obtaining low GHG emissions and high pollutant removal efficiency in constructed wetlands. Journal of Cleaner Production, 267: 122003.

Chen X Y, Zhu J, Tian Z F, et al. 2021. Effect of dry-wet alternation on dissolved oxygen concentration in constructed wetland. Applied Ecology and Environmental Research, 19 (1): 95-105.

Chen Y, Wen Y, Zhou Q, et al. 2014. Effects of plant biomass on nitrogen transformation in subsurface-batch constructed wetlands: a stable isotope and mass balance assessment. Water Research, 63: 158-167.

Chen Y, Wen Y, Tang Z R, et al. 2015. Effects of plant biomass on bacterial community structure in constructed wetlands used for tertiary wastewater treatment. Ecological Engineering, 84: 38-45.

Chen Y S, Zhao Z, Peng Y K, et al. 2016. Performance of a full-scale modified anaerobic/anoxic/oxic process: high-throughput sequence analysis of its microbial structures and their community functions. Bioresource Technology, 220: 225-232.

Cheng C, Shen X X, Xie H J, et al. 2019. Coupled methane and nitrous oxide biotransformation in freshwater wetland sediment microcosms. Science of the Total Environment, 648: 916-922.

Cheng R, Hou S N, Wang J F, et al. 2022. Biochar-amended constructed wetlands for eutrophication control and microcystin (MC-LR) removal. Chemosphere, 295: 133830.

Cheng S P, Grosse W, Karrenbrock F, et al. 2002a. Efficiency of constructed wetlands in decontamination of water polluted by heavy metals. Ecological Engineering, 18 (3): 317-325.

Cheng S P, Vidakovic-Cifrek Ž, Grosse W, et al. 2002b. Xenobiotics removal from polluted water by a multifunctional constructed wetland. Chemosphere, 48 (4): 415-418.

Cheng S Y, Qin C L, Xie H J, et al. 2021. Comprehensive evaluation of manganese oxides and iron oxides as metal substrate materials for constructed wetlands from the perspective of water quality and greenhouse effect. Ecotoxicology and Environmental Safety, 221: 112451.

Cheung M W. 2014. Modeling dependent effect sizes with three-level meta-analyses: a structural equation modeling approach. Psychological Methods, 19 (2): 211-229.

Cheung M W. 2015. MetaSEM: an R package for meta-analysis using structural equation modeling. Frontiers in Psychology, 5: 1521.

Chiemchaisri C, Yamamoto K. 1993. Biological nitrogen removal under low temperature in a membrane separation bioreactor. Water Science and Technology, 28 (10): 325-333.

Cho K W, Song K G, Cho J W, et al. 2009. Removal of nitrogen by a layered soil infiltration system during intermittent storm events. Chemosphere, 76 (5): 690-696.

Chon K, Chang J S, Lee E, et al. 2011. Abundance of denitrifying genes coding for nitrate (*narG*), nitrite (*nirS*), and nitrous oxide (*nosZ*) reductases in estuarine versus wastewater effluent-fed constructed wetlands. Ecological Engineering, 37 (1): 64-69.

Chu G Y, Yu D S, Wang X X, et al. 2021. Comparison of nitrite accumulation performance and microbial community structure in endogenous partial denitrification process with acetate and glucose served as carbon source. Bioresource Technology, 320: 124405.

Chung K C, Burns P B, Kim H M. 2006. A practical guide to meta-analysis. The Journal of Hand Surgery, 31 (10): 1671-1678.

Clark S E, Pitt R. 2012. Targeting treatment technologies to address specific stormwater pollutants and numeric discharge limits. Water Research, 46 (20): 6715-6730.

Cleveland C C, Liptzin D. 2007. C : N : P stoichiometry in soil: is there a "redfield ratio" for the microbial biomass? . Biogeochemistry, 85 (3): 235-252.

Clevinger C C, Heath R T, Bade D L. 2014. Oxygen use by nitrification in the hypolimnion and sediments of Lake Erie. Journal of Great Lakes Research, 40 (1): 202-207.

Cohen J. 1988. Statistical Power Analysis for the Behavioral Sciences. Sec ed. Abingdon: Routledge: 77-83.

Collins K A, Lawrence T J, Stander E K, et al. 2010. Opportunities and challenges for managing nitrogen in urban stormwater: a review and synthesis. Ecological Engineering, 36 (11): 1507-1519.

Cooper P. 2009. What can we learn from old wetlands? Lessons that have been learned and some that may have been forgotten over the past 20 years. Desalination, 246 (1-3): 11-26.

Corbella C, Puigagut J. 2015. Effect of primary treatment and organic loading on methane emissions from horizontal subsurface flow constructed wetlands treating urban wastewater. Ecological Engineering, 80: 79-84.

Corbella C, Puigagut J. 2018. Improving domestic wastewater treatment efficiency with constructed wetland microbial fuel cells: influence of anode material and external resistance. Science of the Total Environment, 631: 1406-1414.

Corbella C, Garfí M, Puigagut J. 2016. Long-term assessment of best cathode position to maximise microbial fuel cell performance in horizontal subsurface flow constructed wetlands. Science of the Total Environment, 563: 448-455.

Coustumer S L, Fletcher T D, Deletic A, et al. 2009. Hydraulic performance of biofilter systems for stormwater: management influences of design and operation. Journal of Hydrology, 376 (12): 1623.

Craig L S, Palmer M A, Richardson D C, et al. 2008. Stream restoration strategies for reducing river nitrogen loads. Frontiers in Ecology and the Environment, 6 (10): 529-538.

Cruz C, Bio A F M, Domínguez-Valdivia M D, et al. 2006. How does glutamine synthetase activity determine plant tolerance to ammonium? . Planta, 223 (5): 1068-1080.

Cui L H, Feng J K, Ouyang Y, et al. 2012. Removal of nutrients from septic effluent with re-circulated hybrid tidal flow constructed wetland. Ecological Engineering, 46: 112-115.

Dabrowski W, Karolinczak B, Malinowski P. 2018. Application of SS-VF bed for the treatment of high concentrated reject water from autothermal termophilic aerobic sewage sludge digestion. Journal of Ecological Engineering, 19 (4): 103-110.

Dai J N, Wang J J, Chow A T, et al. 2015. Electrical energy production from forest detritus in a forested wetland using microbial fuel cells. GCB Bioenergy, 7 (2): 244-252.

Daims H, Nielsen J L, Nielsen P H, et al. 2001. In situ characterization of *Nitrospira*-like nitrite-oxidizing bacteria active in wastewater treatment plants. Applied and Environmental Microbiology, 67 (11): 5273-5284.

Dan T H, Quang L N, Chiem N H, et al. 2011. Treatment of high-strength wastewater in tropical constructed wetlands planted with *Sesbania sesban*: horizontal subsurface flow versus vertical downflow. Ecological Engineering, 37 (5): 711-720.

Davis A P. 2008. Field performance of bioretention: hydrology impacts. Journal of Hydrologic Engineering, 13

(2): 90-95.

Davis A P , Shokouhian M, Sharma H. 2001. Laboratory study of biological retention for urban stormwater management. Water Environment Research, 20: 5-14.

Davis A P, Shokouhian M, Sharma H, et al. 2006. Water quality improvement through bioretention media: nitrogen and phosphorus removal. Water Environment Research, 78 (3): 284-293.

de Celis M, Belda I, Ortiz-Álvarez R, et al. 2020. Tuning up microbiome analysis to monitor WWTPs' biological reactors functioning. Scientific Reports, 10 (1): 4079.

Del Re A C. 2013. Compute. es: compute effect sizes. https: //cran. r-project. org/package=compute. es [2024-10-15] .

Deng C R, Huang L, Liang Y K, et al. 2019. Response of microbes to biochar strengthen nitrogen removal in subsurface flow constructed wetlands: microbial community structure and metabolite characteristics. Science of the Total Environment, 694: 133687.

Ding C, He J Z. 2010. Effect of antibiotics in the environment on microbial populations. Applied Microbiology and Biotechnology, 87 (3): 925-941.

Ding Y, Song X S, Wang Y H, et al. 2012. Effects of dissolved oxygen and influent COD/N ratios on nitrogen removal in horizontal subsurface flow constructed wetland. Ecological Engineering, 46: 107-111.

Ding Y, Wang W, Liu X P, et al. 2016. Intensified nitrogen removal of constructed wetland by novel integration of high rate algal pond biotechnology. Bioresource Technology, 219: 757-761.

Doherty L, Zhao Y Q, Zhao X H, et al. 2015. A review of a recently emerged technology: constructed wetland-microbial fuel cells. Water Research, 85: 38-45.

Dong Z Q, Sun T H. 2007. A potential new process for improving nitrogen removal in constructed wetlands: promoting coexistence of partial-nitrification and anammox. Ecological Engineering, 31 (2): 69-78.

Drizo A, Frost C A, Grace J, et al. 1999. Physico-chemical screening of phosphate-removing substrates for use in constructed wetland systems. Water Research, 33 (17): 3595-3602.

Drury B, Scott J, Rosi-Marshall E J, et al. 2013. Triclosan exposure increases triclosan resistance and influences taxonomic composition of benthic bacterial communities. Environmental Science & Technology, 47 (15): 8923-8930.

Du J Q, Liu J X, Jia T, et al. 2022. The relationships between soil physicochemical properties, bacterial communities and polycyclic aromatic hydrocarbon concentrations in soils proximal to coking plants. Environmental Pollution, 298: 118823.

Du Y Y, Pan K X, Yu C C, et al. 2018. Plant diversity decreases net global warming potential integrating multiple functions in microcosms of constructed wetlands. Journal of Cleaner Production, 184: 718-726.

Ducey T F, Hunt P G. 2013. Microbial community analysis of swine wastewater anaerobic lagoons by next-generation DNA sequencing. Anaerobe, 21: 50-57.

Egger M, Smith G D, Schneider M, et al. 1997. Bias in meta-analysis detected by a simple, graphical test. British Medical Journal, 315 (7109): 629-634.

Egger M, Rasigraf O, Sapart C J, et al. 2015. Iron-mediated anaerobic oxidation of methane in brackish coastal sediments. Environmental Science & Technology, 49 (1): 277-283.

Equiza M A, Zwiazek J J. 2014. Nitrogen form affects physiological responses and root expansigenous honeycomb aerenchyma in the emergent macrophyte *Acorus americanus*. Botany, 92 (8): 541-550.

Erickson A J, Gulliver J, Weiss P T. 2011. Removing dissolved phosphorus from stormwater. Porto Alegre: 12nd International Conference on Urban Drainage: 10-15.

Fan J L, Liang S, Zhang B, et al. 2013a. Enhanced organics and nitrogen removal in batch-operated vertical flow constructed wetlands by combination of intermittent aeration and step feeding strategy. Environmental Science and Pollution Research, 20 (4): 2448-2455.

Fan J L, Zhang B, Zhang J, et al. 2013b. Intermittent aeration strategy to enhance organics and nitrogen removal in subsurface flow constructed wetlands. Bioresource Technology, 141: 117-122.

Fang H S, Zhang Q, Nie X P, et al. 2017. Occurrence and elimination of antibiotic resistance genes in a long-term operation integrated surface flow constructed wetland. Chemosphere, 173: 99-106.

Fang Z, Cheng S C, Cao X, et al. 2017. Effects of electrode gap and wastewater condition on the performance of microbial fuel cell coupled constructed wetland. Environmental Technology, 38 (8): 1051-1060.

Fang Z, Cao X, Li X X, et al. 2018. Biorefractory wastewater degradation in the cathode of constructed wetland-microbial fuel cell and the study of the electrode performance. International Biodeterioration & Biodegradation, 129: 1-9.

Feng C H, Huang L Q, Yu H, et al. 2015. Simultaneous phenol removal, nitrification and denitrification using microbial fuel cell technology. Water Research, 76: 160-170.

Finkmann W, Altendorf K, Stackebrandt E, et al. 2000. Characterization of N_2O-producing *Xanthomonas*-like isolates from biofilters as *Stenotrophomonas nitritireducens* sp. nov., *Luteimonas mephitis* gen. nov., sp. nov. and *Pseudoxanthomonas broegbernensis* gen. nov., sp. nov. International Journal of Systematic and Evolutionary Microbiology, 50: 273-282.

Flessa H, Fischer W R. 1992. Plant-induced changes in the redox potentials of rice rhizospheres. Plant and Soil, 143: 55-60

Franke-Whittle I H, Manici L M, Insam H, et al. 2015. Rhizosphere bacteria and fungi associated with plant growth in soils of three replanted apple orchards. Plant and Soil, 395: 317-333.

Gao L, Zhou W L, Huang J, et al. 2017. Nitrogen removal by the enhanced floating treatment wetlands from the secondary effluent. Bioresource Technology, 234: 243-252.

Gao R T, Peng Y Z, Li J W, et al. 2021. Nutrients removal from low C/N actual municipal wastewater by partial nitritation/anammox (PN/A) coupling with a step-feed anaerobic-anoxic-oxic (A/A/O) system. Science of the Total Environment, 799: 149293.

Gautam K, Pareek A, Sharma D K. 2013. Biochemical composition of green alga *Chlorella minutissima* in mixotrophic cultures under the effect of different carbon sources. Journal of Bioscience and Bioengineering, 116 (5): 624-627.

Ge H Q, Batstone D J, Keller J. 2015. Biological phosphorus removal from abattoir wastewater at very short sludge ages mediated by novel PAO clade Comamonadaceae. Water Research, 69: 173-182.

Gilbreath A, McKee L, Shimabuku I, et al. 2019. Multiyear water quality performance and mass accumulation of PCBs, mercury, methylmercury, copper, and microplastics in a bioretention rain garden. Journal of Sustainable Water in the Built Environment, 5 (4): 04019004.

Glass G V. 1976. Primary, secondary, and meta-analysis of research. Educational Researcher, 5 (10): 3-8.

Gregory L G, Bond P L, Richardson D J, et al. 2003. Characterization of a nitrate-respiring bacterial community using the nitrate reductase gene (*narG*) as a functional marker. Microbiology-Sgm, 149: 229-237.

Guan A M, Qi W X, Peng Q, et al. 2022. Environmental heterogeneity determines the response patterns of microbially mediated N- reduction processes to sulfamethoxazole in river sediments. Journal of Hazardous Materials, 421: 126730.

Gubry-Rangin C, Hai B, Quince C, et al. 2011. Niche specialization of terrestrial archaeal ammonia oxidizers.

Proceedings of the National Academy of Sciences of the United States of America, 108 (52): 21206-21211.
Gude V G. 2016. Wastewater treatment in microbial fuel cells: an overview. Journal of Cleaner Production, 122: 287-307.
Gui X W, Li Z L, Wang Z J. 2021. Kitchen waste hydrolysate enhances sewage treatment efficiency with different biological process compared with glucose. Bioresource Technology, 341: 125904.
Guo F C, Zhang J M, Yang X Y, et al. 2020. Impact of biochar on greenhouse gas emissions from constructed wetlands under various influent chemical oxygen demand to nitrogen ratios. Bioresource Technology, 303: 122908.
Guo S, Zhou Y, Shen Q, et al. 2007. Effect of ammonium and nitrate nutrition on some physiological processes in higher plants-growth, photosynthesis, photorespiration, and water relations. Plant Biology, 9 (1): 21-29.
Gupta P, Ann T W, Lee S M. 2016. Use of biochar to enhance constructed wetland performance in wastewater reclamation. Environmental Engineering Research, 21 (1): 36-44.
Gurevitch J, Hedges L V. 1999. Statistical issues in ecological meta-analyses. Ecology, 80 (4): 1142-1149.
Göbel A, McArdell C S, Joss A, et al. 2007. Fate of sulfonamides, macrolides, and trimethoprim in different wastewater treatment technologies. Science of the Total Environment, 372 (2-3): 361-371.
Hagopian D S, Riley J G. 1998. A closer look at the bacteriology of nitrification. Aquacultural Engineering, 18 (4): 223-244.
Hale M G, Moore L D. 1980. Factors affecting root exudation. Ⅱ: 1970-1978. Advance in Agronomy, 31: 93-124.
Han Z F, Dong J, Shen Z Q, et al. 2019. Nitrogen removal of anaerobically digested swine wastewater by pilot-scale tidal flow constructed wetland based on in-situ biological regeneration of zeolite. Chemosphere, 217: 364-373.
Haouari O, Fardeau M L, Cayol J L, et al. 2008. *Thermodesulfovibrio hydrogeniphilus* sp. nov., a new thermophilic sulphate-reducing bacterium isolated from a Tunisian hot spring. Systematic and Applied Microbiology, 31 (1): 38-42.
Hatt B E, Fletcher T D, Deletic A. 2008. Hydraulic and pollutant removal performance of fine media stormwater filtration systems. Environmental Science & Technology, 42 (7): 2535-2541.
Hatt B E, Fletcher T D, Deletic A. 2009. Hydrologic and pollutant removal performance of stormwater biofiltration systems at the field scale. Journal of Hydrology, 365 (3-4): 310-321.
Headley T R, Tanner C C. 2012. Constructed wetlands with floating emergent macrophytes: an innovative stormwater treatment technology. Critical Reviews in Environmental Science and Technology, 42 (21): 2261-2310.
Hedges L, Olkin I. 1985. Statistical Models for Meta-Analysis. New York: Academic Press.
Hedges L V. 1982a. Fitting categorical models to effect sizes from a series of experiments. Journal of Educational Statistics, 7 (2): 119-137.
Hedges L V. 1982b. Fitting continuous models to effect size data. Journal of Educational Statistics, 7 (4): 245-270.
Hedges L V, Vevea J L. 1998. Fixed-and random-effects models in meta-analysis. Psychological Methods, 3 (4): 486-504.
Hedges L V, Gurevitch J, Curtis P S. 1999. The meta-analysis of response ratios in experimental ecology. Ecology, 80 (4): 1150-1156.
Hijosa-Valsero M, Matamoros V, Sidrach-Cardona R, et al. 2010. Comprehensive assessment of the design con-

figuration of constructed wetlands for the removal of pharmaceuticals and personal care products from urban wastewaters. Water Research, 44 (12): 3669-3678.

Hijosa-Valsero M, Fink G, Schlüsener M P, et al. 2011. Removal of antibiotics from urban wastewater by constructed wetland optimization. Chemosphere, 83 (5): 713-719.

Hou L J, Yin G Y, Liu M, et al. 2015. Effects of sulfamethazine on denitrification and the associated N_2O release in estuarine and coastal sediments. Environmental Science & Technology, 49 (1): 326-333.

Hsieh C H, Davis A P. 2005. Multiple-event study of bioretention for treatment of urban storm water runoff. Water Science and Technology, 51 (3-4): 177-181.

Hsieh C Y, Liaw E T, Fan K M. 2015. Removal of veterinary antibiotics, alkylphenolic compounds, and estrogens from the Wuluo constructed wetland in southern Taiwan. Environmental Letters, 50 (2): 151-160.

Hu X J, Xie H J, Zhuang L L, et al. 2021. A review on the role of plant in pharmaceuticals and personal care products (PPCPs) removal in constructed wetlands. Science of the Total Environment, 780: 146637.

Hu Y S, Zhao Y Q, Zhao X H, et al. 2012. Comprehensive analysis of step-feeding strategy to enhance biological nitrogen removal in alum sludge-based tidal flow constructed wetlands. Bioresource Technology, 111: 27-35.

Hua S L, Feng H E, Dong X U, et al. 2009. Nitrogen removal under the condition of carbon source supplement in integrated vertical-flow constructed wetland. Environmental Science, 30 (11): 3300-3305.

Huang C, Liu Q, Chen C, et al. 2017. Elemental sulfur recovery and spatial distribution of functional bacteria and expressed genes under different carbon/nitrate/sulfide loadings in up- flow anaerobic sludge blanket reactors. Journal of Hazardous Materials, 324: 48-53.

Huang J, Wang Z W, Zhu C W, et al. 2014. Identification of microbial communities in open and closed circuit bioelectrochemical MBRs by high-throughput 454 pyrosequencing. PLoS One, 9 (4): e93842.

Huang S J, Shen M M, Ren Z Y, et al. 2021. Long- term in situ bioelectrochemical monitoring of biohythane process: metabolic interactions and microbial evolution. Bioresource Technology, 332: 125119.

Huang X, Liu C X, Li K, et al. 2015. Performance of vertical up-flow constructed wetlands on swine wastewater containing tetracyclines and *tet* genes. Water Research, 70: 109-117.

Huang X, Zheng J L, Liu C X, et al. 2017. Removal of antibiotics and resistance genes from swine wastewater using vertical flow constructed wetlands: effect of hydraulic flow direction and substrate type. Chemical Engineering Journal, 308: 692-699.

Huang X F, Luo Y, Liu Z L, et al. 2019. Influence of two- stage combinations of constructed wetlands on the removal of antibiotics, antibiotic resistance genes and nutrients from goose wastewater. International Journal of Environmental Research and Public Health, 16 (20): 4030.

Huang Z J, Zhang X N, Cui L H, et al. 2016. Optimization of operating parameters of hybrid vertical down-flow constructed wetland systems for domestic sewerage treatment. Journal of Environmental Management, 180: 384-389.

Huett D O, Morris S G, Smith G, et al. 2005. Nitrogen and phosphorus removal from plant nursery runoff in vegetated and unvegetated subsurface flow wetlands. Water Research, 39 (14): 3259-3272.

Hug L A, Castelle C J, Wrighton K C, et al. 2013. Community genomic analyses constrain the distribution of metabolic traits across the Chloroflexi phylum and indicate roles in sediment carbon cycling. Microbiome, 1: 22.

Hume N P, Fleming M S, Horne A J. 2002. Plant carbohydrate limitation on nitrate reduction in wetland microcosms. Water Research, 36 (3): 577-584.

Hunt W, Smith J, Jadlocki S J. 2008. Pollutant removal and peak flow mitigation by a bioretention cell in urban Charlotte, NC. Journal of Environmental Engineering, 134 (5): 403-408.

Hunt W F, Jarrett A R, Smith J T, 2003. Optimizing bio-retention design to improve denitrification in commercial site runoff. World Water & Environmental Resources Congress 2003. Philadelphia: American Society of Civil Engineers: 1-10.

Hunt W F, Davis A P, Traver R G. 2012. Meeting hydrologic and water quality goals through targeted bioretention design. Journal of Environmental Engineering, 138 (6): 698-707.

Hunter J E, Schmidt F L. 2000. Fixed effects vs. random effects meta-analysis models: implications for cumulative research knowledge. International Journal of Selection and Assessment, 8 (4): 275-292.

Hwang K, Choe H, Kim K M. 2022. Complete genome of *Nocardioides aquaticus* KCTC 9944^T isolated from meromictic and hypersaline Ekho Lake, Antarctica. Marine Genomics, 62: 100889.

Iino T, Mori K, Uchino Y, et al. 2010. *Ignavibacterium album* gen. nov., sp nov., a moderately thermophilic anaerobic bacterium isolated from microbial mats at a terrestrial hot spring and proposal of *Ignavibacteria classis* nov., for a novel lineage at the periphery of green sulfur bacteria. International Journal of Systematic and Evolutionary Microbiology, 60: 1376-1382.

Imparato V, Hansen V, Santos S S, et al. 2016. Gasification biochar has limited effects on functional and structural diversity of soil microbial communities in a temperate agroecosystem. Soil Biology and Biochemistry, 99: 128-136.

Jahin H S, Hesham A, Awad Y M, et al. 2024. THMs removal from aqueous solution using hydrochar enhanced by chitosan nanoparticles: preparation, characterization, kinetics, equilibrium studies. International Journal of Environmental Science and Technology, 21 (3): 2811-2826.

Jetten M S M, Strous M, van de Pas-Schoonen K T, et al. 1998. The anaerobic oxidation of ammonium. FEMS Microbiology Reviews, 22 (5): 421-437.

Ji G D, Zhi W, Tan Y F. 2012. Association of nitrogen micro-cycle functional genes in subsurface wastewater infiltration systems. Ecological Engineering, 44: 269-277.

Ji M D, Hu Z, Hou C L, et al. 2020. New insights for enhancing the performance of constructed wetlands at low temperatures. Bioresource Technology, 301: 122722.

Jiang C, Yang Q, Wang D B, et al. 2017. Simultaneous perchlorate and nitrate removal coupled with electricity generation in autotrophic denitrifying biocathode microbial fuel cell. Chemical Engineering Journal, 308: 783-790.

Jiang X Y, Tian Y F, Ji X Y, et al. 2020. Influences of plant species and radial oxygen loss on nitrous oxide fluxes in constructed wetlands. Ecological Engineering, 142: 105644.

Jones C M, Hallin S. 2010. Ecological and evolutionary factors underlying global and local assembly of denitrifier communities. ISME Journal, 4 (5): 633-641.

Jones C M, Graf D R H, Bru D, et al. 2013. The unaccounted yet abundant nitrous oxide-reducing microbial community: a potential nitrous oxide sink. Isme Journal, 7 (2): 417-426.

Kadlec R H. 1994. Detention and mixing in free water wetlands. Ecological Engineering, 3 (4): 345-380.

Kail J, Brabec K, Poppe M, et al. 2015. The effect of river restoration on fish, macroinvertebrates and aquatic macrophytes: a meta-analysis. Ecological Indicators, 58: 311-321.

Kasak K, Mander Ü, Truu J, et al. 2015. Alternative filter material removes phosphorus and mitigates greenhouse gas emission in horizontal subsurface flow filters for wastewater treatment. Ecological Engineering, 77: 242-249.

Kellermann C, Griebler C. 2009. *Thiobacillus thiophilus* sp. nov., a chemolithoautotrophic, thiosulfate-oxidizing bacterium isolated from contaminated aquifer sediments. International Journal of Systematic and Evolutionary Microbiology, 59: 583-588.

Kersters K, de Vos P, Gillis M, et al. 2006. Introduction to the Proteobacteria. Prokaryotes, 5: 3-37.

Khan H I U H, Schepers O, van Belzen N, et al. 2022. Effect of carbon dosing on denitrification in an aerated horizontal subsurface flow constructed wetland used for effluent polishing. Ecological Engineering, 185: 106795.

Kim K Y, Chae K J, Choi M J, et al. 2011. Enhanced Coulombic efficiency in glucose-fed microbial fuel cells by reducing metabolite electron losses using dual- anode electrodes. Bioresource Technology, 102 (5): 4144-4149.

Kingston F J, Posner A M, Quirk J P. 2010. Anion adsorption by goethite and gibbsite: Ⅰ. the role of the proton in determining adsorption envelopes. European Journal of Soil Science, 23 (2): 177-192.

Kizito S, Lv T, Wu S B, et al. 2017. Treatment of anaerobic digested effluent in biochar- packed vertical flow constructed wetland columns: role of media and tidal operation. Science of the Total Environment, 592: 197-205.

Kong L W, He F, Xia S B, et al. 2013. A combination process of DMBR-IVCW for domestic sewagetreatment. Fresenius Environmental Bulletin, 22 (3): 665-674.

Kong L W, Wang Y, Xiang X Q, et al. 2024. Study on the impact of hydraulic loading rate (HLR) on removal of nitrogen under low C/N condition by modular moving bed constructed wetland (MMB- CW) system. Environmental Technology & Innovation, 34: 103579.

Konnerup D, Brix H. 2010. Nitrogen nutrition of *Canna indica*: effects of ammonium versus nitrate on growth, biomass allocation, photosynthesis, nitrate reductase activity and N uptake rates. Aquatic Botany, 92 (2): 142-148.

Konnerup D, Koottatep T, Brix H. 2009. Treatment of domestic wastewater in tropical, subsurface flow constructed wetlands planted with *Canna* and *Heliconia*. Ecological Engineering, 35 (2): 248-257.

Kuenen J G. 2008. Anammox bacteria: from discovery to application. Nature Reviews Microbiology, 6 (4): 320-326.

Kwak W, McCarty P L, Bae J, et al. 2012. Efficient single- stage autotrophic nitrogen removal with dilute wastewater through oxygen supply control. Bioresource Technology, 123: 400-405.

Kyambadde J, Kansiime F, Dalhammar G. 2006. Distribution and activity of ammonium- oxidizing bacteria in Nakivubo wastewater channel and wastewater treatment wetland, Uganda. Acta Hydrochim ica et Hydrobiologica, 34 (1-2) : 137-145.

Lan W, Zhang J, Hu Z, et al. 2018. Phosphorus removal enhancement of magnesium modified constructed wetland microcosm and its mechanism study. Chemical Engineering Journal, 335: 209-214.

Langergraber G. 2011. Numerical modelling: a tool for better constructed wetland design? . Water Science and Technology, 64 (1): 14-21.

Langergraber G. 2017. Applying process-based models for subsurface flow treatment wetlands: recent developments and challenges. Water, 9 (1): 5.

LeFevre G H, Paus K H, Natarajan P, et al. 2015. Review of dissolved pollutants in urban storm water and their removal and fate in bioretention cells. Journal of Environmental Engineering, 141 (1): 04014050.

Levy-Booth D J, Prescott C E, Grayston S J. 2014. Microbial functional genes involved in nitrogen fixation: nitrification and denitrification in forest ecosystems. Soil Biology & Biochemistry, 75: 11-25.

Li C, Lin Q F, Dong F L, et al. 2019. Formation of iodinated trihalomethanes during chlorination of amino acid in waters. Chemosphere, 217: 355-363.

Li F M, Lu L, Zheng X, et al. 2014. Enhanced nitrogen removal in constructed wetlands: effects of dissolved oxygen and step-feeding. Bioresource Technology, 169: 395-402.

Li G R, Wang Z S, Lv Y J, et al. 2021. Effect of culturing ryegrass (*Lolium perenne* L.) on Cd and pyrene removal and bacteria variations in co-contaminated soil. Environmental Technology & Innovation, 24: 101963.

Li J, Fan J L, Liu D X, et al. 2019. Enhanced nitrogen removal in biochar-added surface flow constructed wetlands: dealing with seasonal variation in the North China. Environmental Science and Pollution Research, 26 (4): 3675-3684.

Li J W, Peng Y Z, Zhang L, et al. 2020. Enhanced nitrogen removal assisted by mainstream partial-anammox from real sewage in a continuous flow A^2/O reactor. Chemical Engineering Journal, 400: 125893.

Li L Z, He C G, Ji G D, et al. 2015. Nitrogen removal pathways in a tidal flow constructed wetland under flooded time constraints. Ecological Engineering, 81: 266-271.

Li M, Wu Y J, Yu Z L, et al. 2007. Nitrogen removal from eutrophic water by floating-bed-grown water spinach (*Ipomoea aquatica* Forsk.) with ion implantation. Water Research, 41 (14): 3152-3158.

Li S, Kim Y, Phuntsho S, et al. 2017. Methane production in an anaerobic osmotic membrane bioreactor using forward osmosis: effect of reverse salt flux. Bioresource Technology, 239: 285-293.

Li X N, Song H L, Li W, et al. 2010. An integrated ecological floating-bed employing plant, freshwater clam and biofilm carrier for purification of eutrophic water. Ecological Engineering, 36 (4): 382-390.

Liang Z S, Sun J L, Zhan C G, et al. 2020. Effects of sulfide on mixotrophic denitrification by *Thauera*-dominated denitrifying sludge. Environmental Science: Water Research & Technology, 6 (4): 1186-1195.

Liao P, Zhan Z Y, Dai J, et al. 2013. Adsorption of tetracycline and chloramphenicol in aqueous solutions by bamboo charcoal: a batch and fixed-bed column study. Chemical Engineering Journal, 228: 496-505.

Liao X B, Chen C, Wang Z, et al. 2013. Pyrosequencing analysis of bacterial communities in drinking water biofilters receiving influents of different types. Process Biochemistry, 48 (4): 703-707.

Ligi T, Oopkaup K, Truu M, et al. 2014a. Characterization of bacterial communities in soil and sediment of a created riverine wetland complex using high-throughput 16S rRNA amplicon sequencing. Ecological Engineering, 72: 56-66.

Ligi T, Truu M, Truu J, et al. 2014b. Effects of soil chemical characteristics and water regime on denitrification genes (*nirS*, *nirK*, and *nosZ*) abundances in a created riverine wetland complex. Ecological Engineering, 72: 47-55.

Lin A Y, Reinhard M. 2005. Photodegradation of common environmental pharmaceuticals and estrogens in river water. Environmental Toxicology and Chemistry, 24 (6): 1303-1309.

Lin Z Y, Huang W, Zhou J, et al. 2020. The variation on nitrogen removal mechanisms and the succession of ammonia oxidizing archaea and ammonia oxidizing bacteria with temperature in biofilm reactors treating saline wastewater. Bioresource Technology, 314: 123760.

Liu B Y, Ji M, Zhai H Y. 2018. Anodic potentials, electricity generation and bacterial community as affected by plant roots in sediment microbial fuel cell: effects of anode locations. Chemosphere, 209: 739-747.

Liu F F, Fan J L, Du J H, et al. 2019. Intensified nitrogen transformation in intermittently aerated constructed wetlands: removal pathways and microbial response mechanism. Science of the Total Environment, 650: 2880-2887.

Liu G, He T Y, Liu Y H, et al. 2019. Study on the purification effect of aeration-enhanced horizontal subsurface-flow constructed wetland on polluted urban river water. Environmental Science and Pollution Research, 26 (13): 12867-12880.

Liu G C, She Z L, Gao M C, et al. 2018. Influence of saturated zone depth and vegetation on the performance of vertical flow-constructed wetland with continuous feeding. Environmental Science and Pollution Research, 25

(33): 33286-33297.

Liu J, Sample D, Bell C, et al. 2014. Review and research needs of bioretention used for the treatment of urban stormwater. Water, 6 (4): 1069-1099.

Liu J Z, Wang F W, Liu W, et al. 2016. Nutrient removal by up-scaling a hybrid floating treatment bed (HFTB) using plant and periphyton: from laboratory tank to polluted river. Bioresource Technology, 207: 142-149.

Liu L, Liu C X, Zheng J Y, et al. 2013. Elimination of veterinary antibiotics and antibiotic resistance genes from swine wastewater in the vertical flow constructed wetlands. Chemosphere, 91 (8): 1088-1093.

Liu L, Liu Y H, Wang Z, et al. 2014. Behavior of tetracycline and sulfamethazine with corresponding resistance genes from swine wastewater in pilot- scale constructed wetlands. Journal of Hazardous Materials, 278: 304-310.

Liu S T, Song H L, Wei S Z, et al. 2014. Bio- cathode materials evaluation and configuration optimization for power output of vertical subsurface flow constructed wetland: microbial fuel cell systems. Bioresource Technology, 166 (8): 575-583.

Liu W B, Xiao H W, Ma H P, et al. 2020. Reduction of methane emissions from manganese-rich constructed wetlands: role of manganese-dependent anaerobic methane oxidation. Chemical Engineering Journal, 387: 123402.

Liu X H, Guo X C, Liu Y, et al. 2019. A review on removing antibiotics and antibiotic resistance genes from wastewater by constructed wetlands: performance and microbial response. Environmental Pollution, 254: 112996.

Liu Y, Liu X H, Wang H C, et al. 2022. Performance and mechanism of SMX removal in an electrolysis-integrated tidal flow constructed wetland at low temperature. Chemical Engineering Journal, 434: 134494.

Logan B E, Hamelers B, Rozendal R, et al. 2006. Microbial fuel cells: methodology and technology. Environmental Science & Technology, 40 (17): 5181-5192.

Lu J, Hong Y G, Wei Y, et al. 2021. Nitrification mainly driven by ammonia- oxidizing bacteria and nitrite-oxidizing bacteria in an anammox-inoculated wastewater treatment system. AMB Express, 11 (1): 158.

Lucas W C, Greenway M. 2008. Nutrient retention in vegetated and nonvegetated bioretention mesocosms. Journal of Irrigation and Drainage Engineering, 134 (5): 613-623.

Lyu S D, Chen W P, Zhang W L, et al. 2016. Wastewater reclamation and reuse in China: opportunities and challenges. Journal of Environmental Sciences, 39: 86-96.

Lyu W L, Huang L, Xiao G Q, et al. 2017. Effects of carbon sources and COD/N ratio on N_2O emissions in subsurface flow constructed wetlands. Bioresource Technology, 245, 171-181.

Mahne I, Prinčič A, Megušar F. 1996. Nitrification/denitrification in nitrogen high-strength liquid wastes. Water Research, 30 (9): 2107-2111.

Mander Ü, Tooming A, Mauring T, et al. 2007. Performance dynamics of a LWA- filled hybrid constructed wetland in Estonia. Ecohydrology & Hydrobiology, 7 (3-4): 297-302.

Mao Y P, Xia Y, Zhang T. 2013. Characterization of *Thauera*- dominated hydrogen- oxidizing autotrophic denitrifying microbial communities by using high- throughput sequencing. Bioresource Technology, 128: 703-710.

Martins T H, Souza T S O, Foresti E. 2017. Ammonium removal from landfill leachate by Clinoptilolite adsorption followed by bioregeneration. Journal of Environmental Chemical Engineering, 5 (1): 63-68.

Masi F, Martinuzzi N. 2007. Constructed wetlands for the Mediterranean countries: hybrid systems for water reuse and sustainable sanitation. Desalination, 215 (1-3): 44-55.

Matamoros V, García J, Bayona J M. 2008. Organic micropollutant removal in a full-scale surface flow constructed wetland fed with secondary effluent. Water Research, 42 (3): 653-660.

Mawang C I, Azman A S, Fuad A M, et al. 2021. Actinobacteria: an eco-friendly and promising technology for the bioaugmentation of contaminants. Biotechnology Reports, 32: e00679.

Meyer D, Chazarenc F, Claveau-Mallet D, et al. 2015. Modelling constructed wetlands: scopes and aims–a comparative review. Ecological Engineering, 80: 205-213.

Miller S W, Budy P, Schmidt J C. 2010. Quantifying macroinvertebrate responses to in-stream habitat restoration: applications of meta-analysis to river restoration. Restoration Ecology, 18 (1): 8-19.

Milner E M, Popescu D, Curtis T, et al. 2016. Microbial fuel cells with highly active aerobic biocathodes. Journal of Power Sources, 324: 8-16.

Miyahara M, Kim S W, Fushinobu S, et al. 2010. Potential of aerobic denitrification by *Pseudomonas stutzeri* TR2 to reduce nitrous oxide emissions from wastewater treatment plants. Applied and Environmental Microbiology, 76 (14): 4619-4625.

Moher D, Cook D J, Eastwood S, et al. 1999. Improving the quality of reports of meta-analyses of randomised controlled trials: the QUOROM statement. The Lancet, 354 (9193): 1896-1900.

Morvannou A, Choubert J M, Vanclooster M, et al. 2014. Modeling nitrogen removal in a vertical flow constructed wetland treating directly domestic wastewater. Ecological Engineering, 70: 379-386.

Morvannou A, Troesch S, Esser D, et al. 2017. Using one filter stage of unsaturated/saturated vertical flow filters for nitrogen removal and footprint reduction of constructed wetlands. Water Science & Technology, 76 (1): 124-133.

Nie W B, Ding J, Xie G J, et al. 2021. Simultaneous nitrate and sulfate dependent anaerobic oxidation of methane linking carbon, nitrogen and sulfur cycles. Water Research, 194: 116928.

Oberoi A S, Jia Y Y, Zhang H Q, et al. 2019. Insights into the fate and removal of antibiotics in engineered biological treatment systems: a critical review. Environmental Science & Technology, 53 (13): 7234-7264.

Ong S A, Uchiyama K, Inadama D, et al. 2010. Performance evaluation of laboratory scale up-flow constructed wetlands with different designs and emergent plants. Bioresource Technology, 101 (19): 7239-7244.

Oon Y L, Ong S A, Ho L N, et al. 2016. Synergistic effect of up-flow constructed wetland and microbial fuel cell for simultaneous wastewater treatment and energy recovery. Bioresource Technology, 203: 190-197.

Oon Y L, Ong S A, Ho L N, et al. 2017. Role of macrophyte and effect of supplementary aeration in up-flow constructed wetland-microbial fuel cell for simultaneous wastewater treatment and energy recovery. Bioresource Technology, 224: 265-275.

Overton R C. 1998. A comparison of fixed-effects and mixed (random-effects) models for meta-analysis tests of moderator variable effects. Psychological Methods, 3 (3): 354-379.

O'Neill S W, Davis A P. 2012. Water treatment residual as a bioretention amendment for phosphorus. Ⅰ: evaluation studies. Journal of Environmental Engineering, 138 (3): 318-327.

Pálfy T G, Gourdon R, Meyer D, et al. 2017. Model-based optimization of constructed wetlands treating combined sewer overflow. Ecological Engineering, 101: 261-267.

Palmer E T, Poor C J, Hinman C, et al. 2013. Nitrate and phosphate removal through enhanced bioretention media: mesocosm study. Water Environment Research, 85 (9): 823-832.

Pan Y T, Ni B J, Yuan Z G. 2013. Modeling electron competition among nitrogen oxides reduction and N_2O accumulation in denitrification. Environmental Science & Technology, 47 (19): 11083-11091.

Pang J L, Pan J, Tong D L, et al. 2020. How do hydraulic load and intermittent aeration affect pollutants removal and greenhouse gases emission in wastewater ecological soil infiltration systems? . Ecological Engineering,

146: 105747.

Paranychianakis N V, Tsiknia M, Kalogerakis N. 2016. Pathways regulating the removal of nitrogen in planted and unplanted subsurface flow constructed wetlands. Water Research, 102: 321-329.

Park N, Vanderford B J, Snyder S A. 2009. Effective controls of micropollutants included in wastewater effluent using constructed wetlands under anoxic condition. Ecological Engineering, 35 (3): 418-423.

Passeport E. 2007. Asphalt parking lot runoff nutrient quality: characterization and pollutant removal by bioretention cells. Paris: University of Pierre and Marie Curie.

Payne E G I, Fletcher T D, Cook P L M, et al. 2014a. Processes and drivers of nitrogen removal in stormwater biofiltration. Critical Reviews in Environmental Science and Technology, 44 (7): 796-846.

Payne E G I, Fletcher T D, Russell D G, et al. 2014b. Temporary storage or permanent removal of the division of nitrogen between biotic assimilation and denitrification in stormwater biofiltration systems. PLoS One, 9 (3): e90890.

Payne W J. 1973. Reduction of nitrogenous oxides by microorganisms. Bacteriological Reviews, 37 (4): 409-452.

Pelissari C, dos Santos M O, Rousso B Z, et al. 2016. Organic load and hydraulic regime influence over the bacterial community responsible for the nitrogen cycling in bed media of vertical subsurface flow constructed wetland. Ecological Engineering, 95: 180-188.

Pelissari C, Ávila C, Trein C M, et al. 2017. Nitrogen transforming bacteria within a full-scale partially saturated vertical subsurface flow constructed wetland treating urban wastewater. Science of the Total Environment, 574: 390-399.

Peralta R M, Ahn C, Gillevet P M. 2013. Characterization of soil bacterial community structure and physicochemical properties in created and natural wetlands. Science of the Total Environment, 443: 725-732.

Prosser J I, Nicol G W. 2008. Relative contributions of archaea and bacteria to aerobic ammonia oxidation in the environment. Environmental Microbiology, 10 (11): 2931-2941.

Prosser J I, Nicol G W. 2012. Archaeal and bacterial ammonia-oxidisers in soil: the quest for niche specialisation and differentiation. Trends in Microbiology, 20 (11): 523-531.

Pucher B, Ruiz H, Paing J, et al. 2017. Using numerical simulation of a one stage vertical flow wetland to optimize the depth of a zeolite layer. Water Science and Technology, 75 (3): 650-658.

Puig S, Coma M, Desloover J, et al. 2012. Autotrophic denitrification in microbial fuel cells treating low ionic strength waters. Environmental Science & Technology, 46 (4): 2309-2315.

Qian Y C, Liang X Q, Chen Y X, et al. 2011. Significance of biological effects on phosphorus transformation processes at the water-sediment interface under different environmental conditions. Ecological Engineering, 37 (6): 816-825.

Qu M W, Liu Y, Hao M Q, et al. 2022. Microbial community and carbon-nitrogen metabolism pathways in integrated vertical flow constructed wetlands treating wastewater containing antibiotics. Bioresource Technology, 354: 127217.

Rabaey K, Read S T, Clauwaert P, et al. 2008. Cathodic oxygen reduction catalyzed by bacteria in microbial fuel cells. The ISME Journal, 2 (5): 519-527.

Rehman F, Pervez A, Khattak B N, et al. 2017. Constructed wetlands: perspectives of the oxygen released in the rhizosphere of macrophytes. CLEAN-Soil, Air, Water, 45 (1): 1-9.

Rey J M R, Newton A C, Diaz A, et al. 2009. Enhancement of biodiversity and ecosystem services by ecological restoration: a meta-analysis. Science, 325 (5944): 1121-1124.

Rey-Martínez N, Badia-Fabregat M, Guisasola A, et al. 2019. Glutamate as sole carbon source for enhanced biological phosphorus removal. Science of the Total Environment, 657: 1398-1408.

Riry W, Kazuhiro M, Tadashi T. 2018. Effect of activated carbon on removal of four phenolic endocrine-disrupting compounds, bisphenol A, bisphenol F, bisphenol S and 4-tert-butylphenol in constructed wetlands. Chemosphere, 210: 717-725.

Rismani-Yazdi H, Christy A D, Carver S M, et al. 2011. Effect of external resistance on bacterial diversity and metabolism in cellulose-fed microbial fuel cells. Bioresource Technology, 102 (1): 278-283.

Rivett M O, Buss S R, Morgan P, et al. 2008. Nitrate attenuation in groundwater: a review of biogeochemical controlling processes. Water Research, 42 (16): 4215-4232.

Rizzo A, Langergraber G, Galvão A, et al. 2014. Modelling the response of laboratory horizontal flow constructed wetlands to unsteady organic loads with HYDRUS-CWM1. Ecological Engineering, 68 (7): 209-213.

Roy-Poirier A, Champagne P, Filion Y. 2010. Review of bioretention system research and design: past, present, and future. Journal of Environmental Engineering, 136 (9): 878-889.

Sack E L W, van der Wielen P W J J, van der Kooij D. 2011. Flavobacterium johnsoniae as a model organism for characterizing biopolymer utilization in oligotrophic freshwater environments. Applied and Environmental Microbiology, 77 (19): 6931-6938.

Sackett D L. 1997. Evidence-based medicine. Seminars in Perinatology, 21 (1): 3-5.

Saeed T, Sun G Z. 2011. Kinetic modelling of nitrogen and organics removal in vertical and horizontal flow wetlands. Water Research, 45 (10): 3137-3152.

Saeed T, Paul B, Afrin R, et al. 2016. Floating constructed wetland for the treatment of polluted river water: a pilot scale study on seasonal variation and shock load. Chemical Engineering Journal, 287: 62-73.

Sajana T K, Ghangrekar M M, Mitra A. 2014. Effect of operating parameters on the performance of sediment microbial fuel cell treating aquaculture water. Aquacultural Engineering, 61: 17-26.

Salinas-Juárez M G, Roquero P, del Carmen Durán-Domínguez-de-Bazúa M. 2016. Plant and microorganisms support media for electricity generation in biological fuel cells with living hydrophytes. Bioelectrochemistry, 112: 145-152.

Scholz O, Gawne B, Ebner B, et al. 2002. The effects of drying and re-flooding on nutrient availability in ephemeral deflation basin lakes in western New South Wales, Australia. River Research and Applications, 18 (2): 185-196.

Schauss K, Focks A, Leininger S, et al. 2009. Dynamics and functional relevance of ammonia-oxidizing archaea in two agricultural soils. Environmental Microbiology, 11 (2): 446-456.

Seidel K. 1966. Reinigung von Gewässern durch höhere pflanzen. Naturwiss enschaften, 53 (12): 289-297.

Seidel K. 2013. Abbgau von Bacterium coli durch höhere Wasserpflanzen. Naturwiss enschaften, 51: 395.

Sgroi M, Pelissari C, Roccaro P, et al. 2018. Removal of organic carbon, nitrogen, emerging contaminants and fluorescing organic matter in different constructed wetland configurations. Chemical Engineering Journal, 332: 619-627.

Shao M F, Zhang T, Fang H H. 2010. Sulfur-driven autotrophic denitrification: diversity, biochemistry, and engineering applications. Applied Microbiology and Biotechnology, 88 (5): 1027-1042.

Shen Z Q, Zhou Y X, Liu J, et al. 2015. Enhanced removal of nitrate using starch/PCL blends as solid carbon source in a constructed wetland. Bioresource Technology, 175: 239-244.

Shi L L, Zhang P, He Y H, et al. 2021. Enantioselective effects of cyflumetofen on microbial community and related nitrogen cycle gene function in acid-soil. Science of the Total Environment, 771: 144831.

Sikder R, Zhang T Y, Ye T. 2024. Predicting THM formation and revealing its contributors in drinking water treatment using machine learning. ACS ES&T Water, 4 (3): 899-912.

Sirianuntapiboon S, Kongchum M, Jitmaikasem W. 2006. Effects of hydraulic retention time and media of constructed wetland for treatment of domestic wastewater. African Journal of Agricultural Research, 1 (2): 27-37.

Smith J M, Ogram A. 2008. Genetic and functional variation in denitrifier populations along a short-term restoration chronosequence. Applied and Environmental Microbiology, 74 (18): 5615-5620.

Song T S, Yan Z S, Zhao Z W, et al. 2010. Removal of organic matter in freshwater sediment by microbial fuel cells at various external resistances. Journal of Chemical Technology & Biotechnology, 85 (11): 1489-1493.

Srivastava P, Abbassi R, Garaniya V, et al. 2020. Performance of pilot- scale horizontal subsurface flow constructed wetland coupled with a microbial fuel cell for treating wastewater. Journal of Water Process Engineering, 33: 100994.

Stefanakis A I, Akratos C S, Tsihrintzis V A. 2011. Effect of wastewater step- feeding on removal efficiency of pilot-scale horizontal subsurface flow constructed wetlands. Ecological Engineering, 37 (3): 431-443.

Stern J M, Simes R J. 1997. Publication bias: evidence of delayed publication in a cohort study of clinical research projects. The British Medical Journal, 315 (7109): 640-645.

Sun L W, Toyonaga M, Ohashi A, et al. 2016. *Lentimicrobium saccharophilum* gen. nov. , sp nov. , a strictly anaerobic bacterium representing a new family in the phylum Bacteroidetes, and proposal of *Lentimicrobiaceae* fam. nov. International Journal of Systematic and Evolutionary Microbiology, 66: 2635-2642.

Sun X L, Davis A P. 2007. Heavy metal fates in laboratory bioretention systems. Chemosphere, 66 (9): 1601-1609.

Sutton A J, Duval S J, Tweedie R L, et al. 2000. Empirical assessment of effect of publication bias on meta-analyses. British Medical Journal, 320 (7249): 1574-1577.

Sutton A J, Abrams K R, Jones D R. 2001. An illustrated guide to the methods of meta- analysis. Journal of Evaluation in Clinical Practice, 7 (2): 135-148.

Sánchez C, Minamisawa K. 2018. Redundant roles of *Bradyrhizobium oligotrophicum* Cu- type (*NirK*) and cd_1-type (*NirS*) nitrite reductase genes under denitrifying conditions. FEMS Microbiology Letters, 365 (5): 1-7.

Søvik A K, Augustin J, Heikkinen K, et al. 2006. Emission of the greenhouse gases nitrous oxide and methane from constructed wetlands in Europe. Journal of Environmental Quality, 35 (6): 2360-2373.

Takaya N, Catalan-Sakairi M A B, Sakaguchi Y, et al. 2003. Aerobic denitrifying bacteria that produce low levels of nitrous oxide. Applied and Environmental Microbiology, 69 (6): 3152-3157.

Tan X, Yang Y L, Li X, et al. 2020. Intensified nitrogen removal by heterotrophic nitrification aerobic denitrification bacteria in two pilot- scale tidal flow constructed wetlands: influence of influent C/N ratios and tidal strategies. Bioresource Technology, 302: 122803.

Tanaka Y, Tamaki H, Matsuzawa H, et al. 2012. Microbial community analysis in the roots of aquatic plants and isolation of novel microbes including an organism of the candidate Phylum OP10. Microbes and Environments, 27 (2): 149-157.

Tanner C C, Kadlec R H, Gibbs M M, et al. 2002. Nitrogen processing gradients in subsurface- flow treatment wetlands: influence of wastewater characteristics. Ecological Engineering, 18 (4): 499-520.

Tee H C, Lim P E, Seng C E, et al. 2012. Newly developed baffled subsurface- flow constructed wetland for the enhancement of nitrogen removal. Bioresource Technology, 104: 235-242.

Thangarajan R, Bolan N S, Tian G L, et al. 2013. Role of organic amendment application on greenhouse gas emission from soil. Science of the Total Environment, 465: 72-96.

Thompson S G, Higgins J P T. 2002. How should meta- regression analyses be undertaken and interpreted. Statistics in Medicine, 21 (11): 1559-1573.

Thomson A J, Giannopoulos G, Pretty J, et al. 2012. Biological sources and sinks of nitrous oxide and strategies to mitigate emissions. Philosophical Transactions of the Royal Society of London Series B, Biological Sciences, 367 (1593): 1157-1168.

Tong T L, Xie S G. 2019. Impacts of sulfanilamide and oxytetracycline on methane oxidation and methanotrophic community in freshwater sediment. Ecotoxicology, 28 (4): 392-398.

Toro-Vélez A F, Madera- Parra C A, Peña- Varón M R, et al. 2016. BPA and NP removal from municipal wastewater by tropical horizontal subsurface constructed wetlands. Science of the Total Environment, 542: 93-101.

Torrijos V, Gonzalo O G, Trueba-Santiso A, et al. 2016. Effect of by-pass and effluent recirculation on nitrogen removal in hybrid constructed wetlands for domestic and industrial wastewater treatment. Water Research, 103: 92-100.

Toscano A, Langergraber G, Consoli S, et al. 2009. Modelling pollutant removal in a pilot- scale two- stage subsurface flow constructed wetlands. Ecological Engineering, 35 (2): 281-289.

Toyama T, Furukawa T, Maeda N, et al. 2011. Accelerated biodegradation of pyrene and benzo [*a*] pyrene in the *Phragmites australis* rhizosphere by bacteria-root exudate interactions. Water Research, 45 (4): 1629-1638.

Tran N H, Urase T, Ngo H H, et al. 2013. Insight into metabolic and cometabolic activities of autotrophic and heterotrophic microorganisms in the biodegradation of emerging trace organic contaminants. Bioresource Technology, 146: 721-731.

Truu M, Juhanson J, Truu J. 2009. Microbial biomass, activity and community composition in constructed wetlands. Science of the Total Environment, 407 (13): 3958-3971.

Velvizhi G, Venkata M S. 2015. Bioelectrogenic role of anoxic microbial anode in the treatment of chemical wastewater: microbial dynamics with bioelectro-characterization. Water Research, 70: 52-63.

Vepraskas M J, Richardsonm J L. 2000. Wetland Soils: Genesis, Hydrology, Landscapes, and Classification. Boca Raton: CRC Press.

Verhoeven J T A, Meuleman A F M. 1999. Wetlands for wastewater treatment: opportunities and limitations. Ecological Engineering, 12 (1): 5-12.

Verma V, Soti A, Kulshreshtha N M, et al. 2022. Strategies for enhancing phosphorous removal in vertical flow constructed wetlands. Journal of Environmental Management. 317: 115406.

Vieira A, Ribera-Guardia A, Marques R, et al. 2018. The link between the microbial ecology, gene expression, and biokinetics of denitrifying polyphosphate- accumulating systems under different electron acceptor combinations. Applied Microbiology and Biotechnology, 102 (15): 6725-6737.

Villaseñor J, Capilla P, Rodrigo M A, et al. 2013. Operation of a horizontal subsurface flow constructed wetland–microbial fuel cell treating wastewater under different organic loading rates. Water Research, 47 (17): 6731-6738.

Vymazal J. 1999. Nitrogen Removal in Constructed Wetlands with Horizontal Sub-surface Flow–Can We Determine the Key Process? . Leiden: Backhuys Publishers: 17-66.

Vymazal J. 2001. Types of constructed wetlands for wastewater treatment: their potential for nutrient remova// Vymazal J. Transformation of Nutrients in Natural and Constructed Wetlands. Leiden: Backhuys Publishers.

Vymazal J. 2005. Horizontal sub-surface flow and hybrid constructed wetlands systems for wastewater treatment. Ecological Engineering, 25 (5): 478-490.

Vymazal J. 2007. Removal of nutrients in various types of constructed wetlands. Science of The Total Environment, 380 (1-3): 48-65.

Vymazal J. 2019. Is removal of organics and suspended solids in horizontal sub-surface flow constructed wetlands sustainable for twenty and more years? . Chemical Engineering Journal, 378: 122117.

Vymazal J, Kröepfelová L. 2009. Removal of organics in constructed wetlands with horizontal sub-surface flow: a review of the field experience. Science of the Total Environment, 407 (13): 3911-3922.

Vymazal J, Kröepfelová L. 2015. Multistage hybrid constructed wetland for enhanced removal of nitrogen. Ecological Engineering, 84: 202-208.

Wang C, Liu X H, Yang Y Y, et al. 2021. Antibiotic and antibiotic resistance genes in freshwater aquaculture ponds in China: a meta-analysis and assessment. Journal of Cleaner Production, 329: 129719.

Wang H L, Ji G D, Bai X Y, et al. 2015. Assessing nitrogen transformation processes in a trickling filter under hydraulic loading rate constraints using nitrogen functional gene abundances. Bioresource Technology, 177: 217-223.

Wang H L, Ji G D, Bai X Y. 2016. Distribution patterns of nitrogen micro-cycle functional genes and their quantitative coupling relationships with nitrogen transformation rates in a biotrickling filter. Bioresource Technology, 209: 100-107.

Wang H, Zhao D, Zhong H, et al. 2017. Adsorption performance of four substrates in constructed wetlands for nitrogen and phosphorus removal. Nature Environment & Pollution Technology, 16 (2): 385-392.

Wang H S, Chen N, Feng C P, et al. 2020. Research on efficient denitrification system based on banana peel waste in sequencing batch reactors: performance, microbial behavior and dissolved organic matter evolution. Chemosphere, 253: 126693.

Wang J F, Song X S, Wang Y H, et al. 2016. Nitrate removal and bioenergy production in constructed wetland coupled with microbial fuel cell: establishment of electrochemically active bacteria community on anode. Bioresource Technology, 221: 358-365.

Wang M, Xiong W G, Zou Y, et al. 2019. Evaluating the net effect of sulfadimidine on nitrogen removal in an aquatic microcosm environment. Environmental Pollution, 248: 1010-1019.

Wang Q, Hu Y B, Xie H J, et al. 2018. Constructed wetlands: a review on the role of radial oxygen loss in the rhizosphere by macrophytes. Water, 10 (6): 678.

Wang Q T, Hernańdez-Crespo C, Du B B, et al. 2021. Fate and removal of microplastics in unplanted lab-scale vertical flow constructed wetlands. Science of the Total Environment, 778: 146152.

Wang S K, Yu H, Su Q X, et al. 2021. Exploring the role of heterotrophs in partial nitritation-anammox process treating thermal hydrolysis process-anaerobic digestion reject water. Bioresource Technology, 341: 125762.

Wang W, Ding Y, Wang Y H, et al. 2016. Intensified nitrogen removal in immobilized nitrifier enhanced constructed wetlands with external carbon addition. Bioresource Technology, 218: 1261-1265.

Wang X L, Zeng R J, Dai Y, et al. 2008. The denitrification capability of cluster 1 *Defluviioccus vanus*-related glycogen-accumulating organisms. Biotechnology and Bioengineering, 99 (6): 1329-1336.

Wang X O, Tian Y M, Zhao X H, et al. 2015. Effects of aeration position on organics, nitrogen and phosphorus removal in combined oxidation pond-constructed wetland systems. Bioresource Technology, 198: 7-15.

Wang Y, Shen L Y, Wu J, et al. 2020. Step-feeding ratios affect nitrogen removal and related microbial communities in multi-stage vertical flow constructed wetlands. Science of the Total Environment, 721: 137689.

Wang Y H, Yang H, Ye C, et al. 2013. Effects of plant species on soil microbial processes and CH_4 emission from constructed wetlands. Environmental Pollution, 174: 273-278.

Wang Z, Liu C X, Liao J, et al. 2014. Nitrogen removal and N_2O emission in subsurface vertical flow constructed wetland treating swine wastewater: effect of shunt ratio. Ecological Engineering, 73: 446-453.

Wang Z H, Sedighi M, Lea-Langton A. 2020. Filtration of microplastic spheres by biochar: removal efficiency and immobilisation mechanisms. Water Research, 184: 116165.

Watanabe T, Kojima H, Takano Y, et al. 2013. Diversity of sulfur-cycle prokaryotes in freshwater lake sediments investigated using *AprA* as the functional marker gene. Systematic and Applied Microbiology, 36 (6): 436-443.

Wei J M, Cui L J, Li W, et al. 2021. Denitrifying bacterial communities in surface-flow constructed wetlands during different seasons: characteristics and relationships with environment factors. Scientific Reports, 11 (1): 4918.

Wen H Y, Zhu H, Yan B X, et al. 2022. High removal efficiencies of antibiotics and low accumulation of antibiotic resistant genes obtained in microbial fuel cell-constructed wetlands intensified by sponge iron. Science of the Total Environment, 806: 150220.

Wen Y, Chen Y, Zheng N, et al. 2010. Effects of plant biomass on nitrate removal and transformation of carbon sources in subsurface-flow constructed wetlands. Bioresource Technology, 101 (19): 7286-7292.

Werbowski L M, Gilbreath A N, Munno K, et al. 2021. Urban stormwater runoff: a major pathway for anthropogenic particles, black rubbery fragments, and other types of microplastics to urban receiving waters. ACS ES& T Water, 1 (6): 1420-1428.

Werker A G, Dougherty J M, McHenry J L, et al. 2002. Treatment variability for wetland wastewater treatment design in cold climates. Ecological Engineering, 19 (1): 1-11.

Whiteway S L, Biron P M, Zimmermann A, et al. 2010. Do in-stream restoration structures enhance salmonid abundance? A meta-analysis. Canadian Journal of Fisheries and Aquatic Sciences, 67 (5): 831-841.

Wilcock R J, Müller K, van Assema B, et al. 2012. Attenuation of nitrogen, phosphorus and E. coli inputs from pasture runoff to surface waters by a farm wetland: the importance of wetland shape and residence time. Water, Air, & Soil Pollution, 223 (2): 499-509.

Winkler M K H, Bassin J P, Kleerebezem R, et al. 2012. Unravelling the reasons for disproportion in the ratio of AOB and NOB in aerobic granular sludge. Applied Microbiology and Biotechnology, 94 (6): 1657-1666.

Wu P, Zhang X X, Wang C C, et al. 2020. Feasibility of applying intermittent aeration and baffles for achieving granular nitritation in a continuous short-cut denitrifying phosphorus removal system. Science of the Total Environment, 715: 137023.

Wu Q, Hu Y, Li S Q, et al. 2016. Microbial mechanisms of using enhanced ecological floating beds for eutrophic water improvement. Bioresource Technology, 211: 451-456.

Wu S B, Zhang D X, Austin D, et al. 2011. Evaluation of a lab-scale tidal flow constructed wetland performance: oxygen transfer capacity, organic matter and ammonium removal. Ecological Engineering, 37 (11): 1789-1795.

Wu S B, Kuschk P, Brix H, et al. 2014. Development of constructed wetlands in performance intensifications for wastewater treatment: a nitrogen and organic matter targeted review. Water Research, 57: 40-55.

Wu X J, Peng J J, Liu P F, et al. 2021. Metagenomic insights into nitrogen and phosphorus cycling at the soil aggregate scale driven by organic material amendments. Science of the Total Environment, 785: 147329.

Wu X T, Sun Y, Deng L T, et al. 2020. Insight to key diazotrophic community during composting of dairy manure with biochar and its role in nitrogen transformation. Waste Management, 105: 190-197.

Xia L, Li X M, Fan W H, et al. 2022. Denitrification performance and microbial community of bioreactor packed with PHBV/PLA/rice hulls composite. Science of the Total Environment, 803: 150033.

Xia Z G, Liu G C, She Z L, et al. 2020. Performance and bacterial communities in unsaturated and saturated zones of a vertical-flow constructed wetland with continuous-feed. Bioresource Technology, 315: 123859.

Xian Q M, Hu L X, Chen H C, et al. 2010. Removal of nutrients and veterinary antibiotics from swine wastewater by a constructed macrophyte floating bed system. Journal of Environmental Management, 91 (12): 2657-2661.

Xie T Y, Jing Z Q, Hu J, et al. 2018. Degradation of nitrobenzene-containing wastewater by a microbial-fuel-cell-coupled constructed wetland. Ecological Engineering, 112: 65-71.

Xu J, He J G, Wang M F, et al. 2018. Cultivation and stable operation of aerobic granular sludge at low temperature by sieving out the batt-like sludge. Chemosphere, 211: 1219-1227.

Xu L, Zhao Y Q, Wang X D, et al. 2018. Applying multiple bio-cathodes in constructed wetland-microbial fuel cell for promoting energy production and bioelectrical derived nitrification-denitrification process. Chemical Engineering Journal, 344: 105-113.

Xue J, Schmitz B W, Caton K, et al. 2019. Assessing the spatial and temporal variability of bacterial communities in two Bardenpho wastewater treatment systems via Illumina MiSeq sequencing. Science of the Total Environment, 657: 1543-1552.

Yakar A, Türe C, Türker O C, et al. 2018. Impacts of various filtration media on wastewater treatment and bioelectric production in up-flow constructed wetland combined with microbial fuel cell (UCW-MFC). Ecological Engineering, 117: 120-132.

Yang N, Zhan G Q, Wu T T, et al. 2018. Effect of air-exposed biocathode on the performance of a *Thauera*-dominated membraneless single-chamber microbial fuel cell (SCMFC). Journal of Environmental Sciences, 66: 216-224.

Yang Q, Wu Z X, Liu L F, et al. 2016. Treatment of oil wastewater and electricity generation by integrating constructed wetland with microbial fuel cell. Materials, 9 (11): 885.

Yang Z C, Yang L H, Wei C J, et al. 2018. Enhanced nitrogen removal using solid carbon source in constructed wetland with limited aeration. Bioresource Technology, 248: 98-103.

Yao H Y, Gao Y M, Nicol G W, et al. 2011. Links between ammonia oxidizer community structure, abundance, and nitrification potential in acidic soils. Applied and Environmental Microbiology, 77 (13): 4618-4625.

Yao Y, Gao B, Zhang M, et al. 2012. Effect of biochar amendment on sorption and leaching of nitrate, ammonium, and phosphate in a sandy soil. Chemosphere, 89 (11): 1467-1471.

Yao Y Y, Gan Z H, Zhou Z B, et al. 2022. Carbon sources driven supernatant micro-particles differentiate in submerged anaerobic membrane bioreactors (AnMBRs). Chemical Engineering Journal, 430: 133020.

Yasuda T, Waki M, Kuroda K, et al. 2013. Responses of community structure of *amoA*-encoding archaea and ammonia-oxidizing bacteria in ammonia biofilter with rockwool mixtures to the gradual increases in ammonium and nitrate. Journal of Applied Microbiology, 114 (3): 746-761.

Yue X L, Gao Q X. 2018. Contributions of natural systems and human activity to greenhouse gas emissions. Advances in Climate Change Research, 9 (4): 243-252.

Zekker I, Mandel A, Rikmann E, et al. 2021. Ameliorating effect of nitrate on nitrite inhibition for denitrifying P-accumulating organisms. Science of the Total Environment, 797: 149133.

Zhang C B, Liu W L, Pan X C, et al. 2014. Comparison of effects of plant and biofilm bacterial community parameters on removal performances of pollutants in floating island systems. Ecological Engineering, 73: 58-63.

Zhang C C, Yin Q, Wen Y, et al. 2016. Enhanced nitrate removal in self-supplying carbon source constructed wetlands treating secondary effluent: the roles of plants and plant fermentation broth. Ecological Engineering, 91: 310-316.

Zhang D Q, Gersberg R M, Zhu J F, et al. 2012. Batch versus continuous feeding strategies for pharmaceutical removal by subsurface flow constructed wetland. Environmental Pollution, 167: 124-131.

Zhang D Q, Hua T, Gersberg R M, et al. 2013. Fate of caffeine in mesocosms wetland planted with *Scirpus validus*. Chemosphere, 90 (4): 1568-1572.

Zhang H Y, Shi Y C, Dong Y X, et al. 2022. Subsoiling and conversion to conservation tillage enriched nitrogen cycling bacterial communities in sandy soils under long-term maize monoculture. Soil and Tillage Research, 215: 105197.

Zhang K, Wu X L, Wang W, et al. 2022. Anaerobic oxidation of methane (AOM) driven by multiple electron acceptors in constructed wetland and the related mechanisms of carbon, nitrogen, sulfur cycles. Chemical Engineering Journal, 433: 133663.

Zhang L, Zhu X, Li J, et al. 2011. Biofilm formation and electricity generation of a microbial fuel cell started up under different external resistances. Journal of Power Sources, 196 (15): 6029-6035.

Zhang L L, Zhao J, Cui N X, et al. 2016. Enhancing the water purification efficiency of a floating treatment wetland using a biofilm carrier. Environmental Science and Pollution Research, 23 (8): 7437-7443.

Zhang L L, Sun Z Z, Xie J, et al. 2018. Nutrient removal, biomass accumulation and nitrogen-transformation functional gene response to different nitrogen forms in enhanced floating treatment wetlands. Ecological Engineering, 112: 21-25.

Zhang M, Wang Y X, Fan Y J, et al. 2020. Bioaugmentation of low C/N ratio wastewater: effect of acetate and propionate on nutrient removal, substrate transformation, and microbial community behavior. Bioresource Technology, 306: 122465.

Zhang M P, Huang J C, Sun S S, et al. 2020. Depth-specific distribution and significance of nitrite-dependent anaerobic methane oxidation process in tidal flow constructed wetlands used for treating river water. Science of the Total Environment, 716: 137054.

Zhang M P, Huang J C, Sun S S, et al. 2021. Impact of functional microbes on nitrogen removal in artificial tidal wetlands in the Yangtze River estuary: evidence from molecular and stable isotopic analyses. Journal of Cleaner Production, 287: 125077.

Zhang N, Lu D N, Kan P Y, et al. 2022. Impact analysis of hydraulic loading rate on constructed wetland: insight into the response of bulk substrate and root-associated microbiota. Water Research, 216: 118337.

Zhang Q L, Liu Y, Ai G M, et al. 2012. The characteristics of a novel heterotrophic nitrification-aerobic denitrification bacterium, *Bacillus methylotrophicus* strain L7. Bioresource Technology, 108: 35-44.

Zhang R C, Xu X J, Chen C, et al. 2019. Bioreactor performance and microbial community analysis of autotrophic denitrification under micro-aerobic condition. Science of the Total Environment, 647: 914-922.

Zhang S, Song H L, Yang X L, et al. 2016. Fate of tetracycline and sulfamethoxazole and their corresponding resistance genes in microbial fuel cell coupled constructed wetlands. RSC Advances, 6 (98): 95999-96005.

Zhang S, Song H L, Yang X L, et al. 2018. A system composed of a biofilm electrode reactor and a microbial fuel cell-constructed wetland exhibited efficient sulfamethoxazole removal but induced *sul* genes. Bioresource Technology, 256: 224-231.

Zhang S Q, Zhang L Q, Yao H N, et al. 2021. Responses of anammox process to elevated Fe (Ⅲ) stress: reactor performance, microbial community and functional genes. Journal of Hazardous Materials, 414: 125051.

Zhang W H, Guan A M, Peng Q, et al. 2023. Microbe-mediated simultaneous nitrogen reduction and sulfamethoxazole/N-acetylsulfamethoxazole removal in lab-scale constructed wetlands. Water Reseach, 242: 120233.

Zhang Y, Chen L J, Dai T J, et al. 2015. Ammonia manipulates the ammonia-oxidizing archaea and bacteria in the coastal sediment-water microcosms. Applied Microbiology and Biotechnology, 99 (15): 6481-6491.

Zhao F L, Xi S, Yang X E, et al. 2012. Purifying eutrophic river waters with integrated floating island systems. Ecological Engineering, 40: 53-60.

Zhao L Y, Li X R, Wang S Y. 2022. Environmental management in tourism area: the status quo, implications, and suggestions. Journal of Systems Science and Information, 10 (2): 103-129.

Zhao Y J, Liu B, Zhang W G, et al. 2010. Performance of pilot-scale vertical-flow constructed wetlands in responding to variation in influent C/N ratios of simulated urban sewage. Bioresource Technology, 101 (6): 1693-1700.

Zhao Y J, Hui Z, Chao X, et al. 2011. Efficiency of two-stage combinations of subsurface vertical down-flow and up-flow constructed wetland systems for treating variation in influent C/N ratios of domestic wastewater. Ecological Engineering, 37 (10): 1546-1554.

Zhao Y Q, Collum S, Phelan M, et al. 2013. Preliminary investigation of constructed wetland incorporating microbial fuel cell: batch and continuous flow trials. Chemical Engineering Journal, 229: 364-370.

Zhao Z J, Hao Q J, Ma R Z, et al. 2022. Ferric-carbon micro-electrolysis and zeolite reduce CH_4 and N_2O emissions from the aerated constructed wetland. Journal of Cleaner Production, 342: 130946.

Zhao Z Y, Chang J, Han W J, et al. 2016. Effects of plant diversity and sand particle size on methane emission and nitrogen removal in microcosms of constructed wetlands. Ecological Engineering, 95: 390-398.

Zheng F F, Fang J H, Guo F C, et al. 2022. Biochar based constructed wetland for secondary effluent treatment: waste resource utilization. Chemical Engineering Journal, 432: 134377.

Zheng X H, Zhuang L L, Zhang J, et al. 2020. Advanced oxygenation efficiency and purification of wastewater using a constant partially unsaturated scheme in column experiments simulating vertical subsurface flow constructed wetlands. Science of the Total Environment, 703: 135480.

Zheng Y C, Liu Y, Qu M W, et al. 2021. Fate of an antibiotic and its effects on nitrogen transformation functional bacteria in integrated vertical flow constructed wetlands. Chemical Engineering Journal, 417: 129272.

Zhi W, Ji G D. 2014. Quantitative response relationships between nitrogen transformation rates and nitrogen functional genes in a tidal flow constructed wetland under C/N ratio constraints. Water Research, 64: 32-41.

Zhong F, Wu J, Dai Y R, et al. 2014. Effects of front aeration on the purification process in horizontal subsurface flow constructed wetlands shown with 2D contour plots. Ecological Engineering, 73: 699-704.

Zhong F, Wu J, Dai Y R, et al. 2015a. Bacterial community analysis by PCR-DGGE and 454-pyrosequencing of horizontal subsurface flow constructed wetlands with front aeration. Applied Microbiology and Biotechnology, 99 (3): 1499-1512.

Zhong F, Wu J, Dai Y R, et al. 2015b. Performance evaluation of wastewater treatment using horizontal subsurface flow constructed wetlands optimized by micro-aeration and substrate selection. Water Science and Technology, 71 (9): 1317-1324.

Zhong F, Yu C M, Chen Y H, et al. 2020. Nutrient removal process and cathodic microbial community composition in integrated vertical-flow constructed wetland-microbial fuel cells filled with different substrates. Frontiers in Microbiology, 11: 1896.

Zhou X, Gao L, Zhang H, et al. 2018a. Determination of the optimal aeration for nitrogen removal in biochar-amended aerated vertical flow constructed wetlands. Bioresource Technology, 261: 461-464.

Zhou X, Jia L X, Liang C L, et al. 2018b. Simultaneous enhancement of nitrogen removal and nitrous oxide reduction by a saturated biochar-based intermittent aeration vertical flow constructed wetland: effects of influent strength. Chemical Engineering Journal, 334: 1842-1850.

Zhou Y, Xu D, Xiao E R, et al. 2018. Relationship between electrogenic performance and physiological change of four wetland plants in constructed wetland- microbial fuel cells during non- growing seasons. Journal of Environmental Sciences, 70: 54-62.

Zhou Y W, Zhao S T, Suenaga T, et al. 2022. Nitrous oxide-sink capability of denitrifying bacteria impacted by nitrite and pH. Chemical Engineering Journal, 428: 132402.

Zhu H, Yan B X, Xu Y Y, et al. 2014. Removal of nitrogen and COD in horizontal subsurface flow constructed wetlands under different influent C/N ratios. Ecological Engineering, 63: 58-63.

Zhu W L, Cui L H, Ouyang Y, et al. 2011. Kinetic adsorption of ammonium nitrogen by substrate materials for constructed wetlands. Pedosphere, 21 (4): 454-463.

Zou X, Hao Q, Zhao M, et al. 2021. Effects of hematite and biochar addition on sewage treatment and greenhouse gases emissions in subsurface flow constructed wetland. Chinese Journal of Environmental Engineering, 15 (2): 588-598.

缩写词附录

缩写名词	英文全称	中文译名
16S rDNA	16S rDNA	16S 扩增子
AMO	ammonia monooxygenase	氨单加氧酶
anammox	anaerobic ammonium oxidation	厌氧氨氧化
AOA	ammonia oxidation archaea	氨氧化古菌
AOB	ammonia oxidation bacteria	氨氧化细菌
BOD	biochemical oxygen demand	生化需氧量
C/N	carbon/nitrogen	碳氮比
CK	control check	对照组
COD_{Cr}	chemical oxygen demand	化学耗氧量
DNRA	dissimilatory nitrate reduction	硝酸异化还原成铵
DO	dissolved oxygen	溶解氧
DTN	dissolved total nitrogen	溶解性总氮
NAR	nitrate reductase	硝酸盐还原酶
NH_4^+-N	ammonia nitrogen	氨氮
NIR	nitrite reductase	亚硝酸盐还原酶
N_2O	nitrous oxide	一氧化二氮
NO_x^-	nitrogen oxides	氮氧化物
NO_2^--N	nitrite nitrogen	亚硝态氮
NO_3^--N	nitrate nitrogen	硝态氮
NOB	nitrite oxidation bacteria	亚硝酸盐氧化菌
NOR	nitric oxide reductase	一氧化氮还原酶
NOS	nitrous oxide reductase	一氧化二氮还原酶
NXR	nitrite oxidoreductase	亚硝酸盐氧化还原酶
ORP	redox potential	氧化还原电位
qPCR	quantitative polymerase chain reaction	荧光定量聚合酶链式反应
RDA	redundancy analysis	冗余分析
SOM	soil organic matter	土壤有机质
TKN	total kjeldahl nitrogen	总凯氏氮
TN	total nitrogen	总氮

续表

缩写名词	英文全称	中文译名
TP	total phosphorus	总磷
TOC	total organic carbon	总有机碳
SFCW	surface flow constructed wetland	表面流人工湿地
HSFCW	horizontal subsurface flow constructed wetland	水平潜流人工湿地
VSFCW	vertical subsurface flow constructed wetland	垂直流人工湿地
CSSFCW	combined surface and subsurface flow constructed wetland	表面流+潜流组合人工湿地
CVHSFCW	combined vertical and horizontal subsurface flow constructed wetland	潜流组合人工湿地
CW+	combined constructed wetland and other processor	人工湿地与其他系统组合类型
N	nitrogen	氮
P	phosphorus	磷
OQIs	other water quality indices	其他水质指标
POPs	persistent organic pollutants	持久性有机污染物
PPCPs	pharmaceuticals and personal care products	药品和个人护理品
OOPs	other organic pollutants	其他有机污染物
EMs	emergent macrophytes	挺水植物
SMs	submerged macrophytes	沉水植物
CMs	composite macrophytes	组合植物
PA	*Phragmites australis*	芦苇
PS	*Pennisetum × sinese*	皇竹草
CI	*Cyperus involucratus*	风车草
AC	*Acorus calamus*	菖蒲
JE	*Juncus effusus*	灯芯草
ADV	*Arundo donaxvar. versiocolor*	花叶芦竹
IP	*Iris pseudacorus*	黄菖蒲
ZL	*Zizania latifolia*	茭白
CR	*Cyperus rotundus*	金门莎草
IT	*Iris tectorum*	鸢尾
CZ	*Chrysopogon zizanioides*	香根草
TO	*Typha orientalis*	香蒲
HM	*Heliconia metallica*	蝎尾蕉
TD	*Thalia dealbata*	再力花
HV	*Hydrilla verticillata*	黑藻
VN	*Vallisneria natans*	苦草
CP	composite plants	组合植物

续表

缩写名词	英文全称	中文译名
EDSs	electron donor substrates	电子供体类填料
WUSs	waste utilization substrates	废物利用类填料
NFMSs	natural functional materials substrates	天然功能材料类填料
CMSs	conventional materials substrates	常规材料类填料
FESs	function-enhanced substrates	功能强化类填料
CSs	combined substrates	组合填料